煤炭建设工法汇编

（2011—2012）

中国煤炭建设协会　组织编写

煤炭工业出版社

·北　京·

编 审 委 员 会

前　　言

我国煤炭建设企业为适应国民经济和煤炭行业发展需要，不断创新提高煤炭建设施工技术，开发创新了一大批新的工法，不断增强了企业技术实力和市场竞争能力，为现代化矿井建设和工程建设做出了重要贡献，保证了煤炭工业的稳定健康发展。我国煤矿建井技术及施工工艺已达到国际领先水平。

中国煤炭建设协会为促进煤炭建设行业科技创新和施工技术推广应用，积极组织企业开发总结编写工法并汇集整理编制工法汇编。2011年汇集整理2000—2008年度煤炭建设国家级和行业级（部级）工法67部，编制出版了《煤炭建设工法汇编》。2013年汇集整理2009—2010年度煤炭建设国家级和行业级（部级）工法66部，编制出版了《煤炭建设工法汇编（2009—2010）》。

本书汇集整理了2011—2012年度煤炭建设国家级工法、煤炭行业级（部级）工法76部，其中矿建专业45部、土建专业14部、机电安装专业17部。

本书在原工法的基础上，经过组织业内相关专家审核整理、补充完善，文字图表力求准确简洁，重点突出，便于推广应用。《煤炭建设工法汇编（2011—2012）》是煤炭行业工程建设企业技术管理人员的工具书，同时可供煤炭行业和其他相关行业从事教学、科研、设计的技术人员学习和参考。

本书的编写得到了煤炭建设行业许多单位、个人、专家以及各方的大力支持，在此表示真诚的感谢。

目　　次

钻井法凿井"一扩成井"施工工法（GJYJGF100—2012）

中煤矿山建设集团有限责任公司　安徽水利开发股份有限公司
中煤特殊凿井有限责任公司

王厚良　赵时运　丁　明　蔡　鑫　刘建国

1　前　　言

随着我国经济的发展，国家对煤炭的需求量日益增大。矿井立井井筒向深大方向发展。钻井法施工煤矿立井井筒在质量方面优势显著，但效率不高。

在深厚冲积层中采用钻井法凿井，钻进过程需要多次分级扩孔才能达到所需要的钻井直径，多次扩孔虽然能有效地利用钻机能力，但也存在许多问题：需要多个扩孔钻头，设备占用量大，施工成本高，辅助工作时间长、工效低，成井速度慢。

为了更好地发挥钻井法的优势，通过优化施工工艺、采用新型钻机、减少钻进分级等方法，对深大井筒进行"一扩成井"，有效地解决了钻井法成井速度慢的问题。

在钻井法凿井"一扩成井"工艺研发过程中，依托煤矿深井建设技术国家工程实验室，采用理论分析、计算机模拟、室内试验等方法，开展了钻井新工艺研究，新型破岩滚刀研制，新型高效钻头结构研究，攻克了传统钻井法凿井"一次超前，分级扩孔"的钻进工艺中存在的诸多难题，获得专利6项。

该技术于2010年12月26日通过了中国煤炭工业协会组织的专家鉴定，达到国内领先水平，对钻井法凿井技术的应用和发展具有重要意义。"'一扩成井'快速钻井法凿井关键技术及装备研究"成果荣获国家科学技术进步奖二等奖、安徽省科学技术进步奖一等奖和中国煤炭工业科学技术奖特等奖。

2　工　法　特　点

（1）采用"一扩成井"技术施工煤矿立井井筒，减少了辅助作业时间，提高了钻井速度，缩短了钻井施工工期30%以上。

（2）采用专配15系列滚刀，提高钻头刀具的破岩效率，降低钻头的故障率，使钻头的检查间隔从8 d提高到14 d。

（3）依据钻头排渣能力合理匹配"超前孔"和"扩孔"关系，一次破岩面积增加1~2倍，纯钻进速度提高50%以上；减少岩屑重复破碎，减少造浆15%。

（4）采用钻井防偏技术控制钻孔偏斜，利用超声波测井仪对钻孔的偏斜率进行监测，钻井偏斜率小，成井质量高。

（5）设备占用量少，减小劳动强度，减少施工场地的占用。

3 适 用 范 围

适用于不稳定含水地质条件下直径大于 8 m 小于 10 m 的立井井筒施工，尤其适用于深厚冲积层立井井筒施工。

4 工 艺 原 理

根据井筒设计参数和地质条件，选择钻机并配备合适的钻头和刀具，在确定的位置上，采用超前钻孔和一次扩孔钻进的方法施工；利用竖井钻机驱动钻具旋转，使滚刀切割岩土，将其破碎成岩屑；通过压气反循环进行泥浆循环洗井作业，将破碎的岩渣携带到地面的沉淀池内沉淀；泥浆循环的同时又起到护壁和冷却钻头的作用，如此反复，完成钻井的施工。

钻进施工期间，在地面预制井壁并养护，养护期满后吊运堆放。当钻进至设计直径和深度后，依靠泥浆的浮力将预制好的井壁逐节对接漂浮下沉。当浮力大于重力时，向井壁内注入配重水，使井壁下沉并保持井壁处于漂浮状态直至井壁下沉到位。井壁下沉到底后，测量扶正井筒，使其偏斜率符合规范规定。然后采用水泥浆和碎石交替充填将井帮与井筒间的泥浆置换出来，完成充填固井作业。

5 工艺流程及操作要点

5.1 工艺流程

工艺流程如图 5 - 1 所示。

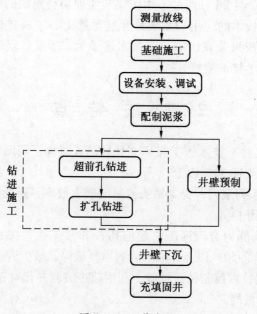

图 5 - 1 工艺流程

5.2 操作要点

5.2.1 测量放线

根据业主提供的井筒中心坐标及测量控制点，放样确定钻井井筒的中心，依据井筒中心及工业广场总平面布置图确定出泥浆沉淀池、设备基础等位置。

5.2.2 基础施工

（1）锁口施工。根据临时锁口设计图纸，用机械沿轮廓线开挖，临时锁口周边及底部进行修整、夯实。临时锁口施工完毕后，其平整度必须满足钻机安装的要求。

（2）基础施工。根据工业大临基础图纸完成泥浆沉淀池、井壁预制基础等的施工。井壁预制基础的平整度和强度必须能满足井壁预制的要求。沉淀池的长度、宽度和深度应能满足泥浆流动时岩土颗粒依自重沉淀要求，沉淀池宽度还应控制在捞渣机械的工作半径内。

5.2.3 设备安装、调试

（1）利用起重设备完成钻机、空气压缩机、门式起重机等设备的安装；钻机安装完毕后，要保证大钩提吊中心、转盘中心、井筒设计中心在同一铅垂线上。

（2）根据图纸合理布置刀具，测量并记录钻头高度。

（3）完成设备电气安装后，应先通电进行空载试运转，然后负载进行设备试运转。

5.2.4 配制泥浆

开钻前应认真分析井筒地质资料，对自然造浆能力好的地层，可直接采用清水开钻。对开钻后不能自然造浆或自然造浆能力差的地层，提前配制泥浆，泥浆配制数量应能满足超前孔泥浆护壁需要。

5.2.5 钻进施工

"一扩成井"施工示意图如图 5－2 所示。

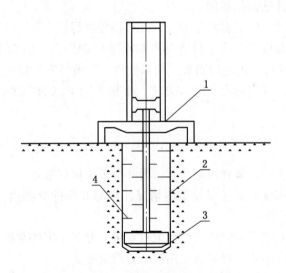

1—钻机；2—井帮；3—钻头；4—泥浆

图 5－2 "一扩成井"施工示意图

（1）开钻前，配备的空压机最大供风量应能满足全断面钻进时泥浆冲洗的要求。

（2）开钻时应先进行泥浆正循环钻进作业，当钻进深度满足出浆要求后，起钻具，装入混合器，进行泥浆反循环钻进作业。

（3）钻进期间，要经常检查钻进记录，校核钻具全长。

（4）钻进期间，应根据地层情况合理选择钻压、转速等参数。

（5）在钻进通过膨胀性地层时，钻孔容易缩径，可采取控制泥浆失水量、扫孔、反向刀具等技术措施，预防和消除钻孔缩径。

（6）在钻进通过膨胀性黏土层、泥岩层时，容易造成钻头泥包，可采取如下措施预防和消除钻头泥包：

① 钻进时应适当控制钻压，减小钻进速度。

② 加大泥浆的冲洗量和适当降低泥浆的黏度。

③ 改进钻头结构和刀具布置方式。

④ 钻进过程中经常上下串动钻具，反复扫孔洗井。

⑤ 每次下钻时，在钻头距井底 1.0～1.5 m 处，经扫孔后再进入工作面。

（7）钻进期间，操作人员应注意观察各仪表的变化情况，防止掉钻、井内掉物、井帮坍塌等。

（8）钻进期间，应及时清理沉淀池内的沉渣，定时化验泥浆的各项参数，严格控制井口泥浆面不低于临时锁口面 500 mm。

（9）当超前孔钻至设计深度后，利用超声波测井仪测量钻孔垂直度和直径，符合规范要求后，进行下一步施工。

（10）超前孔钻进结束后进行扩孔钻进，当扩孔钻进达到设计深度后，经调制泥浆、测井，确认符合要求后下沉井壁。

5.2.6 井壁预制

（1）首先施工好井壁预制基础。

（2）法兰盘加工时，应成对配钻加工，并严格控制焊接变形。

（3）固定下法兰盘应用专用工具将其点焊在基础钢轨上，清扫干净。按方位焊好预埋件、节间注浆管，并将不正的焊筋板、封水板调正，做好方位标记。

（4）井壁吊运堆放前应标明节号和方位，根据井壁下沉的顺序按"先下在上，后下在下"的原则堆放。

5.2.7 井壁下沉

1. 井壁下沉准备

（1）井筒钻进结束后，调整泥浆参数，为井壁下沉做好准备。

（2）测量钻井的深度、直径以及偏斜情况，绘制井筒的纵剖面图和平面投影图，判断是否具备下沉井壁条件。

（3）计算出每节井壁下沉时所需增加配重水量，便于下沉时掌握。

（4）找出井壁底的中心，焊好找正用的中心线支座。

（5）安装第一段高的注浆充填用防逆流装置（检查、调整压力）。

（6）认真检查井壁底和其他井壁的壁后补注浆管，确保密封可靠。

（7）验算井壁下沉时的漂浮高度，对漂浮高度不满足要求的井壁要提前加设支撑梁。

2. 井壁连接、下沉

（1）将井壁底吊至井口，对准临时锁口中心，缓慢下放，使支撑梁落在临时锁口上，并将支撑梁找平垫实。

（2）上下两节井壁对接时，压在下节井壁的重量不得超过其钢梁的最大承载力。

（3）井壁对接时，当下部井壁的上法兰盘与上部井壁的下法兰盘的方位标记对齐后，缓慢下落上部井壁。当两节井壁轻轻接触，应迅速穿好螺栓，然后拉线找正，使中心线与井壁上下法兰盘"米"字线中心重合。

（4）井壁对接找正后，应用手将上下法兰盘连接螺栓拧紧；当对接的两法兰盘间隙超过 5 mm 时，应用铁楔沿圆周方向按固定间距垫实，保证上部井壁的重量均匀传给下部井壁。法兰盘焊接时，当间隙过大时需加圆钢填塞。

（5）井壁下沉结束后，测量井筒内的无水段高深度，并将其和理论计算值进行对照。如果实际值与理论计算值之差在 ±15 m 之内，视为正常；如果超出正常值，则需要进行分析找出原因并整改。

3. 扶正固定

井壁下沉到底后，应测量计算井筒的偏斜率，根据井筒偏斜率情况，确定出扶正点的位置和扶正量，在临时锁口上部利用千斤顶扶正井壁，当偏斜率符合规范要求后，扶正工作完成。

5.2.8 充填固井

充填段高的合理划分以及充填材料的选用对提高壁后充填质量、降低成本等起到积极的作用。段高的合理划分以及充填材料的选用既应符合规范的规定，又要根据井筒深度结合实际地质条件、井壁结构和充填工艺。水泥浆充填段应设在第一段高和黏土层（隔水层）中或钢板混凝土复合井壁层位内，以增加摩擦力，更好地起到固井封水和腰箍作用。井筒表土段可采用石子充填，在确保充填质量前提下可起到降低成本的目的，一次充填高度不应超过 100 m。深井表土段应分为若干段，水泥浆和石子交替进行充填。井筒顶部充填段应采用水泥浆充填，充填段高不得小于 30 m。

1. 水泥浆充填

划分原则：第一段高必须采用水泥浆充填，起固井和封水作用，第一段高下部要深入稳定基岩层中达 5 m 以上，上部要覆盖冲积层与岩石交接带以上 15 m；水泥浆充填段高宜设在黏土层（隔水层）中或钢板混凝土复合井壁层位内，以增加摩擦力，更好地起到腰箍作用；井筒表土段可采用石子充填，一次充填高度不应超过 100 m。

（1）第一段高充填前，必须计算配重水量，加足配重水量。

（2）第一段高采用水泥浆充填，密度应大于 1.70 g/mm^3。

（3）充填采用一泵一管制，并宜采用同型号注浆泵，充填时要经常观察压力表读数，如发现压力表读数不正常，要及时查明原因，确保充填正常进行。

（4）第一段高注浆后养护时间不应少于 48 h，中间注浆段养护时间不应少于 36 h。

（5）在下一段高充填前，应在对称的 4 个方位探测实际深度。

2. 石料充填

（1）抛石充填应均匀对称进行，石料粒径为 40~60 mm。

（2）抛石充填时，应在相互垂直的方位用两台经纬仪检测井壁位移，随时调整各方位的充填速度，使整个充填顶面大致保持一致。

5.3 劳动组织安排

劳动组织安排见表5－1。

表5－1 劳动组织安排表

序　号	工　种	人　数
一	进场筹备及设备安装调试	70
1	钻机队	35
2	井壁队	10
3	机电队	10
4	管服人员	15
二	钻井施工期	220
1	钻机一班	12
2	钻机二班	12
3	钻机三班	12
4	电工班	10
5	电焊班	6
6	车辆班	8
7	检修班	6
8	钢筋班	24
9	模板班	12
10	混凝土班	12
11	电、气焊班	16
12	混凝土振捣班	12
13	钢结构加工及防腐	50
14	管服人员	28
三	井壁下沉	130
1	吊运班	16
2	电焊班	36
3	清理、涂防腐、节间注浆班	20
4	测量找正	8
5	防腐剂配制	6
6	加水、排浆班	6
7	机电维修班	10
8	管服人员	28
四	壁后充填	90
1	水泥浆搅拌班	20
2	注浆班	20
3	压风、排浆班	6
4	注浆维护班	10

表 5-1（续）

序　号	工　种	人　数
5	机电维修班	6
6	管服人员	28
五	壁厚充填质量检查	
1	井上	10
2	井下	10
3	管服人员	6

6　材料与设备

施工所需的主要材料与设备见表6-1。

表6-1　主要材料与设备表

序号	名　称	型号、规格	单位	数量	备　注
1	钻机		台套		
2	钻杆		根		
3	超前钻头		套		根据井筒直径、设计钻井深度和现场情况确定
4	扩孔钻头		套		
5	泥浆除砂装置	ZX-250	套		
6	空压机	GR200/20	台		
7	门式起重机	300 t×18 m	套		
8	洗渣机		台	1	
9	注浆泵	TBW-850/50	台套	6	
10	吊帽		只		
11	内导向		只		
12	井壁模板		套		
13	井壁专用吊具		套		根据井壁设计情况和井筒数量确定
14	吊车	50 t	辆		
15	装载机	L40	台	2	
16	自卸汽车	7~8 t	辆	4	
17	挖掘机	0.9 m³	台	1	
18	灰浆搅拌机	C-076-1	台	2	
19	双轴搅拌机	5 m³	台套	5	
20	超声波测井仪	SKD-1	套	1	
21	经纬仪	J2	台	2	
22	水准仪		台	1	

表6-1（续）

序号	名 称	型号、规格	单位	数量	备 注
23	全站仪		台	1	
24	黄砂				根据井筒深度、直径和井壁设计确定
25	碎石				
26	水泥				

7 质量控制

7.1 质量标准

施工中执行的标准和规范如下：

（1）《煤矿井巷工程质量验收规范》（GB 50213—2010）。

（2）《煤矿井巷工程质量检验评定标准》（MT 5009—1994）。

（3）《混凝土结构工程施工质量验收规范》（GB 50204—2002）。

（4）《煤矿立井井筒装备防腐蚀技术规范》（MT/T 5017—1996）。

7.2 质量检验方法

（1）钻井临时锁口工程质量：检验材料质量证明书、复检报告、混凝土试件强度报告、混凝土施工记录。

（2）钻进、吊运、泥浆系统的安装质量：检查安装记录。

（3）钻井护壁泥浆质量：检查泥浆化验记录。

（4）各级钻头钻进最终深度：测量钻进最终深度时组成钻杆、钻头等的长度，计算出钻具总长，校核钻进最终深度时的活残尺和死残尺。

（5）成孔偏斜率：检查测井图纸。

（6）井壁法兰盘连接质量：检查井壁下沉质量验收记录。

（7）井壁法兰盘和法兰盘裸露面的防腐质量：检查井壁下沉质量验收记录。

（8）钻井成井有效圆直径：检查测井图纸。

（9）钻井成井深度：测量井壁下沉结束后井壁总长度。

（10）钻井成井偏斜率：检查测井图纸。

7.3 质量保证措施

（1）钻进前，要准确测量钻头、钻杆高度、长度、死残尺等参数。

（2）在不均匀地层或软硬交接地层钻进时，应坚持减压钻进。

（3）钻进期间，要严格控制泥浆的参数，确保护壁质量。

（4）钻进结束前，提前调制泥浆，确保泥浆各项参数符合井壁下沉的要求。

（5）充填用水泥浆必须搅拌均匀，水泥浆密度不应小于 1.7 g/mm^3。水泥浆充填完毕，在碎石充填前，必须待水泥浆初凝后方可进行碎石充填。第一段高充填时，壁后注浆充填率不小于设计充填量的 90%，其他段高不小于设计充填量的 80%。

（6）节间注浆时，水泥浆应搅拌均匀，密度应不小于 1.75 g/cm^3，且水泥浆必须具有良好的流动性，确保水泥浆能充实井壁接头间隙，水泥浆凝固后结石率不小于95%。

（7）各分项工程均应编制质量、安全保证措施，各分项工程实施单位经济收入与质量挂钩。

（8）完善各级质量责任制，并认真落实，做到有检查、有记录、有评比、有总结。

（9）开展质量管理教育和组织群众性的质量管理活动，加强质量技术培训。

8 安 全 措 施

（1）分部分项工程施工前，应编制专项安全措施，报上级安全部门批准后，组织贯彻、实施。

（2）基坑开挖完毕后，基坑周围应设置防护挡板或防护栏，并设安全警示牌，夜间应有照明。

（3）钻进期间，井口和泥浆沟槽须设置安全防护网，井口和沉淀池周围必须有保证夜间施工安全的照明设施。

（4）钻进期间，地面的钻杆排放要整齐，有防止钻杆滚动措施。

（5）施工期间，特种作业人员必须持证上岗，作业人员必须佩戴防护用具。

（6）在井口进行钻具检修时，检修工作面应有防滑措施，洞口应铺设安全防护网，更换刀座、刀具时应将更换下来的刀座、刀具慢慢落至工作面，并及时清理到井口外。

（7）门式起重机行走轨道及基础应经常检查，当基础出现下沉或轨距偏差较大时应及时进行处理。

（8）废浆池堤坝设置栅栏和安全警示牌，并安排专人进行巡视。

9 环 保 措 施

（1）钻井期间，利用两级净化的方式对泥浆进行处理。即先利用筛网振动机将大块岩屑清除，进入自重沉淀，再利用泥浆净化装置对泥浆进行净化，净化出的岩屑可作为回填用土或作为临时建筑的砌筑用砂，从而减少土地占用。

（2）在矿井附近设置临时废浆池，将钻进时多余泥浆排至废浆池。采用泥浆无害化处理技术，对泥浆进行无害化处理，减少泥浆对环境的污染。同时，临时废浆池可兼做矸石堆放场地。

（3）铺设运渣车辆专用车道，捞渣、运渣期间，运渣车辆应行驶平稳。

（4）捞渣结束后，安排专人对运渣专用车道的泥浆进行清理。

（5）采用新型螺杆空气压缩机，降低施工时产生的噪声对职工听觉的伤害，改善职工的工作环境。

（6）水泥浆充填时，水泥罐、搅拌机附近的工作人员必须佩戴防尘口罩，避免吸入悬浮在空气中的水泥粉尘。

10 效 益 分 析

10.1 经济效益

依据钻头排渣能力合理匹配"超前孔"和"扩孔"关系，一次破岩面积增加 1～2 倍，纯钻进速度提高 50% 以上；减少岩屑重复破碎，减少造浆 15%，节约泥浆排放场地。"一扩成井"技术的成功运用，提高了钻井法施工钻进效率，加快了钻井速度，缩短了建井工期 30%，使矿井能够提前投产，创造了较好的经济效益。

10.2 社会效益

（1）实现了工期、质量的双赢，并将钻井法凿井技术提高到一个新水平，对我国深厚表土层下煤炭资源的开发具有重要作用。

（2）降低了职工的劳动强度，改善了职工的工作环境。

（3）提高了井筒质量，设备占用量少，减少了施工场地的占用。

11 应 用 实 例

11.1 实例一

安徽省淮北矿业集团信湖煤矿中央风井工程，位于安徽省亳州市涡阳县花沟境内，设计钻井直径 9.8 m，钻井深度 472 m，其中表土层厚 405.76 m，岩石层厚 66.24 m。工程于 2010 年 12 月 26 日开工，至 2012 年 6 月 25 日结束。该井采用"一扩成井"技术，顺利完成了钻井工程，钻井偏斜率 0.301‰，工程质量合格。这是目前国内"一扩成井"直径最大的工程，它的成功标志着钻进施工技术向前推进了一大步，在今后的井筒建设中，通过该项技术的运用，将缩短建井周期，提高建井速度。

11.2 实例二

安徽省淮北矿业集团信湖煤矿主井工程，位于安徽省亳州市涡阳县花沟境内，设计钻井直径 9.0 m，钻井深度 502 m。工程于 2010 年 12 月开工，至 2012 年 8 月结束，工程质量合格。

11.3 实例三

河南平煤集团 8 矿 2 号回风井工程，位于河南省平顶山市境内，钻井直径 8.7 m，钻井深度 480 m。工程于 2010 年 6 月 29 日开工，至 2012 年 1 月 18 日竣工，工程质量合格。

特殊地层中斜井冻结施工工法 （GJYJGF102—2012）

中煤第五建设有限公司

陈占怀　刘传申　郭永富　刘为民　李志清

1　前　　言

　　斜井开拓一般适用于冲积层较薄、煤层赋存较浅，水文地质条件相对简单的煤田。但当冲积层较深，且有较厚的流砂、砾石层和含水软岩等特殊地层时，采用普通施工方法很难通过，必须采用特殊的施工方法。冻结法凿井是在不稳定地层中建井的主要特殊方法之一。在井筒开凿之前，用人工制冷的方法，将井筒周围的岩土层冻结成封闭的帷幕——冻结壁，以抵抗水、土压力，隔绝地下水和井筒的联系，然后在冻结壁的保护下进行掘砌工作。

　　进入 21 世纪以来，随着斜井开拓的优势进一步显现和斜井冻结法施工技术的进一步研究创新，在特殊和复杂的地质条件下采用冻结法施工的斜井越来越多，如 2010 年内蒙古查干淖尔煤矿主斜井白垩系、侏罗系软岩含水地层冻结工程，和 2009 年山西霍州庞庞塔煤矿主斜井第四、三系冲积层和二、三叠系风化、裂隙含水地层冻结工程。其中庞庞塔煤矿是当前已竣工冻结斜长最长的斜井，冻结斜长 288.35 m，垂深 122.45 m，取得极好的经济效益与社会效益。该工法关键技术于 2012 年 2 月通过河北省科学技术厅组织的技术鉴定，成果达到国际领先水平。

2　工　法　特　点

　　斜井开拓较立井开拓的优点是井筒装备简单、易于延深、运输成本低等，可极大地提高和保证井筒煤炭输送能力，适用于大型矿井煤炭开采。但在特殊地层斜井开拓技术已成为一个技术障碍，必须采用冻结法施工。根据国内近年来几个深斜井在特殊地层冻结施工的成功实践编写了本工法。本工法与以前斜井施工工法相比，具有以下几个特点。

2.1　分段、异步冻结

　　由于斜井冻结的斜长较长，且每个区域的冻结管都是相互独立的，为了保证井筒连续、快速施工，减少冻结工程的装机容量，达到造孔、冻结和掘砌各工程进度相互连续、密切配合，在斜井冻结施工中采用分段、异步冻结的方式。分段的原理是：根据井筒掘砌单位的掘砌施工速度和井筒穿过地层的特征以及不同地层的冻土发展速度、预计冻结壁交圈时间，将井筒冻结的长度划分为若干个冻结区段，依次对各段进行顺序冻结，即当第一段的冻结壁接近交圈，可适时开启第二段部分冻结孔盐水循环；等到第一段全部掘砌结束后，停止冻结第一段，同时第二段的冻结壁满足井筒掘砌要求，以此类推，直至斜井井筒冻结段施工结束。实际施工中，可根据井筒掘砌速度的快慢、向前开启冻结孔的数量，采

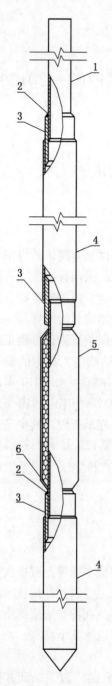

1—无缝钢管（非冻结段）；

2—焊缝；3—管箍；

4—无缝钢管（冻结段）；

5—保温管；6—变径

图 2-1　冻结管结构

取循序渐进的异步冻结方式，只要能够确保每个相邻冻结孔达到交圈并满足设计的冻结壁厚度和强度，满足井筒掘砌施工即可。这样，既能减少装机容量，保证对不同地层的冷量供给，又满足井筒施工，同时降低施工成本。

2.2　异径管冻结

　　斜井冻结不同于立井冻结，其冻结壁是沿着井筒斜长的四周形成。由于目前打斜孔的技术尚不成熟，因此形成该类冻结壁也是通过地面打垂直孔形成的。为了进一步降低井筒的冷量损失，且能够保证冻结管顺利下置，在冻结管结构设计时，采用了异径冻结管的施工方法，即在冻结壁形成范围内的冻结管管径相对大一点，如 φ133 mm、φ140 mm、φ159 mm 型无缝钢管，在冻结壁以外可采用管径相对小一点的冻结管，如 φ89 mm、φ108 mm、φ127 mm 型无缝钢管。这样不但可以有效地降低冻结管在非冻结段的冷量损失，而且还能够降低冻结站的装机容量，从而降低施工成本。冻结管结构如图 2-1 所示。

2.3　斜井局部保温法冻结

　　斜井冻结的目的就是将要开凿的井筒周围形成一个临时的、能支撑土压和水压的冻结壁，以防止水、砂等涌入井筒。但斜井冻结目前的技术还不能像立井冻结那样沿井筒四周布置冻结孔，施工实践中仍采用打垂直孔的方法冻结斜井，斜井冻结孔布置取决于打孔技术和冻结壁形状。斜井冻结壁可以是封闭的，也可以是非封闭的，这取决于井筒穿过地层是否稳定，是否有隔水层等。工程实际中大部分是封闭型冻结壁，而井内开拓荒径以内的部分是不需要冻结的，井筒荒径以内岩土被冻实，势必会对井筒快速施工产生影响，而且还会损失大量的冷量。因此在施工过程中要将穿越井筒内部的冻结管进行局部保温，以减少穿过井筒的冻结管的冷量损失，保证井筒内部岩土不冻实，为掘砌单位创造少挖冻土，加快井筒施工速度的条件。通过对几种冻结管保温后温度场发展规律研究，采用冻结管外加玻璃钢套管，然后在冻结管与套管之间填充聚氨酯发泡的隔热保温法。这不仅降低了冻结管向井筒内散失冷量损失，也给掘砌单位提供了安全、良好的施工环境。

2.4　斜井冻结信息化施工

　　特殊地层中斜井冻结技术在国内少有，国际上为数也不多，因此冻结该类井筒可借鉴的施工经验也很少。作为穿过特殊地层的斜井冻结井筒施工，冻结壁的平均温度和厚度，井帮温度和位移量等是关系到井筒安全的关键信息。同样在保证安全的情况下为进一步降低冻结施工成本，在斜井冻结施工过程中采用了信息化施工。信息化施工主要监测的内容包括：冻结孔偏斜、冻结壁温度场发展、盐水流量与盐水温度、冻结站内各冷冻机的吸排气温度及压力、电机轴承的工作情况、蒸发器液位情况、冷凝器冷却水的进出口温度等。采用一系列监测、监控信息化，达到正确指导施工的目的。

3 适 用 范 围

（1）斜井冻结法主要用于地质条件复杂、地层松软及有流砂、淤泥等特殊不稳定地层时，用普通法凿井无法通过的斜井、平硐等地下工程施工。

（2）穿过特殊地层、地下水量大的斜井井筒冻结工程。

（3）根据冻结法原理，目前该工法成功地应用于煤炭、水利、交通、地铁、桥涵等地下工程建设中，是在特殊地质条件下工程建设的可靠工法。

4 工 艺 原 理

4.1 冻结壁设计原理

利用制冷压缩机制取冷量，采用冷媒剂将冷量送到需要冻结的部位，对井筒四周地层一定范围进行冻结。斜井冻结的关键技术是冻结方案设计，即根据不同地层的埋深、地压值大小、地下结构、地下水情况及井筒断面设计不同区域的冻结壁厚度和平均温度。由于冻结壁受力状况和边界条件复杂，目前尚无成熟的冻结壁厚度和平均温度计算公式，可参考相应资料及经验确定。

竖孔冻结方式的斜井底板冻结壁厚度设计应充分考虑掘进单位施工速度、空帮空顶距，确保支护完成前，底部冻结壁厚度满足安全施工要求，并应满足以下条件：

（1）冻结深度小于30 m时，底板冻结壁厚度应大于4 m，顶板冻结壁厚度大于5 m，侧帮大于2 m。

（2）冻结深度大于30 m时，底板冻结壁厚度应大于5 m，顶板冻结壁厚度大于6 m，侧帮大于2.5 m。

4.2 制冷原理

4.2.1 盐水循环系统

在斜井井筒周围按设计施工钻孔（冻结孔），孔深为所需冻结深度，然后在钻孔内下置冻结器（冻结管、供液管等组成），经过冻结站降温的低温盐水（−20～−35 ℃的氯化钙水溶液）经管路输送，抵达冻结器底部，沿冻结管与供液管之间的环状空间上升，此时低温盐水吸收地层传给冻结管的热量，地层降温而使低温盐水逐步升温，并返回到冻结站，进行再次冷却，以此往复循环。低温盐水吸收冻结管传来的热量，使冻结管四周岩土温度逐步降低，并形成冻土，冻土的范围逐步扩大形成冻结圆柱。各冻结圆柱不断扩展，两两相连，形成一封闭的具有一定厚度和强度的冻结壁。当冻结壁的强度与厚度达到设计要求后，井筒即可开挖。井筒在冻结壁的保护下安全施工。

4.2.2 冷却水循环系统

在冷凝器中，冷却水不断地流过冷凝器盘管，吸收盘管内部氨相态变化所放出的热量，并使冷却水水温升高。

4.2.3　氨循环系统

利用液氨蒸发吸热的原理采用压缩机降低蒸发器中氨的压力，氨气化蒸发吸收盐水热量从而降低盐水温度。

综上所述，冻结法凿井的基本原理，就是盐水从地层中吸收热量，并将其热量传递给氨，氨经压缩机压缩后，将这部分热量传递给冷却水，最后由冷却水把热量散发到大自然中。这样，通过三大循环，逐步使地层降温并冻结，形成所需的冻结壁。冻结系统如图4－1所示。

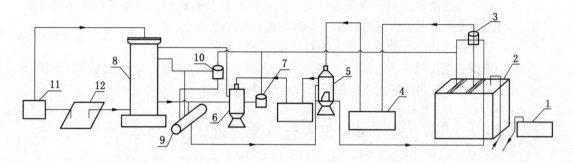

1—盐水泵；2—蒸发器；3—氨液分离器；4—压缩机；5—中间冷却器；6—油氨分离器；
7—集油器；8—冷凝器；9—氨储液器；10—空气分离器；11—冷却水泵；12—冷却水池

图4－1　冻结系统

5　工艺流程及操作要点

5.1　工艺流程

工艺流程如图5－1所示。

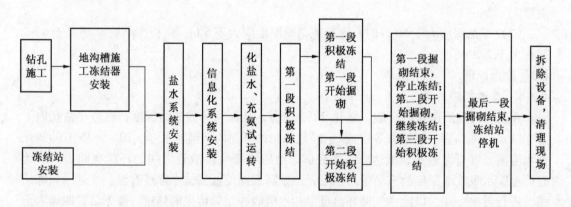

图5－1　工艺流程

5.2　操作要点

5.2.1　斜井冻结孔布置

斜井冻结时，冻结孔布置的科学与否直接影响到冻结壁的交圈时间及冻结施工成本。根据斜井冻结壁厚度设计，冻结孔布置排数为3～7排。其中根据井筒两侧冻结壁厚度设计情况，边排孔一般布置1~2排，中排孔一般根据井筒掘砌宽度设置1~3排。冻结孔排间距与孔间距可根据冻结时间进行适当调整。根据多排孔冻结温度场研究，一般为了加快冻结壁交圈时间，在冻结孔布置时，尽量缩小冻结孔排间距和外排孔冻结孔孔间距。边排孔是主体冻结孔，在井筒尚未进行永久支护时，需要不停地工作直至井筒永久支护完成。中排孔有两个作用：一是加快斜井顶部和底部冻结壁的冻结速度，缩短形成封闭冻结圈的时间；二是提高顶部和底部的冻土强度。

5.2.2 斜井冻结的区段划分

斜井冻结孔采用的是垂直孔冻结的施工方案，因此斜井冻结沿井筒斜长方向上，每个区域的冻结管都是相对独立的。为了保证冻结工程连续、快速施工，减少冻结工程的装机容量，达到造孔、冻结和掘砌各工程进度相互连续、密切配合，根据井检孔提供的地层特征和井筒掘砌施工速度等指标，将整个冻结段划分为若干个独立的小冻结段。采用分段打钻、分段冻结的施工工艺，确保造孔、冻结、掘砌连续施工，以尽可能缩短井筒施工工期。冻结施工过程中可根据井筒实际掘砌施工速度，适时调整冻结站开机参数和各冻结器盐水流量，以及冻结孔运行数量，在冻结壁保证掘砌安全的条件下，为井筒施工创造良好环境。冻结段划分区段的原则，应能保证斜井连续施工，各区段的需冷量均衡。具体施工流程为：第一段进行积极冻结时，第二段供给适当冷量；第一段开始转入维护冻结时，第二段进入积极冻结，第一段内层井壁套壁结束，停止冻结；第二段进行开挖转入维护冻结，第三段转入积极冻结，这样直至全部冻结段掘砌完毕。为保证冻结范围内全部封闭，在斜井冻结起始端部和尾部必须设置3~4个封头孔。斜井冻结钻孔布置如图5-2所示。

5.2.3 斜井异径管冻结

斜井异径管冻结时为了有效降低斜井井筒上部非冻结段的冷量损失，同时对井筒上部冻结壁起到一个加固作用，根据斜井方案设计各冻结管的长度及井筒冻结段和井筒开挖高度，计算出井筒上部非冻结段的高度；根据局部冻结段的高度分别对各冻结孔进行配管和下管。

5.2.4 斜井冻结的局部保温

对所有穿过井筒荒径内的冻结管采取局部保温的方法。首先在冻结管结构设计时，穿过井筒的冻结管的管径要比冻结壁范围内的其他冻结管管径稍小，在设计时根据井筒掘砌实际高度，提前对该段冻结管进行加套管和聚氨酯发泡，然后再与其他冻结管连接下置到冻结孔内。下置时要测量钻孔深度和冻结管长度，确保保温管段下置在预挖井筒荒径内。

5.2.5 斜井冻结信息化施工

斜井冻结信息化施工的监测目的是为了井筒冻结施工及时反馈信息，是完善设计和指导施工的重要手段，判断冻结壁是否达到设计标准的重要依据。由于斜井冻结地质条件的复杂性和施工过程的多变性，对于在设计计算中未能计入的各种因素，通过检测结果进一步修改和完善施工技术措施；施工现场根据监测数据，及时调整冻结施工参数，经监测数据分析、判断冻结壁是否交圈，确定冻结壁的开挖时间，确定井筒开挖和施工中冻结壁厚度和强度，以保证井筒安全掘砌。斜井冻结信息化施工技术为适时调整掘砌和冻结方案，为深厚冲积层冻结工程的安全提供了重要保障。

斜井冻结信息化施工涉及的主要监测内容包括：①冻结钻孔、测温孔的实测开孔位置、测斜数据；②冻结管、测温管的管材、规格及其沿深度的变化；③冻结站制冷系统运

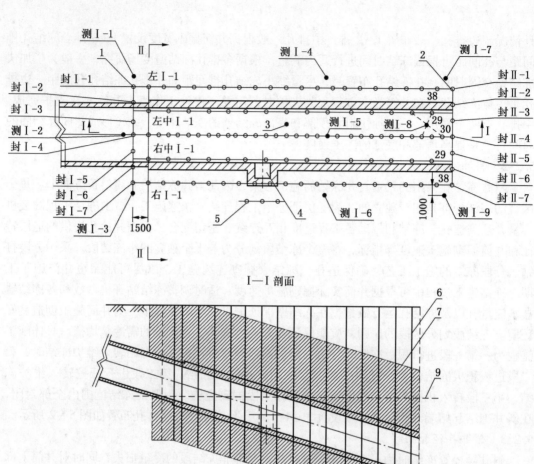

I—I 剖面

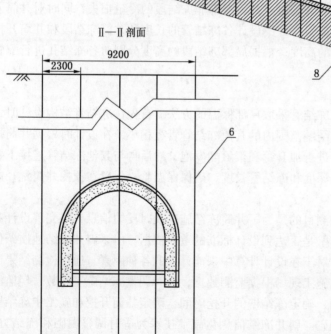

II—II 剖面

1—封头孔；2—下段封头孔或末端封尾孔；3—水文孔；4—切口；5—切口孔；
6—冻结管；7—冻结壁顶部；8—冻结壁底部；9—静水位

图5-2 斜井冻结钻孔布置

转指标监测；④去回路冻结盐水的实测温度、流量；⑤通过测温孔获得的地层测温资料；⑥井帮与工作面温度监测；⑦冻结壁的变形与位移监测；⑧地表冻胀位移监测。

5.3 劳动组织

（1）钻机劳动组织安排及人员配备见表5－1。

表5－1 钻机劳动组织安排及人员配备表　　　　　　　人

序　号	工　种	班　次			备　注
		一班	二班	三班	
1	项目经理	1	1	1	含2个副经理
2	电测	2	2	2	
3	机电人员	2	2	2	
4	会计	1			
5	材料保管	1			
6	司机	1			
7	后勤	3～4			
8	钻工	5	5	5	

（2）冻结站劳动组织安排及人员配备见表5－2。

表5－2 冻结站劳动组织安排及人员配备表　　　　　　　人

序　号	工　种	班　次			备　注
		一班	二班	三班	
1	项目经理	1	1	1	含2个副经理
2	冻氨工	5～10	5～10	5～10	每班含班长1人
3	机电人员	3	3	3	
4	会计	1			
5	材料保管	1			
6	司机	1			
7	后勤	3～4			
8	冻结站长	1			

6 材 料 与 设 备

斜井井筒冻结设备主要分为两类，即打钻设备与冻结设备，主要材料与设备见表6－1。

表6-1 主要材料与设备表

设备类别	设备名称		型号、规格	备 注
打钻设备	钻机		DZJ－500/1000、TSJ－2000E	
	泥浆泵		TBW－850/50、TBW－120/TB	
测斜设备	灯光测斜仪			适合浅冻结孔
	陀螺测斜仪		JDT－3、JDT－5A	适合深冻结孔
冻结设备	冷冻机	活塞机	8AS－12.5、8AS－17	
		螺杆机	HLG20ⅢDA185、HJLG25ⅢTA250 LG25L250/20S220－YZ	
	附属设备	冷凝器	EXV－340、EXV－230	
		蒸发器	ZL－200、ZL－160、GZF－240	
		中冷器	ZL－8.0、ZL－5.0	
		油分器	YF－250	
		储液器	ZA－5.0	
		盐水泵	12SH－9	
		热虹吸	HZA－5.0	
管路	无缝钢管		各种直径	氨管路、水管
阀门	氨阀、水阀		各种型号	

7 质 量 控 制

7.1 执行标准

本工法严格执行《煤矿安全规程》(2011)、《煤矿井巷工程质量验收规范》(GB 50213—2010)、《煤矿冻结法开凿立井工程技术规范》(MT/T 1124—2011) 和《煤矿井巷工程施工规范》(GB 50511—2010) 等。

7.2 质量要求

7.2.1 钻孔施工质量要求

(1) 钻孔偏斜。钻孔孔间距：冲积层小于3 m，基岩段小于5 m。

(2) 冻结管下置深度误差小于0.5 m，开孔误差小于0.05 m。

(3) 冻结管下置完毕后进行打压试验，以确保冻结管不渗不漏。试验压力按照下式计算：

$$p = 1.5p_1 + (d-1)H/10$$

式中 p_1——盐水泵压；

d——盐水比重；

H——冻结管深度。

7.2.2 冻结施工质量要求

(1) 冻结站安装严格按设计图纸施工。冻结站安装完毕后，对氨系统进行打压试漏试验压力：高压1.8 MPa，中压1.4 MPa，低压1.2 MPa，观察24 h，压力稳定不降为合格。

（2）开机前，对三大循环系统从单台设备、单个系统到整体系统进行逐步试运行，确认各系统运行良好后方可进行化盐水、充氨等最后工序。

（3）冻结站盐水降温在 0 ℃以上，每天不得超过 5 ℃，盐水达到 0 ℃以下时，每天不少于 2 ℃。

（4）冻结站开机后，其冻结器的检查工作是冻结工程的重点，为此，加强对冻结器运行状况的检查和对测温孔数据的分析是确保冻结成败的关键。

开机后，应重点检查：①冻结孔各孔流量不小于设计值；②冻结孔纵向温度自上而下比较均匀，无突变点现象；③测温孔温度应均匀下降，降幅一般为每天 0.2 ℃。

（5）开机后应对井筒四周参考井水位进行观测，掌握地下水位与井筒内水位变化，以及了解冻结壁交圈情况。

（6）冻结壁交圈检验：①冻结器没有异常现象；②测温孔推算冻结壁已交圈时，可以认为冻结壁已交圈。

7.3 质量保证措施

（1）根据工程地质及水文地质资料，全面掌握井筒所穿过的地层特性、地下水的流速与流向、冻结段终止位置的地层特点。根据地层结构、地下水流向和流速大小及冻结终止部位的地层含水状况等资料编制施工组织设计。对于地下水流速较大的地层，可分别采取减小冻结孔间距、加大冻结管直径或布置多排孔等措施以克服水流造成的冷量散失。

（2）冻结孔施工要重点把握冻结孔开孔位置准确，各水平面的钻孔偏斜率及间距不许超过设计值。

（3）异径冻结管下置时，必须保证冻结管各层位的深度准确，防止在冻结段下置非冻结段冻结管，对冻结壁产生影响。

（4）非冻结段冻结管发泡时要保证冻结管与外面套管的同心度，发泡完成后要对保温后的冻结管两端进行防水处理，然后再与其他冻结管进行连接。

（5）冻结管打压试漏合格，深度达到设计要求，并根据测斜情况绘制各水平冻结交圈图以指导冻结施工。

（6）冻结站各设备管路安装完毕后，进行氨系统、盐水系统、冷却水系统的打压试漏工作，做到不渗不漏，设备单台及联合试运行正常。

（7）信息化系统安装时，首先要对各传感器进行校对，保证传感器采集数据的准确度。所有信息化监测系统完成后进行统一调试，保证系统的正常工作。

（8）根据地下水流向，确定好冻结水源井的位置，以水井抽水不影响井筒冻结为原则，要求冻结水源井应距井筒水流上游 300 m 以上。盐水比重应达到设计要求。首次充氨量宜适量，随着盐水温度的降低，系统液氨须不断地加以补充。

（9）试运转开机时要掌握系统中各压力、温度的变化应在正常指标的范围之内，如有异常要及时加以处理。

（10）随着制冷系统的运行，盐水温度逐渐降低，地层温度也随之而降，此时应加强冻结器及测温孔温度的监测。冻结器应检查每根冻结管的盐水流量及去回路温度，查看冻结器结霜情况，了解冻结器的运行。应每天对测温孔测量、记录，收集原始温度数据，掌握各地层冻结发展状况，及时分析异常数据。

（11）开机 20 d，对各个冻结器进行纵向测温，从而全面掌握每个冻结器的运行状况及各水平地层的冻土发展情况。

（12）开机后，每天对测温孔温度进行记录，在预计快要交圈时根据测温孔温度进行冻土发展计算，当冻结壁厚度、强度达到设计值时，开始井筒掘进。

（13）当井筒掘砌一段距离后，要及时对井筒进行永久支护，防止井筒冻结壁化冻后对井筒造成安全隐患。

（14）当井筒掘进距设计冻结斜长终点 5～8 m 时，停止掘进，待井筒永久井壁完成后即可停止冻结站运转。然后开始对现场进行冻结站拆除及现场清理工作。

8 安 全 措 施

为保证工法的顺利实施，项目部制定安全生产责任制并设立专门机构进行层层管理。应注意的主要安全措施如下。

8.1 打钻部分

（1）安拆钻塔要有专人统一指挥，有秩序地进行，严禁塔上、塔下平行作业。

（2）高空作业人员要戴安全帽，系安全带，穿防滑鞋，所用工具要用工具包接送，防止坠物伤人。

（3）钻孔期间要严格按照操作规程作业，并做好防雷、防火等防护工作。

8.2 冻结部分

（1）加强各种设备、管路的巡查，杜绝氨、盐水、油的跑、冒、滴、漏现象，各种压力容器按有关规定进行试验。

（2）冻结站内要做好防火、防爆、防毒等安全防护工作。冻结制冷操作人员要有防毒面具、橡胶手套等防护用品。

（3）冬季施工不得赤手触及金属物件，场地周围应采取防滑措施，供水管路采用保温材料包扎，当停止供水时应及时将设备和管路内的水放净。雨季施工时，应了解当地天气情况，冻结站要安装避雷针，连接好接地极。

9 环 保 措 施

9.1 节能环保组织机构

节能环保组织机构如图 9-1 所示。

9.2 节能环保措施

9.2.1 组织措施

（1）成立节能环保小组，负责检查、落实各项环保工作。

（2）加大对广大职工的环保知识教育，使人人心中牢记环保工作的重大意义。

（3）主动与业主、地方主管部门联系。

9.2.2 技术措施

1. 水、大气环境保护措施

（1）在生活区、施工区内设置污水处理系统，做到不将有害和未经处理的施工废水直接排放。

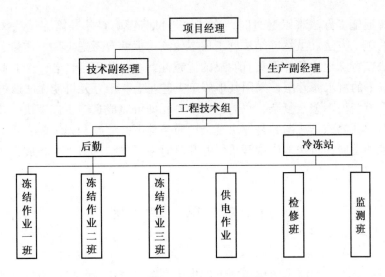

图 9-1 节能环保组织机构

（2）对生活区和施工区的环境卫生定期进行清扫，将废弃物运至指定地点进行处理。

（3）对施工现场的库房指定专人负责。

（4）对施工便道经常进行洒水清扫。

（5）保护好生活饮用水不受污染。

2. 施工噪声、振动的控制

在设备选型上优先考虑低噪声的设备，做好防振基础；合理布置施工工作区域，利用距离和隔墙来减小噪声，做到设备维修和定时保养润滑。

3. 粉尘控制

（1）对施工现场地面定期进行洒水，减小灰尘对周围环境的污染。

（2）在施工现场禁止焚烧有毒、有害物质。

（3）在装卸有粉尘的材料时，采取洒水等其他保护措施。

4. 节能管理

（1）加强现场采暖、照明系统节能改造，使用节能装置或设备。

（2）推行电子化办公，节约各项办公费用开支。

（3）注重建筑节能，减少空调能耗。

（4）加强车辆管理，降低车辆油耗。

（5）根据井筒的掘砌及冻结壁发展情况进行分析，对冻结站设备的开机台数进行实时调整，节约用电。

（6）根据井筒掘砌速度，实时调整冻结器的工作状态，以减少冷冻机的负荷，降低能源的消耗。

10 效 益 分 析

冻结法凿井主要用于特殊地层条件下的井筒掘进，在冲积层较深，地层含流砂、淤泥等条件下，普通施工方法难以通过时，冻结法是目前煤矿斜井井筒穿过特殊地层的最有效、最可靠的施工方法。虽然冻结法施工成本较高，但综合考虑工期、质量、施工速度等因素，冻结法在特殊地质条件下具有明显的优越性。就目前而言，若一个井筒要穿过赋存在深100 m以下的富水厚砂层，采用其他施工工艺花七八千万元可能无法通过，但是采用冻结法施工，就变得不怎么复杂，只需三四千万元即可完成且施工速度快、效益好，安全可靠。所以斜井井筒冻结法凿井是解决复杂地质条件下井筒顺利施工的有效工法，随着冻结法施工技术的发展，特殊地层中开采斜井井筒时采用冻结法施工必将成为我国建井行业的主要工法。

11 应 用 实 例

11.1 实例一

马泰壕煤矿是鄂尔多斯羊绒集团和永煤集团合资开发建设的煤炭项目。井田位于内蒙古自治区鄂尔多斯市境内，距伊金霍洛旗新街镇约13 km，306省道穿过井田东北部。井田南北长约14.5 km，东西宽约8.5 km，井田面积为123.32 km^2。矿井年设计生产能力800×10^{4}t，服务年限106 a，采用斜井、立井混合开拓方式，设计主斜井、副立井和风立井3个井筒。主斜井斜长为1513 m，提升方位角142°。马泰壕主斜井上段采用冻结法施工，从斜长59.85 m（水平长度57.53 m）起开始冻结，冻结斜长440.64 m，冻结垂深145 m。采用冻结法施工，工程于2009年8月20日开始冻结，2010年10月5日安全、顺利完成冻结段的施工，工程质量优良。

11.2 实例二

冀中能源峰峰集团锡盟煤电化路一体化项目查干淖尔一号井主斜井井筒穿过第四系、第三系及白垩系地层。第四系厚24 m，全部为砂层，其中静水位距地表不超过4 m，地层含水量大；白垩系地层岩石松软，遇水易崩解，因此该井筒采用普通法施工很难进行，采用冻结法施工。主斜井井筒斜长740 m，井筒倾角16°，井筒冻结段斜长285 m，采用在地面打直孔方案，钻孔深度由浅入深，最浅冻结孔孔深为16.507 m，最深冻结孔孔深为96.535 m，钻孔总工程量为48701.197 m。该冻结工程于2010年2月12日开始冻结，2011年6月29日完成井筒冻结段施工。

11.3 实例三

山西霍州煤电集团吕临能化有限公司庞庞塔煤矿主斜井井筒穿过第四系和第三系松散层，其含水量大，第一砂砾层为厚潜水含水层，且与地表没有明显的隔水层。第四系和第三系主要由沙土和砂砾石组成，其地层稳定性极差，采用普通法基本上无法通过，采用冻结法施工。主斜井井筒斜长1465.785 m，井筒倾角16°，井筒冻结段斜长为288.35 m，采用在地面打直孔方案，钻孔深度由浅入深，最浅冻结孔孔深为41.554 m，最深冻结孔孔深为122.449 m，钻孔总工程量为71800.887 m。该冻结工程于2009年9月25日开始冻结，2010年12月25日安全、顺利完成冻结段的施工，工程质量优良。

综上所述，当斜井井筒穿过砂层、含水量大的砂土层及深厚黏土层等不稳定地层时，采用普通法是难以通过的，必须采用特殊的施工方法。特殊地层中斜井冻结施工方法是解决复杂地质条件下进行井筒施工的有效工法。

大直径深立井全深冻结井筒快速施工工法 (GJEJGF374—2012)

中煤第五建设有限公司　中鼎国际工程有限责任公司

范聚朝　王世春　王雨寒　包国兰　谭贵华

1 前　　言

随着我国浅部地层煤炭资源逐步减少，煤炭开采正在向深部地层延伸。深部煤层开采大多采用立井开拓方式，随着深度增加，地质水文条件也更加复杂，特别是很多矿井需要穿过多层含水层、局部流砂层等地层。白垩纪和上侏罗纪地层多由中粗砂岩或砾岩组成，岩层厚，质软，含水丰富，易风化，岩石遇水软化为泥状，中间无有效隔水层，上下岩层之间有较强水力联系。采用普通法容易造成大量片帮和抽帮，而且含水层涌水量较大，难于注浆封水，施工难度很大，有可能无法通过。这种条件下，冻结法凿井是我国应用最多最成功的凿井方法。因此，研究在冻结条件下，怎样才能实现安全高效施工是关键问题。

在门克庆主井等井筒施工中，进行了井筒快速施工技术研究与实践，通过一系列措施的综合应用，最终实现了井筒安全、优质、快速施工，形成大直径深立井全深冻结井筒快速施工工法。该工法关键技术于2012年7月通过中国煤炭建设协会组织的技术鉴定，成果达到国际领先水平。

2 工 法 特 点

（1）根据大直径井筒特点进行机械化配套选型设计，首先选择Ⅵ型大型凿井井架，为布置多台提升机和承担凿井悬吊设施的重量打下基础。

（2）运用提升机变频调速技术，实现提升系统安全、快速、平稳运行，去除了旧式电控条件下突然断电或人为操作速度不均等弊端。

（3）通过使用液压钻机、液压抓岩机、中型挖掘机和新型凿岩钻具等机具设备，实现快速凿岩和装矸，减轻了工人的劳动强度，减少了掘砌人员的使用量，使施工作业更快速和安全。

（4）采用4.6 m大段高整体金属模板和深孔光面控制爆破技术，减少了工序循环过程，减少了不必要的时间消耗；大直径溜灰管配合防离析二次搅拌技术应用，实现了快速浇筑，保证了浇筑质量。

（5）冻结孔环形空间水泥浆置换泥浆技术、硐室和井筒连接处埋管注浆技术、井壁埋管注浆技术等针对冻结井的综合防治水技术，为井筒优质、快速施工创造了条件。

3 适 用 范 围

本工法适用于深度 700～1300 m、直径 8～12 m 的大直径深立井全深冻结井筒及相关硐室掘砌施工。

4 工 艺 原 理

本工法是通过多个大直径深立井全深冻结井筒的施工，进行多次研究、试验、探索取得的技术成果。这些成果包括：Ⅵ型井架应用技术，多台提升机与提升机变频控制技术，液压伞钻与抓岩机应用技术，中型挖掘机清底技术，深孔光面控制爆破和大段高模板砌壁技术，新型螺旋钻具应用技术，大直径输料管、吊盘二次搅拌和全深冻结井综合防水技术等。通过多种新技术的有机结合和综合应用，保证了复杂地质条件下大直径深立井全深冻结井筒安全、快速和优质施工，另外对于节能减排、职业健康与环境保护也具有很大的意义。

5 工艺流程及操作要点

5.1 工艺流程

机械化配套设计→选择合理爆破参数和模板高度→快速掘砌施工→井筒综合防治水施工。

5.2 操作要点

5.2.1 Ⅵ型井架应用

大直径冻结井需要选用特大型号的井架，我国现有凿井井架均不能满足大直径深立井井筒快速施工需要。为此，公司与中国矿业大学联合设计并制作了第一个特大型Ⅵ型井架，井架上可同时布置 3 套提升天轮，满足 3 台绞车同时提升需要。井筒布置如图 5－1 所示。

5.2.2 多台提升机与提升机变频控制

由于井筒荒径大、排矸量大，为满足快速排矸要求，在同一井筒同时布置 3 台大型提升绞车，1 台 2JK－4.0×2.3/21.7 型主提升机，2 台 JKZ－3.0/20E 型副提升机，分别配备 5 m³ 或 4 m³ 吊桶，可满足每小时提升 96 m³ 矸石的需要。每循环排矸时间 10 h，比 2 台绞车提升提前 3.5 h。

提升系统全部采用变频调速技术，系统由全数字网络化操作台和高性能矢量变频调速装置构成。变频器为大功率高压变频系列。所有大功率器件、主控器件全部采用原装进口国际知名品牌的标准化工业产品。建立在最新传动工程技术、优化的传动控制技术以及面向安全的自动化控制技术基础上的选型与设计，具备国际先进水平。

5.2.3 液压伞钻与抓岩机应用

使用目前国内最先进的 6 臂液压伞钻打眼和 1 m³ 大容积液压抓岩机装矸。液压伞钻转速高，扭矩大，钻进速度快；液压抓岩机一次抓岩量大，动作迅速。

在凿井吊盘安装液压泵站，为液压伞钻和液压中心回转式抓岩机提供动力。

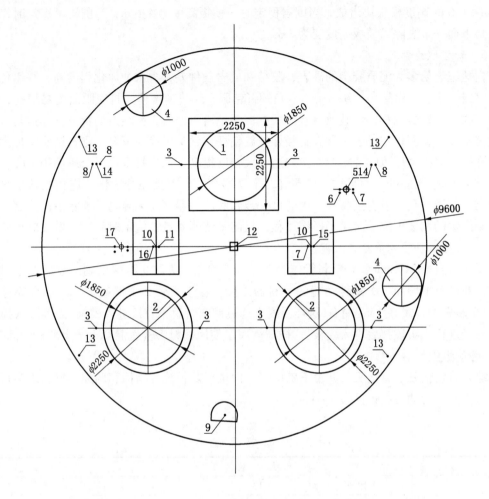

1—主提吊桶；2—副提吊桶；3—稳绳；4—风筒；5—压风管；6—供水管；7—动照电缆；
8—信号电缆；9—安全梯；10—抓岩机；11—爆破电缆；12—测量孔；13—模板绳；
14—吊盘绳；15—电视监控电缆；16—瓦斯监控电缆；17—排水管

图 5－1　井筒布置

5.2.4　挖掘机清底

施工中，中型和小型挖掘机配合使用。中型 CX-75 型挖掘机成功在井筒掘砌施工中应用，在软岩中主要用于清底和刷帮，在较硬岩层中主要用于清底，也可用于辅助装岩。挖掘机挖掘速度快，减少了挖掘和清底人员使用量。小型挖掘机挖掘和清底效果好，大大加快了掘进速度，解放了劳动力，提高了效率，实现了清底工作的机械化。

5.2.5　深孔光面爆破和大段高模板砌壁

钻眼采用 YFJD－6.11 伞钻，外螺旋钻杆，$L = 6000$ mm，ϕ55 mm 金刚石复合钻头，炸药选用 T220 型高威力抗冻水胶炸药，雷管为毫秒延期电磁雷管，选用地面专用起爆器起爆。根据爆破设计，严格控制周边眼装药量和距冻结管距离，防止大爆破对冻结管的破坏。

为配合超深孔爆破大段高掘进，第一次在冻结井施工中使用了 MJY－4.6/11.36 砌壁模板，模板高度 4.6 m，每次砌壁高度 4.5 m，模板高度做成可拆卸形式，整体模板由 1.5 m ＋

1.5 m + 1.6 m 高度模板块组成，当围岩稳定时，模板高度为 4.6 m，当围岩不稳定时，把模板最下面一节去除，模板高度变为 3 m。

5.2.6 新型螺旋钻具应用

白垩纪岩层多为泥质胶结的砂岩，胶结和成岩条件差，含水，风化程度高，采用传统的十字或一字合金钢钻头，B25 中空六角钢钎钻眼，钻进速度慢，打完眼后容易塌孔，孔内残留物多，装药困难，爆破效果差。根据白垩纪岩石松软、胶结差的特点，经过与厂家多次技术攻关，制作完成了一种大直径外螺旋钻杆，钻头更换为复合金刚石钻头，加大钻杆内孔径，以提高压风吹洗能力。凿岩速度大幅度提高，原来打眼班一个班约用 10 h，更换钻具后可减少到 6 h。而且钻孔成孔好，不易塌孔，岩屑被充分吹出，炮孔内几乎没有残留物，不用扫孔，可直接装药，火药可一装到底。药卷之间无异物，消除了火药之间因有异物产生的殉爆现象，简化了操作过程，提高了装药质量，施工时间短，爆破效果好。

5.2.7 大型输料管、吊盘二次搅拌

采用大直径 219 mm 管径输料管作为下混凝土管路，为防止混凝土到吊盘后发生离析现象，在吊盘上增加二次搅拌功能的分料器。在吊盘上安装 2 个混凝土二次混合搅拌装置，每个装置的容量在 1 m³ 左右，这样混凝土通过溜灰管后不直接进入模板，而是进入搅拌装置重新进行二次搅拌后再入模板，这样就解决了使用输料管输送混凝土产生离析的问题。

5.3 劳动组织

综合队包括井下直接工、井上下辅助工，由生产队长统一指挥和调配，掘进班实行四班滚班作业。劳动力配备见表 5 - 1。

表 5 - 1 劳 动 力 配 备 表　　　　　　　　　　　人

岗 位 工 种		人 数	备 注
矿建队	打眼班	12	
	出渣班	12	
	打灰班	12	
	清底班	12	
	绞车司机	12	
	队干	4	
机电队	机电工	13	大抓包机组 3 人，压风包机组 2 人，稳绞维护 1 人，泵包机组 2 人，机大班 2 人，电工班 3 人
	压风工	3	
	变电工	3	
	水泵工	4	
	爆破工	2	
通风组	瓦检员	3	
	通风工	3	
项目部	管服人员	21	食堂 4 人，技术部 5 人，财务 3 人，供应 2 人，项目班子成员 7 人
合 计		104	

6 材 料 与 设 备

使用Ⅵ型特大凿井井架，3台提升机提升出矸，1台六臂液压伞钻打眼，1台CX-75型挖掘机挖掘，1台CX55B型小型挖掘机挖掘和清底，2台YYHZ-10型中心回转抓岩机直接装罐，5.5m深孔光面光底爆破，4.6m高度液压伸缩整体下移式金属模板砌壁。主要材料及设备见表6-1。

表6-1 主要材料及设备

序号	设备名称	型号、规格	单位	数量	备注
1	凿井井架	Ⅵ	座	1	
2	主提升机	2JK-4.0×2.3/21.7	台	1	
3	副提升机	JKZ-3.0/20E	台	2	
4	吊桶	5m³/4m³	个	4/2	
5	抓岩机	YYHZ-10	台	2	
6	挖掘机	CX-75	台	1	
7	挖掘机	CX55B	台	1	
8	凿井稳车	2JZ-16/1000	台	1	
9	凿井稳车	JZ-16/1000A	台	6	
10	凿井稳车	JZ-25/1300	台	8	
11	凿井稳车	JZ-5/1000	台	1	
12	伞钻	YFJD-6.11	台	1	
13	凿岩机	YGZ-70	台	6	
14	混凝土搅拌机	JS-1000	台	1	
15	配料机	PLY-1500	台	1	
16	压风机	20m³	台	1	
17	压风机	40m³	台	3	
18	电力变压器	S_{11}-5000/10-10/6.3	台	2	
19	电力变压器	S_{11}-1250/6-6/0.4	台	2	
20	矿用变压器	KBSG-630 6/0.69	台	2	
21	防爆开关	BGP9L-6（10）	台	2	
22	防爆开关	BKD19-400Ⅱ	台	4	
23	外壁模板	MJY-4.6/11.36	套	1	
24	内壁模板	1.0组合	套	15	
25	吊盘	φ9.3-2	套	1	
26	装载机	ZL-50A	台	1	
27	自卸机车	JN162-10T	台	2	
28	通风机	FBDNo7.5/2×45	台	4	
29	采油发电机	KBS300kW	台	1	
30	钢筋直螺纹机	GF-40	台	1	
31	翻矸装置	自动	套	2	
32	矸石仓	落地式	套	2	
33	胶质风筒	φ1000	趟	2	共1600m

7 质 量 控 制

7.1 执行标准

严格执行《煤矿井巷工程质量验收规范》(GB 50213—2010)、《煤矿井巷工程质量检验评定标准》(MT 5009—1994)、《混凝土结构工程施工质量验收规范》(GB 50204—2002)等标准。

7.2 质量保证措施

(1) 运用 QC 管理，编制操作规程和安全技术措施，对职工进行全面贯彻和指导，对特殊岗位进行专门操作技能培训，邀请设计人员和专家亲临现场指导。

(2) 加强施工准备工作，成立准备工作专项领导小组，做好准备工作的综合平衡，提前落实人员、材料、设备及非标加工计划。

(3) 配齐配足状况良好的机械设备，在施工过程中加强维修保养，成立设备包机组，落实"清洁、润滑、调整、防腐"机械现场保养作业法，利用机械运转间隙时间进行检修，保证设备正常运转。充分发挥大型机械化设备配套的优势和施工能力。

(4) 加强各项工程施工中的综合调度平衡，搞好各工序的衔接，解决薄弱环节，把辅助生产时间缩到最短。

(5) 定期对施工中各工序进行工序能力分析，优化各工序流程。

8 安 全 措 施

8.1 立井防坠

(1) 施工前应加强职工安全技术教育，加强安全意识，切实做好施工组织设计及施工措施贯彻、考核工作，做到人人心中有数。要害工种必须经过严格培训，持证上岗。

(2) 井口安全标语鲜明，内容丰富，并有"必须戴安全帽""防止坠落"等安全警示标志。

(3) 开工前，应组织专人对三盘两台等施工设施进行一次全面检查，彻底清除杂物。

(4) 井筒开挖前，井口周围应设置警戒线，并悬挂明显警示标识。

(5) 严格执行吊桶乘坐制度，下井人员必须听从井上下把钩人员的指挥；吊桶边缘上不得坐人；吊桶升降时，乘坐人员不得将手和头伸出吊桶边缘。

(6) 吊桶的连接装置及筒梁的安全系数必须符合规程规定；提升吊桶上方必须按照规程规定设置保护伞。

(7) 井口工作人员要切实负责，上下人员、物料时，要按操作规程，不得违章作业，严禁人货混装；吊桶乘人数量不得超过规定，5 m³ 吊桶乘人不超过 11 人。

(8) 施工人员必须按照规程规定佩戴保险带，保险带应生根在牢固的构件上；保险带应定期进行试验，每次使用前必须检查，发现损坏时，必须立即更换。

(9) 提升、悬吊系统必须安排专人负责，钢丝绳必须按照规程规定进行试验及检查，并有检验报告及详细检查记录。

(10) 严禁立体交叉平行作业。

（11）模板起落由班长统一指挥，地面应有专人监护；起落模板时，模板下及悬吊模板钢丝绳下严禁站人，以防断绳伤人。

（12）高空作业必须使用工具包，工作用的扳手等工具要留保险绳，以防坠物伤人。

（13）翻矸台及其以下的各盘不用的孔洞必须封严或加盖门，对各盘上的铺板，固定螺栓、螺帽应经常检查，以防坠物伤人。

（14）井筒爆破后要严格检查下吊盘，尤其是下吊盘工字钢槽内为重点检查部位。

（15）井下人员应避开吊桶提升位置；紧急情况下，工作面人员通过软梯爬到吊盘。

（16）挖掘机、伞钻、中心回转抓岩机等大型施工设备上下井，要编制专项措施和操作规程，指定操作人员执行，要害工种及特殊工种必须持证上岗。

（17）大型安装工程所用起重设备、机具、绳索等应严格按要求选用，使用前应认真逐台（件）检查检修，并有书面检查记录。

（18）井筒施工设施严格按照编制的《立井提升吊挂手册》执行。

8.2　机电设备管理

机电设备管理分为 3 个阶段，即安装准备阶段、安装阶段和正常维护阶段。为确保这 3 个阶段实施过程中的质量，应坚持本人检修检查、他人安装和本人进行维护的相互监督措施，避免自己进行检查、安装、维护等工作带来一些不易发现的问题。

8.3　井帮管理

（1）严格执行敲帮制度。

（2）及时根据实际揭露岩层情况调整施工段高及劳动组织，尽量减少空帮时间，快速砌壁通过。

（3）钻爆不良地层时，应控制边眼的间距、角度和装药量，减少爆破对围岩的震动破坏，以控制井帮的稳定性。

（4）施工过程中，应根据围岩稳定性及时采取锚网喷等可行的临时支护措施。

（5）在破碎地层施工时，及时采取井壁截水槽措施，以防井壁淋水造成片帮。

（6）对不良地层浇筑混凝土时，在下料胶管口设弯头导管，以防混凝土撞击岩帮引起岩帮片落。

8.4　伞钻的设置、运行、维修安全措施

（1）检查伞钻钢丝绳的索具卸扣，合格后方可使用。

（2）夺钩用的钢丝绳鼻采用的钢丝绳安全系数不小于 7.5，并做钢丝绳拉断试验，合格后方可使用。

（3）在各油雾器注满润滑油后，将保养完毕的调高油缸和各支撑臂、动臂收拢至零位，用麻绳将整机管路捆绑牢靠后，拆掉伞钻顶盘上与井口风包连接的压风管，用小跑车将伞钻运送至主提钩头侧附近，将主提钩头下放至伞钻顶盘的水平位置，然后将伞钻的夺钩绳挂在主提钩头上，用主提将伞钻提起松掉伞钻与小跑车的连接钢丝绳扣；夺钩时，夺钩人员在伞钻上要挂保险带。

（4）伞钻提起后，井口信号工应与绞车司机及吊盘、工作面的信号工联系后，方可下放。伞钻下井时运行速度不能过大，当伞钻下行至离工作面不少于 200 mm 时停止下放。在每次伞钻下井夺钩前，先通知绞车房，让绞车司机开慢车，绞车司机和井口信号工精神要高度集中。

（5）每次伞钻下井时，井口应设专人把钩；伞钻到吊盘时，每层吊盘的喇叭口处均设专人把钩，防止伞钻臂碰吊盘。伞钻下放到工作面后，吊盘上的人员与井下人员互相配合，利用靠近井筒中心的抓岩机悬吊绳夺钩，并将伞钻放在底盘上，将伞钻顶盘上的风水管路接好后开始送风。

（6）根据工作面高差情况，先启动油泵马达，然后操纵换向阀，将调高油缸调到合适的高度，使整个钻架立稳而又不倾斜。

（7）松掉捆绑伞钻的麻绳，将支撑油缸支起在井壁上撑紧，注意3个支撑油缸应协调支撑，使整个伞钻竖直，在伞钻调整好后，伞钻操作工就可钻凿炮孔。

（8）伞钻在井下使用过程中，不得卸掉或落松夺钩绳，如果出现故障需要维修时，伞钻应全部停止运行，待维修完成后，方可继续使用。

（9）冬季使用伞钻时，伞钻上井后采用收拢状态维修，防止冻住无法收拢。若伞钻冻住，则在下井前进行解冻。

（10）维修人员在伞钻上进行维修时，一定要抓稳扶牢，并应挂保险带作业。

（11）井下打钻人员在作业过程中，要设专人负责观察伞钻的支撑臂和井帮裸露围岩。井下要采用投射灯照明，井下作业人员要使伞钻各钻臂之间保持一定的距离。

8.5 抓岩机的设置、运行、维修安全措施

（1）抓岩机在下井前，要注意把所有的连接件连接牢固，指定专人检查悬吊抓岩机的钢丝绳索具及卸扣，合格后方可使用。

（2）下井用的钢丝绳鼻采用的钢丝绳安全系数应不小于7.5，并做钢丝绳拉断试验，合格后方可使用；两根钢丝绳鼻必须等长，防止钢丝绳鼻单根受力。

（3）抓岩机在下井前，应由专人挂钩并做起吊试验，确认无误后方可下放。在抓岩机下井时，先通知绞车司机开慢车，绞车司机和井口信号工精神要高度集中，井口应设专人把钩，在抓岩机到达吊盘时，各层吊盘的喇叭口处均设专人把钩，防止碰吊盘。

（4）抓岩机下到井底后，使抓岩机靠在靠近抓岩机口处的模板上，确认靠稳后通知绞车司机准备夺钩，下放抓岩机悬吊钢丝绳（绳径36 mm）进行夺钩。

（5）抓岩机在安装时4个U形卡一定要牢固，U形卡采用φ30 mm的圆钢制作，在紧固时设专人检查。抓岩机在使用过程中，每班设专人对4个U形卡螺栓进行检查，如有松动应立刻拧紧。

（6）抓岩机在使用过程中，每班检查一次，主要是各构件的连接装置和提升抓斗用的钢丝绳。抓斗用提升钢丝绳采用φ18.5 mm钢丝绳，在检查中如发现钢丝绳有断丝和磨损应立即更换。

（7）每次出矸完毕后进行下一个工序前，把抓斗上提并用φ18.5 mm钢丝绳鼻锁在抓岩机的机身上；抓岩机司机把操作手把锁定并关闭抓岩机的入气阀门。

（8）在每次抓岩机维修工完成抓岩机的检修工作之后，抓岩机司机才能开始工作；若在吊盘上安装两台抓岩机，则当维检工在维修其中一台抓岩机时，另一台抓岩机不得作业。

（9）抓岩机司机在动抓前，必须先检查抓斗等处有无矸石等，发现后立刻清理干净，防止坠落伤人；抓岩机司机在操作时，要时刻注意井底的工作人员和井下管路、水泵等物件的位置，若是两台抓岩机同时作业，应互相配合作业。

（10）抓岩机在使用过程中，其悬吊钢丝绳要拉紧，起到悬吊抓岩机的作用。

8.6　挖掘机的设置、运行、维修安全措施

（1）挖掘机在下井前，要注意把所有的连接件连接牢固，指定专人检查悬吊挖掘机的钢丝绳索具及卸扣，合格后方可使用。

（2）下井用的钢丝绳鼻采用的钢丝绳安全系数应不小于7.5，并做钢丝绳拉断试验，合格后方可使用；钢丝绳鼻必须等长，防止钢丝绳鼻单根受力。

（3）挖掘机在下井前，应由专人挂钩并做起吊试验，确认无误后方可下放。在挖掘机下井时，先通知绞车司机开慢车，绞车司机和井口信号工精神要高度集中，井口应设专人把钩，在挖掘机到达吊盘时，各层吊盘的喇叭口处均设专人把钩，防止碰吊盘。

（4）挖掘机下到井底后，应指定专人利用夺钩绳（绳径36 mm）进行夺钩。

（5）挖掘机与中心回转抓岩机配合作业时，必须指定专人统一指挥，其旋转半径范围内不得有人。

（6）每次出矸完毕后进行下一个工序前，把挖掘机清理干净，停在不影响接续工序施工的位置，并将其盖好。

9　环　保　措　施

（1）在开工前，组织全体干部职工进行环境保护学习，增强环保意识，养成良好的环保习惯。

（2）在生产区和生活区修建必要的临时排水渠道，并与永久性排水设施相连。

（3）施工废水、废油、生活污水分别进入污水沉淀池和生化处理池，净化处理后排放。生活区及生产区修建水冲式厕所，专人清扫。

（4）通风机等选用符合国家标准的低噪声设备，并采取措施，降低噪声污染。

（5）施工车辆在现场或附近车速应限制在8 km/h以下，施工路面经过适当的防尘处理，定时洒水。

（6）机具冲洗物，包括水泥浆、淤泥等应引入污水井中，以防止未经处理的排放，还要防止污水、含水泥的废水、淤泥等杂物从工地流至邻近工地上或积累在工地上。

（7）派专人把现场空罐子、油桶、包装等环境污染物定时清出，并对现场的积水及时清理。

（8）使用环保锅炉，减少大气污染。

10　效　益　分　析

该工法在门克庆主井井筒工程中成功应用，工程于2011年2月23日开工，至2012年4月18日竣工。参与工程施工170人，按照人工每天180元计算，节约人工成本费用约266万元；设备及周转材料租赁费、维修费、电费、消耗材料等每天3.2万元，辅助节约资金278.4万元；以上两项累计节约辅助建井费用544.4万元。门克庆矿井年设计生产能力1200 × 10⁴t，按照煤炭850元/t计算，矿井提前投产87 d，为矿方提前产生效益24.3亿元，节约注浆治水费用2000万元。

该工法在核桃峪副立井井筒工程中成功应用，工程于 2009 年 8 月开工，比合同工期提前 58 d。参与工程施工 172 人，按照人工每天 180 元计算，节约人工成本费用约 179.6 万元；设备及周转材料租赁费、维修费、电费、消耗材料等每天 3.2 万元，辅助节约资金 185.6 万元；以上两项累计节约辅助建井费用 365.2 万元。核桃峪矿井年设计生产能力 $1200 \times 10^4 t$，按照煤炭 850 元/t 计算，矿井提前投产 58 d，为矿方提前产生效益 16.2 亿元。

该工法在孟村副井井筒工程中成功应用，工程于 2010 年 6 月 20 日开工，2011 年 3 月 17 日竣工。和同类地层没有采取此技术的工程相比（冻结控制失败凿井期间出水或冻结进入荒井壁、挖掘速度慢造成工期滞后），工期要提前 6 个月或更长时间。按提前工期最少半年考虑，在不考虑资金的时间价值的情况下计算，参与工程施工 170 人，按照人工每天 180 元计算，节约人工成本费用约 560 万元；设备及周转材料租赁费、维修费、电费、消耗材料等每天 3.2 万元，辅助节约资金 586 万元；以上两项累计节约辅助建井费用 1146 万元。孟村矿井年设计生产能力 $600 \times 10^4 t$，按照煤炭 550 元/t 计算，矿井提前投产 183 d，为矿方提前产生效益 25.6 亿元。

以上 3 个井筒工程成功应用该工法，为施工企业累计节约资金 2055.6 万元。

对施工企业来说，提高了施工速度，降低了生产成本，减少了设备的租赁费用和人工费用，确保了安全生产；同时在社会上的影响增大，提高了企业在工程项目投标中的竞争力量。

对社会来说，促进了社会生产力的提高，减少了材料、能源、人力、物力的浪费和对环境的影响，符合国家节能降耗的方针要求。

对建设单位来说，缩短了建设周期，提前投产，提前受益，提前还贷，提前见成效。

11 应 用 实 例

在大直径深立井中采用全深冻结井筒快速施工工法，能够安全有效地加快施工速度，在同行业中具有广泛的推广和应用价值。

11.1 实例一

门克庆矿井是中天合创能源有限责任公司鄂尔多斯二甲醚煤化工项目的配套建设矿井。矿井建设规模为年产煤 12.0 Mt，矿井设计服务年限 90.0 年。门克庆井田位于鄂尔多斯市乌审旗图克镇，为东胜煤田呼吉尔特矿区规划矿井之一。井田南北走向长度约 7.4 km，东西倾斜宽约 13.4 km，井田面积约 98.08 km²，地质资源量 2727.85 Mt。矿井为低瓦斯矿井。门克庆矿井主井井筒井口设计标高 +1305.7 m，井筒净直径 9.6 m，井筒深度 786.66 m；冻结深度 795 m，井壁结构为钢筋混凝土结构。工程于 2011 年 2 月 23 日开工，至 2012 年 4 月 18 日竣工。除掉注浆和影响时间，缩短工期 87 d，井筒月掘砌平均进尺 81 m，最高月进尺 106 m，井筒施工质量合格，安全无事故。

11.2 实例二

核桃峪副立井井筒工程，井筒直径 9 m，井筒深度 1005 m，冻结深度 1015 m，工程于 2012 年 8 月 26 日开工，2013 年 7 月 30 日竣工，计划工期 399 d，实际工期 341 d，工期比合同工期提前 58 d，综合月成井 60 m/月，最高月成井 127 m，且实现工程质量全优，安全无事故。

11.3 实例三

孟村副井井筒工程，井筒直径 8.5 m，井筒深度 585.35 m，冻结深度 585.95 m，工程于 2010 年 6 月 20 日开工，2011 年 3 月 17 日竣工，总工期 242 d，综合成井速度 72.5 m/月，按合同要求完成了工程施工任务，其中在 2010 年 7、8、9 月连续 3 个月超过 100 m，特别是在 9 月月最高进尺达到 137 m，创该地区同类型冻结井施工新纪录，且实现工程质量全优、安全无事故。

钻井法凿井泥浆无害化处理施工工法
（GJEJGF375—2012）

赵士兵　王厚良　丁　明　魏红兵

1 前　　言

钻井法凿井泥浆量非常大，直接排放会对土壤、水体产生不良影响，造成污染。传统的处理措施是采用挖坑围堰存放，但因泥浆中含有大量的 CMC 等各种化学药剂，性能非常稳定，即便经长期搁置，仍不会泌水自然固化。不仅占用大量耕地、污染环境，而且存在溃坝等隐患，对安全构成威胁。

钻井法凿井泥浆无害化处理是利用化学脱稳、强制固液分离技术，将钻井法凿井过程中产生的泥浆经接收池缓冲沉淀，泥浆泵提升进入泥浆破稳一体化装置加药搅拌处理，通过加压泵强制固液分离，脱水泥浆形成泥饼，分离出的水经沉降处理实现达标排放或回收利用的一套施工工法。

该项工法通过在淮北矿业集团袁店二矿主、副、风立井钻井法凿井工程，皖北煤电集团朱集西煤矿矸石井钻井法凿井工程和平顶山煤业集团八矿二号井回风井钻井法凿井工程中应用，安全、质量、施工进度综合评价效果显著，取得了良好的经济效益和社会效益，并荣获 2011 年度安徽省科学技术进步奖三等奖。该工法关键技术于 2012 年 6 月 14 日通过了中国煤炭建设协会组织的成果鉴定，经专家鉴定达到了国内领先水平。

2 工 法 特 点

（1）创新有机、无机复合化学脱稳方法，制备出 3 种具有高效脱稳絮凝、胶体水游离速度快、去除完全等优点的脱稳剂，实现脱稳絮凝后的泥浆高效泌水，确保泥浆固化后可填埋、堆放或作其他用途，既保护了生态环境，更消除了传统处理措施造成的泥浆池尾矿库的安全隐患。

（2）组织和参与研制处理泥浆的大型成套设备，具有自动化程度高、性能稳定、处理泥浆能力大（1200 m³/d）等优点。实现了在钻进过程中，根据需要随时处理多余泥浆，及时优化钻进泥浆参数，提高了钻进效率与质量。

（3）利用泥浆无害化处理工艺，改变了钻井法凿井泥浆处理的工序安排，将原来固井期间的泥浆集中排放改为下沉井壁期间的泥浆集中固化处理，实现井壁下沉与泥浆处理平行作业，缩短了钻井建设工期。

3 适 用 范 围

钻井法凿井泥浆无害化处理施工工法适用于以下范围：

（1）矿山钻井法凿井工程泥浆处理。

（2）矿山冻结法凿井钻孔工程泥浆处理。

（3）瓦斯抽采钻孔工程泥浆处理。

（4）石油钻井工程泥浆处理。

（5）市政、公路、铁路、港航等工程领域钻孔灌注桩施工泥浆处理。

4 工 艺 原 理

将废弃泥浆用泥浆泵提升进入泥浆破稳一体化装置，分两次加入脱稳药剂对泥浆进行脱稳。经脱稳后的泥浆用高压泵压入固液分离装置进行固液分离，分离出的固态泥饼用于回填工厂或作其他利用，分离出的水用来稀释泥浆或溶解药剂，或实现达标排放。

5 工艺流程及操作要点

5.1 工艺流程

工艺流程如图 5－1 所示。

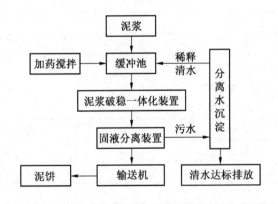

图 5－1 工艺流程

5.2 操作要点

（1）要与现有钻井法凿井工艺相结合，满足钻井要求，实现合理匹配。

（2）泥浆缓冲池容积要达到 200 m³，滤水存放池容积要达到 100 m³。

（3）泥浆按一定的比例进行稀释，同时加入药剂对泥浆进行前期脱稳。

（4）经初步脱稳后的泥浆进入泥浆破稳一体化装置加药后进行二次脱稳。

（5）二次脱稳后的泥浆压入固液分离装置进行固液分离。

（6）固相浸出液要达到标准要求，泥饼可就地填埋复貌或作其他利用，分离出的水达标排放或回收利用。

（7）泥浆脱水后形成泥饼，泥饼含水率应小于85%；泥浆中，水脱出率应达到80%以上。

5.3 劳动组织安排

劳动组织安排见表5-1。

表5-1 劳动组织安排表
人

序 号	职 务	人 数	H2S 培训合格证	HSE 培训合格证	污染防治运营培训证
1	项目经理	1	有	有	有
2	项目副经理	1	有	有	有
3	技术员	1	有	有	有
4	统计员	1	有	有	有
5	操作工	24	有	有	

6 材料与设备

施工中所需的主要材料与设备见表6-1。

表6-1 主要材料与设备表

序 号	名 称	规 格	单 位	数 量
1	沥水剂		%	2
2	混凝剂		%	2
3	泥浆破稳一体化装置	500 m³	套	2
4	固液分离成套装置	500 m³	套	2
5	泥饼输送机	1000 m³	套	3
6	接收池		m³	减少2/3以上
7	分离水沉淀池		m³	接收池的1/4
8	泥饼池		m³	接收池的1/4

7 质量控制

7.1 质量控制标准

施工中执行如下标准：

（1）《污水综合排放标准》（GB 8978—1996）。

（2）《农用污泥中污染物控制标准》（GB 4284—1984）。

（3）《危险废物鉴别标准 腐蚀性鉴别》（GB 5085.1—2007）。

（4）《危险废物鉴别标准　浸出毒性鉴别》（GB 5085.3—2007）。

（5）《钻井压裂作业废液处理装置制造企业标准》（Q/PTH 001—2003）。

7.2　质量保证措施

（1）进场设备要有出厂合格证、维修保养记录、大修检验报告。

（2）进场材料要有合格证、质量证明书。

（3）施工过程中需有施工日志、泥浆检验原始记录、泥浆化验记录等。

（4）确保泥浆破稳一体化装置以及固液分离装置安装质量，检查安装记录。

（5）控制好泥浆的稀释比例，同时严格按照要求加入脱稳药剂；控制好泥饼的含水率。

（6）编制相关技术措施，由项目技术负责人审核后，向技术人员交底。

（7）完善各级质量责任制，并认真落实，做到有检查、有记录、有评比、有总结。

8　安　全　措　施

（1）建立健全安全保证体系，建立安全责任制，开展安全教育，强化安全意识，加强安全监督检查。

（2）认真编制施工技术组织设计及各种安全技术措施，并严格贯彻到施工班组。

（3）逐级进行安全技术交底，并履行签字手续。技术交底应有书面资料或有作业指导书，技术交底针对性要强。

（4）施工现场危险作业部位设安全生产标志、宣传画、标语，随时提醒职工注意安全生产。

（5）泥浆池及水池周围设置安全警示标语和安全围挡，严禁非作业人员进入施工现场。

（6）加强设备的检查、保养、维修，保证安全装置完备、灵敏、可靠，保证设备的正常安全运转。

（7）加药过程中，要做好个人防护。

（8）注意脱水过程中操作安全，严格按照操作程序进行泥浆脱水。

（9）注意运输过程中的人员及车辆安全，设置警示标志，加强工人教育。

（10）严格按照要求使用泥浆泵，专人看管操作，设置警示标志，严禁随意操作。

9　环　保　措　施

本工法是在钻井法凿井施工过程中，对产生的污染环境的泥浆进行无害化处理，是钻井法凿井施工的一项环保措施，对环境不存在污染，但处理现场要求做好文明施工。

（1）坚持文明施工，促进现场管理和施工作业标准化、规范化的落实。

（2）施工现场平面布置合理，施工组织有条不紊。施工操作标准、规范，施工环境、作业安全可靠。

（3）场内道路及泥浆处理现场平整、整洁，有完善的排水措施。

（4）设备、材料分类堆放整齐，标识明确，防护妥当。

（5）明确划分施工区和生活、办公区，实行文明卫生分片责任包干。

（6）定期检查泥浆池周边及泥浆泵使用状态，防止泥浆泄漏或渗漏。

（7）编制雨季施工措施，在雨季到来之前，做好泥浆池及污水池加固处理，防止雨水冲刷导致泥浆或未处理污水外泄。

（8）室外设备有防护棚、罩，无易燃及妨碍物。

（9）固液分离装置中排出的污水要及时引入污水池，同时要做好污水池的防渗处理，加强日常监测，防止未处理污水泄漏。

（10）确保污水处理达到排放标准，实现达标排放或回收再利用。

10　效　益　分　析

以往钻井施工中，均采用购地挖坑围堰方法存放钻井泥浆。如一口中等井型的井筒的钻井泥浆量按照 80000 m³ 测算，需永久征地 50 亩修建废弃泥浆池，征地及土方开挖费用约为 800 万元。采用泥浆无害化处理技术处理泥浆，泥浆处理费用为 40 元/m³，需投入的费用为 320 万元，产生的直接经济效益便达 480 万元。

由于废弃泥浆性能稳定，即便经长期搁置，上部虽风干起皮，但下部仍为原始泥浆，采用挖坑围堰方法不仅占地面积大、污染环境，而且影响后继工程正常进行，同时存在大量的安全隐患，浪费了国家宝贵的土地资源。采用泥浆无害化处理方法处理废浆后，可以做到复貌还耕，不仅可以大大减少土地占用面积，避免了因泥浆排放浸入工业广场、附近农田、灌溉渠道、河流而污染环境和农作物，造成巨大的经济损失和严重的环境污染。

采用钻井法凿井泥浆无害化处理关键技术，在多项钻井工程中取得了显著的成效，安全、优质、高效完成工程施工任务，经济效益和社会效益显著。钻井泥浆无害化处理前后的参数见表 10-1 至表 10-3。

表 10-1　钻井泥浆性能参数

项　目	密度/ (g·cm⁻³)	黏度/s	失水量/ (mL³·30 min⁻¹)	稳定性	胶体率/ %	泥皮厚/ mm	pH 值	含沙量/ %
超前钻	1.18~1.27	18~30	≤22	0.003	95	≤3.5	7~8	≤4
扩孔钻	1.18~1.27	18~30	≤22	0.003	95	≤3.5	7~8	≤4
井壁下沉	1.18~1.21	20~23	≤15	0.001	98	≤1.5	7~8	≤1

表 10-2　钻井废弃泥浆处理后滤液水排放参数

序　号	项　目	国家标准	处理后参数
1	pH 值	6~9	7~8
2	化学需氧量（COD$_{cr}$）/mL	150	100
3	石油类/mL	10	5
4	悬浮物（SS）/mL	150	80
5	总铬（TCr）/mL	1.5	无
6	六价铬（Cr⁶⁺）/mL	0.5	无
7	色度/mL	80	70

注：达到《污水综合排放标准》（GB 8978—1996）二级标准。

表 10 - 3　钻井废弃泥浆处理后泥饼检测参数

处理后指标	pH 值	泥饼含水率/%	结　论
	7 ~ 8	≤85	
标准依据	《农用污泥中污染物控制标准》（GB 4284—1984）		符合排放标准
	《危险废物鉴别标准　腐蚀性鉴别》（GB 5085.1—2007）		

11　应　用　实　例

11.1　实例一

袁店二矿主、副、风立井采用钻井法凿井施工，钻井深度为 307 m，钻井直径分别为 7 m、9.3 m 和 7 m。由于工业广场十分狭窄，钻进过程及下沉井壁产生的泥浆无法排放，预计产生钻井泥浆 $13.5 \times 10^4 m^3$，需要 60 亩土地用于挖坑排浆。本工程采用钻井法凿井无害化处理技术实现钻井泥浆水土分离。共安装日处理能力 400 m³ 设备 3 台套，日处理能力 1200 m³，满足了施工要求。分离出的水重复使用，分离出的土形成泥饼，部分用于农村低洼场地回填复耕，部分用于工业广场回填，节约了用地。

11.2　实例二

皖北煤电集团朱集西煤矿矸石井采用钻井法凿井施工，钻井深度为 545 m，钻井直径为 7.7 m，自 2009 年 1—12 月，在本工程施工中，安装了日处理能力 500 m³ 的泥浆处理设备一台套，用于钻井泥浆处理。通过采用钻井泥浆无害化处理技术，实现了钻井泥浆水土分离。分离出的水回收后用于钻井施工，分离出的土形成泥饼，用于工业广场回填。

11.3　实例三

平顶山煤业集团八矿二号回风井采用钻井法凿井施工，钻井深度为 480 m，钻井直径为 8.7 m。由于工业广场十分狭窄，钻进过程及下沉井壁产生的泥浆无法排放，预计产生钻井泥浆 $7 \times 10^4 m^3$，需要 40 亩土地用于挖坑排浆。自 2010 年 5 月至 2011 年 3 月，在本工程施工中，共安装日处理能力 400 m³ 的泥浆处理设备 3 台套，日处理能力达 1200 m³，用于钻井泥浆处理。通过采用钻井泥浆无害化处理技术，实现了钻井泥浆水土分离。分离出的水回收后用于钻井施工，分离出的土形成泥饼，用于工业广场及农村低洼场地回填。从而解决了需要购地挖坑排放废浆等问题，节约了工程成本，加快了钻井施工进度，保护了生态环境，取得了良好的经济效益与社会效益。

巷道揭过突出煤层综合施工工法(GJEJGF381—2012)

平煤神马建工集团有限公司

赵春孝　闫昕岭　刘光毅　孙鹏翔　王耕伟

1　前　　言

煤与瓦斯突出是威胁煤矿安全生产的严重自然灾害之一。随着煤矿开采深度增加，地质条件日益复杂，煤层瓦斯压力及瓦斯含量增高，煤与瓦斯突出的危险性逐步增大，瓦斯已成为煤矿重特大事故发生的主要危险源。如何能将煤层中的瓦斯最大限度地释放出来，安全揭穿突出煤层，成为全国煤矿行业共同探求的难题。

平煤神马建工集团有限公司在长期施工实践中，针对平顶山深部煤层瓦斯压力大、含量高、巷道围岩破碎的特点，潜心摸索和研究，总结形成"增设辅助巷、松动爆破、瓦斯抽放、管棚注浆"的综合防治煤与瓦斯突出技术。2012年6月15日中国煤炭建设协会组织有关专家对该技术进行了鉴定，该项技术达到了国内领先水平，具有较好的推广应用价值，其关键技术曾获得中国施工企业管理协会科技创新成果二等奖。本工法所使用的伸缩型抽放封孔器获国家发明专利（专利号：ZL 200810231524.6），所使用的煤矿井下平斜巷管棚预注浆超前支护施工工艺获得国家发明专利（专利号：ZL 200910227790.6），所使用的可回流均压超长注浆管获得国家实用新型专利（专利号：ZL 201120283036.7）。

该工法在平煤股份十矿己$_{15}$-32200风巷底抽巷、己$_{15}$-32200机巷底抽巷，五矿己四采区轨道下山等工程成功应用，安全揭过突出危险性煤层，效果良好，实现了安全施工，为类似工程施工积累了成功经验。

2　工　法　特　点

（1）增设与煤层平行的措施巷道，钻孔总工程量减少，钻孔施工安全可靠、快捷、方便、抽放效率高，创造了有利的揭煤条件。

（2）利用措施巷内的部分瓦斯抽放孔进行松动爆破，增加煤层透气性、释放压力，提高瓦斯预抽效果。

（3）采用超长管棚和预注浆联合支护加固煤体，增强了煤岩交界面附近围岩的整体性，使外部煤体阻滞内部煤体突出的作用得以加强，提高了巷道顶板揭过突出煤层时的安全系数。

3 适 用 范 围

本工法适用于建井初期或生产矿井新水平初建的巷道揭穿瓦斯压力大、含量高的突出煤层。

4 工 艺 原 理

增设与煤层平行的措施巷道，在措施巷道施工抽放孔；钻孔施工完毕后施工松动爆破孔或利用部分抽放孔进行松动爆破增加煤层透气性，降低瓦斯突出能量梯度，消减瓦斯动力；通过抽放系统将瓦斯最大限度地释放出来，达到消突的目的。施工过程中利用管棚预注浆加固煤体，增强煤岩交界面附近围岩的整体性，防止顶板垮落、巷道片帮诱发突出事故的发生，实现安全揭过突出煤层。

5 工艺流程及操作要点

5.1 工艺流程

工艺流程为煤层探测和突出危险性预测→施工措施巷道→施工抽放孔→松动爆破施工→瓦斯抽放→效果检验→揭煤前巷道施工→验证→管棚施工及注浆→揭过煤层→支护。

5.2 操作要点

以十矿己$_{15}$-32200风巷底抽巷揭过己$_{15-16}$、己$_{17}$煤层为例。

5.2.1 煤层探测与突出危险性预测

当施工到巷道底板与煤层法线距离10 m位置进行煤层探测，探明煤层赋存情况。当施工到巷道底板与己$_{15-16}$煤层顶板7 m法线距离时，由专职预测人员进行突出危险性预测，预测结果为煤层原始瓦斯压力2.4 MPa，煤层原始瓦斯含量9.039 m^3/t，根据《防治煤与瓦斯突出规定》，必须执行防突程序。

5.2.2 施工措施巷道

突出危险性预测指标超过临界值后，巷道由原设计的20°下山改为同断面同样支护形式平行于煤层向前施工55 m，作为施工抽放孔的措施巷道。工作面停掘后，将措施巷底板浮渣出净，拉至硬底，平铺混凝土0.2 m。按防突措施要求布孔，施工抽放孔，钻孔采用ZD Y4000S型液压钻机，ϕ90 mm钻头。根据实测煤层抽放半径，抽放孔终孔孔底排间距取2.5 m。

5.2.3 钻孔施工

（1）钻孔施工顺序。严格按照措施设计施工，从1～488号依次进行。瓦斯抽放孔断面图、平面图和剖面图如图5-1、图5-2和图5-3所示。其中1～14排开孔的排间距为2.5 m，14～27排开孔的排间距为1.5 m。

（2）单个钻孔施工。由技术人员按措施设计用铆钉标注抽放孔位置，用坡度规和控制点确定钻孔的水平角、仰（俯）角。紧固钻架，开始钻进，钻进0.3 m停钻；再次进行左右偏角和仰（俯）角校对，确定无误后，紧固钻架，继续钻进直至施工到设计位置。

钻进过程中注意钻机排粉情况，做好见煤点、出煤点及原始记录。打钻时发生顶钻、喷孔、卡钻等动力现象时，要降低钻进速度，并来回拖拉钻杆，直至达到设计深度。

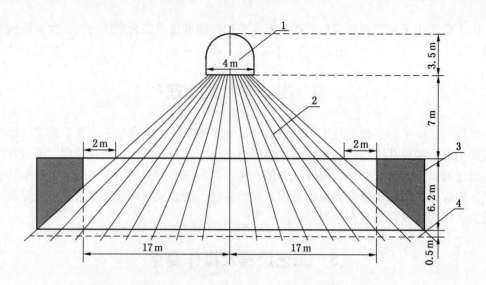

1—辅助巷；2—抽放孔；3—己$_{15-16}$煤层；4—己$_{15-16}$煤层底板0.5 m控制线

图 5-1　十矿己$_{15}$-32200风巷底抽巷瓦斯抽放孔断面图

5.2.4　松动爆破

瓦斯抽放孔施工完毕后，进行松动爆破。松动爆破工艺如下：

（1）炮眼的布置。炮眼布置在抽放孔排与排之间（或利用部分抽放孔），松动爆破孔孔间距0.3 m，排间距10 m，且不可随意加大和缩小，否则会降低松动爆破的防治效果。

（2）钻孔深度和位置选择。爆破深度在煤岩结合位置，瓦斯释放范围较大，能有效地产生裂隙，煤层集中应力能更有效地向周围推移。

（3）炸药、雷管的选用。使用安全等级不低于三级的煤矿许用含水炸药，其长度为200 mm，两发瞬发雷管进行爆破，并由爆破员对雷管实行导通测试，确保爆破安全。

（4）装药长度2 m，装药前用沙、黄泥垫支孔底，装药后，必须用水泡泥、黄泥充填，锚固剂封口，封孔长度不小于爆破孔的1/3。松动爆破装药结构如图5-4所示。爆破前，工作面、回风系统除监测监控和通风系统外的所有电气设备必须停电，设备必须遮挡，所有人员撤至防突风门外。爆破40 min后，必须由爆破员进行爆破效果检查，防止出现拒爆，以保证安全生产。

5.2.5　瓦斯抽放

每施工完成一个抽放孔（松动爆破孔除外），立即将ϕ50 mm专用瓦斯抽放管插至孔底，封孔使用伸缩型专用封孔器封堵抽放孔，封孔长度不得小于8 m；然后使用专用抽放管弯头与三通实现各孔抽放管与该排集气主管相连；各排抽放主管与集气箱（管）采用高压软管连接；连接完毕后进行管路气密性检查，确保气密性良好的情况下进行联网抽放。抽放泵选用ZWY-40/75-G矿用移动式瓦斯抽放泵站（最大抽气量40 m³/min）进行瓦斯抽放。

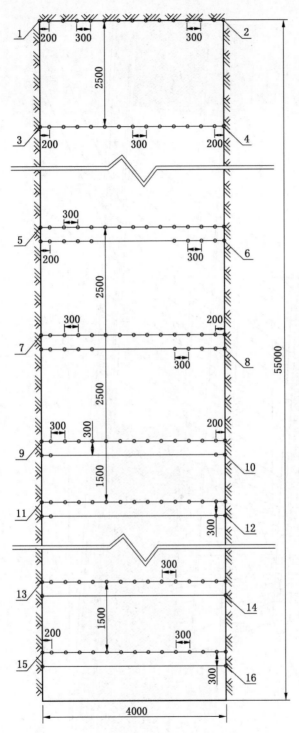

1—第 1 排 1 号孔；2—第 1 排 15 号孔；3—第 2 排 16 号孔；4—第 2 排 30 号孔；5—第 12 排 208 号孔；
6—第 12 排 232 号孔；7—第 13 排 233 号孔；8—第 13 排 257 号孔；9—第 14 排 258 号孔；
10—第 14 排 276 号孔；11—第 15 排 277 号孔；12—第 15 排 295 号孔；13—第 26 排 455 号孔；
14—第 26 排 471 号孔；15—第 27 排 472 号孔；16—第 27 排 488 号孔

图 5-2　十矿己$_{15}$-32200 风巷底抽巷瓦斯抽放孔平面图

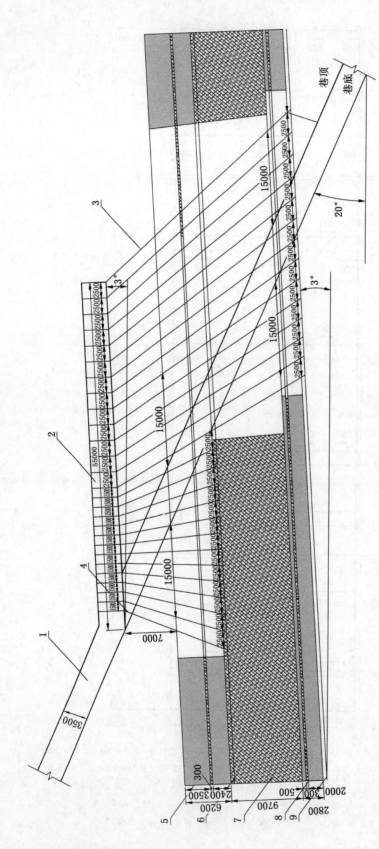

1—十矿已₁₅—32200 风巷底抽巷车场；2—十矿已₁₅—32200 风巷底抽巷措巷；3—第 1 排中心孔，长 37.1 m，俯角 42°；

4—第 27 排中心孔，长 15.3 m，反向俯角 67°；5—已₁₅₋₁₆ 煤层；6—已₁₅₋₁₆ 煤层底板 0.5 m 控制线；

7—岩石；8—已₁₇ 煤层；9—已₁₇ 煤层底板 0.5 m 控制线；

图 5 - 3 十矿已₁₅ - 32200 风巷底抽巷瓦斯抽放孔剖面图

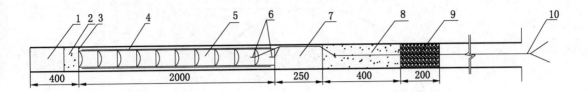

1—沙；2、8—黄泥；3—煤岩结合位置；4—PVC管；5—药卷；6—雷管；7—水炮泥；9—锚固剂；10—炮线

图 5-4　松动爆破装药结构

5.2.6　效果检验

区域防突措施执行后，进行区域措施的效果检验，检验结果必须有原始记录。只有当残余瓦斯压力小于 0.74 MPa，残余瓦斯含量小于 8.0 m^3/t，且检验钻孔钻进过程中无喷孔、夹钻、顶钻等瓦斯动力现象后，方视为区域措施有效；否则，必须增加抽放孔或延长抽放时间，并重新进行区域措施效果检验，直至措施有效为止。

5.2.7　揭煤前巷道施工

效果检验的各项指标均在该突出危险性煤层临界值以下时，沿底抽巷车场顶板与措施巷顶板交点向后方 2 m 范围扩大巷道断面为宽×高 = 4.8 m × 3.9 m，锚网喷 + 金属支架（36U 型钢）支护，金属支架间距 0.5 m。然后在此 2 m 内将金属支架固定牢固，用 3 根 11 号矿用工字钢超前架设前探梁，再向前架设金属支架于其下。每炮不大于 1 m，保留 5 m 验证超前距，执行远距离爆破，每班爆破后向底板打眼，探明巷道底板距煤层顶板的垂直距离，循环掘进至煤层顶板 1.5 m 位置。

5.2.8　管棚注浆

1. 管棚加工工艺

管棚用料为 ϕ50 mm × 6000 mm 无缝钢管，在地面事先把两根无缝钢管作为一组进行如下加工：第一根一端攻丝以便与第二根钢管之间用直箍连接，另一端用 5 mm 铁板把管口焊死堵严，钢管管体均匀用气割方法布置 20 个 18 mm 出浆孔；第二根一端攻丝以便与第一根钢管之间用直箍连接，另一端用 5 mm 铁板把管口焊死堵严，铁板上焊一个 25 mm 和 20 mm 接头，分别作为进浆孔和出气孔。

2. 管棚施工

揭煤前进行工作面效果检验，各项指标均在该突出危险性煤层临界值以下，沿设计坡度施工至距煤层顶板 1.5 m 位置施工管棚。管棚开孔布置在巷道轮廓线以内 800 mm 一段弧线上，钻孔总数 9 个，孔深均为 12 m，管棚施工断面图、剖面图如图 5-5、图 5-6 所示。钻孔采用 ZDY 4000S 型液压钻机配合 ϕ90 mm 钻头。

3. 管棚注浆

固化注浆利用管棚管输浆，随管棚施工同步进行。管棚孔成孔后，利用管棚管进行定量、定压注浆。通过每组第二根钢管尾部的进浆孔管进行注浆，让管棚管中的浆液顺着钻孔向外回浆，使管棚管周围充满浆液固化后与岩层形成坚固的整体。封孔压力控制到 3 ~ 5 MPa。施工一个孔，安装一个孔，注一个孔，直至注浆结束。具体施工工艺如下：

（1）管棚管的安装：工人把管棚管慢慢下到孔底，孔口用锚固剂固定后，利用浆液

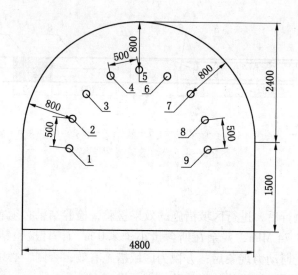

1—1号孔左偏12°，俯角16°，长度12 m；2—2号孔左偏12°，俯角13°，长度12m；
3—3号孔左偏12°，俯角10°，长度12 m；4—4号孔左偏12°，俯角7°，长度12 m；
5—5号孔中心孔，俯角4°，长度12 m；6—6号孔右偏12°，俯角7°，长度12 m；
7—7号孔右偏12°，俯角10°，长度12 m；8—8号孔右偏12°，俯角13°，长度12 m；
9—9号孔右偏12°，俯角16°，长度12 m

图5-5　十矿己$_{15}$-32200风巷底抽巷管棚施工断面图

回浆的特点注浆固管。

（2）球阀及注浆管路的安装：管棚管安装好后，先安球阀，再连接高压注浆管、三通混合器、四通及卸压阀。

（3）扩散半径：浆液的扩散半径在压力不变的情况下，随煤层空隙变化而变化，因为煤层空隙的不均匀性，浆液的扩散半径有较大差异。因此，合理确定浆液的扩散半径，对节约材料、缩短工期、保证质量有重大意义。根据多次试验，扩散半径按1.5 m控制。

（4）注浆：水泥浆液的配制为水：水泥＝1：1（质量比）；水玻璃浆液的配制，开始时浆液用20～35°Bé，根据进浆情况调整到原液封孔；水泥浆液与水玻璃浆液的体积比为1：0.5。根据注浆实际情况随时调整流量、浆液浓度，注意注浆压力，随变化而变化，达到设计注浆压力（3～5 MPa），即可停止注浆。

（5）注浆量：正常注浆量是根据注浆的加固体积、空隙率、浆液凝固时间、岩层的空隙和裂隙的连通情况来确定的。在注浆不跑浆的情况下，应尽可能使双液浆在斜井设计井壁外形成帷幕，把空隙充填饱满固化成一体，提高注浆整体性效果。

（6）跑、漏浆的处理：在注浆过程中，如发现跑浆现象，可根据现场跑、漏浆情况采取糊、停、点、注等方法处理，以减少浆液损失，达到注浆预期目的。

5.2.9　揭过煤层及支护

管棚施工完毕后，再进行一次消突效果验证。当验证的各项指标均在临界值以下时，从揭煤巷道底板施工炮眼，炮眼深度2 m，远距离爆破一次揭开煤层。按照设计要求进行掘进和支护，施工至图5-6中7、8位置时，进行第二轮、第三轮管棚注浆，注浆参数与

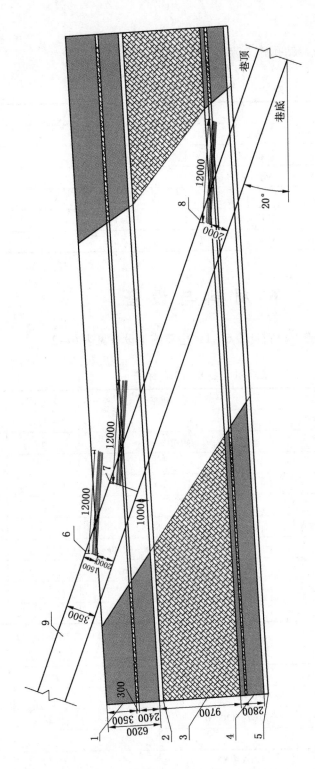

图 5-6 十矿巳$_{15}$-32200 风巷底抽巷管棚施工剖面图

1—巳$_{15-16}$煤层；2—巳$_{15-16}$煤层底板 0.5 m 控制线；3—岩石；4—巳$_{17}$煤层；5—巳$_{17}$煤层底板 0.5 m 控制线；6—第一轮管棚注浆位置；
7—第二轮管棚注浆位置；8—第三轮管棚注浆位置；9—巳$_{15}$-32200 风巷底抽巷车场

第一轮一致。按"四位一体"的综合防突措施进行施工和支护，至煤层底板距巷道顶板以上5 m，结束防突程序。

5.3 劳动组织

采用"三八制"作业，钻孔施工劳动组织见表5-1。

表5-1 钻孔施工劳动组织表　　　　　　　　人

序 号	工 种	小 班	圆 班
1	钻工	2	6
2	抽放泵工	1	3
3	技术员	1	3
4	检查员	1	3
5	其他人员	1	3
合　计		6	18

6 材 料 与 设 备

本工法所使用的主要施工材料见表6-1，主要施工设备见表6-2。

表6-1 主要施工材料

序 号	名 称	型号、规格	单 位	数 量
1	伸缩型专用封孔器		根	488
2	三通阀	40 MPa	个	3
3	坡度规		个	1
4	PVC管		个	27
5	集气箱		组	10
6	注浆硅酸盐水泥	P. O 42.5		
7	水玻璃	2.8~3.2模数/浓度38~42°Bé		
8	注浆管	$\phi50$ mm×4.5 mm×12 m		
9	不锈钢球阀	$\phi25$ mm		
10	料桶	0.5	m^3	8

表6-2 主要施工设备

序 号	名 称	型 号	单 位	数量	备 注
1	移动抽放泵	ZWY-40/75-G	台	1	40 m^3/min
2	注浆泵	2TGZ-120/90	只	2	
3	校检仪器		套	1	
4	液压钻机	ZDY4000S	台	2	
5	搅拌机	TL-500	台	2	

7 质量控制

7.1 执行标准

本工法执行的主要规范、标准有《煤矿井巷工程质量检验评定标准》《矿山井巷工程施工及验收规范》《煤矿建设工程质量技术资料管理规定》《防治煤与瓦斯突出规定》及其他相关国家、行业、地方质量标准、规范及法律、法规等。

7.2 质量控制措施

（1）所有钻孔以进入煤层底板 500 mm 为准，钻孔俯（仰）角、左右偏角误差不得超过 1°。

（2）从底抽巷车场与措施巷交点向后 2 m 位置开始到突出煤层底板升至巷顶以上 5 m 段采用 29U 可缩性金属支架支护，确保施工安全。

（3）抽放孔施工前，工作面喷射 0.2 m 厚的混凝土进行全面封闭，确保准确布置钻孔。

（4）注浆压力根据煤岩体空隙率情况，不致浆液扩散过远，又能达到设计要求，终孔压力拱部管棚注浆按 3～5 MPa 控制。

（5）按照《防治煤与瓦斯突出规定》进行效果检验和验证。

8 安全措施

8.1 打钻防火安全措施

（1）打钻前，工作面至少配备两台完好的净含量不少于 5 kg 的灭火器及两个不少于 0.3 m³ 装满沙子的沙箱和足够的黄泥，放在靠近巷帮的合适位置。

（2）钻进过程中，发现孔口冒烟或钻孔出现异味时，必须立即停止打钻，切断电源，开启水管阀门，用水管向孔内注水直至烟气或孔内异味消失，然后用黄泥将孔口封严。

（3）孔口出现明火时，必须立即停止打钻，切断电源，开启水管阀门向孔里送水，同时用灭火器进行灭火。若明火引起钻机油箱、电缆着火，不得用水冲，只准用灭火器及黄沙、黄泥灭火。明火消灭后，需继续向孔内注水进行降温，处理完后用黄泥进行堵孔。

（4）为防止一氧化碳等有害气体中毒，处理着火事故时必须戴上自救器。若钻孔着火后火势过大，不能得到控制，必须立即向调度室汇报，同时在跟班干部的带领下及时升井。

8.2 打钻防瓦斯安全措施

（1）工作面设专职瓦检员和爆破员，不得随意更换。

（2）瓦斯抽放司泵工及施工人员必须每班排查抽放管路的气密性。

8.3 打钻防尘安全措施

（1）必须坚持打钻洒水降尘措施，每班对打钻地点的煤尘（岩尘）进行冲尘，打钻时必须在孔口洒水降尘。

（2）加强个人防护，在孔口除尘和水幕降尘不能完全解决问题等条件下，必须采取个人防护措施，戴防尘口罩。

9 环 保 措 施

工程施工涉及的重大环境因素主要为水污染、火灾爆炸、瓦斯等。

（1）防止水污染的措施：工作面流出的废水必须按相关要求进行排放。

（2）防止火灾爆炸的措施：钻工有操作证，按操作规程作业，避免打钻过程中发生火灾爆炸；工作面配备灭火用具。

（3）抽放瓦斯的利用措施：抽放瓦斯汇入十矿抽放系统，经处理后可以做燃料、发电之用。

10 效 益 分 析

10.1 社会效益

（1）本工法的实施，有利于消除煤层的突出危险性，提高巷道的掘进速度，使巷道掘进辅助时间和辅助工序减少，整个巷道掘进效率提高，工程提前竣工验收。

（2）在施工期间，顺利安全揭过突出危险性煤层，确保了矿井财产安全和职工人身安全，具有重要的现实意义和巨大的推广应用前景。

10.2 经济效益

十矿己$_{15}$-32200 风巷底抽巷采用巷道揭过突出煤层综合施工工法与以往采用的消突方案对比，提前 2 个月安全揭过突出危险性煤层，节省费用数据分析如下：

（1）设备月租赁费直接节省 14.8 万元。

（2）巷道月周转材料（风筒、轨道、管子、电缆等）摊销费用 2.5 万元，直接节省4.9 万元。

（3）两台 2×30 kW 局部通风机提前两个月直接节省电费 12.1 万元。

（4）节省两个月人工费 21 万元。

综合以上分析，从技术的应用效果来看，加快了工程进度，最终获得效益 52.8 万元。

11 应 用 实 例

11.1 实例一

平煤神马集团十矿己$_{15}$-32200 风巷底抽巷揭过己$_{15-16}$、己$_{17}$煤层工程，该处煤层瓦斯压力 2.4 MPa，煤层瓦斯含量 9.04 m^3/t，煤层厚度 7 m，所有抽放孔均出现严重喷孔，有煤炮声，顶钻。按以往经验抽放孔最少需要进行局部措施 5～6 轮。采用本工法施工，钻孔量减少 4000 m 左右，工期提前 2 个月。

11.2 实例二

平煤神马集团五矿己四采区轨道下山揭过己$_{15-16}$煤层工程，该处煤层瓦斯压力 1.7 MPa，煤层瓦斯含量 11.29 m^3/t，煤层厚度 4.5 m，所有抽放孔均出现严重喷孔，有煤炮声，顶钻。按以往经验排放孔最少需要进行局部措施 7～8 轮。采用本工法施工，钻孔量减少3500 m 左右，工期提前 3 个月。

11.3 实例三

平煤神马集团十矿己$_{15}$-32200 机巷底抽巷揭过己$_{15-16}$、己$_{17}$煤层工程，该处煤层瓦斯压力 2.4 MPa，煤层瓦斯含量 9.04 m^3/t，煤层厚度 6.8 m，所有抽放孔均出现严重喷孔，有煤炮声，顶钻。按以往经验排放孔最少需要进行局部措施 5~6 轮。采用本工法施工，钻孔量减少 4000 m 左右，工期提前 2 个月。

特大直径预应力钢筋混凝土筒仓
施工工法（GJEJGF373—2012）

中煤建筑安装工程集团有限公司

范　强　吴春杰　李志中　岳旭磊　曾思慧

1　前　　言

随着国家大型煤矿的增多，建设的煤仓直径也逐步增大。平朔东露天选煤厂筒仓工程最大直径为 45 m，单仓储煤量为 5×10^4 t，是目前国内在建同类煤仓中直径最大、储煤量最大的筒仓。针对国内首次施工的直径 45 m 特大直径预应力筒仓，中煤建筑安装工程集团有限公司成立课题小组，开展特大直径预应力筒仓综合施工技术研究，总结出特大直径预应力钢筋混凝土筒仓施工工法。其关键技术包括深基坑支护及边坡监测施工技术、超大截面漏斗施工技术、特大直径筒仓预应力后张拉施工技术、特大直径筒仓滑模施工技术、特大跨度钢仓顶施工技术。

该工法关键技术经煤炭信息研究院查新表明，国内未见相关技术报道，该技术于 2012 年 6 月通过中国煤炭建设协会科技成果鉴定，达到国内领先水平，其中"一种筒仓柔性滑模抗扭施工装置"和"一种无黏结预应力端部封锚穴模模板"获得了实用新型专利。

该工法在山西平朔矿区东露天选煤厂、神华北电胜利一号露天煤矿储装工程、中铁资源苏尼特左旗芒来矿业公司原煤仓工程成功应用，提高了施工速度，确保了施工质量和安全，取得了良好的经济效益和社会效益。

2　工　法　特　点

（1）在施工现场条件允许的情况下，深基坑支护采用锚喷和自然放坡覆盖土工布相结合的施工方法，既节约了施工成本，又保证了基坑边坡的安全性。

（2）采用三维仿真技术对高大漏斗模板、钢筋、大型仓顶钢结构进行仿真放样、制作、安装，解决了各工序穿插施工的难题，达到了经济、快速、高效的效果。

（3）通过对柔性滑模平台增设抗扭桁架、格构式抗扭爬杆等装置，克服了柔性平台易扭转变形的缺点，提高了仓壁滑模施工的混凝土外观质量。

（4）无黏结预应力钢绞线端部封锚穴模模板技术应用，解决了滑模施工预应力钢绞线封锚端留置难题。采用大吨位千斤顶对预应力钢绞线组成的集束整体张拉，保证了质量，提高了施工速度。

（5）通过该施工工法综合应用，解决了国内最大直径筒仓施工技术难题，为同类工程施工提供了技术借鉴。

3 适 用 范 围

本工法适用于直径 30 m 及以上钢筋混凝土筒仓工程施工。

4 工 艺 原 理

深基坑支护采用锚喷和自然放坡覆盖土工布相结合的施工方案，深基坑四周建立边坡体监测控制网，以 5 mm/d 为临界变形速率，以位移 50 mm 为临界变形量进行预警。

超大截面漏斗施工通过三维建模仿真模式，分析漏斗模板、钢筋、混凝土施工过程的相互关系，解决漏斗施工过程墙、柱、梁、折板结构模板、钢筋、混凝土施工的相互穿插及施工顺序。

对传统的柔性筒仓滑模平台进行改进，增大开字架刚度，增设抗扭桁架和格构式抗扭爬杆柱，控制滑模平台的偏移和扭转。仓壁滑模施工时在无黏结预应力封锚端部制作特殊形状模板，在浇筑墙壁混凝土时进行封锚端预留，仓壁预应力筋张拉采用大吨位千斤顶对预应力钢绞线组成的集束进行整体张拉。

5 工艺流程及操作要点

5.1 工艺流程

特大直径预应力钢筋混凝土筒仓施工工艺流程如图 5-1 所示。

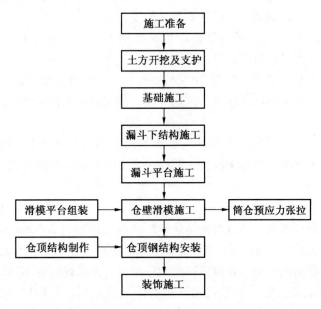

图 5-1 特大直径预应力钢筋混凝土筒仓施工工艺流程

5.2 操作要点

5.2.1 深基坑支护技术

1. 深基坑支护工艺流程

深基坑支护工艺流程如图 5 - 2 所示。

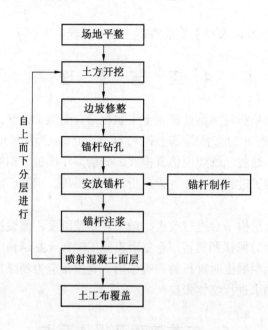

图 5 - 2 深基坑支护工艺流程

2. 操作要点

（1）土方开挖：按照施工方案确定的自然放坡坡度分层按顺序开挖，每开挖一层采用小型机具或铲锹进行切削清坡，以达到设计坡度。

（2）锚杆成孔：根据土质及现场实际情况采用机械成孔或人工洛阳铲成孔，孔距、孔径、孔深、倾斜角度必须符合设计标准要求。

（3）锚杆杆体材料：宜采用直径 16 ~ 32 mm 的 Ⅱ、Ⅲ 级钢筋，成孔后及时将钢筋放入孔内并注浆，一般可采用低压注浆、高压注浆，注浆料可根据实际情况掺加早强剂、膨胀剂。

（4）面层钢筋网片：采用人工绑扎与电焊相结合的方法，喷射混凝土面层应自上而下进行，喷射时加入速凝剂以提高混凝土凝结速度，喷射面层厚度可在边壁上插入短钢筋段作为标志。

（5）土工布覆盖：基坑边坡开挖后分梯段采用防渗水土工布覆盖保护，开挖修坡后将土工布由上而下顺次满铺，并预留伸缩余量。基坑上部砌筑 200 mm 高基坑挡水砖墙压牢土工布，防止地表水渗入土工布。土工布膜要求铺设平整，搭接长度不小于 200 mm，搭接部分采用树脂胶粘接。土工布按顺风向顺序铺设，分梯段固定牢固。

（6）基坑边坡监测：建立深基坑四周边坡体系监测网，定期使用全站仪进行观测，将各观测点的位移、高程变化情况进行汇总，以 5 mm/d 为临界变形速率，以位移 50 mm

为临界变形量进行预警。并绘制基坑位移趋势曲线图和沉降观测点位移随时间变化曲线图，分析边坡可能的变化趋势，通过对超出预警线的边坡观测点及时分析作出提前的预测和加固处理。

5.2.2 超大截面漏斗施工技术

1. 超大截面漏斗施工工艺流程

超大截面漏斗施工工艺流程如图 5-3 所示。

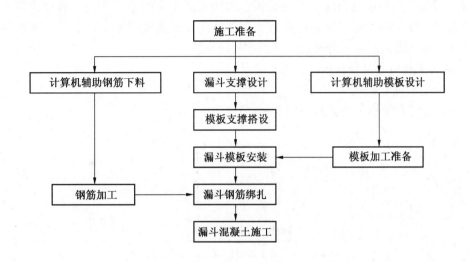

图 5-3 超大截面漏斗施工工艺流程

2. 操作要点

1）漏斗模板施工操作要点

漏斗模板施工以碗扣式钢管脚手架为漏斗支撑体系，采用竹木复合板、方木、钢管肋加固体系。其施工工艺包括放梁轴线、钢管支撑位置线、搭设满堂支撑架、铺梁底模、支梁侧模、漏斗斜板模、漏斗内模、模板验收。

（1）在混凝土承台精确测放梁、漏斗口、折板模板控制线，模板支设时由下部吊线施工。

（2）在混凝土基础上按照支撑设计放出钢管位置线，严格按照设计立杆间距、立杆步距搭设碗扣架，立杆采用对接，上下两端可采用可调顶托支撑。

（3）根据 3D 立体模型显示确定漏斗模板支设的整体顺序，精确放样、预先下料（尤其是柱梁、斜板接头部位）、编号组装。

（4）梁底采用双根木方做楞，梁侧木方内楞间距小于 400 mm，钢管外楞竖向间距小于 600 mm，梁侧模采用对拉螺栓加固。在满堂脚手架横杆端头设置调节顶托与仓墙壁顶紧加固，增强满堂脚手架的整体稳定性。每个漏斗底部设置纵横向剪刀撑。

2）漏斗钢筋施工操作要点

（1）利用 3D 模型仿真技术，钢筋加工尺寸根据计算机模型控制尺寸按位置编号进行下料加工，其锚固弯折样式根据仿真模型显示加工，避免绑扎过程位置交叉影响。

（2）钢筋绑扎步骤为先绑扎框梁及漏斗口钢筋，预留漏斗斜板（折板）钢筋位置；

支设梁侧模、斜板底模、折板底模、绑扎斜板、折板底部钢筋，漏斗相对面同时绑扎，底部钢筋由上至下穿入漏斗口钢筋内，直至绑扎完成后再绑扎上部折板钢筋，斜板钢筋与漏斗模板交叉施工，最后绑扎面层板筋。

3）漏斗混凝土施工操作要点

（1）漏斗混凝土采用低水化热水泥原材料，并掺加适量粉煤灰及微膨胀剂搅拌，延长徐变时间，防止收缩裂缝。

（2）混凝土浇筑按照先漏斗、后梁板，由四周向中间的整体顺序，将整个漏斗层按部位及高程划分为若干施工块，计算每块浇筑时间，根据每个施工块混凝土浇筑的用方量，结合混凝土缓凝速度，分部位、分层次连续浇筑。

5.2.3 特大直径筒仓滑模技术

1. 特大直径筒仓滑模工艺流程

特大直径筒仓滑模工艺流程如图5-4所示。

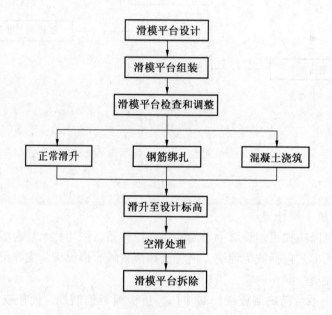

图5-4 特大直径筒仓滑模工艺流程

2. 操作要点

1）滑模装置设计

（1）操作平台系统设计。滑模操作平台采用柔性操作平台，开字架内外设置三脚架用于施工操作，液压控制设备及电焊机等均匀对称布置在操作平台的两侧，内侧增加连接整体抗扭桁架，壁柱中间增加抗扭爬杆，防止受力不均产生偏扭变形。滑模平台布置如图5-5所示，滑模平台剖面图如图5-6所示，格构式抗扭爬杆如图5-7所示。

（2）模板系统设计。模板系统包括提升架、模板、围圈、三脚架、吊架，开字架布置，模板采用组合式大钢模板，在模板的背后设置上中下各一道闭合式直线槽钢围圈。提升架采用开字架，采用槽钢相对通过连接板焊接而成，增大开字架的刚度。开档间距根据壁厚设定，上下横梁采用槽钢通过螺栓与立柱连接。开字架之间在模板高度范围段通过用

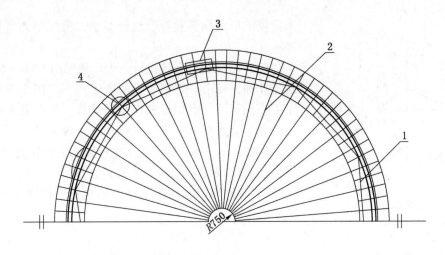

1—抗扭桁架；2—内三脚架；3—液压操作平台；4—格构式抗扭爬杆

图 5-5　滑模平台布置

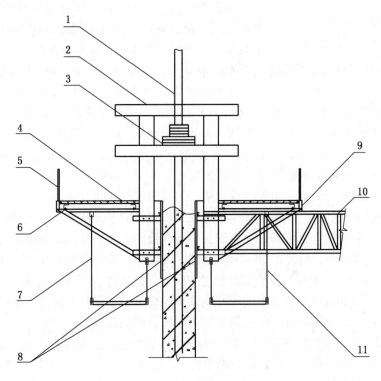

1—爬杆柱；2—开字架；3—千斤顶；4—外操作平台；5—防护栏杆；6—三脚架；
7—外吊架；8—模板；9—内三脚架；10—内抗扭桁架；11—内吊架

图 5-6　滑模平台剖面图

钢筋焊接的八字拉杆连接。

　　围圈采用槽钢，根据设计弧度压制，围圈连接全部焊接，在转角处成刚性节点。

　　模板主要采用 1200 mm 长组合大钢模板，局部配用 200 mm 和 100 mm 宽钢模板，阴

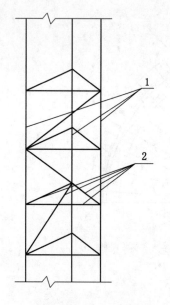

1—抗扭爬杆；2—连接杆

图 5-7 格构式抗扭爬杆

阳角模的单面倾斜度符合设计要求，模板单面锥度小于 3‰。

（3）液压提升系统设计。千斤顶采用 GYD-60 滚珠式千斤顶，每个开字架布设两个千斤顶，两个壁柱之间正中心位置的开字架设置 3 个千斤顶，该位置左右间隔一个开字架为双开字架。支承杆采用埋入式支承杆，采用 $\phi48$ mm×3.5 mm 钢管，支承杆接长采用钢管内加焊 2 根长度 200 mm、$\phi8$ mm 短钢筋进行加固，然后用电焊将 45° 的坡口处焊满，后用手持砂轮机打磨掉多余的焊肉，并磨圆滑。

2）滑模施工过程

（1）初滑前先在模板内进行混凝土的初装，初装分 3 次进行，第一圈浇筑高度控制在距模板上表面 900 mm，第二圈和第三圈浇筑高度分别为 300 mm。浇筑完成后开始初滑，滑升高度为 50 mm。出模后应仔细检查混凝土出模情况，观察混凝土的凝固情况，用手指压仓壁能压出指印、不坍塌，用木抹子能压平为正常。

（2）模板爬升速度应根据前期试制的混凝土试块凝结情况具体掌握。混凝土出模强度应控制在 0.25~0.4 MPa，即用手指压仓壁能压出指印、不坍塌，模板滑升时能听到"沙沙"声，说明出模混凝土情况基本正常。每次模板滑升结束后，技术人员应及时用指压核实、检查出模混凝土情况，每次浇筑高度 300 mm，并必须保持一致，并认真做好记录。

3）滑模施工控偏扭措施

根据油路布设情况设置 8 组观测点，使每组观测点与油路对应，在调整过程中每滑升一次采用经纬仪观测一次，及时了解仓壁的倾斜和扭转情况，及时进行预控和调整。

滑模偏扭控制根据程度将其分为微调、中调和强调三个标准，改纠偏扭为控偏扭。当垂直偏差在 10~20 mm，扭转在 20~30 mm 时采用微调；当垂直偏差在 20~30 mm，扭转在 30~45 mm 时采用中调；当垂直偏差超过 30 mm，扭转超过 45 mm 时采用强调。

微调主要对局部进行调整，采用局部堆载和局部千斤顶爬升不同步来调整偏扭。中调采取措施使千斤顶向偏扭相反方向偏斜而致爬杆倾斜调整偏扭，调整千斤顶数量一般为总数的 1/4~1/2；或可采取强制千斤顶移位而调整垂直偏差。强调采取在仓壁上下预埋件，用导链向偏扭反方向强拉，使偏扭得到调整。

在滑模过程中尽量采用微调和中调，始终把偏扭控制在允许范围，避免采用强调导致在外观上出现突然变化不顺直。

5.2.4 预应力后张拉施工技术

1. 筒仓后张拉预应力施工工艺流程

筒仓后张拉预应力施工工艺流程如图 5-8 所示。

2. 仓壁后张拉预应力施工操作要点

1）预应力筋安装固定

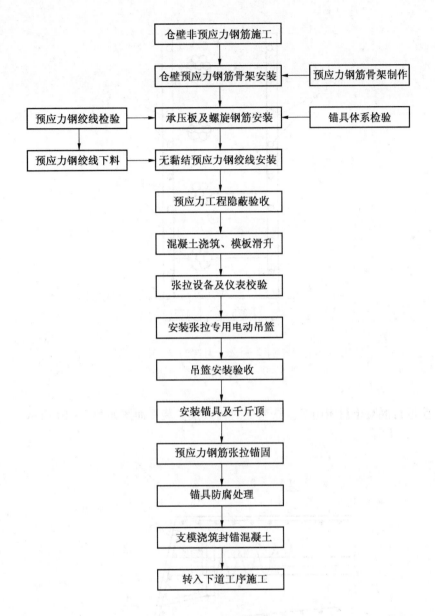

图 5-8 筒仓后张拉预应力施工工艺流程

仓壁无黏结筋铺设在仓壁钢筋绑扎完后施工。按设计要求的预应力筋标高，点焊 ϕ10 mm 钢筋托架，间距不大于 1 m，对预应力筋进行精确定位控制，防止张拉过程对墙壁钢筋的影响。托架可代替拉钩，预应力筋安装剖面图如图 5-9 所示。

滑模施工时，扶壁柱处采用特制开字架，在壁柱端头采取围圈延长与原仓壁围圈连接形成端部突出状。模板采用定型钢角模（角模按设计图纸和锥度要求加工）结合钢模板沿围圈拼装。钢绞线露出部分采取填模处理，确保钢绞线露出长度、位置正确。

2) 预应力筋张拉端部封锚处理

预应力筋封锚端部制作特殊形状模板，在浇筑墙壁混凝土时进行孔洞预留，预应力张

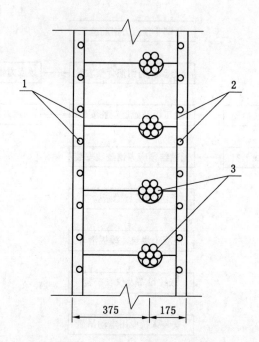

1—仓壁内侧钢筋；2—仓壁外侧钢筋；3—环向预应力筋

图 5-9　预应力筋安装剖面图

拉后可快速进行混凝土封闭施工。扶壁柱封锚穴模安装平面图如图 5-10 所示。

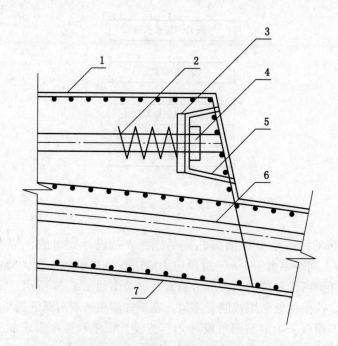

1—扶壁柱；2—螺旋筋；3—锚垫板；4—预应力锚具；5—穴模模板；
6—预应力钢筋束；7—仓壁

图 5-10　扶壁柱封锚穴模安装平面图

3) 预应力张拉

仓壁预应力张拉施工应用了大吨位千斤顶对钢绞线组成的集束整体张拉施工工艺。张拉时采用压力表控制应力，并用伸长值进行校核。施工时超张拉应力3%，张拉伸长值控制在6%～-6%之间。预应力筋张拉采用应力和伸长值双控制。

5.2.5 特大跨度钢仓顶施工技术

（1）利用3D建模技术，将桁架各部位构件进行分解，编号下料、制作、加工，确保各杆件的尺寸、精度准确。

（2）针对大跨度直径筒仓钢桁架吊装，经计算及考虑桁架跨度大、截面高，采用大吨位履带吊进行桁架吊装，吊装前在桁架两侧各悬挂两个手拉葫芦以便桁架就位后精确调整位置。为防止桁架在吊装过程中起风导致桁架转动碰杆，对吊车造成危险。吊装时在桁架的两端下弦杆处设置缆风绳，起吊过程中由工人牵引缆风绳来控制桁架转动。并在相应位置设置两台卷扬机，作为应急情况下控制桁架转向措施。吊装示意图如图5-11所示。

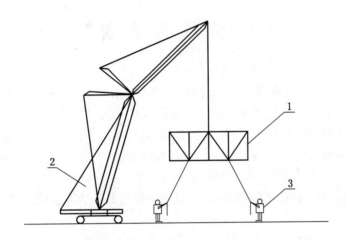

1—仓顶钢桁架；2—履带式起重机；3—牵引缆风绳工人

图 5-11 吊装示意图

桁架起升至标高位置后平移至安装轴线处，缓慢下降，由工人利用缆风绳辅助使桁架落到筒仓顶部埋件处。下弦柱底中心与埋件中心对准，将桁架柱底与柱底埋件焊接牢固后，吊机轻微松钩，使桁架不承受起吊力，保持吊机不脱钩。用经纬仪测量桁架的垂直度和标高，如有问题可用桁架两端提前挂好的20t倒链调整桁架垂直度。垂直度调好后，将已提前计算好长度的圆管撑杆与筒仓上端面预埋件焊接固定，圆管撑杆与桁架铰接连接，且两侧固定。

5.3 劳动组织

劳动组织见表5-1。

表 5-1 劳动组织表 人

序 号	单 项 工 程	人 数	备 注
1	管理人员	20	现场施工管理
2	普工	40	土方开挖支护施工
3	木工	50	模板施工、滑模预埋、爬杆安装
4	钢筋工	40	钢筋绑扎
5	混凝土工	20	混凝土施工
6	滑模组装人员	15	滑模机具组装
7	混凝土搅拌及运输人员	15	混凝土原材料及搅拌
8	抹灰工	10	混凝土出模修整
9	架子工	8	搭设上人爬梯
10	其他配合人员	20	配合滑模施工

6 材 料 与 设 备

6.1 材料

水泥：采用强度等级不低于 32.5 级的普通硅酸盐水泥、矿渣硅酸盐水泥。

粗骨料：选用强度高、连续级配好、含泥量不大于 2% 的碎石。

细骨料：选用细度模数在 2.3~2.8 之间，颜色一致，含泥量小于 3% 的黄砂。

型钢：质量应符合《钢结构工程施工质量验收规范》（GB 50205—2001）中原材料要求。

预应力筋及锚具：采用 1860 级 ϕj15.2 低松弛成品无黏结钢绞线。张拉端采用 VM15-5 夹片式锚具。

滑模平台：滑模平台模板系统包括提升架、模板、围圈、三脚架、吊架，开字架布置，模板采用组合式大钢模板。

6.2 设备

主要施工设备见表 6-1。

表 6-1 主要施工设备表

序 号	设 备 名 称	型号、规格	单 位	数 量	使 用 部 位
1	塔吊	HZ60	台	1	垂直运输
2	洛阳铲		把	20	锚杆支护人工成孔
3	搅拌机	JS750	台	1	混凝土搅拌
4	空压机	9 m³/min	台	1	喷射混凝土用
5	注浆机	1.8 m³/h	台	1	锚杆注浆
6	混凝土泵车		台	1	混凝土运输
7	弯曲机	GW40	台	2	钢筋加工

表6-1(续)

序号	设备名称	型号、规格	单位	数量	使用部位
8	调直机	K03-15	台	1	钢筋加工
9	切断机	GQ50B	台	2	钢筋加工
10	电焊机	BX3-630	台	4	钢筋焊接及预埋件加固
11	千斤顶	110 t	台	10	预应力筋张拉
12	滑模提升液压系统		套	2	滑模平台
13	氧气焊设备		套	1	滑模平台
14	履带吊	750 t	台	1	钢结构吊装
15	反铲挖掘机	PC300	台	4	土方开挖

7 质 量 控 制

7.1 主要质量控制标准

施工中执行的主要质量控制标准有《建筑基坑支护技术规程》(JGJ 120)、《混凝土结构施工质量验收规范》(GB 50204)、《钢筋混凝土筒仓施工与质量验收规范》(GB 50669)、《钢结构工程施工质量验收规范》(GB 50205)、《滑动模板工程技术规范》(GB 50113)。

7.2 滑模工程质量允许偏差

滑模工程质量允许偏差见表7-1。

表7-1 滑模工程质量允许偏差   mm

项 目			允 许 偏 差
轴线间的相对位移			5
圆形筒体结构	半径	≤5 m	5
		>5 m	半径的0.1%，不得大于10
标高	每层	高层	±5
		多层	±10
	全高		±30
垂直度	每层	层高小于或等于5 m	5
		层高大于5 m	层高的0.1%
	全高	高度小于10 m	10
		高度大于或等于10 m	高度的0.1%，不得大于30
墙、柱、梁、壁截面尺寸偏差			-5～+8
表面平整 (2 m靠尺检查)	抹灰		8
	不抹灰		5
门窗洞口及预留洞口位置偏差			15
预埋件位置偏差			20

7.3　质量控制措施

（1）建立项目质量保证体系，在项目经理的领导下，由项目技术负责人具体负责质量管理工作，制定出总体质量控制节点和各节点的质量控制程序及措施，严格按程序办事。

（2）在影响过程质量的关键点、关键部位设置质量管理点，成立 QC 小组，按照 PDCA 循环过程开展质量管理活动。

（3）按照要求定期对基坑边坡进行观测，超出预警值时及时进行处理。

（4）漏斗模板支撑体系必须严格按照方案设计要求实施，必须经项目部管理人员组织验收合格后，方可进行下道工序。

（5）安排专业技术人员对滑模混凝土出模强度进行检查，测量人员定期观察滑模平台的扭转、倾斜等各项指标是否符合要求。

（6）预应力张拉时严格控制张拉应力，并采用张拉伸长率进行校核，施工时做好张拉记录。

8　安　全　措　施

（1）执行"安全第一、预防为主、综合治理"的方针，建立健全安全保证体系。

（2）做好"四口"及"五临边"安全防护工作，确保立体交叉作业安全。

（3）执行国家和行业现行的《建筑机械使用安全技术规程》（JGJ 33）、《建筑施工安全检查标准》（JGJ 59）、《建筑施工高处作业安全技术规范》（JGJ 80）等国家和行业现行安全标准及规范。

（4）临时用电按《施工现场临时用电安全技术规范》（JGJ 46）要求布置，接线方式采用"三相五线制"，潮湿环境照明采用安全电压供电。滑模机具平台及上人爬梯应有避雷措施。

（5）施工现场成立消防领导小组，严格消防管理制度，统筹施工现场生活区消防安全工作，重点做好滑模平台消防措施，定期开展消防检查。

（6）机械挖土应分层进行，合理放坡，防止塌方、溜坡等造成机械倾翻、淹埋等事故。

（7）滑模操作平台铺设厚度不小于 50 mm 的木方并绑扎牢固，然后沿径向用 25 mm 厚木板补齐并用钉固定，其上满铺 1.5 mm 厚的铁皮。吊脚手架的铺板必须严密、平整、防滑、固定可靠，不可随意挪动。底部与两侧要挂设安全网。操作平台上的孔洞设盖板封严。

（8）预应力张拉时油泵与千斤顶的操作者必须紧密配合，平稳给油回油，以免回油压力瞬间迅速加大。张拉过程中，锚具和其他机具严防高空坠落伤人。油管接头处和张拉油缸端部严禁手触、站人，应站在油缸两侧。

（9）起重吊装严格执行操作规程，起重吊装前，必须对起重机支设、起重绳索、卡环进行检查验收，起重过程人员严禁在起重臂下部停留或行走。

9 环保措施

（1）成立项目环境管理领导小组并建立健全环境管理体系。

（2）施工现场必须做到道路畅通无阻碍，排水通畅无积水，现场整洁干净，临建搭设整齐，施工垃圾及时清运，并适量洒水，减少污染。

（3）土方运输必须采用密闭式运输车辆，不超载，避免运输中遗撒。

（4）在使用、运输、储存油品、油漆等时，应进行防漏处理，防止泄漏污染现场模板、钢筋、混凝土及水源。

（5）加强废弃物管理，施工现场设立专门的废弃物临时贮存场地，废弃物应分类存放，并严格按照废弃物管理办法进行处置，减少废弃物污染。

10 效益分析

通过该施工工法的应用，施工速度快、质量高，降低了成本，采用滑模工艺施工的仓壁混凝土基本达到清水混凝土效果，免去了装饰抹灰工序，节约了材料费、人工费、机械费及钢管扣件租赁费。

该工法关键技术的综合应用，大大提高了企业筒仓工程的施工技术水平，提升了本企业在矿区选煤厂工程施工领域的声誉，取得了较好的经济和社会效益。

11 应用实例

11.1 实例一

中煤能源集团公司平朔东露天选煤厂工程，为后张拉预应力钢筋混凝土筒仓结构，筒仓共 3 个，2 个内径 45 m，仓壁厚度 550 mm；1 个内径 30 m，仓壁厚度 450 mm。最大单仓贮煤量为 5×10^4 t，筒仓地面以下最深 35.2 m，地面以上约 50 m，钢结构仓顶。该工程于 2009 年 4 月开工，2011 年 9 月主体施工完成，在施工过程中实现了安全生产，各分部分项工程质量优良。采用滑模工艺施工的仓壁混凝土基本达到清水混凝土效果，为项目整体创鲁班奖奠定了基础。节约施工成本 185 万元，并取得良好的社会效益。

11.2 实例二

神华北电胜利一号露天煤矿储装工程，为钢筋混凝土预应力筒仓结构，筒仓共 3 个，筒仓直径 34 m，仓壁厚度 450 mm，筒仓高度 66.9 m。2010 年 5 月开工，2010 年 10 月交付安装，节约工期 30 d，为项目部创造了约 140 万元的直接效益。在施工过程中未发生安全事故，混凝土结构质量优良，得到业主和监理的一致好评，创造了良好的社会效益。

11.3 实例三

中铁资源苏尼特左旗芒来矿业公司原煤仓工程，为钢筋混凝土预应力筒仓结构，筒仓计 3 个，筒仓直径 34 m，仓壁厚度 450 mm，筒仓高度 69 m。2011 年 4 月开工，2011 年 11 月交付安装，通过该工法的应用为项目部创造了约 110 万元的直接效益。在施工过程中未发生安全事故，混凝土结构质量优良，得到业主和监理的一致好评，创造了良好的社会效益。

选煤厂装车仓改扩建工程路基托换
施工工法 （GJEJGF376—2012）

中煤建筑安装工程集团有限公司

刘志亮　魏安来　蔡桂荣　周万友　罗占平

1 前　　言

为了扩大产能，20 世纪八九十年代建成的煤矿纷纷通过改扩建手段实现这一目标。其中，增加煤仓贮煤能力是改扩建的一部分。多数煤矿在原铁路装车仓附近沿原铁路线改扩建煤仓，煤仓在扩建工程中，按常规方法施工必然要占用铁路线，将会影响整个矿井的生产和销售，给矿井带来较大的经济损失，因此必须采取技术措施将运煤铁路路基托换，保证煤仓扩建工程施工时铁路正常运行。为此，中煤建筑安装工程集团有限公司成立了课题小组，开展了选煤厂改扩建工程路基托换施工技术研究，并在工程实践中不断完善，总结出选煤厂装车仓改扩建工程路基托换施工工法。

该工法关键技术经煤炭信息研究院查新表明，国内未见相关技术报道，该技术于 2012 年 6 月通过中国煤炭建设协会科技成果鉴定，达到国内领先水平。

该工法先后在陈四楼煤矿选煤厂、车集煤矿选煤厂、任楼煤矿选煤厂装车仓改扩建工程路基托换中得到成功应用，确保了新建装车仓施工质量和安全，建设期间煤炭生产、运输、销售得以正常进行，取得了良好的经济效益和社会效益。

2 工 法 特 点

（1）采用混凝土灌注桩作为托换结构的基础工程，灌注桩沿铁路线两侧平行布置，桩基施工不受铁路正常运营的影响。

（2）在灌注桩桩顶架设 H 型钢主次梁，进行铁路路基托换，从单线铁轨拆除、钢梁架设到恢复通车，仅用 10 h，施工速度快。

（3）该工法先进合理、安全可靠，路基托换工程质量易于保证，路基托换工程完成后，新建或改扩建装车仓工程施工不影响铁路的正常运营，深受建设单位欢迎，经济效益及社会效益显著。

3 适 用 范 围

本工法适用于跨越铁路沿线的新建、改扩建装车工程的路基托换施工。

4 工 艺 原 理

利用构筑物基础托换原理，以混凝土灌注桩为基础，桩顶架设 H 型钢主次梁形成承重架构，在次梁上铺设铁轨，通过次梁依次将铁路荷载传递至主梁、桩基础，实现铁路路基托换。路基托换工程完成后，新建或改扩建装车仓工程施工不影响铁路的正常运营。

5　工艺流程及操作要点

5.1　路基托换主要工艺流程
路基托换主要工艺流程如图 5 – 1 所示。

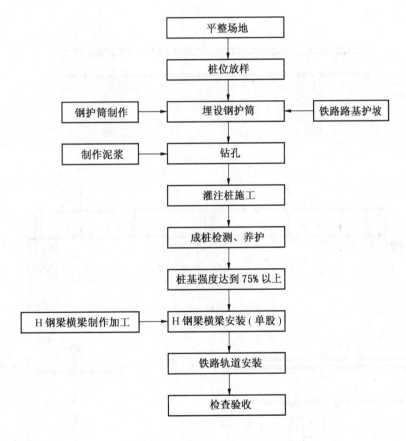

图 5 – 1　路基托换主要工艺流程

5.2　路基托换方案设计
根据施工现场实际情况及铁路运行荷载，经设计计算，共需设置 12 根钢筋混凝土灌注桩。灌注桩上部架设 H 型钢主次梁。选用满足强度和稳定性要求的 H 型钢。设计主次钢梁布置图如图 5 – 2 所示。

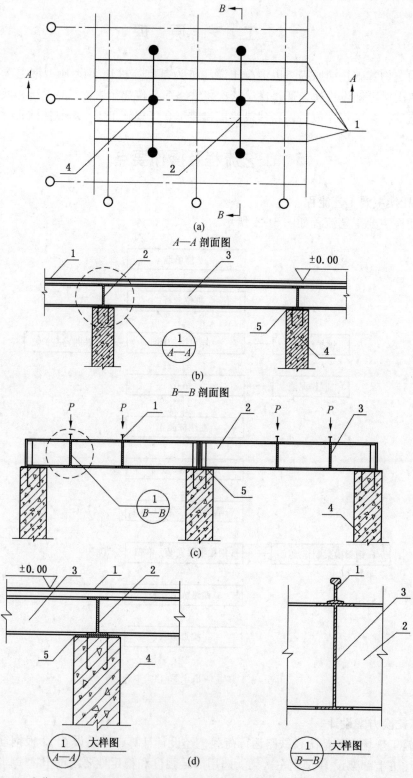

(a)

A—A 剖面图

(b)

B—B 剖面图

(c)

大样图

(d)

1—钢轨 60 kg/m；2—主梁 H800 mm×400 mm×16 mm×20 mm；3—次梁 H800 mm×
300 mm×16 mm×20 mm；4—钢筋混凝土灌注桩；5—预埋件

图 5-2　路基托换主、次钢梁布置图

5.3 操作要点

5.3.1 沉井护坡

由于装车仓室内（包括铁路路基下）回填土主要是矸石，钻机无法成孔，必须挖至原土后埋设钢套筒，因桩孔距轨道较近，为保证铁路安全正常运行，采用边挖边对铁路边坡进行护坡加固（图 5-3）、混凝土沉井边挖边护的办法，特殊条件下亦可用方形钢板封闭围护。

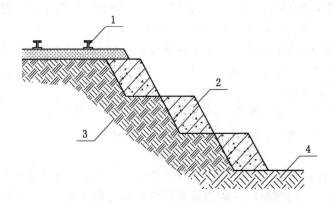

1—钢轨；2—钢筋混凝土梁；3—矸石；4—天然土

图 5-3 边坡护坡加固

5.3.2 钻孔

设钻孔机一台，钻孔满足以下要求：

（1）钻孔中心盘与钢护筒中心偏差不大于 20 mm。

（2）泥浆密度不小于 1.25 g/cm³。

（3）对孔深、孔径、倾斜度及沉渣进行检查，满足要求后进行工序转序。

5.3.3 灌注桩施工

灌注桩施工包括钢筋骨架制作、安放，水下混凝土浇筑等过程。应保证混凝土质量，要求在灌注混凝土前，对孔底进行二次清孔，使沉渣厚度控制在允许范围内。

1. 钢筋骨架制作与安放

钢筋骨架在钢筋加工场地分段制作，运至现场后吊入孔内，并在孔口进行焊接接长。焊接采用单面焊，并将接头错开。为使钢筋骨架有足够的刚度以保证在运输和吊放过程中不产生变形，每隔一定距离用钢筋设置一道加强箍。在箍筋上设齿圆式混凝土垫块。

钢筋骨架用钻机起吊，第一段放入孔内后用钢管或型钢临时支在护筒口，再起吊另一段。对正位置焊接后逐段放入孔内至设计标高，最后将最上面一段的挂环挂在孔口并临时与护筒口焊牢。钢筋骨架在下放时应注意防止碰撞孔壁，如放入困难，应查明原因，不得强行插入。钢筋骨架安放后的顶面和底面标高应符合设计要求。

2. 灌注水下混凝土

水下混凝土的灌注采用导管法。导管接头为卡口式，导管在使用前须进行水密、承压和接头抗拉试验。导管在吊入孔内时，其位置应居中，轴线顺直，稳步沉放，防止卡挂钢筋骨架和碰撞孔壁。

水下混凝土通过试验确定掺入适量缓凝剂，混凝土运至现场，用上料斗直接倒入导管内进行灌注，混凝土接近桩顶时，改用吊斗灌注至设计高度。

灌注混凝土之前，要对孔内进行二次清孔，使孔底沉淀层厚度符合规定。认真做好灌前的各项检查记录，并经监理工程师确认后方可进行灌注。

灌注首批混凝土时，导管下口至孔底的距离控制在 25～40 cm，且使导管埋入混凝土的深度不小于 1 m。灌注开始后，应连续进行，并尽可能缩短拆除导管的间隔时间；灌注过程中应经常用测深锤探测孔内混凝土面位置，及时调整导管埋深。当混凝土面接近钢筋骨架底部时，为防止钢筋骨架上浮，采取以下措施：

（1）使导管保持稍大的埋深，放慢灌注速度，以减小混凝土的冲击力。

（2）当孔内混凝土面进入钢筋骨架 1～2 m 后，适当提升导管，减小导管埋置深度，增大钢筋骨架下部的埋置深度。

为确保桩顶质量，桩顶加灌 0.5～0.8 m 的高度。同时指定专人负责填写水下混凝土灌注记录。全部混凝土灌注完成后，拔除钢护筒，清理场地。

3. 桩头处理

加固桩混凝土灌注完成后，挖出桩头，凿除浮浆，露出干净混凝土面，冲洗后进行桩头处理，上部接桩头，同时预埋主梁连接预埋件，待混凝土强度达到 75% 以上时安装托架主梁。

5.3.4 主次梁安装

主次梁安装时，主梁荷载按动荷载 1000 kN 考虑，次梁荷载按动荷载 500 kN 考虑。选用满足强度和稳定性要求 H 型钢。

主梁通过桩顶预埋件焊接支承在桩顶上。

次梁通过高强螺栓与主梁连接，铁路轨道叠加安装在次梁上。

主次梁高度通过铁路轨道原高度减去枕轨和铁轨高度求得，并与托换前保持一致。

主次梁安装时应两股道分开进行，以保证有一股道火车运行，但要尽量缩短安装时间，做好材料准备，运输到位，加工精确。本工程每股道一般在 10 h 内可以保证全部置换完毕。

1. 托架主梁安装

主梁安装分两次进行，安装方向从西至东逐道进行，每次安装 4 架主梁。制作安装程序如下：

H 钢制作成型—清除主梁位置处煤矸石—用 5 t 倒链将轨道提起 10 cm 左右—主梁吊装、固定。

安装技术措施：加固桩混凝土强度达到 75% 以上时，将加工成型的主梁运至现场，人工清除轨道下方的煤矸石，至设计要求的高程（轨道范围以外可以提前清除），主梁与预埋件上连接焊缝应满焊。

2. 托架次梁安装

次梁安装分两次进行，方向从西至东逐道进行，每次安装 6 架。

制作安装程序如下：

H 钢制作成型—清除次梁位置处煤矸石—用 5 t 倒链将轨道提起 10 cm 左右—次梁吊装、固定—钢轨找平、固定。

安装措施：待主梁安装完成后，进行次梁安装，次梁安装前首先松动轨道螺栓，用倒链（或吊车）把轨道吊起，高度 10 cm 即可；迅速清除煤矸石及混凝土垫木，达到设计高程后，把焊接成型的次梁安装就位，先用螺栓与主梁连接，然后焊接加固；此段施工完成后，放下钢轨找平固定，以保证列车安全运行。钢梁与轨道之间采用专用胶皮进行绝缘。

5.4 劳动组织

劳动组织见表 5-1。

表 5-1 劳动组织表　　　　　　　　　　　　　　人

序 号	单 项 工 程	人 数	备 注
1	管理人员	6	现场施工管理
2	混凝土搅拌及运输人员	6	混凝土搅拌及运输
3	钢筋工	3	钢筋绑扎
4	混凝土工	5	混凝土施工
5	架子工	4	搭设架体
6	电焊工	2	预埋件的制作安装
7	其他配合人员	5	配合路基托换施工安全监护

6 材 料 与 设 备

6.1 材料

桩体材料：本工法所用材料大部分为普通材料，主要为钢筋、混凝土。

钢梁类型：$H800 \times 400 \times 16 \times 20$ mm、$H800 \times 300 \times 16 \times 20$ mm。

6.2 主要设备

主要设备见表 6-1。

表 6-1 主要设备表

序号	设备名称	型号	单位	数量	使用部位
1	钻机		台	1	
2	汽吊		台	1	垂直运输
3	搅拌机	JS750	台	1	混凝土搅拌
4	装载机	XG951	辆	1	混凝土原材料运输
5	混凝土泵车		台	1	混凝土运输
6	调直机	K03-15	台	1	钢筋加工
7	切断机	GQ50B	台	1	钢材加工
8	电焊机	BX3-630	台	2	钢筋焊接及预埋件加固

7 质 量 控 制

7.1 质量标准

工程施工质量执行《建筑地基基础工程施工质量验收规范》(GB 50202)、《建筑桩基技术规范》(JGJ 94)、《钢结构工程施工质量验收规范》(GB 50205)。

7.2 质量控制要求

该工法中，混凝土灌注桩是托换结构的基础工程，同时也是该托换工程中的隐蔽工程，如果灌注桩承载力达不到设计要求出现沉降，将直接影响铁路运行安全和施工人员的安全，直接影响项目研究方案的成败。

灌注桩成孔采用泥浆护壁钻孔灌注桩，为防止发生塌孔，在泥浆中加入膨润土，增大泥浆稠度。成孔完毕后，采用伞形孔径仪检查成孔的孔径、垂直度，采用 JNC−1 型沉渣测定仪检测灌注桩沉渣厚度。检测均合格后方可进行灌注桩混凝土施工，并对成型的混凝土灌注桩进行低应变动力检测、高应变动力检测，确保桩身成型质量。

铁路路基托换完毕后，在每跨次梁梁中部位设置沉降观测点，每天对铁路路基的沉降进行观测，当沉降观测数值超过预警值时，立即停止铁路运输，对托换路基进行处理。

为防止架设轨道的次梁发生水平位移，造成铁路轨道轨距发生变化，将次梁间用角铁十字支撑连接，保证次梁间距。

7.3 质量保证措施

(1) 施工原始记录必须如实填写，并按时整理，提供有关规定的资料。

(2) 施工质量和交工验收必须严格执行施工图纸设计和有关施工规范。

(3) 建立质量目标管理责任制，实行工程质量与职工的承包奖挂钩制度。

(4) 按照施工工艺要求，健全岗位目标责任制，全工程实行三级检验制度。

8 安 全 措 施

(1) 执行"安全第一、预防为主、综合治理"的方针，建立安全保证体系。

(2) 技术人员在编制安全技术措施时，必须明确指出该项施工的主要危险点，安全技术措施要具有针对性和可操作性。

(3) 施工人员必须遵守本岗位操作规程。施工人员必须戴好安全帽，高处作业系好安全带。

(4) 与业主协商，合理安排作息时间，现场施工与火车运输错开。对火车通过部位进行全部封闭，防止基础施工时上部坠物伤人。安排专人每天详细掌握火车通过时间，并在火车通过时停止下部基础作业。

(5) 加强轨道相邻处的管理，派专人监护，防止施工杂物等落入轨道范围内。

(6) 加强施工现场的安全防护工作，轨道及火车的水平向、竖向均要用竹笆和安全网封设并设警戒线。

(7) 做好托换后火车进入时对轨道挠度和稳定性等的监测，并做好相应的应急预案。

9 环 保 措 施

9.1 施工期间材料污染的防治措施
(1) 焊接材料等必须合理回收，防止污染现场。

(2) 按设计加工钢梁，加强钢梁等材料管理，减少切割和损坏，提高周转利用次数，对零碎材料及时回收，避免浪费。

9.2 施工期间粉尘（扬尘）污染的防治措施
(1) 混凝土搅拌机及水泥库房密闭，避免扬尘。

(2) 严禁随意抛撒建筑施工垃圾，施工垃圾及时清运，适量洒水，减少扬尘。

(3) 施工现场出入口处设置沉淀池和简易洗车装置，出场时必须将车辆清洗干净，洗车污水经沉淀后可循环使用或用于洒水降尘。

9.3 施工期间水污染（废水）的防治措施
(1) 加强对施工机械的维修保养，防止机械使用的油类渗漏进入地下水中或下水道。

(2) 冲洗后的操作用水，采取过滤沉淀池处理或其他措施。

9.4 废弃物管理
(1) 施工现场设立专门的废弃物临时贮存场地，废弃物应分类存放，对有可能造成二次污染的废弃物必须单独贮存，制定安全防范措施且有醒目标识。

(2) 确保废弃物运输时不散撒、不混放，送到业主指定场所进行处理、消纳，对可回收的废弃物做到再回收利用。

9.5 使用节能环保设备和机具
优先使用国家、行业推荐的节能、高效、环保的施工设备和机具，如采用变频技术的节能施工设备等。

10 效 益 分 析

经过对选煤厂装车仓改扩建工程托换施工技术的创新和实施、跟踪检测、评价总结，表明该工法技术先进，各项保证措施针对性、操作性强，在保证了铁路正常运输的条件下，装车仓扩建工程安全、优质按期完工，没有因铁路路基托换工程施工给铁路运输和矿井生产带来影响，得到了甲方和监理的高度赞誉，经济效益和社会效益显著。

11 应 用 实 例

11.1 实例一
陈四楼煤矿选煤厂装车仓改扩建工程，该工程铁路路基托换采用 $\phi1000$ mm 灌注桩，有效桩长为 25 m，C30 钢筋混凝土灌注,共 12 根,桩顶安放 H 型钢主梁型号为 H800 mm × 400 mm × 16 mm × 20 mm，次梁型号为 H800 mm × 300 mm × 16 mm × 20 mm。

该工程 2008 年 3 月开工，2008 年 11 月竣工，采用本工法，保证了铁路的正常运输，装车仓扩建工程安全、优质地按期完工。同时，铁路轨道从拆除到恢复（单轨）仅用

10h，没有因路基托换工程施工给铁路运输和矿井生产带来影响。陈四楼煤矿路基托换工期为40 d，为建设单位创造了2700万元的经济效益。

11.2 实例二

车集煤矿选煤厂装车仓改扩建工程，该工程铁路路基托换采用 ϕ800 mm 钻孔灌注桩，有效桩长为25 m，共计15根，桩顶上安放主次承重 H 型钢梁，主梁型号为 H900 mm × 400 mm × 16 mm × 16 mm，次梁型号为 H800 mm × 350 mm × 16 mm × 16 mm。

该工程2004年6月开工，2005年11月竣工，采用本工法路基托换工期为55 d，没有因路基托换影响铁路正常运行，为建设单位创造了2000万元的经济效益。

11.3 实例三

任楼煤矿选煤厂装车仓改扩建工程，该工程铁路路基托换采用 ϕ800 mm 钻孔灌注桩，有效桩长为25 m，共计15根，桩顶上安放主次承重 H 型钢梁，主梁型号为 H900 mm × 400 mm × 16 mm × 16 mm，次梁型号为 H800 mm × 350 mm × 16 mm × 16 mm。

该工程2005年6月开工，2006年12月竣工，采用本工法路基托换工期为32 d，基础托换期间铁路运输系统运行正常，为建设单位创造了1500万元经济效益，并保证了装车仓改造工程安全优质的按期完工。

应用智能化数字系统控制液压滑模
施工工法（GJEJGF377—2012）

兖矿东华建设有限公司

张亚峰　吕玉鹏　叶　涛　毕爱玲　谢志国

1　前　　言

在滑模施工过程中，千斤顶保持水平、同步滑升是保证施工工艺、施工质量的关键。因此，对千斤顶爬升标高、爬升与停止全过程实施监测和控制至关重要。兖矿东华建设有限公司通过对液压滑模施工项目的分析、研究，针对液压滑模施工过程中的精度控制，受力平衡检测，垂直、扭转检测的智能化数字系统控制技术进行了长达3年多的课题研究和研发，在保持原液压控制系统功能基本不变的情况下，通过增加数字化控制系统，使滑模施工全过程中的数据采集、处理及控制实现了数字化、智能化。有效地克服了传统液压滑模不能实时监测、控制而常出现滑升偏差的弊端，具有机械化程度高、滑模控制精度好、施工进度快、安全系数高、工程质量好等特点，取得了良好的经济效益、社会效益，并据此总结出应用智能化数字系统控制液压滑模施工工法。

该工法关键技术于2012年5月经煤炭信息研究院科技查新，表明国内未见有与本课题研究内容相同的文献报道；2013年1月通过中国煤炭建设协会组织的技术鉴定，达到国内领先水平，具有较高的推广应用价值。

该工法成功应用于鲁南化肥厂原料煤贮运系统1号贮煤仓工程、赵楼矿井原煤仓工程、鲁南化肥厂原料煤贮运系统2号贮煤仓工程。其中鲁南化肥厂原料煤贮运系统1号贮煤仓工程、鲁南化肥厂原料煤贮运系统2号贮煤仓工程荣获煤炭行业优质工程奖，赵楼矿井原煤仓工程荣获煤炭行业"太阳杯"奖。

2　工　法　特　点

（1）将滑模施工过程中的人工测量控制变为自动数据采集、处理和控制，实现了滑模施工的自动化控制，保证了水平、同步滑升的控制精度和施工质量。

（2）实现了硬件和软件的结合，使滑模滑升控制模式更加灵活和多样化，保证了滑升过程中的预控、纠偏及特殊滑升功能的实现。

（3）滑模平台选择了半刚性平台，在解决平台刚度问题的前提下又解决了钢平台的重量问题，保证了滑模系统的稳定性。

（4）选用GYD-60型大吨位滑模千斤顶，增加了整个系统的承载能力及爬升能力，增加了系统的稳定性，保证了施工安全。

（5）改善了模板的刚性及拼缝平整度，减小了接缝处平整度的差值，提高了混凝土出模的表面观感质量。

3 适 用 范 围

本工法适用于各种混凝土筒仓液压滑模施工，以及其他类似的工业建筑工程施工。

4 工 艺 原 理

滑模智能化数字控制系统主要由千斤顶传感器、通信传输控制器、通信协议转换控制器、控制电源、液压站控制器、上位机系统软件等组成，同时借用了成熟的无线视频监视系统。将千斤顶实际滑升量变换成数字量，再通过对数据的分析、控制，实现了千斤顶爬升的实时测量与控制，并通过控制滑模千斤顶实现了对滑模滑升全过程的参数监测和自动化控制。具体工艺原理如下：

（1）千斤顶传感器：采用光电增量式脉冲编码 YZ40D6S－6LB－600，旋转一圈产生 2400 个脉冲信号，利用微处理器对编码器信号进行处理，从而分辨出千斤顶的爬升与下滑，准确跟踪千斤顶的标高，并通过专用电磁阀来控制千斤顶的爬升。

（2）通信传输控制器：对接收的数个（一般为 6 个）千斤顶传感器传输来的脉冲信号进行处理，转化为实际高度值，根据给定的滑升量控制相应的电磁阀打开/关闭，并和上位机保持实时通信，完成上传/下达的功能。

（3）上位机系统软件：实时监测、控制滑模千斤顶，实现对滑模滑升全过程的参数监测和自动化控制。

（4）视频监视系统：通过无线网络摄像机对滑模过程中设置的重要防偏、防扭监视点进行直观视频监视，实时发现偏、扭，并进行预控。

智能化数字控制滑模技术改变了传统滑模系统人工测量方式，减轻了劳动强度，减少了人为误差，提升了控制精度，提高了工作效率，保证了滑模施工质量，加快了施工进度。

5 工艺流程及操作要点

5.1 工艺流程

工艺流程如图 5－1 所示。

5.2 操作要点

5.2.1 施工准备

（1）施工前进行技术培训及技术交底。滑模系统智能化控制技术连续性很强，多工种协作作业，开工前必须根据图纸及有关规定的要求进行详尽的技术交底。

（2）混凝土配合比设计。滑模施工的混凝土，应事先做好混凝土配比试配工作，其性能除应满足设计所规定的强度、抗渗性、耐久性以及季节性施工等要求外，还应满足混

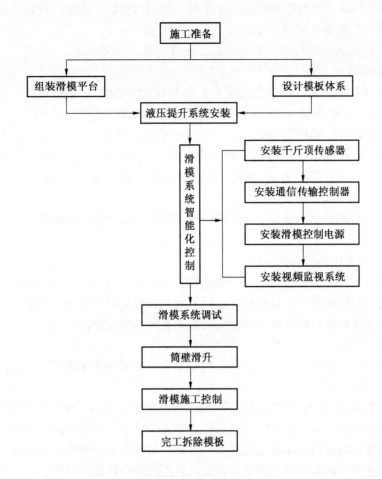

图 5-1 工艺流程

凝土早强和坍落度要求，坍落度应符合表 5-1 的规定。

表 5-1 混凝土入模时的坍落度 　　　　　　　　　　　　　　　mm

结 构 种 类	坍 落 度	
	非泵送混凝土	泵送混凝土
墙板、梁、柱	40 ~ 60	100 ~ 160
配筋密集结构（筒体结构及细长柱）	50 ~ 80	120 ~ 180
配筋特密结构	80 ~ 100	140 ~ 200

5.2.2 组装滑模平台、模板系统

（1）预埋件：预埋件安装位置应准确，固定牢靠，不得突出模板表面。预埋件出模后要及时清理使其外露，其上下、左右偏差应满足现行国家标准《混凝土结构工程施工质量验收规范》（GB 50204）的要求。

（2）预留孔：筒壁预留孔洞的胎膜应有足够的刚度，其筒壁厚度方向的尺寸应比模

板上口尺寸小 10 mm，并与结构钢筋固定牢靠。胎膜出模后，应及时校对位置，适时拆除胎膜，修整洞口；预留孔洞中心线的偏差不应大于 15 mm。

（3）梁、板：遇到梁板时，梁留梁窝，板留插筋；二次浇筑。

5.2.3 安装液压提升系统

（1）安装千斤顶及爬杆。以鲁南化肥厂原料煤贮运系统 1 号贮煤仓工程为例，把传统采用的 1.5 t 千斤顶更换为 3 t 千斤顶，筒壁采用 48 个千斤顶，分散布置于仓壁一圈，一个千斤顶一根爬杆。爬杆为 $\phi48$ mm $\times 3.5$ m 的钢管，其截面积同 $\phi25$ mm 圆钢，爬杆在每个平面上接头不超过 25%，以便于施工中有次序地续接爬杆，将第一节爬杆分为 4 种长度，即为 3 m、4 m、5 m、6 m。爬杆连接采用对接焊接，并用手提砂轮磨平，标准爬杆长度为 3 m。

（2）保持爬杆的清洁、光滑，定期对千斤顶进行强制性更换保养，确保每个千斤顶都能正常工作。

5.2.4 滑模系统智能化控制装置设计

滑模系统智能化控制装置由千斤顶传感器、通信传输控制器、通信协议转换控制器、液压站控制器、控制电源、上位机软件系统、视频监视系统等组成，通过实时监测、控制滑模千斤顶来实现对滑模滑升全过程的参数监测和自动化控制。

1. 千斤顶传感器

千斤顶传感器实现对每一个千斤顶实时测量爬升标高和控制爬升/停止，传感器由数字编码器和电磁阀组成。

数字编码器采用了光电增量式脉冲编码器 YZ40D6S – 6LB – 600，此编码器为每旋转一圈产生 600 个脉冲。为了保证数字编码器能够在千斤顶爬升过程中不打滑地跟踪旋转，数字编码器的驱动轴采用金属轴加尼龙套的方式，编码器连同固定支架一起安装在固定的滑道上，同时在横向再增加推力弹簧，使旋转轴能够紧密地靠在爬杆上。

为了控制千斤顶的爬升，定做专用电磁阀。此电磁阀在设计时考虑多方面的因素，对传统的电磁阀作了设计改动。额定压力确定为 8 MPa；电磁阀的体积要小，操作电压 DC48 V，操作电流小于 0.5 A；电磁阀要能灵活地投入和退出。

考虑装置的整体性，设计时把数字编码器和电磁阀做成了一个整体，同时考虑传感器安装/拆除的方便，采用了夹板的形式进行安装固定。

2. 通信传输控制器

通信传输控制器的设计思路主要是基于信息采集、控制分区域相对集中的思路。首先，接收数个（一般为 6 个）千斤顶传感器传输来的脉冲信号，并进行处理，转化为实际的高度值；其次，根据给定的滑升量控制相应的电磁阀打开/关闭；还有，就是要和上位机保持实时通信，完成上传/下达的功能。

通信传输控制器从原理、结构上分为微处理器、脉冲信号处理、电磁阀控制驱动、通信控制驱动 4 个部分。

1）微处理器

随着大规模集成电路的不断发展，微处理器芯片的性价比越来越高，基于上述多任务处理和信息处理的快速性，选择了当前较为先进的 ARM7/LPC2292 芯片。

芯片主要完成以下功能：

（1）处理6路来自千斤顶的脉冲信号，并进行计算，转化为实际的滑升距离用于上传和实时控制。

（2）通过外围驱动电路实现电磁阀的打开/关闭，从而控制千斤顶的爬升动作。

（3）自带CAN通信协议接口，通过外部的专用驱动电路实现与上位机的实时通信，完成上传/下达的功能。

2）脉冲信号处理

千斤顶传感器产生的脉冲信号输入到微处理器之前，通过数字电路芯片进行了整形、隔离。

3）电磁阀控制驱动

由于电磁阀的控制线圈需要的驱动功率比较大（DC48 V/0.5 A），不可能直接利用微处理器的I/O口驱动，为此设置了电磁阀驱动电路和电磁阀驱线圈监测电路。

主要驱动元件采用了SDI1102D型直流固态继电器，主要参数：隔离电压为1500 V，绝缘电压为2000 V，控制电压为3～15 V，控制电流为2～30 mA。

4）通信控制驱动

根据现场使用经验，目前常采用的比较简单的通信总线多采用RS485，但由于RS485通信的波特率比较低，最高一般能达到9600bit/s；考虑要传输的数据量比较大，通信要求相对较高，所以采用CAN通信总线。控制驱动电路采用了CAN总线专用芯片CTM8251。CTM8251芯片是一款带隔离通用CAN收发器模块，内部集成了所有必需的CAN隔离及CAN收发器件。模块的主要功能是将CAN控制器的逻辑电平转换为CAN总线的差分电平，并且具有DC2500 V的隔离功能。

CAN总线可以实现多台通信控制装置共用一条总线，不仅可以节约通信线路的成本，同时线路维护非常简单，因为此总线只有2根导线。

3. 通信协议转换控制器

设置通信协议转换器的主要目的是为了把现场的CAN总线转换为人们比较熟悉的Internet网络，以便利用成熟的网络技术来方便地实现控制目的。采用基于ARM7芯片的协议转换器，配置CAN总线接口，嵌入协议转换软件，以实现CAN总线到Internet网络的转换，并通过无线路由器实现与上位机的无线连接。

4. 液压站控制器

液压站的控制是现场千斤顶动作的基础，因此液压站的远程遥信控制也是本项目中的一个重要环节。在不影响原液压站控制功能的前提下增加了遥信控制及液压信号采集功能，使其能通过CAN总线与上位机进行信息传递，实现其必要的控制功能。液压站控制器安装在液压站控制箱内。

5. 控制电源

电源部分的设计分为电源隔离变压器、直流电源整流模块、电源控制器、UPS电源。

1）电源隔离变压器

考虑施工现场的用电安全，特设置了隔离变压器，变压器的输入/输出采用三相电源，电压确定为AC380 V/36 V。现场的用电负荷如下：电磁阀的工作电压为DC48 V，电流小于0.5 A，电磁阀的数量为52只，总功率为 $P = 48 \times 0.5 \times 52 = 1248$ W，折算到三相功率，$P_3 = 1248/1.732 = 720$ W。另外，考虑电磁阀线圈吸合的电压可以降低到80%。同时由于滑升操作为间隔性用电，为了尽可能减小变压器的体积，最后综合确定电源隔离变压器的容量为 600 V·A。

2）直流电源整流模块

隔离变压器输出的 36 V 电源经过三相整流桥整流滤波得到 48 V 直流电源。因为 48 V 直流电源的主要负载为电磁阀线圈，所以直流电流最大为 25 A。同时考虑整流桥的散热条件和冲击性负荷，最后选择了 50 A 的三相整流桥，同时为整流桥配备了散热系统。

3）电源控制器

电源控制器模块和液压站控制器功能电路相同，所实现的控制功能比较简单。

4）UPS 电源

UPS 电源为小型成品装置，使用 UPS 的主要目的是考虑电源突然停电时防止数据丢失。

5）最后把电源控制器、通信协议转换控制器、UPS 电源及网络路由器与电源部分集成在同一个箱体中，作为一个整体装置。通过全负载工作考验，工作一切正常，输出最低直流电压大于 45 V。

6. 视频监视系统

视频监视系统主要是通过无线网络摄像头对滑模过程中设置的重要的防偏、防扭监视点进行直观的视频监视，实时发现偏、扭，以便进行预控。使得操作人员一人就可以兼顾多项工作，也减轻了劳动强度，改变了传统使用专人进行监视的方式。本系统所使用的摄像头和监控软件为市场成熟的产品。

7. 系统软件的开发

系统软件为本系统专门开发使用，主要功能是实时现场数据处理和控制，监视系统运行。软件实现了多种控制功能，主要有手动滑升、自动滑升、自动调平、个别滑升等。

（1）手动滑升模式:操作人员可以手动操作滑升,同时可以监视系统的通信是否正常。

（2）自动滑升模式：此模式为大行程滑升而设，操作人员可以根据要滑升的行程设置千斤顶的循环次数，一旦执行将完成循环次数，但可以人工介入停止滑升。另外，在系统不正常时，会有信息提示，同时停止滑升。

（3）自动调平模式：调平之前应核实各千斤顶的实际标高，操作人员一旦输入要调平的误差值并执行后，系统便自动寻找需要滑升的千斤顶，并设置循环滑升，直到最高和最低之间的差值满足输入的差值要求，便停止操作。此模式也可以人工介入停止操作。

（4）个别滑升模式：此模式是为在滑模施工过程中纠偏、扭而设置，可以方便地设置哪些千斤顶滑升，哪些千斤顶不滑升。

（5）主配置界面：配置通信传输控制器的实际安装数量和安装位置。

（6）千斤顶配置界面：配置千斤顶传感器的实际安装数量、编号和安装位置。

（7）千斤顶标高校准界面：对千斤顶的实际高度进行校准。

5.2.5　滑模安装及调试

1. 滑模安装步骤

（1）安装提升架，应使所有提升架的标高满足操作平台水平度的要求。

（2）安装内外围圈，调整其位置，使其满足模板倾斜度和设计截面尺寸的要求。

（3）绑扎竖向钢筋和提升架横梁以下钢筋，安设预埋件及预留孔洞的胎膜。

（4）安装模板，宜先安装角模，后安装其他模板。

（5）安装操作内外平台的支撑平台铺板和栏杆等。

（6）安装滑模液压系统并调试。

（7）安装智能化控制装置并调试。

（8）在液压系统、智能化控制装置试验合格后，插入支撑杆。

（9）待模板滑升2 m后，再安装内外脚手架，挂安全网。

滑模装置组装的允许偏差见表5-2。

表5-2　滑模装置组装的允许偏差　　　　　　　　　　mm

序　号	内　　容		允许偏差
1	模板中心线与结构截面中心线位置		3
2	围圈位置的偏差	水平方向	3
		垂直方向	3
3	提升架的垂直偏差	平面内	3
		平面外	2
4	安装千斤顶的提升架横梁相对标高偏差		5
5	考虑倾斜度后模板尺寸的偏差	上口	-1
		下口	+2
6	千斤顶安装位置的偏差	提升架平面内	5
		提升架平面外	5
7	圆模直径的偏差		5
8	相邻两块模板平面平整偏差		1.5

2. 模板的安装规定

（1）外模采用200 mm宽、3 mm厚钢模板，外焊3道围檩，要求焊口焊牢后用砂轮机打平，保证两块模板间拼缝严密，混凝土出模表面平整光滑。

（2）内模采用200 mm宽、3 mm厚钢模板组拼，钢模板之间满打卡扣，保证拼缝紧密和装拆方便。

（3）模板的连接处进行双面密封，不得漏浆。

5.2.6　筒壁滑升

1. 初滑

对混凝土初次浇筑厚度，应使混凝土自重克服模板与混凝土之间的摩擦力，使下端的混凝土达到出模强度。在混凝土出模强度在0.2~0.4 MPa时，应进行1~2个千斤顶行程的提升；当滑升至300 mm时，对整个操作平台系统进行全面检查，特别是固定模板的卡环要逐个卡紧。各个拉杆的法兰螺丝要全部进行收紧一次。在混凝土始滑时由于需浇满整个900 mm高模板，混凝土量较大，宜分层浇捣。每次浇捣200~300 mm高，浇好一圈后，再进行下一次循环浇筑。分3层浇筑，当高度约为700 mm时，开始提升30~50 mm，第四次浇筑后再提升100~150 mm。模板初滑升时要对所有滑模设备特别是模板系统进行全面检查，及时发现问题，及时处理，待一切正常方可进行正常滑升。

始滑阶段应根据水泥品种、标号及初凝、终凝时间确定初次提升时间。初次的速度不宜过快，当滑升至 300 mm 时应对整个平台系统进行全面检查，特别是固定模板的卡环要逐个卡紧。各个拉杆的法兰螺丝要全部收紧一次。

2. 正常滑升

当模板初滑正常以后，即进入正常滑升，此时应掌握好滑升速度与混凝土凝固时间的关系，同时利用滑模智能化控制系统记录每层混凝土浇筑开始及结束时间，因为它直接影响到混凝土的施工质量及工程进度。滑模时可依据下列几点鉴别滑升速度：

（1）出模的混凝土应表面湿润，手摸有硬的感觉，但又可用手指按出印子，深度约为 1 mm。

（2）混凝土表面能用抹子抹平。

（3）混凝土试块强度为 $0.5 \sim 2.5 \text{ N/mm}^2$。

（4）正常滑升阶段混凝土浇捣每次为 $200 \sim 300$ mm，每次滑升间隔时间为 $1 \sim 2$ h，间隔时间也要根据记录的每层混凝土浇筑开始及结束时间控制。

3. 完成滑升

当模板滑升至距建筑物顶部标高 1 m 时，滑模即进入完成滑升阶段。此时应放慢滑升速度，并进行准确的抄平和找正工作，以使最后一层混凝土能够均匀地交圈，保证顶部标高及位置的正确。

5.2.7 滑模智能化控制技术在滑模过程中的控制措施

（1）滑模智能化控制技术利用滑模控制系统进行数据和信息的采集处理，根据预先设定好的控制偏差控制滑模平台的水平度，在保持滑模平台水平度的情况下，再根据视频监视系统提供的测点位置信息判断滑模工程的偏斜或扭转，以便提前预控。

（2）滑出模板的混凝土表面无捣固缺陷时不需附加抹面材料，将原混凝土表面用抹子压光即可。如遇施工缺陷，则筛取混凝土原浆进行修抹。滑出模板的混凝土表面应在 0.5 h 内抹完。出模混凝土强度达到 $1 \sim 1.5$ MPa 时开始洒水养护，或涂刷混凝土养护液。

5.2.8 滑模拆除

（1）滑模拆除要求：先拆除外模后拆除内模，拆除外模机具时不得进行内模围圈拆除；同时拆除外模时尽可能地避免高空作业。

（2）拆模的次序：清理平台杂物→拆除滑模智能化控制台→拆除内外模板及挂模围带→拆除内平台钢梁→拆除内外围圈、提升架。

5.3 劳动组织

以鲁南化肥厂原料煤贮运系统 1 号贮煤仓工程为例，劳动组织见表 5 - 3。

表 5 - 3 劳 动 组 织 表　　　　　　　　　　　　人

序　号	人 员 分 工	人　数
1	生产管理人员	1
2	技术管理人员	1
3	安全管理人员	1

表 5 - 3（续） 人

序　号	人 员 分 工	人　数
4	质检管理人员	1
5	安装工	8
6	监护、操控人员	4
7	电仪工	3
8	起重工	1
9	钢筋工	12
10	木工	6
11	瓦工	3
合　计		41

6 材 料 与 设 备

6.1 材料

以直径 21 m 混凝土筒仓施工为例，主要材料见表 6 - 1。

表 6 - 1 主要材料表

序号	名　　称	型　号	单位	数量	用　　途
1	钢丝软管	$\phi16\times6$	根	18	
2	钢丝软管	$\phi16\times4$	根	16	
3	钢丝软管	$\phi8\times6$	根	20	
4	钢丝软管	$\phi8\times5$	根	20	
5	钢丝软管	$\phi8\times4$	根	20	
6	直通管接头	$\phi16$	根	20	
7	两通分油器	16 进 16 出	只	6	
8	六通分油器	16 进 8 出	只	12	
9	堵头及螺母	$\phi8$	只	20	
10	电源、通信电缆	$2\times6+4\times1.5$	根	10	电源控制箱、现场控制器之间的连接线
11	摄像头电源线		根	4	连接摄像头与通信传输控制器，给摄像头供电

6.2 设备

以直径 21 m 混凝土筒仓施工为例，主要设备见表 6 - 2。

表 6-2 主要设备表

序号	名　称	型　号	单位	数量	用　途
1	液压控制台	HY－56	台	1	操作平台
2	千斤顶	GYD－60	台	52	设备工具
3	调平器	XT－GYD－60	套	52	设备工具
4	针形阀	φ7	只	52	设备工具
5	两通分油器	16进16出	只	6	设备工具
6	六通分油器	16进8出	只	12	设备工具
7	工作台	脚手板架	套	2	设备工具
8	电源控制箱	HM－Y1	台	1	设备工具
9	通信传输控制器	HM－T1	只	10	数据采集、通信、控制
10	传感器固定板		块	52	与传感器配套使用
11	无线摄像头	FS－603A－M106	只	4	内带安装固定装置

7 质 量 控 制

（1）执行《滑动模板工程技术规范》（GB 50113—2005）等现行国家、行业有关标准。

（2）建立与工序作业相对应的质量检验系统，进行跟班质量检查，保证工序质量符合规范要求。

（3）在每次模板滑升后，应立即检查出模混凝土，发现问题及时处理，对问题应做好处理记录。

（4）混凝土坍落度及外加剂一定严格按实验室提供的配合比执行。

（5）对混凝土的质量检验应符合标准养护混凝土试块组数，每工作日或 5 m 不少于 1 组。

（6）严格掌握材料、成品、半成品的质量关，对进场的材料成品必须严格验收，防止不合格产品、材料流入工地。

（7）做好现场文明施工，实现路平路通无积水，材料成品堆放整齐，设备完好，垃圾随时清理。

8 安 全 措 施

（1）执行《液压滑动模板施工安全技术规程》（JGJ 65）、《建筑机械使用安全技术规程》（JGJ 33）、《施工现场临时用电安全技术规范》（JGJ 46）及《建筑施工高处作业安全技术规范》（JGJ 80）的有关规定。

（2）认真贯彻"安全第一、预防为主、综合治理"的方针，建立和健全项目安全生产保障体系，遵守国家有关施工和安全的技术法规，抓好安全生产。

（3）建立施工安全检查评分制度，定期检查，对存在的安全隐患限时处理，随时消除不安全因素。

（4）拆除外模时尽可能地避免高空作业。

（5）严格执行岗位"三检"（自检、互检、交接检）制度，关键工序做好安全技术交底，模板装拆须经现场技术负责人检查。

（6）施工现场的临时用电要严格按照《施工现场临时用电安全技术规范》有关规定执行，使用安全电压。

（7）落实"三宝""四口""五临边"的安全防护措施。戴好安全帽、系好安全带和挂好安全网，对临边、洞口做好防护，设栏杆和警示牌。

9 环 保 措 施

（1）严格遵照国家颁布的有关环境保护的法律、法规。

（2）加强对施工场地、工程材料、废水、固体废弃物以及其他建筑垃圾的控制和治理。

（3）施工现场建筑垃圾设专门的垃圾堆放区，并设置在避风处，以免产生扬尘，同时根据垃圾数量随时清运出施工现场，运垃圾的专用车每次装完后，用苫布盖好，避免途中遗撒和运输过程中造成扬尘。

10 效 益 分 析

10.1 经济效益

本工法和传统滑模系统施工工法相比，改变了传统人工经纬仪跟踪测量，减轻了劳动强度，节约了材料费、人工费，同时减少了设备租赁费，缩短了施工工期。

10.2 社会效益

滑模智能化控制系统技术的应用填补了国内滑模数字化控制领域的空白，提高了滑模施工技术水平和市场占有率，社会效益显著。

11 应 用 实 例

11.1 实例一

鲁南化肥厂原料煤贮运系统1号贮煤仓工程，该工程由两个直径21 m钢筋混凝土筒仓组成，建筑高度为52.3 m，仓壁高度约27.9 m，筒壁420 mm厚，混凝土强度等级为C40。2009年10月开工，2010年12月竣工。采用本工法，缩短工期10 d，节省施工费用约26万元，工程质量优良。

11.2 实例二

赵楼矿井原煤仓工程，该工程建筑高度为47 m，仓壁高度约35.5 m，实物工程量26000 m³。2010年5月开工，2011年8月竣工。采用本工法，节约施工费用35万元，保证了质量，缩短了工期。

11.3 实例三

鲁南化肥厂原料煤贮运系统 2 号贮煤仓工程，该工程由两个直径 21 m 钢筋混凝土圆筒仓组成，建筑高度为 51.7 m，筒壁 420 mm 厚，混凝土强度等级为 C40。2011 年 10 月开工，2011 年 12 月竣工。采用本工法，缩短工期 12 d，节省施工费用约 27 万元，工程质量优良。

立井临时箕斗、罐笼混合提升系统施工工法 (GJYJGF101—2012)

中煤矿山建设集团有限责任公司
中煤第三建设（集团）有限责任公司三十工程处

冯旭东　郑忠献　施云峰　魏金山　张华春

1　前　　言

煤矿二期工程施工原提升运输采用矿车运输、罐笼提升，中间环节较多，辅助时间长，劳动效率低，不能满足多个掘进工作面快速施工的要求。特别是煤巷采用综掘机施工，掘进速度较快，原提升运输系统效率低，制约了综掘机的生产能力。中煤第三建设（集团）有限责任公司三十工程处 2010 年 3 月在山西大同麻家梁煤矿回风立井临时改绞工程中，首次采用临时箕斗、罐笼混合提升系统，确保了在主、副井筒永久装备期间二期工程正常施工。采用该系统在一个井筒内增大了矿井提升能力，满足井下多头煤（岩）巷同时快速掘进的施工要求，既能适应综掘机械化作业，又能方便施工人员、材料同时上下。该系统利用矿井的一个井筒实现了煤（矸）自动装卸载，并解决了煤矿巷道施工采用综掘机掘进的后配套提升运输系统，满足安全生产需要。

该工法关键技术"立井临时箕斗和罐笼混合提升系统在煤矿施工中的应用"于 2011 年 5 月通过了由中国煤炭建设协会组织的技术鉴定，达到国内领先水平。

2　工　法　特　点

（1）煤矿建设立井转平巷二期工程施工过程中，临时箕斗和临时罐笼混合提升系统能够利用一个井筒有效的面积增大矿井建设期间的提升能力，既解决了采用综掘机掘进巷道的后配套运输问题，同时也保证了人员上下、材料下放和煤（矸）提运等。

（2）混合提升系统中的箕斗提升系统采用箕斗装卸煤（矸），可以实现自动装卸载，大大减少提升循环时间，提高提升效率，满足安全生产需要，且能够配套综掘机、带式输送机的使用，发挥煤巷机械化作业的优势。

（3）混合提升系统中的罐笼提升系统解决了施工人员上下和材料下放等问题。

（4）临时混合提升系统利用一个井筒满足井下多头煤（岩）巷道同时掘进的要求，对煤矿加快施工速度、提高效率、缩短矿井建设工期起到积极促进作用。

3 适 用 范 围

本工法适用于矿山立井井筒（净直径大于或等于 7 m）临时提升系统施工的二期工程，特别适用于采用综掘机掘进的煤巷工程。

4 工 艺 原 理

参照生产矿井的永久箕斗提升模式安装临时箕斗，进行临时箕斗提升。同时，单独箕斗不能满足井下材料下放、人员设备升降需求，而人员由箕斗上下也很不方便，还需要有临时罐笼提升。据此采用箕斗与罐笼混合提升方式，即单独一个井筒内安装一对箕斗和一对罐笼，进行混合提升方式。

煤的运输：利用井筒部分空间设置装载硐室，在井筒布置提升设备时要兼顾计量斗的位置，同时在马头门内需设置井下临时煤仓。全过程实现自动控制。

矸石运输：井上下采用轻轨运输系统，上下井口单侧进出车，使用 1.5 t U 型固定式矿车，轨道采用 22 kg/m 轻轨，600 mm 轨距。井下使用电瓶车将矿车牵引至井底车场，通过罐笼将矸石提到地面，通过前倾式翻车机翻矸，并用排矸汽车排至指定地点。

人员及材料经罐笼上下。

5 工艺流程及要点

5.1 箕斗提升工艺流程

在马头门内设置临时煤仓。箕斗提升工艺流程如图 5-1 所示。

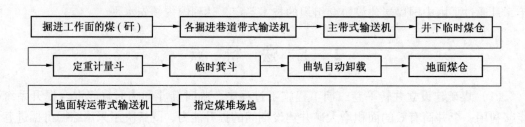

图 5-1 箕斗提升工艺流程

混合提升系统如图 5-2 所示。

5.2 罐笼提升工艺流程

罐笼主要用来下放设备、材料及上下人员。罐笼提升工艺流程如图 5-3 所示。

5.3 装卸载方式

箕斗提升采用定重计量方式。装卸载自动控制与提升信号装置采用 PLC 可编程控制器，通过各传感器输入的信号，对装载闸门、分煤溜板、带式输送机等设备按预先设定的程序集中控制并发送提升信号。该系统装卸载控制台有自动、手动连锁、检修点动 3 种运

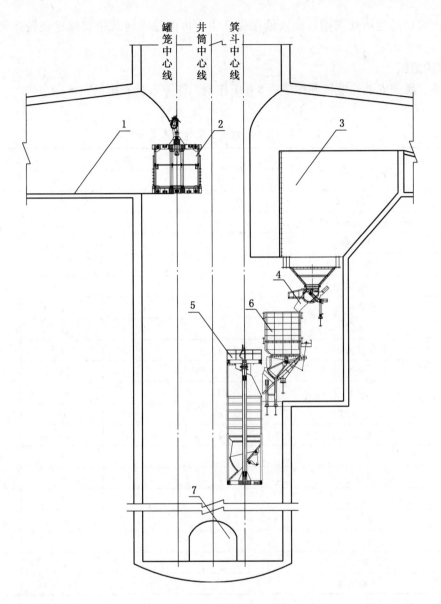

1—马头门；2—临时罐笼；3—井下临时煤仓；4—活动溜槽；5—临时箕斗；6—计量装置；7—清理撒煤硐室

图 5 - 2　混合提升系统

图 5 - 3　罐笼提升工艺流程

行模式，有提升次数自动累计功能，系统软件可防止二次重复装载功能，能与提升绞车电控实现全自动运行。

箕斗提升地面采用自动卸载方式。采用底卸式箕斗，其扇形底门上的卸载滚轮沿卸载曲轨滚动，自动打开出煤口；同时活动溜槽向前滑动，并向下倾斜处于工作位置；箕斗中的煤由出煤口经过活动溜槽，卸入地面煤仓中；再由地面转载带式输送机转运到指定场地。

5.4 劳动组织

箕斗、罐笼安装作业期间按三班 8 h 工作制，作业人员安排见表 5 - 1。

人

表 5 - 1 箕斗、罐笼安装作业人员安排表

序号	工 种 名 称	人 数			单 位
		小班	大班	小计	
1	项目经理		1	1	项目部
2	安全、机电经理		2	2	
3	技术员		1	1	
4	设备、材料员		1	1	
5	安全质量检查员		1	1	
6	值班司机		1	1	
7	队长		1	1	施工队
8	跟班队长	3×1		3	
9	班长	3×1		3	
10	电工	3×2		6	
11	机安装工	3×6		18	
12	起重工	3×2		6	
13	电焊工	3×1		3	
14	搬运工	3×2		6	
15	绞车工	3×1		3	
16	信号工	3×2		6	
17	扒钩工	3×1		3	
18	瓦斯检查员	3×1		3	
19	其他人员			3	

5.5 测量放线

以给定的井筒十字中心线为基准，精确定位到封口盘上，确认无误后，在封口盘上用直径 2 mm 手枪钻钻孔，给出大线下线点，并布置大线车和导向滑轮，使其固定牢靠。大线投设好后，将大线下放到井下，并设置好大线梁。

大线采用 ϕ1.8 mm 一级碳素弹簧钢丝。

5.6 施工工序及主要施工方法

5.6.1 施工工序

由于临时工程的特殊性，工程施工顺序原则上从下而上进行，如图 5 - 4 所示。

以上施工顺序为采用第三层临时吊盘施工。

立井井筒临时改绞时，在井筒作业项目进行的同时，地面翻车机、提升机等应进行同

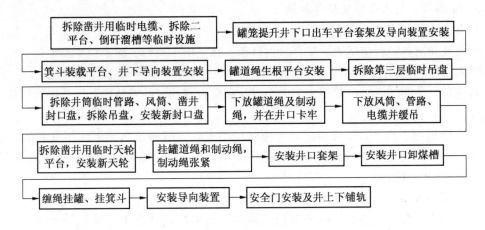

图 5-4 施工顺序

步安装或完善。

现场实际操作时，可根据具体情况，对以上施工顺序进行临时调整。

5.6.2 构件加工

1. 原材料的检验

施工用的原材料，进场时要进行严格验收。材料进场，材料管理员协同工程技术人员对所到原材料进行检查、验收、标识，并向供应厂家索要产品合格证及有关资料。

2. 金属构件加工制作

依据设计图纸编制加工清单，按照工程的施工顺序，对加工件依次进行加工。

（1）号料及下料。对板材，由于构件较小，打好线后，用剪板机进行下料或用气割下料。使用气割下料时，应清除熔渣和飞溅物等。使用气割下料或机械剪切下料，其允许偏差必须符合《钢结构工程施工验收规范》的规定，绝对不允许下短料和小料。

（2）坡（斜）口的加工。构件加工时，个别构件可能需要进行打坡（斜）口，由于量比较小，可使用手工切割施工。切割或打坡口时，边缘的毛刺、熔渣等应清除干净，凹凸不平处，用角磨机磨平。坡口角度满足设计要求。

（3）构件的焊接。构件的焊接，必须由取得上岗合格证的焊工进行施焊。焊接质量必须符合设计要求。

焊条、焊剂必须符合设计要求。

为保证焊接质量，阴雨天施焊时，焊条、焊剂要进行烘干，经烘干的电焊条，应放入保温箱内，随用随取。

（4）副梁和立柱的对接。对一些副梁和立柱（如套架部分），在不影响其强度的情况下，为节约材料，可采用敷钢板的方式焊接对接。对接部位应选择在构件受力较小的部位，连接焊缝必须按结构材料的等级强度条件来确定。

（5）构件变形矫正。构件出现变形，要及时进行矫正。板材可采用火焰矫正，应掌握好加热程度，控制在 800 ℃左右。对于型材，可用压力设备进行矫正。

（6）制孔。制孔时，应严格按图纸要求制孔，保证制孔的精度。对超差的孔，经施工技术人员同意后，可经补焊并经磨平后重新制孔。

5.6.3 主要项目施工方法及操作要点

1. 地面及井下各平台安装

地面及井下各平台包括天轮平台、封口盘、井下出车平台、罐道绳生根平台、井下装载各平台、煤仓上口平台等。

各平台安装前，应先将井筒十字中心线及标高投到相应的安装位置，并进行校核。安装应注意以下事项：

（1）罐道绳生根平台梁安装，以方便就位为主，一般罐道绳梁下缘距窝底的高度为500~1000 mm；当井底有清理斜巷时，罐道绳梁以下至少要留出 1.5~2 m 的清理高度，并应满足过放距离要求。

（2）罐道绳生根平台安装应注意各梁下放顺序及托架的受力方向。

（3）各平台安装完毕后，除必要的孔洞外，均应按设计要求，铺设平台钢板及设防护栏。

（4）封口盘安装时，应预先考虑各管、线、风筒等如何从井口引出。当从封口盘下引出时，安装前应预先留好引出位置，设置好孔洞。

（5）封口盘安装时，应将缓吊管、线、风筒用的缓吊绳头等预先放置好。

（6）封口盘各梁安装完毕，应用砖或料石等将梁沿井壁砌实，并用素混凝土抹平。

（7）各梁的连接必须连接件齐全，紧固可靠。

（8）起吊和下放重物时，钢丝绳绳头、索具及其与构件的连接必须安全可靠。

（9）起吊和下放重物，必须有专人指挥，并应防止井筒坠物。

（10）天轮平台安装完毕，必须对各梁进行现场加固。

（11）井下采用托架固定梁时，必须控制好锚杆孔的深度。

（12）井下装载各平台安装时，应及时安装各层间连接爬梯。

2. 井上下套架及导向装置安装

井口套架安装，应根据井口空间的大小，可采取散件现场组装的安装方式或整体起吊方式安装。井下套架采用散件现场组装的安装方式。

3. 计量装置安装

计量装置是计量斗、压敏计量装置、装煤溜槽及其控制装置的总称。计量装置安装时，先安装压敏计量装置，之后安装计量斗、装煤溜槽，最后安装控制装置。压敏计量装置安装应水平，其误差不应超过 0.2/1000，且固定应牢固可靠。

计量斗是直接放在计量斗导向梁内的，安装时，将计量斗在地面组装好，整体下放并放入导向梁内，其下部直接托在压敏计量装置上。导向梁中间是"口"字形结构，分上下两层。计量斗安装时，计量斗与其导向梁之间不得用电焊焊实。计量斗安装完成后，安装装煤溜槽。

计量装置安装应达到下列要求：

（1）计量斗安装后，应能在"口"字形导向梁内上下自由移动，其四周的总间隙不大于 5 mm。

（2）计量斗横向中心线与设计中心线的水平距离偏差不应超过 ±5 mm。

（3）计量斗、装煤溜槽的纵向中心线与设计中心线的重合度不大于 5 mm。

（4）非工作时，装煤溜槽与箕斗最突出部分的间距不应小于 100 mm。

装载及计量系统由机械、液压（电气）两个部分组成。在计量斗、煤仓等机械部分安装完毕后，进行计量控制部分的安装。

液压部分安装时，首先应将胶管内的杂物清除干净，对液压控制系统进行清洗，应确保液压系统内无杂物。油箱加油时必须过滤。液压件之间的连接，应无漏油现象。

电气部分的安装，应严格执行有关防爆标准，电气系统应可靠接地。电气部分安装完毕应进行电气调试和整定。

4. 井下临时煤仓安装

1）煤仓侧板安装

安装煤仓侧板时，首先在煤仓的混凝土帮壁上确定好膨胀螺栓的位置，用冲击钻打好孔，将煤仓侧板两端的角钢固定好，然后用螺栓将侧板与角钢连接。

为防止漏煤，应将煤仓侧板与井壁间的缝隙用钢板封严。

2）煤仓下段安装

煤仓下段包括主梁和两个上下均为方形的漏斗，其安装的关键部分是钢梁安装。

钢梁安装应保证各钢梁的上翼缘为一个水平面，并应保证钢梁的上翼缘与井壁接触密实。当钢梁与井壁之间接触不密实时，可用素混凝土或树脂进行封堵、充填。无法用素混凝土或树脂封堵的部分，应用钢板封堵，钢板的厚度不应小于 8 mm。钢梁安装完毕，用螺栓连接钢梁与方形斗，连接用螺栓直径不得小于 20 mm。

煤仓下段安装的难点是各构件均需上托，否则无法就位。

安装主梁时，可先在煤仓上口的钢梁上挂好钢丝绳绳头和手拉葫芦，将钢梁托到所需位置并确认无误后，再安装主托架，完成托架与主梁的连接。

安装方形斗时，采用同样的方法使方形斗就位并连接。

上托构件时，无论是钢梁还是方形斗，必须保证安全可靠。

5. 罐道绳与制动绳安装

1）钢丝绳的下放

（1）在天轮平台上的合适位置，固定好悬吊天轮或悬挂好额定荷载不小于 10 t 的滑轮。

（2）先将准备下放的钢丝绳滚子架在两个三脚架上，钢丝绳滚子中间穿厚皮钢管或圆钢，转动的部位应抹上黄油。

（3）将棕绳披过悬吊天轮或滑轮，将棕绳绳头与钢丝绳绳头连接牢固。用人力将钢丝绳渡过悬吊天轮或滑轮，或用内齿轮绞车将钢丝绳渡过悬吊天轮或滑轮，将钢丝绳绳头卡在稳车的滚筒上。钢丝绳与稳车用卡子连接时，所用板卡不得少于 5 副，每副卡子均必须紧固可靠。

（4）将钢丝绳缠绕在稳车的滚筒上。缠绳时，钢丝绳必须排列整齐。待钢丝绳基本缠完时，停止缠绳，将绳滚上的余绳脱掉，并卡好护绳环。

（5）在钢丝绳尾部绳环上卡上质量不小于 50 kg 细长的坠铊。

（6）启动稳车，至坠铊悬于封口上方。

（7）下放钢丝绳到合适位置，停止下放。

2）罐道绳的缓吊及拉紧

（1）将已下放到位的罐道绳尾部绳环通过销轴与罐道绳梁连接好。连接销的连接螺母、开口销应齐全。

（2）用稳车将罐道绳进行预张紧。

（3）在井口，用一根临时缓吊绳头将主钢丝绳挂在井架或套架上。临时缓吊用钢丝绳直径不得少于 24 mm，其捻向必须与主绳一致。临时缓吊用钢丝绳与主钢丝绳之的连接钢丝绳卡子不得少于 3 副。卡绳卡时，应注意钢丝绳卡子的方向，U 形螺栓应在临时缓吊钢丝绳侧。

（4）将液压螺杆拉紧装置的拉紧螺杆下调，但螺杆上部的预留长度不应小于锚杆拉力机的高度加 2 个螺母的厚度。

（5）根据罐道绳悬挂点的高度，于天轮平台下在钢丝绳上做好标记。

（6）松罐道绳，将稳车上的所有余绳全部脱掉。脱绳时，当稳车上的钢丝绳接近脱完时，在绳头上扎牢棕绳，棕绳的长度至少应为井架高度的 2 倍以上。解除钢丝绳与稳车的连接绳卡，然后用棕绳将钢丝绳反渡过悬吊天轮或滑轮。

（7）在标记位置，卡好护绳环。卡护绳环用的钢丝绳卡必须与钢丝绳配套，并且每根钢丝绳所用绳卡数量不得少于 7 副。

（8）用吊车或内齿轮绞车，将绳环吊起至悬挂位置。

（9）挂绳。将护绳环与液压螺杆拉紧装置的拉紧螺杆通过销轴连接好，并应做到连接件齐全、完整。

（10）将锚杆拉力机坐在液压螺杆拉紧装置的固定座上，上好上部的螺母，然后根据计算好的压力，对罐道绳进行张紧。随着螺杆的上升，随时跟进下部的螺母。当液压拉紧装置的一个行程结束后，且罐道绳的张力还不能满足要求时，应收回液压缸，进行第二次调绳，直到满足要求为止。

罐道绳张紧力的大小应根据《煤矿安全规程》进行设定，并对其刚度进行校验。

液压拉紧装置的选择：额定工作拉力不应小于 10 t，选用压力表时，最大工作压力不应超过压力表最大量程的 2/3。罐道绳张紧时，应按照《煤矿安全规程》的规定，各罐道绳张紧力之差不得小于平均张紧力的 5%，内侧张紧力大，外侧张紧力小。当张紧力达到要求后，紧好螺杆的上下两个螺母，上部螺母应加背帽。为安全起见，罐道绳挂好后，应对罐道绳加保险绳。

3）制动钢丝绳的悬挂

制动钢丝绳悬吊相对罐道绳比较简单，当钢丝绳在井口临时缓吊完并做好标记后，将钢丝绳从稳车上脱掉，并将钢丝绳反渡过悬吊天轮或滑轮，在井口，卡好 T 形绳环，用吊车将钢丝绳提升到天轮平台，穿好生根销即可。制动钢丝绳挂好后，其下部用两根单股 8 号镀锌铁丝与生根梁连接。制动钢丝绳应从相应的固定孔内穿过。用铁丝连接时，两根单股铁丝应受力均匀，并应保证钢丝绳与绳孔对中。

4）罐道绳及制动钢丝绳安装技术要求

（1）钢丝绳使用前必须进行试验，并达到有关标准要求。

（2）钢丝绳下放时，绳的下部应加坠铊，质量不得小于 50 kg。坠铊与钢丝绳之间的连接必须牢固可靠。每下完一根钢丝绳，应将其下部钢丝绳绳头固定在相应的位置，上部也应做好相应的标记，以防止错位或摆动，防止发生绞绳事故。

（3）钢丝绳下放时，应用悬吊天轮或滑轮。用滑轮时，滑轮的直径不应小于 300 mm。

（4）钢丝绳不得有硬弯或散花现象。

（5）钢丝绳的防腐应符合要求。

（6）罐道绳及制动挂绳前，应先将钢丝绳在井口卡固牢靠。临时固定时，不得使主钢丝绳被挤压变形。

（7）制动钢丝绳与T形绳环连接，其连接绳卡不应少于7副。T形绳环、绳卡均应与钢丝绳配套。绳卡卡紧要到位。每副卡子卡紧时，应间歇、错位紧固。绳卡间的距离不应小于250 mm。

（8）地面多余的钢丝绳不得截掉，应将余绳盘在合适的位置，并加以保护。

6. 管路、电缆、风筒的安装

管路、电缆、风筒的下放均采用稳车，管路、电缆、风筒缓吊时，应尽可能使其靠近井壁。

1）管路安装操作要求

（1）每节管路的卡子不应少于一副，卡子与钢管及钢丝绳的连接应紧固，构件齐全，连接螺栓应配套，法兰盘之间应加密封垫片（可用石棉板制作，垂深超过400 m时，应用铅垫）。紧固法兰盘螺栓时，应对称均匀紧固，杜绝"一把闷"。

（2）管路的终端板卡不得与管子之间成焊接连接，以便终端卡子在井筒下部发生偏转时，可以进行调整。

（3）下放管路时，应特别注意管子的法兰盘、卡子与封口盘之间的间隙，当发现间隙过小、有碰撞危险时，应及时停止下放，以防止发生意外。

（4）下放管子时，应记录管子的根数，以便计算管子的下放长度，待估算的长度接近所需下放的深度时，应安排人员下井查看具体位置，确定最终下放长度。

2）管路缓吊操作要点

（1）缓吊所用缓吊钢丝绳的直径不得小于主钢丝绳的直径，缓吊钢丝绳的捻向与对应的主绳捻向必须一致，绝对不允许捻向相反。

（2）缓吊钢丝绳本身的钢丝绳卡子及缓吊绳与主绳之间的连接钢丝绳卡子一般不应少于7副，排水管、供水管所用绳卡应增加到9副。

（3）在缓吊钢丝绳与主绳卡好并检查无误后，松稳车，待所有重量全部由缓吊钢丝绳吃劲后，再对缓吊绳进行全面检查，一切正常后，才可完全松掉主绳。

（4）卡子应卡固牢靠，为防止卡子卡得不紧，应有专人进行检查和复查，上一班没缓吊完的管路，在交接班时，必须交接清楚，严防缓吊事故的发生，应确保缓吊绳卡卡紧后，才能脱掉稳车上的主悬吊钢丝绳。

管路缓吊完毕，应将缓吊用的垫铁与悬吊梁点焊连接。

脱掉稳车上的余绳，将余绳盘在合适的位置，并上盖下垫加以保护。

由于井筒内的管路用钢丝绳悬吊，管子和钢丝绳都有一定的伸缩性，因此，管路的下部严禁设置托管装置。

3）电缆安装操作要点

电缆采用单根钢丝绳悬吊。

下放时应注意：

（1）下放高压动力电缆所用滑轮的直径不应小于500 mm。

（2）下放电缆时，电缆与钢丝绳之间的连接卡子按间距 6 m 布置。卡子与钢丝绳及电缆之间应连接可靠。电缆与卡子之间应加胶皮垫，且卡子与电缆之间的卡固力应适中，防止压力过大而挤坏电缆。

（3）下放电缆时，悬吊钢丝绳的端部应加坠铊，下放动力电缆坠铊的质量不应小于 50 kg。对需要进入变电所的电缆，在下放时，应根据变电所距井筒的距离，留够足够的长度，其他电缆也应考虑一定的余量。

4）风筒下放操作要点

风筒采用双根钢丝绳悬吊。

为减少风筒连接处的漏风量，下放风筒时，风筒的节与节之间加一个用铁皮和圆钢制成的风筒短接。风筒与短接之间用铁丝扎紧，风筒与悬吊钢丝绳之间通过短接用钢丝绳卡子连接。每个短接用 2 副钢丝绳卡子，卡子必须与钢丝绳配套。

风筒引出井口时，应考虑从封口盘下引出。从井下马头门引向巷道时，应采用骨架风筒，当用骨架风筒不能直接引出时，施工现场应考虑用特制的异型风筒。

7. 地面卸煤槽的安装

地面卸煤槽的安装应在井口套架安装完成后进行。

将卸煤槽在地面组装好，用吊车或稳车将卸煤槽整体起吊到合适的位置，先将卸煤槽底板上端与井口套架横梁连接好，再连接下端。

地面卸煤槽安装好之后，在卸煤槽支撑立柱之间，增加斜向支撑进行加固。

地面卸煤槽的下部是敞口的，卸煤槽安装后，应在卸煤槽与其下面的带式输送机或刮板输送机之间安装挡煤板。挡煤板用料为厚度 10 mm 的钢板，并增加支撑连接。

8. 挂罐（箕斗）

在井筒上下、天轮平台安装完毕，以及绞车完善之后，进行缠绳挂罐（箕斗）工作。

由于缠绳挂罐与挂箕斗的程序完全相同，下面以挂罐为例进行说明。

挂罐时，先挂副钩后挂主钩。

1）缠绳挂罐前的准备工作

（1）应事先将提升钢丝绳缠在绞车的两个滚筒上，并将主钩钢丝绳绳头卡到绞车的滚筒上，将副钩提升钢丝绳渡过提升天轮，绳头留在井口，卡好连接装置。

（2）拆除罐笼的导向槽及滑套。

（3）拆除罐笼的抓捕器。

2）缠绳挂罐的过程

（1）将副钩罐笼运至井口的合适位置。

（2）将副钩罐笼与连接装置连接。连接时，销子应推到位，上好螺帽，穿好开口销，或上好背帽。

（3）在副钩罐笼上拴上留绳，用人力留住罐笼，或卡上钢丝绳绳头，用装载机留住罐笼，这时慢慢上提副钩钢丝绳，副钩罐笼也慢慢上提，留绳向前跟近，直至罐笼进入套架内。

（4）将罐笼调整到合适位置，安装抓捕器、导向槽及罐耳（滑套）等。

（5）下放副钩罐笼到井底的合适位置。

（6）解除主钩钢丝绳绳头与绞车滚筒之间的临时连接卡子，慢慢开动绞车，使主钩钢丝绳渡过提升天轮至井口，与主钩连接好。此后的过程同步骤（2）~（4）。

（7）调绳：

① 将副钩罐笼停在井口正常停车位置。

② 停止运行绞车，关闭筒制动油路闸阀。

③ 打开调绳离合。离合到位后，打开固定滚筒制动油路的闸阀，开动绞车，将主钩罐笼下放到下井正常停车位置并停车。

④ 合上调绳离合油缸，打开游动滚筒制动油路的闸阀。调绳完毕。

之后，进行井筒间隙检查，安装井上下安全门，井上下铺轨，待一切完善后，进行系统的无负荷试运行。系统在试运行期间，应对整个提升系统的各个部位进行检查，发现问题应及时处理。

9. 试运行

箕斗和罐笼挂完毕后，待井上下铺轨、安全门安装及各种安全设施完善之后，进行两个提升系统的试运行。

提升系统试运行分为空负荷试运行和负荷试运行，其目的是对整个系统进行检验。

试运行时发现的问题应及时处理。

10. 罐笼防坠器脱钩试验

防坠器脱钩试验是对防坠器性能的检验。试验时，在封口盘上铺设方木，方木上放置缓冲材料，如装有木屑的麻袋等，将脱钩器连接在罐笼连接装置与罐笼主拉杆之间，然后将罐笼上提 1.5 m 左右，打开脱钩器，让抓捕器抓捕制动钢丝绳，对罐笼产生制动。

罐笼防坠器脱钩试验应有以下基本记录：

（1）罐笼相对制动绳下落距离。

（2）罐笼相对井架下落距离。

（3）有缓冲钢丝绳时，缓冲钢丝绳抽出长度。

罐笼防坠脱钩试验时，罐笼相对井架下落距离不得大于 0.5 m。

试验用钢丝绳绳头的安全系数不得小于 6 倍。

6 材 料 与 设 备

箕斗、罐笼临时提升所需材料主要为钢丝绳、电缆、钢管、各种型钢等，根据工程规模不同，会有所差别。安装施工时，可根据施工组织设计选用。以马道头煤矿入风井为例，列举材料与设备见表 6 - 1、表 6 - 2。

表 6 - 1 管材、电缆、钢丝绳材料计划表

序号	名　　称	型号、规格	单位	数量	备　　注
钢　管					
1	钢管	$\phi 159 \times 7$	m	2×550	排水
2	钢管	$\phi 159 \times 6$	m	580	压风
3	钢管	$\phi 108 \times 6$	m	550	供水

表6-1（续）

序号	名 称	型号、规格	单位	数量	备 注
		钢 丝 绳			
4	罐笼提升绳	$18 \times 7 + FC - 30 - 1770$	m	2×700	交左或交右
5	箕斗提升绳	$18 \times 7 + FC - 34 - 1770$	m	2×710	交左或交右
6	罐道钢丝绳	$18 \times 7 + FC - 26 - 1670$	m	16×670	交左和交右各8
7	制动钢丝绳	$18 \times 7 + FC - 26 - 1670$	m	4×670	交左和交右各2
8	排水管悬吊绳	$18 \times 7 + FC - 38 - 1670$	m	4×640	交左和交右各2
9	供水管悬吊绳	$18 \times 7 + FC - 28 - 1670$	m	2×640	交左和交右各1
10	压风管悬吊绳	$18 \times 7 + FC - 26 - 1670$	m	2×640	交左和交右各1
11	动力电缆悬吊绳	$18 \times 7 + FC - 24 - 1670$	m	2×640	交左或交右
12	信号、通信、监控电缆悬吊绳	$18 \times 7 + FC - 20 - 1670$	m	1×640	交左或交右
13	风筒悬吊绳	$18 \times 7 + FC - 20 - 1670$	m	4×640	交左和交右各2
14	爆破电缆绳	$18 \times 7 + FC - 18 - 1670$	m	1×640	交左或交右
		风 筒			
15	胶质风筒	$\phi 800$	m	2×550	

表6-2 机械设备配备表

序号	设 备 名 称		型号、规格	单位	数量	备 注
1	提升	井架	V	座	1	
		绞车	$2JK - 3.5/20$	台	2	
		吊桶	$3 \ m^3$	个	2	
2	稳车		$JZA - 5/800$	台	1	安全梯
			$JZ - 16/800 \ A$	台	4	吊盘
			$JZ - 10/600 \ A$	台	2	稳绳
3	装载机		$ZL - 50$	台	1	上料
4	通风机		2×30 对旋，60 kW	台	1	井下通风
5	吊盘		层间距 4 m	副	1	三层吊盘层
6	压风机		$4L - 20/8$	台	1	钻孔等
7	内齿轮绞车		$JD - 11.4$	台	3	倒运、提吊
8	真空馈电开关		$KBD - 350G$	台	2	配电
9	真空开关		$QBZ - 80G$	台	3	配电
10	矿用隔爆综保		$ZBZ - 4M$	台	1	安全保护
11	风钻		$YT - 29A$	台	6	钻孔
12	电焊机		$BX1$	台	4	
13	计量装载设备		$ZXZ2007.08 - 317 - 0$	对	1	计量装置
14	手拉葫芦		3 t	只	4	
15	手拉葫芦		2 t	只	4	

表 6 - 2（续）

序号	设 备 名 称	型号、规格	单位	数量	备 注
16	手拉葫芦	1 t	只	4	
17	地面转载带式输送机	DSJ100/63/75	台	1	75 kW
18	井下主带式输送机	DSJ100/63/125	台	1	125 kW
19	井下带式输送机	DSJ80/40/90	台	4	90 kW
20	临时箕斗	6.6 m³	对	1	
21	临时罐笼	1.5 t	对	1	

7 质 量 控 制

7.1 本工法安装质量执行的主要规范、标准

（1）《煤矿安装工程质量检验评定标准》（MT 5010—1995）。

（2）《建筑工程施工质量验收统一标准》（GB 50300—2001）。

（3）《建筑电气工程施工质量验收规范》（GB 50303—2002）。

（4）《施工现场临时用电安全技术规范》（JGJ 46—2005）。

（5）《建筑工程施工现场供用电安全规范》（GB 50194—1993）。

7.2 质量保证措施

（1）加强工序管理，确保各施工工序的顺利过渡。

（2）加强图纸的审核工作，把设计上存在的问题解决在施工之前。

（3）建立健全质量管理责任制，坚持以施工生产为中心，以质量管理为重点，实现责、权、利的有机结合。

（4）开工前，搞好质量策划，认真编制报批项目质量计划及施工技术措施，做到"一工程一措施"。

（5）逐级进行技术交底，加强技术资料的管理，保证"一工程一档案，一工序一交底"。

8 安 全 措 施

（1）开工前，应组织有关人员对所有施工场所进行全面检查，发现问题及时处理。对所有吊具、索具、设备及临时防护设施进行认真检查。提升绳按要求进行试验，缠绳时逐根检查，并在检查记录上签字，不合格不得使用。

（2）吊盘组装后应对各连接点进行认真检查，发现问题及时处理或采取有效的加强措施。每天交接班时都要对吊盘进行安全检查，保证吊盘始终处于安全状态。

（3）井筒作业、地面运输、提升和下料等项工作，应设专人统一指挥，其余人员必须服从命令，听从指挥。

（4）井口提升孔两端口应设可以开闭的栏杆，栏杆下部应密封不低于 200 mm 的踢脚

板，以防坠物。

（5）人员上下罐时应等罐停稳，井盖门关闭后进行。上下人员和物料时，当钩头起升 1 m 高度时，需停车检查钩头和吊挂点是否可靠，无问题后方可动钩。

（6）乘罐时，罐内人员头手不得伸出罐外，不得人物混装。

（7）稳车制动系统完好可靠。稳车安装完毕后必须检验安全闸的可靠性。

（8）每班必须配备安检员，进行相关检查，检查要严格仔细，严肃认真，查出的问题反馈要及时准确，并填写好检查记录，记录必须真实齐全。

（9）井筒内安装需烧焊作业时，应编制符合《煤矿安全规程》要求的井筒烧焊专项措施，并报矿方有关单位审批后执行。

（10）摘挂钩头实行双监控。一人摘挂钩头，操作完检查符合摘挂要求后，另一人复查，确认无误后方可进入下一道工序，将自我监护和互相监护相结合，确保安全可靠。

9 环 保 措 施

（1）食堂用煤采用无烟煤或液化气。

（2）施工污水及生活废水按指定地点排放。

（3）场区内清洁卫生，无积水、无淤泥、无杂物、无料底、无垃圾，管线架设整齐，无长明灯。

（4）项目部定期对所属单位进行检查评比，对环境保护做得好的单位和个人及时给予表扬、奖励，差的给予批评、罚款，并责令限期改正。

（5）对有扬尘的道路、施工地点采取洒水降尘措施。

10 效 益 分 析

以麻家梁煤矿回风立井为例，采用箕斗提升时，提升高度为 510 m，箕斗提一钩循环时间为 149.27 s，提升能力为 124.57 m³/h。若采用罐笼提升，根据绞车的提升能力和井筒断面大小，可以布置一对单层两车临时罐笼配 1.7 m³ 矿车，罐笼一次循环时间为 175.21 s，提升能力是 54.68 m³/h，箕斗的提升效率是罐笼的 2.28 倍。若每天正常工作按平均 18 h 计算，则每天箕斗比罐笼多提升 1258 m³。散煤密度 1.1 t/m³，每吨煤净利润 120 元，每年 360 d，则为麻家梁煤矿年创直接经济效益为 1258 × 1.1 × 360 × 120 = 5978 万元。

通过实施"立井临时箕斗、罐笼混合提升系统施工工法"，麻家梁煤矿的巷道开拓速度得到了大大的提高，提前了建设工期。同时新增施工产值 1785 万元，利润 410 万元，利税 70 万元。

11 应 用 实 例

11.1 实例一

同煤浙能麻家梁煤业公司，设计年产 1200 × 10⁴ t，矿井采用主、副、风立井开拓方式。回风立井井深 536.5 m，井筒净直径 8.0 m。

根据施工工期及现场条件要求，对回风立井采用全国首创的双箕斗、双罐笼混合式改绞，最大限度地提高提矸能力。

改绞方案：采用 2JK - 3.0/20 型绞车配一对 1.5 t 单层凿井罐笼和 2JK - 3.5/20 型提升机配一对 6 t 箕斗。箕斗提升系统中，在井下设置 150 m³ 的钢结构煤仓 1 个，井下转载系统设 764 刮板输送机一台，2PLF120 - 150Gg 型煤用分级破碎机一台；采用定重计量斗和液压装载。井上采用曲轨自动卸载，地面设置卸煤槽，并通过刮板输送机和带式输送机运往指定地点。井下煤仓主要为钢筋混凝土结构，部分为金属结构。地面卸煤槽为金属结构。

该临时提升系统安装工程从 2010 年 3 月 1 日开工建设，2010 年 4 月 8 日开始投入使用，历时 38 d。工程完工后经业主及监理公司验收，质量达到优良。到 2011 年 12 月 31 日，该系统运行平稳可靠。经现场测算最大日提升量达到了 2560 m³，提升能力最高可达每月 2168 m 巷道掘进量。

11.2 实例二

国电建投内蒙古能源有限公司煤电一体化项目察哈素煤矿，设计年产 1500 × 10⁴ t。矿井采用立井、斜井混合开拓方式，共布置 3 个井筒，分别为主斜井、副立井、回风立井。察哈素煤矿回风立井设计净直径为 7.2 m，井筒深度为 464.5 m。

根据施工工期及现场条件要求，对回风立井采用临时双箕斗和临时双罐笼混合改绞方式，最大限度地提高提矸能力。

改绞方案：采用 2JK - 3.0/20 型绞车配一对 1.5 t 单层单车凿井罐笼和 2JK - 3.5/20 型提升机配一对 6 t 箕斗。箕斗提升系统中，在井下设置 300 m³ 的钢结构煤仓 1 个；采用定重计量斗和液压装载。井上采用曲轨自动卸载，地面设置卸煤槽，并通过刮板输送机和带式输送机运往指定地点。井下煤仓主要为钢筋混凝土结构，部分为金属结构。地面卸煤槽为金属结构。

该临时提升系统安装工程从 2010 年 10 月 10 日开工建设，2010 年 11 月 9 日完工，历时 29 d。经甲方及监理方验收，工程质量达到优良。到目前为止，该系统运行平稳可靠。各项经济和技术指标均已达到设计要求，经现场测算最大日提升量达到了 2890 m³，提升能力最高可达 2581 m 巷道掘进量，位居同行业之最，为煤矿基本建设临时提升系统创出一条新路。

11.3 实例三

同煤国电同忻煤矿有限公司，设计年产 1280 × 10⁴ t，矿井采用主、副斜、立井开拓方式。二盘区进风立井井深 326.8 m，井筒净直径 8.0 m。

根据施工工期及现场条件要求，对进风立井采用双箕斗、双罐笼混合式改绞，最大限度地提高提矸能力。

改绞方案：采用 2JK - 2.5 型绞车配一对 1.5 t 单层单车凿井罐笼和 2JK - 3.0 型提升机配一对 6 t 箕斗。箕斗提升系统中，在井下设置 165 m³ 的钢结构煤仓 1 个，井下转载系统设 1 m 带式输送机一台，2PLF90 - 120 型煤用分级式齿辊破碎机一台；采用定重计量斗和液压装载。井上采用曲轨自动卸载，地面设置卸煤槽，并通过带式输送机运往指定地点。井下煤仓结构主要为钢筋混凝土结构，部分为金属结构。地面卸煤槽为金属结构。

该临时提升系统安装工程从 2012 年 9 月 2 日开工建设，2012 年 10 月 15 日开始投入使用，历时 44 d。工程完工后经业主及监理公司验收，质量达到优良。该系统投入运行后运行平稳可靠。经现场测算最大日提升量达到了 1775 m^3，提升能力最高可达每月 2420 m 巷道掘进量。

近水平厚煤层长距离石门揭煤施工工法 （BJGF007—2012）

重庆川九建设有限责任公司

刘英杰　侯建军　杨　钢　李成涛　叶国川

1　前　　言

在煤与瓦斯突出矿井开拓施工中，石门揭煤工作往往成为矿井建设顺利实施和安全生产的重点和关键。特别是在近水平厚煤层长距离石门揭煤过程中，由于煤层厚且巷道与煤层交角小，过煤门距离长，导致揭煤难度大，安全风险高。为此，重庆川九建设有限责任公司专门成立近水平厚煤层长距离石门揭煤技术课题组，对近水平厚煤层长距离石门揭煤难题进行了立项研究和探索实践。

课题组依据《防治煤与瓦斯突出规定》及有关安全法规，综合运用了石门两侧布置钻场硐室、设置钻孔气水分离装置和修正等法距等揭煤技术，成功实现了石门揭煤的安全施工，得到了业主方和监理方的一致认可和好评，并取得了良好的经济效益和社会效益。

该项目研究成果于 2013 年 3 月通过了中国煤炭建设协会组织的专家鉴定，其关键技术达到国内先进水平。

2　工　法　特　点

（1）该工法符合《防治煤与瓦斯突出规定》的相关要求，其施工工艺和操作要点先进可靠，操作性强。

（2）采用钻场硐室布置抽放钻孔技术，在煤层段施工过程中，因爆破震动和煤体破坏等原因逸出的瓦斯提前被抽放钻孔直接截流并抽出，减少或杜绝了瓦斯超限，保证了施工安全。

（3）采用气水分离装置，将钻孔施工时喷出的瓦斯导入抽放管路，施工作业场所瓦斯频繁超限的问题得到了解决，既保证了钻孔施工的安全，又大大提高了钻孔施工的效率。

（4）采用等法距技术，既确保了安全岩柱，又降低了揭煤难度，同时减少了炮眼深度及装药量，降低了爆破震动对煤体的破坏，增强了揭煤的安全性。

3　适　用　范　围

该工法适用于近水平厚煤层长距离石门揭煤作业，对其他各种地质条件下的揭煤作业也具有较大的参考价值。

4　工　艺　原　理

严格按照《防治煤与瓦斯突出规定》的各项规定，实施区域综合防突措施和局部综合防突措施，确保安全顺利实施揭煤。

在区域防突措施实施过程中，采用了在石门两侧布置钻场硐室进行钻孔施工和瓦斯抽采，实现瓦斯抽采和工作面掘进同步进行，延长了钻孔抽采时间，提高了抽采效果，同时起到了截流巷道周边煤层瓦斯的作用，进一步保证了煤门掘进施工的安全性。

利用瓦斯与水、渣比重不同原理，通过使用自行研制的气水分离器，将钻孔施工过程中涌出的瓦斯直接导入抽放系统，充分保证了作业环境的安全，杜绝了钻孔施工工作面瓦斯超限事故的发生。

距煤层 1.5 m 法距处，对揭煤工作面进行修整，形成平行于煤层的等法距揭煤斜面，垂直于煤层布置炮孔，实现一次性安全揭开煤层。

5　工艺流程及操作要点

5.1　工艺流程

工艺流程如图 5 - 1 所示。

5.2　操作要点

以山西晋煤集团胡底煤矿材料车线长距离石门揭近水平煤层（3 号煤层）为工程背景进行阐述。该矿主采煤层为 3 号煤层，原始瓦斯含量为 17 m³/t，瓦斯压力为 2.62 MPa。3 号煤层厚度 6 m，倾角 10°左右，在揭开煤层后，过煤门距离长，且在过煤门时极易引起顶部冒落，诱发煤与瓦斯突出事故。

重庆川九建设有限责任公司应用近水平厚煤层长距离石门揭煤技术，在胡底煤矿副立井井底车场材料车线井巷工程中安全顺利揭开并过完 3 号煤层。在整个揭煤过程中，共施工地质探孔 3 个，瓦斯抽采钻孔 145 个，总计钻孔工程量 11994.5 m，最长单孔达 163.5 m，过煤孔 42.0 m。累计抽采瓦斯 175×10^4 m³；经取样，测得残余瓦斯压力和残余瓦斯含量分别为 0.2 ~ 0.3 MPa、5.8886 ~ 7.7296 m³/t；现场测得干煤样最大 K_1 值为 0.38 mL/(g·min$^{\frac{1}{2}}$)，长距离石门揭煤施工期间工作面最大瓦斯浓度仅为 0.24%，杜绝了瓦斯超限和煤与瓦斯突出事故。

5.2.1　区域预测

1. 地质探孔

地质探孔兼做区域预测钻孔共 3 个，钻孔设计终孔位于巷道轮廓线外 15.0 m 的煤层，并进入（顶）底板 1.0 m。钻孔施工采用 ZDY - 600G 型或 ZDY - 1200S 型全液压坑道钻

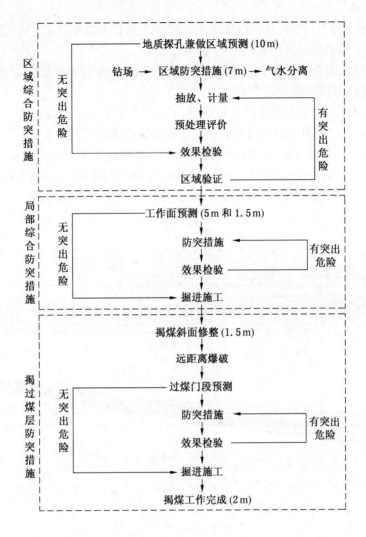

图 5 - 1 工艺流程

机，配 ϕ50 mm 钻杆，用 ϕ94 mm 取芯钻头进行施工并将岩芯排列编号。

2. 区域预测孔

利用地质探孔兼做区域预测孔，测定煤层原始瓦斯压力 p 和煤层原始瓦斯含量 W，对煤层突出危险性进行判断。

区域突出危险性预测临界值见表 5 - 1。

表 5 - 1　区域突出危险性预测临界值

瓦斯压力 p/MPa	瓦斯含量 W/($m^3 \cdot t^{-1}$)	区 域 类 别
<0.74	<8	无突出危险区
除上述情况以外的其他情况		突出危险区

5.2.2 区域措施

经区域预测为煤与瓦斯严重突出煤层,区域防治瓦斯技术措施为穿层钻孔预抽煤层瓦斯。

1. 钻场硐室布置预抽煤层瓦斯

（1）距煤层法距7 m处在巷道两侧各施工一个钻场硐室,矩形断面,宽4 m、高3 m、深4 m。钻场硐室采用锚网喷联合支护。

（2）钻孔设计:巷道轮廓线外3 m范围内煤层由工作面布置钻孔进行瓦斯抽采,巷道轮廓线外3~15 m范围内煤层由两侧钻场硐室内钻孔进行瓦斯抽采。

（3）钻孔施工:选用ZDY−600G型或ZDY−1200S型全液压坑道钻机,配 ϕ50 mm钻杆、ϕ90 mm钻头。钻孔开孔间排距0.4 m×0.8 m,终孔点间排距3.0 m×3.0 m,终孔于煤层底板1.0 m,孔径 ϕ90 mm。钻孔布置如图5−2所示,钻孔开孔、终孔位置如图5−3所示。

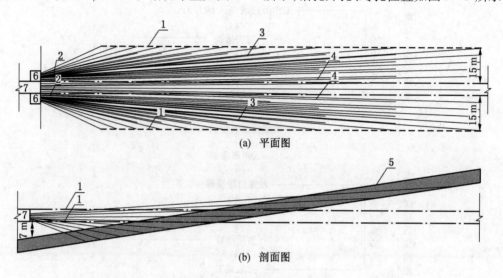

(a) 平面图

(b) 剖面图

1—巷道外15 m轮廓线;2—未掘巷道轮廓线;3—钻场硐室钻孔;4—巷道轮廓线内钻孔;
5—煤层;6—钻场硐室;7—石门

图5−2 钻孔布置

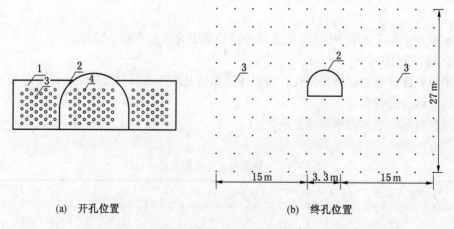

(a) 开孔位置　　　　　　　　　　　(b) 终孔位置

1—钻场硐室;2—掘进巷道轮廓线;3—钻场硐室钻孔;4—巷道轮廓线内钻孔

图5−3 钻孔开孔、终孔位置

2. 气水分离施工钻孔技术

（1）抽采钻孔施工时，在孔口安装公司自行研制设计的气水分离器，并与抽放管路连接。施钻过程中喷出的瓦斯直接抽入瓦斯抽采管路，而水、渣排入临时储水、储渣器。

（2）实施钻抽同步，边打边抽。

5.2.3 瓦斯预处理评价

钻孔施工结束并投入抽采后，统计钻孔瓦斯抽排总量，根据《煤矿瓦斯抽采达标暂行规定》进行预评价。

5.2.4 区域效果检验及验证

1. 区域效果检验

（1）取煤样送实验室测定煤层残余瓦斯含量。

（2）采用钻屑瓦斯解吸指标法现场测定 Δh_2 或 K_1 值。钻屑瓦斯解吸指标法临界值见表 5-2。

表 5-2 钻屑瓦斯解吸指标法临界值

煤 样	K_1 指标临界值/$(mL \cdot g^{-1} \cdot min^{-\frac{1}{2}})$	Δh_2/Pa
干煤样	0.5	200
湿煤样	0.4	160

（3）施工检验钻孔时，观察是否出现喷孔、顶钻、因地应力引起的卡钻等异常现象。

若其中任意一项指标超标，则判定为突出危险区，需补充钻孔或延长预抽时间直至检验有效为止。然后撤除石门工作面内的抽采钻孔，保留两侧钻场硐室内抽采钻孔继续进行瓦斯抽采。

2. 区域效果验证

在工作面距煤层顶板法线距离 5.0 m、3.0 m 和 1.5 m 处，分别实施区域效果验证（并兼作工作面突出危险性预测）。

5.2.5 工作面突出危险性预测

1. 钻孔布置

在工作面距煤层顶板法线距离 5.0 m、3.0 m 和 1.5 m 处布置预测钻孔。

2. 预测方法

采用钻屑瓦斯解吸指标法现场测定 Δh_2 或 K_1 值。

若指标超标或施钻过程中有瓦斯动力现象，则判定为突出危险工作面，需立即采取工作面防突措施。

若预测为无突出危险工作面，则在采取安全措施的前提下，严格按允许掘进距离向前掘进，直至 1.5 m 垂距处布置揭煤工作。

5.2.6 工作面防突措施

1. 钻孔布置

若采用排放孔，则在超标孔上、下、左、右布置孔间距不小于 0.3 m 的钻孔，进行钻孔设计及编制措施，施工完毕后绘制措施孔竣工图。

若采用抽采孔，则在超标孔范围内按孔间距不大于 2.0 m 进行钻孔设计及编制措施，施工完毕后绘制措施孔竣工图。

2. 岩柱控制

采取超前探测,防止误揭煤层,边探边掘至下一循环验证孔施工位置,再进行区域验证。

5.2.7 工作面防突措施效果检验

严格按照《防治煤与瓦斯突出规定》第七十一条和第九十九条执行。在实施工作面防突措施后,进行效果检验,检验孔数为8个。

5.2.8 石门揭煤

1. 等法距修整工作面

在法距1.5 m处,按等法距修整工作面,工作面底板与煤层大致平行,保证工作面与煤层法距不小于1.5 m,该段修整面长度约4.0 m。

修整后揭煤工作面与煤层位置关系如图5-4所示。

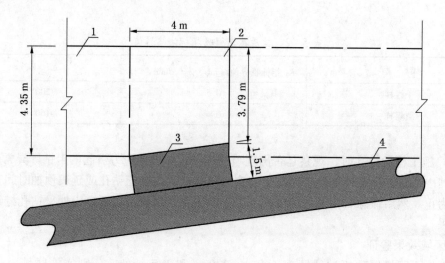

1—石门;2—斜面及揭煤工作面;3—岩柱;4—煤层

图5-4 修整后揭煤工作面与煤层位置关系图

2. 垂直于煤层布置炮孔

在等法距修整工作面施工完毕后,在斜面底部向煤层打眼、装药。

3. 一次爆破揭开煤层

做好安全防护措施,撤人、停电、安全警戒,远距离爆破,一次爆破揭开煤层。

5.3 劳动组织

根据揭煤工程需要,组织合理的队伍确保揭煤工作的顺利进行。劳动组织安排见表5-3。

表5-3 劳动组织安排表

人

序　号	工　种	人　数
1	项目经理	1
2	项目副经理	3
3	工程技术	3

表 5-3（续） 人

序 号	工 种	人 数
4	经营管理	2
5	物资供应	1
6	安全生产调度	3
7	后勤保障	5
8	施工队长	3
9	钻工班长	3
10	打眼工	12
11	爆破员	3
12	喷浆工	9
13	勤杂工	12
14	防突员	3
15	抽采工	4
16	瓦检工	4
17	抽放泵司机	7
18	监测工	3
合　计		81

6　材料与设备

长石门安全揭开近水平强突出厚煤层施工所需的主要材料与设备见表6-1。

表6-1　主要材料与设备表

序号	设备名称	型　号	用　途	单位	数量
1	风动凿岩机	YT28	打眼	台	6
2	局部通风机	2×55 对旋	通风	台	4
3	瓦斯传感器	KG9001C	现场实时监控	台	5
4	负压传感器	DF5F（A）	监控抽采负压	台	3
5	流量传感器	LUGB	抽采量监测	台	7
6	温度传感器	GW50（A）	管道温度监测	台	4
7	监控系统	KJ90NB	瓦斯监测监控	台套	1
8	瓦斯抽采泵	2BE80	抽采瓦斯	台	4
9	坑道钻机	ZDY-1200S	施工抽采孔	台	2
10	坑道钻机	ZDY-600G	施工抽采孔	台	2
11	坑道钻机	ZDY-1200S	施工检测孔	台	1
12	聚氨酯	A、B 液	封堵抽采孔	kg	2000

表 6-1（续）

序号	设备名称	型号	用途	单位	数量
13	煤矿用封孔泵	BFK-10/2.4	封堵抽采孔	台	2
14	防突参数检测仪	WTC	测定防突参数	台	3
15	压力表	L100-0~4.0 MPa	测定瓦斯压力	块	3
16	紫铜管	$\phi 8$ mm	测定瓦斯压力	kg	50
17	水气分离器	自制	施工钻孔用	个	4
18	真空表	L60--0.74 MPa	测定抽采负压	块	10
19	吸气筒		测定抽采浓度	支	10
20	光学瓦斯检定器	AQF-0~100%	测定抽采浓度	台	3
21	倾斜压差计		测定流量压差	台	1
22	阀门	DN150	抽采采区控制	个	2
23	阀门	DN50	抽采单孔控制	个	145
24	阀门	DN25	抽采单孔放水	个	20
25	人工放水箱	自制	抽采系统放水	个	8
26	堵孔管	DN38	封堵抽采孔	kg	3500
27	抽采瓦斯管	PE 材料 $\phi 150 \times 8$	抽采系统	m	300

7 质 量 控 制

（1）施工人员必须认真学习和掌握各类钻孔的施工技术要求，严格执行《煤矿安全规程》《防治煤与瓦斯突出规定》《煤矿瓦斯抽采达标暂行规定》，严格按照技术安全措施和操作规程作业。

（2）施工人员控制好钻孔角度，确保终孔点达到设计要求；技术员必须现场认真收集每个钻孔的参数，及时绘制竣工图，以利分析研究和确定揭煤期间保留继续抽采瓦斯钻孔的数量、范围。

（3）钻孔必须严格按设计参数施工，防突员根据现场实际情况进行参数调整。

（4）瓦斯抽采过程中，技术人员必须跟班抽查瓦斯抽采浓度、抽采负压；观测、记录统计瓦斯抽采量；抽采过程中加强巡查，减少管路漏气，提高抽放效率，缩短抽放时间。

（5）严格执行探掘措施，防止修整等法距揭煤工作面时掘进误穿煤层。

（6）过煤门加强现场管理和安全督察，防止预测钻孔施工不到位或防突参数测定弄虚作假。

8 安 全 措 施

（1）施工钻孔前，检查撤退路线是否畅通；安全设施是否完好；除施钻、防突员及监督验收人员外，其他人员禁止入内。

（2）施工钻孔当班，防突工作面施钻人数不超过 4 人，施钻人员必须经专门培训，取得操作资格证方可上岗。

（3）施工钻孔时，由防突员根据设计指挥打孔并收集资料，监督措施的执行，防突员不在现场严禁施工防突钻孔。穿层抽采钻孔施工必须按设计要求和钻孔施工技术安全措施执行，严格收集钻孔施工实际参数，并及时对已施工钻孔绘制竣工图，分析确认钻孔是否满足控制范围、终孔点等设计要求。若出现不能满足设计要求的空白带，则必须增补钻孔，予以消除。

（4）凡施工过程中出现喷孔、卡钻、顶钻、瓦斯忽大忽小、瓦斯涌出异常、响煤炮等明显的突出预兆时，由班组长和跟班干部指挥，立即停止作业、切断电源、撤出人员至进风流中的安全地点、设置警戒，并立即向项目部调度及总工汇报请示处理。

（5）工作面施工时，当班负责人必须携带便携式瓦斯报警仪，当瓦斯浓度达到 1% 时必须立即停止作业，查明原因进行处理；当瓦斯浓度达到 1.5% 时必须立即停止作业、切断电源、撤出人员至进风流中的安全地点，并向调度室及总工汇报请示处理。

（6）石门揭煤过程中严格执行远距离爆破措施，人员撤出必须由施工单位跟班队长按措施要求，撤出井下所有人员，人员清点由井口安监工负责，各队组跟班干部在出井后及时向调度室汇报人数。

（7）地面警戒由安监部和井口安检工负责按安全措施要求设置警戒。严格执行"人、牌、网"三警戒制度。

（8）所有人员全部撤离至地面。井下人员撤出由调度室通知，各工作面接到撤人电话，必须立即停止作业，关闭电源、风管、水管；撤人由跟班队长组织，当班班长和安检工清理人员撤离情况，撤出至地面后由跟班干部清点人数后汇报项目部调度室，由项目部调度室汇报矿调度室，最后由矿调度室向揭煤总指挥汇报井下人员撤离的情况。

9 环 保 措 施

（1）工作面要经常洒水消尘。
（2）严格进行废水处理。
（3）工作面实施湿式凿眼，严禁打干眼。
（4）巷道内设置喷雾洒水装置，以降低粉尘危害。
（5）加强通风，保证巷道有足够供风量。
（6）必须使用个体防尘防护用品。

10 效 益 分 析

10.1 经济效益

山西晋煤集团胡府煤矿石门揭煤工程采用本工法，其经济效益从人工、材料、机械、辅助系统等费用方面进行统计，节约人工费 81 万元，节约机械费 29.06 万元，节约管理费 17.88 万元，合计直接经济效益 127.94 万元。

10.2 安全效益

采用本工法，可以实现揭煤全过程连续抽采，抽采率达 66.5% 以上，达到了卸压、抽排瓦斯的目的，为石门揭煤消除了突出危险；实现了钻孔施工与瓦斯抽采同步进行，消除了抽采钻孔施工的煤与瓦斯喷出或瓦斯超限事故；减少了炮眼深度及装药量，降低了爆破震动对煤体破坏程度，增强了揭煤的安全性，为石门揭煤提供了安全保障。

11　应　用　实　例

11.1　实例一

山西晋煤集团胡底煤矿石门揭煤工程，主采煤层为 3 号煤层，瓦斯含量为 17 m^3/t，瓦斯压力为 2.62 MPa，煤厚 5.71 m，煤层倾角 12°。在巷道两侧布置抽放钻场硐室，比传统瓦斯抽放多抽 3 个月，延长抽放时间 50%。采用气水分离器，减少了因钻孔喷孔造成的瓦斯超限停工影响 60% 左右，工作面瓦斯浓度仅 0.14% ~0.26%，进入抽采系统的瓦斯浓度最高达 34% 以上。提高钻孔施工效率 45%，抽采率达 66.5% 以上。石门于 2011 年 6 月 1 日开始掘进，2012 年 9 月 27 日顺利完成揭煤作业，钻孔、抽放、揭煤、过煤门共计 16 个月，比业主预定的 17.5 个月揭煤工期提前了 45 d。该技术的运用使掘进速度由原来最高月掘进度 35 m 增加到 50 多米，在施工过程中未发生瓦斯超限、突出事故。

11.2　实例二

山西晋煤集团寺河煤矿西一盘区北进风巷井巷施工工程，施工需揭开 3 号煤层，该煤层厚 6.13 m，倾角 4.6°，原始瓦斯含量 20.86 m^3/t，压力 0.6 MPa。该处有构造，相邻有 DF_6 断层，倾向 75°，上下盘落差 3.0 m 左右，构造复杂程度属简单型。在揭煤过程中，采取了《防治煤与瓦斯突出规定》中的区域与局部两个"四位一体"防突措施技术，尤其是在防治措施上采用了近水平厚煤层长距离石门揭煤工法进行施工，安全顺利地揭开煤层并过完全煤门。

11.3　实例三

山西晋煤集团寺河煤矿西区回风大巷井巷施工工程，施工需揭开 3 号煤层，该煤层厚 6.13 m，倾角 4.6°，原始瓦斯含量 20.86 m^3/t，压力 0.6 MPa。该处煤层结构简单，无地质构造。在揭煤过程中，采取了《防治煤与瓦斯突出规定》中的区域与局部两个"四位一体"防突措施技术，尤其是在防治措施上采用了近水平厚煤层长距离石门揭煤工法进行施工，安全顺利地揭开煤层并过完全煤门。

斜井冻结法凿井施工工法 （BJGF008—2012）

江苏省矿业工程集团有限公司　中鼎国际工程有限责任公司

邹永华　马　龙　万援朝　邵开胜　易香保

1　前　　言

　　近年来，我国的甘肃、陕西、宁夏、内蒙古和新疆等西部地区已成为煤矿新井建设的重点区域，而在西部煤矿新井建设中，第四系冲积地层、第三系红层、白垩系、侏罗系等含水地层是矿井建设施工中的难点，特别是斜井穿过第四系含水地层尤其困难。并且在西部地区表土段采用冻结法凿井的工程实例很少，斜井的冻结工程实践及基础理论技术方面还处于初始阶段，国内仍缺少斜井冻结设计及施工技术规程、标准。

　　山西庞庞塔煤矿二副斜井工程，倾角25°，穿过表土段厚度90 m，穿过风化带厚度30 m，冻结斜长113 m。为了解决以往其他单位冻结施工过程中出现的涌砂冒泥、巷道冒顶、冻结管断裂、巷道破坏垮塌、折帮、掘砌困难等问题，与安徽理工大学共同对斜井部位地质资料、斜井支护结构、制冷方案、施工配套新技术等进行研究，顺利完成了不稳定地层冻结段和软岩地层施工，并形成一套斜井冻结和掘砌施工工法。该工法关键技术经中国煤炭工业协会于2010年11月30日鉴定达到国内领先水平。

2　工　法　特　点

　　（1）为了确保庞庞塔矿井冻结法凿井施工达到安全、快速、经济、优质的目的，研究了山西霍州地区深厚冲积层冻结施工和冻结壁设计的有关技术参数，并对庞庞塔矿井冻结法凿井信息可视化技术进行研究开发，建立一套冻结施工的监测系统。

　　（2）采用垂直冻结孔分期局部冻结技术，加快斜井冻结速度，降低冷量消耗，减少冷冻站装机容量，为斜井各区段配冷均衡和安全施工提供技术保障。

　　（3）为防止斜井两端及底部出现涌砂冒泥，造成巷道垮塌等工程事故，在斜井冻结段始端和末端各设置4个堵头孔，斜井中部布置3排冻结孔穿过底板形成斜井外围封闭的冻结壁帷幕，提高斜井冻结掘砌的施工安全能力。冻结孔平面布置如图2-1所示，冻结孔剖面布置如图2-2所示。

　　（4）在斜井冻结段采用局部冻结法，非冻结段采用隔温材料处理，大幅度减少冷冻装机容量，提高冻结效果，满足掘砌和节能降耗要求。冻结孔断面布置如图2-3所示。

　　（5）斜井冻结段内采用 $\phi133$ mm×4.5 mm 低碳钢无缝钢管冻结，在斜井掘进断面内冻结管采用小直径（$\phi89$ mm×4.5 mm）低碳无缝钢管，外部采用高压聚乙烯塑料保温材料隔温处理，减小斜井工程在凿井过程中冻土挖掘量。掘进期间，割除斜井断面内的冻结

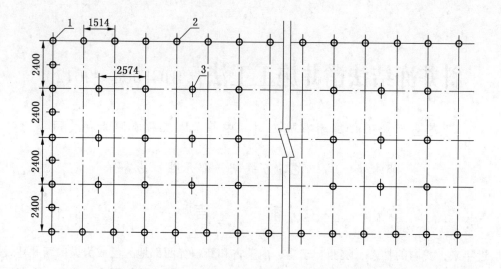

1—堵头孔；2—两侧冻结孔；3—中间冻结孔

图 2-1　冻结孔平面布置

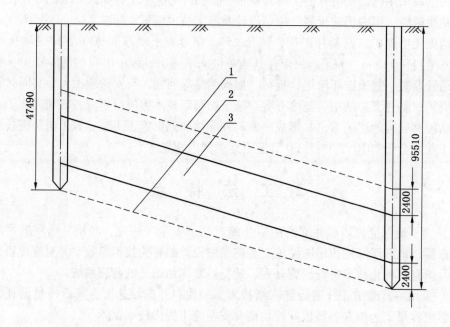

1—冻结区域上限；2—冻结区域下限；3—井筒

图 2-2　冻结孔剖面布置

管，管内盐水采用压风吹出，并采用钢板焊接封堵。

（6）斜井冻结段采用 CX55B 型小型挖掘机挖掘冻土，加快冻土装载速度，减少巷道开挖暴露时间。

（7）采用架棚与底梁组合结构，结合底板绑扎钢筋（$\phi 25@300$）和铺混凝土（600 mm），加大了底板强度，防止了底鼓变形，增加了结构整体稳定性和承载能力。斜井断面设计如图 2-4 所示。

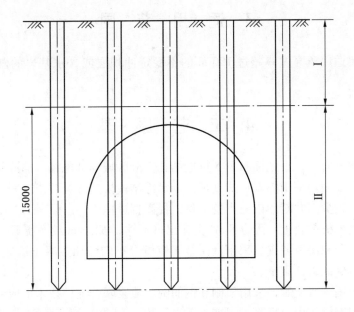

Ⅰ—非冻结段；Ⅱ—冻结段

图2-3 冻结孔断面布置

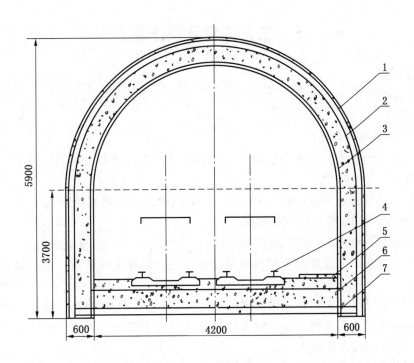

1、3、7—钢筋网；2、6—29U 钢；4—钢轨；5—台阶

图2-4 斜井断面设计

3 适 用 范 围

本工法主要适用于穿过厚超过 100 m 的不稳定冲积层或含水基岩的斜井冻结掘砌工程。

4 工 艺 原 理

沿斜井轴向方向，垂直地面布置 5 排冻结孔，分区域局部冻结。非冻结区采用隔温技术，冻结段斜井断面内采用隔温形式处理，满足冻结段快速冻结要求，减少冷量消耗和冷冻站装机容量，减少斜井断面内冻土挖掘量，提高掘进速度。

采用小型挖掘机挖装土，配合 8 m³ 箕斗出矸运输，φ2.5 m 绞车提升，实现大断面斜井的先进设备配套和快速掘进。采用液压金属模板台车砌壁和混凝土输送泵输送混凝土，提高砌壁速度，保证砌壁质量。

斜井冻结段掘进成型后，采用架棚和钢筋网、喷浆联合支护技术形成初始支撑力，与冻结壁共同起到支护作用，喷浆封闭冻土围岩，防止冻结壁风化移动，提高冻结壁强度和整体稳定性，避免巷道变形、顶板冒落破坏。29U 钢棚增加底梁形成整体承载结构，增强29U 钢棚整体稳定性，防止底鼓和变形破坏。

5 工艺流程及操作要点

5.1 工艺流程

工艺流程如图 5-1 所示。

5.2 操作要点

5.2.1 冻结施工操作要点

（1）冷冻站设备配套必须满足斜井冻结制冷量要求，冷冻站配制冷量要大于现场最大实际需冷量 1.2 倍以上。

（2）各冻结管盐水流量控制在 10～12 m³/h 以内，盐水温度控制在 -28 ℃以下，及时分析测温孔内不同层位温度变化情况。

（3）各区域冻结要满足掘砌进度和冻结壁设计壁厚、平均温度要求。

（4）冷冻站管路安装质量要符合规范要求。三大循环系统要进行打压试验，压力符合规范要求。

（5）冻结管钻孔要严格控制偏斜率，斜井两侧冻结孔向井内偏斜不超过 200 mm。

（6）地面冻结管路保温质量和效果要满足冻结施工要求，防止雨水浸泡及冬季结冰造成冻结管路冷量损失和损坏。

（7）斜井内冻结管割除前，要提前回收盐水，割除后要及时焊钢板封管口。

5.2.2 掘砌施工操作要点

（1）小挖掘机挖土装箕斗时，防止碰断斜井断面内冻结管，避免泄漏盐水到迎头，造成迎头底板解冻。

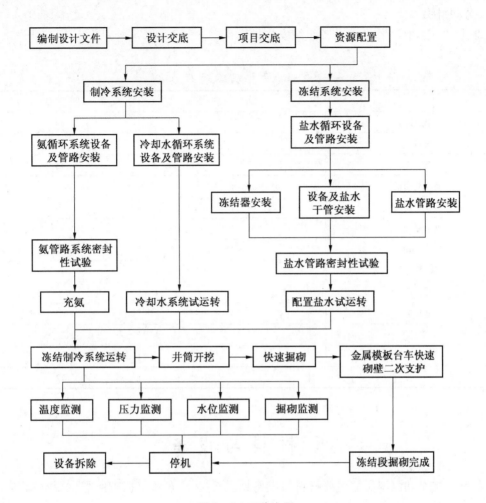

图 5-1　工艺流程

（2）迎头挖掘以小挖掘机为主，采用人工刷顶帮。斜井荒径断面掘出一棚排距后，及时架设 29U 钢棚，棚外绑扎钢筋网，棚间采用 8 根 $\phi25\ mm$ 钢筋接杆连接。

（3）斜井断面内冻结管割除前抽尽盐水，割除后及时焊钢板封管口。

（4）已架设棚绑扎钢筋段及时采用喷射混凝土封闭，防止风化和冻结壁位移。

（5）斜井二次永久支护，采用液压滑动模板台车砌壁，混凝土输送泵输送混凝土，加强振捣。为了加快混凝土砌壁速度，在混凝土内增加早强、抗冻、抗渗添加剂（FS-A 型），加快混凝土拆模速度，满足 6 h 后拆模所需的混凝土强度要求。

（6）液压伸缩模板台车砌壁操作要点：

① 安装好架体后，利用支架逐块安装模板，从顶部到边板顺序安装。模板拆除顺序与安装顺序相反。

② 采用机械螺旋顶立模，并左右平移对中。用连接杆将上部工字钢与龙门架固定，中间两组龙门架用千斤顶垫实。

③ 使用丝杆立边模板，调整设计位置，顶实全部丝杆。

5.3 劳动组织

采取"三八制"作业，劳动组织安排见表5-1。

表5-1 劳动组织安排表　　　　　　人

工　　种	小　　班	圆　　班
掘进工	12	24
爆破员	2	4
支护工	15	15
喷浆机司机	1	3
扒岩机司机	1	3
机电修理工	1	3
绞车司机	2	6
信号工	2	6
技术员	1	3
材料员		1
班长	1	3
队长		1
合　　计		72

6 材 料 与 设 备

打钻、冻结和测温所需主要材料与设备见表6-1，冻结段掘砌所需主要材料与设备见表6-2。

表6-1 打钻、冻结和测温所需主要材料与设备表

设 备 名 称	型　　号	单　　位	数　　量
钻机	TSJ-1000	台	4
泥浆泵	TBW850/50	台	6
陀螺测斜仪	JDT-5 A	台	2
经纬仪	蔡氏 010B	台	2
全站仪	蔡氏 Eltar 或 DZQ202	台	1
水平仪	莱卡 NA820	台	1
冷冻机组	HJLLG25ⅢBA220	组	6
冷冻机组	HLG20ⅢBA250	组	4
中间冷却器	ZL10.0	台	4
蒸发式冷凝器	NZX-1575	台	4
热虹吸贮液器	HZA3.5	台	1

表 6 - 1 (续)

设 备 名 称	型 号	单 位	数 量
贮液器	ZA5.0	台	2
螺旋管蒸发器	LZL320	台	5
集油器	JY300	台	1
空气分离器	KF046	台	1
测温监控管路系统	OC - 1000	套	1
S1425 解调仪		个	1
温度和应变传感器		个	358

表 6 - 2 冻结段掘砌所需主要材料与设备表

序 号	设 备 名 称	型号、规格	数量	额定功率/kW	备 注
1	斜井凿井井架		1		
2	主提升机	JK - 2.5/20	1	487	
3	提升天轮	φ2.0	1		
4	前卸式箕斗	MF - 8 (8 m³)	1		
5	装载机	ZL - 50D	1		
6	螺杆式空压机	ML110 - 2S	3	110	
7	搅拌机	JS - 500	2	18.5	
8	挖掘机	ZB - 50	1	30	挖明槽用
9	混凝土输送泵	HBT - 30	2	40	
10	挖掘机	CX55B	1		
11	水泵	D25 - 30×5	2	25	
12	风泵	QOB - 15N	10		
13	调度绞车	JD - 11.4	1	11.4	
14	对旋风机	DSF6.3/60	2	2×30	1 台备用
15	混凝土喷射机	PS - 7B	4		
16	自卸汽车	20 t	3		
17	液压伸缩金属模板台车		1		

7 质 量 控 制

7.1 质量标准

严格按《煤矿井巷工程质量检验评定标准》(MT 5009—1994)、《矿山井巷工程施工及验收规范》(GBJ 213—1990)组织施工。

7.2 质量保证措施

(1) 建立打钻冻结掘砌质量控制体系。

（2）制定质量管理制度和奖罚规定。

（3）加强分项工程质量验收制度，强化班组管理。

（4）加强现场施工材料的进场检验和质量验收。

（5）加强月底分部工程质量验收和旬质量检查制度。

（6）对施工的关键工序应加强质量监督检查，对施工过程全程监控和质量把关。

（7）冻结管接头焊接材质必须匹配，并满足试压、试漏规定要求。冻结管安装后应进行压力试验。

（8）钻孔定位精度满足开口设计偏差要求，斜井两侧冻结孔向井内偏斜不超过 200 mm。

（9）盐水浓度要保证设计比重，盐水温度在 15 d 后降到设计温度要求。盐水箱内设液面下降报警器。

（10）沟槽内冻结管的进回水管接头应严格控制安装质量，发现渗漏要及时处理。

（11）斜井内冻结管割除前，要关闭盐水管的阀门，将盐水回收干净，防止泄漏。

（12）各区域冻结时间应根据掘进速度和冻结测温技术参数综合分析。

（13）严格控制掘进超挖量。采用小挖掘机挖掘斜井中部土层时，应留出 500～600 mm 预留层，采用人工刷顶、刷帮，减小斜井掘进断面的暴露时间。

（14）斜井掘进断面成型后，立即架棚、绑扎钢筋网、喷浆支护，封闭围岩，防止风化。

（15）模板台车砌壁前要找线对中，防止砌壁出现规格偏差。

（16）砌壁浇筑时要分层振捣，避免蜂窝麻面。

8 安 全 措 施

（1）严格按照《煤矿安全规程》《作业规程》和《操作规程》组织施工和管理。

（2）严格执行公司职业健康安全管理体系文件，定期进行危险源排查和风险评价，并针对危险源风险采取控制措施。在施工工程中严格执行危险源风险控制措施。

（3）施工前必须认真研究施工方案，编制施工技术和安全措施，并认真贯彻执行。

（4）施工过程中对《施工作业规程》和《安全技术措施》要根据施工特点不断完善。

（5）施工人员必须经过安全培训，所有特殊工种和专业技术工种必须持证上岗。

（6）建立健全各项安全管理制度和安全保证体系，坚持"安全第一、预防为主、综合治理"的原则，杜绝各类安全事故的发生。

（7）建立群众性的安全网和安全监督岗制度，坚持安全活动周制度，经常总结和分析安全状况，随时采取必要措施。

（8）加强对制冷系统和盐水温度变化情况的观测，发现异常及时处理。

（9）加强对提升绞车、箕斗、模板台车等设备设施的安全管理，斜井配备的安全保护装置要齐全可靠，并正常使用，避免安全事故。

（10）棚子、钢筋等材料要有出厂合格证并经检验合格，棚子加工符合技术规范要求，卡箍连接构件必须安全可靠，满足设计要求。

（11）加强安全管理，制定严格的管理制度，落实施工人员的安全责任，杜绝掘砌施工安全隐患。

9　环　保　措　施

（1）严格遵守国家有关环境保护的法律、法规、标准、规范、技术规程和地方有关环保的规定。

（2）成立施工现场环境管理领导小组，建立健全环境管理体系。

（3）在施工过程中，自觉地形成环保意识，最大限度地减少施工中产生的噪声和环境污染。

（4）加强废弃物管理，施工现场应设置专门的废弃物临时贮存场地，废弃物应分类存放，对有可能造成二次污染的废弃物必须单独储存，设置安全防范措施且有醒目标识，减少废弃物污染。

（5）运输、施工所用车辆和机械产生的废气和噪声等应符合环保要求。

（6）施工现场应有防尘措施，防止物料搬运过程中产生粉尘污染。

（7）施工场界应做好围挡和封闭，防止噪声对周边环境的影响。

10　效　益　分　析

10.1　经济效益

（1）庞庞塔煤矿二副斜井冻结段全长 113 m，采取分段冻结和施工，减少了冻结站装机容量和制冷量，确保各冻结段安全顺利实施。经过分析，冷冻站装机容量约为总冻结段装机容量的 1/3，因此，可节约电费和设备安装费 378 万元。

（2）针对二副斜井断面大、倾角大的特点，采用了新技术、新工艺及配套机械化作业线，改变以往靠大量人工挖土、装土的陈旧方法。新配套机械化作业线使用了 8 m³ 大箕斗、CX55B 挖掘机，每个班挖土断面达 33 m²，深 400～500 mm，平均每天掘进进尺达 1.2～1.3 m，较以往使用人工挖掘施工进度快了 1 倍以上，最高月进尺达 45 m。113 m 冻结段计划 120 d 完成，实际仅用 95 d，施工进度提前 25 d，折算费用 88 万元。

（3）二副斜井采用了二次支护。对于二次支护，以往采用井圈和槽钢或木模板，需经常拆除和安装，费工、费时，砌壁速度很难提高，且消耗大量材料。而该井采用新的砌壁技术工艺和装置，应用了液压伸缩模板台车，采用 2 台 16 t 绞车牵引，每循环浇筑 7.94 m 仅需 6 h，每循环脱模时间 35 h，30 m 长井筒混凝土浇筑仅需 6 d，较以往采用井圈、小块模板砌壁节约时间约为 15 d，节约费用约为 111.5 万元。

（4）冻结斜巷掘进采用 8 m³ 大箕斗运输，挖掘机挖土，迎头配刷帮人员 5～6 人，较以往全部采用人工挖刷减少人员 45 人左右，节约人工工资 52.8 万元。

（5）采用新型综合机械化作业线和施工技术工艺，月进尺由 18～20 m 提升到最高 45 m。经过掘进、铺底、支护成巷，113 m 冻结斜井仅用 95 d 时间，较以往掘砌方法工期缩短 2.8 个月，增加经济效益约为 337.68 万元。

经济效益总计约为 967.98 万元。

10.2　社会效益

目前在我国的华东、华北地区，浅部煤层多已充分开采，为解决煤炭资源的短缺问题，甘肃、陕西、宁夏、内蒙古和新疆等地区已是新井建设的重点区域，山西等西部矿井仍有部分矿井需要采用斜井开采。该工法解决了庞庞塔煤矿大断面、大倾角二副斜井冻结法凿井关键技术难题，为我国斜井冻结理论与技术提供了成功经验。

该工法通过对人工冻土热力学参数分析及反演、斜井冻结壁与井壁共同作用分析、冻结过程的热力耦合分析等关键技术研究，以及对冻结壁设计方案进行优化等，确保庞庞塔煤矿二副斜井冻结法凿井的安全、快速、优质、经济。该工法的推广应用前景广阔，对今后我国西部地区的斜井井筒建设将起到积极的推动作用，经济效益与社会效益显著。

10.3 安全效益

山西庞庞塔煤矿二副斜井冻结段全长113.625 m，冻结深95.51 m，采用5排327个冻结孔。由于冻结孔数量较多，一旦在钻孔、施工冻结管连接不牢、冷量分配不均、冷冻站制冷量不够、盐水流量偏小等方面出现问题，都可能造成冻结管断裂漏盐水，冻结壁强度降低不交圈等重大问题，最终导致冻结失败，并可能造成斜井开窗漏水或大幅度冒顶、片帮、冻结段无法掘砌等安全事故。因此，应加强信息化管理，及时掌握制冷量和冻结壁的发展状况，为井筒安全施工创造基础条件。经过实践，该井没有出现断管、井壁开裂和拱顶冒落变形、底鼓等较大问题，安全顺利地完成了113 m斜长冻结段井筒的掘砌任务。

11 应 用 实 例

11.1 实例一

2009年庞庞塔煤矿二副斜井井筒，半圆拱断面净宽5.2 m，净高4.5 m，倾角25°，斜长934 m，冻结斜长113 m。在表土冻结段施工中采用本工法施工。通过采用垂直分段局部冻结技术和先进冻结设备，减少了冻结经费的投入，同时又很好地完成了表土层冻结。在冻结段掘砌中采用大型绞车和大型箕斗运输、小型挖掘机配合人工挖土、液压伸缩模板台车砌壁，凿井装备先进，克服了井筒断面和倾角大的施工难题，保证了施工质量和安全，实现了快速施工。

11.2 实例二

2004年垴城煤矿主斜井井筒，半圆拱断面净宽4.8 m，净高4.3 m，倾角20°，冻结斜长97 m。采用本工法完成了冻结施工，减少了冻结装机容量，节约了大量资金，在冻结段掘砌中采用大绞车、大箕斗等新设备，加快了掘砌施工速度，提前2个月进度完成了掘砌任务，创造了可观的经济效益。

11.3 实例三

2010年庞庄煤矿西斜井井筒，半圆拱断面净宽5.0 m，净高4.4 m，倾角22°，冻结斜长126 m。在冻结和掘砌中采用本工法进行施工，减少了冻结投入。在掘砌中采用大绞车、大箕斗、小挖掘机、模板台车等先进设备，施工速度快、工程质量优良，施工进度提前3个月，经济效益显著。

立井通过采空区施工工法（BJGF011—2012）

山西宏厦第一建设有限责任公司

梁爱堂　吴春阳　郝旭宁　张　辉　赵瑞明

1 前　言

立井施工由于受施工环境制约，尤其是地表古窑、老窑、煤矿回采后的采空区和老巷道及小煤窑越界开采形成的采空区，普遍存在积水和瓦斯问题。当井筒穿透采空区时，易造成采空区积水突水事故或伴生瓦斯事故，影响了井巷施工安全，且采空区影响范围较大，支护困难，也容易造成工程质量事故和埋藏后期隐患事故，给矿山企业造成重大损失，给职工人身安全造成威胁。

结合公司多年来从事立井施工的实践，尤其是超前物探、立井优选法探放水、立井预注浆堵水等方面的施工经验，总结出一套行之有效的系统性立井通过采空区施工方法。主要是通过对采空区进行超前物探，优选法探放水，抽放瓦斯（抽排采空区积水），施工预注浆钻孔将混凝土注入采空区，以混凝土注满采空区及影响范围空隙，进行注浆效果检验，提高井筒坚固程度。本工法在山西省阳泉固庄煤矿燕凫进风井和回风井过采空区应用中，有效地防止了立井水害事故及伴生瓦斯事故的发生，促进了企业安全、和谐、高效，可持续发展，取得了较好的经济效益、安全效益和社会效益。

本工法经煤炭信息研究院查新，在检索范围内，国内未见有与本课题综合研究内容相同的文献报道。其关键技术于 2012 年 5 月通过中国煤炭建设协会组织的技术鉴定，成果达到国内领先水平。

2 工 法 特 点

（1）在掘进中坚持"有掘必探"，应用 YCS40（A）矿用防爆瞬变电磁仪初步确定异常区域范围。

（2）应用 KJH–D 防爆探地雷达对异常区域进行构造探测，物探资料综合分析进一步确定异常区域性质。

（3）制定立井通过采空区探测施工措施，优选法探放水，应用 ZDY–1200S 探放水钻机施工探测钻孔，查明异常区域赋水情况及有害气体监测，确定较精确的采空区范围。

（4）超前物探确定异常区域、立井优选法探放水和工作面预注浆三者系统性相结合，与传统采空区封闭法相比较，施工效率更高，可操作性强，方法合理，成本较低。

3 适 用 范 围

立井通过采空区施工工法适用于矿井中水文地质类型复杂条件下立井穿过采空区施工，也适用于采空区发生事故后对立井的检修施工。

4 工 艺 原 理

本技术的工艺原理是应用 YCS40（A）矿用防爆瞬变电磁仪和 KJH－D 防爆探地雷达进行超前物探确定异常区，立井优选法探放水进一步精确异常范围和排除积水和瓦斯有害气体影响，再通过工作面预注浆封堵采空区，加固采空影响区域，预防和控制水害事故及伴生瓦斯事故的发生。

4.1 物探超前探测的理论基础

应用 YCS40（A）矿用防爆瞬变电磁仪对立井井壁外侧 30°范围、北南向 45°～-45°、东西向 45°～-45° 3 个探测范围超前探测。由于煤系地层的沉积序列比较清晰，在原生地层状态下，其导电性特征在纵向上呈固定的变化规律，而在横向上相对比较均一。当断层、裂隙和陷落柱等地质构造发育时，无论其含水与否，都将打破地层电性在纵向和横向上的变化规律。这种变化规律的存在，表现出岩石导电性的变化。当存在构造破碎带时，如果构造不含水，则其导电性较差，局部电阻率值增高；如果构造含水，由于其导电性好，相当于存在局部低电阻率值地质体，解释为相对赋水。同样如果采空区不积水，则其导电性较差，局部电阻率值增高；如果采空区含水，由于其导电性好，相当于存在局部低电阻率值地质体，解释为相对赋水。根据 MTEM 视电阻率拟断面图，综合地质和水文地质资料，可确定横向、水平深度和垂向深度电性变化情况。

探地雷达则是利用发射天线发射高频宽带电磁波脉冲，接收天线接收来自地下介质的界面的反射波。电磁波在介质中传播时，其路径、电磁场强度与波形将随所通过的介质的电性性质及几何形态而变化。因此，根据接收到波的旅行时间（双程走时）、幅度与波形资料，可推断介质的结构和形态大小。

4.2 立井优选法探放水的理论基础

立井优选法探放水即是应用探放水专用钻机施工较少数量、一定角度和深度的地质钻孔，排除次要影响因素，查明标定区域水文地质和瓦斯赋存状况。

4.3 立井注浆堵水的理论基础

立井注浆堵水即是在立井工作面应用双液注浆泵将注浆液通过注浆钻孔压入采空区空间及围岩裂隙内，在一定范围内凝固胶结，起到堵水和加固作用。

5 工艺流程及操作要点

5.1 工艺流程

工艺流程如图 5-1 所示。

5.2 操作要点

5.2.1 井筒掘进"有掘必探"

按照《煤矿防治水规定》及《阳煤集团"有掘必探，有采必探"实施办法》，在井巷掘进中坚持"有掘必探"，防止误揭煤层、采空区、老窑、古空区等地质异常。

5.2.2 超前物探确定采空区范围

为了保证立井掘进施工安全，应用矿井瞬变电磁技术和探地雷达技术对立井施工项目进行超前探测，本工法以山西省阳泉固庄煤矿进风井为例进行工艺说明。物探单位在进风立井井筒深度68 m处对掘进区域方向进行赋水性超前探测和构造探测。

1. 瞬变电磁物探布点

以井筒中线为基准线，北南向和东西向探测角度与中线夹角为45°、30°、15°、0°、−15°、−30°、−45°分别进行探测。井筒圆周探测，探测线框与井壁垂直夹角为60°，圆周每隔30°取点一次，共计取点27个。瞬变电磁布点如图5−2所示。

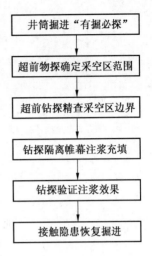

图5−1 工艺流程

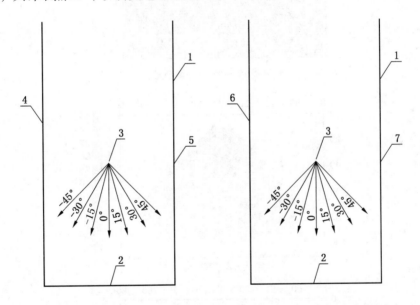

1—井筒壁；2—井筒底部待掘进区域；3—迎头45°～−45°纵向剖面；4—井筒北方向；
5—井筒南方向；6—井筒东方向；7—井筒西方向

图5−2 瞬变电磁布点

2. 探地雷达物探布线

井筒断面东西向布置与南北向垂直的探测纵向剖面共计7条测线，测带长度5 m、4 m、3 m、2 m。采集时，掘进面平整度一般，对数据成果有一定的影响，主要是探测工作面前方30 m内的地质构造情况。探地雷达布线如图5−3所示。

3. 探测成果

立井瞬变电磁探测成果如图5−4所示，立井探地雷达探测成果如图5−5所示。

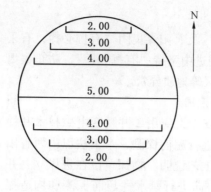

图 5-3 探地雷达布线

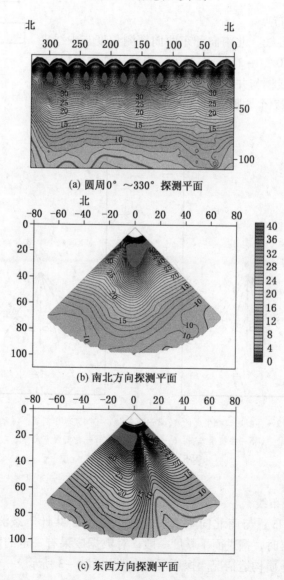

(a) 圆周 0°～330° 探测平面

(b) 南北方向探测平面

(c) 东西方向探测平面

图 5-4 立井瞬变电磁探测成果

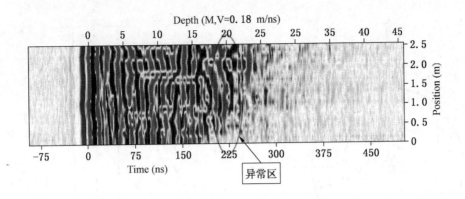

图5-5 立井探地雷达探测成果

4. 物探工作要求

由于物探手段本身可能受多方面因素的制约和影响，存在多解性，其测试结果往往带有一定的局限性。

（1）物探应是全方位探测。根据地质任务满足探测范围井筒壁外侧30°范围。

（2）矿井瞬变电磁仪应在本区已知的积水地段进行试验，得出该仪器的有效探测距离和施工参数。

（3）每次物探超前探测完成后8 h内提交物探初步报告，3 日内提交物探正式报告。物探报告审查后存档备案。

（4）超前探测技术设计书应包括以下内容：

① 工作的目的、任务、范围、期限和测区位置。

② 测区地质资料分析、环境地质及相关的地质特征，地形、地貌与水文地质、工程地质概况。

③ 方法选择及依据，技术要求，工作方法有效性分析，现场工作的布置及工作量估算。

④ 探测工作布置图。

⑤ 施工组织及工作进度计划。

⑥ 作业质量保证措施。

⑦ 存在的问题与对策。

⑧ 拟提交的成果资料。

5.2.3 钻探精查采空区边界

在应用YCS40（A）矿用防爆瞬变电磁仪和KJH-D防爆探地雷达进行超前物探确定异常区后，应用ZDY-1200S探放水钻机距离进风井采空区10 m处施工探测钻孔，精确查明异常区域赋水情况及有害气体监测，确定较精确的采空区范围。

1. 采空区探测钻孔工艺

工作面距进风井采空区10 m时，对开挖面前方地质异常区域进行探测。钻孔直径ϕ90 mm，钻孔9个，钻孔钻透采空区底板1 m，探测孔超出井筒轮廓线外15 m。探测钻孔布置如图5-6所示，探测钻孔参数见表5-1。

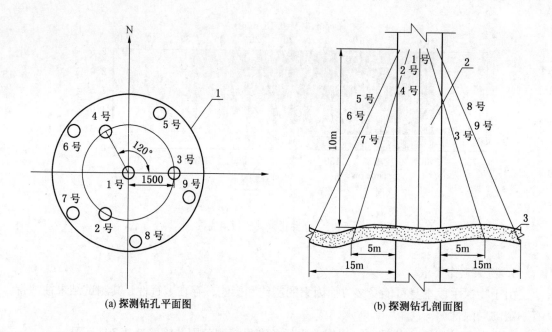

(a) 探测钻孔平面图　　　　　　(b) 探测钻孔剖面图

1—井筒轮廓；2—井筒；3—采空区

图 5-6　探测钻孔布置

表 5-1　探 测 钻 孔 参 数

钻孔编号	钻孔深度/m	与竖直方向夹角/(°)	老空水涌出量/($m^3 \cdot h^{-1}$)	自然成分/%	
				CH_4	CO
1	14	0	无	0.10	0.0010
2～4	17	30	无	0.15	0.0008
5～9	23	54	无	0.18	0.0015

2. 采空区探测结论

根据钻探数据资料，确定 3 号、4 号、5 号、6 号钻孔进入进风井采空区，采空区走向为东西方向，穿过井筒内部约 1/3；位于井筒北帮处，高度约 2.5 m。采空区内无老空水，进行空气成分化验，确认气体无害及瓦斯含量不大于 0.7%，堵孔后方可继续进行施工。工作面内瓦斯浓度限制值及超限处理措施见表 5-2。

表 5-2　工作面内瓦斯浓度限制值及超限处理措施

地　　点	限制值/%	超 限 处 理 措 施
低瓦斯工区任意处	0.7	超限处 20 m 范围内立即停工，查明原因，加强通风监测
局部瓦斯积聚（体积大于 0.5 m^3）	5.0	附近 20 m 加强通风

3. 超前钻探工作要求

物探异常区、已知采空积水区、超前探测钻孔发生涌水等，需进行探放水时，必须编制专门的探放水设计。确定探放水警戒线，并采取防止瓦斯和其他有毒有害气体威胁等安全技术措施。探水眼的布置和超前距离，根据水头高低、煤（岩）层厚度和硬度等确定。

探放水设计的内容应包括：

（1）探放水区域的水文地质条件，包括老空积水范围、积水量、水头高度（水压）、正常涌水量，老空与上下采空区、相邻积水区、地表河流、建筑物及地质构造的关系，以及积水区与其他充水含水层的水力联系程度等。

（2）探放水巷道的开掘方向、施工次序、规格和支护形式。

（3）探放水钻孔的组数、个数、方向、角度、深度、施工的技术要求和采用的超前距、帮距。

（4）明确探放水止水套管的长度、封孔工艺及耐压试验要求。

5.2.4 钻探隔离帷幕注浆充填

1. 隔离帷幕采空区

根据物探超前探测报告及井下优选法探放水施工资料显示，进风井采空区走向为东西方向，穿过井筒内部约 1/3，位于井筒北帮处，高度约 2.5 m。

工作面距采空区 10 m 时，首先利用 ZDY-1200S 探放水钻机打 8 个注浆孔，钻孔直径 ϕ133 mm，钻孔 8 个，钻孔钻透采空区底板 1 m，注浆孔超出井筒轮廓线外 5 m，进行钻探注浆隔离帷幕。注浆钻孔平、剖面图如图 5-7 所示，注浆钻孔参数见表 5-3。

注浆孔数量的计算公式为

$$N = \pi(D - 2A)/L$$

式中　N——注浆孔数，个；

　　　D——井筒净直径，m；

　　　A——孔口管与井壁距离，m；

　　　L——孔间距，m。

表 5-3　注浆钻孔参数

钻孔编号	钻孔深度/m	与竖直方向夹角/(°)	自然成分/%		注浆量/m³
			CH₄	CO	
8	10	0	0.15	0.0016	90
1、6	12	15	0.20	0.0018	140
3、6	15	27	0.23	0.0020	120
7	11	15	0.30	0.0022	30
2、5	13.5	19	0.45	0.0017	90

2. 布眼、埋管

工作面向采空区注浆时，使用 ZDY-1200S 探放水钻机，配中空六方钢钎（1.5 m）ϕ133 mm "一" 字形合金钻头造孔钻探。并埋设 ϕ108 mm 注浆铁管，管口缠以麻丝后将注浆管放入注浆孔内，外露不大于 50 mm，孔口管周围用混凝土封堵。

施工中，根据现场情况适当加大造孔密度、深度及改变埋管方式外，还需调整材料配比和注浆参数。

3. 采空区注浆工艺

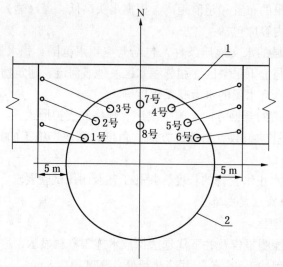

(a) 注浆钻孔平面图

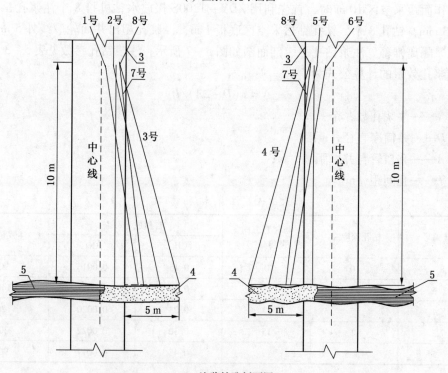

(b) 注浆钻孔剖面图

1—空巷；2—井筒轮廓；3—井筒；4—采空区；5—煤层

图5-7 注浆钻孔平、剖面图

施工区域内的采空区为小窑采空区，采出率低，采空区具有隐蔽性和复杂性。立井采空区治理除加固立井围岩、阻隔采空区积水与立井范围的水力联系外，考虑到浆液的凝固时间和工期、天气因素，对采空区充填加固。

1）注浆系统

注浆系统由料场、搅拌机、浆液池、供水系统、注浆泵（HS-6）、压力表、封孔装置、注浆管道（$\phi108$ mm）等组成。

2）施工工艺要求

首先向采空区注入马丽散，采用高压灌注将马丽散压入采空区内，当它被高压推挤，在遇水后（掺水）时产生关联反应，发生膨胀，从而形成隔离帷幕，达到封闭采空区效果。隔离帷幕形成后，向隔离帷幕内注入混凝土，固化采空区。

采空区注浆工艺流程如图5-8所示。

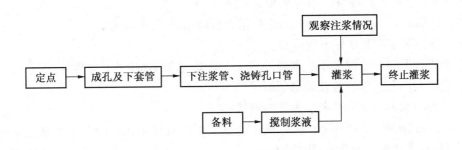

图5-8 采空区注浆工艺流程

3）注浆材料的配制

注浆材料的配制按设计浆液配合比进行。水用定量容器计量，水泥按袋计量。注浆材料配比工序如图5-9所示。

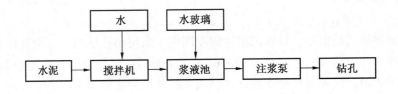

图5-9 注浆材料配比工序

注浆材料由混凝土、水泥-水玻璃浆液材料组成。每次搅拌时间不少于3 min。水泥为符合国家标准的42.5号普通硅酸盐水泥，施工拌制用水符合《混凝土拌合用水标准》，速凝剂选用水玻璃。

4）混凝土配合比

采空区注浆使用混凝土充填，配合比如下：

质量比：水泥∶碎石∶水∶水玻璃=3∶7∶10∶0.3。

水泥选用P. O 42.5复合硅酸盐水泥。

外加剂：速凝剂（用量根据实际注浆情况而定）。

4. 注浆工作要求

（1）注浆前，首先用水冲洗管路（或钻孔），检查注浆孔中是否畅通，有无堵塞现象，以利注浆。

（2）注浆系统至少配有可调注浆泵两台，其中一台备用。通向各个注浆孔口装置的管路要用高压胶管。胶管之间用快速接头连接。选用胶管能承受的最大压力应为最大泵压的2倍以上。

（3）前冲洗钻孔水流畅通后接上注浆管，打开各处闸阀并记下流量计的读数，然后通知送浆。

（4）注浆期间，注浆工应密切注意管路及各处阀门的情况。发现堵孔或管路漏浆时，应首先通知停止送浆，同时派人关闭上一道阀门，然后进行处理。正在注浆的钻孔，如发现进浆不正常，应暂停注浆，用清水冲洗管路。

（5）注浆时，不要在高压胶管附近停留，以防止管子崩坏伤人。

（6）注浆过程中要做好下列检查：

① 检查注浆口出水的大小、水温的高低、有害气体的浓度等，并做好记录。

② 检查观测孔出浆、各孔间窜浆情况。

③ 检查泄水闸门完好情况、水管畅通情况等。

（7）要根据注浆中的情况，随时调整混凝土配比及注浆延续时间。如钻孔属于连续升压，则应连续注浆，直到达到结束标准。

（8）注浆人员要时刻注意：当设备运转出现异常（如压力突然增大、注浆管跳动剧烈等）时，要立即停机，进行检查处理。

（9）注浆系统的运行要与造浆系统一起集中管理，开始注浆后，泵工应注意观察泵压，发现异常立即通知施工指挥。注浆过程中，龙头要一直摇动避免堵塞。注浆管路要有专人巡视。

5.2.5 钻探验证注浆效果

1. 采空区验证钻孔

在注浆加固施工结束后，待水泥浆达到凝固期，采用钻孔抽芯法，取样试验配以孔内物探检验，施工6个检查孔，直径为133 mm。效果检验孔超出井筒轮廓线外2 m。经检验未达到预期效果时，应补充加密注浆，达到满意的效果为止。

效果检验孔要求岩芯采取率达到60%以上，在取芯过程中对孔内漏水段及软弱段的孔深作详细的记录；并将取出的岩芯进行分析，对不同深度的岩体裂隙固结程度进行分析断定，对本次采空区填充及塌陷区挤密提供有效的技术参数。采空区注浆效果验证钻孔平、剖面如图5-10所示，采空区注浆效果验证钻孔参数见表5-4。

表5-4 采空区注浆效果验证钻孔参数

钻孔编号	钻孔深度/m	与竖直方向夹角/(°)	钻孔偏角/(°)	自然成分/%		老空水涌出量/(m³·h⁻¹)	封堵严密性
				CH_4	CO		
1	11.5	16	300	0.03	0.0003	无	严密
2	10.5	9	330	0.02	0.0005	无	严密
3	10.7	9	40	0.03	0.0008	无	严密
4	11.8	16	60	0.04	0.0010	无	严密
5	10.3	8	0	0.05	0.0015	无	严密
6	10	0	0	0.05	0.0010	无	严密

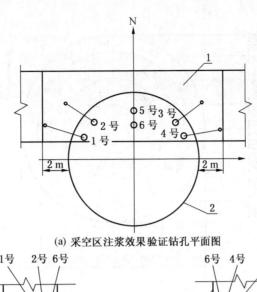

(a) 采空区注浆效果验证钻孔平面图

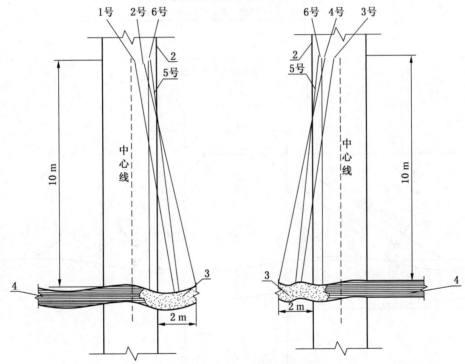

(b) 采空区注浆效果验证钻孔剖面图

1—空巷；2—井筒；3—采空区；4—煤层

图 5-10 采空区注浆效果验证钻孔平、剖面图

经过全孔取芯钻孔和岩芯采取分析，均达到设计要求，采空区充填严密。

2. 抽放钻孔

形成注浆帷幕后，若存在瓦斯有害气体超限情况，必须施工瓦斯抽放钻孔，抽放瓦斯及其他有害气体。抽放钻孔布置如图 5-11 所示。

5.2.6 过采空区掘进

施工过程中采用短掘短支作业方式，普通钻爆法施工。距施工至采空区 5 m 时采取探

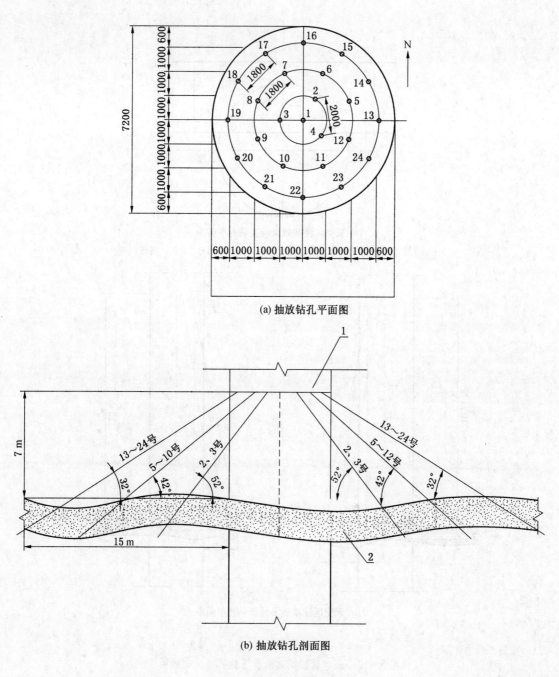

(a) 抽放钻孔平面图

(b) 抽放钻孔剖面图

1—井筒；2—采空区

图 5-11 抽放钻孔布置

三进一放小炮的方法进行施工掘进。

临时支护采用锚网喷一次支护，要对采空区及采空区顶底板上下 5 m 范围内的井壁及时进行临时支护；采用锚索、锚杆、钢筋网和喷射混凝土联合支护，锚索规格为 $\phi 17.8\ mm \times 5000\ mm$，间排距为 $2000\ mm \times 2000\ mm$；锚杆选用 $\phi 20\ mm \times 2400\ mm$ 的螺纹钢锚杆，间排距为 1000 mm × 1000 mm；钢筋网规格为 900 mm × 3000 mm，网格 100 mm × 100 mm；喷射混凝土厚度不少于 100 mm。

然后进行混凝土永久支护，安全通过采空区。

5.3 劳动组织

劳动组织见表 5 - 5。

表 5 - 5 劳 动 组 织 人

岗 位		人 数
经理		1
总工程师		1
地质专工		1
掘进专工		1
队机关	队长	1
	生产队长	3
	技术员	1
	材料员	1
	核算员	1
一班	钻机操作工	1
	班长兼钻机操作工	1
	调钻工	2
	注浆工	2
	信号工	2
	辅助工	2
二班	钻机操作工	1
	班长兼钻机操作工	1
	调钻工	2
	注浆工	2
	信号工	2
	辅助工	2
三班	钻机操作工	1
	班长兼钻机操作工	1
	调钻工	2
	注浆工	2
	信号工	2
	辅助工	2
合 计		41

6 材 料 与 设 备

在工作面预注浆过程中,施工过程是不可间断的,自注浆开始就必须一次性完成,所以要求材料要充足有余,注浆设备要备足易损件,以遇到设备损坏时能及时、快速地修复使用。主要材料与设备见表6-1。

表6-1 主要材料与设备

序号	名 称	型号、规格	单位	数量	备 注
1	瞬变电磁仪	YCS40(A)	台	1	防爆本安型
2	防爆探地雷达	KJH-D	台	1	或 RAMAC/GKP 型
3	探放水钻机	ZDY-1200S	台	2	根据孔深确定
4	钻杆	ϕ65 mm	m	100	根据现场选用
5	钻头	ϕ133 mm、ϕ90 mm	个	5	根据现场选用
6	压力表	意大利 OR	个	1	专用水压表
7	孔口管、导水管	ϕ108 mm	m	10	根据现场选用
8	控制开关	GGD_2-39	台	2	根据现场选用
9	馈电开关	QBZ-80	台	2	根据现场选用
10	局部通风机	FBD. No. 6.3/2×30	台	2	根据现场选用
11	防爆电话	KTH107	部	2	根据现场选用
12	止水套管阀门	Z41H	个	10	根据现场选用
13	注浆泵	ZBY3/7.0-11	台	2	根据现场选用
14	搅拌机	LJ-300Q	台	2	根据现场选用

7 质 量 控 制

7.1 执行标准

(1)《钻井井筒永久支护通用技术条件》(MT/T 518)。

(2)《矿山井巷工程施工及验收规范》(GBJ 213)。

(3)《煤矿井巷工程质量检验评定标准》(MT 5009)。

(4)《煤矿建设安全规范》(AQ 1083)。

7.2 质量保证措施

(1)矿井瞬变电磁法勘探受井下金属仪器设备(采煤机械、变压器、金属支架等)的影响较大,立井施工场地,金属设备及矸石较多,对勘探数据影响较大,需要提前清理场地,并且在资料处理解释中进行校正或剔除不良数据。

(2)应用 YCS40(A)矿用防爆瞬变电磁仪必须对立井井筒壁外侧30°范围、北南向45°~-45°、东西向45°~-45° 3个探测范围超前探测,物探操作前必须由测绘人员进行定向，确保物探范围。

（3）应用 KJH－D 防爆探地雷达超前探测待掘区前，必须清理好工作面，尽可能保证工作面平整、无矸石堆积。采集数据时要保证天线板紧贴工作面，保持数据图像清晰。

（4）按照规范制定物探超前设计，合理组织，专人统一指挥，技术人员负责质量工作，做好技术措施贯彻交底工作。

（5）物探专业人员操作，发现数据异常，可反复多采集几次数据，剔除人为操作影响。

（6）根据物探成果，划定异常区域，制定立井探放水设计和施工安全措施。

（7）由测绘人员现场确定探放水钻孔施工方位角和倾角，安装钻孔测斜仪，防止钻杆偏移。

（8）认真领会设计意图，进行技术交底，学习安全规程和技术措施，分析作业条件，对关键部位、关键工序可能出现的问题进行预防性控制。

（9）掌握探放水设施、设备的工作原理和操作要领，维护保养和排除故障的技能。

（10）建立质量奖罚制度，明确工艺标准，对照奖罚。制定各级人员岗位责任制，形成全方位、全过程的质量管理网络。

（11）布置注浆钻孔划分要科学，能达到设计的防水、防腐、抗压等要求。

（12）注浆过程中要合理调节浆液浓度，使注浆压力逐渐升高，达到注浆终压，然后减少注浆泵量。

（13）每班都必须填写汇报，包括钻孔的角度、进尺长度、注浆管下置深度、设备运转状况和钻进过程记录，以及作业时间、交接班等原始资料，记录要真实反映超前探测情况，做到全面、准确、详细和整洁。记录需经当班班长审核并签字。

（14）必须进行注浆效果检验，进行联合验收。

8 安 全 措 施

8.1 施工中执行的主要安全法律、法规、规范

（1）《中华人民共和国安全生产法》。

（2）《煤矿安全规程》。

（3）《煤矿防治水规定》。

（4）《井下钻探工操作规程》。

（5）《煤矿建设安全规范》（AQ 1083—2011）。

（6）《施工现场临时用电安全技术规范》（JGJ 46—2005）。

8.2 安全措施

（1）从事井下探放水人员必须具备钻探技术基本知识，或经专门技术培训，经过考核，并有合格证，方可上岗操作。

（2）参加施工的人员必须遵守下井须知的要求，在有水突出威胁的矿井，必须熟知预防灾害的措施和井下避灾路线。

（3）井下探放水应当使用专用的探放水钻机，严禁使用煤电钻探放水。

（4）井下探放水工程施工前，必须认真了解该工程设计的目的、任务、施工方法与

质量要求，一台钻机机组人员的配置不得少于4人。

（5）井下钻场必须具备安全设施及钻探条件。

（6）必须编制井下探放水和注浆方案、设计、技术报告，并经审批同意后发放给施工队组贯彻学习，要履行签字的程序，并留有文字记录。

（7）所有设备必须严格按照操作规程进行操作，检修时必须停机停电，每次注浆完毕后，应对注浆泵、搅拌机和注浆管路进行清洗和检修。注浆前认真检查电气设备且应安排专人进行维修。

（8）每次注浆完成后拆卸管路接头时要观察压力表压力，如有压力，需先降压后拆卸。

9 环 保 措 施

9.1 组织措施

（1）成立环保小组，负责检查、落实各项环保工作。

（2）定期对职工进行文明施工、环保知识教育，加强职工环保意识。

9.2 节能、环保措施

（1）施工现场禁止焚烧有毒有害物质。

（2）设备选型优先考虑低噪声的设备，最大限度降低钻机等产生的噪声和环境污染，加强通风和综合防尘管理。

（3）水泥浆充填时，泥浆泵、搅拌机附近的工作人员必须佩戴口罩，防止吸入悬浮在空气中的水泥。

（4）定时对水泥罐、搅拌机附近空地洒水，减少粉尘。

（5）将置换出来的泥浆排入废浆池，防止泥浆四处漫溢造成污染。

（6）废泥浆在后期进行固化处理，泥浆经过固化既可以回填场地又能减少废浆池的占地面积。

9.3 文明施工

（1）各种文明规章制度挂牌上墙或放置在井口明显位置，工作人员按章操作。

（2）在生活区、施工区内设置污液池，集中废水、污水、污油，统一处理。

（3）各种材料和设备堆放有序，分类管理，挂牌后编号存放。

（4）对生活区和施工区的环境卫生，责任到人，环保小组定期进行检查。

10 效 益 分 析

10.1 质量方面

（1）通过立井工作面超前预注浆，加固了采空区影响区域的围岩。

（2）封堵了立井通过区域的瓦斯有害气体，断绝瓦斯来源，保障了掘进安全。

（3）有效封堵了老空积水，注浆液中加入抗腐蚀材料能够延长矿井使用年限。

10.2 经济效益分析

（1）井下探放水钻孔施工数量少，施工工期减少近50%，缩短了立井施工工期。

(2) 新工艺的使用提高了立井通过采空区施工效率约35%。

(3) 节约了施工成本，减少了立井通过采空区材料费用和人工费用约70%。

10.3 社会效益分析

(1) 新技术、新设备的运用，降低了工人劳动强度，提高了工程质量，缩短了施工工期。

(2) 超前物探结合有计划和目标的探放水施工，精确查明了下部采空位置和范围，预测性的管控采空区避免了老空突水和瓦斯伴生事故，保障了施工安全。

(3) 针对性的工作面预注浆、充填采空区、加固围岩，提高了井筒施工质量。

11 应 用 实 例

11.1 实例一

固庄煤矿八采区进风立井，设计井深178 m，井筒净直径5 m。井颈段40 m已施工完毕，井身段用C30混凝土支护，壁厚400 mm。截至2012年4月12日进风立井已施工了68 m，超前物探结合井下探放水，探测到井口往下79~81.5 m为采空区，采空区为东西走向，覆盖井筒约1/3。井筒底板距离8_1号煤层为1.5 m，厚度约1 m；井筒底板距离采空区和8_2号煤层为10 m，采空区高度约2.5 m。井筒施工至采空区顶板5 m时，必须先探后掘（探4 m掘进2 m），采用放小炮作业，打眼爆破前用7655风钻探4 m掘进2 m。在掘进作业时，人员所站位置必须远离采空区。注浆检验合格后掘进施工严格按照"固庄煤矿八采区进风立井8号煤层揭煤防突安全技术措施"执行。

施工中严格按本工法执行，安全通过采空区用时15 d，注浆量470 m³，有效遏制了无计划揭露采空区，避免了老空水害及伴生瓦斯事故。

11.2 实例二

固庄煤矿八采区回风立井，设计井深171 m，井筒净直径6 m。井颈段40 m已施工完毕，井身段用C30混凝土支护，壁厚400 mm。截至2012年4月回风立井已施工了67 m，在钻探中探测到井口往下77~80 m为采空区，采空区为东西走向，覆盖井筒约1/3。

施工中严格按本工法执行，安全通过采空区，用时12 d，注浆量462 m³，有效遏制了无计划揭露采空区，避免了老空水害及伴生瓦斯事故。

11.3 实例三

山西省寿阳七元主立井，设计井深694 m，井筒净直径8.1 m。井颈段40 m已施工完毕，井身段用C30混凝土支护，壁厚600 mm。截至2012年7月15日主立井已施工了170 m，在钻探中探测到井口往下190~193 m为采空区，采空区为南北走向，覆盖井筒约1/4。

施工中严格按本工法执行，安全通过采空区，用时10 d，注浆量527 m³，施工进度较快，施工质量优良，有效遏制了无计划揭露采空区，避免了老空水害及伴生瓦斯事故，实现了安全生产。

大断面软岩巷道综掘快速施工工法（BJGF013—2012）

中鼎国际工程有限责任公司

李尉进　易香保　罗　达　胡忠新　倪礼强

1　前　　言

软岩巷道采用传统炮掘施工效率低下，各项经济技术指标无法满足现代化矿井建设的要求。尝试综掘替代炮掘，并针对工程中大断面和软岩的特点，对普通综掘施工方法进行改进和创新，大断面软岩巷道综掘快速施工工法能够很好地适用于施工进度要求快、掘进断面大、软岩的平（斜）巷工程。本次工法是在"大断面软岩巷道综掘快速施工技术"成果基础上提炼总结并参照国内相关技术编制而成。该项目成功应用于内蒙古色连 1 号副斜井、古交电厂燃料运输工程东曲平巷段和山西大同塔山煤矿副平硐表土段等工程。该工法的关键技术于 2012 年 12 月 20 日通过了中国煤炭建设协会组织鉴定，鉴定结论为：该项技术达到国内领先水平，具有较高推广应用价值。

2　工　法　特　点

（1）采用综掘机械化配套设备掘进机—转载机—带式输送机—装载机—排矸车，实现了大断面软岩斜（平）巷机械化施工。

（2）在该工法中采用了多项创新技术：

① 自制掘进机作业展开平台，扩大拱部支护作业有效面积。

② 对掘进机运输刮板进行改进，在刮板上增设了刮齿。

③ 在供水管路上增设加压泵增大锚杆机供水压力。

④ 增大锚杆机钻头直径。

⑤ 软岩底板排水固结技术。

（3）采用拱部锚网—架棚—帮部锚网—复喷（砌碹）复合支护方式。

3　适　用　范　围

（1）适用于煤矿、非煤矿山和地下工程的平斜巷施工。

（2）适用于坡度在 − 16°～16° 之间的平斜巷施工。

（3）适用于掘进断面在 18～30 m² 之间的平斜巷施工。

（4）对巷道长度无限制，巷道越长、断面越大，越能发挥本工法的施工优势。

（5）适用于岩石硬度 $f \leqslant 3$、风化岩或较硬表土层的平斜巷施工。

（6）巷道涌水量：当涌水量小于 10 m³/h 时，可按工法正常施工；当涌水量大于 10 m³/h 时，应采取治水措施。

4 工 艺 原 理

（1）采用综掘机械化配套设备（掘进机—转载机—带式输送机—装载机—排矸车）提高了作业效率，减轻劳动强度。

（2）采用拱部锚网—架棚—帮部锚网—复喷（砌碹）复合支护方式，提高了软岩巷道的稳定性。

（3）通过改进截割工艺提高巷道开挖质量；采用"短掘短支、快掘快支"作业方式控制顶板，提高施工作业的安全性；"多工序平行作业"方式和多项创新技术的应用，缩短作业循环时间，提高掘进速度。

5 工艺流程及操作要点

5.1 工艺流程

巷道掘进（初次支护）工作面工艺流程如图 5-1 所示。

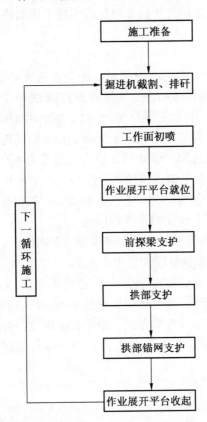

图 5-1 巷道掘进（初次支护）工作面工艺流程

巷道复合支护工作面工艺流程如图5-2所示。

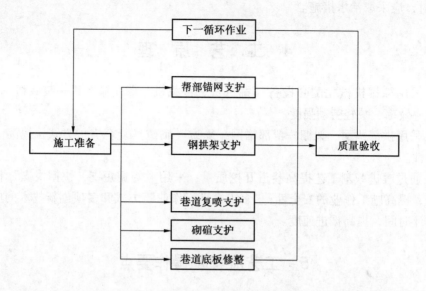

图5-2 巷道复合支护工作面工艺流程

岩性稳定性差时，迎头锚网支护后及时进行巷道工作面拱架支设，保证施工安全。

5.2 操作要点

5.2.1 综掘机械化配套

（1）掘进机选用应与施工的巷道掘进断面和施工进度相适应。当巷道掘进断面小于或等于20 m^2 时，宜选用EBZ160型；当巷道掘进断面小于或等于25 m^2 时，宜选用EBZ200型；当巷道掘进断面小于或等于30 m^2 时，宜选用EBZ260型。

（2）桥式皮带装载机要与选定的掘进机配套，最大输送能力300 t/h。

（3）可伸缩带式输送机选用DSJ80型，最大输送能力400 t/h，最长输送距离950 m，输送距离不足时可搭接同一型号输送机接力运输。

（4）装载机（地面）选用XG953C型，配备2台（1台作业、1台检修），最大卸载高度3.03 m，铲斗容量3 m^3，额定载荷5000 kg。

（5）排矸汽车选用5 t自卸式汽车，配备5辆（3辆作业、2辆检修），当排矸距离超过10 km时适当增加排矸汽车数量以满足生产需求。

（6）井下辅助运输：当巷道坡度小于8°时宜选用WC1.9J型防爆型无轨胶轮车，配备3辆（2辆作业、1辆检修），当运输距离超过1 km时适当增加胶轮车数量；当巷道坡度大于8°时宜选用轨道+矿车+绞车方式，矿车数量应与提升绞车能力相配套。

例如，色连1井副斜井倾角-6°，巷道长1147.68 m，掘进断面24.8 m^2，巷道施工机械化配套如图5-3所示。

5.2.2 复合支护

1. 锚网支护

按常规锚网支护工艺和支护设计进行施工，迎头拱部锚网支护和后巷两帮锚网支护可平行作业，拱部锚杆支护采用MQT-130型气动锚杆钻机施工，帮部锚杆采用风钻施工。

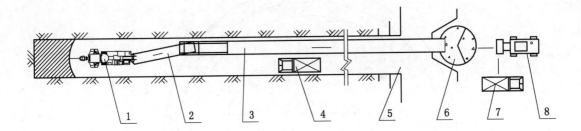

1—EBZ200 掘进机；2—桥式皮带装载机；3—DSJ80/40/2×40 可伸缩带式输送机；4—WC1.9J 防爆型无轨胶轮车；

5—井口；6—卸载坑；7—5 t 自卸式汽车；8—XG953C 装载机

图 5 – 3　巷道施工机械化配套

2. 架棚支护

设计采用 U_{29} 型钢作材料，根据支护设计尺寸在地面进行加工；钢棚宜分段加工分段运输，当巷道掘进断面小于 24 m^2 时宜分成 4 段，当巷道掘进断面小于 30 m^2 时宜分成 5 段；架棚时，挖棚腿窝—竖棚腿—安装棚腿拉杆—架棚拱—安装棚拱拉杆—尺寸检查—连接紧固；若围岩稳定性较差时，架棚支护应紧跟迎头。

3. 喷混凝土支护

喷混凝土支护分为初喷和复喷，在工作面和工作面后退 80 m 各设 1 台 PV – 7B 型喷浆机；1 台用于迎头开挖后及时进行初喷 30 ~ 50 mm 厚封闭工作面，1 台用于后巷复喷，不占用循环时间，作业位置宜滞后于钢拱架作业点 30 m 左右，复喷厚度应满足设计和规范要求。

4. 砌碹支护

宜采用衬砌台车进行砌碹支护，作业位置滞后于钢拱架作业面 10 m 以上，衬砌台车移动到位—涂脱模剂—检查台车尺寸—固定衬砌台车—架设输送管路—检查输送泵和输送管路—泵送混凝土—养护混凝土。

5.2.3　截割工艺

（1）掘进机截割时预留巷道掘进轮廓线内 500 mm 厚围岩，待一个开挖循环完成后再将 500 mm 厚围岩按巷道设计掘进轮廓线开挖到位。掘进机截割路线如图 5 – 4 所示。

（2）根据围岩稳定情况及时调整每个循环的进尺，坚持"短掘短支、快掘快支"原则，将掘进机截割头每刀进刀控制在 0.5 ~ 0.8 m 之间，每个循环进刀数控制在 1 ~ 3 刀之间。

5.2.4　作业展开平台应用

（1）在掘进机截割部盖板上安装自行设计和制造的作业展开平台。掘进机作业展开平台如图 5 – 5 所示。

（2）使用步骤：掘进机开挖结束→退至巷道有支护的位置→掘进机截割部落地→组装平台→抬升平台至水平→推进到作业地点→人员设备准备→作业→人员设备撤离→退至巷道有支护的位置→拆卸平台→下一循环掘进作业。

（3）注意事项：作业展开平台最多可以同时布置 3 台锚杆机和 5 个人员作业；可以在作业展开平台上作业的工序有拱部锚杆支护、钢拱架安装、前探梁支护、敲帮问顶和超

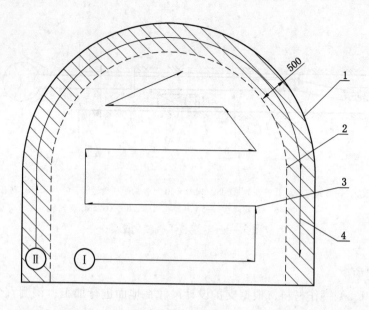

1—巷道设计开挖轮廓线；2—掘进机第一次截割轮廓线；3—掘进机第一次截割路线；

4—掘进机第二次修整路线

图5-4 掘进机截割路线

前导管注浆支护等；作业展开平台的尺寸可根据掘进机截割部盖板尺寸和巷道断面进行设计加工，并根据承载力选用适当的支撑梁。

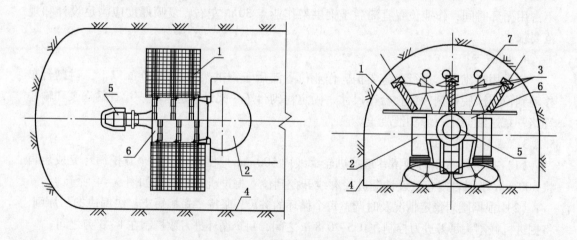

1—作业展开平台；2—掘进机机身；3—锚杆钻机；4—巷道轮廓；

5—掘进机截割头；6—掘进机截割部盖板；7—作业人员

图5-5 掘进机作业展开平台

5.2.5 掘进机卡链故障处理

（1）在掘进机刮板输送机的刮板上设置刮齿，用于清除刮板输送机下槽腔内黏结的矸石。

（2）刮齿采用6 mm厚热轧钢板加工成等边三角形，采用焊接的方式固定在刮板输送机刮板上，并排布置。

（3）使用过程中每天掘进机检修班安排掘进机机修工检查刮齿磨损情况，及时更换。

5.2.6 锚杆钻孔卡钻故障处理

（1）针对软岩钻孔卡钻难题，采取了选用大扭矩锚杆钻机、供水管路上增设加压泵和增大锚杆机钻头直径3项技术措施。

（2）选用 MQT－130 型气动锚杆钻机，额定转矩 130 N·m，推进力大于或等于 9.0 kN，冲洗水压 0.6~1.2 MPa。

（3）在供水管路上安装加压泵和调压装置，使供水水压保持在 1.0 MPa 左右，适当提高锚杆机钻孔过程中的冲洗水压。

（4）增大锚杆机钻头直径（$\phi27$ mm 改为 $\phi32$ mm），钻杆保持 B19 型号不变，适当扩大钻孔排泥通道，同时选用相应直径型号的树脂锚固剂，并根据相关规范检查锚杆紧固扭矩和拉拔力。

5.2.7 软岩底板排水固结技术

（1）设置深水窝降水和工作面风泵排水固结底板，设置横截水沟和导流管截水及碎石道砟置换软岩硬化平整底板3项技术措施。

（2）在巷道低洼处的巷帮底脚开挖深 1 m 的水窝，根据巷道排水方式选择合适扬程和流量的潜水电泵排水，安装自制的水位自动控制开关实现自动排水控制；工作面采用风泵临时排水，将水排入后巷临时水窝。

（3）在巷道内每 400 m 设置一段横截水沟，采用 $\phi108$ mm 钢管镂空后直接压入巷道底板使用，将散水导入水沟和临时水窝；顶板有淋水的地方采用导管导入水沟和临时水窝中。

（4）巷道底板松软和坑洼处采用碎石道砟置换，硬化或平整底板，每班安排专人巡视检查修整。

5.3 劳动组织

采用"三八"制作业方式，两班半作业半班检修，劳动组织形式为综合工作队，把主要工种和辅助工种都组织在一起，既有明确的分工，又在统一的领导下密切配合和协作，共同完成各项施工任务。劳动组织见表5-1。

表5-1 劳动组织表　　　　　　　　　　　　　　人

工　　种	人　数	备　注
掘进机司机	2×3	三班作业
掘进班支护工	6×3	三班作业
掘进班清渣运料工	4×3	三班作业
带式输送机司机	2×3	三班作业
铲车司机	1×3	三班作业
排矸车司机	3×3	三班作业
运料车司机	2×3	三班作业
帮锚支护工	4×2	两班作业

表 5 - 1（续） 人

工 种	人 数	备 注
喷浆作业工	6×2	两班作业
机电设备检修工	4×1	一班作业
带式输送机检修工	2×1	一班作业
车辆维修工	2×3	三班作业
安全检查员	1×3	三班作业
质量验收员	1×3	三班作业
合 计	98	

6 材 料 与 设 备

根据大断面软岩巷道综掘快速施工的要求，并考虑能充分发挥施工设备的使用效率，经工程实践总结，大断面软岩巷道综掘主要材料与设备见表 6 - 1。

表 6 - 1 主要材料与设备表

序号	设备名称	型号、规格	单位	数量	备 注
1	掘进机	EBZ 系列	台	1	
2	作业展开平台	自制	套	1	
3	带式输送机	DSJ80	台	1	
4	正铲装载机	XG953C	台	1	地面
5	锚杆钻机	MQT - 130	台	5	拱部
6	风钻	YT - 23	台	5	帮部
7	风镐	G10	把	5	
8	局部通风机	防爆对旋式	台	2	备用 1 台
9	风筒	φ1.0 m 胶质阻燃	趟	1	
10	排矸车	5 t 自卸式	辆	8	地面
11	运料车	WC1.9J	辆	5	井下
12	搅拌机	JS - 500	台	1	
13	配料机	PL - 800	台	1	
14	混凝土喷射机	PV - 7B	台	2	
15	电泵	卧泵或潜水泵	台	若干	
16	风泵	QOB - 15 N	台	1	
17	空压机	10 ~ 20 m³/min	台	4	螺杆式
18	锚杆测力仪	ZM - 100	台	2	
19	激光指向仪	JK - 3	台	6	
20	全站仪	DTM - 352C	台	1	
21	水准仪	DS3 - A	台	2	

根据设计施工图选用相应的支护材料。

工作面超前支护选用 3~4 根 4.5 m 长 15 kg/m 钢轨和相应规格的卡环做前探梁，钢轨应平直，不得有弯曲变形。

7 质 量 控 制

7.1 质量控制标准

（1）《煤矿井巷工程施工规范》（GB 50511—2010）。

（2）《煤矿井巷工程质量验收规范》（GB 50213—2010）。

（3）《煤矿井巷工程质量标准化及考核评级办法》。

7.2 质量保证措施

（1）用全站仪和水准仪标定巷道的方向和坡度，采用激光指向仪导向，巷道顶板中线位置布置一台激光指向仪，巷道两侧腰线位置各布置一台激光指向仪；测量控制点和激光指向仪宜设置在围岩稳定的位置，技术人员经常检查测量控制点完好和激光对准情况；根据激光在工作面指向的清晰程度，宜每掘进 200~300 m 距离，前移一次激光指向仪。

（2）掘进机截割工作面时，沿巷道设计掘进轮廓线内侧掘进，开挖时预留轮廓线内侧约 500 mm 厚围岩，待一个开挖循环完成后一次截割到设计掘进轮廓线位置，严禁超挖。

（3）一个循环开挖完成后，应及时初喷混凝土封闭工作面，并根据巷道支护设计开展锚网、钢拱架等支护工序作业。

（4）锚网支护工序要严格按照质量控制标准中的规范要求进行；锚杆安装后坚持使用力矩扳手检查锚杆安装的紧固力，使用锚杆测力仪检测锚杆的拉拔力，金属网安装时搭接宽度应满足设计和施工要求。

（5）钢拱架应在地面分段检查尺寸，及时校正变形；井下架设时应以激光为参照，保证巷道净空尺寸，支架的迎山角和间距应符合设计要求；拱架各分段间连接必须牢靠，搭接长度和卡缆螺栓扭矩等应符合设计要求，支架后背空隙应用背板刹紧，支架之间应采用拉杆连接。

（6）喷射混凝土厚度应满足巷道支护设计要求，钢拱架的保护层厚度应符合质量控制标准中的规范要求；需要分层喷射混凝土时，不得一次喷射到位，进行最后的复喷时宜采用挂线喷浆法确保巷道的设计尺寸；喷射混凝土支护完毕应进行 7 d 的洒水养护。

8 安 全 措 施

8.1 安全管理执行标准

（1）《中华人民共和国安全生产法》。

（2）《中华人民共和国矿山安全法》。

（3）《煤矿安全规程》。

（4）《煤矿建设安全规范》（AQ 1083—2011）。

8.2 安全保证措施

（1）认真贯彻"安全第一、预防为主、综合治理"的方针，根据国家有关规定、条例，结合施工单位实际情况和工程的具体特点，组成专职安全员和班组兼职安全员以及工地安全用电负责人参加的安全生产管理网络，执行安全生产责任制，明确各级人员的职责，抓好工程的安全生产。

（2）施工现场按符合防火、防风、防雷、防洪、防触电等安全规定及安全施工要求进行布置，并完善布置各种安全标识。

（3）各类房屋、库房、料场等的消防安全距离做到符合公安部门的规定，室内不堆放易燃品；严格做到不在木工加工场、料库等处吸烟；随时清除现场的易燃杂物；不在有火种的场所或其近旁堆放生产物资。

（4）掘进工作面严禁空顶作业，严格执行敲帮问顶制度，坚持使用前探梁支护，及时喷浆封闭工作面。

（5）掘进机作业展开平台的组装和拆卸必须在有支护的位置进行；平台搭载人数不宜超过 5 人，作业时锚杆机不宜超过 3 台；平台使用的过程中，掘进机司机不得离岗，截割部调整到合适位置后将开关闭锁；作业时平台边缘与巷道壁间隙不大于 300 mm。

（6）钢拱架架设时必须采取防倒措施，拱架宜分段装运下井到指定位置，起重过程抬运人员应超过 2 人，并由专人统一指挥，安装和运输时拱架下方严禁站人；钢拱架滞后工作面不宜超 10 m，若巷道围岩不稳定，应缩小滞后距离。

（7）井下汽车行驶速度不得超过 10 km/h，车辆行车灯必须打开，在巷道内行车时要避免碰撞巷道内的机电设备和人员；巷道内每隔 300～400 m 设倒车避让硐室 1 个，倒车时车辆应打开倒车灯，由专人指挥；倒车避让硐室口宜采用锚索支护及加密锚杆的方法。

（8）有条件巷道可在拱顶安装防爆照明装置，在帮部安装行车反光标志。

（9）建立完善的施工安全保证体系，加强施工作业中的安全检查，确保作业标准化、规范化。

9 环 保 措 施

（1）成立对应的施工环境卫生管理机构，在工程施工过程中严格遵守国家和地方政府下发的有关环境保护的法律、法规和规章，加强对施工燃油、工程材料、设备、废水、生产生活垃圾、弃渣的控制和治理，随时接受相关单位的监督检查。

（2）将施工场地和作业限制在工程建设允许的范围内，合理布置、规范围挡，做到标牌清楚、齐全，各种标识醒目，施工场地整洁文明。

（3）优先选用先进的环保机械。采取设立隔声、消声措施，降低施工噪声到允许值以下。

（4）对施工场地道路进行硬化，并在晴天经常对施工通行道路进行洒水，防止尘土飞扬，污染周围环境。

（5）井下各装载点及工作面应采取各种降尘措施，优化井下作业环境。

（6）保持巷道整洁，无杂物、无积水、无淤泥，管线网架设要整齐，无长流水，无跑、冒、滴、漏等现象。

10 效益分析

（1）该工法的应用，对施工企业来说，机械化程度高，工序安排合理，施工速度快，生产成本低，设备租赁费用和人工费用少；对建设单位来说，缩短了建设周期，提前投产，提前受益，提前还贷，提前见成效；对社会来说，促进了社会生产力的提高，减少了材料、能源、人力、物力的浪费和对环境的影响，符合国家节能降耗的方针要求。

（2）以内蒙古色连 1 号副斜井工程为例，采用该工法前炮掘月进度不超过 50 m，而且经常出现卡钻、片帮、冒顶事故；采用该工法后平均进度达到了 175 m/月，最高 200 m/月，确保了工程按建设单位下达的计划完工，施工中基本没有出现上述安全事故，严格现场管理，工效由原来的每天 0.62 m³ 提高到每天 1.47 m³。工期较计划提前 2 个月，节约掘进机租赁费 24 万元，节约人工费 36 万元，支护材料节约 57.38 万元，同时业主奖励 10 万元进度奖，合计创造利润 127.38 万元。

11 应 用 实 例

11.1 实例一

内蒙古色连 1 号煤矿副斜井，倾角为 -6°，直墙半圆拱断面，巷道全长 1147.68 m，其中基岩段斜长 956.34 m，掘进断面 24.8 m²，掘宽 5.8 m，掘高 4.9 m。工程早期分别采用普通炮掘和综掘方法，月进度均未超过 50 m，且经常出现冒顶片帮事故。经过多次技术创新、总结，形成大断面软岩巷道综掘快速施工工法后，平均月进度达到 175 m，最高月进度为 200 m。

11.2 实例二

古交电厂燃料运输工程东曲侧平巷段工程，采用斜井开拓，转平施工后断面为直墙半圆拱形 + 反拱，掘进断面 19.4 m²，炮掘工程量 720 m，综掘工程量 1480 m，采用两次支护，初期为金属支架、钢筋网，喷射混凝土联合支护，后期采用混凝土砌碹加壁后充填注浆支护。虽受斜井绞车提升、支护复杂及探煤探水施工等影响，但应用大断面软岩巷道综掘快速施工工法后，月进度稳定在 120 ~ 150 m 水平，较该工法应用前提速 50 ~ 80 m。

11.3 实例三

山西大同塔山煤矿 3 - 5 号煤层副平硐工程，井筒净断面积 24.81 m²，坡度 2.3°下坡。从硐口表土段开始，使用 EBZ260 型掘进机掘进，施工长度 145.2 m，围岩性质为第四系冲积层和风化岩，采用超前小导管 + U 形棚 + 金属网 + 钢筋混凝土联合支护方式，顺利通过该段，工期为 70 d，期间安全无事故，工程质量优良。

煤层注水抽放瓦斯石门揭煤施工工法（BJGF018—2012）

湖南楚湘建设工程有限公司

王作成　金　鑫　侯辉华　李惠云

1 前　　言

　　煤与瓦斯突出矿井石门揭煤是一项技术要求高、施工难度大的工作，往往成为制约施工的瓶颈环节，如果管理不严、措施不到位，易发生煤与瓦斯突出事故。采用传统的石门揭煤技术，瓦斯抽放时间长，抽放效果不理想，对工程施工工期不利，同时其震动性爆破揭煤对巷道围岩破坏严重，增加了巷道的维修处理难度，存在着煤与瓦斯延期突出危险及安全威胁，严重影响石门揭煤施工。为此，湖南楚湘建设工程有限公司成立了石门揭煤技术课题组，对石门揭煤技术进行了总结、研究和探索实践；针对石门揭煤工程条件及工程重点和难点，重点解决减少瓦斯抽放时间，提高瓦斯抽放效果，消除煤与瓦斯突出危险；在严格执行《防治煤与瓦斯突出规定》及安全法规的前提下，采取煤层注水抽放瓦斯的施工技术，煤层注入压力水后加快了煤层瓦斯的释放速度，提高了瓦斯抽放效果，从而快速达到消除煤与瓦斯突出危险的目的，并采取远距离爆破实现石门安全揭煤。该项成果"煤层注水抽放瓦斯石门揭煤施工技术"于2012年5月通过了中国煤炭建设协会组织的专家鉴定，其关键技术达到国内先进水平，并获得2011年度中国施工企业管理协会技术创新成果二等奖。该项技术在石门揭煤工程中得到了很好应用，快速消除了煤与瓦斯突出危险，有效防止了煤与瓦斯突出事故，实现石门安全揭煤，有显著的经济效益和社会效益。

2 工 法 特 点

　　（1）加快煤层瓦斯的释放速度，提高瓦斯抽放效果，有效地释放地压力、瓦斯压力，达到快速消除煤与瓦斯突出危险的目的，防止煤与瓦斯突出，实现石门安全揭煤。
　　（2）采用远距离爆破，节约了震动爆破揭煤对巷道破坏的维修和处理费用。
　　（3）能降低煤尘，改善施工作业环境，杜绝煤尘爆炸事故。
　　（4）湿润煤层，降低煤层温度，能预防煤层自然发火。

3 适 用 范 围

　　本工法适用于有煤与瓦斯突出危险矿井的石门揭煤工程。

4 工艺原理

煤层注水抽放瓦斯石门揭煤施工工法主要工艺原理是：对煤与瓦斯突出煤层进行注水，以压力水驱替瓦斯加快煤层瓦斯的释放速度；同时压力水起着胀裂作用，使煤层中裂隙和节理更加发育，提高煤层的透气性，有利于煤层的瓦斯释放，破坏煤层的弹性势能，使瓦斯压力得到释放；湿润煤层使煤层水分增加，改变煤层的物理力学性质；增加煤层的可塑性；进行煤层瓦斯抽放，提高瓦斯抽放效果，降低煤层的瓦斯含量和瓦斯压力，从而消除煤与瓦斯突出的危险性，采取远距离爆破实现石门安全揭煤。

5 工艺流程及操作要点

5.1 工艺流程

工艺流程图如图5-1所示。

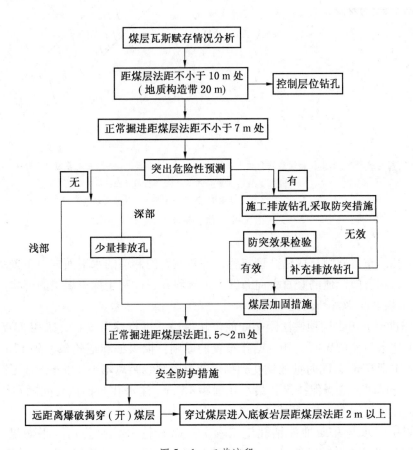

图5-1 工艺流程

5.2 操作要点

5.2.1 施工前探钻

按照《防治煤与瓦斯突出规定》的要求，在揭煤工作面掘进至距煤层最小法距10 m

之前，打 3 个穿透煤层全厚且进入顶（底）板的前探钻孔（图 5 - 2），准确控制煤层层位，掌握煤层的赋存位置、形态及瓦斯情况。采取 ZDY1250 液压钻机，依据石门地质剖面图及前探钻孔布置图施工 3 个前探钻孔，打穿煤层全厚且进入顶（底）板不小于 0. 5 m，全孔取芯，探明煤层的位置、产状、厚度、顶底板岩性等情况，将煤样送实验室测验煤与瓦斯突出危险指标。

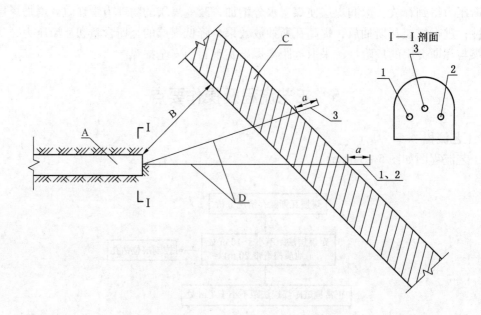

A—石门巷道；B—工作面距煤层法距大于或等于 10 m；C—煤层；D—控制煤层层位的前探钻孔；

a—进入煤层顶（底）板大于或等于 0. 5 m；

1、2、3—钻孔编号（其中 1、2 号为水平孔，3 号为斜孔）

图 5 - 2　前探钻孔剖面

前探钻孔的布置原则：成错开型布置，一般在石门巷道的水平面方向布置两个成一定夹角水平孔，在石门巷道的竖直方向布置一个倾斜孔，以利于探查煤层的产状。

5.2.2　施工煤层注水与抽放瓦斯钻孔

（1）掘进至突出煤层顶底法距 7 m 前停止掘进，进行巷道支护，采用 ZDY - 1250 液压钻机施工注水与抽放瓦斯钻孔。钻孔布置的原则：揭煤处巷道轮廓线外 12 m（急倾斜煤层底部或下帮 6 m），同时抽放钻孔到揭煤巷道轮廓线距离不小于 5 m，且当钻孔不能一次穿透煤层全厚时，应当保持煤孔最小超前距 15 m。注水孔与抽放孔间隔布置，注水与抽放瓦斯钻孔布置如图 5 - 3 所示。

（2）煤层注水与瓦斯抽放钻孔施工参数：以金竹山矿业公司一平硐煤矿 21 采区 - 50 m 正石门揭露 5 号煤层的煤层注水与抽放瓦斯钻孔施工参数为例，注水与抽放瓦斯钻孔施工图如图 5 - 4 所示。

（3）在石门距煤层法线距离为 7 m 时施工 16 个煤层注水钻孔和瓦斯抽采钻孔各 8 个，钻孔的施工参数见表 5 - 1。

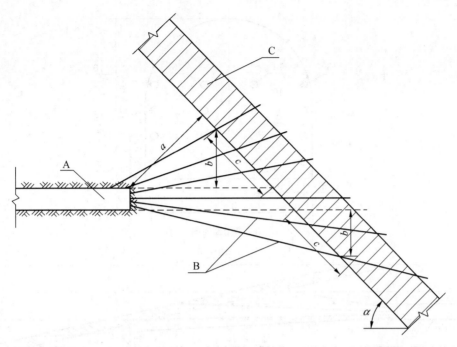

A—石门巷道；B—注水与抽放钻孔；C—突出煤层；a—工作面距煤层法距大于或等于7 m；
b—抽放孔控制突出煤层边缘处距巷道轮廓距离大于或等于5 m；c—抽放孔控制突出煤层
边缘处距揭煤处巷道距离大于或等于12 m（急倾斜煤层底部或下帮6 m）；α—煤层倾角

图5-3　煤层注水与抽放钻孔布置

表5-1　21采区-50 m正石门注水与抽放瓦斯钻孔施工参数

功能	排数	孔号	孔　位		方位	倾角	距中线距离/m	距巷底高度/m	备　注
			左	右					
抽放	第一排	1	1		355°45′	-2°47′	1.35	0.3	
注水		2	1		358°35′	-2°47′	0.45	0.3	
抽放		3		1	1°25′	-2°47′	0.45	0.3	
注水		4		1	4°15′	-2°47′	1.35	0.3	
抽放	第二排	5	2		354°40′	-0°53′	1.35	0.8	
注水		6	2		358°13′	-0°53′	0.45	0.8	
抽放		7		2	1°47′	-0°53′	0.45	0.8	
注水		8		2	5°20′	-0°53′	1.35	0.8	巷道方向0°
抽放	第三排	9	3		352°48′	2°23′	1.35	1.3	
注水		10	3		357°34′	2°24′	0.45	1.3	
抽放		11		3	2°26′	2°24′	0.45	1.3	
注水		12		3	7°12′	2°23′	1.35	1.3	
抽放	第四排	13	4		348°57′	9°10′	1.35	1.8	
注水		14	4		356°17′	9°18′	0.45	1.8	
抽放		15		4	3°43′	9°18′	0.45	1.8	
注水		16		4	11°3′	9°10′	1.35	1.8	

注：瓦斯抽采钻孔直径为75 mm，煤层注水钻孔直径为45 mm。

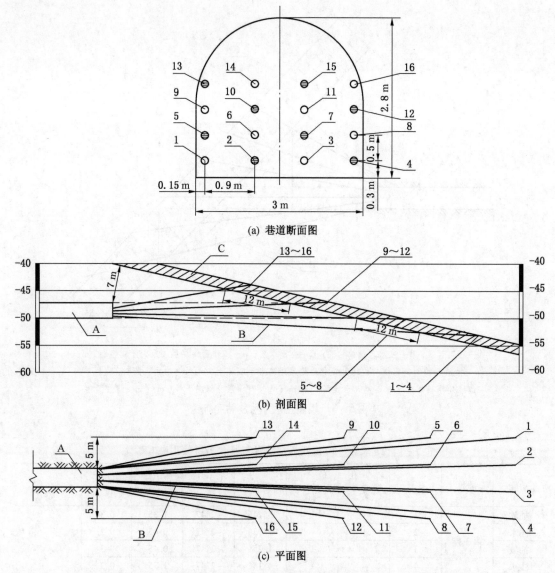

(a) 巷道断面图

(b) 剖面图

(c) 平面图

A—石门巷道；B—注水与抽放瓦斯钻孔；C—突出危险煤层；1、3、5、…、15—瓦斯抽放孔；

2、4、6、…、16—煤层注水孔

图 5-4　煤层注水与抽放瓦斯钻孔施工图

（4）钻进中注意事项：煤与瓦斯突出煤层多呈现煤体结构较破碎，煤层强度低，存在软分层的构造煤，易出现喷孔、垮孔、堵孔、卡钻、顶钻现象。在钻进中，注意适当的钻进速度，当遇软煤层时，降低钻进速度，充分排渣、减少沉渣，排渣不畅时往复前进与后退钻杆，严禁强打、硬拔和蛮进，提钻前必须排尽孔内的渣粉，打钻中不准停风；工作面安装风电、瓦斯电闭锁；发生顶钻时停止钻进，不能拔出钻杆；发生喷孔时，停止钻进，加强通风。

5.2.3　注水孔和抽放孔的封孔技术

以往的封孔材料采用水泥砂浆、膨胀水泥、聚氨酯材料封孔，操作复杂，封孔质量难以保证。本工法采用注水和抽放的专用封孔器，封孔器由高压橡胶膨胀胶管、中间钢管、滑动密封接头及注压接头组成；封孔直径 40～110 mm，工作压力 1～8 MPa，工作流量每小时可注水 5～8 t，瓦斯抽放量视浓度与压力确定。封孔器软管膨胀系数 60%～100%。使用专用封孔器快速、简便，只需将作业现场水路或气泵与封孔器注压接头连通，中间钢管与注水管或瓦斯排放管路连通，将封孔器完全插入钻孔内，在一定的压力下，封孔器胶管膨胀实现封孔，进行注水或抽放瓦斯。结束后卸掉压力将管内水或气放出，封孔器即可恢复原状，取出封孔器，封孔器可反复使用数次；注意送插封孔器及回收封孔器严禁带压操作。

5.2.4 注水与抽放瓦斯

（1）煤层注水是通过钻孔将压力水注入煤层，水由钻孔周边进入煤层孔隙、裂隙交界处，注水前煤层基本上是干燥的，其孔、裂隙空间充满瓦斯气体，随着压力注水的进行，在煤层的孔、裂隙处形成水、瓦斯分界面，压力水对煤层中的瓦斯起着挤出和驱替作用，加快煤层中的瓦斯释放，以便提高瓦斯抽放效果。随着注水压力的增加，同时起着胀裂作用，使煤层中裂隙和节理更加发育，提高煤层的透气性，有利于煤层的瓦斯释放；破坏煤层的弹性势能，使瓦斯压力得到释放；湿润煤层使水分增加，改变煤层的物理力学性质，增加煤层的可塑性。通过瓦斯抽放，降低煤层的瓦斯含量和瓦斯压力，从而消除煤与瓦斯突出的危险性。

（2）注水孔与瓦斯抽放孔间隔排布，进行边注边抽，注水终压应控制在煤层瓦斯压力的 1.3 倍。注水时间与注水压力、煤体孔隙性、注水量等参数密切相关，煤体孔隙性、注水压力、流速不同，相同条件下达到同样效果的注水时间也不同。注水时间可根据注水过程中压力及流速的变化及巷道断面的大小、煤层的厚度来确定，当注水泵压降低为峰值压力的 30% 左右，可以作为注水结束时间，一般注水时间为 10～60 min。卸放注水孔中压力水，可利用注水孔再进行瓦斯抽放。注水工艺如图 5-5 所示。

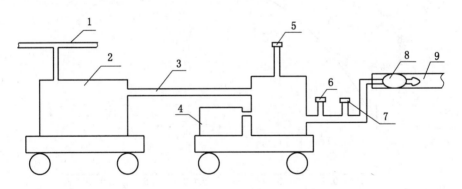

1—水管；2—水箱；3—连接管；4—注水泵；5—压力表；6—水表；
7—卸压阀；8—专用封孔器；9—钻孔

图 5-5　注水工艺

（3）选用 2BEA253 型水循环真空瓦斯抽放泵进行瓦斯抽放，对瓦斯抽放浓度、抽放流量进行观测记录，统计瓦斯抽放量，当瓦斯抽放率达 30% 时，进行抽放效果检验和区域验证。

瓦斯抽放率按下列公式计算：

$$Q = \frac{\rho V t}{WA} \times 100\%$$

式中　Q——瓦斯抽放率,%；

　　　ρ——瓦斯抽放浓度,%；

　　　V——瓦斯抽放流量，m^3/min；

　　　t——瓦斯抽放时间，min；

　　　W——抽放范围煤量，t；

　　　A——煤层瓦斯含量，m^3/t。

（4）注水压力与瓦斯抽放浓度的关系。在贵州实兴煤矿 111 运输石门揭 19 号煤层时进行了注水与抽放瓦斯关系的试验。该煤层厚度 2.5 m，煤层瓦斯含量 14.28 m^3/t，瓦斯压力 1.6 MPa，采取了煤层注水进行抽放瓦斯，通过试验得出其关系曲线如图 5-6 所示。开始抽放时注水压力为零，瓦斯浓度为抽放孔内释放瓦斯，瓦斯抽放浓度在 10% 左右。随着注水压力的增加，抽放浓度随之增大，当注水压力达到煤层瓦斯压力 1.3 倍即 2.1 MPa 时，这个阶段瓦斯抽放浓度达到最大，随后抽放浓度随注水压力的增加而降低。这说明注水压力达到并将超过煤层瓦斯压力时，压力水挤出及驱替瓦斯作用更强，促使煤层中的瓦斯加快释放速度，使得瓦斯抽放浓度增加。随着注水压力的增加和抽放瓦斯的进行，高压下的煤层瓦斯解吸速度降低，瓦斯释放速度变慢，抽放浓度随之降低。因此注水压力宜控制在煤层瓦斯压力的 1.3 倍左右范围，延长此注水压力的注水时间，可以提高煤层瓦斯抽放效果。

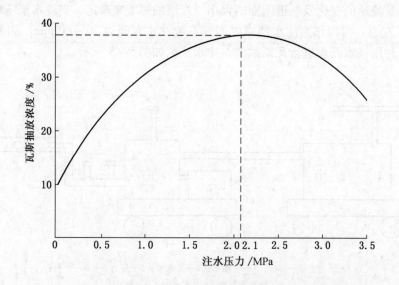

图 5-6　注水压力与瓦斯抽放浓度的关系曲线

（5）注水压力是所有水力化措施中的重要参数。注水压力过低，不能有效挤压煤体，使煤体变形破坏，煤层结构不会发生明显的变化，相当于低压注水湿润措施，短时间内注水起不到卸压防突的作用；注水压力过高，导致煤体在地应力和水压综合作用下迅速变形，可能形成突出。根据数值模拟研究结果，选择注水压力为 13 MPa、15 MPa、17 MPa、19 MPa 等小于 30 MPa 的值进行试验，当压力大于 30 MPa 时，由于具有岩柱的阻挡，煤体没有冲破岩柱发生突出。因此，合理的注水压力应该能够快速、有效破裂松动煤体，进而改变煤体孔隙和裂隙的容积及煤体结构，削弱工作面前方煤体的应力集中程度，排放煤体瓦斯，达到消突的目的。

（6）煤层注水和未注水的瓦斯抽放效果对比。贵州实兴煤矿 111 回风石门揭 19 号煤层时未对煤层注水进行抽放瓦斯，平均抽放瓦斯浓度约 12%，经 8 d 时间的抽放，抽放瓦斯 14000m³ 后达到防突要求的抽放效果。111 运输石门揭 19 号煤层时进行了煤层注水和抽放瓦斯，平均抽放瓦斯浓度约 35%，2 d 时间抽放瓦斯达到 14000 多立方米，比未进行煤层注水提高功效 4 倍，抽放效果显著，缩短了抽放时间，提高了石门揭煤的施工效益。

5.2.5　安全揭煤

（1）当煤层瓦斯抽放量达到设计抽放值后，进行抽放效果检验和区域验证。采用钻屑瓦斯解吸指标法进行，布置 5 个检验孔，分别位于巷道的上部、中部、下部和两侧。中部检验孔位于巷道中部与巷道掘进方向一致，上部、下部和两侧检验孔布置在距抽放孔控制区域边界 2 m 范围内。检验孔布置如图 5 - 7 所示。检验钻孔在施工过程中，首先使用湿式打钻法施工钻孔，钻孔见煤后停止钻进，接上压风将钻孔内泥或煤浆清理干净，再使用干式打钻法施工直径为 42 mm 的钻孔穿透煤层全厚直至见到煤层顶板（或底板），在钻孔钻进到煤层时每钻进 1 m 采集一次孔口排出的粒径为 1～3 mm 的煤钻屑，测定其瓦斯解吸指标 K_1 值（或 Δh_2 值）。依据《防治煤与瓦斯突出规定》第七十三条中所列临界值，如果所有实测指标值均小于临界值，并未发现其他异常情况，则该工作面为无突出危险工作面；否则，为突出危险工作面，继续抽放瓦斯至检验和验证为无突出危险。

（2）经效果检验和验证为无突出危险时，布置 3 个前探孔，即巷道上方和两侧各布置 1 个控制到巷道轮廓外 2 m 以上的前探孔，并保持前探距 2 m 以上进行边探边掘至采用远距离爆破揭煤位置。即工作面距煤层最小法距是急倾斜煤层 2 m，其他煤层 1.5 m 的位置，如果岩石松软、破碎应增加法距。依据《防治煤与瓦斯突出规定》第七十三条采用钻屑瓦斯解吸指标法进行石门揭煤工作面突出危险性预测方法进行煤层注水和抽放瓦斯防突措施的最后验证，如果验证有突出危险时，补充抽放钻孔进行瓦斯抽放措施经效果检验直至措施有效；验证为无突出危险时，采用远距离爆破揭煤，爆破前工作面加强支护，切断井下电源，人员撤至安全地点，设置警戒，揭煤安全防护措施等各项准备工作完好后进行揭煤。

（3）揭煤后，过煤段要用金属钢架和锚网喷混凝土等进行加强支护。采用注浆锚杆超前控顶，为防止揭煤及过煤门过程空顶，须在揭煤及过煤门前对巷道前方及周边采用施工注浆锚杆并注浆对巷道前方及周边围岩加固。即在揭煤前对巷道当头及退后 4 m 范围内，向巷道顶部及两侧施工约 3.5 m 的注浆锚杆，排距间距约 1 m，然后对所有锚杆进行整体注浆。同时，在过煤门过程，每掘一循环均施工注浆锚杆并注浆；然后锚网配合 U 型钢支架喷混凝土进行加强支护。

（4）如果不能一次揭开煤层，在煤层施工中必须按照《防治煤与瓦斯突出规定》第七十五条钻屑指标法进行防突措施效果检验；如有突出危险继续实施防突措施直到措施有效；经检验为无突出危险时，保留防突措施效果检验超前距 2 m，直至进入煤层顶（底）板 2 m 而完成石门揭煤。

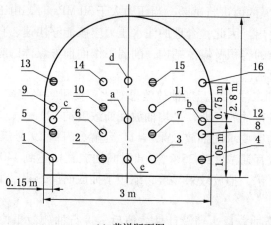

(a) 巷道断面图

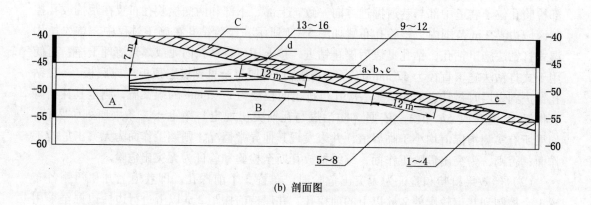

(b) 剖面图

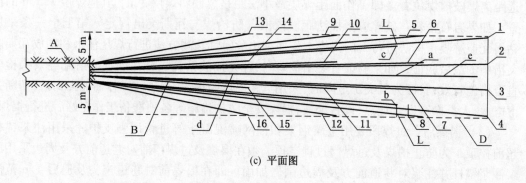

(c) 平面图

a、b、c、d、e—抽放效果检验区域验证孔；A—石门巷道；B—注水和抽放孔；C—突出危险煤层；
1~16—钻孔编号；D—抽放孔控制线；L—验证孔至抽放孔控制线距离小于或等于 2 m

图 5-7　抽放效果检验和区域验证孔面布置图

5.3　劳动组织

煤层注水抽放瓦斯石门揭煤施工的劳动组织见表 5-2。

表5-2 劳 动 组 织 表　　　　　　　　　　　人

序　号	工 种 类 别	人　数
1	项目经理	1
2	项目副经理	3
3	工程技术	3
4	经营管理	2
5	物资供应	3
6	安全生产调度	3
7	后勤保障	6
8	施工队长	3
9	钻机班长	3
10	钻工	9
11	抽放班长	3
12	抽放泵工	6
13	管道巡查工	3
14	瓦检员	6
15	爆破员	4
16	掘进班长	3
17	掘进工	48
18	辅助人员	21
合　计		130

6 材 料 与 设 备

注水和抽放瓦斯所需主要材料与设备见表6-1。

表6-1 主要材料与设备表

序　号	名　称	型号、规格	单　位	数　量
1	液压钻机	ZDY-1250	台套	2
2	注水泵	3ZSB-158-18	台	2
3	水箱	$1 m^3$	个	1
4	专用封孔器	FM型	个	80
5	瓦斯传感器	KG9001C	台	2
6	瓦斯抽放泵	2BEA253	台	2
7	负压传感器	DF5F（A）	台	3
8	设备开停传感器	GT-L（A）	台	4
9	流量传感器	LUGB	台	6
10	温度传感器	GW50（A）	台	2
11	监控系统	KJ90NB	台套	1
12	局部通风机	2×30对旋	台	2

7 质 量 控 制

7.1 钻孔施工的质量要求

（1）钻工应掌握瓦斯抽放、煤层注水钻孔的钻孔、封孔施工方法，熟悉作业规程或作业方案。

（2）钻孔时要严格按照测量人员标定的孔位及施工措施中规定的方位、角度、孔深等进行施工，不经测量人员同意不得擅自改动，钻孔方位角度误差不大于1°。

（3）钻进过程中要准确测量距离，一般每钻进 10 m 或换钻具时必须量一次钻杆，以核实孔深。班中应将本班工作情况及各种数据，如钻孔角度、进尺、套管下置深度、岩芯采集情况、顶钻或喷孔现象、设备运转情况等，全面准确地记录下来。煤层取样时，技术人员跟班，准确采集煤样。

（4）封孔前必须清除孔内煤岩粉，封孔器给压封孔时，给压要均匀，应先小后大，速度不要太快，待封孔器外壁与钻孔壁接触后再加压。

7.2 注水和抽放瓦斯的质量要求

（1）记录注水压力、注水时间、注入水量、地质状况、泄水现象、施工情况等，不能边注边施工注水钻孔。

（2）瓦斯抽放参数监控系统监测抽放管道中的瓦斯浓度、流量、负压、温度等参数，定时观测测点的流量计读数，每次观测后，应将有关参数如负压、瓦斯浓度、流量、时间、观测人填写在记录牌上，并保证记录牌、记录和报表三对口。当抽放管路中瓦斯浓度急剧变化时，应及时调节抽放负压，或对观测接头进行清理。

8 安 全 措 施

（1）编制《石门揭煤安全技术措施》并组织施工人员进行贯彻学习。

（2）钻工、瓦斯抽放工等特殊工种必须持证上岗。

（3）施工设备入井前，必须进行防爆检查，作业工作面通风量满足要求，瓦斯传感、风电闭锁、瓦斯电闭锁灵敏可靠。施工班长和维修人员必须佩戴瓦斯便携仪，入井人员必须佩戴自救器。

（4）严格按照安全技术措施要求，施工前探孔、注水和抽放孔及揭煤前的保留岩距，严禁超掘。

（5）进入钻机安装地点前，应先检查巷道支护情况，发现问题及时处理。整修、加固钻场时，应清理干净脏、杂物，挖好清水池，疏通好水沟。

（6）施工瓦斯抽放孔出现瓦斯急剧增大、顶钻杆等现象时，要及时采取措施。

（7）抽放系统及设施要定期进行全面检查，发现漏气、断管、埋管、积水等问题应立即汇报，并采取措施进行处理。

（8）抽放钻孔或管路拆除，必须经技术负责人批准，拆除后必须采取防止瓦斯外泄的措施。

（9）揭煤前工作面应加强支护，对井下的机电设备进行全面检查，切断井下电源，人员撤至安全地点，采用远距离爆破揭煤。

（10）所有入井人员明确避灾路线，并有醒目指示标牌。

（11）严格执行《防治煤与瓦斯突出规定》和局部"四位一体"的综合防突措施。

9 环 保 措 施

（1）成立施工环境卫生管理机构，在工程施工过程中严格遵守国家和地方政府下发的有关环境保护的法律、法规和规章，随时接受相关单位的监督检查。

（2）施工场地合理布置、整洁文明，做到标牌清楚、齐全，各种标识醒目，场内清洁卫生，无杂物、无积水、无淤泥、无垃圾，设立专用排水沟，对污水进行无害化处理，从根本上防止施工污水乱流现象。

（3）坚持文明施工，保持巷道整洁，设备、材料摆放与码放整齐，施工图表齐全。

10 效 益 分 析

煤层注水抽放瓦斯石门揭煤施工工法，总结了以往石门揭煤施工经验，采用煤层注水，加快煤层瓦斯释放速度，提高煤层瓦斯抽放效果，从而快速达到消除煤与瓦斯突出危险性的目的，实现石门安全揭煤；同时缩短了揭煤施工工期。该工法已在多个工程中成功应用，取得显著的经济效益和社会效益。首先是缩短了揭煤施工工期，比抽放和自然排放瓦斯方案要节约一个月以上的工期，按影响工时和误工计算，一项揭煤工程节约可达 20 万元以上。同时避免了震动爆破揭煤诱发突出对巷道破坏的维修和处理费用，减少了煤尘的危害；缩短了工程建设工期，使工程早投产早受益，工程投资效益比施工效益更为明显。尤其重要的是安全效益，该工法避免了震动爆破揭煤所存在的安全隐患，有效地保证了揭煤施工安全，体现了工程施工中安全最大效益化，因此具有显著经济效益和社会效益。

11 应 用 实 例

11.1 实例一

贵州实兴矿业公司 111 回风石门揭 C18 号煤层和 111 运输石门揭 C19 号煤层等施工工程：C18 号煤层厚度 2.6 m，煤层倾角 16°，煤层瓦斯含量 13.88 m³/t，煤层瓦斯压力 1.5 MPa；C19 号煤层厚度 2.5 m，煤层倾角 16°，煤层瓦斯含量 14.28 m³/t，煤层瓦斯压力 1.6 MPa。在上述两条石门揭煤过程中，采用煤层注水抽采瓦斯石门揭煤施工技术进行施工，从施工注水孔和抽放孔至安全揭露这两层煤，比原计划 8 个月提前近两个月实现石门安全揭煤。瓦斯抽放效果好，比传统瓦斯抽放方式节约了其抽放时间，缩短了施工工期，施工中未发生煤与瓦斯突出，实现了安全生产。

11.2 实例二

云南滇东能源有限责任公司白龙煤矿 101 采区一区段运输石门施工工程，该石门需揭 C$_{7+8}$ 号煤层，C$_{7+8}$ 号煤层为煤与瓦斯突出危险煤层，煤层厚度 3.1 m，煤层倾角 16°，煤层瓦斯含量 15.03 m^3/t，煤层瓦斯压力 1.58 MPa。采用煤层注水抽放瓦斯石门揭煤施工技术于 2012 年 6 月 18 日开始钻孔施工，到 2012 年 11 月 20 日完成石门揭煤，钻孔施工、瓦斯抽放、揭煤与过煤段施工共计 5 个月，比建设方计划的 6 个月石门揭煤工期提前了一个月。施工中未发生煤与瓦斯突出，该技术施工进度较快，施工质量优良，实现了安全生产。

11.3 实例三

云南滇东雨汪能源有限责任公司 +1250 轨道石门施工工程，该石门需揭 C3 号煤层，C3 号煤层为煤与瓦斯突出危险煤层，煤层厚度 2.1 m，煤层倾角 15°，煤层瓦斯含量 18.05 m^3/t，煤层瓦斯压力 1.98 MPa。从 2012 年 7 月 1 日开始钻孔施工，到 2012 年 11 月 30 日完成石门揭煤，施工共计 5 个月，比原计划的 7 个月石门揭煤工期提前了两个月。施工中未发生煤与瓦斯突出，该技术施工进度较快，施工质量优良，实现了安全生产。

斜井整体液压钢模台车浇筑混凝土

施工工法（BJGF020—2012）

中煤第五建设有限公司

臧培刚　刘晓亭　牛青河　刘海峰

1 前　　言

斜井井筒作为煤矿运输系统的关键环节，具有断面大、服务年限长、质量要求高等特点，当遇地层软弱、采取混凝土浇筑支护时，整体液压钢模台车浇筑混凝土是首选的施工方法。

整体液压钢模台车浇筑混凝土施工工法在国电建投察哈素煤矿主斜井井筒、内蒙古汇能集团尔林兔煤炭有限公司主斜井井筒、陕西华电榆横煤电有限责任公司小纪汗煤矿主斜井井筒施工中均应用成功，具有良好的社会经济效益和安全实用价值。该工法关键技术于2012年7月通过中国煤炭建设协会技术鉴定，成果达到国内领先水平。

2 工 法 特 点

采用两台10 t手拉葫芦牵引整体液压钢模台车，通过台车下铺设的钢轨实现台车的移动下放，每次浇筑井壁7.5 m，在台车前7～10 m靠帮处设置HBMD12/4－22S矿用混凝土输送泵，地面搅拌机搅拌均匀的混凝土由特制的大容积混凝土矿车运送至混凝土输送泵处，经混凝土输送泵入模，两墙基础超前施工8～15 m。满足提升运输与浇筑施工的平行作业，实现斜井井筒快速施工。

该工法具有以下特点：

（1）矿车运料，采用7.5 m长模板台车配合矿用输送泵浇筑，浇筑速度快，井壁质量成型好。解决了小模板刚度差、拼缝错台多，控制不当易出现混凝土墙面不平的缺陷。减少模板接缝，使巷道成型更加美观，提高了巷道混凝土表面观感质量。

（2）模板收缩均由液压系统完成，人工投入少，工人劳动强度大大降低，简化了施工工序，可有效降低成本。

（3）整体液压钢模台车为框架结构，移动运行连续、稳定，施工过程中稳定性好，操作简单、拆装方便、可保证施工安全。

（4）特制大容积混凝土矿车运送混凝土，输送泵配合整体液压钢模浇筑，激光控制中腰线，岩巷掘进机配合带式输送机（或箕斗）等机械化配套设备掘进排矸，采用两台10 t手拉葫芦牵引模板台车移动，增加了井筒使用空间，实现混凝土浇筑与掘进、排矸多工序平行交叉作业，大大提高了施工效率，加快了施工进度。实现大坡斜井快速施工，实现煤矿斜井综合机械化配套作业。

3 适 用 范 围

本工法适用于长距离、大断面、浇筑混凝土支护形式的斜井井筒、平硐施工。

4 工 艺 原 理

4.1 主桁架梁

液压整体模板台车采用钢结构形式，台车由模板托架和台车车架组成，所有材料采用型钢、焊制钢板，由高强螺栓在施工现场安装连接。台车全长7.5 m，由5节组成，每节1.5 m。液压钢模台车断面图、剖面图如图4-1、图4-2所示。

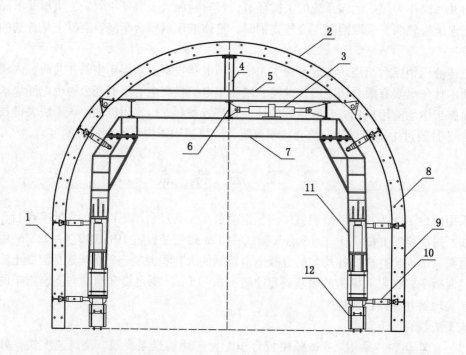

1、9—墙模；2—顶模；3—液压千斤顶；4—立柱；5、7—横梁；6—纵梁；
8—螺孔；10—双头螺旋丝杠；11—台车架立柱；12—行走轮

图4-1 液压钢模台车断面图

4.2 支腿与行驶

考虑台车循环作业的特点，在行走支架梁两端部的位置各安装一副行走轮，沿轴线方向在支架梁底部安装支撑千斤顶。按台车车轮间距铺设轨道。钢模台车轨道采用4根38 kg/m钢轨倒替向前铺设，轨枕采用木轨枕。轨枕间距为500 mm，轨枕规格为长500 mm，宽350 mm，厚350 mm。轨枕铺设方法：铺设木轨枕时先平整好场地，然后依据中腰线按

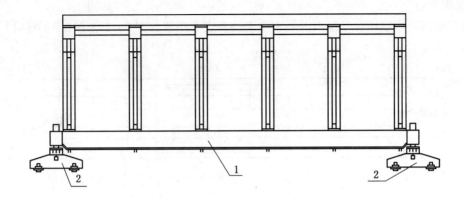

1—行走支架梁；2—行走轮

图 4-2　液压钢模台车剖面图

轨枕间距将枕木摆放在硬底上，之后把轨道放到轨枕上并上好道夹板，调直轨道后再按中腰线校正轨道。台车行驶时通过手拉葫芦与固定在支架梁端头的钢丝绳连接行走，就位后将手拉葫芦闭锁，确保台车稳固并避免发生滑移现象。

4.3　钢模板安装与调整

选择定型钢模板，安装均采用可卸式销钩与台车形成整体。主要目的是易于维修、更换及钢模板的回收再利用。

钢模台车的模板通过安装在台车前端的液压站连接高压胶管和安装在台车横梁、立柱上的液压千斤顶实现模板的升降和左右伸缩。顶部模板调整由安装在台车车架前端的液压千斤顶来完成，达到支模与脱模的目的。

两墙模板调整通过墙模板托架和台车车架上的液压千斤顶进行伸缩，操作液压站手柄可以使托架连同模板外伸或收缩，墙模及肩窝处安装的"双头螺旋丝杆"可以对墙模进行微调，浇筑时亦可支撑固定墙模板。

5　工艺流程及操作要点

5.1　工艺流程

浇筑混凝土工艺流程如图 5-1 所示。

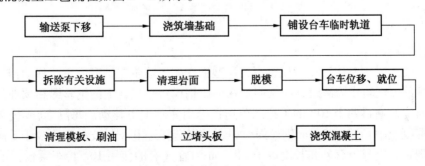

图 5-1　浇筑混凝土工艺流程

5.2 操作要点

斜井整体液压钢模台车浇筑混凝土施工设备安装布置如图5-2至图5-4所示。

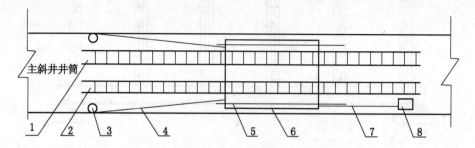

1—主提轨道；2—副提轨道；3—手拉葫芦；4—钢丝绳；5—台车轨道；
6—液压钢模台车；7—输送管；8—输送泵

图5-2 液压钢模台车施工平面图

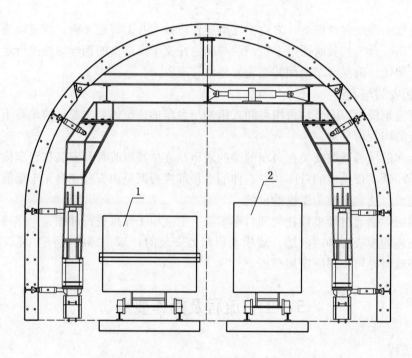

1—箕斗；2—混凝土矿车

图5-3 液压钢模台车施工断面图

5.2.1 支设模板

浇筑混凝土采用整体液压钢模台车，U型钢支架、喷浆支护完成后，移动钢模。移动时采用38 kg/m钢轨作为滑道，缠绕固定在液压钢模台车立柱上的钢丝绳和预埋到两侧井壁里的钢丝绳套通过两个10 t的手拉葫芦连接牵引实现上下移动。每隔50 m提前在两侧井壁基础混凝土中预埋φ28 mm钢丝绳套，钢丝绳套穿过U型钢支架用不少于5副同型号绳卡连接固定，钢丝绳套外露长度以1~1.5 m为宜（有的使用10 t稳车缓慢向前下放）。在前移过程中，前方严禁站人，待移动到浇筑位置后用自制卡轨器将台车车轮卡死。并用

· 166 ·

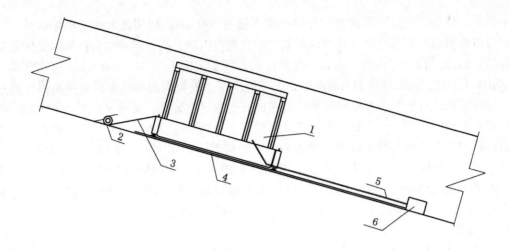

1—液压钢模台车；2—手拉葫芦；3—钢丝绳；4—台车轨道；

5—输送管；6—输送泵

图 5-4　液压钢模台车施工剖面图

手动葫芦进行微调后，开始校模。

5.2.2　校模

操作液压站手柄启动台车内置液压千斤顶调整钢模台车模板规格尺寸，通过液压系统左右移动、上下升降装置来进行快速定位：

（1）调整钢模台车至浇筑位置后，夹紧卡轨器。

（2）操作液压站水平液压千斤顶手柄，调整水平液压千斤顶，使台车模板中心线与斜井中心线对齐。

（3）操作液压站竖向液压千斤顶手柄，使竖向液压千斤顶上升，调整钢模台车模板使其达到设计高度。

（4）操作液压站侧向液压千斤顶手柄，使侧向液压千斤顶外伸，调整钢模台车模板使其达到设计宽度。

（5）装好其余侧向双头螺旋丝杆，操作侧向双头螺旋丝杆，使侧向丝杠撑出，调整钢模台车两侧模板至预定位置。

（6）将基础丝杠千斤顶撑于钢轨上并旋紧。

（7）由当班质检员按设计要求检查模板规格尺寸，合格后方可进行下一道工序。

5.2.3　下料

混凝土经搅拌机搅拌均匀，通过明槽顶部预留的溜灰管用改装的矿车送至浇筑工作面。在浇筑工作面下方布置输送泵，输送泵侧安装自制加工的爬道，混凝土经矿车前的溜灰口进入输送泵，通过管路输送到模板内。每节液压模板正顶有预先焊接的快速接头与输送泵管路连接。

5.2.4　浇筑工作

浇筑前先对台车表面进行抹油或喷洒隔离剂，浇筑混凝土应连续进行，间隔时间不得超过混凝土初凝时间。超过初凝时间，要把已硬化的混凝土表面的水泥薄膜和松动石子以及软弱混凝土层清除干净并加以充分润湿和冲洗干净且不得积水，清理干净后再进行浇筑。混凝土浇筑应分层对称进行，每层厚度不超过 300 mm。使用插入式风动振捣棒，振捣棒通过模板台车每节肩窝及正顶预留的观察窗进行振捣，浇筑到观察窗位置时关闭并插死窗口。捣固工作应专人分片负责，振捣棒插入下层混凝土中 50～100 mm，每次移动距离 350 mm 左右，振捣混凝土表面出浆，无气泡上浮。模板内振捣结束后再用振捣棒通过敲击模板钢板进行振捣，振捣时振捣棒自左向右连续进行振捣，振捣次数不少于 5 遍，以保证混凝土的振捣质量。浇筑前预先安排好混凝土上料点位置和振捣器操作人员数量。在浇筑过程中主要控制混凝土输送泵的压力，正常情况下，压力一般控制在 5～6 MPa，待浇至正顶时，要时刻注意压力表数值，当达到 8 MPa 左右时表明浇筑已完成，即停止浇筑，否则将造成钢模的变形。输送泵用完后要及时清理管路。由于其他原因造成中间需要停止输送时，如果停止时间超过 1 h，最好先将管路拆掉清洗。

5.2.5　脱模

混凝土浇筑后 6～8 h 开始脱模。脱模时启动电源，将钢模台车内置的千斤顶先两侧收缩后顶部缓慢落下。随即进行向下移整体液压钢模台车。移模通过两侧的 10 t 手拉葫芦牵引。移模前首先将手拉葫芦挂到预埋的钢丝绳和台车受力臂上的 φ28 mm 钢丝绳套中间，人工缓慢拉动葫芦链子，使承重链拉紧，拆除卡轨器。然后两侧同时松手拉葫芦倒链，待台车移动后，再均匀用力拉动葫芦下移至预定位置并固定。浇筑完毕一段向下移台车前，先把台车一侧受力臂上的钢丝绳绳卡卸掉，将手拉葫芦的承重链拉到最短位置，能与钢丝绳连接拉紧，再用绳卡把钢丝绳固定卡紧，然后用同样方法固定另一侧。每移一模倒一次葫芦倒链和钢丝绳。

5.3　劳动组织

在工程施工的管理形式上采用项目法管理，根据作业方式、工期要求按各专业工种配备劳动力。混凝土砌筑班劳动组织见表 5-1。

掘进工作面及浇筑工作面作业方式均为"三八"制。掘进、出矸、浇筑平行交叉进行作业。

表 5-1　混凝土砌筑班劳动组织表　　　　　　　　　　　　　　人

序号	工种名称	班次			
		砌筑一班	砌筑二班	砌筑三班	合计
1	绞车司机	2	2	2	6
2	井口信号工	1	1	1	3
3	井口把钩工	1	1	1	3
4	输送泵司机	1	1	1	3
5	支模板台车	5	5	5	15
6	地面混凝土搅拌工	3	3	3	9
7	井下信号工	1	1	1	3
8	混凝土振捣工	2	2	2	6
9	验收员	1	1	1	3
10	班长	1	1	1	3
	合计	18	18	18	54

注：部分工种可以兼职，可根据施工情况适当调整人员。

6 材料与设备

本工法所需主要机具设备见表6-1，主要材料见表6-2。

表6-1 主要机具设备表

序号	设备名称	型号	单位	数量	说明
1	液压钢模台车		台	1	钢结构组合配套液压系统
2	矿用混凝土输送泵	HBMD12/4-22S	台	1	
3	手拉葫芦		台	3	其中一个备用
4	振捣棒	10 t 风动	台	3	其中一个备用

表6-2 主要材料表

序号	材料名称	型号、规格	单位	数量	说明
1	耐磨无缝钢管	$\phi125$ mm	根	15	输送混凝土用
2	高压橡胶软管	$\phi125$ mm	根	5	输送混凝土用
3	槽钢	12 号	根	20	基础模板
4	木模板	50 mm × 500 mm × 350 mm	块	50	堵头板
5	钢丝绳	$\phi28$ mm	m	200	牵引台车用
6	绳卡	$H=10$ mm	副	80	固定钢丝绳用
7	泡沫板	500 mm × 350 mm × 350 mm	张	50	防止接茬处跑浆
8	枕木		根	35	台车轨道用
9	钢轨	38 kg/m	m	40	台车轨道用

7 质 量 控 制

7.1 执行标准

本工法施工中执行的规范和标准有《煤矿井巷工程质量验收规范》（GB 50213—2010）、《煤矿井巷工程施工规范》（GB 50511—2010）、《煤矿井巷工程质量检验评定标准》（MT 5009—1994）等。

7.2 质量保证措施

（1）成立以项目部经理为首的质量管理机构，下设技术质量组负责日常工作，项目部设专职质量验收员，各队每个班组设专职质量检查员。

（2）砌碹施工所用机具、模板等必须严格检查，混凝土配合比符合设计要求。

（3）建立班组自检、互检制度，并做好记录，杜绝不合格品。

（4）施工中按要求及时制作混凝土试块，及时进行混凝土强度压力试验。

（5）严格施工材料的进货检验和试验，各类材料必须有合格证、出厂检验报告，材料进场后,按规定进行抽检或试验,符合要求方可用于工程施工。

(6)冬季施工时,水泥、砂石料要采取措施,防止出现冻块。必须随时测量拌和水的温度,水温控制在 60~80 ℃。混凝土入模温度保持在 10 ℃以上。

8 安 全 措 施

(1)液压钢模台车移动前,必须检查手拉葫芦、钢丝绳及其连接装置。

(2)使用手拉葫芦牵引前,必须对手拉葫芦进行全面详细的检查。检查各部件是否齐全、灵活、可靠,做到小链、棘爪、护罩等齐全完好,发现问题及时处理好后方可使用。严禁手拉葫芦带病牵引,严禁使用不能自锁的手拉葫芦。

(3)液压钢模台车移动前,必须检查钢丝绳是否有打结、压伤、死弯、断丝、断股等安全隐患,如不符合要求,严禁使用。

(4)负责指挥的人员必须密切注视钢模台车移动过程中的安全情况,及时提醒、指挥操作人员,一旦发现险情,立即停止作业,排除险情后再进行移动。

(5)操作手拉葫芦时,手拉倒链要用力均匀,应尽量避免冲击。松倒链时要小心操作。严防倒链自锁失灵造成设备重物突然下滑。

(6)牵引、移动过程中如发现下列情况之一时,必须立即停止牵引,并及时固定钢模台车进行处理:

① 钢丝绳套断丝。

② 起重链打滑、松脱,手链棘手打滑。

③ 牵引异常沉重、手动葫芦工作声音异常。

(7)钢模台车移动过程中,下方严禁有人逗留,严禁有人从事任何活动。

(8)钢模台车移动前必须通知前方所有施工人员并撤离工作面到台车上方。

(9)钢模台车到位后,锁住倒链并及时用卡轨器在每个车轮前和轨道卡紧,防止钢模台车下滑。

9 环 保 措 施

(1)委派专门的环境保护工作人员,全面负责本项目的环境保护工作。

(2)加强环保教育和激励措施,把环保作为全体施工人员的上岗教育内容之一,提高环保意识。对违反环保的班组和个人进行处罚。

(3)清理施工垃圾时使用容器吊运,严禁随意临空抛撒造成扬尘。施工垃圾及时清运,清运时,适量洒水减少扬尘。

(4)搅拌站设置封闭的搅拌棚,在搅拌机上设置喷淋装置。

(5)在施工区禁火焚烧有毒、有恶臭物体。

(6)在搅拌机前台及输送泵清洗处设置沉淀池。排放的废水先排入沉淀池,经二次沉淀后,方可排入水仓。

(7)作业时尽量控制噪声影响,对强噪声机械(如搅拌机、砂轮机等)设置封闭的操作棚,以减少噪声的扩散,把噪声降低到最低限度。

（8）各类材料必须分门别类码放整齐。

（9）砂、石料等散装物品车辆全封闭运输，车辆不超载运输。在施工现场设置冲洗水枪，车辆做到净车出场，避免在场内外道路上"抛、撒、滴、漏"。

（10）为减少施工中的粉尘污染，施工用的水泥应采用袋装或其他密封方法运输；现场存放时，应认真覆盖，防止尘埃飞扬。拌和设备要配备防尘设备，各拌和站和施工运输道路，应经常洒水除尘。

（11）接触粉尘的施工人员必须佩戴防尘口罩及其他劳保用品。

（12）压风、供水管路不得有跑、冒、滴、漏现象。

（13）施工现场必须经常清理，保持清洁卫生。

（14）提升设施、工具、设备必须经常检修维护，保持性能良好。

10 效 益 分 析

与传统模板工程相比较，本工法适合斜井快速掘进，提升运输与永久支护平行作业，满足斜井机械化施工作业线的需要。

该施工工法操作简便，节省劳力，缩短施工工序，降低劳动强度，降低施工费用，在观感上减少模板接缝，使巷道成型更加美观；同时节约了工期，加快了施工速度；使用整体液压钢模台车不易出现跑模现象，钢模台车不易变形，回收后通过加工能够满足不同断面重复使用，减少了模板材料的投入。

通过对使用传统法和钢模台车施工进行效益对比分析，浇筑 7.5 m 段长混凝土使用钢模台车节省人工 36 工日，完成时间提前 1 个小班。按完成支护 1091.5 m 考核，节约工期 48.5 d，人工单价调整后，按 128 元/（工·日）计取，每段节省 4608 元，斜井支护浇筑混凝土段共节省资金 67.06 万元。施工工期大大缩短，降低了工程造价，提高了工效，有效满足了迎头快速掘进。

采用该工法施工的工程，在施工期间没有出现任何质量事故及安全事故，取得很好的社会效益。

11 应 用 实 例

11.1 实例一

国电建投察哈素煤矿主斜井井筒全长 1549 m，设计倾角为 16°。巷道断面为半圆拱形，净宽 5500 mm，净高 4100 mm。采用钢筋混凝土支护。

从 2009 年 1 月 5 日开始使用斜井整体液压钢模台车进行明槽段混凝土浇筑施工斜井井壁，至 2009 年 1 月 22 日，完成井筒支护工程量 50 m，历时 18 d，实现了快速施工。

11.2 实例二

内蒙古汇能集团尔林兔煤炭有限公司主斜井井筒全长 1193.545 m，设计倾角为 16°。巷道断面为半圆拱形，净宽 5400 mm，净高 4300 mm，$S_净 = 20.0 \text{ m}^2$，采用 U 形支架 + 喷混凝土 + 混凝土支护。

从 2009 年 12 月 3 日开始使用斜井整体液压钢模台车进行混凝土浇筑施工斜井井壁，

至 2011 年 1 月 5 日（包括期间停工影响两个月），完成井筒支护工程量 1091.5 m，最高月成巷 145 m，完成该工程造价 4522 万元，实现了斜井筒快速施工。

11.3 实例三

陕西华电榆横煤电有限责任公司小纪汗煤矿位于陕西省榆林市横山县境内，主斜井采用 25U 型钢喷混凝土 + 素混凝土支护，荒宽 6000 mm，净宽 5200 mm，墙高 1500 mm，$S_{3荒} = 24.63 \text{ m}^2$，$S_净 = 18.41 \text{ m}^2$，倾角 14°，设计长度 1120 m。混凝土浇筑厚度 400 mm，井筒混凝土浇筑长度 242 m。

从 2009 年 9 月 5 日开始使用斜井整体液压钢模台车进行混凝土浇筑施工斜井井壁，至 2009 年 11 月 23 日，完成井筒支护工程量 242 m，历时 79 d，实现了快速施工。

岩巷高效施工关键装备配套施工工法（BJGF023—2012）

中煤第五建设有限公司

龚卫东　郝建斌　张庆中　张基磊　李忠华

1　前　言

在新建矿井中，岩石巷道施工工期约占建井工程的40%，因此加快岩巷掘进速度和降低施工费用，对缩短建井期和提高建井工程的经济效益都具有重要意义。另外，机械化作业对于减轻工人劳动强度，提高安全施工水平也有很重要的意义。我国目前的岩巷施工机械化水平较低，平巷施工单进水平为每月100 m左右。

随着煤炭矿井设计生产能力加大，矿井建设周期缩短，井筒工程施工机械化水平不断提高，有效缩短了一期工程建设周期，煤巷施工多数选用综合机械化快速施工作业线，但是为数不少的开拓量大的岩石巷道施工仍采用传统普通炮掘施工及调度绞车运输方式，严重制约二期岩石巷道的施工速度，无法实现矿井早日投产。因此，如何提高二期岩石巷道的施工速度，尤为重要。为了提高岩巷施工效率，缩短建井工期，减轻工人劳动强度，中煤第五建设有限公司对岩石巷道高效施工技术进行了研究和实践，形成了岩巷高效施工关键装备配套施工工法。该工法关键技术于2012年7月通过中国煤炭建设协会组织的技术鉴定，成果达到国内领先水平。

2　工　法　特　点

普通法爆破掘进采用手持风动凿岩机凿眼，耙矸机装岩，调度绞车牵引，矿车装载运输，人工上料喷浆，施工效率低，劳动强度大。岩石巷道开拓量大，围岩相对稳定，适宜于采用机械化作业线施工。本工法以钻车、装载机、梭车、转载机为主体设备，实现岩巷掘进机械化配套作业。相对于普通法爆破掘进，本工法具有如下特点：

（1）关键装备配套合理，工艺先进，施工能力大，安全可靠。

（2）采用双臂液压钻车代替手抱风动凿岩机，提高钻眼速度2倍以上，平均凿岩速度可达0.8～1.5 m/min，减少人员投入，降低安全风险。

（3）采用履带式液压挖斗装载机代替耙矸机，提高装岩速度。

（4）采用梭车、皮带转载机转载，大功率电机车牵引矿车，配套作业，极大提高运输效率。

（5）采用螺旋上料机上料，上料均匀，效率高，节人提效。

（6）运用科学合理的劳动组织，大大提高岩巷单进水平。

3 适用范围

本工法广泛适用于煤炭和非煤各类矿山工程掘进宽度 4.0 m 以上的岩石平巷施工。当巷道涌水量大于 10 m³/h 时，应采取治水措施，否则将影响机械效率的发挥。

4 工艺原理

采用双臂掘进钻车，实现双臂同时钻眼，通过操纵阀选择孔位，通过补偿装置使推进器定位；采用履带式液压挖斗装载机，可进行全断面装岩、清底；液压装载机后配套使用梭式矿车装储、转载矸石，实现连续清渣、装岩、排矸；渡线道岔调车，临时车场储车，电机车牵引，快速调车到位；采用自制螺旋上料机代替人工上料，该上料机在传动轴上设置螺旋叶片，叶片与机箱底部构成运输物料的通道，在传动轴的一端设置驱动机构，实现自动运输物料。运用科学合理的劳动组织，专业工种，固定工序，掘进支护平行作业，减少辅助及循环时间，实现快速施工。配套作业线如图 4-1 所示。

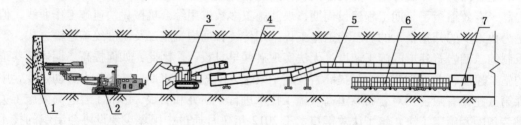

1—工作面；2—双臂液压钻车；3—液压挖斗式装载机；
4—梭式矿车；5—皮带转载机；6—矿车；7—电机车

图 4-1 配套作业线

5 工艺流程及操作要点

5.1 工艺流程

利用钻车进行拱部锚杆施工，之后退钻车初喷；工作面钻车凿完炮眼后，退钻车，进行装药、连线、爆破，然后出渣，同时进行钻车维护、检修。除出渣和装药、连线、爆破过程外，进行其他工序时，进行刷帮，复喷成巷。工艺流程如图 5-1 所示。

5.2 操作要点

5.2.1 钻眼爆破

采用全断面光面爆破，双臂液压钻车凿眼，激光指向仪指向，按爆破图表进行轮尺布眼，定钻打眼，加快打眼速度，提高钻孔质量。施工前，对不同硬度的岩石进行不同的爆破参数设计，并在施工中根据爆破效果进行不断调整。

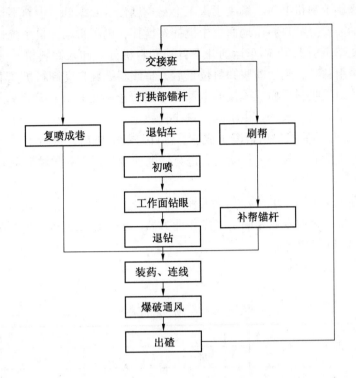

图 5-1　工艺流程

5.2.2　出矸与装运

工作面采用 ZWY-180 型液压挖斗式装载机进行排矸、清理作业。装载机尾部卸载口位于梭式矿车上部，直接连续卸矸石于梭式矿车中。采用液压挖斗装载机装岩速度快，可实现全断面连续装岩，清理至巷道底板。挖斗装载机将迎头工作面内的矸石经梭式矿车储运，装岩时，边装载矸石边开动刮板输送机，逐步把梭式矿车车厢装满。装满后，开动刮板输送机，矸石就自动落到转载皮带上。皮带转载机将矸石载至 1.5 t 矿车内，再由电机车转载运输至车场内，运至主井井底连接处，经提升罐笼提升出井。

随着工作面推进，运输距离加长，为提高工作面排渣速度，加快施工进度，巷道内转载点及调车临时车场前移，同时，增加矿车投入数量。

5.2.3　支护

拱部利用双臂液压钻车由后向前先顶后帮逐排凿眼，确保锚杆角度符合设计要求。帮部采用风动凿岩机，锚杆眼方向为井巷设计轮廓线的法线方向（施工时可做好眼位标志），锚杆眼深符合《煤矿井巷工程质量验收规范》（GB 50210—2010）要求。工作面搭设临时操作安装平台，专人安装锚杆，打一装一。利用锚杆搅拌器安装锚杆。临时支护锚杆为钢筋树脂锚杆（临时支护作为永久支护的一部分），采用端头锚固，间排距 700 mm × 700 mm，树脂采用 MS28/35 型，每根锚杆使用 2 卷；托板采用 Q235 钢，规格 150 mm × 150 mm × 8 mm，钢筋网采用 ϕ8 mm 钢筋，网格 150 mm × 150 mm，规格 3.00 kg/m²。锚杆规格、预紧力及锚固力严格按设计要求施工。

喷射混凝土支护采用远距离喷射，在工作面后方适当位置设置两台 PZ-7B 型喷浆机,采用自制螺旋上料机上料,解决了人工上料速度慢、效率低、上料不均匀问题,能够满足快速施工的需要。喷浆料由地面集中搅拌站搅拌,电子自动计量系统计量配料,喷射混凝土料由电机车牵引1.5t矿车运到井下自动卸料机处,卸入卸料机。螺旋自动卸料机利用调度绞车牵引移动,到达喷浆卸料位置后,将倾斜螺旋自动卸料机基本调平,调整前部出料口对正喷射机吸料平面。先接通电源启动混凝土喷射机,再启动螺旋自动卸料机,自动供料,减少了人员投入,且供给的流量比较稳定。

利用 PZ‑7B 型喷浆机喷射混凝土成巷。锚杆打装完毕后,进行工作面初喷;在工作面打装锚杆、迎头凿眼、装药、初喷时,进行岩巷作业线后部巷道喷浆成巷工作。

5.3 劳动组织

根据作业方式、工期要求按各专业工种配备劳动力。

按照工艺要求,采取专业和固定工序作业方式。根据施工速度,可采用"三八"制、"四六"制和"滚班"制作业。

劳动力配备见表 5‑1。

表5-1 劳动力配备表 人

序号	工 种 名 称	班 次			
		一班	二班	三班	小计
1	钻车司机	1	1	1	3
2	点眼工	1	1	1	3
3	打锚杆眼工	3	3	3	9
4	装岩机司机	1	1	1	3
5	爆破员	2	2	2	6
6	班长	1	1	1	3
7	电机车司机	2	2	2	6
8	机电维修工	2	2	2	6
9	喷浆手	1	1	1	3
10	照灯工	1	1	1	3
11	喷浆机司机	1	1	1	3
12	刷帮工	2	2	2	6
合 计		18	18	18	54

6 材 料 与 设 备

岩巷高效施工关键装备配套作业线采用双臂液压钻车〔CMJ17HT(改)〕,配备较长(2.2m)的合金钢钎杆凿眼,激光指向仪定向。工作面采用履带式液压挖斗装载机装岩,采用梭车、皮带转载机储运、转载矸石,大功率电机车牵引,通过渡线道岔调车。

喷射混凝土支护在工作面后方适当位置,设置两台 PZ‑7B 型喷浆机,采用自制螺旋上料机上料。两台 FBDNo.9.5/2×30 kW 局部通风机通风，接一趟 800 mm 胶质风筒通至集中轨道大巷工作面。岩巷高效施工关键装备配套施工主要设备见表6-1。

表6-1 岩巷高效施工关键装备配套施工主要设备表

序号	名 称	型号、规格	单位	数量
1	双臂液压钻车	CMJ17HT（改）	台	1
2	液压挖斗式装载机	ZWY-180	台	1
3	梭式矿车	SSD（B）16	台	2
4	皮带转载机	DTL80/40/2×40	台	1
5	电机车	XK12-9/192A	台	2
6	喷浆机	PZ-7B	台	2
7	风泵	BQF-50/25	台	1
8	卧泵	MD25-30×9	台	2
9	局部通风机	FBDNo.9.5/2×30 kW	台	2
10	激光指向仪	DJE-1型127V	台	3

7 质 量 控 制

7.1 执行标准

本工法在矿建二期工程施工中执行的规范和标准有《煤矿安全规程》《煤矿建设安全规定》《煤矿井巷工程质量验收规范》（GB 50213—2010）、《煤矿井巷工程施工规范》（GB 50511—2010）、《煤矿井巷工程质量检验评定标准》（MT 5009—1994）。

按照 ISO 9001：2000 国际质量管理体系标准编制了质量管理体系文件，并已取得认证，在施工中严格执行。

7.2 质量要求

（1）巷道净宽不小于设计要求，不大于 100 mm。

（2）巷道净高不小于设计要求，不大于 100 mm。

（3）喷射混凝土强度和厚度均不小于设计值。

（4）表面平整度小于或等于 50 mm。

（5）锚杆安装符合质量要求，拉拔力大于或等于设计值。

（6）巷道底板（按腰线）允许偏差 -30～50 mm，铺底厚度符合设计要求，底板表面平整度小于或等于 10 mm。

8 安 全 措 施

（1）认真贯彻"安全第一、预防为主、综合治理"的方针，根据国家有关规定、条例，结合施工单位实际和工程具体特点，在施工项目部派驻安全监察员，项目部领导班子设专职安全副经理，施工区队设安全网员，组成全面有效的安全监督、管理系统。

（2）装载机司机应经过专门培训，持证上岗，装载机的操作与检修严格按照装载机操作规程执行。

（3）装载机每班必须做好维护保养和加油工作，装载机状况完好，不带病作业。

（4）装载机操作时，机前及两侧严禁站人，装载机装渣完毕后，必须停机。

（5）风水管线悬吊要规范。巷道内各种风水管及电缆的敷设方式、敷设地点、敷设高度、吊钩等必须符合设计和安全要求，并做到美观。

（6）加强"一通三防"管理，专人承包辅助通风机、局部通风机及风筒管理；加强瓦斯检查力度。

（7）项目部必须每班配备安检员，进行相关检查，检查要严肃认真，严谨细致；查出的问题反馈要及时准确，并填写好检查记录，记录必须真实齐全。

（8）各工程处必须针对以上专项规定制定考核办法，奖优罚劣，确保以上规定真正落到实处，确保巷道施工安全，提高巷道施工管理水平。

（9）加强顶板控制，严禁空顶作业，爆破后及时敲帮问顶并进行临时支护，永久支护紧跟装载机。

（10）坚持"一炮三检"和"三人连锁爆破"制，爆破后检查工作面，发现问题及时处理。

（11）定期进行机电设备检查，及时排除设备故障，确保正常运转，避免失爆。

（12）长距离喷浆要保证井上下的信号联系，发现问题及时处理。

9 环 保 措 施

（1）矸石及生活垃圾应分开存放，矸石按业主及合同的要求排放到指定地点，生活垃圾经生化处理后排放。

（2）生活区应有完善的卫生设施，并安排专人及时清扫处理。

（3）使用环保锅炉，减少大气污染。

（4）不随意乱倒燃料、油料、生活垃圾等有害物质。

（5）井下必须采用湿式打眼、水炮泥爆破、洒水装岩。

（6）地面通风机应设置消声罩降低噪声。

（7）在工广内设临时污水沉淀池，生活污水及井下污水经沉淀后外排。

10 效 益 分 析

岩巷施工关键装备配套技术的成功运用，使李村煤矿集中轨道大巷的施工中，单进水平从开始的每月百米左右，稳步增加到150 m以上，最高月进尺为182 m，整个巷道施工速度与传统施工方法（每月100 m）相比，提前了4个月完成计划。实现了高效、快速、优质、安全施工，大大缩短了建井工期，直接效益显著。

（1）施工速度提升，工期缩短。

（2）提高了经济效益，人工和辅助系统费用得到节省。

（3）矿井早投产，早收益。

最大社会效益是通过运用此施工技术，使李村煤矿的施工工期得以提前，工程质量被评为优良，提高了中煤第五建设有限公司在基建市场的信誉，得到了业主的认可，为公司立足山西、开拓市场做出了贡献；为以后的岩巷施工提供了成熟的机械化施工技术。

11 应 用 实 例

近年来中煤第五建设公司采用岩巷高效施工关键装备配套施工工法施工了多个项目，月成巷破 110 m 的纪录 30 余次，都取得显著效果，较突出的工程实例如下。

11.1 实例一

山西潞安矿业集团李村煤矿集中轨道大巷，施工总长度 1255.362 m，巷道掘进断面为 23.43 m²，巷道坡度为 3‰。围岩以砂质泥岩为主，灰黑色，岩石硬度系数 4～6，岩层较稳定，于 2009 年 12 月开工，2010 年 8 月施工结束。该作业线在李村煤矿集中轨道大巷施工中运用后，单进水平从开始的 90 m 左右，稳步增加到 150 m 以上，最高进尺为 182 m，整个巷道施工速度，与传统施工方法相比，提前了 4 个月完成计划。

11.2 实例二

山西潞安矿业集团屯留煤矿南风井轨道大巷，掘进宽度为 6400 mm，拱高为 3200 mm，墙高为 2520 mm，向前施工坡度为 2.5‰下山，巷道全长为 1900 m，于 2010 年 6 月开始施工，计划 2011 年 12 月竣工。采用该作业线施工后，连续 6 个月超 160 m，平均月进度 156 m，最高月进度 174 m，并于 2011 年 6 月施工结束，缩短工期 6 个月，工程质量优良，未发生任何安全事故。

11.3 实例三

山西省汾西矿业集团公司灵北煤矿一采区胶带巷，掘进宽度 4600 mm，掘进高度 4000 mm，墙高 1600 mm，掘进断面 17.68 m²，巷道长度 2041.078 m，岩石硬度系数 4～6，于 2011 年 2 月开始施工，计划竣工日期为 2012 年 11 月。采用该配套作业线施工后，平均月成巷进尺 150 m，最高成巷进尺 178 m，月验收均为优良工程。该工程于 2012 年 3 月施工结束，提前 8 个月完成任务，且安全无事故。

软岩动压巷道网壳锚喷支护施工工法（BJGF024—2012）

西山煤电建筑工程集团有限公司

范新民　霍成祥　庞建勇　李瑞琪　李云豪

1　前　言

在高地应力条件下，软岩巷道支护尤为困难，因而支撑系统越来越强化，如 U29 型钢拱架需减小棚距，增强联系杆，甚至要使用 U36 型钢拱架；锚网喷支护要用型钢拱架加固，或者与锚索、围岩注浆等进行联合支护；这样虽能达到一定的支护效果，但工艺复杂、支护费用很高，支护效果差。

为此，西山煤电集团有限责任公司、西山煤电建筑工程集团有限公司和安徽理工大学联合开展了网壳支架的研究，设计出了井下钢筋网壳锚喷支护新技术。

经过近 2a 的井下应用及研究表明，该网壳锚喷支护技术结构合理、安全、可靠，并取得了良好的经济效益和社会效益。

该工法关键技术于 2013 年 3 月经中国煤炭建设协会鉴定，达到了国内领先水平。

2　工　法　特　点

（1）采用三维钢筋骨架与网壳相结合的新型网壳支架，结构新颖，整体性强，支撑力高。钢筋网壳支架重量轻，网壳自身有一定的让压性能，且初撑力较强，可有效地承受掘巷初期的变形地压；加喷层后，支撑能力大幅度提高，可实现一次支护成功，并能承受采动影响的压力。

（2）施工工艺简单，降低了支架架设的劳动强度，减少了安装工序。

（3）钢筋网壳支架一般可以自制，成本较低，相当于 U 型钢支架费用的 40% 左右；网壳锚喷支护总费用比一次钢筋网锚喷支护虽有所增加，但低于逐次锚网喷加固费用，具有可观的经济效益。

（4）网壳喷层是主要承载结构，锚杆间距可比普通锚网喷支护间距增大。

（5）巷道成形美观、断面规格好。

3　适　用　范　围

该工法适用于围岩变形严重、压力大的各类软岩巷道，推广应用前景广阔。

4 工 艺 原 理

钢筋网壳由拱形三维钢筋骨架以及若干圆弧钢筋和连接筋架立组成，它在纵横两向都呈拱形，总体上组成空间壳体结构（图4-1、图4-2）。用这种网壳作为喷层的骨架，使喷层成为薄壁的钢筋混凝土壳体。这一结构的主要支护机理如下：

（1）网壳的立体蜂窝状结构增强了钢筋的抗压稳定性，改善了混凝土的受力状况。当壳体局部受到拉应力时，钢筋的良好承拉能力保护了其中的混凝土免受破坏，而使混凝土的抗压特性得到充分发挥。

（2）网壳可释放一部分围压变形，削弱喷层的内应力。同时，变形幅度有限制，不会因过度的让压变形而导致围岩的更大破坏，而是在设计变形范围内就及时进行强力支撑。

（3）网壳混凝土结构是连续支撑，提高了网壳的整体支护强度，使支护层受力均匀分配，避免了因围岩局部先破坏而引起的大范围破坏现象。

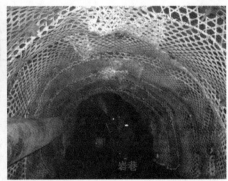

图4-1 网壳支护示意图

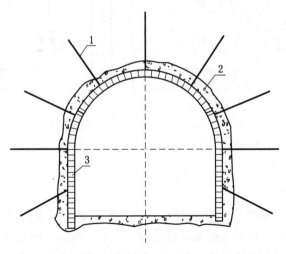

1—锚杆；2—喷层；3—钢筋网壳

图4-2 网壳支护结构图

5 工艺流程及操作要点

5.1 工艺流程

钢筋网壳支架的安设步骤是：巷道刷大至设计断面后，紧接着安设钢筋网壳支架，先用3~5根锚杆将一块钢筋网壳构件固定于巷道裸露的围岩上，然后再用螺栓与另一块钢筋网壳对接，并在其中插入木垫板，最后用锚杆固定，直至将钢筋网壳组装、固定完毕。钢筋网壳架与架之间不留空隙，用U形卡连接件。然后在每片网壳的下部、每侧拱肩接头部位的上方及下方各安设一根锚杆。锚杆不仅起到固定钢筋网壳的作用，而且同时发挥着对围岩的锚固作用。

钢筋网壳支架架设完成后，喷射混凝土充填钢筋网壳中的空隙，使之形成高强度的立体壳状布筋的钢筋混凝土结构。同时，喷浆层又起到封闭围岩的作用，对松软顶板的支护效果非常明显。施工工艺流程如图5-1所示。喷射混凝土工艺流程如图5-2所示。

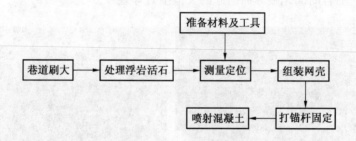

图5-1 施工工艺流程

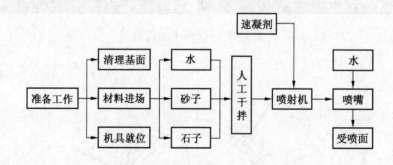

图5-2 喷射混凝土工艺流程

5.2 操作要点

5.2.1 钢筋网壳施工

（1）钢筋网壳锚喷支护是一种新技术、新工艺，加工与支护质量要求较高，在支护结构中，钢筋网壳支架与喷层是主要承载结构，其中，对钢筋网壳支架的几何稳定性要求较高，亦即在喷射混凝土之前，顶、帮网壳构件不出现严重弯曲变形，且整架几何外形保持稳定。因此，为了保证达到设计要求，钢筋网壳施工一定要按照施工要求和施工工艺进行。

（2）该支护形式用于返修巷道时，巷道返修后断面仍为直墙半圆拱，架设钢筋网壳前，断面的全高、中跨、底跨等均不能小于设计尺寸，确保钢筋网壳顺利架设。

（3）钢筋网壳支架是由一片顶钢筋网壳和两片侧钢筋网壳组成。施工时应按设计尺寸进行架设，保证支架不扭曲变形，架设后支架平面度偏差不大于 10 mm。钢筋网壳的高、跨尺寸与设计尺寸的偏差不大于 20 mm。网壳架设施工采用杜儿坪煤矿自行设计的液压操作台进行安装（图 5-3）。

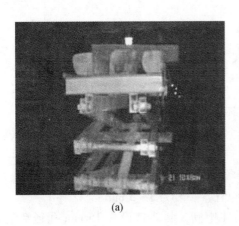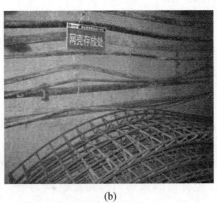

(a)　　　　　　　　　　　　(b)

图 5-3　液压操作台及井下网壳堆放处

（4）一架钢筋网壳片与片连接处的 4 个螺栓必须全部上紧，确保钢筋网壳连接强度。同时两架钢筋网壳应密贴架设，不留间隙，再用 U 形卡连接形成连续支撑体系（图 5-4）。

图 5-4　钢筋网壳施工图

（5）每架钢筋网壳的外缘必须与围岩保持良好接触，不允许架空。一架施工完毕后应立即充填，以确保壁后充填质量，若间隙在 300 mm 以内，可直接用混凝土喷实；间隙过大，可用木楔、矸石或混凝土预制板等充填。

（6）由于设计钢筋网壳支架不封底，为防止侧帮踢出（尤其是水沟侧），在每片网壳的下部各打一根倾斜向下 45°的锚杆；同时为增强钢筋网壳支架的整体强度，在每侧拱肩接头部位的上方及下方各安设一根锚杆。锚杆的长度均为 2.0 m，采用端部锚固锚杆，锚固力不低于 60 kN。用锚杆托板承托网壳构件两端的中部纵骨筋，以降低每块构件两端承受的剪力，并使底脚与拱肩的内移量有所削弱。

（7）钢筋网壳架好 2~3 架以后，需检查断面尺寸是否满足设计要求，必要时调整位置，检查合格后方可进行复喷纤维混凝土，设计喷层要求混凝土覆盖支架钢筋，并有 10~20 mm 的保护层。

5.2.2 混凝土喷层施工

（1）钢筋网壳支架架设完成后，喷射混凝土充填钢筋网壳中的空隙，使之形成高强度的立体壳状布筋的钢筋混凝土结构。同时，喷浆层又起到封闭围岩的作用，对松软顶板的支护效果非常明显。

（2）自下而上，先凹后凸，旋状喷射，环环相连，圈圈相压。

（3）准备工作：喷射前，先用高压水（风）清洗受喷面，待喷射机到位调试后，注水、通风疏通管路。

（4）拌和料：纤维严格按掺量加入，必须采用强制式搅拌机，无论采用何种方法掺加纤维，搅拌时间长短以纤维能够均匀分布为宜，一般为 3~5 min。

（5）上料：开机后要连续上料，保持料斗饱满，料斗口设一 15 mm 孔径活动筛网，以防止超径骨料进入机内。

（6）操作顺序：先注水，后送风，再进料，根据受喷面喷出混凝土情况，控制注水量。

（7）喷射顺序：应分段、分片、分块进行。每片均自下部开始水平方向呈旋环状移动喷射，并往返一次喷射，然后向上移动，依次循环进行喷射纤维混凝土作业。喷射前，要对受喷面凹洼处先喷找平。

（8）最佳喷射距离与角度：喷头出料口至喷面距离视供风压力大小随时调整，干喷机以 0.6~1.0 m 为宜，湿喷机以 1.2~1.8 m 为宜，喷射料束以垂直受喷面为佳。

（9）喷射料束运动轨迹：螺旋环状水平移动，一圈压一圈，圈径约 300 mm，行间搭接 300~500 mm。

（10）喷射料旋转速度及一次喷厚：以 2~3 s 转动一圈为宜，一次喷射厚度以不掉落时的临界状态或所需厚度确定。一般喷射纤维混凝土一次喷厚不小于 50 mm，由于在外加剂的作用下，待其初凝后可回头再次喷射直至达到要求厚度。

（11）高压风、水控制：水灰比由熟练喷射手控制，以喷出的混凝土湿润光泽、黏塑性好、无干斑流淌现象为标准，否则就需要调整风、水压力。一般喷射机水压控制在 0.2~0.25 MPa，风压控制在 0.12~0.15 MPa。

（12）发现断水、停电或断料处理措施：喷头应迅速撤离受喷面，严禁用高压风、水冲击未终凝的混凝土。

（13）养护：由于喷射层一般较薄，加之表面系数大，因此，喷射纤维混凝土 2 h 后浇水养护，养护时间不小于 14 d，要经常保持潮湿状态。

5.3 劳动组织

根据工程施工方案、施工技术装备、工效等情况，确定各工种需求人数，见表5-1。

表5-1 劳动力配备表　　　　　　　　　人

工 种	甲 班	乙 班	丙 班	合 计
跟班队长	1	1	1	3
班 长	1	1	1	3
验收员	1	1	1	3
电钳工	2	2	2	6
绞车司机	2	2	2	6
信号工/挂钩工	3	3	3	9
钻眼工	3	3	3	6
爆破工	2	2	2	6
安装工	3	3	3	9
喷浆工	2	2	2	6
扒装工	2	2	2	6
合 计	22	22	22	66

注：网壳加工制作人员3人，网壳安装人员8人。

6 材料与设备

6.1 主要机具及施工设备

（1）制作网壳所需设备配备：钢筋拉直机一台，电焊机一台，氧气、乙炔各一瓶，网壳加工模具液压操作台一部。

（2）井下安装所需设备配备：液压起高操作平台一部，锚杆机两台，喷浆机一台，紧固工具4套，风钻一台。

6.2 主要施工材料

（1）支架所用φ20 mm、φ14 mm主筋应采用螺纹钢筋，φ12 mm上弦杆、φ8 mm桥形架采用A级Q235热轧光圆钢筋。

（2）每棚钢筋网壳支架大致按巷道断面分为3片，由1片顶网壳和2片侧网壳拼装而成。网壳宽度为700 mm，每片由2根φ24 mm主弧筋、6根φ16 mm次弧筋、若干φ8 mm桥架及若干φ8 mm连接筋焊接而成，两端各焊接一块带螺栓孔的连接板，顶、侧网壳拼装时在两个接头处夹一块厚50 mm的可缩垫板，再用螺栓连接而成。由于设计网壳支架不封底，为了防止侧腿踢出，每片侧网壳应打两根斜向限位锚杆，并将托盘固定在网壳中间的两根中骨筋上，设计锚杆长2.0 m，锚杆布置按800 mm×800 mm梅花状布置。

7 质 量 控 制

7.1 执行的标准、规范

严格执行《煤矿安装工程质量检验评定标准》(MT 5010—1995)、《煤矿井巷工程质量验收规范》(GB 50213—2010) 等规范和标准。

7.2 质量控制

(1) 严格按设计图纸及文件、业主及监理文件执行。

(2) 建立完善的质量管理体系。

(3) 建立健全各项质量管理规章制度。

(4) 组织施工人员进行作业前的技术交底，对特殊工种作业人员，必须持证上岗。

(5) 加强原材料、半成品的进场检测力度。对于原材料、半成品除了检查其质量证明书和合格证外，需检测合格后才能用于施工现场。

(6) 严格执行工序交接和报检制度。

8 安 全 措 施

(1) 建立健全安全管理体系，完善安全规章制度，规范安全管理，安全责任落实到位。

(2) 严格执行《施工作业规程》《煤矿安全规程》和相关的安全技术措施。

(3) 明确安全工作目标，制定现场安全文明施工奖罚细则。

(4) 为确保安全文明施工，对施工现场材料堆放、排矸等进行整体规划。

(5) 严禁施工人员不佩戴安全帽、矿灯、保险绳入井。

(6) 所有用电设备及配电柜应安装漏电保护装置，严禁无操作证人员进行电工作业。定期进行安全用电检查，不符合要求的立即整改。

9 环 保 措 施

(1) 在施工作业区范围内，合理布置各种材料、设备，进行定型化防护，做到标牌清楚、齐全，各标识牌醒目，施工场地整洁文明。

(2) 施工废渣、废水及时清理，确保施工场地整洁。

(3) 细集料采用覆盖，以减少粉尘污染。

(4) 施工过程中采用湿式除尘技术。

(5) 加强作业人员个体防护，提高作业人员的自我保护意识，确保安全生产。

10 效 益 分 析

10.1 经济效益

钢筋网壳支架一般矿山可以自制，成本较低，若用 φ16 钢筋网壳与采用 29U 型钢支架和锚喷联合支护相比，钢材用量可比型钢棚子降低 50% 以上。按 29U 型钢 400 kg/架、型钢 6000 元/t、200 m 变形严重修复巷道用型钢 250 架，仅支护材料费就节约 24 万元。按巷道维修费用 35 万元/hm 计算，则节约巷道二次维修费 70 万元。两项合计节约 94 万元。网壳锚喷支护总费用比一次钢筋网锚棚支护虽有所增加，但低于逐次维修锚网喷加固费用，具有可观的经济效益。

10.2 社会效益

钢筋网壳锚喷支护与软岩巷道的传统支护方式相比较，结构上有重大改进，用钢筋网壳支架代替 U 型钢支架及钢筋网，安装速度快，可有效地防止围岩松动，同时具有一定的让压性能；实现了支架轻型化、立体化、连续化，使支架的整体稳定性大大增强，可承受变形地压及采动荷载，同时降了支架成本，简化了安装作业。钢筋网壳锚喷支护大幅度提高了喷层的极限变形量，同时使喷层具有较强的抗弯能力，从而使这种支护结构能承受变形地压及采动荷载，实现巷道一次支护成功，不需维修。支护技术的改进，保证了支护质量和效率的提高，保证了安全施工。

混凝土钢筋网壳锚喷支护技术在国外没有先例，在国内是首次用于软岩巷道支护，为改进我国软岩巷道支护结构开拓了新途径，社会效益突出。

11 应 用 实 例

11.1 实例一

杜儿坪煤矿隶属于西山煤电集团有限公司，为国有大型煤炭企业。南翼轨道大巷担负着矿井南翼的运煤、运料、运人等任务，是矿井的主要运输大巷。巷道全长 6850 m，其中 5100 ~ 5400 m 段位于向斜构造底部，且穿过无煤柱及 2 号、3 号煤层。该段大巷原设计支护形式为砌碹，后经过加槽钢拱架并喷浆加固整修，但整修效果不明显，受两边工作面采动影响，大巷变形继续加大。2006 年 11 月，使用新型钢筋网壳锚喷支护后，该工程使用效果良好，未发现质量问题。

11.2 实例二

官地煤矿隶属于西山煤电集团有限公司，北四左翼上组煤轨道巷位于井下北四采区巷道东北侧 32406、32404 工作面采空区，西南侧 32404 工作面采空区。轨道巷穿越粉砂岩、2 号煤层、细粒砂岩、粉砂岩、泥岩、3 号煤层。该工程由西山煤电建筑集团有限公司矿建分公司施工。轨道巷为背斜构造，在口前 101 m、192 m、350 m 处分别揭露 N4-31、N4-33、N4-34 陷落柱，顶板破碎严重，压力大。采用网壳锚喷支护技术，顺利通过该地段，经过 2 a 使用，工程质量好，未发生质量问题。

11.3 实例三

马兰煤矿隶属于山西焦煤西山煤电股份公司。南八、南九轨道运输大巷担负着矿井南八、南九的运煤、运料、运人等任务，是矿井的主要运输大巷。该工程使用 2 a 来，使用网壳锚喷支护技术效果良好，未发生质量问题。

千米立井大冻深快速凿井施工工法（BJGF025—2012）

江苏省矿业工程集团有限公司

邹永华　马　龙　万援朝　唐兴富　吴洪福

1　前　　言

立井采用冻结法凿井穿过不稳定冲积层时，如何减少或避免冻结管断管和井壁变形破坏，甚至于井筒破坏，一直是施工单位和科研单位多年研究的重点。特别是近年来，冲积层逐渐增厚，冻结深度超过 300 m 的立井，在掘砌施工中已有井筒相继出现冻结管大量断管和井壁破坏问题。因此，对于目前冻深超过 500 m 的井筒，施工单位或科研单位在冻结施工关键技术上都加大科研力度，来解决出现的问题。

江苏省矿业工程集团有限公司施工的国投新集能源股份有限公司口孜东煤矿千米主井净直径 7.2 m，最大荒径 12.4 m，内外壁最大厚度 2.5 m，井筒深度 1015 m，冻结深度达 737 m。采用千米立井大冻深快速凿井技术，实现了安全穿越深厚冻结冲积层和风化基岩冻结段。该工法关键技术经中国煤炭建设协会于 2012 年 7 月 20 日鉴定达到国内领先水平。

2　工　法　特　点

（1）研发的冻结法凿井信息可视化软件，能够适用大多数工程条件，包括不同地层深度下的冻结管实际偏斜等。信息可视化软件对冻结壁井帮温度的预测，冻结壁的厚度、平均温度，冻结壁的承载力等进行计算，能模拟反映工程实际情况，对确保冻结法凿井工程快速、安全、经济、高效起到了重要的作用。

（2）建立井筒冻结段井壁安全信息监测系统，监测外壁承受的冻结压力、外壁钢筋的应力应变、外壁混凝土的应变、外壁混凝土的温度变化规律。

（3）建立口孜东煤矿主井井筒耦合计算模型，模拟实际人工冻结地层过程的温度及应力场变化规律，并与实际监测数据进行比较分析，及时预测冻结壁强度、发展状况以及冻结压力，为冻结井筒掘砌安全评估、井壁受力状态及各技术参数分析提供可靠的科学依据。

（4）冻结段使用一套 3.6 m 段高金属下滑模板，采用 5 次加块变径技术，解决冻结段井壁 5 次变径问题。减少频繁拆装和上下井时间及多套模板加工费用。对模板的悬吊进行改进，改变以往顺模板立式悬吊为悬臂梁模内悬吊，解决了钢丝绳摩擦外壁和稳模找线困难的问题。对模板结构进行加强，解决了井壁大型壁座施工时井筒断面增大、浇筑厚度达 2.5 m 混凝土时产生的浇灌压力和大直径模板变形等问题。

（5）冻结冲积层掘进采用挖土和装土双机配套施工，冲积层冻结段表土挖掘主要采用 CX55B 型小型挖掘机，挖掘机通过履带行走机构在工作面移位，利用动臂操作挖斗挖土和刷帮，并将土集中在吊桶附近以利于装罐，有时配合中心回转抓岩机辅助装罐。吊盘上安装两台 HZ-4 型中心回转抓岩机（一台工作，一台备用），负责将挖掘机集中的土装入吊桶内。

(6) 基岩冻结段防爆破震坏冻结管和设备，根据施工规范，冻结段基岩爆破外圈炮孔距离冻结管不小于 1.2 m。口孜东煤矿主井基岩段设计内圈冻结孔距离井帮 2.825 m。在爆破前对冻结管实际偏斜位置要认真分析，确保冻结管与炮眼距离不小于 2.0 m。实际冻结孔向井内偏斜最大为 0.6 m，冻结管与井帮最近距离为 2.2 m。即在井帮布置炮孔仍能满足安全距离要求。在爆破中采用分段装药、毫秒雷管分段起爆，爆破前停止冻结管内盐水循环，并加强盐水水位观察，避免对冻结管的冲击和震动。

3 适 用 范 围

本工法主要适用于冻结井深度超过 700 m 的复杂地层冻结段掘砌，特别适用于井筒深度 1000~1500 m、冲积层厚度 500~1000 m 以及冻结深度 700 m 左右的大冻深立井冻结和掘砌施工。

4 工 艺 原 理

口孜东煤矿主井深度 1015 m，冲积层厚度 568.45 m，冻结深度 737 m，当时在国内属最深冻结井。冻结段井筒结构如图 4-1 所示，冻结沟槽布置如图 4-2 所示，冻结孔布置如图 4-3 所示，冻结主要技术参数见表 4-1。由于存在冲积层深部为多层膨胀性黏土层，地压大，冻胀应力大，地质条件复杂等诸多难题，公司与安徽理工大学合作，针对多圈冻结孔温度场叠加问题和冻结壁温度安全评估以及冻胀力作用、冻结段高控制和冻结壁发展状态、井帮及井底变动情况、掘砌速度与冻结壁变形关系等问题，认为在多圈冻结管共同冻结增加冻结壁厚度，加大冻结壁冻结强度，是满足深井高地压条件下安全施工的保护屏障，具有防止片帮和增加深部冻结壁抵抗黏土层变形的能力。因此，多圈冻结管布置，并优化制冷方案是满足深井冻结安全施工的前提条件。另外，针对厚冲积层掘砌和千米立井施工的机械化设备配套、中心回转与小挖掘机配合、冻结段深孔控制爆破技术以及大直径下滑模板的加强与改进等，进行深入的研究和采用新技术工艺，解决了口孜东煤矿千米主井大冻深掘砌过程中的冻结管断管问题和井壁开裂破坏问题。

表 4-1 冻结主要技术设计参数

序号	项 目 名 称	单位	设 计 参 数	备 注
1	井筒净直径	m	7.8	
2	冲积层埋深	m	538.9	
3	冻结深度	m	800	

表 4 - 1（续）

序号	项 目 名 称		单位	设 计 参 数	备 注
4	控制层位		m	砂层/黏土层	
5	冻结壁厚度		m	11.0	
6	冻结壁平均温度		℃	-18	
7	最大开挖直径		m	12.656	
8	冻结孔靶域半径（表土/基岩）		m	0.7/1.0/1.5	
9	外排孔	圈径	m	30.9	全深冻结 φ140 mm 冻结管
		孔数	个	57	
		开孔间距	m	1.702	
		深度	m	667	
10	中排孔	圈径	m	24.1	φ159 mm 冻结管
		孔数	个	27/27	
		开孔间距	m	1.401	
		深度	m	667/800	
11	内排孔	圈径	m	18.7	φ159 mm 冻结管
		孔数	个	27	
		开孔间距	m	2.171	
		深度	m	667	
12	防片孔	圈径	m	12.9/14.9	φ159 mm 无缝钢管
		孔数	个	10/10	
		开孔间距	m	2.388	
		深度	m	210/420	
13	水文孔布置（深度/个数）		m/个	28、85、315、515	φ140 mm 无缝钢管
14	测温孔布置（深度/个数）		m/个	210/1、420/1、667/2、800/2	φ89 mm 无缝钢管
15	设计盐水温度		℃	-32 ~ -36	
16	钻孔工程量		m	106444	
17	井筒需冷量		kJ/h	5219.632×10^4	
18	装机		组数	24	
19	冻结运转最大负荷		kW	12000	

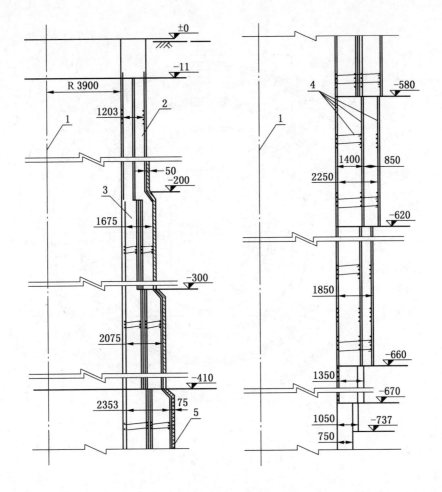

1—井筒中心线；2—外井壁；3—内井壁；4—井壁钢筋；5—泡沫板

图 4-1　冻结段井筒结构

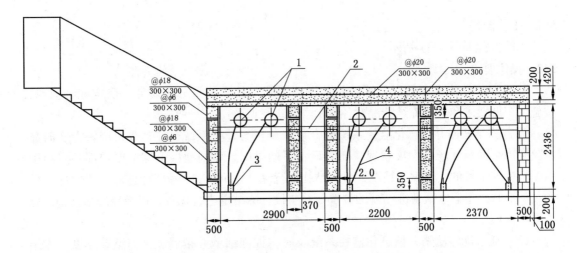

1—配集液圈；2—钢轨支撑梁；3—冻结管；4—塑料软管

图 4-2　冻结沟槽布置

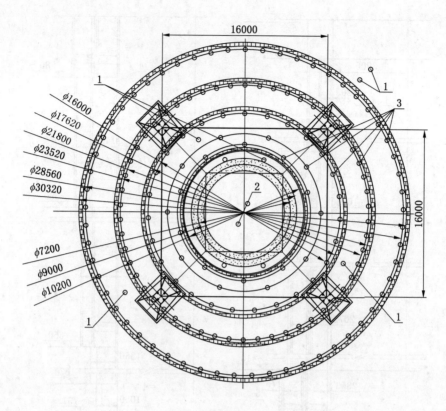

1—测温孔；2—水文孔；3—冻结孔

图 4 - 3　冻结孔布置

5　工艺流程及操作要点

5.1　工艺流程

工艺流程如图 5 - 1 所示。

5.2　操作要点

（1）对冻结技术参数以及冻结管的送冷形式和盐水流量分析研究，确定冻结效果，按施工工期要求和实际冻结情况对各技术参数进行调整。

（2）冻结法凿井信息化监控系统配合数据分析与计算系统，在计算机屏幕上实时显示整个冻结壁温度场的发展状况，随时显示不同时间、不同地层下冻结壁内部各点温度值，根据冻结管的实际偏斜情况，对冻结孔进行综合评价（进行数值模拟），确定冻结壁的几何形状，最厚、最薄冻结壁的位置，并与设计冻结壁进行比较，以指导冻结壁掘砌施工。

（3）通过冻结法凿井信息化监控系统及时掌握冻结壁井帮温度、冻结壁厚度、冻结壁平均温度等参数，确定冻结壁的安全性。并根据实际冻结状况，预测冻结壁的发展，通过控制合理的井帮温度和冻结壁的暴露时间，实现安全、快速施工。

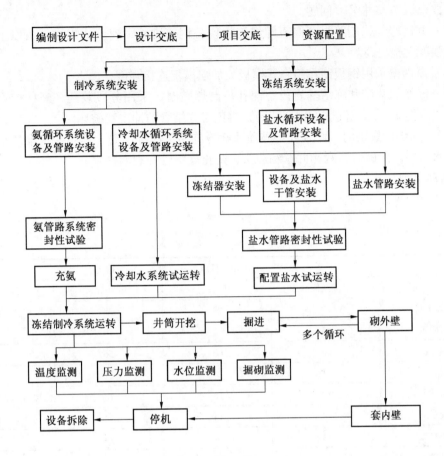

图 5-1　工艺流程

（4）两台中心回转抓岩机，一用一备，提高装岩速度。抓岩机的抓斗摆动速度较慢，在吊桶附近装岩时，水平摆动短，不发"飘"，容易控制，可以提高抓岩装罐速度。

（5）挖掘机与抓岩机"双机配合"挖装岩，优势互补，取长补短，极大地提高了施工机械化水平，减少了大量人力，提高了井下工作面安全系数和施工能力。

（6）金属下滑模板的改进：

① 金属下滑模板加块变径，一模多用，减少了模板上下井时间，满足外壁砌筑质量要求。

② 对金属下滑模板结构进行加强，解决了大直径模板砌筑变形问题。

③ 将金属下滑模板上口接茬改为敞开式，解决了模板上口混凝土接茬出现浇灌不实、速度慢的问题。

④ 对金属模板悬吊点改为悬臂梁模内悬吊，解决了钢丝绳磨井壁和松模找线困难问题。

⑤ 模板刃脚与模板可方便脱离和组装，解决了以往整体下放通过接茬扎钢筋困难、下放速度慢的问题。

⑥ 下滑模板采用3部悬吊稳车，集中控制，同步下放，解决了以往校正模板对中困

难和下放模板"憋井壁"问题。

（7）井筒竖筋采用等强套筒直螺纹连接代替钢筋绑扎，速度比提高一倍以上，且连接受力强度大幅提高。

（8）复内壁采用钢板制作组合式模板，加强模板连接强度。

（9）冻结风化带和冻结基岩段中深孔控制爆破时，采用分段装药、毫秒雷管分段起爆，周边眼炮眼采用空气柱不耦合装药，避免对冻结管的冲击和破坏。

（10）冻结段爆破时，必须在爆破前通知冷冻站关闭冻结管，停止盐水泵，断开冻结管内盐水循环。爆破后，观测井壁和迎头，防止冻结管开裂漏盐水。

5.3 劳动组织

劳动组织见表5-1。

表5-1 劳动组织表　　　　　　　　　　　　　　　　　人

工　种	按工程施工阶段投入劳动力情况			备　注
	冻结段	基岩段	相关硐室	
管服人员	28	28	28	
打眼工	15	15	16	
掘砌工	60	60	56	
混凝土工	21	21	21	
信号工	18	18	18	包括井下信号工
绞车工	14	14	14	
把钩工	14	14	14	
机修工	18	18	18	
电工	10	10	10	
钢筋工	8	0	8	
瓦斯检测员		4	6	
合　计	206	202	209	

6 材 料 与 设 备

凿井施工所需的主要材料与设备见表6-1，冻结施工所需的主要材料与设备见表6-2。

表6-1 凿井施工所需的主要材料与设备表

序号	设 备 名 称	型号、规格	单位	数量	备　注
1	数字温度监测仪		台	1	
2	电测水位仪		台	1	
3	温度数字电位仪		台	1	
4	温控元件		个	800	

表6-1（续）

序号	设备名称	型号、规格	单位	数量	备注
5	水位报警仪		台	3	
6	半导体单点温度计		台	5	
7	应力应变传感器		个	100	
8	光纤		m	5000	
9	挖掘机	CX55B	台	1	
10	伞钻	FJD-6A	台	1	
11	中心回转抓岩机	HZ-4	台	2	
12	井架	V	座	1	
13	提升机	JKZ-3.2×3/18	部	1	
14	提升机	2JK-3.5/11.5	部	1	
15	吊桶	5 m³、4 m³、3 m³	个	6	
16	底卸式吊桶	2.5 m³	个	2	
17	压风机	5L-40/8	台	2	
18	压风机	4L-20/8	台	2	
19	风机	2×30 kW 对旋式	台	2	
20	风筒	φ800 mm 胶皮	m	1000	
21	下移式整体模板	3.6 m 段高	个	1	
22	组合金属模板	1 m 段高	套	20	套壁用
23	钢丝绳				悬吊和提升用
24	吊盘	2层	套	1	
25	安全梯		套	1	
26	稳车		台	16	

注：以上所列是主要设备和加工件（天轮平台、封口盘等未列入）。

表6-2 冻结施工所需的主要材料与设备表

序号	设备名称	型号、规格	单位	数量	额定功率/kW
1	冷冻机	JHLG25ⅢTA	台	24	220
2	冷冻机	LG20ⅢDA	台	24	185
3	蒸发器	GZF-240	台	24	
4	中间冷却器	ZL-8.0	台	24	
5	高效蒸发式冷凝器	EXV-Ⅱ-340M	台	24	
6	高压贮液桶	HGZA-3.0	台	12	
7	盐水泵	350S-75A	台	4	280
8	盐水泵	300S-58	台	2	220
9	盐水泵	250S-65	台	3	75
10	清水泵	IS200-150-315	台	2	38

表 6 - 2（续）

序号	设 备 名 称	型号、规格	单位	数量	额定功率/kW
11	钻机	TSJ – 2000A	台套	8	95
12	泥浆泵	TBW850/50	台	16	85
13	经纬仪	蔡司 010B	台	2	
14	电焊机		台	14	
15	变压器	S9 – 1250/10/0.4	台	12	
16	试压机	4D – SY74/6	台	2	5.5

7 质 量 控 制

7.1 质量标准

立井的掘进和支护质量严格按照《矿山井巷工程施工及验收规范》（GBJ 213—1990）和《煤矿井巷工程质量检验评定标准》（MT 5009—1994）组织施工。

7.2 质量保证措施

（1）建立质量管理控制体系。

（2）制定质量管理制度和奖惩规定。

（3）加强分项工程质量验收制度，强化班组管理。

（4）加强支护材料进场检验和质量把关。

（5）采取月度分部验收和旬质量检查制度。

（6）对关键工序施工质量实施重点监督检查，确保掘砌过程及时有效。

8 安 全 措 施

（1）必须严格按照《煤矿安全规程》《作业规程》和《操作规程》组织施工和管理。

（2）施工前必须认真研究施工方案，编制施工技术和安全措施，并认真传达交底和执行。

（3）施工过程中对《施工作业规程》和《安全技术措施》，要根据施工特点不断完善。

（4）施工人员必须经过安全培训，所有特殊工种和专业技术工种必须持证上岗。

（5）建立健全各项安全管理制度和安全保证体系，以防坠为安全工作重点，编写"防止从井口、吊桶、吊盘、机械、井壁上等处坠人坠物"措施，坚持"安全第一、预防为主、综合治理"的原则，杜绝各类安全事故的发生。

（6）加强对提升、悬吊设施的安全检查工作，确保井筒安全提升，避免机械事故。

（7）井上下信号工在吊桶提到适应高度后，先发送暂停信号并进行稳罐，清理罐底附着物后，才能发送下降或提升信号，信号工必须目接目送吊桶安全通过责任段。

（8）吊桶装矸时必须保持矸石面大致平整，不得偏重，且低于罐沿保持在 100～200 mm

之间，严禁矸石装满，避免掉矸现象。

（9）爆破通风后，下井检查和清除崩落在井圈上、吊盘上或其他设备上的矸石。

（10）采用安全性能好的抗冻水胶炸药及防杂散电流的电磁雷管，合理选取爆破参数。爆破前认真检测，确保爆破时的稳定起爆。

（11）做好季节性的防寒、防洪、防雷、防火工作和节日安全教育，施工现场及井口要害场所要按防火有关规定配备足够的安全灭火器材。

（12）加强井帮温度和黏土层变形量的观测，为安全掘砌提供基础依据。

（13）重点做好中心回转抓岩机分片抓土和小挖掘机配合挖装土的安全管理工作，确保井下设备和施工人员工作安全。

9 环 保 措 施

（1）严格遵守国家有关环境保护的法律、法规、标准、规范、技术规程和地方有关环保的规定。

（2）成立施工现场环境管理领导小组，建立健全环境管理体系。

（3）在施工过程中，自觉地形成环保意识，最大限度地减少施工中产生的噪声和环境污染。

（4）加强废弃物管理，施工现场应设置专门的废弃物临时贮存场地，废弃物应分类存放，对有可能造成二次污染的废弃物必须单独储存，设置安全防范措施且有醒目标识，减少废弃物污染。

（5）运输、施工所用车辆和机械产生的废气和噪声等应符合环保要求。

（6）施工现场应有防尘措施，防止物料搬运过程中产生粉尘污染。

（7）施工场界应做好围挡和封闭，防止噪声对周边环境的影响。

10 效 益 分 析

10.1 经济效益

（1）采用新技术、新工艺提高冻结井掘砌速度，掘砌速度比以往同等断面冻结井提高 2 倍以上，最高月进尺 158.6 m，平均月进尺达 86.7 m，比以往大断面冻结井提高了 46.7 m。每月增加经济效益 522 万元，可节省工期 7.65 个月，创造经济效益 3929 万元。

（2）采用一套金属下放模板砌外壁，通过 5 次加块变径技术工艺，和改进接茬、悬吊和模板加强技术工艺，解决外壁施工 5 次更换模板筑壁和大直径模板变形影响井壁质量问题。

节约 5 套模板加工费用 120 万元，节省拆除、安装、升降模板时间数 12 d。

（3）冲积层冻结段开始施工采用小型挖掘机，减少大量挖冻土工人和费用，三班作业共减少工人 120 人，每个人工资按 2500 元计，则每个月节约费用 30 万元，7.65 个月节约人工资金计 230 万元。

（4）节约电费：7.65 个月节约提升机用电费用 467.65 万元，节约压风机用电费用 29.33 万元，节约电费总计 496.98 万元。

（5）设备租赁费：每月 20 万元设备租费，7.65 个月节省费用 153 万元。

共产生经济效益 3929 + 120 + 230 + 496.98 + 153 = 4928.98 万元。

10.2 社会效益

通过该工法的推广应用，可解决深厚冲积层冻结和掘砌施工时出现井壁开裂破坏和冻结管断管、井筒变形破坏甚至于报废以及返工处理所带来的经济损失和安全风险，有利于煤矿安全稳定与和谐发展，具有较明显的社会效益。在节能环保方面减少物质浪费和资源再生，满足了节能环保要求。

11 应 用 实 例

从 2007 年开始，江苏省矿业工程集团有限公司采用此工法在外省和徐州地区施工的冻结井达 6 个，并已产生了巨大的经济效益，取得大量的施工经验和科技成果。

11.1 实例一

2007—2008 年，在国投新集能源股份有限公司口孜东煤矿主井井筒的冻结掘砌中首先采用此工法施工。针对井深 1015 m、井筒净直径 7.5 m、掘进荒径 12.4 m、冲积层厚度 568 m、冻结深度 737 m 的大断面立井、大冻深施工特点，采用新技术、新工艺和大型的设备配套使用、优化设计布局以及现场实践，使冻结段掘砌工作顺利实施，节省了大量劳动力和繁重的劳动强度，建井速度显著提高。冲积层冻结段最高月进尺达 158.6 m，创出同期井筒施工新纪录，冻结基岩段取得最高月成井 101 m，创出同期建井单位冻结基岩段最高月进尺水平，取得了大量的成功经验和技术创新成果。解决了深冻结井掘砌速度慢、安全隐患多、地应力及冻胀应力大、冻结管易断裂、井壁易开裂破坏等近年来存在的施工技术难题，为矿井的安全生产做出了突出的贡献。

11.2 实例二

2007 年，在徐州矿务集团夹河煤矿新风井井筒掘砌施工采用此工法。夹河煤矿新风井井筒净直径 5.5 m，井筒深度 1060 m，冲积层厚度 265 m，冻结深度 345 m。在施工中，通过优化设计方案和劳动组织，采用高效的机械配套设备以及完善的冻结和掘砌施工技术，连续 3 个月取得了月进尺 110 m 的好成绩，解决了冻结井通过黏土层和冲积层井壁开裂和冻结管断裂问题。该井筒安全顺利通过了 11 层强膨胀性黏土层，取得显著的经济效益和社会效益，施工速度比以往增加一倍，节约工期 2.5 个月，为矿井的建设做出了突出的贡献。

11.3 实例三

2007 年，在山东济宁安居煤矿（原称里能煤矿）主井井筒冻结掘砌施工中采用此工法。主井井深 988 m，井筒净直径 5.5 m，冲积层厚度 266 m，冻结深度 305 m。在施工中，采用整体下移金属模板和中心回转抓岩机、小挖掘机等设备配套施工，解决了底部两层厚 16 m 黏土层中掘砌速度慢等问题。并加强冻结确保冻结壁强度和稳定性，安全顺利通过冻结冲积层和风化带，在膨胀压力大的情况下避免了冻结管断管和井壁开裂等事故，为企业节约了大量资金和返工修复费用，并取得连续 3 个月创百米的好成绩，经济效益可观。

复杂水文地质条件下深立井施工综合防治水工法 （BJGF026—2012）

江苏省矿业工程集团有限公司

邹永华　潘海波　万援朝　邵开胜　任家亮

1　前　　言

立井施工中防治水方案选择的正确与否，不仅直接影响到立井井筒的施工进度、施工安全、施工成本和施工质量，甚至直接决定了矿井建设能否顺利完成。

安居煤矿主井筒将先后揭露第四系松散冲积层含水层、侏罗系微细孔隙砂岩含水层、火成岩体裂隙含水层、二叠系砂岩裂隙－孔隙含水层。根据井筒地质检查孔提供的资料，该井筒凿井施工期间揭露的侏罗系地层总厚度 629.5 m（钻深 233.75 ~ 863.25 m）。检 1 号孔做为抽水试验段的地层厚度为 124.81 m（钻深 334.42 ~ 459.23 m），中、细砂岩总厚度为 89.7 m，占该层段中、细砂岩总厚度的 52%。钻孔水位降低 350 m 时，计算出的井筒涌水量为 15.95 m³/h。检 2 号孔资料显示，该井筒范围内的侏罗系地层被岩体分为上下两段，火成岩顶界深度 498.55 m，底界深度 640.6 m，厚度 142.05 m。火成岩下部侏罗系地层做为抽水试验段的地层厚度为 212.11 m（钻深 649.72 ~ 861.83 m），中、细砂岩总厚度为 179.52 m，占该层段中、细砂岩总厚度的 96%。钻孔水位降低 863.25 m 时，计算出的井筒涌水量为 15.39 m³/h。

目前在立井施工中采用的防治水方法主要包括冻结法、地面预注浆法、工作面预注浆法、超前降水法、壁后注浆法和截、导、排等施工法。根据水文地质条件的变化和立井施工工期、质量、安全和成本要求选择有效的防治水技术，特别是复杂水文地质条件下深水平立井基岩段工作面防治水技术，是实现安全、高效施工的重要保障。该工法关键技术经中国煤炭建设协会于 2012 年 4 月 12 日鉴定达到国内先进水平。

2　工　法　特　点

（1）根据钻孔的水文地质资料，研究含水层分布情况，然后确定注浆的段高，并借鉴类似工程经验，确定各段高内浆液类型。在孔隙较大、浆液容易扩散的含水层采用单液水泥浆；在孔隙小、浆液扩散困难的含水层采用化学浆液。

（2）对立井井筒中化学浆液在多孔含水介质中的扩散半径进行了模拟试验研究，对立井注浆工程中形成完整的止水帷幕有很强的理论指导意义。

（3）井筒排水系统采用二级排水方案，在井筒垂深 530 m 处施工一个中间腰泵房，腰泵房内布置两台大型卧泵;工作面上方吊盘布置一台卧泵向腰泵房排水,在井壁施工过程中设置多道截水槽,引井壁涌水到吊盘水箱;工作面集水用风泵排到吊盘水箱。

(4)止浆垫施工采用圆台形止浆垫与井壁联合抗压的设计,即止浆垫呈倒 T 形,下部厚 2 m,直径比井筒净直径大 1.5 m,伸入井壁 0.75 m,上部厚 4 m。井壁安装插筋将圆台形止浆垫与井壁砌筑成一个整体,依靠井壁对止浆垫的支承作用,增加止浆垫的抗压强度,使其能够有效地抵抗高承压水,更好地保护注浆工作面的安全,提高注浆效果。

(5)采用水泥单液浆对止浆垫加固,加固方法为:在孔口管上端装设好高压止水阀门,钻具通过高压止水阀门和孔口管钻进到止浆垫底界下 8 m 位置停钻,在此之前在其他孔口管上装上高压闷盖。

(6)采取深孔(150 m 左右)探水,一次性注浆,减少了注浆次数,同时采用复测复钻复注的方法保证注浆效果。

(7)采取间歇式化学注浆方法,初注时宜用较快速率灌注,使浆液迅速进入裂隙,随后间歇 20 min 左右,让裂隙充分吸渗浆液。这种注浆方法能够克服连续注浆浪费浆液的缺点,节约了大量成本。

3　适　用　范　围

本工法适用于立井井筒和煤矿部分井巷工程的防治水,特别适用于地质条件复杂、微孔隙含水层注浆防治水工程。

4　工　艺　原　理

采用工作面预注浆的方法治理井筒涌水,防治透水事故;由于井筒较深,采用多级排水系统,保证井筒正常掘砌;通过壁后注浆彻底治理井壁涌水和淋水。

5　工艺流程及操作要点

5.1　工艺流程

本工法工艺流程如图 5-1 所示。

5.2　操作要点

(1)研究分析地质检查钻孔资料和相关水文地质资料,初步掌握含水层分布情况和各类含水层的水文地质特征,为选择合理的防治水方案提供原始依据。

(2)工作面预注浆采用化学浆与超细水泥相结合的注浆方法。化学浆液以脲醛树脂和草酸作为注浆材料,脲醛树脂添加专用添加剂和辅助剂为甲液,一定浓度的草酸溶液为乙液。这种化学浆液在物理性能(黏度、胶凝时间、聚合特点等)、强度性能(黏结强度、固砂强度)及高渗透性等方面可以满足固砂防渗及孔隙水封堵的要求,浆液稳定性较好、挥发性较低、析水程度小,在矿山井下可以安全使用。

(3)在孔口管上端装设好高压止水阀门,钻具通过高压止水阀门和孔口管钻进到止浆垫底界下 8 m 位置停钻,在其他孔口管上装上高压闷盖,注清水导通,并观察其他孔口

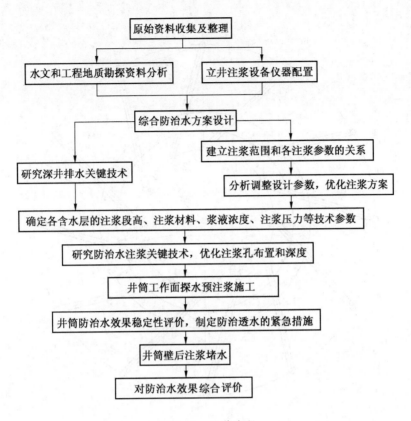

图 5 - 1 工艺流程

是否出水。用 1：1 单液水泥浆对各孔进行注浆，可适当加一些速凝早强剂。注浆压力控制在设计压力以内，缓缓压注，同时注意观察井壁及止浆垫有无异常。加固孔数依止浆垫结构设计，一般不少于 10 个，按对称交叉的顺序进行施工。工作面预注浆孔口管布置及终孔位置如图 5 - 2 所示，止浆垫及注浆孔剖面如图 5 - 3 所示。

5.2.1 注浆设备试运转

注浆设备及管路安装完毕后，必须进行试运转，注浆系统要满足最大注浆压力和流量的要求。具体作业程序如下：

（1）全面检查注浆、搅拌系统及管路连接处等。

（2）注浆系统进行无负荷试运转。

（3）全系统联合试运转。

（4）处理存在问题，并再次进行试运转，直至符合要求。

5.2.2 钻孔施工技术要点

（1）为防止钻孔施工期间发生突水淹井事故，钻进时要求在高压阀门上装设防喷装置，并准备好管子割刀，在来不及提出钻杆时，割断钻杆，让钻具落入钻孔内，然后关闭阀门止水。

（2）每孔停钻及终孔后，要加大水量冲孔，冲孔时间不得小于 30 min，直到孔内岩粉基本排净为止。

（3）打钻时遇见含水层即停钻注浆，涌水量较小时，采用分段注浆，具体段高划分视

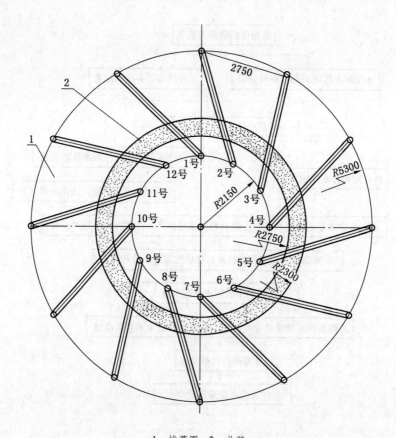

1—帷幕圈；2—井壁

图 5-2 工作面预注浆孔口管布置及终孔位置

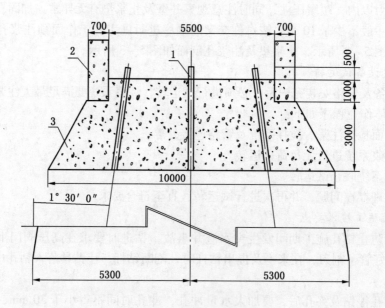

1—注浆孔；2—井壁；3—止浆垫

图 5-3 止浆垫及注浆孔剖面图

钻孔出水部位及涌水量情况确定。

5.2.3 提高注浆效率

采用间歇式注浆方法提高注浆效率，即在初注时宜用较快速率注浆，使浆液迅速进入裂隙系统，随后间歇 20 min，让裂隙充分吸渗浆液。

5.2.4 改变浆液浓度

浆液的渗透性、胶凝时间可以通过改变浆液浓度进行有效控制，在对黏结强度和抗渗透性能不产生较大影响下，浆液浓度具有较大的调节幅度，使浆液的应用范围具有很大的扩展性。

5.2.5 注浆效果检测

（1）检查孔的检查：先期施工注浆效果可通过后期施工的注浆孔来检查，全部注浆施工结束后，以出水量最大的钻孔涌水量作为注浆结束依据。

（2）打检查孔取芯鉴定：将检查孔布置在两个注浆质量差的注浆孔之间。检查孔的深度与注浆分段长度相同，其孔底要超出井筒荒径以外 1～2 m 的距离。检查孔数量一般为 2～4 个。通过钻进取芯鉴定裂隙充塞情况及测定钻孔涌水量。注浆质量符合要求后，才可以继续掘进。必要时在检查孔内注浆，以提高堵水效果。

5.3 劳动组织

劳动组织见表 5-1。

表 5-1 劳动组织表　　　　　　　　　　人

序号	工　　种	数　　量	备　　注
1	搅拌浆工	9	包括放水、放浆、记录人员
2	技术员	1	
3	司泵工	4	
4	电工、机修工	2	
5	打钻工	6	
6	值班干部	2	
7	材料员	1	
8	信号工	18	包括井下信号工
9	绞车工	14	
10	把钩工	14	含吊盘人员
合　　计		71	

6 材 料 与 设 备

所采用的主要材料与设备见表 6-1。

表6-1　主要材料与设备表

序号	设 备 名 称	型号、规格	数量	额定功率	备　注
1	卧泵	D46-50×12	5台		2台备用
2	潜水泵	200QJ32-312/24	2台		
3	风泵	BQF16-15	5台		
4	吊盘水箱	12 m³	1件		自加工
5	电缆线	75 m²	1200 m		
6	钻机	ZDY1200 S	1台		
7	注浆泵	KBY-50/70	2台		
8	注浆泵	XPB-32	2台		
9	注浆管		2000 m		
10	止水封隔器		1件		
11	注浆孔口管及法兰盘		30套		
12	止浆封口器		2件		
13	黏度计		10个		
14	pH 计		10个		
15	变位测定仪		1个		
16	混合注浆材料的搅拌机	200~250 L/min 2 槽式	2台		
17	钻杆	ϕ50 mm	200 m		
18	钻头	ϕ130 mm	4个		
19	冲击器	75	4个		
20	钻头	PDC65	20个		
21	钻头	ϕ75 mm	20个		
22	注浆管	ϕ25 mm×20 mm	800 m		
23	水泥	PO42.5 r 普硅	40 t		
24	高压球阀	ϕ40 mm	50个		
25	高压球阀	ϕ100 mm	6个		
26	抗震压力表	Y-100Pg40-60 MPa	20块		
27	注浆四通	ϕ40 mm	4个		
28	球阀	ϕ25 mm	20个		
29	球阀	ϕ15 mm	20个		
30	钢管	ϕ108 mm×5 mm	40 m		
31	脲醛树脂		20 t		
32	水玻璃		10 t		

注：设备具体数量和消耗材料根据工程实际情况变动。

7 质量控制

7.1 质量标准

严格按照《煤矿井巷工程质量检验评定标准》（MT 5009—1994）、《矿山井巷工程施工及验收规范》（GBJ 213—1990）组织施工。

7.2 质量保证措施

（1）每孔停钻及终孔后，要加大水量冲孔，冲孔时间不得小于 30 min，直到孔内岩粉基本排净为止。

（2）在注浆液前要按配比作胶凝时间试验，为注浆提供一手试验数据。

（3）注浆设备及管路安装完毕后，必须进行试运转，注浆系统要满足最大注浆压力和流量的要求。

（4）注浆泵操作司机应进行岗前培训，持证上岗。

（5）注浆前应对供电、供水、搅拌、注浆设备及井筒内提升、排水、吊挂、信号及劳动组织进行严格的检查、落实，应对注浆管路进行耐压试验。

（6）制浆人员应严格浆液配比，严防水泥纸屑及其他杂物入池，放浆时要设过滤网，设专人看管笼头，搅拌池上要设钢筋网，防止掉人掉物。

（7）钻注期间各工种、工序均须遵守井筒作业规程及有关规章制度和措施。

8 安全措施

（1）严格按照《煤矿安全规程》《作业规程》和《操作规程》组织施工和管理。

（2）严格执行公司职业健康安全管理体系文件，定期进行危险源排查和风险评价，并针对危险源风险采取控制措施。在施工工程中严格执行危险源风险控制措施。

（3）施工前必须认真研究施工方案，编制施工技术和安全措施，并认真贯彻执行。

（4）施工过程中对《施工作业规程》和《安全技术措施》，要根据施工情况不断补充完善。

（5）施工人员必须经过安全培训，所有特殊工种和专业技术工种必须持证上岗。

（6）建立健全各项安全管理制度和安全保证体系，坚持"安全第一、预防为主、综合治理"的原则，杜绝各类安全事故的发生。

（7）建立群众性的安全网和安全监督岗制度，坚持安全活动周制度，经常总结和分析安全状况，随时采取必要措施。

（8）加强安全管理，制定严格的管理制度，落实施工人员的安全责任，杜绝施工安全隐患。

（9）做好季节性的防寒、防洪、防雷、防火工作和节日安全教育，施工现场要按防火有关规定配备足够的安全灭火器材。

9 环 保 措 施

（1）严格遵守国家有关环境保护的法律、法规、标准、规范、技术规程和地方有关环保的规定。

（2）成立施工现场环境管理领导小组，建立健全环境管理体系。

（3）在施工过程中，自觉地形成环保意识，最大限度地减少施工中产生的噪声和环境污染。

（4）加强废弃物管理，施工现场应设置专门的废弃物临时贮存场地，废弃物应分类存放，对有可能造成二次污染的废弃物必须单独储存，设置安全防范措施且有醒目标识，减少废弃物污染。

（5）运输、施工所用车辆和机械产生的废气和噪声等应符合环保要求。

（6）施工现场应有防尘措施，防止物料搬运过程中产生粉尘污染。

（7）施工场界应做好围挡和封闭，防止噪声对周边环境造成影响。

10 效 益 分 析

10.1 经济效益

（1）降低了排水费用。进行工作面预注浆后没有出现突水事故，节约了突水淹井后产生的大量排水费用，折合经济效益约为 600 万元（包括透水后增加排水泵、延误工期等）。

（2）降低了立井施工成本。由于工作面预注浆效果较好，井筒实现了工作面小水量开挖，甚至是打干井掘进，有效提高了立井施工速度。如主井 852～1005 m 含水段，由于预注浆施工质量好，工作面基本无水，井筒月成井速度高达 80 m，是正常施工月进度（35 m）的 2.3 倍。根据统计，由于井筒工作面预注浆效果好，井筒在各含水段施工时，施工进度平均提高 1.5～2 倍，累计节省时间近 8 个月，折合经济效益 3000 万元。

（3）井壁质量好，降低了井筒的维修费用。井筒各含水层由于工作面预注浆效果好，井筒在穿过该段时井壁无淋水，混凝土浇筑质量显著提高，降低了井筒的维修费用。例如，井筒过 335～505 m 侏罗系砂岩含水层段，由于工作面预注浆效果特别好，井筒开挖时工作面水量仅为 0.8 m³/h，工作面基本没水，不仅井筒施工速度快，而且井筒质量好，井壁无任何渗漏水现象。

10.2 安全效益

在安居煤矿主井筒工作面探水预注浆中，没有出现突水、突泥事故，从工作面预测到工作面预注浆施工都没有发生安全事故，工作面预注浆有效地保障了井筒的施工质量。

10.3 综合效益

（1）立井含水岩层进行工作面预注浆的经验，立井止浆垫的设计、间歇式注浆技术等理论，为立井工作面预注浆设计提供了指导。

（2）止浆垫施工技术、高压工作面预注浆施工技术、间歇式注浆技术等，为立井工作面预注浆的施工提供了可靠的理论基础。

（3）浆液注入量和注浆孔间距等注浆参数的设计，使施工单位能够合理有效地掌握工作面注浆这种隐蔽性较强的工程技术，保证了井筒施工安全和工人生命安全。

（4）改善了立井工作面施工环境。立井含水层工作面预注浆技术与应用具有非常重要的现实意义，将有效提高井筒施工技术水平，改善工作面施工和安全条件，提高劳动效率。

（5）提高了立井的施工速度。由于工作面预注浆效果理想，在含水段通过工作面预注浆后可实现工作面基本无水甚至是打干井掘砌，大大提高了立井的施工速度。

11 应 用 实 例

11.1 实例一

2009 年，山东济宁安居煤矿主井井筒工程，井筒直径 5.5 m，井深 989.2 m，在基岩段施工中，由于地质水文条件复杂，含水层为微孔隙砂岩，采用本工法进行 4 次工作面预注浆，解决了治水难题，保证了井筒施工安全，取得了较好的经济效益和社会效益。

11.2 实例二

2005 年，甘肃平凉新安煤矿主井井筒工程，井筒直径 5 m，井深 730 m，由于井筒涌水量大，在过含水层时，采用本工法进行工作面预注浆和导、引、截、排的方法，井筒涌水量减小，保证了井筒施工质量和工期。

11.3 实例三

2008 年 8 月，口孜东煤矿主井井筒工程，井筒直径 7.5 m，井深 1020 m，根据检查孔资料该井筒基岩段穿过两层含水层，通过采用本工法进行工作面探水预注浆，保证了井筒施工安全。井筒竣工后，又通过基岩段壁后注浆和表土段夹层注浆的方法彻底治理了井筒涌水，取得很好的成功经验。

冻结法凿井冻结孔强制解冻射孔注浆
施工工法（BJGF029—2012）

中煤第五建设有限公司

王继全　吴晓山　刘文民　程志彬　张步俊

1　前　　言

　　随着鄂尔多斯等西部地区煤炭资源的开发，近年来全深冻结法凿井技术逐渐在富水岩层井筒建设中得到推广应用。所谓全深冻结，即在井筒设计全深范围内，对井筒周围岩土层开展冻结，且冻结深度超过井筒的设计深度，并有部分冻结孔直接穿过马头门等井筒附属硐室。冻结壁解冻后，冻结孔与冻结管之间的环形空间极易成为沟通深浅部地层的竖向导水通道，严重威胁着矿井的安全。

　　由此可见，全深冻结法凿井施工中，如果冻结施工前没有对冻结孔进行预先固管封水处理，则需要在冻结工程施工结束、冻结壁解冻前对冻结孔与冻结管的环形空间进行充填，才能隔断上部地层水的导水通道。

　　为此，中煤第五建设有限公司第三工程处在内蒙古鄂尔多斯葫芦素煤矿风井全深冻结井筒中开展了冻结孔强制解冻射孔注浆施工技术研究与应用，形成了冻结法凿井冻结孔强制解冻射孔注浆施工工法。该工法关键技术于2012年6月通过中国煤炭建设协会组织的技术鉴定，成果达到国内领先水平。

2　工　法　特　点

　　（1）冻结孔强制解冻方法科学合理，实现了冻结孔强制解冻与射孔注浆两种工艺的有机结合。

　　（2）选择了合理的射孔注浆层位，保障了冻结管外环形空间有效的封堵。

　　（3）在冻结管分上下两个层位进行射孔注浆的要求下，通过采用压水洗孔措施（先进行冻结管下部层位射孔注浆，注浆结束后采用清水将孔内水泥浆全部压入地层中，之后再进行上部层位射孔注浆，省去了扫孔工序），节省了射孔注浆时间。

　　（4）针对冻结管内塑料管起拔时因断裂而遗留在孔内的情况，总结出了钻机扫孔破碎塑料管的处置经验；针对冻结管因某种原因而无法射孔注浆的情况，采用了井内找冻结管壁后注浆的补救措施。这些施工经验的积累，进一步完善了冻结孔强制解冻与孔内注浆的施工工艺。

　　（5）从冻结孔口实测解冻范围、注浆量、注浆时井壁漏浆与冻结管窜浆、井筒内找孔壁后注浆、井筒及相关硐室漏水量等方面全面分析评价了强制解冻与射孔注浆效果，证

·208·

明了该项工法成熟可靠，具有很高的经济、技术价值。

3 适 用 范 围

该工法适用于矿山全深冻结的立井井筒施工。

4 工 艺 原 理

冻结工程施工结束后，利用原冻结管，采用人工强制解冻的技术将每个冻结孔周围一定范围的冻土进行解冻，使得冻结孔导水通道处于导通状态，之后在每个冻结孔一定位置处进行冻结管射孔，以击穿冻结管壁，再通过冻结管进行注浆，使得水泥浆液将解冻后的冻结孔导水通道充填封闭，达到彻底封堵冻结孔与冻结管之间导水通道的目的。

4.1 强制解冻工艺

人工冻土强制解冻技术是在构筑物采用冻结加固完成结构施工之后，用人工加热对冻土帷幕进行解冻的方法。强制解冻的方法通常是把先前用于冻结土体的冻结管作为解冻管，其内循环热盐水或热清水，使冻结土体的温度上升，土体中的冰融化，达到快速解冻土体的目的。目前井筒冻结壁强制解冻多是在井筒冻结结束后，要做井塔基础，为减小自然解冻融沉对基础的影响所采取的解冻工艺。解冻工艺主要是利用锅炉加热产生高温的盐水或清水，采用在冻结管内循环热盐水或热清水的方式进行井筒冻结壁解冻。

4.2 射孔注浆工艺

冻结管射孔注浆技术是在对石油输油井射孔技术和地面注浆技术进行研究的基础上开发的一种用于煤矿冻结井围岩加固和堵水的全新技术。它利用聚能射孔爆破技术，在预定地层位置将冻结管射穿，同时在地面利用冻结管作为输浆管通过射孔弹道对特定地层进行注浆充填加固以封堵冻结孔竖向导水通道。冻结管射孔注浆技术目前主要用于井筒冻结壁全部解冻后的施工中。

射孔是通过聚能射孔器来完成的，采用起重机(25 t)下放射孔弹到冻结管内的射孔位置。射孔弹穿透深度一般为200~300 mm，射出孔的孔径一般为8~12 mm，满足注浆要求。

5 工艺流程及操作要点

5.1 工艺流程

5.1.1 冻结孔强制解冻工艺流程

冻结孔强制解冻工艺流程如图5-1所示。

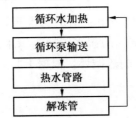

图5-1 冻结孔强制解冻工艺流程

5.1.2 射孔工艺流程

射孔工艺流程如图5-2所示。

5.1.3 注浆工艺流程

注浆工艺流程如图5-3所示。

图5-2 射孔工艺流程　　　　图5-3 注浆工艺流程

5.2 操作要点

5.2.1 解冻顺序

先期解冻深孔，每4个深孔为一组。加热设备为锅炉与水箱炉灶两种，开始解冻时，锅炉与水箱炉灶一起对第一组深冻结孔热循环。循环3天后，水箱炉灶对第二组深冻结孔热循环，此时锅炉继续对第一组深冻结孔热循环，同时将锅炉及冻结管内部的盐水置换为清水继续循环，直到第一组孔解冻结束后再参与第二组深冻结孔的热循环，而这时水箱炉灶再转为对第三组深冻结孔热循环，如此反复，直到深冻结孔及深测温孔全部解冻完为止。

鉴于初期冻结壁温度低，若直接采用热清水循环解冻，极易产生冻结管内清水结冰的问题。因此，冻结壁强制解冻前3天，先采用盐水箱加热为主进行盐水循环解冻。然后在主要解冻期间，采用卧式热水锅炉进行热清水循环解冻，这样不但能够大大提高煤的利用率，充分发挥锅炉热效率高的特点，而且减少了对锅炉内管路的腐蚀，提高了锅炉的使用寿命。

后期解冻浅孔，每10个浅孔为一组。锅炉与水箱炉灶一起对第一组冻结孔热循环。循环10 d后，将锅炉、水箱与冻结管的盐水置换为清水进行热循环，直到浅冻结孔周围全部解冻后再进行第二组浅冻结孔的热循环。根据工期需要，可以适当增加热源，对所有浅冻结孔一起热循环。

5.2.2 制热循环系统设计

制热系统即为一个类似于冻结站的制热站房，制热循环系统主要由循环管道泵、注浆泵（辅助）、卧式热水锅炉、砌筑灶台的盐水箱和解冻管组成。制热介质的加热方式是以卧式热水锅炉加热为主，以砌筑灶台的盐水箱加热为辅。

卧式热水锅炉热水出口处及两台盐水箱出水口处均安装管道离心泵，管道离心泵将加热后的盐水或清水通过 4 路（锅炉及盐水箱各布置两路）2.5 英寸胶管或塑料管泵入地沟槽内的盐水循环管路，低温回水集中后进入热水锅炉和盐水箱形成循环系统。

冻结壁强制解冻工艺采用以盐水箱加热盐水解冻为辅助，以卧式热水锅炉加热清水解冻为主的新型解冻方式。在解冻实施中，砌筑灶台的盐水箱循环解冻系统和卧式热水锅炉循环解冻系统分别独立布设管路。

由于盐水的密度比清水大，采用常规的循环泵无法完成冻结孔内的盐水置换，本项目采用高压注浆泵对冻结管内的盐水进行清水置换，直到冻结管出水口完全变为清水为止。

5.2.3 解冻时间预计

用管道离心泵循环高温盐水，当锅炉中盐水温度达到 30~60 ℃时开始循环，此后边加热边循环，尽可能使上下部冻土融化范围基本一致。

第一组孔解冻时，初期为锅炉、水箱炉灶两种加热源共同供热，通过量测去路盐水和回路盐水的温度，当回路盐水温度升到 10 ℃以上时（此时计算需要 3 d），将两个盐水箱内部的热盐水循环路线调整到下一组的 4 个冻结管，同时用清水置换热水锅炉里面的盐水，采用热清水循环继续对第一组孔进行热交换，达到冻结管外环形空间强制解冻。通过解冻热交换速度及设计的解冻范围计算，每组深孔解冻时间为 7 d。根据初期深冻结孔的实际解冻情况监测，可以调节后续冻结孔的制热时间及解冻工艺。

5.2.4 解冻效果监测手段

为了掌握冻结孔环形空间强制解冻变化规律，利用两个深测温孔（暂不解冻）纵向测点温度作为强制解冻分析预测依据，通过测点温度数据分析冻结管周围的冻结壁解冻情况，则可掌握解冻效果。最后实施两个深测温孔解冻与射孔注浆。

5.2.5 清水洗孔注水压力及注水量

主冻结孔深孔及深测温孔分两个层位进行注浆，因此当深部层位注浆结束时，需要将孔内的水泥浆压至浅部注浆层位以下，即压水洗孔作业。根据清水与水泥浆的密度关系，注浆压力与压水法洗孔时的注水压力之间的关系为：①当水泥浆配比为 0.75 : 1 时（水泥浆密度为 1.62 t/m^3），注水压力 = 注浆终压 × 1.62；②当水泥浆配比为 1 : 1 时（水泥浆密度为 1.5 t/m^3），注水压力 = 注浆终压 × 1.5。因此，压水时按此比例关系即可用水将冻结管内的浆液压出管外。注水量根据冻结管内直径及地面注浆管路内空间计算。

5.2.6 注浆顺序及注浆结束标准

单孔注浆采取先下后上分两个层段射孔注浆的顺序。每个孔深部层位射孔注浆结束后，立即定量压水（通过计算，压入的水量需将冻结管内的水泥浆全部压到管外），而后关闭冻结管高压球阀，待浆液达到终凝后再打开高压球阀，最后再进行浅部层位射孔、压清水、注浆。

当一个段高的注浆量达设计量的 80%~120%，且注浆终压达到设计压力，泵量为 30~50 L/min，并稳定 20 min 以上时，可结束该段注浆。

5.3 劳动组织

强制解冻劳动组织见表 5-1，射孔注浆劳动组织见表 5-2。

表5-1 强制解冻劳动组织表 人

序 号	工 种 名 称	人 数
1	项目部	3
2	班长	3
3	烧灶工	24
4	技术员	2
5	机电工	7
6	材料员	1
7	炊事员	3
8	杂工	6
9	仓库保管员	2
10	值班车司机	1
合 计		52

表5-2 射孔注浆劳动组织表 人

序 号	工 种 名 称	人 数	备 注
1	队长	2	其中钻机队长1人
2	班长	6	其中钻机班长3人
3	杂工	30	
4	钻机机长	1	液压钻机扫孔
5	钻工	21	液压钻机扫孔
6	注浆化验记录员	1	
7	技术员	3	其中钻机技术员1人
8	司泵工	6	
9	机电工	8	其中钻机机电工2人
10	射孔人员	10	
合 计		88	

6 材 料 与 设 备

6.1 强制解冻作业设备

采用一台4 t卧式热水锅炉集中供热，并以两个盐水箱辅助加热。为了注浆前能置换孔内盐水，地面配备一台盐水箱辅助贮存清水。

6.2 射孔作业设备

射孔作业设备包括地面射孔设备（KSKS05A）、下井仪器（安全电缆帽＋ϕ68CCL＋点火头＋射孔器）、车辆（内配一台射孔仪、绞车）、起重机（25 t）。

6.3　注浆作业设备

注浆站布置在井口附近，站内安装 XPB－90E 型、HFV－C 型液压注浆泵各一台，并设置清水池、水泥浆搅拌系统。采用 14 mm 厚的钢板焊接在冻结管管口上，钢板上焊接车有丝扣的注浆管，然后装上 ϕ50 mm 的高压球阀。自注浆站敷设一路注浆管路（ϕ50 mm 钻杆）至风井井口，用 ϕ51 mm 的高压胶管接至冻结管口的高压球阀上。

7　质　量　控　制

7.1　执行标准

本工法执行的主要规范、标准、依据有：

（1）《煤矿安全规程》。

（2）《普通混凝土拌合物理性能试验方法标准》（GB/T 50080—2002）。

（3）《混凝土强度检验评定标准》（GB/T 50107—2010）。

（4）《煤矿井巷工程施工规范》（GB 50511—2010）。

（5）《煤矿井巷工程质量验收规范》（GB 50213—2010）。

（6）GB/T 19001—2008 IDT ISO 9001：2008 标准。

7.2　质量保证措施

强制解冻的效果主要体现在解冻的速度和范围，而解冻速度决定射孔注浆的时机选择，解冻范围决定水泥浆充填扩散的距离是否满足封堵通道的要求，需要根据检测温度的变化和注浆情况来评价。

从冻结孔口实测解冻速度、范围、注浆量、注浆时的井壁漏浆与冻结管窜浆、井筒内找冻结管壁后注浆、井筒及相关硐室漏水量等方面来分析评价强制解冻与射孔注浆效果。

8　安　全　措　施

（1）注浆属高压注浆，阀门及各管路要固定牢固，各接头要拧紧。

（2）人员要离开管路，井口人员要远离注浆泵。

（3）对施工的设备安装、拆卸以及起吊工作，必须统一指挥。认真检查起吊机具，合格后方可使用。

（4）所有职工进入施工现场必须佩戴安全帽。

（5）设备使用期间必须加强维护和保养，保证正常运转施工。

（6）现场设立安全警示牌，标志要明显。

（7）现场必须配备各种灭火器具，所有电气设备应安设漏电保护和接地保护，严格执行电气操作规程。

（8）严格执行交接班制度，班前强调保证工程质量和安全生产的注意事项，班中进行检查落实，班后对有关情况进行认真总结。

（9）进行高空作业（距地面 2 m 以上）人员，必须系好安全带并做好生根。在高空移位行走时，要将安全带缠在身上，不准拖着带子走。

（10）应有专人看管，并按操作规程精心操作，注意各运转部件的工作状态。

（11）泥浆泵及其他转动部位必须加设防护罩，各操作台间的梯子要用铁丝固定并设有扶手，操作台应设有防护围栏。

（12）电工、电焊工等特殊工种应持证上岗，要严格按操作规程的有关要求进行作业。电工必须经常检查电气设备、电缆使用情况，及时提醒施工人员注意用电安全。

（13）精心维护各种设备，做到四勤：勤听、勤换、勤检查、勤维护，保持设备和现场的清洁卫生，废水泥浆统一排放到指定区域，保证现场清洁，做好现场文明施工。

（14）按照"安全第一、预防为主、综合治理"的方针，加强对职工的安全培训和教育，各工种间密切配合，按照"三不伤害"的原则，共同搞好安全生产。

（15）现场的配电系统与启动设备，应使用电气控制箱。闸刀开关必须放在干燥的木箱内，并用盖盖好。

（16）电动机及其他电气设备应有防水、防潮设施。

（17）所有电气设备均须有保护接地或保护接零措施，其电阻值不得大于 4 Ω，并安装符合要求的漏电保护器。

（18）施工场所必须配两个以上灭火器及其他消防器材，并放在取用方便处，不准挪作他用，现场施工人员应熟知一般消防知识并熟练使用灭火器具。

9 环 保 措 施

9.1 环境目标控制

严格按照 ISO 14001：2004 环境管理标准体系要求开展日常的各项工作。

9.1.1 初始环境评审

（1）开工前明确使用的相关法律、法规及其他应遵守的要求。

（2）评价环境现状与符合上述要求的程序，包括污染物排放、化学品使用、资源能源消耗情况等。

（3）所在区域的相关环境背景资料，包括用地使用历史沿革、污染物排放管网位置分布、功能区域划分等。

（4）相关方提供的报告、记录等背景资料。

9.1.2 环境因素调查

识别工程施工过程中可能存在的各种环境因素。

9.1.3 确定环境目标

对废水、废气、噪声等进行控制，做到达标排放；对固体废弃物进行控制，做到分类收集，分类处理；对危险品进行有效控制，建立危险品仓库。

9.1.4 制定环境管理方案

1. 废气排放

（1）柴油发动机使用符合国家相关标准的柴油产品。

（2）对车辆定期进行尾气排放监测，使用无铅汽油，确保汽车排放符合标准。

（3）选用环保型锅炉，减少大气污染。

2. 废水排放

（1）合理控制化学品使用，禁止直接倾倒化学品和成分不明的液体。

（2）生产及生活废水应汇入指定的污水管网。

9.2 环境保护措施

（1）开工前组织全体干部职工进行环境保护学习，增强环保意识，养成良好环保习惯。

（2）在生产区和生活区修建必要的临时排水渠道，并与永久性排水设施相连。

（3）施工废水、废油、生活污水分别进入污水沉淀池和生化处理池，净化处理后排放。生活区及生产区修建水冲式厕所，专人清扫。

（4）施工车辆在现场或附近车速应限制在 8 km/h 以下，施工路面经过适当的防尘处理，定时洒水。

（5）机具冲洗物，包括水泥浆、淤泥等应引入污水井中，以防止未经处理的排放，还要防止污水、含水泥的废水、淤泥等杂物从工地流至邻近工地上或积累在工地上。

（6）派专人定时清理现场空罐子、油桶、包装等环境污染物，并及时清理现场积水。

10 效 益 分 析

在葫芦素煤矿中央回风井冻结法施工中，在冻结工程结束后，成功实施了冻结管强制解冻与射孔注浆工作，节省后期注浆封水费用500万~800万元。另外，该冻结井筒实施的冻结孔强制解冻与射孔注浆方案，解冻方案科学合理，解冻范围超过预定值，选择的射孔注浆位置合理，注浆充填效果良好，实践证明完全达到了隔断与上部地层水导水通道的目的，取得了显著的经济效益。

通过葫芦素煤矿中央回风井冻结孔强制解冻与射孔注浆技术的研究与应用，解决了立井冻结法凿井施工中封堵冻结管外环形空间导水通道的技术难题，总结出了立井冻结法凿井施工中冻结孔强制解冻与冻结孔射孔注浆封堵冻结管外环形导水通道的施工工艺，从根本上解决了因冻结孔导水淹井的防治水难题。

目前我国西北地区全深冻结法施工的深立井越来越多，该项技术必将有广阔的应用前景。

11 应 用 实 例

11.1 工程概况

葫芦素煤矿中央回风井净直径8 m，井深681.29 m，为全深冻结法凿井，冻结深度为672 m。中央回风井冻结工程主要技术参数见表11-1。

表11-1 中央回风井冻结工程主要技术参数

序　号	参　数　名　称	单　位	中央回风井
1	井筒净直径	m	φ8.0
2	井壁最大厚度	m	1.30
3	冻结盐水温度	℃	−28 ~ −30
4	冻结壁平均温度	℃	−5

表 11 - 1 （续）

序　号	参　数　名　称		单　位	中央回风井
5	需要冻结壁厚度		m	2.88
6	冻结深度		m	672
7	井筒深度		m	681.29
8	主冻结孔	布置直径	m	17.6
9		冻结深度	m	672/392
10		孔数	个	21/21
11		开孔间距	m	1.316
12		冻结管规格（300 m 上/300 m 下）	mm	$\phi133\times6/\phi133\times7$
13	测温孔	孔数	个	2/1
14		深度	m	672/352
15		规格	mm	$\phi108\times5$

风井马头门顶板深度 663.65 m，底板深度 667.8 m；临时箕斗装载硐室顶板深度 651.84 m，底板深度 662.3 m。12 个冻结管穿过马头门和装载硐室。

风井冻结于 2009 年 11 月 6 日开机，12 月 29 日井筒试挖，2010 年 12 月 26 日冻结停机，连续冻结 416 d。

中央回风井井筒穿过的地层为表土层、白垩系地层和侏罗系地层，第四系表土层及白垩系地层均为强含水层。鉴于邻近矿区部分矿井冻结段解冻后因冻结孔、管之间的环形空间导水甚至淹井而造成后续工程施工困难的案例，业主决定，在风井冻结壁解冻前、临时改绞前对深部冻结孔进行强制解冻（完全自然解冻至少需要 10 个月时间）后射孔注浆，以防止冻结孔导水。葫芦素煤矿风井强制解冻的冻结孔数确定为 42 个主冻结孔［包括 21 个深孔（672 m）、21 个浅孔（392 m）］和 2 个测温孔（672 m），合计 44 个孔。强制解冻工程分为两个阶段：第一阶段强制解冻 21 个深孔和 2 个测温孔，并将 23 个孔分为 6 组进行解冻；第二阶段强制解冻 21 个浅孔，分成两组进行。

11.2　工法实施情况

11.2.1　强制解冻

项目实施时，确定通过第一组冻结孔强制解冻效果分析解冻规律。选取井筒对称分布的 4 个孔进行强制解冻。在强制解冻之前，于 2011 年 3 月 5 日利用单点测温仪对第一组解冻冻结孔中的 Z3（注：Z 表示主冻结孔）冻结管内盐水温度进行检测，获得了冻结孔内原始盐水温度，检测结果为 -20 ~ -392 m 层位为 -4 ~ -6.1 ℃，-392 ~ -672 m 层位为 -1.6 ~ -4 ℃。2011 年 3 月 7 日正式进行强制解冻，解冻过程中通过检测解冻范围，利用测 1、测 2，外加 2 个单点测温系统（单点测温线 800 m，单点测温仪 2 个，传感器 2 个）来检测冻结孔周围及纵向温度变化。

第一组解冻孔在解冻 7 d 后，即 2011 年 3 月 14 日，对第一组孔的 3 个孔进行了孔口处土层解冻情况的检测，检测结果为冻土距离冻结管外壁 200 ~ 250 mm，根据解冻时间计算，每天解冻扩展速度为 25 ~ 31.5 mm，平均 28 mm。按照第一组孔的解冻情况，解冻 7 d

后冻结孔解冻直径至少在 413~525 mm 之间，满足射孔注浆施工要求。经过对 1~5 组冻结孔的持续检测分析，在解冻去路温度 30 ℃ 条件下，冻结孔周围第四系地层每天融化速度平均为 24~25 mm。根据第一组冻结孔解冻的速度，将后续的每组冻结孔解冻时间调整到 5~6 d。

强制解冻工程于 2011 年 3 月 7 日开始，至 2011 年 5 月 1 日完成了 23 个深冻结孔及 13 个浅冻结孔的解冻工作。其中浅冻结孔于 2011 年 4 月 3 日陆续开始解冻，共计解冻运行 13 孔。

11.2.2　射孔注浆

冻结管射孔注浆工程于 2011 年 3 月 16 日开始，至 2011 年 7 月 31 日完成了 22 个深孔的射孔注浆工作。共完成扫孔 1400 m，射孔 45 次，注入单液水泥浆 1070 m³，水泥 929.7 t。

11.2.3　无法射孔的冻结管的处理

Z21 因所在井口的位置特殊而无法进行射孔注浆，Z23 孔在垂深 612~614 m 因扫孔卡钻而无法进行射孔注浆。两孔最终都实施了在井筒内凿井吊盘上打眼找冻结管、壁后注浆的措施。

11.2.4　回收冻结管内供液管出现异常情况的处理

冻结管内的塑料管（供液管）需在射孔前拔出，在拔塑料管的过程中，出现过因塑料管断裂而遗留在孔内的情况。出现这种情况将无法进行射孔，必须采取措施将遗留在孔内的塑料管清理出来。

遗留塑料管的冻结孔为 4 个。扫孔内残留塑料管选用两台液压千米钻机和一台 TXB - 1000 钻机配 ϕ50 mm 钻杆，采用两台 TBW250/40 型泥浆泵供水。2011 年 4 月 3 日开始对 Z23 冻结管进行扫孔。在前期 Z23 冻结管扫孔过程中，由于无施工经验可借鉴，遇到许多预料不到的问题，如怎样选择合适的钻头类型、钻杆钻进中的钻速等钻进参数如何控制、钻孔过程中冻结管漏水如何处理、钻头被卡如何处理等。通过实践摸索，每天扫孔进尺可达到 10~15 m。

11.2.5　效果

该冻结井筒运用该工法，证明了解冻方案科学合理，解冻范围超过预定值，选择的射孔注浆位置合理，注浆充填效果良好，完全达到了隔断上部地层水导水通道的目的，冻结管外的环形空间已得到充分充填。

立井井筒低透气性突出煤层揭煤工法（BJGF030—2012）

河南富昌建设工程有限责任公司 郑州煤炭工业（集团）工程有限公司

王国贤 高俊勇 薛会辰 贾希林 史合民

1 前 言

近年来，煤炭开采逐步向深部发展，深部煤层地应力大、瓦斯压力大、含量高、透气性差，煤与瓦斯突出危险性越来越严重。为防止发生煤与瓦斯突出，揭煤前应提前打钻进行预测，突出煤层必须首先进行瓦斯抽放、瓦斯排放等措施消突。而对于透气性差的突出煤层单纯进行瓦斯抽放效果差，抽放时间长，增加了揭煤工期和费用。

鹤煤公司三矿主采二1煤属低透气性煤层，预抽效果较差，平均百米钻孔抽放量只有0.011 m^3/min，新副井井筒揭露埋深近千米，厚度9.8 m突出煤层，如果只采用预抽实现消突时间约需14.3个月。为此，采用深孔预裂爆破措施增强煤层透气性，提高瓦斯抽放效果。效果检验合格后，采取金属骨架兼注浆管注浆固化煤体及安全防护等综合措施，配合井筒短段掘砌法安全顺利通过煤层。通过对深立井井筒低透气性突出煤层揭煤进行技术研究，并在鹤煤公司三矿新副井、鹤煤公司九矿工业广场风井等进行实践应用，取得了显著效果，总结了一套完整的立井井筒低透气性突出煤层揭煤工法。该工法关键技术于2013年3月通过中国煤炭建设协会组织鉴定，达到国内领先水平。

2 工 法 特 点

（1）针对埋深近千米的突出煤层，立井区域防突控制范围（荒径外12 m）大等特点，采用了多圈布孔进行瓦斯抽放。

（2）突出煤层瓦斯透气性低，单一进行瓦斯抽放效果差，时间长，采用部分瓦斯抽放孔（约50%）兼做预裂爆破孔进行深孔预裂爆破，增加煤层瓦斯透气性，提高抽放效果。

（3）预裂爆破孔和抽放孔深度大，为保证孔内抽放管理设质量、爆破孔装药效果，采用自行研制的深孔透孔器清扫预裂爆破孔，采用聚氯乙烯管装药结构，炮眼内装药后上部加装水炮泥、砂、炮泥封孔。

（4）距离煤层2 m位置进行效果检验合格后，沿井筒周边打入金属骨架兼做注浆管注浆固化煤体。

3 适 用 范 围

本工法适用于煤层埋深500～1000 m，煤层瓦斯含量和压力大，煤层透气性差的立井井筒突出煤层揭煤施工。

4 工艺原理

　　深立井井筒低透气性突出煤层揭煤是根据煤层的瓦斯含量、瓦斯压力采取防突措施，将煤层瓦斯含量及压力降低至临界值以内，进行安全揭煤。在距离煤层 10 m 位置时，打 3 个探孔测定煤层赋存状况和瓦斯参数，进行煤与瓦斯突出危险性预测。区域防突是在距离煤层 7 m（局部防突在距离煤层 5 m）时进行，利用 ZQS100 潜孔钻机打眼布置抽放钻孔，部分抽放孔兼做预裂爆破孔进行爆破，提高瓦斯透气性。所有抽放孔与井筒抽放管路连接，通过瓦斯抽放泵站进行抽放。抽放一定时间后，通过效果检验合格，向下到距离煤层 2 m 位置进行效果检验、施工金属骨架并采取安全防护措施后，配合井筒短段掘砌法穿过煤层。

5 工艺流程及操作要点

5.1 工艺流程

　　工艺流程如图 5-1 所示。

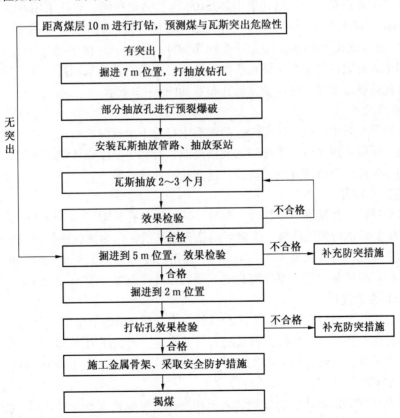

图 5-1　工艺流程

5.2 操作要点

5.2.1 距离煤层 10 m 位置预测

（1）井筒掘进至距离煤层法向最小 10 m 位置时，打 3 个进入煤层底板 1 m 的前探取芯钻孔探明煤层相对位置、煤层结构变化和顶底板岩性，判断煤层是否具有软分层和煤的破坏类型；利用前探钻孔测定煤层瓦斯压力，取样测试瓦斯放散初速度、煤层瓦斯含量和煤的坚固性系数等。

（2）根据测定结果，鹤煤公司三矿新副井二 1 煤层埋深 963.5 m，厚度 9.8 m，煤层倾向 N30°，倾角 16.8°，瓦斯含量 16.3 m³/t，瓦斯压力 1.4 MPa，属低透气性煤层，预测煤与瓦斯有突出危险性，必须进行防突措施将瓦斯参数降低到临界值以下，方可进行揭煤施工。

5.2.2 抽放钻孔设计和施工

（1）鹤煤三矿新副井揭煤是鹤壁地区首次揭露埋深近千米的突出煤层，因此，必须首先在距离煤层 7 m 位置时进行区域防突。

（2）区域防突抽放钻孔最小控制范围为井筒轮廓线以外 12.0 m。抽放钻孔设计 10 组，共 215 个，钻孔直径 89 mm，穿过煤层进入底板 1.0 m，其中岩孔长度共计 2542.1 m，煤孔长度共计 2789.9 m，孔口距离井筒中心分别为 4.7 m、4.3 m、3.9 m、3.5 m、3.0 m、2.5 m、2.0 m、1.5 m、1.0 m、0 m（中心孔）。

（3）在距离煤层顶板法距 7 m 位置工作面，首先将井筒掘进断面扩刷至直径 9.6 m，然后开始施工抽放钻孔。抽放钻孔采用 ZQS100 潜孔钻机打眼，岩孔采用冲击器钻进，配备直径 89 mm 金刚石复合片钻头。按设计的钻孔方位、倾角施工 215 个钻孔（包括 100 个预裂钻孔），最深钻孔为 46 m。钻孔开孔间距 400~500 mm。由于钻孔为瓦斯抽放钻孔，施工时采用干式打眼，尽量减少钻孔积水，钻进过程中对钻孔采用高压风进行清孔排除煤岩粉，保证瓦斯抽放效果。井筒抽放钻孔布置如图 5-2 所示。

5.2.3 预裂爆破

深孔预裂爆破技术是在工作面向正前煤层中打若干个较深的钻孔，并向钻孔内装入炸药进行爆破。爆破后煤体内产生破碎圈及松动圈，有利于消除煤体结构不匀，卸除较高的地应力，增加煤体内裂隙和瓦斯流动性，提高瓦斯抽放效果。

1. 爆破钻孔布置

预裂爆破钻孔为瓦斯抽放钻孔的一部分，即抽放钻孔共布置 215 个钻孔，其中只对部分钻孔（100 个）进行预裂爆破，爆破后的钻孔透孔后仍作为抽放钻孔使用。爆破钻孔深度为穿层钻孔深度，煤孔长度 4.3~14.4 m，岩孔长度 7.7~19.3 m，最深 46 m。钻孔间距和孔深根据煤层倾角和煤层厚度而确定。预裂爆破孔布置如图 5-3 所示。

2. 炸药和雷管选择

为了适合深孔预裂爆破特点、工艺，且符合安全等级及深孔装药的要求，选用三级煤矿许用粉状乳化炸药。该种炸药具有低威力、低爆速、爆轰压力作用时间长等特点，适用于高瓦斯突出矿井。雷管选用 1~5 段毫秒延期电雷管，延期时间在 130 s 内。

3. 装药结构

（1）单节炸药管的制作：将炸药装入比药卷总长度稍长（约 200 mm）的聚氯乙烯花管内（管直径 50 mm），炸药每 2 卷为一组，每节炸药管内装 4 组（可根据装药深度调整）。为防止引药拒爆，在最下一组设置两个引药。2 个引药按并联方式联结，捆绑放入

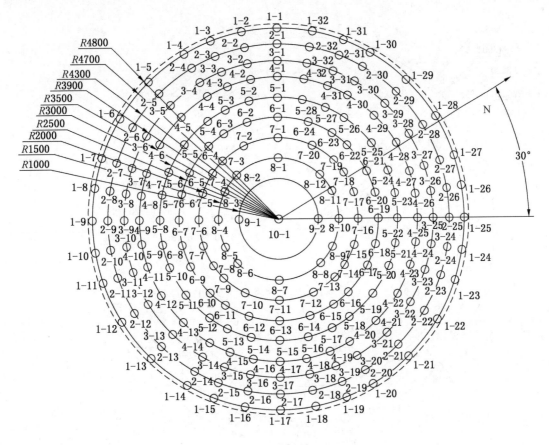

图 5-2 井筒抽放钻孔布置

聚氯乙烯管中，管口处锯口将炮线引出。管两端用黄泥堵严，确保药卷在管内紧密接触。每节药管长度约 2 m。

（2）水炮泥管的制作：将水炮泥装入 0.6 m 长的聚氯乙烯管内，水泡泥长度不小于 0.4 m，两端用黄泥封堵孔口。

（3）孔内装药及封孔结构：钻孔底部为炸药管，接着装水泡泥管，外口留 2.5 m 段封堵黄泥，下部用河砂填满。

装药结构如图 5-4 所示，装药量见表 5-1。

表 5-1 预裂爆破孔装药量

孔　号	孔深/m	装药量/kg（单孔）	合计装药量/kg	装药深度/m
2 圈 2-30	20/27	3.0/6.21	105	5/7.6
4 圈 1-32	19/30	4.5/8.1	185	3.6/9.9
6 圈 4-24	19/32	3.0/8.0	120	3.3/8.5
8 圈 1-12	15/18	3.5/6.2	52	5/6.7

4. 深孔预裂爆破

钻孔施工后，为了增加煤层的透气性，便于瓦斯抽放，需要在工作面平均分布的钻孔

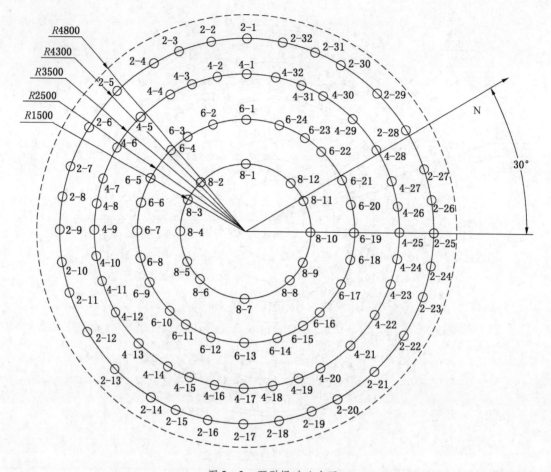

图 5-3　预裂爆破孔布置

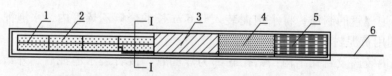

1—引药；2—炸药；3—水泡泥；4—砂；5—黄泥；6—雷管脚线

(a) 剖面图

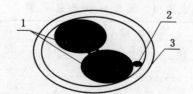

1—炸药；2—雷管脚线；3—聚氯乙烯花管

(b) Ⅰ—Ⅰ 断面图

图 5-4　单节药管装药结构

中进行深孔预裂爆破。预裂爆破孔取 100 个，每 5 个孔一组进行爆破。爆破前需要对钻孔进行透孔，清除孔内积水和煤岩粉，以保证爆破效果。由于钻孔比较深，透孔难度比较大，必须用深孔透孔器分节透孔。透孔器采用 4 分管和 6 分管制作，每节 3 m，下部用 4 分管，上部用 6 分管（避免 4 分管长度过长而断开），中间用管箍连接。装药深度根据煤层厚度控制。多节药管中间用管箍和专用胶连接。装药时采用钢丝将聚氯乙烯管最下面一节底部固定，然后慢慢下放到钻孔设计位置（煤层段），最后装入水炮泥、砂和黄土，并在地面远距离爆破。爆破后炮烟吹净从井口逐步进入井筒工作面检查瓦斯，只有在指标不超限的情况下，才能进行下一步工作。

5.2.4　瓦斯抽放系统及瓦斯抽放

（1）孔口管埋设：井底各圈抽放管每孔安设 5 节 2 m 长钢管，管与管之间用管箍连接，封口管选取直径 50 mm。抽放孔封孔要求在抽放管前安装挡板，紧贴挡板捆上棉纱，前端采用聚氨酯封堵，长度 1～2 m，随后用水泥砂浆封孔，边浇筑边振捣，浇筑至孔满位置。

（2）瓦斯抽放系统：抽放管路内径 205 mm，吊盘以上采用 ϕ205 mm PVC 管，吊盘以下管路主管为 ϕ205 mm 热轧无缝钢管，工作面瓦斯回流管和钻孔引流管为 ϕ150 mm 热轧无缝钢管，连接管为 2.5 英寸胶管，由井底沿井壁敷设至抽放泵站。瓦斯抽放泵的工况流量不低于 18.3 m^3/min。

（3）瓦斯抽放：将抽放钻孔的抽放管与多孔器连接，并分别连接到井筒瓦斯抽放主管，然后开始进行瓦斯抽放。瓦斯抽放前必须对瓦斯抽放管路的密封情况进行全面检查并试压，确认无问题后方可正常运行。抽放期间，配备专人对管路进行放水和管理维修、处理管路积水和漏气现象，以保证管路畅通。加强安全管理和检查，每班安排专人进行瓦斯参数的测定工作，对瓦斯参数进行整理、计算，用以确定瓦斯抽放情况和分析抽放钻孔的分布情况。做好机电设备防爆和瓦斯检查工作。瓦斯抽放达到一定的效果后方可进行下一步工作。

5.2.5　效果检验

（1）瓦斯抽放 2～3 个月后，计算瓦斯抽放率大于 30%，预计煤层瓦斯指标降低到临界值时，对瓦斯抽放区域进行效果检验。

（2）鹤煤三矿新副井二 1 煤瓦斯赋存总量为 184037 m^3。根据每天的瓦斯抽放量记录及井筒探头的瓦斯参数，瓦斯抽放总量为 82015 m^3。瓦斯抽放率为 44.6%，计算的抽放量达到了规程要求，可以打钻进行区域效果检验。

（3）区域效果检验在工作面打 3 个 ϕ89 mm 钻孔，钻孔穿过煤层进入底板 1.0 m。效果检验主要测定瓦斯钻屑解吸指标 Δh_2，按照湿煤指标不大于 160 Pa、残余瓦斯压力不大于 0.74 MPa 控制。只有当两个指标都符合要求时，方可向下掘进。其中一项指标不达标，应继续进行瓦斯抽放，直至检测指标合格为止。

（4）距离煤层 7 m 位置区域防突效果检验合格后，方可向下掘进至 5 m 位置进行局部防突。首先进行效果检验，效果检验合格方可向下掘进到 2 m。若指标超标，必须进行补充防突措施，直至效验合格。

5.2.6　安设金属骨架

（1）掘进至距离煤层 2 m 位置，经效果检验合格，在井筒荒径外安设金属骨架。用于煤层井筒段注浆固化煤层井帮。钻孔直径 89 mm，开孔间距 320 mm，以半径 4.1 m 沿井筒周边均匀布置，共 78 个孔，孔深穿过煤层底板岩层 1 m，终孔间距为 500 mm。金属骨架注浆固化煤层钻孔布置如图 5－5 所示。

（2）采用钻机钻孔按组钻注施工，打完钻孔后，将钻孔中煤屑吹净，然后向钻孔中打入 ϕ50 mm 开槽钢管。每个钢管每 3 m 为一节，每节用管箍相连，最上面一节不用开槽钢管，依次下入钻孔内。钢管高出钻孔孔口 200 mm，并焊接法兰以便于注浆使用。孔口管外壁四周与孔壁之间用水泥或树脂药卷捣实封闭，封闭长度不得小于 500 mm。然后对各孔进行注浆，溢浆时则停注，间歇注浆，等注入的水泥凝固后，再反复进行注浆，直至注浆压力达到 5.0 MPa。

（3）注浆材料选用 42.5 级水泥，水玻璃模数取 2.8～3.2，波美度 38°Bé，水泥单液浆质量比为 $m_w : m_c = 1.0 : 1.0$，水泥水玻璃双液浆质量比为 $\psi_c : \psi_s = 1.0 : 0.4 \sim 1.0 : 0.6$。

5.2.7　远距离爆破揭煤

金属骨架施工完成，并采取可靠的安全防护措施后进行远距离爆破揭煤。揭煤期间成立揭煤领导小组统一指挥，提前做好应急预案演练。第一次揭露煤层要有矿山救护队在现场，爆破揭煤后等炮烟吹净，首先由矿山救护队下井检查，无异常现象时施工人员方可下井工作。穿煤期间，缩短成井段高，掘进段高不超过 1 m，减少煤层井帮暴露时间。掘进穿过煤层底板至少 2.0 m，完成整个揭煤工作。

5.3　劳动组织

采用"三八"制作业，劳动组织见表 5－2。

表5－2　劳动组织表　　　　　　　　　　人

序　号	工　种	人　数
1	直接工	45
2	钻探工	12
3	机电维修工	10
4	爆破工	4
5	瓦检员	4
6	井上下信号工	12
7	井口把钩工	3
8	井上翻矸工	6
9	井下泵工	3
10	验收员	3
11	绞车工	12
12	压风工	12
13	汽车司机	5
14	服务人员	10
15	管理人员	6
合　　计		147

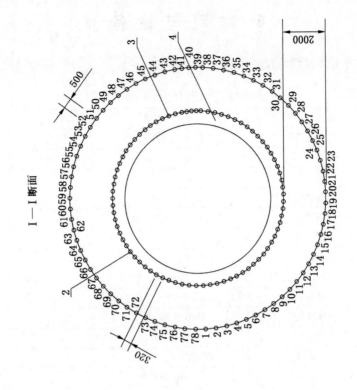

I—I 断面

1—煤层；2—抽放孔；3—注浆孔；4—井壁

图 5 - 5 金属骨架注浆固化煤层钻孔布置

6 材料与设备

施工所采用的主要材料与设备见表6-1。

表6-1 主要材料与设备

序 号	设备名称	型号、规格	单 位	数 量
1	提升机	2KJ - 4 × 1.8D - 10.5	台	1
2	提升机	2JK - 3.5/20	台	1
3	通风机	5L - 40/8	台	3
4	抓岩机	HZ - 4B	台	1
5	压风机	YBDT8 - 2，2 × 45	台	1
6	搅拌机	JS750	台	1
7	钻机	TXU - 150	台	2
8	潜孔钻机	ZQS100	台	1
9	抽放泵		台	1
10	注浆泵	WDH - 60/18	台	1
11	水泥	42.5级	t	30
12	水玻璃	模数2.8，38°Bé	t	10
13	钻头	ϕ89 mm	个	50
14	钢管	ϕ50 mm	m	300

7 质量控制

（1）项目部建立质量管理和质量控制体系，对揭煤工作的各工序进行严格控制，严格按规程和规范要求进行施工。

（2）制定工程质量奖罚办法和措施，提高施工人员的责任心。

（3）钻孔要由技术员和验收员按设计标定好眼位，控制好钻孔角度及深度。

（4）钻孔打好后要认真检查验收，不符合设计和规范重新打孔。

（5）施工期间，技术员和验收员要认真收集第一手资料，资料要真实可靠，便于进行效果分析。

（6）抽放孔封口管封孔要密实，抽放管路的各个连接部位要保证密封不漏气，并经常进行检查和处理。

（7）预裂爆破装药结构和装药量严格按设计进行，确保施工效果。

（8）揭煤作业要准确控制工作面至煤层的最小法向距离，防止出现误揭煤现象。

（9）爆破揭煤严格控制周边眼打眼角度和装药量，严禁超挖。

8 安全措施

（1）井筒在距离煤层10 m前，要组织职工全面学习防突知识和应急措施，提高职工对揭露突出煤层安全重要性的认识。

（2）接近煤层 10 m 前，要组织对井筒进行一次全方位系统检查，主要针对设备防爆、通风系统、瓦斯监测仪器、应急措施等方面，并对检查的问题彻底处理。

（3）在距离煤层 10 m 位置时，打 3 个探孔预测瓦斯突出危险性，探明瓦斯赋存状况。打眼位置、深度严格按设计进行，按要求进行测压和取样鉴定瓦斯各项参数。

（4）抽放钻孔施工要按设计标定眼位打眼，打眼过程中如果出现顶钻、夹钻、煤炮、喷孔及钻进压力突然增大等突出征兆时，要立即停止施工，停电撤人。

（5）成立揭煤领导小组，揭煤期间领导小组每天有人现场值班。第一次揭煤要有救护队员在现场，揭煤后必须等 24 h 方可由救护队人员下井检查，确认无误后施工人员方可下井工作。

（6）所有参加施工的人员必须学习和掌握自救器的正确使用方法和掌握揭煤期间的应急措施、避灾路线，揭煤前要组织一次应急演练。

（7）揭煤前完善安全防护措施，人人携带隔离式自救器，工作面要有压风自救装置等措施。

（8）爆破执行"一炮三检查"和"三人连锁爆破"制度，爆破时人员撤至井口 50 m 以外安全地点，爆破前要清点人员。

（9）井下和井口附近 20 m 范围内的电气设备必须防爆。

（10）使用 2×55 kW 对旋风机配备 800 mm 风筒供风，要求风量不少于 600 m^3/min。实行双风机、双电源自动倒台装置。

（11）风筒口伸到吊盘下，距离工作面位置不得超过 5 m。

（12）井下每班必须设专人时刻观察工作面有无异常现象发生，发现有意外现象和征兆时，及时通知人员采取紧急措施。

（13）施工期间，安全梯必须下放到吊盘位置，吊盘下设软梯至工作面。并有一个吊桶守候在工作面上方 2 ~ 5 m 位置，当出现瓦斯超限或煤与瓦斯喷孔现象时，人员能迅速升井。

9 环 保 措 施

（1）使用水泥类材料为主，辅助使用化学类材料。水泥类材料价格低，凝结后强度高，耐久性好，无毒。

（2）所用的水泥、水玻璃等材料必须有专用位置存放，及时清理施工现场的杂物和使用过的包装袋，物具摆放整齐。

（3）采取防尘措施，并为施工人员配备齐全的劳动保护用品。

（4）做到文明施工，垃圾、杂物放至指定地点统一处理。

（5）井筒涌水、注浆废水不能乱排乱放，应排放到指定地点，需要做净化处理的进行进一步净化处理。

（6）保持施工现场整洁，无杂物、无积水、无淤泥，管线网架设要整齐，无长明灯、长流水和跑、冒、滴、漏等现象。

10 效 益 分 析

10.1 经济效益

根据鹤煤公司三矿新副井二 1 煤层透气性差,平均百米钻孔抽放量只有 0.011 m³/min,单独采用预抽瓦斯措施实现规定范围内瓦斯消突需要时间约 14.3 个月,全部揭煤完成时间预计达到 18 个月。而采用深孔预裂爆破技术及综合防突措施后,预抽瓦斯消突时间仅 3 个月,全部揭煤时间 7 个月,工期节约了 11 个月。项目施工的各项辅助费用大大降低,总计节约费用约 3200 多万元。

10.2 社会效益

鹤煤公司三矿新副井深立井低透气突出煤层揭煤技术能够快速消突和安全揭煤,取得了显著的经济效益和社会效益。实践证明,技术上可行,安全上可靠,能节约大量资金,为建设方缩短工期 11 个月,为鹤壁地区千米深度煤层揭煤提供了可靠的经验和技术,是一项值得推广的实用技术。

11 应 用 实 例

11.1 实例一

鹤煤公司三矿新副井井筒工程,井筒净直径 7.0 m,井深 1038.5 m,井筒在井深 963.5 m 位置揭露突出煤层。煤层瓦斯压力 1.4 MPa,瓦斯含量 16.3 m³/t,属低透气性煤层。施工中采用了煤与瓦斯突出危险性预测、深孔松动爆破预裂增透措施,穿层钻孔预抽、效果检验,将煤层瓦斯参数降低到临界值以下,实现了快速消突。揭煤时采用了金属骨架注浆固化煤体及安全防护等综合措施安全顺利通过了煤层。较传统的揭煤方法,工期提前 11 个月,节省费用 3200 余万元,取得了显著的经济效益和社会效益。

11.2 实例二

鹤煤公司九矿工业广场风井井筒工程,井筒净直径 6.0 m,井深 633 m,井筒在井深 572~582 m 位置揭露突出煤层。煤层瓦斯压力 1.15 MPa,瓦斯含量 15.8 m³/t,煤层透气性较低。施工中采用了预裂爆破、瓦斯抽放、金属骨架等综合防突措施顺利揭煤,工期提前 8 个月,节约费用 2500 余万元,取得了显著的经济效益和社会效益。

11.3 实例三

山西新元回风立井井筒工程,井筒净直径 8.0 m,井深 625 m,煤层瓦斯压力 1.85 MPa,瓦斯含量 21.5 m³/t,煤层透气性较低。采取综合防突措施后,工期提前 8 个月,节省费用 2200 余万元,取得了显著的经济效益和社会效益。

超大直径深立井关键装备配套施工工法（BJGF031—2012）

中煤第五建设有限公司

臧培刚　逯孝耀　尚传慧　郑　辉　郭云崇

1　前　　言

超大直径井筒的掘砌施工中，在保证施工安全、质量、进度的情况下，相关配套施工设施也要相应地进行改进与创新，提高施工效率，降低施工人员劳动强度，减少辅助费用等。内蒙古地区的部分大型矿井井筒净直径基本上都在 8 m 以上，井筒施工荒径都在 11 m 以上。在这种超大深立井井筒施工前，其施工装备配套的设计和选型，对下一步提高井筒施工进度，缩短建井周期显得尤为重要，常规的配备在超大直径井筒的施工中已经无法满足。

2009 年，中天合创能源有限责任公司提出葫芦素煤矿副井井筒超大直径深立井关键装备配套施工技术的研究，以减少立井井筒施工中各辅助系统、环节衔接之间的影响，加快建井速度，提高经济效益和社会效益。该工法关键技术于 2012 年 6 月通过中国煤炭建设协会组织的技术鉴定，成果达到国内领先水平。

2　工　法　特　点

（1）双层天轮平台凿井井架可有效利用井筒内的空间进行井筒各管路悬吊点的上下垂直布置，减少井壁固定各管路时间，提高施工安全系数。

（2）双联伞钻具有单台重量轻、作业面积大、一次成眼多的优点，降低工人劳动强度，提高施工效率。

（3）为避免挖掘机体积大造成的安全隐患，采用了 SW30 型电动挖掘机（挖斗容积 0.3 m³，功率 37 kW）配合两套中心回转抓岩机装岩、出矸。该挖掘机具有体积小、无尾气排出、防爆、活动范围大、灵活、垂直升降井筒简单等优点。采用 3 套提升配合 3 个 5 m³ 吊桶装岩、出矸有效地缩短了单循环所占的作业时间，降低了工人作业劳动强度，从而其整体效率提高 40% 以上。

（4）合理设计井筒施工关键装备，运用科学合理的劳动组织，大大提高了井筒施工进度，缩短了建井周期。

3 适 用 范 围

（1）适用掘进直径大于 10 m、井深超过 500 m 的立井井筒。

（2）当井筒涌水量小于 10 m³/h 时，可按工法正常施工；当井筒涌水量大于 10 m³/h 时，应采取治水措施，否则将影响机械效率的发挥，施工速度和经济效益将受到一定影响。

4 工 艺 原 理

新研制的双层天轮平台凿井井架，可有效利用井筒内的空间进行井筒各管路悬吊点的上下垂直布置，减少了井筒内井壁固定管路产生的影响和不安全因素。管路全部通过地面悬吊也有利于井筒的快速施工。

在超大立井井筒内施工多采用掘砌混合作业，施工各工序之间的转换紧密衔接，有利于实现正规循环作业。立井井筒施工中，钻眼爆破是一道主要工序，钻眼的速度在很大程度上影响着单循环的作业时间。同时装岩、出矸也占有较长时间，因此，缩短装岩、出矸和钻眼的时间是建井期间的施工主要的技术难题之一。

在中天合创能源有限责任公司葫芦素煤矿副井井筒的基岩掘砌施工当中，针对以往施工所采用的大型多臂伞钻改为双联 12 臂伞钻所作的伞钻创新改革，大大缩短了钻眼、爆破时间，降低了劳动强度。同时采用电动挖掘机配合两台中心回转抓岩机出矸，提高了正规循环作业时间，缩短了立井施工工期，取得了明显的经济效益和社会效益。井筒关键装备配备如图 4-1 所示。

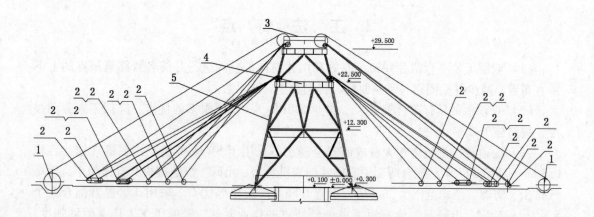

1—提升绞车；2—凿井绞车；3—上层天轮平台；4—下层天轮平台；5—井架

图 4-1 井筒关键装备配备

5 工艺流程及操作要点

5.1 井筒施工工艺流程

井筒施工工艺流程如图5－1所示。

关键装备配套施工主要施工流程按照此图依次循环施工。

5.2 装岩工艺流程、操作要点

5.2.1 工艺流程

（1）装岩、出矸工艺流程如图5－2所示。

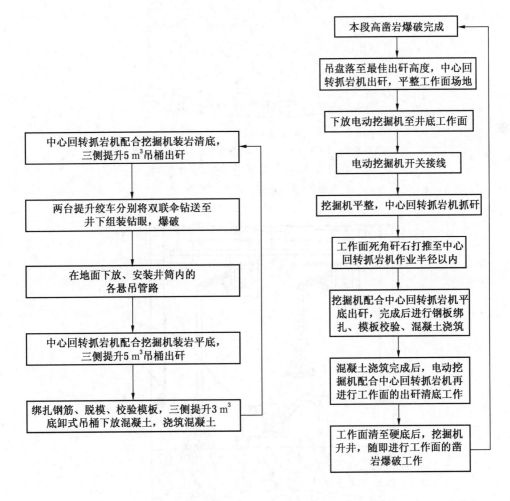

图5－1 井筒施工工艺流程   图5－2 装岩、出矸工艺流程

（2）钻眼爆破完成后，首先用两台中心回转抓岩机进行装岩、出矸，将工作面找平，如图5－3所示。

（3）工作面在中心回转抓岩机装岩找平后，下放电动挖掘机至工作面，待动力电缆接线完成后，电动挖掘机配合双中心回转抓岩机装岩、出矸，如图5－4所示。

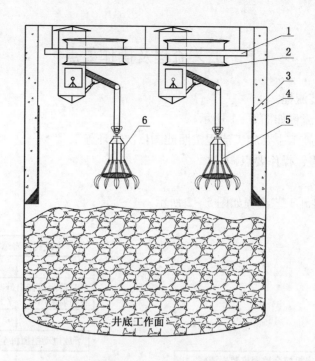

1—下层吊盘；2—吊盘喇叭口；3—金属模板；4—井壁混凝土；
5—2号中心回转抓岩机；6—1号中心回转抓岩机

图5-3　装岩、出矸示意图

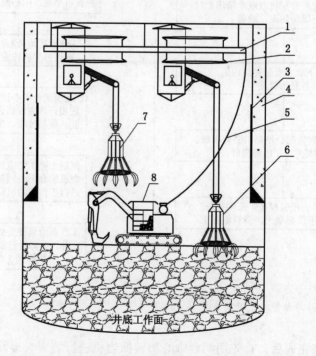

1—下层吊盘；2—吊盘喇叭口；3—金属模板；4—井壁混凝土；5—挖掘机电缆；
6—2号中心回转抓岩机；7—1号中心回转抓岩机；8—电动挖掘机

图5-4　电动挖掘机配合双中心回转抓岩机装岩、出矸

（4）为了提高中心回转抓岩机装岩的效率和预防吊桶起钩时的摇摆，电动挖掘机首先分别在3个吊桶的位置挖出1~1.5 m的筒窝；然后电动挖掘机在图5-5所示折线圈以外将中心回转抓岩机工作死角处的矸石搬运到中心回转抓岩机工作半径以内。开帮清底时，电动挖掘机将井壁及折线以外的矸石先倒到中心回转抓岩机工作半径以内，中心回转抓岩机再抓起装入吊桶。

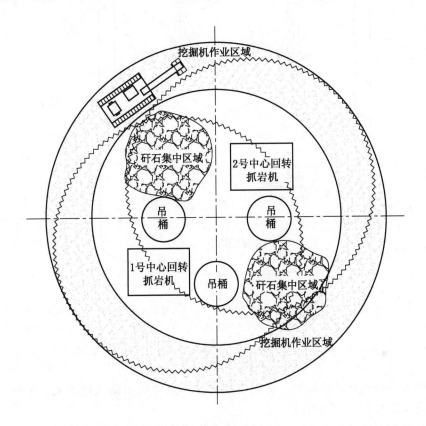

注：折线圆圈为中心回转抓岩机作业区域，折线圈与井筒荒径之间为挖掘机作业区域，
两折线圈公共部分为吊桶存放、装岩作业区域。

图5-5　电动挖掘机与中心回转抓岩机装岩区域划分

（5）工作面平底完成后，随即进行工作面钢筋绑扎、模板校验、混凝土浇筑。

（6）混凝土浇筑完成后，工作面进行清底工作，挖掘机配合中心回转抓岩机的作业方式等同于工作面平底作业，待进入钻眼爆破工序前将挖掘机升井，如图5-6所示。

5.2.2　操作要点

（1）启动前认真检查电动挖掘机警示灯、工作灯。确认安全锁锁定，所有控制杆位于空挡位置；电动机空转3~5 min后方可进行操作。

（2）启动后检查所有开关、控制杆、仪表、机器声音是否正常，履带内有无杂物，并检查电动挖掘机周围有无障碍物。

（3）操作电动挖掘机检查大小动臂及抓斗是否灵活，然后进行前后、左右行走及正反向旋转，检查电动挖掘机的性能是否正常。

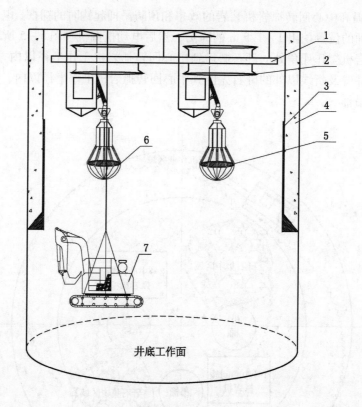

1—下层吊盘；2—吊盘喇叭口；3—金属模板；4—井壁混凝土；5—2号中心回转抓岩机；
6—1号中心回转抓岩机；7—电动挖掘机

图5-6 挖掘机升井

（4）电动挖掘机开始作业时，应先将提升悬吊点处的吊桶坑挖出来，吊桶坑的深度为一次挖掘深度的1.2~1.5倍。

（5）电动挖掘机开始作业时，必须先挖掘井筒的净断面到1.6~1.8 m深后，方可挖掘荒断面。

（6）在表土层挖掘荒断面时，电动挖掘机必须严格控制挖掘顺序，不得沿一个方向依次挖掘，必须在外壁上保留不少于6个宽度不小于1.5 m的墙体做支撑，以确保大模板的稳固性。在挖掘荒断面时，铲斗严禁碰撞模板及刃脚。

（7）正常情况下电动挖掘机必须在提升吊桶之间的空间作业，吊桶提升时，电动挖掘机必须尽可能远离吊桶提升点，防止吊桶摆动时碰伤电动挖掘机。

（8）电动挖掘机作业时严禁距井壁过近，防止电动挖掘机驾驶室、臂杆等部件与模板刃脚发生碰撞。挖掘深度超过1.6 m时，还应防止井壁塌落造成事故。

（9）电动挖掘机在作业时必须安排专人指挥司机。挖掘机司机必须听从指挥且了解、熟悉作业场地的环境。电动挖掘机应配置灭火器。

（10）提升时，井下工作面只放一个吊桶，另两个吊桶在吊盘处等候，一个吊桶提升后，其中一个吊桶才能落至工作面。吊桶的桶梁必须向井壁方向倾倒，钩头不得妨碍电动挖掘机装载。

（11）电动挖掘机作业时严禁铲斗、履带及电动挖掘机底盘与水文管发生碰撞，更不得将水文管弯折或堵塞。

（12）遇有底板松软时，为防止电动挖掘机作业时下陷，应将事先准备好的木板（垂直于履带）铺放在履带下，铺放木板的块数根据底板松软情况确定。

（13）挖掘施工结束后，应将电动挖掘机开到安全、稳固（平整）的地方停放，使电动挖掘机在怠速状态下运行 3～5 min 后检查各仪表、警示灯、指示灯等是否正常。然后熄火拔下钥匙，锁定安全锁后再锁好车门即可。

（14）电动挖掘机停止作业后应罩上专门制作的防护罩，以防止在浇注混凝土及其他作业时污染或损坏电动挖掘机。

将提升钩头提起，使提升架下部梁离开地面约 50 mm，此时整个提升架必须受力均衡、不倾斜，悬吊绳架不与电动挖掘机相碰刮，检查悬吊情况无误后方可提升上井。

（15）在电动挖掘机提升过程中必须严格控制提升速度，吊盘以下小于 0.5 m/s，过吊盘及锁口盘时小于 0.2 m/s，井筒正常段时小于 1 m/s。

（16）电动挖掘机在提升穿过锁口、吊盘时必须有专人监护，监护人员必须佩戴安全带，安全带生根必须可靠。

（17）电动挖掘机提升出井口后，关闭井盖门，将电动挖掘机尽量落放在井盖门以外，然后拆除卸扣，拉紧螺栓和悬吊梁，即可将电动挖掘机开出井口。

（18）中心回转抓岩机在下井前，要注意把所有的连接件连接牢固，指定专人检查悬吊抓岩机的钢丝绳索具及卸扣，合格后方可使用。

（19）下井用的钢丝绳鼻所用的钢丝绳安全系数应不小于 7.5，并作钢丝绳拉断试验，合格后方可使用；两根钢丝绳鼻必须等长，防止钢丝绳鼻单根受力。

（20）中心回转抓岩机在下井前，应由专人挂钩并作起吊试验，确认无误后方可下放。在抓岩机下井时，先通知绞车司机开慢车，绞车司机和井口信号工精神要高度集中，井口应设专人把钩；大抓在到达吊盘时，各层吊盘的喇叭口处均设专人把钩，防止碰吊盘。

（21）中心回转抓岩机下到井底后，使抓岩机靠在靠近抓岩机口处的模板上；确认靠稳后通知绞车司机准备夺钩，下放抓岩机悬吊钢丝绳；作业人员把悬吊钢丝绳挂在抓岩机上进行夺钩。

（22）中心回转抓岩机在安装时 4 个 U 形卡一定要牢固，U 形卡采用 φ30 mm 的圆钢制作，在紧固时设专人检查。中心回转抓岩机在使用过程中，每班设专人对 4 个 U 形卡螺栓进行检查，如有松动应立刻拧紧。

（23）中心回转抓岩机在使用过程中，每班检查一次，主要是各构件的连接装置和提升抓斗用的钢丝绳。抓斗用提升钢丝绳采用直径 18.5 mm 的钢丝绳，在检查中如发现钢丝绳有断丝和磨损应立即更换。

（24）每次出矸完毕后进行下一个工序前，把抓斗上提并用 φ18.5 mm 钢丝绳鼻锁在抓岩机的机身上；抓岩机司机把操作手把锁定并关闭抓岩机的入气阀门。

（25）抓岩机司机在作业前，必须先检查抓斗等处有无矸石等，发现矸石后立刻清理干净，防止坠落伤人；抓岩机司机在操作时，要时刻注意井底的工作人员和井下管路、水泵等物件的位置，两台抓岩机同时作业，应互相配合作业。

5.3 双联伞钻施工工艺流程、操作要点

5.3.1 双联伞钻施工工艺流程

双联伞钻施工工艺流程如图 5-7 所示。

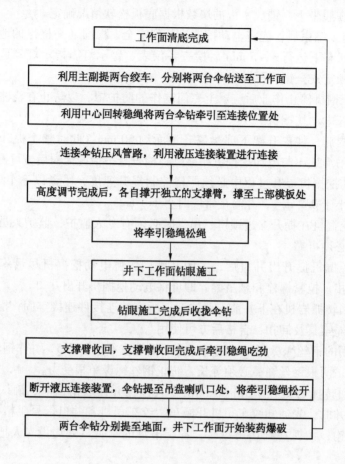

图 5-7 双联伞钻施工工艺流程

5.3.2 XFJD6.11S 双联伞钻连接方式

XFJD6.11S 双联伞钻由两台独立的钻架组成。工作时，通过安装在其中一台钻架上的连接装置与另一台钻架刚性连接并保证工作过程中连接稳固，然后调整每台钻架的调高器和支撑臂。每台钻架均具有独立的操作系统。

（1）双联伞钻在下放至工作面后，利用抓岩机悬吊钢丝绳将两台伞钻牵引至连接位置处，如图 5-8 所示。

（2）待双联伞钻液压连接装置连接完成及伞钻支撑臂与模板固定完成后，在工作面利用液压中心顶调节伞钻高度将双联伞钻坐落于工作面，如图 5-9 所示。连接装置如图 5-10 所示。

（3）双联伞钻钻眼施工按照区域划分分别进行施工，区域划分如图 5-11 所示。

（4）井底工作面钻眼完成后，伞钻支撑臂与连接装置收臂，伞钻液压中心顶收起。利用牵引绳将两台连接伞钻分开，绞车提升绳分别将两台伞钻提升至地面，如图 5-12 所示。

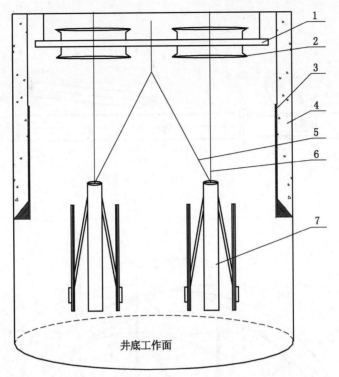

1—下层吊盘；2—吊盘喇叭口；3—金属模板；4—井壁混凝土；
5—牵引稳绳；6—提升钢丝绳；7—伞钻

图5-8 双联伞钻下放牵引至连接位置处

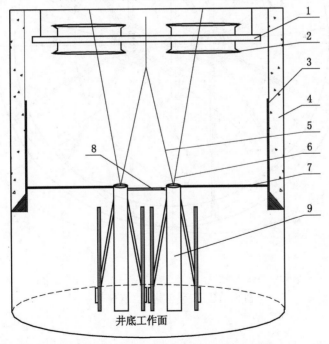

1—下层吊盘；2—吊盘喇叭口；3—金属模板；4—井壁混凝土；5—牵引稳绳；
6—提升钢丝绳；7—伞钻支撑臂；8—连接装置；9—伞钻

图5-9 将双联伞钻坐落于工作面

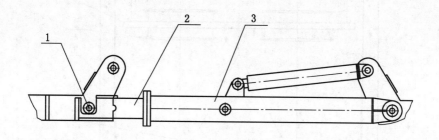

1—连接销；2—液压顶杆；3—液压顶套

图 5 - 10　连接装置

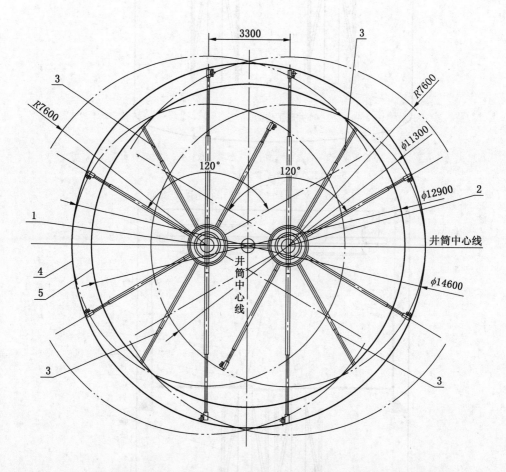

1— 一台单独的伞钻；2—另一台单独的伞钻；3—支撑臂；4—荒径；5—净径

图 5 - 11　双联伞钻施工区域划分

5.3.3　操作要点

（1）每班下井前须将各油雾器加满油之后将油盖拧紧。

（2）检查各管路部分是否渗漏，发现问题及时处理。

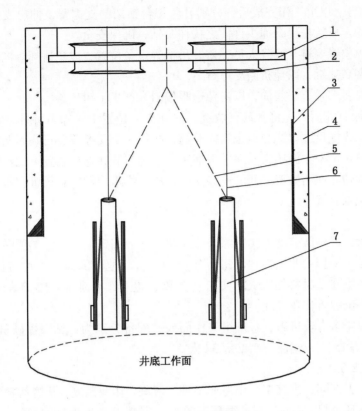

1—下层吊盘；2—吊盘喇叭口；3—金属模板；4—井壁混凝土；
5—牵引稳绳；6—提升钢丝绳；7—伞钻

图 5－12　分别将两台伞钻提升至地面

（3）操纵推进油缸使凿岩机上下滑动，看其运行是否正常。

（4）检查钎头、钎杆水眼和凿岩机水针是否畅通，钎杆是否弯曲，钎头是否磨损。

（5）检查吊环部分是否可靠，有无松动等现象。

（6）检查操纵手柄是否在"停止"位置，检查机器收拢位置是否正确，注意软管外露部分是否符合下井尺寸，以免吊盘喇叭口碰坏管路系统。

（7）用两根钢丝绳分别在推进器上部和下部位置捆紧，防止意外松动。

（8）在井底打两个深度为 400 mm 左右的定钻架中心孔，孔径 40 mm 左右，孔间距 3300 mm，安放钻座。

（9）伞钻的固定及拆除如下：

① 两台伞钻在工作面调节高度完成后，由中心回转抓岩机悬吊绳进行夺钩连接。伞钻立柱的下部采用连接管进行提前连接固定，以保证两台伞钻的连接距离便于控制。

接通球阀，启动气动马达使双联竖井钻机油泵工作，供给压力油。首先操作安装有连接装置的钻架的立柱油路阀，使安装在钻架顶盘上的连接装置升起直到与另一台钻架的销轴接触为止。然后操纵立柱油路阀，使夹紧油缸动作夹紧销轴，从而完成钻架的连接（注意在连接过程中，需要调整另一台钻架上的摆臂油缸位置，防止连接装置升起过程中与摆臂油缸碰撞)。以上工作完成后,分别升起每台钻架的支撑臂,伸出支撑爪,撑住井壁,整体钻架固定后放松提升绳少许使之扶住伞钻,确保安全。

支撑臂支撑位置要避开升降人员,避开吊桶等设备位置,以免碰坏。同时在支撑臂撑住后不可开动调高油缸,以免折断支撑臂。

立柱固定时要求垂直于底面,以避免炮眼偏斜和产生卡钳现象。

② 所有炮眼打完后,先将各动臂收拢,停在专一位置上,卸下钎杆,将凿岩机放到最低位置,确保收拢尺寸。适当地张紧提升绳,收拢 3 个支撑臂后再收回调高油缸,使提升绳受力,为防止钻架倾倒用钢丝绳上下捆紧。通过安装在连接装置上的夹紧油缸和升降油缸动作来拆除建立在两钻架之间的连接。停止压气供水,卸掉总风管和水管后,准备提升到井口安全位置放置。

5.4 劳动组织

井筒施工时,掘砌队劳动力实行综合队编制。井下掘砌工按照施工顺序合理划分专业掘砌班组,直接工采用专业工种"滚班"作业制度,其他辅助岗位工种实行"三八"作业制;此外设备维修及材料加工人员实行"包修、包工"作业制。井筒表土冻结段外壁掘砌采用一掘一砌混合作业方式。

井下共划分 4 个专业班组,各班组工作面人员配备分别为:钻眼爆破班 16 人,清底班 15 人,平底班 15 人,钢筋、砌壁班 37 人。

5.4.1 循环作业方式

井筒掘砌施工期间,直接工采用专业工种"滚班"作业制度,井筒基岩冻结段每 25 h 完成一循环,循环进尺 4.0 m,正规循环率 80%,月成井速度保持在 90 m 以上。正常段每 25 h 完成一循环,循环进尺 4.0 m,正规循环率 80%,月成井速度超 90 m。机电运转维修及施工辅助工种均采用"三八"作业制,工程技术人员及项目部管理人员实行全天值班制度。

5.4.2 进度指标

通过 XFJD6.11S 型双联伞钻及中小型挖掘机配合双中心回转抓岩机配套技术的成功运用,在葫芦素矿副立井的施工中,单进水平从开始的每月 60 m 左右,稳步增加到 90 m 以上,最高月进尺为 104 m,整个井筒施工速度与传统方法施工(基岩段每月 70 m)相比,提前了 1 个月。葫芦素副井井筒施工掘砌循环图表见表 5-1。

在正常的立井井筒施工当中,平底班、清底班施工所需时间较长,针对葫芦素矿井来说,两个出矸班所需时间为 10 h 25 min,约占掘砌单循环时间的 3/5。

打眼班施工工序所需时间:交接班装钻杆 30 min,下钻到工作面组装完成 30 min,打眼 2 h,拆钻 30 min,装药 1.5 h,爆破后通风 40 min,工作面检查 20 min。单班全部完成需用时间:6 h,约占掘砌单循环时间的 1/5。

5.4.3 钻眼时间对比

立井施工中,每个掘砌单循环关键环节在钻眼的时间上,葫芦素煤矿副井井筒掘进断面按照设计需钻眼 272 个。副井井筒钻眼参数见表 5-2。

每个炮眼的实际钻眼平均速度,按完成一个成眼约需 5 min 计。

表 5-1 葫芦素副井井筒施工掘砌循环图表

工序名称		工程量	工时		循 环 时 间																								
			h	min	1	2	3	4	5	6	7	8	9	10	11	12	13	14	15	16	17	18	19	20	21	22	23	24
平底班	交接班			10																									
	出矸	5																											
钢筋打灰班	交接班			10																									
	绑扎钢筋	2	35																										
	脱、立模板		30																										
	安分灰器		20																										
	浇灌混凝土	4																											
清底班	交接班			15																									
	出矸清底	5																											
打眼班	交接班			20																									
	打眼爆破	5																											
	爆破后通风		40																										

表 5-2 副井井筒钻眼参数

圈别	炮眼名称	眼号	眼数/个	角度/(°)	眼距/mm	圈径/m
0	中心眼	0	1	90		0
1	掏槽眼	1~6	6	90	825	1.65
2	辅助眼	7~22	16	90	700	3.6
3	辅助眼	23~44	22	90	770	5.4
4	辅助眼	45~70	26	90	855	7.1
5	辅助眼	71~102	32	90	850	8.7
6	辅助眼	103~142	40	90	810	10.3
7	辅助眼	143~190	48	90	765	11.7
8	周边眼	191~271	81	87	490	12.7
合计			272			

（1）多臂伞钻钻眼完成时间：

需钻眼完成 272 个炮眼，采用双联伞钻多臂。272÷8=34 个/人。

按每人完成 34 个炮眼计算：

$$5 \text{ min} \times 34 = 170 \text{ min} \quad 即 2 \text{ h } 50 \text{ min}。$$

（2）12 臂伞钻钻眼完成时间：

需钻眼完成 272 个炮眼，采用双联伞钻 12 臂。272÷12=23 个/人。

按每人完成 23 个炮眼计算：

$$5 \text{ min} \times 23 = 115 \text{ min} \quad 即 1 \text{ h } 55 \text{ min}。$$

通过比较，12 臂伞钻钻眼要比多臂伞钻钻眼节省约 1 h。

6 材 料 与 设 备

本工法主要材料与设备（以葫芦素煤矿副井井筒为例）见表6-1。

表6-1 主要材料与设备表

序号	设 备 名 称			型号、规格	单位	数量
1	提升		主提升机	2JK-4.0×2.65/15	台	1
			副提升机	JKZ-2.8×2.2/15.5	台	1
			副提升机	JKZ-2.8×2.2/18	台	1
			吊桶	5 m³	个	3
			提升天轮	φ3.0 m	个	3
			提升钩头	11 t	个	3
2	凿井绞车			JZ-16/1000	台	2
				2JZ-16/1000	台	2
				JZ-25/1300	台	11
				2JZ-25/1320	台	4
				JZA-5/1000	台	1
3	钻眼		伞钻	XFJD6.11S	台	2
4	装岩		中心回转抓岩机	HZ-6	台	2
			电动挖掘机	SW30	台	1
5	排矸		矸石溜槽	落地式	套	3
			装载机	ZL-50B	台	3
			自卸汽车	12 t	台	5
6	砌壁		搅拌机	JS-1000	台	2
			配料机	PL-1600	台	1
			液压整体模板	MJY-4.0/10	套	1
			模板（内壁）	组合式	圈	12
			底卸式吊桶	HTD2.4	个	3
7	井架		自行研发新型	双层天轮平台	座	1
8	吊盘		凿井吊盘	两层 φ9.6 m	套	1
9	辅助系统	排水	排水泵	DC50-80×10	台	2
		压风	压风机	DLG-250 40 m³	台	4
				DLG-132 20 m³	台	2
		信号	通信、信号装置	DX-1	套	3
		照明	灯具	DdC250/127-EA	套	7
		通风	通风机	FBDNo7.5/2×45	台	4

7 质 量 控 制

（1）本工法在煤矿立井井筒施工中执行的规范和标准有：《煤矿安全规程》、《煤矿井巷工程质量验收规范》（GB 50213—2010）、《煤矿井巷工程施工规范》（GB 50511—2010）。

（2）按照 ISO 9001：2000 国际质量管理体系标准编制了质量管理体系文件，并已取得认证，在施工中严格执行。

（3）模板半径控制在大大于设计半径 10～30 mm 之间，模板距井帮的距离不小于设计30 mm，接茬平整度不大于 10 mm。

（4）钢筋和钢筋加工件的品种、规格、质量、性能必须符合设计要求和规范有关规定。

（5）钢筋表面要清洁，受力钢筋间距按设计要求控制在 ±20 mm 之间，排距按设计要求控制在 ±10 mm 之间，环向钢筋间距按设计要求控制在 ±20 mm 之间。

（6）保护层厚度按设计要求控制在 ±10 mm 之间。

（7）配制混凝土所用的骨料、水泥、水、外加剂的质量必须符合设计和有关规范规程的规定，强度必须符合设计要求。

（8）外层井壁净半径不小于设计值，不大于设计 30 mm；内层井壁净半径不小于设计值，不大于设计 30 mm。

（9）外层井壁之外必须充填饱满密实，无空帮现象。

（10）井壁接茬高度应不大于 30 mm，井壁表面平整度不大于 10 mm。

8 安 全 措 施

8.1 认真贯彻"安全第一、预防为主、综合治理"的方针

根据国家有关规定，结合施工单位和工程具体情况，在施工项目部派驻安全监察员，项目部领导班子设专职安全副经理，施工区队设安全网员，组成全面有效的安全监督、管理系统。

8.2 装岩、出矸方面

（1）抓岩机司机应经过专门培训，持证上岗，抓岩机的操作与检修严格按照抓岩机操作规程执行。

（2）抓岩机的状况完好，不带病作业。

（3）抓岩时，工作面要有足够的照明度，并要加强通风，以保证抓岩司机视力清晰，抓岩稳、准、快、安全。抓岩司机、信号工和把钩工行动要协调。工作面的所有人员都必须服从统一指挥。

（4）抓岩司机上岗前要进行培训和实际操作训练，熟练后方可上岗。非司机不得操作。每次抓岩前后都要认真检查抓斗的各部连接是否完好，发现问题及时处理，严禁带病运行。

（5）在抓岩过程中，工作面的工作人员要集中精力注意抓岩机的起落摆动。起落的高度要适当，确保抓岩机在指定的范围内安全运行。

（6）挖掘机在作业时必须安排专人指挥司机。挖掘机司机必须听从指挥，且熟悉作业场地的环境，电动挖掘机应配置灭火器。

（7）遇有底板松软时，为防止电动挖掘机作业时下陷，应将事先准备好的木板（垂直履带）铺放在履带下，铺放木板的块数根据底板松软情况确定。

（8）将提升钩头提起，使提升架下部梁离开地面约 50 mm，此时整个提升架必须受力均衡、不外斜，悬吊绳架不与电动挖掘机相碰剐；检查悬吊情况无误后方可提升上井。

（9）提升过程中必须严格控制提升速度，吊盘以下小于 0.5 m/s，过吊盘及锁口盘时小于 0.2 m/s，井筒正常段时小于 1 m/s。

（10）电动挖掘机在提升穿过锁口、吊盘时必须有专人监护，监护人员必须佩戴安全带，安全带生根必须可靠。

（11）电动挖掘机提升出井口后，关闭井盖门，将电动挖掘机尽量落放在井盖门以外，然后拆除卸扣，拉紧螺栓和悬吊梁，即可将电动挖掘机开出井口。

8.3 凿岩方面

（1）伞钻下井前必须认真做全面检查，否则不准入井。

（2）挂钩前，检查提升钩头环有无变形、裂纹等损坏现象；查看吊伞钻的钢丝绳扣有无断丝和松开现象，发现问题及时处理。

（3）伞钻挂钩时，由专人操作，信号工打慢点调整主提升钩头，达到最容易挂钩的位置。挂钩时，操作人员必须挂好安全带，将悬挂伞钻提升绳套挂牢，同时挂好保险绳套，然后再摘除悬吊在钢梁上的绳套。

（4）待挂钻人员安全离开钻机后，由井口把钩工稳好钻机，同时信号工电话通知绞车工准备下放伞钻，与井下吊盘信号联系好，方可打点下放。

（5）下钻前，把钩人员必须下到吊盘上检查，并做好把钩准备。

（6）下钻时，工作面严禁有人，并派专人看护好吊盘通过口。

（7）伞钻上下井由班长统一指挥，信号工目接目送。

（8）由于断面较大，采用两台伞钻同时打眼，一台下放到井底后，再下放另一台，两台伞钻均平稳安放在钻座上。利用东侧主提升钩头及西侧副提升钩头悬吊伞钻，待两台伞钻连接臂连接牢固及支撑壁支撑牢固后，方可操作。

（9）炮眼打完后，收紧主提钩头，再将各动臂收拢，然后将支撑臂油缸收回，再将调整油缸收回，防止钻架偏斜，最后收拢连接臂、支撑臂并将支撑臂捆绑好。待两台伞钻收拢后，其中一台安全升至地面后，方可提升第二台。

（10）通知绞车司机、信号工、看盘人员注意，做好伞钻上升的准备。伞钻在工作面上稍稍提起后停下，检查井筒内有无障碍物以及吊挂设备是否牢固可靠，待无问题后，摘下副提钩头绳套，稳好钻机后，开始上提，速度为 0.1 m/s，过盘口要平稳提升。

（11）伞钻升井后，由专职操作人员将伞钻另一绳套悬挂在井口悬吊伞钻钢梁上的滑动钩头上，待挂牢后摘下提升钩头，并将伞钻推至井口伞钻房内安放。

8.4 加强"一通三防"管理

专人承包辅助通风机、局部通风机及风筒管理，加强瓦斯检查力度。

8.5 项目部每班配备安检员

进行相关检查，检查要严肃认真，严谨细致；查出的问题反馈要及时、准确，并填写好检查记录，记录必须真实齐全。

8.6 坚持"一炮三检"和"三人连锁爆破制"

爆破后检查工作面，发现问题及时处理。

8.7 定期进行机电设备检查

及时排除设备故障，确保正常运转，避免失爆。

9 环 保 措 施

（1）矸石及生活垃圾应分开存放，矸石按业主及合同的要求排放到指定地点，生活垃圾经生化处理后排放。

（2）生活区应有完善的卫生设施，并安排专人及时清扫处理。

（3）使用环保锅炉，减少大气污染。

（4）不随意乱倒如燃料、油料、生活垃圾等有害物质。

（5）井下必须采用湿式打眼，爆破采用水炮泥，洒水装岩。

（6）地面备有通风机，应设置消声罩降低噪声。

（7）在工厂内设临时污水沉淀池，生活用水及井下污水经沉淀后外排。

10 效 益 分 析

10.1 直接经济效益

节约人工费 142.5 万元，机械租赁、折旧、维修等费用 28.75 万元，周转材料摊销费用 26.38 万元，用电费用 39.01 万元，管理费用 40.23 万元。累计直接经济效益 276.87 万元。

10.2 间接经济效益

葫芦素煤矿是年产 13 Mt 的矿井，副立井是该矿建设的关键线路，提前 1 个月对该矿建设意义重大，仅产煤一项来说，1 个月能产煤 10.83×10^4 t，价值 6.5 亿元，利润 1.95 亿元，为主井和风井的改绞以及井巷的顺利开拓打下了坚实的基础。

10.3 社会经济效益

（1）通过运用本工法施工技术，使葫芦素煤矿副井的施工工期得以提前，工程质量被评为优良，提高了公司在基建市场的信誉，得到了业主的认可，为公司立足大西北、开拓市场做出了贡献。

（2）为今后在超大直径深立井的施工中提供了成熟、完善的施工技术。

11 应 用 实 例

11.1 实例一

2010 年应用于内蒙古鄂尔多斯中天合创能源有限责任公司葫芦素煤矿副井井筒。葫芦素煤矿副井井筒设计深度 702.658 m，净直径 10 m，井壁结构为钢筋混凝土结构，于 2010 年 1 月正式开工，2011 年 6 月施工完成，其中因井筒防治水及上级单位停工影响

246 d。施工过程中，井筒掘砌实现了单循环控制在 25 h 以内完成，月成井百米以上的好成绩。

11.2 实例二

2012 年应用于内蒙古鄂尔多斯联海煤业有限公司白家海子矿井主井井筒。井筒净直径 9.5 m，井筒深度 767.60 m，冻结深度 780 m，井壁结构为钢筋混凝土结构，于 2012 年 11 月正式开工，2014 年 6 月施工完成。施工过程中，最高月成井 125 m，工程质量优良，得到了建设单位的一致好评。

11.3 实例三

2012 年应用于甘肃省华亭煤业集团有限责任公司副立井井筒。副立井井口标高 +1118.300 m，井筒净直径 9.0 m，井筒深度 1025.3 m，冻结深度 908 m，井壁结构为钢筋混凝土结构，于 2012 年 2 月正式开工，2014 年 3 月施工完成。该井筒最大荒径达 13.4 m，井筒深度超过千米，施工过程中，平均月进度 95 m，工程质量优良。

巷道掘进工作面探放水施工工法（BJGF032—2012）

山西宏厦第一建设有限责任公司

王 瑛 梁爱堂 周建成 吴春阳 郝旭宁

1 前 言

矿山井巷工程开拓掘进过程中，受水、火、瓦斯等多种自然灾害的威胁，特别是近年来矿井水害事故频发，给矿山企业造成损失，给职工人身安全造成威胁。为防止和减少水害事故，结合公司多年来从事矿山井巷工程施工实践，尤其是探放水方面的施工经验，分别对小窑老空积水、采空区积水、富水含水层、地质构造水、裂隙水及浅水层等采取不同的专项治理措施，总结出一套行之有效的巷道掘进探放水"预测预报，有掘必探，物探先行，钻探验证"施工方法，有效地防止了矿山井巷工程水害事故的发生。本工法关键技术于 2015 年 5 月通过了中国煤炭建设协会组织的技术成果鉴定，达到国内领先水平。

2 工 法 特 点

巷道掘进工作面探放水施工技术与传统施工技术相比，具有以下特点：

（1）利用电磁反射波信号来探测巷道异常情况。物探结合钻探验证该区域水文地质情况，区别对待进行井下探放水施工。

瞬变电磁法是提高探测深度和在高阻地区寻找低阻地质体的最灵敏的方法，具有自动消除主要噪声源且无地形影响，同点组合观测，与探测目标有最佳耦合，异常响应强，形态简单，分辨能力强等优点。

探地雷达用于确定地下介质分布的光谱电磁技术。该技术采用无损探测，无须辅助工程，现场探测快速经济，可超前探测 30～50 m（根据地质条件不同而不同）范围内的断层、陷落柱、含水带等地质构造。

（2）工艺实用，可操作性强，成本较低，方法合理，可提高抵御水灾的能力，预防透水、突水造成的危害。

（3）科学划分简单和复杂区域，区别对待物探、钻探相结合，地面、井下相结合，钻孔长短相结合，必要时配合其他手段，有效地预防和控制了井下水害事故，保障了作业安全。

3 适 用 范 围

本工法适用于煤矿、冶金等矿井水文地质类型为简单、中等和复杂条件下的巷道掘进探放水施工及工程勘探等，主要应用于：

（1）探测含水层、地质构造水、裂隙水及采空区积水。

（2）在井下探测采区内部和外围以及掘进头前方的储水结构。

4 工 艺 原 理

4.1 预测预报，有掘必探，物探先行，钻探验证

（1）采用"物探先行，钻探验证"的方法及"防、堵、疏、排、截"的综合治理措施。

（2）通过水文地质调查和隐患排查，将掘进作业地点区域划分为"水文地质条件复杂区和水文地质条件简单区"区别对待。划分依据包括水文地质条件，矿井受采掘破坏或者影响的含水层及水体，矿井及周边老空积水分布状态，矿井涌水量或突水量分布规律，矿井开采受水害影响程度以及防治水的难易程度。

复杂区探放水方案为"物探先行，钻探验证"，采用物探、钻探相结合，钻孔长短相结合的方法，并且掘进保留不得小于 30 m 超前安全距离循环探测。物探成果若存在水文异常，针对不同的情况，进行钻探验证，并及时制定专项探放水设计及安全措施。

简单区探放水方案为"预测预报，重点排查，物探先行，专项措施"，若物探异常，施工水文地质检查孔，查明异常区富水情况，必须及时制定专项防治水措施。

（3）物探为应用瞬变电磁法在矿井中探水，主要从电性上分析不同地层的电性分布规律。煤层电阻率值相对较高，砂岩次之，黏土岩类最低。由于煤系地层的沉积序列比较清晰，在原生地层状态下，其导电性特征在纵向上呈固定的变化规律，而在横向上相对比较均一。当存在构造破碎带时，如果构造不含水，则其导电性较差，局部电阻率值增高；如果构造含水，由于其导电性好，相当于存在局部低电阻率值地质体，推断为相对赋水。同样规律适于采空区。根据 MTEM 视电阻率拟断面图，综合地质和水文地质资料，可确定横向、水平深度和垂向深度电性变化情况，得出结果。

钻探：在施工过程中采用直接打钻超前勘测的方法，查明采掘工作面顶底板、侧帮和前方的含水构造、含水层、老窑积水等水体的具体位置、产状等，有效地控制水的情况。

4.2 探地雷达

探地雷达利用发射天线向地下发射高频电磁波脉冲，通过接收天线接收反射回的电磁波，电磁波在地下介质中传播时遇到存在电性差异的界面时发生反射，其路径、电磁场强度与波形将随所通过的介质的电性及几何形态而变化。因此，根据接收到波的旅行时间（双程走时）、幅度与波形资料，可推断介质的构造、形态和埋藏深度。

存在渗透水流使渗漏部位或浸润线以下介质的相对介电常数增大，与未发生水流渗漏部位介质的相对介质常数有较大的差异，在雷达剖面图上产生反射频率较低、反射振幅较大的特征影像，以此推断发生水流渗漏的空间位置、范围和埋藏深度。

5 工艺流程及操作要点

5.1 工艺流程

进行水害区域划分，水文地质条件按复杂区和简单区区别对待。勘探方法基本判断如图 5-1 所示。

物探超前探测流程如图 5-2 所示，钻探超前探测流程如图 5-3 所示。

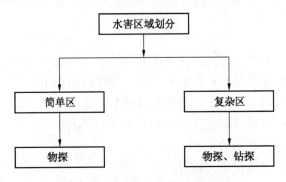

图 5-1 勘探方法基本判断

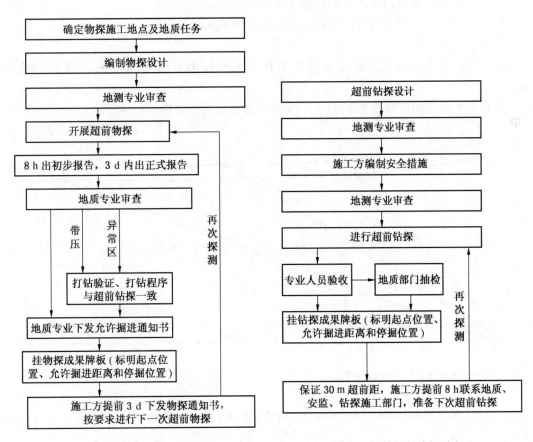

图 5-2 物探超前探测流程　　　　图 5-3 钻探超前探测流程

5.1.1 简单区区域划分标准及探水方法

（1）简单区为上部岩层均为弱含水层、不受采空积水影响、周边采掘工程清楚、不存在带压开采的地段，但不排除地质构造或巷道调坡造成承压或导水可能。采用地质雷达对地质构造进行超前探测。

（2）采取"预测预报，重点排查，物探先行，专项措施"的方案，若物探成果表明存在水文地质异常情况，及时制定专项探放水设计及措施，施工水文地质检查孔，查明异常区富水情况。

5.1.2 复杂区区域的划分

1. 上部水害

掘进巷道上部存在水害隐患，且与巷道之间的最小距离小于 10 倍巷道高度。一种情况是上部巷道开采层位清楚但开采范围不清楚，两煤层层间距的最小垂直高度小于 10 倍巷道高度。另一种情况是上部穿层巷道采掘情况不清楚，统一按小于 10 倍巷高对待。

（1）上部煤层存在本矿或周边煤矿采掘范围不清楚的地段。

（2）上部存在强含水层的地段。

（3）上部存在松散含水层的地段等。

2. 本煤层水害

（1）存在本矿或周边煤矿采掘范围不清楚的地段。

（2）钻孔、已知构造可能导通强含水层或水体的地段。

3. 底板承压水害

存在带压开采的地段，地质构造简单且突水系数小于 0.06 MPa/m 的带压开采区域。

水在上方时钻探图如图 5-4 所示，水在下方时钻探图如图 5-5 所示。

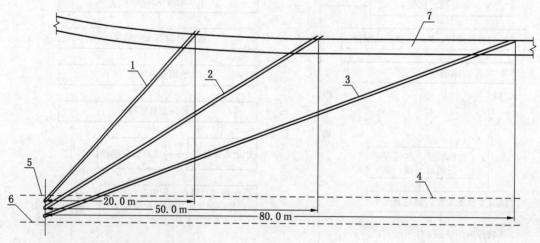

注：3 个钻孔的倾角根据水平控制距离。

1—1 号孔迹线；2—2 号孔迹线；3—3 号孔迹线；4—待掘巷道剖面；5—巷道顶板；
6—巷道底板；7—含水层

图 5-4 水在上方时钻探图

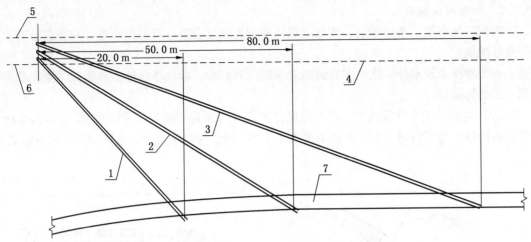

注：3个钻孔的倾角根据水平控制距离。

1—1号孔迹线；2—2号孔迹线；3—3号孔迹线；4—待掘巷道剖面；5—巷道顶板；6—巷道底板；7—含水层

图 5-5　水在下方时钻探图

5.1.3　复杂区"有掘必探"方法

1. 采用钻探方法

严格按照《煤矿防治水规定》，钻孔终孔位置满足平距 3 m，厚煤层内各孔终孔的垂距不得超过 1.5 m；钻孔超前距离不得小于 30 m，帮距不得小于 20 m。在预计水压大于 0.1 MPa 的地段，封孔套管长度不得小于 10 m。针对带压掘进工作面，底板方向钻孔不得少于 2 个。

2. 采用物探加钻探方法

（1）上部存在水害隐患：先采用矿井瞬变电磁仪超前探测，物探正常区必须对巷道前方、两帮及 10 倍巷高范围内钻探控制。

（2）同层存在水害隐患：先采用矿井瞬变电磁仪超前探测，薄煤层、中厚煤层物探正常区必须对巷道前方及两帮钻探控制，厚煤层物探正常区除对巷道前方及两帮钻探控制外，必须有控制煤层顶底板的钻孔。

（3）承压含水层与开掘层之间的隔水层能承受的水头值大于实际水头值时，采用矿井瞬变电磁仪超前探测，物探正常区必须对巷道前方、两帮及底板钻探控制；其中底板方向钻孔不得少于 2 个。

（4）所有探测的物探异常区均应制定专项探放水设计及措施。

3. 编制专项治理方案

承压含水层与开掘之间的隔水层能承受的水头值小于实际水头值时，必须编制专项治理方案。

5.2　操作要点

5.2.1　确定探放水起点

针对小窑老空，一般须将调查获得的小窑老空分布资料经过分析后，分别按照积水线、探水线和警戒线 3 条线来确定探放水的起点。

5.2.2 物探超前探测

物探工作布置、参数确定、检查点数量和重复测量误差、资料处理等，应当符合有关行业标准规定。

由于物探手段本身可能受多方面因素的制约和影响，存在多解性，其测试结果往往带有一定的局限性。

（1）物探应是全方位探测。根据地质任务满足探测范围覆盖一个半球体，矿井瞬变电磁法测得每个相邻的测线水平夹角不得大于15°。瞬变电磁探测方向布置如图5-6所示。

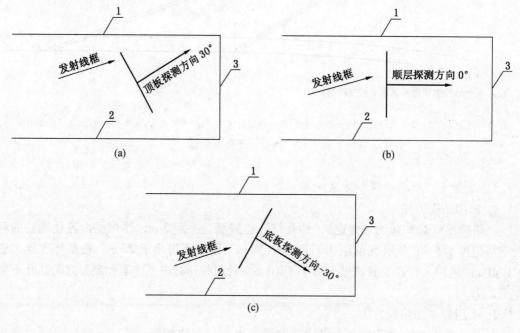

1—巷道顶板；2—巷道底板；3—巷道迎头

图5-6 瞬变电磁探测方向布置

（2）矿井瞬变电磁仪应在本区已知的积水地段进行试验，得出该仪器的有效探测距离和施工参数。瞬变电磁视电阻率如图5-7所示。

（3）每次物探超前探测完成后8 h内提交物探初步报告，3日内提交物探正式报告。

（4）探地雷达可检测不同岩层的深度和厚度，用于地面作业开工前对地面做一个广泛的调查。探地雷达探测成果如图5-8所示。

5.2.3 钻探超前探测

钻探验证钻孔的布置要视异常区的不同情况而定。对地质构造和地质异常区，通过钻探验证，以确定构造的性质、发育范围及富水性。

钻机队伍应按照设计进行探放水钻孔的施工。真实填写钻孔验收单。掘进队每班班长应根据超前探测牌板上剩余允许的掘进距离组织生产。

5.3 劳动组织

巷道掘进工作面探放水施工劳动组织见表5-1。

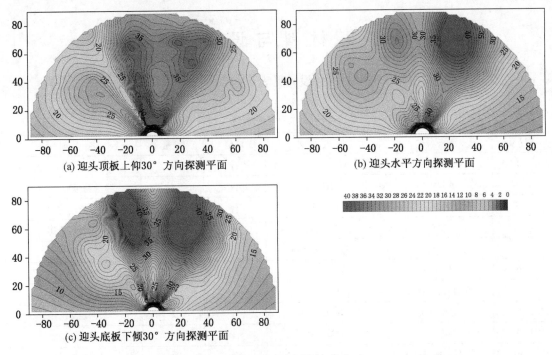

(a) 迎头顶板上仰30°方向探测平面

(b) 迎头水平方向探测平面

(c) 迎头底板下倾30°方向探测平面

图5-7 瞬变电磁视电阻率

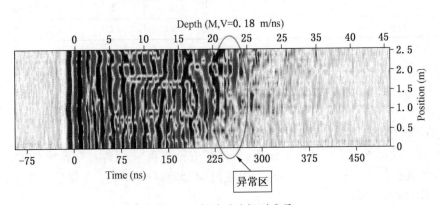

图5-8 探地雷达探测成果

表5-1 巷道掘进工作面探放水施工劳动组织表   人

序号	单位	工种或职务	人数	序号	单位	工种或职务	人数
1	管理	项目经理	1	7	施工队组	队长	3
2		总工程师	1	8		钻机司机	5
3		副经理	2	9		物探工	2
4		技术人员	5	10		机电工	8
5		安监员	3	11		水泵司机	5
6		测绘人员	5	12		其他	18
小计		17		小计		41	
合计				58			

6 材 料 与 设 备

巷道掘进工作面探放水施工材料与设备见表6-1。

表6-1 巷道掘进工作面探放水施工材料与设备表

序号	设备名称	型号、规格	单位	数量	备 注
1	瞬变电磁仪	YCS40（A）	台	1	
2	探地雷达	KJH-D	台	1	防爆型
3	钻机	D-150	台	2	根据现场选用
4	钻杆	φ42 mm	m		根据现场选用
5	钻头	φ95 mm、φ75 mm	个		根据现场选用
6	压力表		个		专用水压表
7	孔口管、导水管		m		根据现场选用
8	控制开关	GGD2-39	台	2	根据现场选用
9	馈电开关	QBZ-80	台	2	根据现场选用
10	局部通风机	FBD. No. 6. 3/2×30	台	2	根据现场选用
11	防爆电话		部	2	根据现场选用
12	止水套管阀门		个		根据现场选用

7 质 量 控 制

7.1 质量保证措施

（1）本工法必须遵照执行以下标准：《煤矿安全规程》、《煤矿防治水规定》、《井下钻探工操作规程》、《煤矿井巷工程施工规范》（GB 50511—2010）、《煤矿井巷工程质量验收规范》（GB 50213—2010）。

（2）建立质量保证体系，成立质量管理小组，抓好各关键工序的过程控制、质量控制，做好原始记录。

（3）强化全员质量意识，明确职责分工，做好技术交底工作，执行好"当班自检、班组互检、质检员随时检"制度。

（4）建立质量奖罚制度，明确工艺标准，对照奖罚。制定各级人员岗位责任制，形成全过程的质量管理网络。

（5）实行施工前质量预控制，认真领会设计意图，对关键部位、关键工序可能出现的问题进行预防性控制。

（6）熟悉探放水设施、设备的工作原理，掌握其操作要领、维护保养和排除故障的技能。

7.2 探放水工作质量要求

（1）探放水工程有方案设计、施工设计、安全技术措施，结束后有总结。

（2）严格按照相关规范、规程、规定编制防治水管理制度。

（3）严格进行年度和雨季水情水害预测预报。

（4）预测预报内容要求图表结合，内容齐全，描述准确，定性、定量，措施有针对性。

（5）施工生产计划发生变更，存在水害隐患时，必须提前 5~6 d 发出"地质、水文预报通知单"。

（6）严格执行资料汇交制度，签字存档。

（7）验收探测成果，每班都必须填写汇报，包括钻孔的角度、进尺长度、套管下置深度、岩芯采集情况、设备运转状况和钻进过程记录。

8 安 全 措 施

8.1　主要安全法律、法规、规范

（1）《煤矿安全规程》。

（2）《煤矿安全建设规范》。

（3）《建筑施工安全检查标准》（JGJ 59—2011）。

（4）《施工现场临时用电安全技术规范》（JGJ 46—2005）。

8.2　安全措施

（1）探放水人员必须经专门技术培训，经考核合格，持证上岗。

（2）施工人员必须遵守下井须知，存在突水威胁的，熟知预防灾害的措施和井下避灾路线。

（3）使用专用的探放水钻机，严禁使用煤电钻探放水。

（4）探放水工程施工前，熟悉工程设计目的、任务、施工方法与质量要求。一台钻机机组人员的配置不得少于 4 人。

（5）井下钻场必须具备安全设施及钻探条件。

（6）探放上覆水患距设计探水目的层剩余距离 5.0 m 时，由领导、安全员现场跟班组织探放水，保证探放水安全进行。

（7）探放同层积水剩余距离 20 m 时，由领导、安全员现场组织探放水，保证探放水安全进行。

（8）探放老空积水的超前钻距，根据水压、煤（岩）层厚度和强度及安全措施等情况确定，但最小水平钻距不得小于 30 m，止水套管长度不得小于 10 m。

（9）认真测定钻孔孔位、方向、孔深，记录开孔、终孔日期，终孔层位和出水量，有无出风、出瓦斯等特殊情况，放水期间应连续进行出水量观测，计算累计出水量。

（10）孔口管耐压试验合格后，安装耐压不小于该处正常水压 2 倍的孔口闸阀，此后方可钻进。

（11）探放水钻孔必须安置止水套管并安装控制闸阀，确保放水能在控制下进行。探水钻孔终孔孔径一般不得大于 75 mm。

（12）严禁在上下山巷道中、没有安全出口的情况下实施探放水工作。

9 环保措施

（1）建立健全环境管理体系，严格遵守国家和地方有关环保法律、法规、标准、规范和规定。

（2）施工过程中，需排放老空积水等；根据水质不同分别进行，优质达标水必须利用，废水必须经污水沉淀池和净化处理后排放。

（3）保持巷道整洁，无杂物，无积水，无淤泥，管线架设整齐，风管、水管、油管没有跑、冒、滴、漏现象。

（4）施工过程中，自觉养成环保意识，最大限度地降低钻机等产生的噪声和环境污染，加强通风和综合防尘管理。

（5）各种材料和设备堆放有序，分类管理，编号后挂牌存放。

10 效益分析

本工法在宏厦一建施工的阳坡堰区、北茹区、赵家分区、保安区井下巷道工程等巷道中实际运用，消除了透水、突水给施工人员带来的安全风险，较好地解决了水害难题。

2011 年 8 月 9 日，在宏厦一建担负施工的阳泉固庄煤矿探放水过程中，采用先行物探技术成功预测了南运输大巷前方顶部存在积水异常情况，随后进行钻探验证，探到老空区积水，水头压力 0.44 MPa，排放水 90000 m^3 后，水压降为 0.32 MPa，预计还存有积水 360000 m^3，避免了职工生命威胁和水淹矿井造成的巨大损失（若一旦矿井被淹，将产生抽水、救援、地面注浆、巷道排水、矿井设备更换、巷道清理和维护，人员工资等费用约 7.6 亿元）。实践证明，该工法使透水威胁得以提前预测和有效控制，提高了防治水技能和抵御水灾能力，推动了探放水技术发展，提高了安全效益、经济效益。

11 应用实例

11.1 实例一

阳煤集团二矿北茹工地，井下巷道主要有 +390 m 水平北回风巷、+390 m 水平输送带巷、+390 m 水平轨道巷等开拓大巷及 11 采区风桥和 13 采区高抽巷等巷道。该区域奥灰水水位高约 +440 m，掘进为带压掘进，存在突水隐患。多年来施工严格按该工法探放水施工，有效地避免了透水事故。

11.2 实例二

山西阳泉固庄煤矿，施工的井下巷道有位于 +847 m 水平和 +817 m 水平之间的轨道暗斜井及上下部车场、运输暗斜井、运输大巷及丈八 +828 m 大巷。在探放水施工中，物探发现异常情况，随后按探放水设计布孔进行钻探；结果打钻 17 m 后钻透前上方老空水，当时水头压力为 0.44 MPa；预计存水量 $(40 \sim 60) \times 10^4$ m^3，已控制放水约 20×10^4 m^3，保障了员工的人身安全，避免了淹井水灾事故。

11.3 实例三

阳煤集团五矿赵家分区所掘巷道为岩巷，分别为 + 211 m 水平北回风石门，+ 211 m 水平南回风石门以及井底车场等；该施工区域奥灰水位标高约 + 435 m；巷道远低于奥灰水水位标高，掘进为带压掘进，具有较强的突水危险性。赵家分区每条巷道掘进过程中采用本工法有效地预防和控制了水害事故的发生，确保了施工安全。

煤矿安全专用避难硐室地面直通孔
施工工法（BJGF033—2012）

唐山开滦建设（集团）有限责任公司

卢相忠　杜　凯　张梦歧　周广军　刘大伟

1　前　　言

　　建立并完善煤矿井下安全避险"六大系统"是安全生产的迫切需要，煤矿井下紧急避险系统是国家强制推行的先进技术装备。为规范和促进井下紧急避险系统的建设、完善和管理，根据安监总煤装〔2011〕15号文件《国家安全监管总局国家煤矿安监局关于印发煤矿井下紧急避险系统建设管理暂行规定的通知》、国家安全监管总局国家煤矿安监局关于印发《煤矿井下安全避险"六大系统"建设完善基本规范（试行）》的通知（安监总煤装〔2011〕33号）建立了煤矿井下紧急避险系统，建设、完善了紧急避险系统并与矿井安全监测监控、人员定位、压风自救、供水施救、通信联络等系统全面对接，在紧急情况下为无法及时撤离的遇险人员提供生命保障，创造生存基本条件，为应急救援创造条件、赢得时间。本技术需要在井下避难硐室对应的地面上施工直通钻孔到井下，为矿井通风、排水、救援等提供服务。

　　本工法关键技术于2012年12月8日通过中国煤炭建设协会技术鉴定，成果达到煤炭行业领先水平。

2　工　法　特　点

　　（1）采取定向透巷技术，保证钻孔质量及垂直度，达到预定位置。

　　（2）需要下入多层大口径套管，并对套管的封闭采用专用注浆设备和工艺进行固井。

　　（3）工程造价比反井钻孔工程施工要低，工期短，安全有保证。

3　适　用　范　围

　　本工法适用于井下避难硐室、巷道施工定向透巷的大口径直通钻孔，为矿井紧急救援所需的井上下供排水、供风、抽排瓦斯等提供条件。

4 工艺原理

本工法工艺原理是在井下避难硐室区域的地面施工钻孔到井下，下入全孔套管，形成地面与井下沟通的"铁桶"，完成钻井工程。其理论基础是：大型钻探设备与定向导斜施工工艺结合，采用浮力法进行下套管作业，大型注浆车进行固井封闭套管。

5 工艺流程及操作要点

5.1 工艺流程

为了增强扭矩力，钻具选用 $\phi127$ mm 钻杆、$\phi159$ mm 钻铤组合，严格控制钻进参数，确保钻孔的垂直度。采用正循环施工工艺进行施工。

进行可靠的抗拉、抗挤压强度实验保证套管的焊接强度。套管每 10~20 m 加扶正器，确保套管居中，保证固井质量。

采用特殊的定量与高压固井技术，以达到最佳的固井效果。

施工工艺流程如图 5-1 所示，钻孔结构如图 5-2 所示。

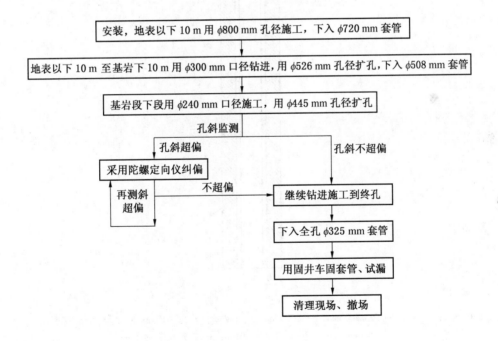

图 5-1 施工工艺流程

5.2 操作要点

5.2.1 第四系钻进施工要点

（1）开钻正常钻进时，为防止漏浆、塌孔事故发生，要求用高密度钻井液钻进，且适当控制转速与排量，防止冲垮和憋漏地层，接单根时，早开泥浆泵，晚停泥浆泵。

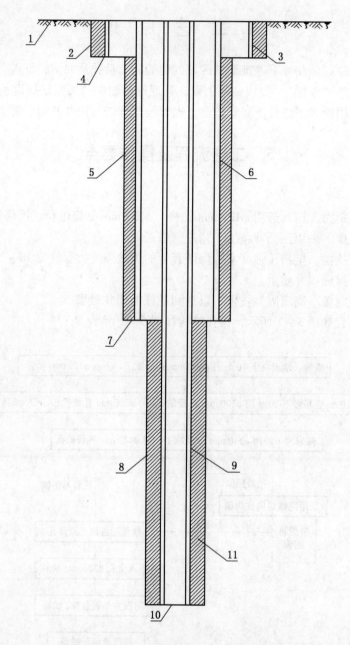

1—地表；2—一开孔径 $\phi800$ mm；3—$\phi720$ mm 套管；4—一开孔深 10 m；5—二开孔径 $\phi526$ mm；

6—$\phi508$ mm 套管；7—二开孔深 301 m；8—三开孔径 $\phi445$ mm；

9—$\phi325$ mm 套管；10—完井孔深 400 mm；11—水泥固井

图 5-2　钻孔结构

（2）为了确保钻孔的垂直度，采用特殊的稳斜钻探和加重钻具钻进方式。

（3）由于孔径太大，要确保泥浆泵充分、大泵量大循环，做好冲积层护壁工作。

（4）为了保证表层套管的顺利下入，采用单根套管进行冲扫孔。

5.2.2 基岩钻进段施工要点

（1）把好成井质量关，要求每钻进 25 m 测斜一次，必要时加密测斜。若井斜超标则采用陀螺定向钻具钻进（纠斜）施工。然后进行孔斜复测，反复进行测斜、导斜施工，直到钻孔施工达到设计要求为止。

（2）钻至设计井深，由技术员确认后，进行钻井液处理，循环并进行起钻，用同一口径套管进行通孔，确保下套管的顺利进行。

（3）若钻孔漏水或无水，要采用增加浮力塞的方法进行下管。

5.2.3 特殊地段钻进方式

采用石油钻井平台，ϕ127 mm 钻具 + ϕ159 mm 和 ϕ178 mm 加重钻具组合，利用高级化学泥浆，保证钻孔垂直度和钻孔施工质量与安全。

5.2.4 封闭固管方式

采用注浆车或混凝土搅拌车等专用设备对套管外壁用自制的水泥浆进行封闭固管，并且用静压注水试验检查封闭质量。

5.3 劳动组织

根据工程施工方案、施工技术装备、工效等情况，确定各工种需求人数，见表 5-1。

表 5-1 劳 动 组 织 表 　　　　　　　　　　　人

序 号	单 项 工 程	人 数	备 注
1	管理人员	4	现场施工管理
2	安全员	1	现场安全管理
3	注浆技术员	2	注浆操作及记录
4	测斜技术员	2	测斜操作及记录
5	焊工	2	焊接套管
6	钻探工	12	钻机操作
7	钳工	4	仪器维护
合　计		27	

6 材 料 与 设 备

采用的主要施工设备见表 6-1，主要施工材料见表 6-2，施工钻具见表 6-3。

表 6-1 主 要 施 工 设 备 表

序 号	设 备 名 称	型 号	规 格	备 注
1	井架	DMA24	750.9 kN	
2	钻机	TSL2000		5 t
3	天车	TC-250		
4	游动滑车大钩	YC-270		

表6-1（续）

序　号	设备名称	型　号	规　格	备　注
5	转盘	通径 ϕ435	扭矩 14.7 kN·m	
6	绞车	TC-45	15 kW	
7	泥浆泵	TBW-1200/7	185 kW	20 L/s
8	电动机	185	185 kW/110 kW	1台

表6-2　主要施工材料表

项　目	井身尺寸/mm	套管直径/mm	需套管量/m
0～10 m	ϕ800	720（孔口套管）	10
0 m 至基岩面下 10 m	ϕ526	508（表层套管）	基岩深度+10
0 m 至终孔深度	ϕ445	325（无缝钢管）	终孔深度

表6-3　施工钻具表

名　称	数量/根	规格/mm
方钻杆	1	133×133
钻杆	41	ϕ127
钻铤	4	ϕ159、ϕ178
钻头	6	ϕ800、ϕ526、ϕ445、ϕ300、ϕ240

7　质量控制

7.1　质量控制标准

钻探作业执行煤炭行业标准《煤炭地质钻探规程》（MT/T 1076—2008）和《煤、泥炭地质勘查规范》（DZ/T 0215—2002）。钻孔验收执行煤炭行业标准《煤炭地质勘查钻孔质量标准》（MT/T 1042—2007）。

7.2　质量要求

（1）根据设计要求，钻孔施工的轨迹最终点必须落在对应的巷道内或边缘地带，所以要求钻孔偏斜距离最大不超过井中 2 m。

（2）近期所施工的钻孔终孔点均在 1.0～2.0 m 之间，都落在了对应的巷道内，满足设计要求和巷道施工的要求。

7.3　质量检验

（1）过程检验：对施工钻孔随着孔深增加，每间隔 30～50 m 测斜一次，一旦孔斜超偏，立即进行纠偏工作，保证钻孔轨迹按照设计范围施工，达到透巷或进入预定巷道内。

（2）下入套管质量检验：进行静水压力试验，水位不下降或下降速度达到规程要求，即为合格。

（3）终孔的孔斜监测：精确测量钻孔斜度，绘制钻孔偏斜轨迹图，保证最终落点符合设计要求，即为合格。同时进行最终套管下入的质量检验，对套管进行封闭止水检验。

7.4 质量控制措施

（1）为了增强扭矩力，钻具选用 $\phi127$ mm 钻杆、$\phi159$ mm 钻铤和 $\phi178$ mm 钻铤组合，严格控制钻进参数，确保钻孔的垂直度。

（2）采用正循环施工工艺进行施工，发现孔斜偏差过大马上纠偏（需螺杆定向纠偏）。

（3）采用浮力法进行下套管作业，下套管要操作平稳，严格控制下套管速度，严禁猛刹、猛放。

（4）三开套管每 30 m 加扶正器，确保套管居中，保证固井质量。

8 安　全　措　施

8.1 安全生产责任制

（1）落实安全责任，实施责任管理。项目经理是施工项目安全管理第一责任人。建立完善以项目经理为首的安全生产领导组织，有组织、有领导地开展安全管理活动，承担组织领导安全生产的责任。

（2）建立各级人员安全生产责任制度，明确各级人员的安全责任。全员承担安全责任，建立安全生产责任制，从经理到工人的生产系统做到纵向到底，一环不漏，人人负责。

8.2 安全生产措施

（1）认真执行《钻探操作规程》和《钻探安全操作规程》。

（2）特种作业人员除经企业的安全审查，还需按规定参加安全操作考核，取得监察部门核发的安全操作合格证，坚持持证上岗。

（3）从事高空作业时，必须佩戴安全带、安全帽等安全防护用品。

（4）由于施工钻孔口径大，钻具大而重，要做好自我保安和相互保安，防止出现人身伤亡事故。

（5）钻机、泥浆泵、动力设备等必须安装平稳、牢固。

（6）检查场地安全设施，防火、防水、防雷电等设施完好。

（7）坚持一班一会制，研究出现的异常情况，及时将安全隐患排除。

（8）下套管时，既要注意人身安全，又要注意保证所下套管的质量，并安全地下入孔内。

（9）封闭套管时，采取高压注浆设备进行固管，要对其管路和泵进行压力试验，确保施工安全，防止浆液喷到作业人员。

（10）施工中要注意防火、防雨、防雷电、防冻等工作。

（11）施工中杜绝"三违"，杜绝一切机械及人身事故。

9 环 保 措 施

（1）实行环保目标责任制，加强检查和监控工作，保护和改善施工现场环境。

（2）设备、材料要有防尘措施，并摆放整齐。

（3）施工场地要经常打扫、洒水，防止粉尘污染。

（4）施工设备经常清洗，保持环境整洁。施工设备采用减震和消声装置，包括水刹车装置等，防止噪声污染。

（5）防止水源污染，废水、废浆排放到指定地点。

（6）泥浆池与泥浆循环系统规范、整齐，四周围护好，保证不乱跑浆。保持场地整洁。

（7）施工结束后对施工现场恢复原状。

10 效 益 分 析

10.1 经济效益

钻探2500元/m，固管注浆600元/m³，设备使用费3万元/月。大口径钻孔一般施工费用为3000～3500元/m，而要在井下施工反井钻孔费用在4000～4500元/m。所以，在煤矿巷道之上的工业广场地面施工的大口径钻孔费用与井下施工反井钻孔相比，要减少预期费用30万元左右，经济效益大大提高。

10.2 社会效益

地面施工的大口径钻孔与井下施工反井钻孔相比，安全系数比较高，工程难度小，工期短，工程质量、人身安全、施工安全都有保障，其社会效益明显。

11 工 程 实 例

11.1 实例一

开滦钱家营煤矿西风井附近地面直通井下的瓦斯通风孔工程，于2011年5月开工，2012年2月完工。开孔孔径780 mm，终孔孔径426 mm，下套管口径325 mm，孔深389.54 m。

最大井斜1°20′，终孔井底位移0.82 m，方位152°。采用液体替量技术和高压注浆技术固井，质量优良，达到了设计要求，得到了甲方的赞誉。

11.2 实例二

开滦（集团）蔚州矿业公司北阳庄煤矿地面避难硐室通风孔工程，于2012年3月14日开工，于2012年4月15日完工。开孔孔径800 mm，终孔孔径346 mm，套管口径325 mm，孔深461.63 m。

最大井斜1.2°，终孔井底位移3.561 m，方位166.2°。钻孔落点在预定区域内。采用液体替量技术和高压注浆技术固井，工程结束后各项技术指标达到设计要求，甲方验收合格，工程质量优秀。通过井下施工已经确认钻孔达到预定位置。

11.3 实例三

开滦（集团）蔚州矿业公司单侯煤矿地面避难硐室通风孔工程，在矿井工业广场内副井北侧施工。施工时间为 2012 年 4 月 18 日至 5 月 18 日。开孔用 $\phi800$ mm 口径开孔，终孔后用 $\phi325$ mm 扩孔，按要求下入 $\phi273$ mm $\times9$ mm 全孔套管至 392.50 m 并采用高压注浆技术固井。

最大井斜 0.6°，终孔井底位移 1.237 m，方位 229°。钻孔落点在预定的巷道区域内。通过甲方验收确认钻孔施工质量合格。

冻结孔缓凝水泥浆液固管封水施工

工法（BJGF034—2012）

中煤第五建设有限公司

刘传申 吴晓山 刘文民 程志彬 张步俊

1 前　　言

　　井筒建设工程中，随着深度增加及地压增大，地面预注浆与工作面注浆治水的难度通常越来越大，效果也越来越难以保证。尤其是对于高角度平行裂隙发育的岩层，或富含孔隙水的砂岩层，其注浆效果更是难保证。在此背景下，随着鄂尔多斯等西部地区煤炭资源的开发，近年来全深冻结法凿井技术逐渐在富水岩层井筒建设中得到推广应用。全深冻结法凿井施工中，对冻结孔进行固管封水处理，是保证矿井建设安全的必要，也是极为重要的环节。

　　中煤第五建设有限公司第三工程处委托中国矿业大学，针对鄂尔多斯地区地层特点、钻孔泥浆配方及冻结管安装施工所需时间等，开展冻结孔缓凝水泥浆液固管技术研究，形成了冻结孔缓凝水泥浆液固管封水施工工法。该工法关键技术于2012年6月通过了中国煤炭建设协会组织的技术鉴定，成果达到国内领先水平。

2 工 法 特 点

2.1　解决冻结孔泥浆置换技术难题

　　（1）冻结孔泥浆置换所需的缓凝水泥浆液的材料及其配合比可根据置换段高配制，缓凝水泥浆液的凝结时间不受造孔泥浆的影响，能满足冻结法凿井中冻结管下沉的需要。因此，用于冻结孔固管封水时，无须先期开展造孔泥浆的调质或置换（先置换为普通泥浆），为有效地加快冻结造孔与沉管作业速度提供了至关重要的保障。

　　（2）冻结孔缓凝水泥浆液置换作业工艺与技术措施切实可行，通过严格的浆液用量及后续所需压入泥浆量的计算，保证了冻结孔泥浆置换工作的高质量、顺利完成。

　　（3）该工法成功应用于鄂尔多斯地区，保证了相关工程的高质量、顺利完成，解决了冻结孔固管封水所面临的关键问题——水泥浆液配制及冻结管顺利下沉问题，因此，不仅具有重要的工程实用价值，也具有极为重要的理论意义。

2.2　工法关键技术

　　（1）获得了适用于鄂尔多斯地区冻结孔泥浆置换所需的缓凝水泥浆液的材料及其配合比，该缓凝水泥浆液由水、钠土、三聚磷酸钠、柠檬酸、CMC按一定比例组成，初凝时间为 22～23 h，能满足冻结法凿井中冻结管下沉的需要。

（2）缓凝水泥浆液与钻孔化学泥浆混合后，初凝、终凝时间不受影响。用于冻结孔固管封水时，不需预先对钻孔泥浆进行调质处理，也不需将钻孔泥浆预先替换为普通泥浆。

（3）冻结孔固管时，缓凝水泥浆液通过钻杆注入孔内（钻杆末端深入孔底）。通过控制后续压入的泥浆量，确保水泥浆液与钻孔泥浆的混合范围达到最小。

3 适 用 范 围

该工法适用于西部矿山全深冻结法施工的立井井筒工程。

4 工 艺 原 理

所谓固管封水，即在冻结孔施工完毕、冻结管安装之前，先将孔底以上一定高度范围内的钻孔泥浆置换为具有一定缓凝时间、较高结石率且结石体具有较高强度与抗渗性的水泥浆液，再下放冻结管，通过水泥浆液的固化，实现冻结管与地层的胶结，截断导水通道，达到固管封水的效果。

5 工艺流程及操作要点

5.1 工艺流程

工艺流程如图 5－1 所示。

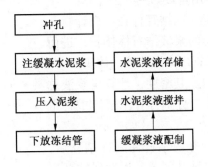

图 5－1 工艺流程

5.2 主要工艺操作要点

5.2.1 缓凝水泥浆置换高度

根据《煤矿井巷工程施工规范》（GB 50511—2010）和缓凝水泥浆的结石率确定缓凝水泥浆置换高度。

5.2.2 浆液现场配制

（1）水泥浆搅拌前，必须先行完成冲孔、泥浆调整，压适量清水。

（2）按每池浆液的用量准备好浆液配制材料：水泥、水、钠土、缓凝剂、CMC。

缓凝水泥浆液配合比和初凝时间应在现场配制试验确定。门克庆煤矿副井施工中，水泥浆配合比为1.25∶1，初凝时间为22～23 h。

（3）首先对缓凝剂、CMC外加剂进行溶解，所需水量从浆液总用水量中扣除。

（4）外加剂溶解结束（或临近结束）时，加水到搅拌池，开机搅拌并依次倒入水泥、钠土。

（5）水泥浆搅拌约3 min基本均匀后，掺入三聚磷酸钠、柠檬酸溶液并继续搅拌3 min，之后将CMC溶液加入，再搅拌3 min，水泥浆液搅拌完毕。

（6）开启搅拌池与储浆池之间的管道阀门，使水泥浆液流入储浆池暂存。

（7）按上述（3）～（6）步骤制备第二批浆液。注意：搅拌第二池时，第（3）步可在第一池浆液搅拌过程中平行作业，提前进行，并确保在第一池浆液搅拌结束时，完成该工作，以便立即转入第二次浆液的搅拌。

（8）开启注浆泵，把储浆池中两次制备的浆液一次性泵入冻结孔。

（9）浆液注入完毕，立即将泥浆泵的吸浆管转至泥浆池，向管路中压入定量泥浆。其中，泥浆量必须准确计量。

（10）后续泥浆压注完毕，迅速上提钻杆，清理井口盘，转入冻结管下沉作业。

（11）严格控制钠土中$NaCO_3$的含量，$NaCO_3$的含量很少时，对水泥水化具有一定的抑制作用，即具有缓凝效果；而$NaCO_3$的含量一旦超过一定量值，将具有很强的促进水泥水化的作用。

（12）缓凝剂计量要准确，采用精密电子天平称量。

（13）搅拌过程中浆液不能漏失导致缓凝剂流失或溶解不均匀。

5.2.3　冻结孔固管封孔浆液用量计算

所需水泥浆液及其材料用量按如下方法计算：

（1）首先根据钻孔直径、冻结管外径、设计封孔高度，计算出固管封孔所需的浆液结石体积；进而根据水泥浆液的结石率，计算出水泥浆液的体积。

（2）根据水泥浆液体积及其密度，计算出浆液总质量；进而根据其质量配比，分别计算出浆液中各组分的用量。

水泥浆液经地面管路、井内钻杆注入冻结孔后，还须向管路内压入一定量的钻孔泥浆，以确保钻杆内的水泥浆液面有一定的高差，如图5－2所示。

图5－2中，钻杆内高出部分的水泥浆体积应等于其下方钻杆自身所占的体积。显然，在此条件下，钻杆上提后，钻杆内高出段的水泥浆刚好下沉，能完全弥补钻杆自身所占体积，从而尽最大可能地避免钻杆内后续压入的钻孔泥浆与缓凝水泥浆的混合。

上述想法偏于理想，实质上并未考虑钻杆内外液柱压力的平衡问题，因而事实上很难做到如图5－2所

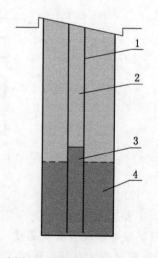

1—钻杆；2—钻孔泥浆；3—高于钻杆外抵消下步钻杆自身体积；4—水泥浆液

图5－2　水泥浆压入后
（拔钻杆前）的浆液面

示的状态。如需准确控制，水泥浆压注完毕，钻杆内可后续压入一定的清水，以降低钻杆内液柱的总压力，同时冲洗钻杆。但考虑到该操作较烦琐，且可能影响钻孔泥浆的护壁性能，经反复权衡，实际工程中最终决定仅压入钻孔泥浆。

后续压注泥浆量的计算方法如下：

（1）首先根据水泥浆总体积及钻孔直径，计算出无钻杆条件下水泥浆柱在冻结孔内的总高度。

（2）忽略钻杆内外压力平衡，假定钻杆（底端敞口）插入水泥浆中，且插入部分的钻杆杆壁体积所占的泥浆全部"倒吸入"钻杆内。在此条件下，根据孔内水泥浆柱高度、钻杆的内外径，容易计算出钻杆"插入水泥浆内的部分"的杆壁体积；进而，换算出钻杆内水泥浆液柱相对于钻杆外的高差。

（3）钻杆内水泥浆液柱总高度已知的前提下，容易计算出上部（直到井口）钻杆的内部净空间，再计算出井口到泥浆池之间地面管路的内部净空间，二者之和即为需要后续压入的泥浆量。

5.3 劳动组织

劳动组织见表 5-1。

表 5-1 劳动组织表   人

序 号	工 种	人 数
1	供水工	1
2	水泥工	2
3	搅拌机工	1
4	化学剂工	1
5	搅拌机指挥工	1
6	注浆工	3
合 计		9

6 材料与设备

该工法所采用的主要材料与设备见表 6-1。

表 6-1 主要材料与设备表

序号	设备名称	型号、规格	单位	数量	备 注
1	注浆泵	XPB-90E	台	1	
2	水泥搅拌机	JS-1000	台	1	
3	水箱		个	1	
4	高压球阀	4″	个	若干	
5	高压球阀	2″	个	若干	井壁泄压孔用

表 6-1（续）

序号	设 备 名 称	型号、规格	单位	数量	备 注
6	冲击器	$\phi 90$ mm	个	2	
7	高压胶管	2″（25 MPa）	根	4	18 m/根
8	水泥	P.O32.5 普通硅酸盐	t	若干	
9	化学浆		t	若干	
10	钠土			若干	
11	三聚磷酸钠			若干	
12	柠檬酸			若干	
13	CMC			若干	

7 质 量 控 制

7.1 执行标准

本工法执行的主要规范、标准、依据有：

（1）《煤矿安全规程》。

（2）《普通混凝土拌合物理性能试验方法》（GB 50080—2002）。

（3）《混凝土强度检验评定标准》（GB/T 50107—2010）。

（4）《普通混凝土配合比设计标准》（JGJ 55—2000）。

（5）《混凝土外加剂应用技术规范》（GB 50119—2003）。

（6）《煤矿井巷工程施工规范》（GB 50511—2010）。

（7）《煤矿井巷工程质量验收规范》（GB 50213—2010）。

（8）GB/T 19001—2000 IDT ISO 9001：2008 标准。

7.2 工程质量保证措施

为确保泥浆置换工作的顺利、高质量完成，除了必须严格遵照上述工艺流程外，还制定了以下技术措施：

（1）专人负责各个冻结孔泥浆置换工程所需的水泥浆液及其材料用量的计算。一旦任何初始参数，如孔深、地面管路长度等发生改变，浆液用量及相应的材料用量必须重新计算，后续需压入的泥浆量也必须重新计算。

（2）专人负责水泥浆液外加剂的计量，确保外加剂尤其是缓凝剂的计量精度，以保证浆液配比符合要求。

（3）水泥浆液的温度越低，缓凝时间越长。为此，建议抽取井下冷水配制，严禁采用暴晒后的水配制缓凝水泥浆液。

（4）准确计量、严格控制后续压入的泥浆量；否则，将会增大泥浆与水泥浆的混合段高度，导致孔内泥浆与水泥浆液分界部位的黏度增大，增大沉管阻力；或导致不凝而影响固管封水的效果。

8 安 全 措 施

（1）认真落实安全操作规程和各工种岗位责任制。注浆前认真贯彻安全施工措施，按照"安全第一、预防为主、综合治理"的方针，加强对职工进行安全培训和教育，确保安全生产。

（2）严格执行交接班制度，开好班前班后会，班前强调保证工程质量和安全生产的注意事项，班中进行检查、落实，班后对有关情况进行认真总结。

（3）注浆时进入钻塔的现场施工人员，必须按要求穿好工作服、戴好安全帽，严禁酒后上岗。

（4）进行高空作业（距地面2 m以上）人员，必须戴好并挂牢安全带。在高空移位行走时，要将安全带缠在身上，不准拖着带子走。

（5）每个钻机必须配两个以上灭火器及其他消防器材，并放在取用方便处，不准挪作他用，钻场人员应熟知一般消防知识并熟练使用灭火器具。

（6）注浆期间应有专人看管，并按操作规程精心操作，注意各运转部件的工作状态，发现问题及时予以排除。

（7）停电或停止注浆时一切手柄要恢复至零位，防止错误操作。

（8）钻机和泥浆泵及其他转动部位必须加设防护罩，各操作台间的梯子要用铁丝固定并设有扶手，操作台应设有防护围栏。

（9）电工、电焊工、汽车司机等特殊工种应持证上岗，要严格按操作规程的有关要求进行作业。电工必须经常检查电气设备、电缆使用情况，及时提醒施工人员注意用电安全。

（10）精心维护各种设备，做到四勤：勤听、勤换、勤检查、勤维护，保持设备和现场的清洁卫生，废泥浆要统一排放到指定区域，保证现场清洁，搞好现场文明施工。

（11）电气设备要保持干燥，有良好的接地保护措施，钻场照明电压不超过36 V。

（12）加强现场领导对安全政策和法规的学习，提高安全意识，依法抓好安全生产，坚持安全办公会议制度，及时研究和解决现场安全检查生产中存在的问题。

（13）加强现场安全管理，坚持安全检查制度，狠抓各项规章制度的落实，发现隐患，及时予以整改。

（14）各工种间密切配合，按照"三不伤害"的原则，共同搞好安全生产。

9 环 保 措 施

9.1 环境目标控制

严格按照 ISO 14001：2004 环境管理标准体系要求开展日常的各项工作。

9.1.1 初始环境评审

（1）开工前明确使用的相关法律、法规及其他应遵守的要求。

（2）评价环境现状与符合上述要求的程序，包括污染物排放、化学品使用、资源能源消耗情况等。

（3）所在区域的相关环境背景资料，包括用地使用历史沿革、污染物排放管网位置分布、功能区域划分等。

（4）相关方提供的报告、记录等背景资料。

9.1.2　环境因素调查

识别工程施工过程中可能存在的各种环境因素。

9.1.3　确定环境目标

对废水、废气、噪声等进行控制，做到达标排放；对固体废弃物进行控制，做到分类收集，分类处理；对危险品进行有效控制，建立危险品仓库。

9.1.4　制定环境管理方案

1. 废气排放

（1）柴油发动机使用符合国家相关标准的柴油产品。

（2）对车辆定期进行尾气排放监测，使用无铅汽油，确保汽车排放符合标准。

（3）选用环保型锅炉，减少大气污染。

2. 废水排放

（1）合理控制化学品使用，禁止直接倾倒化学品和成分不明的液体。

（2）生产及生活废水应汇入指定的污水管网。

9.2　环境保护措施

（1）开工前组织全体干部职工进行环境保护学习，增强环保意识，养成良好环保习惯。

（2）在生产区和生活区修建必要的临时排水渠道，并与永久性排水设施相连。

（3）施工废水、废油、生活污水分别进入污水沉淀池和生化处理池，净化处理后排放。生活区及生产区修建水冲式厕所，专人清扫。

（4）施工车辆在现场或附近车速应限制在 8 km/h 以下，施工路面经过适当的防尘处理，定时洒水。

（5）机具冲洗物，包括水泥浆、淤泥等应引入污水井中，以防止未经处理的排放，还要防止污水、含水泥的废水、淤泥等杂物从工地流至邻近工地上或积累在工地上。

（6）派专人定时清理现场空罐子、油桶、包装等环境污染物，并及时清理现场积水。

10　效　益　分　析

该工法应用于鄂尔多斯地区门克庆煤矿、巴彦高勒煤矿、纳林河煤矿等 6 个全深冻结法施工的井筒中成功进行了冻结孔泥浆置换，每个井筒可节省后期注浆封水费用 400 万 ~ 500 万元，合 2800 万 ~ 3500 万元。同时，由于该技术的成功应用，可保证井筒的顺利施工，避免了因井筒下部出水造成的井壁质量下降、井筒施工困难、排水费用增加、施工速度减慢、注浆费用较大等问题，取得了显著经济效益。

该工法的成功应用，可保证全深冻结井筒的安全顺利施工，替代了可靠性不强的注浆法堵水工艺，避免了矿井受地层上部水患的威胁。同时，该技术有利保护了地层浅部水资源，对生态环境保护起到了积极作用，具有较大的推广应用价值。

11 应 用 实 例

11.1 实例一

门克庆煤矿是中天合创能源有限责任公司鄂尔多斯年产 3.0 Mt 二甲醚煤化工项目的配套建设矿井。矿井建设年规模为 12.0 Mt，设计服务年限 90 a。门克庆井田位于鄂尔多斯市乌审旗图克镇，为东胜煤田呼吉尔特矿区规划矿井之一。

门克庆煤矿地表全部被第四系风积砂所覆盖，无基岩出露。根据钻孔揭露，井筒地层由老至新有侏罗系中统延安组、侏罗系中统直罗组、侏罗系中统安定组、白垩系下统志丹群、第四系。

门克庆煤矿设计采用立井开拓，工广内设置主、副、风 3 个立井井筒。

门克庆煤矿副井井筒主要技术特征见表 11 - 1。

表 11 - 1　门克庆副井井筒主要技术特征　　　　　　　　　　　　　m

序号	项　目	参　数
1	井筒净直径	10.0
2	井筒坐标	$x = 4311607.636$　　$y = 19364279.566$　　$z = +1305.500$
3	井检孔坐标	$x = 4311587.636$　　$y = 19364279.566$　　$z = +1303.036$
4	冲积层厚度	54.50
5	冻结深度	765.5
6	冻结段井壁厚度	0.95 ~ 1.50
7	井筒设计深度	755.5

由于井筒穿过的白垩系、侏罗系等砂岩层以孔隙含水为主，实践证明该类砂岩含水采用注浆法封堵效果很难保证。因此，3 个井筒均设计采用全深冻结法凿井技术，冻结深度均超过井筒设计深度约 10 m。为防止冻结孔解冻后成为竖向导水通道，将浅部地层内的水引入井下而威胁矿井的安全生产，同时也为了保护浅部重要的水资源，避免破坏原本就已经较为脆弱的生态环境，矿井建设方决定，对于全部冻结孔，均需要开展冻结管固管封水处理，即利用水泥浆液对钻孔内一定高度范围内的泥浆进行置换。

门克庆煤矿副井井筒地层冻结造孔技术参数见表 11 - 2。

表 11 - 2　门克庆煤矿副井井筒地层冻结造孔技术参数

序　号	参　数　名　称	参　数
1	井筒净直径/m	10
2	井壁厚度/m	0.95 ~ 1.50
3	井筒最大荒径/m	13.106
4	表土层深度/m	54.5

表 11-2（续）

序　号	参　数　名　称		参　　数
5	主冻结孔	深度/m	765.5
6		布置直径/m	20.2
7		孔数/个	42
8		开孔间距/m	1.511
9		冻结管规格（300 m上/300 m下）/mm	$\phi 133 \times 6/\phi 133 \times 7$
10	辅助冻结孔	深度/m	125
11		布置直径/m	15.6
12		孔数/个	40
13		开孔间距/m	1.225
14		冻结管规格/mm	$\phi 127 \times 6$
15	测温孔	孔数/个	2/1
16		深度/m	756/386
17		规格/mm	$\phi 108 \times 5$
18	水文孔	孔数/个	1/1
19		深度/m	50/150
20		规格/mm	$\phi 108 \times 5$
21	冻结钻孔工程量/m		39249

2010年5月17日，门克庆煤矿副井工地开展了首次缓凝水泥浆液的现场配制试验，置换高度150 m，确定了缓凝水泥浆的配合比（水灰比为1.25∶1的水泥浆，主要掺料为钠土、三聚磷酸钠掺量、柠檬酸、CMC，该缓凝水泥浆液的初凝时间为22~23 h，基本能满足实际工程的冻结管下沉需要）。

2010年5月23日4时，开始进行首个钻孔的泥浆置换作业。浆液搅拌用时30 min，而后转入钻杆上提、冻结管下沉作业。最终，于22时左右顺利地完成首个冻结管的下沉作业，沉管过程中未出现任何受阻现象。2010年5月24日凌晨，第二、三个钻孔的泥浆置换工作也相继展开，最终运用冻结孔缓凝水泥浆固管封水施工工法，完成门克庆煤矿副井冻结孔的泥浆置换工程，确保了全部工程的顺利完成。

11.2 实例二

巴彦高勒煤矿是由内蒙古黄陶勒盖煤炭有限责任公司在巴彦高勒井田新建的煤矿项目。矿井年设计生产能力为4.00~10.00 Mt。设计采用立井开拓方式，冻结法施工，在工业广场内设主井、副井、风井3个井筒。巴彦高勒煤矿副井井筒主要技术特征见表11-3，井筒冻结造孔技术参数见表11-4。

表 11-3　巴彦高勒煤矿副井井筒主要技术特征　　　　　　　　　　　　m

序　号	项　目	参　　数
1	井筒净直径	9.0
2	井筒坐标	$x = 4290755.987$　$y = 36621498.994$　$z = +1273.00$

表 11 - 3（续）　　　　　　　　　　　　　　　　　　　　　　　　　m

序　号	项　目	参　数
3	井检孔坐标	$x = 4290765.720$　$y = 36621517.170$　$z = +1268.68$
4	冲积层厚度	90.52
5	冻结深度	655
6	冻结段井壁厚度	0.65 ~ 2.05

表 11 - 4　巴彦高勒煤矿副井井筒冻结造孔技术参数

序　号	参　数　名　称		参　数
1	井筒净直径/m		9.0
2	井壁最大厚度/m		2.05
3	井筒最大荒径/m		12.9
4	表土层深度/m		90.52
5	冻结壁平均温度/℃		- 8
6	积极冻结期盐水温度/℃		- 28
7	冻结深度/m		655
8	需要冻结壁厚度/m		4.7
9	主冻结孔	深度/m	655
10		布置直径/m	20.7
11		孔数/个	46
12		开孔间距/m	1.414
13		冻结管规格（300 m 上/300 m 下）/mm	$\phi140 \times 6/\phi140 \times 7$
14	辅助冻结孔	深度/m	114
15		布置直径/m	13.7
16		孔数/个	22
17		开孔间距/m	1.956
18		冻结管规格/mm	$\phi127 \times 6$
19	测温孔	孔数/个	2/1
20		深度/m	652/104
21		规格/mm	$\phi108 \times 5$
22	水文孔	孔数/个	1/1
23		深度/m	90/260
24		规格/mm	$\phi108 \times 5$
25	冻结钻孔工程量/m		34396

工程采用冻结孔缓凝水泥浆液固管封水施工工法，对33个深冻结孔进行水泥浆置换，置换高度80 m。冻结造孔于2010年10月2日施工结束，冻结停机时间为2012年2月27日。井筒相关硐室于2012年3月6日开始施工，通过东、西马头门及相关硐室施工实际揭露情况看，冻结孔环形空间填充密实、结石率高，起到了良好的封水作用，目前未见冻结孔导水现象发生。证明该技术已得到成功应用，极大降低了井筒防治水施工成本，缩短了立井施工工期，保证了矿井安全，体现出了十分可观的经济效益、技术效益，具有较高的推广应用价值。

11.3 实例三

纳林河煤矿位于内蒙古自治区鄂尔多斯市乌审旗境内，鄂尔多斯纳林河矿区的最南端，乌审旗政府所在地嘎鲁图镇东南约63 km处，行政区划隶属鄂尔多斯市乌审旗无定河镇管辖。

纳林河煤矿井筒主要技术特征见表11-5，井筒冻结造孔参数见表11-6。

表11-5　纳林河井筒主要技术特征

m

序号	项目	参数
1	井筒中心坐标	$x = 4214725.732$　$y = 36585126.012$　$z = +1132.2$
2	井检孔坐标	$x = 4214725.732$　$y = 36585106.012$
3	凿井深度	588.45
4	井筒净直径	10.5
5	井壁厚度	1.35 ~ 2.50
6	支护结构	钢筋混凝土

表11-6　纳林河煤矿井筒冻结造孔技术参数

序号	参数名称		参数
1	井筒净直径/m		10.5
2	井壁厚度/m		1.35 ~ 2.5
3	井筒掘砌荒径/m		13.2 ~ 15.5
4	表土层深度/m		76.74
5	冻结壁平均温度/℃		-8
6	积极冻结期盐水温度/℃		-28 ~ -30
7	冻结深度/m		521
8	需要冻结壁厚度（表土/基岩）/m		3.3/4.7
9	掘砌深度/m		500
10	主冻结孔	深度/m	521
11		布置直径/m	21.5
12		孔数/个	52
13		开孔间距/m	1.299
14		冻结管规格/mm	$\phi 140 \times 6$

表 11-6（续）

序 号	参 数 名 称		参 数
15	辅助冻结孔	深度/m	105
16		布置直径/m	15.2
17		孔数/个	24
18		开孔间距/m	1.990
19		冻结管规格/mm	$\phi127 \times 6$
20	测温孔	孔数/个	2/1
21		深度/m	510/105
22		规格/mm	$\phi108 \times 5$
23	水文孔	孔数/个	1/1
24		深度/m	57/180
25		规格/mm	$\phi108 \times 5$
26	冻结钻孔工程量/m		30974

工程采用冻结孔缓凝水泥浆液固管封水施工工法，对 54 个深冻结孔进行水泥浆置换，置换高度 150 m。冻结造孔于 2010 年 12 月 25 日施工结束，冻结停机时间为 2011 年 10 月 8 日，井筒及相关硐室于 2012 年 3 月 9 日施工结束。目前未见冻结孔导水现象发生。证明该技术已得到成功应用，极大降低了防治水施工成本，缩短了建井工期，保证了矿井安全，体现出了十分可观的经济效益、技术效益，具有极高的推广应用价值。

地面钻孔穿越流砂层中地下结构的
施工工法（BJGF036—2012）

中煤第三建设（集团）有限责任公司

曹化春　赵时运　张景钰　王灵敏　王先锋

1　前　　言

随着城市地铁建设工程规模的不断增加，其工程的建设难度越来越大，因此，经常需要对地下隧道等工程结构进行补强或修复等维修。中煤特殊凿井有限责任公司在上海四号线地铁隧道修复等工程中，认真总结施工经验，形成了一套地面钻孔穿越流砂层中地下结构的施工工法。该项工法通过多项工程应用和不断完善，安全、质量、施工进度等综合评价效果显著，并取得了较好的经济效益和良好的社会效益。该工法于 2012 年 6 月 14 日通过了中国煤炭建设协会组织的专家鉴定，达到国内领先水平，具有较好的推广应用价值。

2　工　法　特　点

此工法突出了钻孔穿越流砂层中地下结构施工的安全可靠性，确保工程安全。其主要特点为：

（1）定位套管采用跟管法钻进，保证钻孔精度。

（2）定位套管钻进选用硬质合金钻头。其结构通过试验确定，确保既能有效地切削注浆层和混凝土结构，又不至于将地下结构钻穿。

（3）使用自有专利技术，巧妙地利用钢质锥形磨合件和结构层磨合后的自密封性能，有效地确保了封堵效果。

（4）在密封防水层内注入环氧树脂材料，提高密封结构强度，确保耐压止水效果。

3　适　用　范　围

本工法适用于地铁隧道、地下管线、建筑施工等工程领域中在地面钻孔穿越地下结构的钻孔作业。特别是在地质条件差、地面环境复杂、地下管线密集等工况下施工时，能更为有效地防止结构坍塌破坏，可靠地保护地下结构。

4 工 艺 原 理

4.1 基本原理

该工法采用其特有的施工步骤，配合专用钻具的独特设计，实现了在地面直接钻孔安全地钻穿流砂层的地下结构。

(1) 准确地进行钻孔定位，确保钻孔避开地下结构的受力主钢筋、施工缝和非刚性密封（如带有橡胶密封条隧道管片缝等），以选择便于防漏水的部位。

(2) 定位套管钻进深入至地下结构5～10 cm以及注浆固管，并在专用钻件钻穿地下结构前有效隔离上部含水层，避免地层的大范围扰动，作为防止钻孔向地下结构内漏水漏砂的第一道防线。

(3) 在专用钻件中设置一个锥形磨合件，利用该锥形磨合件与地下结构透孔内壁的挤压磨合，使该锥形磨合件的外表面与透孔的内壁紧密贴合，以封堵透水间隙，确保钻孔钻穿后能迅速封堵间隙，作为防止钻孔向地下结构内漏水漏砂的第二道防线。

(4) 在地下结构内利用预留注浆管向密封防水层内注入环氧树脂，进行结构补强，作为防水的加强处理措施。

(5) 钻孔使用完毕，结构开孔处用钢板与钻孔套管焊接封堵，必要时通过注胶管向孔内注入聚氨酯防水材料，满足结构永久防水要求。

4.2 关键技术

该工法的关键技术包括专用钻具的结构设计（含锥形磨合件的设计和金刚石钻头选型）、硬质合金钻头的设计制造、地下结构内密封防水层的结构形式设计，以及定位套管跟管法钻进及安设工艺、透孔钻进施工工艺等。

5 工艺流程及操作要点

5.1 工艺流程

工艺流程如图5-1所示。

5.2 操作要点

此工法主要面临的施工难点：一是如何保证钻孔不受隧道弧面的影响，准确地从预定位置钻穿地下结构；二是在高水头、高含水率及高渗透系数的位置欲钻穿地下结构，如何保证及时、有效地止水；三是在钻穿地下结构止水失效情况下的应急处理。

针对以上施工难点，在施工中作了重点研究，并形成了一套成熟完善的工法。

5.2.1 孔位确定

定位套管的施工是地面钻孔穿越流砂层中地下结构施工的第一步，也是确定此项施工成功与否的关键工序。

(1) 确定地面套管以及相对地下结构钻穿的位置。位置的选择应避开隧道管片主筋、环缝、螺栓及螺栓孔并利用全站仪通过城市坐标点对地面地下精准定位。

(2) 套管钻进控制。在套管钻进过程中，要时刻观察钻机的垂直度，如发现有变化及时调整。另外，每钻进一节套管，测量出套管的偏移量，及时通过调整旋转速度和下沉

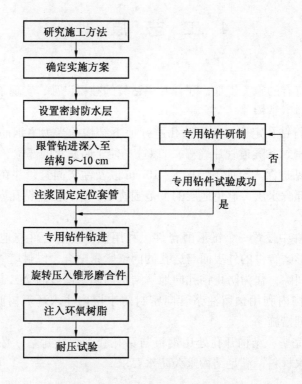

图 5-1 工艺流程

速度纠偏。如偏斜较大需重新打设。

5.2.2 地下结构内密封防水层

密封承压层布置在地下结构与设计透孔对应的内表面处，主要由固定钢板、膨胀螺栓、棉布类垫层、注浆导管、环氧树脂密封层等组成。其中，注浆导管数量不少于 4 根，并交叉深入到棉布类垫层中充填。

在钻具钻进到设计深度后，必须及时从预留的注浆导管中注入环氧树脂材料，形成高强度密封层，使得该工程具有更佳的防水效果。

5.2.3 硬质合金定位套管钻头的设计制造

为了保证定位套管钻进时不会钻穿地下结构，要求选用的钻头能有效地切削注浆层和混凝土结构，但其寿命只能钻进钢筋混凝土 10 cm 以内。

其钻头环状切割面厚度一般为 10 mm，每 30 mm 的切割面上切割一道水口，并镶焊 2~3 粒硬质合金。选用的硬质合金为八角柱状 K533 型，材质为 YG8 钨钴类材料。

5.2.4 定位套管跟管法钻进及安设工艺

（1）定位套管采用跟管法钻进，套管为螺纹加手工电弧焊连接工艺，既能保证钻孔垂直度，又能保证套管的密封性能和连接强度。

（2）当钻孔穿过含水砂层再施工至地下结构的顶面时，放慢钻孔速度，并要求继续钻进使定位套管深入至地下结构 5~10 cm。

（3）充填注浆，对套管进行固定和密封，如图 5-2 所示，在确保定位套管到位后，从地面向保护套管底部压注水泥浆，宜采用定量控制，以浆液充填工艺管口四周达到可靠控制和密封为原则。

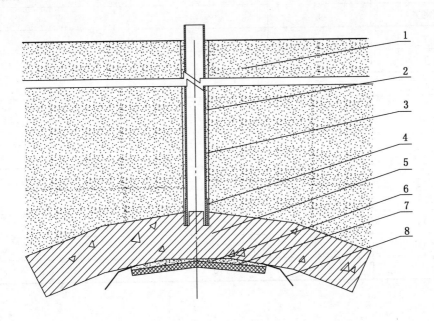

1—原始地层；2—固管浆液；3—定位套管；4—合金钻头；5—地下结构；
6—密封垫；7—钢制压板；8—注浆软管

图5-2　定位套管跟管法钻进及安设工艺

5.2.5　专用钻件的设计及制作

专用钻件的设计原理是利用钢质锥形磨合件与透孔钢筋混凝土内壁挤压磨合，使该锥形磨合件的外表面与透孔的内壁紧密贴合，从而实现密封效果。

专用钻件主要包括一套密封的钻杆系统（包括上部钻杆、下部钻杆短接、动力头过渡接头）及能钻穿钢筋混凝土的金刚石钻头，还包括一锥形磨合件。这个锥形磨合件固定设置在上部钻杆与下部钻杆短接之间，锥形磨合件的小端与下部钻杆短接连接。

5.2.6　透孔钻进施工工艺

在定位套管水泥浆固管达到24 h以上后，即可组织透孔钻进施工。

金刚石钻头穿透地下结构和事前设置的密封防水层时，结构将会瞬间漏水、漏砂，此时应迅速将专用钻件中的锥形磨合件旋转压入透孔，直至达到设计深度，这时透孔的内表面被锥形磨合件挤磨形成可靠密封，以封堵透水间隙。该工序操作时间一般控制在1 min以内。最后进行钻件系统耐压试验。

5.2.7　永久结构封孔

钻孔使用完毕，结构开孔处用钢板与钻孔套管焊接封堵，必要时通过注胶管向孔内注入聚氨酯防水材料，满足结构防水要求。

5.3　劳动组织

劳动组织见表5-1。

表 5 - 1 劳 动 组 织 表 人

工 种	钻 孔	冻 结	开挖与结构	后期注浆
钻机工	4			
制冷工		4		
掘进工			18	
机修工	2	2	2	
电工	2	2	2	
电焊工	4	4	2	
钢筋工			4	
起重工			2	
驾驶员			2	
木工			2	
普工	8	4		6
合计	20	16	34	6

6 材 料 与 设 备

施工所采用的主要材料见表 6 - 1，主要设备见表 6 - 2。

表 6 - 1 主 要 材 料 表

序号	材 料 名 称	规 格	单 位	数 量
1	硬质合金钻头	$\phi194$ mm	个	1
2	金刚石钻头	$\phi159$ mm	个	1
3	取芯管	$\phi159$ mm	个	1
4	电焊条	E43ϕ3.2 mm	箱	1
5	专用钻件	组件	个	1

表 6 - 2 主 要 设 备 表

编号	设 备 名 称	型 号	单 位	数 量
1	钻机	MDL - 120R	台	1
2	泥浆泵	BW850	台	1
3	全站仪		台	1
4	电焊机	BX1 - 315	台	1

7 质 量 控 制

7.1 主要标准、规范

(1)《地下铁道工程施工及验收规范》(GB 50299—1999)。

(2)《盾构法隧道工程施工及验收规范》(DGJ 08－233—1999)。

(3)《地下防水工程质量及验收规范》(GB 50208—2002)。

7.2 质量控制措施

(1) 用硬质合金钻头打到管片顶部,打穿注浆层,确保进入地下结构 5～10 cm。

(2) 用全站仪对地面透孔进行定位并反映到隧道内地下结构上,再根据测斜确定透孔在地下结构上的位置,以安装密封防水结构。

(3) 钻通后,继续强行钻进迅速将专用钻件压入透孔。

(4) 根据施工需要,设置测量基准点和基准线,准确定出孔位。

8 安 全 措 施

虽然该工法对钻穿地下结构有很好的防水效果,但是也存在一定的风险,特别是在含水砂层施工过程中,一定要严格按照设计步骤实施,确保钻孔时的位置固定可靠和封水效果,并且做到应急措施得当、应急物资到位、应急演练有效,防止涌水、冒砂的突发险情。

(1) 在施工前,现场配备木楔、砂袋和水泥(含速凝水泥)、聚氨酯、聚氨酯泵等抢险物资。抢险物资应堆放整齐,搬运方便,一旦出现险情立即启动应急预案。

(2) 钻进过程中,严格控制钻孔精度,防止对地下结构的破坏,预防漏水、涌砂。

(3) 严格按照方法步骤实施,确保钻孔时的封水效果。

(4) 施工过程中,如发现涌水、涌砂,应立即用砂袋堵漏并使用速凝水泥密封。若无法达到密封效果,应及时注入聚氨酯。

(5) 成立应急处理小组,小组成员由总包、监理、分包等组成,及时处理各种应急措施。

(6) 在施工过程中,项目部人员轮流跟班,一旦出现险情及时处理,不留有任何隐患。在透孔施工期间,值班人员将 24 h 在现场值班,项目部值班人员保证 24 h 联络通畅。

9 环 保 措 施

9.1 组织措施

(1) 成立环保小组,负责检查、落实各项环保工作。

(2) 加大对广大职工的环保知识教育,使人人明白环保工作的重大意义。

(3) 主动与业主、地方主管部门联系。

9.2 技术措施

(1) 施工期间,泥浆或泥土应排至建设方指定的地点,不得随意排放,并应进行集中处理。

（2）对施工便道经常洒水清扫。

（3）设备选型优先考虑低噪声的设备，做好防振基础，合理布置施工工作区域，利用距离和隔墙来减小噪声，做到设备维修和定时保养润滑。

（4）对施工现场地面定期进行洒水，减小灰尘对周围环境的污染。

（5）在施工现场禁止焚烧有毒有害等物质。

（6）在装卸有粉尘的材料时，采取洒水等其他保护措施。

10 效 益 分 析

10.1 经济效益

（1）南京地铁 2 号线中—元区间破坏隧道影响到了整条线的通车，因此修复工程工期比较紧。通过打设 54 个穿过地下隧道结构的冻结孔，进行液氮快速冻结，达到清理排水的需要，有效节约成本。仅 6 个月就完成了开挖工程，减少了南京一号中—元区间的通车推迟时间，降低了对施工区域交通及环境的影响等，因工期缩短，节省材料及各项费用92.2 万元。

（2）珠江三角洲城际快速轨道交通广州至佛山段普君北路站—朝安站区间隧道处理工程，地面钻孔穿越流砂层中地下结构的施工工法的应用，大大降低了冻结的冷量损失，提高了封水冻结的效果，使隧道仅 3 个月就具备了原位修复条件。这保障了管片处理工程的顺利完成，确保了亚运会前广佛地铁的全线贯通，因为布管线路缩短并提前 10 d 完成工程施工任务，节省材料及各项费用合计 110.52 万元。

10.2 社会效益

随着我国社会经济的发展，城市地下工程建设发展迅猛，需要在地面钻穿地下结构的工程项目会越来越多。该项工法的出现填补了这项空白，对国内的地下工程施工将起到极大的促进作用。

地面钻孔穿越流砂层中地下结构的施工工法，为在各类复杂地层进行钻穿地下结构的透孔施工提供了科学的依据。

地面钻孔穿越流砂层中地下结构的施工工法的应用与研究，已授权实用新型专利 1 项（专利号：ZL201120035723.7）。

11 应 用 实 例

11.1 实例一

广佛线地铁施工 4 标普君北路站—朝安站区间隧道管片处理冻结封水工程，工程位于广东省佛山市，采用钢筋混凝土结构，工程开竣工日期为 2010 年 3 月至 2010 年 6 月，施工工作量为 14 个穿透管片的冻结孔、1 个输送盐水的透孔。该项工法成功地应用于珠江三角洲城际快速轨道交通广州至佛山段普君北路站—朝安站区间隧道管片处理冻结封水工程。

11.2 实例二

南京地铁2号线中—元区间隧道修复工程，工程位于江苏省南京市，采用钢筋混凝土结构；工程开竣工日期为2009年5—12月，施工工作量为54个钻穿隧道的冻结孔。施工过程中，根据以往的施工经验，严格按照工艺要求，54个钻穿隧道的冻结孔成功打设，实现了后期液氮与盐水复合冻结快速修复隧道。

11.3 实例三

轨道交通四号线修复工程——江中段水平段冻结、暗挖构筑工程，工程位于上海市黄浦区，采用钢筋混凝土结构；工程开竣工日期为2006年12月至2007年6月；施工工作量为36个穿透管片的冻结孔，4个穿透管片的充填孔。在地面钻穿隧道上部结构，并向隧道内充填砂石料，确保隧道的隔离效果，为后期冻结及隧道清理施工和地下墙作业创造了条件。

11.4 实例四

轨道交通明珠二期工程浦东南路站—南浦大桥站区间隧道修复工程，工程位于上海市黄浦区，采用钢筋混凝土结构形式；开竣工日期为2005年4月至2006年2月，施工工作量为冻结孔钻孔总数3528个，其中36个穿透管片。在地面向隧道结构钻孔，进行冻结并形成垂直冻结塞，保证了基坑和隧道在排水清淤时冻结体能够完全封水。

盾构始发与接收段全封闭水平冻结加固施工工法（BJGF037—2012）

中煤第五建设有限公司

嵇　彭　周王宝　杨开艮　王鹏越　韩俊生

1　前　　言

　　城市地铁盾构法施工地铁隧道，始发与接收是施工的主要风险点，盾构始发与接收施工中工程风险事故的发生，大多是因端头井始发与接收土体加固达不到预期加固效果造成的。该工法在涌水、流砂、淤泥等复杂不稳定地质条件中应用时，克服了土体加固传统施工方法，在上海、天津、南京等地得到广泛应用，所加固的土体在盾构接收过程中滴水不漏，确保了盾构始发与接收的安全。

　　该工法的关键技术于2012年7月通过中国煤炭建设协会鉴定，结论为国内行业领先。研制并应用了长距离水平钻孔防喷接驳器（专利号：ZL 200920273136.4）、水平断管拾取装置（专利号：ZL 200920283643.6）两项实用新型专利。

2　工　法　特　点

　　（1）采用旋喷桩、搅拌桩及垂直冻结进行端头井土体加固，均需占用地面施工场地，在城市建筑林立、管线密布的工况条件下无法进行施工。而水平冻结不需占用地面施工场地，适用范围更广。

　　（2）普通的水平冻结在含水量较丰富地层，特别是微承压水、承压水层的施工中，由于盾构机刀盘外径比盾构机壳略大，推进过程中所形成的微小空隙仍常有少量水、砂涌出。采用全封闭水平冻结加固技术，由于冻结套筒将盾构机本体整个包裹在冻结加固体中，为盾构在冻结加固体中密闭注浆提供了可能，且在盾构进入加固体的持续推进过程中，回冻可以封闭推进过程中形成的微小空隙，确保盾构始发与接收的安全。

　　（3）全封闭水平冻结加固技术确保了盾构在复杂地层中始发与接收的安全，可简化盾构始发与接收程序，有效地减少施工工期。

　　（4）采用长距离水平钻孔防喷接驳器，避免了以往拆除影响冻结孔施工中板的做法，取得了良好的社会效益。

　　（5）应用水平断管拾取装置，简单方便地解决了水平断管的处理难题。

3 适 用 范 围

全封闭水平冻结法土体加固技术有效地克服了旋喷桩、搅拌桩加固的弱点，所形成的加固体具有强度高、滴水不漏的特点。该工法特别适用于含水量较丰富地层，尤其是微承压水、承压水层的施工中及埋深较深的盾构始发与接收。

4 工 艺 原 理

全封闭水平冻结加固技术采用外圈套筒冻结管长度包裹盾构机本体全长的施工方法，为盾构机进入冻结套筒后密闭注浆提供了条件，并利用盾构较长距离推进的时间差，来达到利用回冻封闭盾构推进过程中由于刀盘略大于盾构机壳形成的微小空隙，以达到确保盾构始发与接收安全的目的。

5 工艺流程及操作要点

5.1 工艺流程

工艺流程如图 5-1 所示。

5.2 操作要点

全封闭水平冻结加固，在端头井内搭设钻机平台，用水平钻机从长距离水平钻孔防喷接驳器中进行钻孔，冻结管为无缝钢管（丝扣加焊接连接），采用跟管钻进的方式进行钻孔，钻孔完成后进行打压试漏，合格后安装供液管、冻结器，将各冻结管分组连接，开机运转。

全封闭水平冻结加固技术的主要内容如下：冻结法施工方案设计，受中板影响的冻结孔在不拆除中板情况下的钻孔设计，冻结管拔除工艺，冻胀融沉控制技术，工程监测技术。

5.2.1 冻结方案设计

1. 冻结加固体厚度的确定

依据盾构始发或接收洞门中心埋深、开洞直径计算得洞门的底缘深度 H，然后按式（5-1）计算得水土压力：

$$p = 0.013H \qquad (5-1)$$

式中　p——水土压力，MPa；

　　　H——洞门的底缘深度，m。

冻结加固体、荷载、计算模型及冻结管布置如图 5-2 所示。

（1）假定加固体为整体板块而承受水土压力，依据设计冻土平均温度 t 时的弯拉强度，按照式（5-2）计算冻结加固体厚度：

$$h = \left[\frac{k\beta p D^2}{4\sigma} \right]^{\frac{1}{2}} \qquad (5-2)$$

式中　h——加固体厚度，m；

σ——冻土平均温度 t 时的弯拉强度，MPa；

D——加固体开挖内直径，m；

β——系数；

k——安全系数。

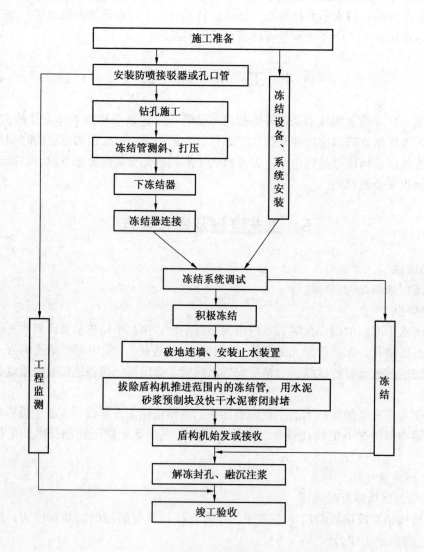

图 5-1　工艺流程

（2）得出冻结加固体的厚度后，运用我国建筑结构静力计算理论公式进行验算。

圆板中心所受最大弯曲应力按照式（5-3）计算：

$$\sigma_{max} = \frac{p(D/2)^2}{16}(3+\mu)\frac{6}{h^2} \qquad (5-3)$$

式中　σ_{max}——加固体最大弯曲应力；

　　　　μ——冻土泊松比。

验算安全系数　　　　　　　　　　$k = \sigma/\sigma_{max}$

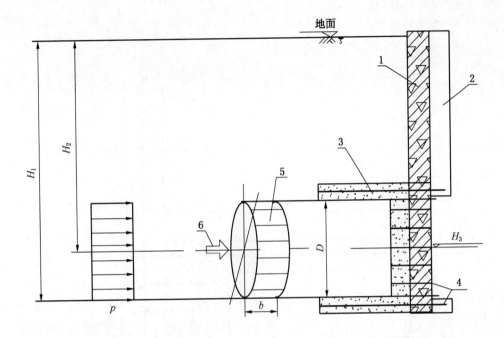

1—地连墙；2—内衬墙；3—冻结加固体；4—冻结管；5—受剪切面；6—破洞插进方向；H_1—地面至洞门底口距离；

H_2—地面至洞口中心距离；H_3—始发或接收洞口中心高程；p—水土压力；b—加固体厚度；D—开洞直径

图 5-2　冻结加固体、荷载、计算模型及冻结管布置

（3）剪切验算加固体厚度。沿槽壁开洞口周边验算加固体剪切应力按照式（5-4）计算：

$$\tau_{\max} = \frac{pD}{4h} \tag{5-4}$$

式中　　$\tau_{\max}$——最大剪切应力。

验算安全系数　　　　　　　$k = \tau / \tau_{\max}$

式中　　τ——冻土平均温度 t 时的抗剪强度。

冻土强度指标需通过冻土试验确定。如果安全系数 k 达不到要求，必须加大冻结壁设计厚度 h（或者降低冻土平均温度提高冻土强度）来满足设计安全要求。

冻土厚度确定后，同时要进行冻结壁有限元数值计算，即通过建立冻土帷幕有限元计算模型，进行冻土帷幕的受力分析与变形计算。

2. 冻结孔布置

（1）根据计算所得冻结加固体厚度及加固范围进行冻结孔布置及孔深设计，冻结孔按水平角度打设，从洞门中心向外逐圈布孔，并布置测温孔实测冻结效果。冻结孔布置如图 5-3、图 5-4 所示。

（2）受中板影响的冻结孔钻孔时采用长距离水平钻孔接驳器进行。

3. 制冷设计

（1）制冷系统需冷量按照式（5-5）计算：

$$Q = 1.3\pi dLK \tag{5-5}$$

式中　d——冻结管直径；

　　　L——冻结总长度；

　　　K——冻结管散热系数。

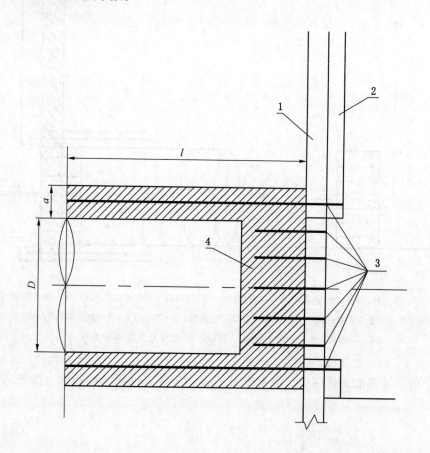

1—地连墙；2—内衬墙；3—冻结管；4—冻结加固体；D—盾构直径；a—外套筒厚度；l—盾构机长度 $+1.2$ m

图 5 – 3　冻结孔纵向布置

根据需冷量选择冷冻设备，同时配套选用盐水泵、清水泵、冷却塔。

冷冻系统安装完成需进行打压试漏、氮气冲洗、首次充氟、加冷冻机油、开机试运转等工作。

（2）管路选择：

① 冻结管采用 20 号（Q235B）钢材的 $\phi89$ mm $\times 8$ mm 低碳无缝钢管。冻结管耐压不低于 0.8 MPa，并且不低于冻结工作面盐水压力的 1.5 倍。

② 测温孔管选用 $\phi32$ mm $\times 3$ mm 20 号低碳无缝钢管。

③ 供液管选用 $\phi50$ mm $\times 3$ mm 20 号低碳无缝钢管，采用焊接连接。

④ 盐水干管和集配液圈选用 $\phi159$ mm $\times 6$ mm 无缝钢管。

⑤ 冷却水管选用 $\phi127$ mm $\times 4.5$ mm 供水钢管。

（3）其他：

① 冷冻机油选用 N46 冷冻机油。

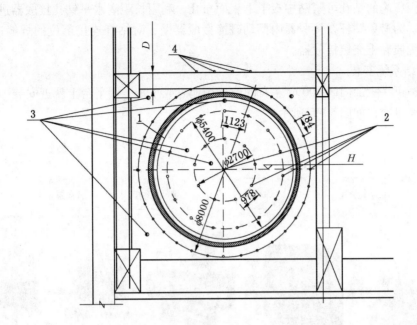

1—盾构；2—冻结孔；3—测温孔；4—受中板影响调整的冻结孔；D—中板厚度；H—洞口中心高程

图 5-4　冻结孔平面布置

② 制冷剂选用氟利昂 R-22。

③ 冷媒剂选用氯化钙溶液。

（4）主要冻结施工参数的确定：

① 积极期盐水温度 -25 ～ -30 ℃。

② 冻结孔单组流量不小于 5 m^3/h。

③ 冻结孔开孔位置误差不大于 100 mm，应避开主筋。

④ 冻结孔有效深度不小于冻结孔设计深度。

⑤ 冻结孔终孔最大偏差不大于 150 mm。

⑥ 盾构始发与接收加固冻结孔外圈最大终孔间距 S_{max} = 外圈设计终孔间距 + 冻结孔终孔最大偏差 R_p。

⑦ 盾构始发与接收加固冻土平均发展速度取 28 mm/d。

⑧ 盾构始发与接收加固冻土墙交圈时间 $T = S_{max}/2v$。

⑨ 计算确定冻结加固体达到设计强度的时间。

5.2.2　主要施工方法

1. 水平冻结孔施工

施工工序为：定位开孔→安装孔口管或长距离水平钻孔接驳器→钻孔→测量→封闭孔底部→打压试验。

钻孔施工时，可先采用干式钻进，当钻进困难不进尺时，从钻机上进行注水钻进，同时打开小闸阀，观察出水、出砂情况，利用闸阀的开关控制出浆量，保证地面安全，不出现沉降。

受中板影响的钻孔可紧贴中板上下表面布孔，利用长距离水平钻孔接驳器进行远距离钻孔施工。为避免钻杆在接驳器内摆动碰撞接驳器壁，对钻杆连接部位的焊缝造成影响，开钻前用优质黏土充填接驳器。

2. 冻结系统安装

冻结站可在距加固区 100 m 左右的施工场地内或车站二层平台上就近安装，采用盐水干管长距离供冷，如图 5-5 所示。

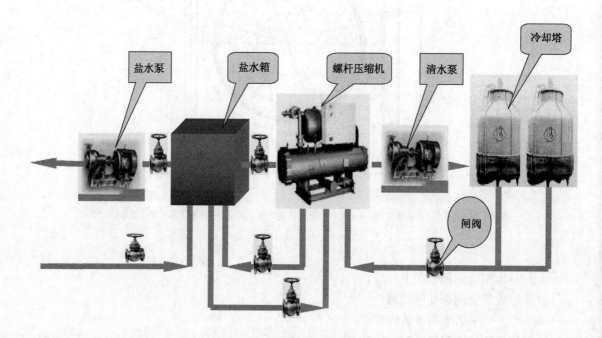

图 5-5　冻结站示意图

冻结系统中所有外露管路、盐水箱等均用 PEF 保温材料保温，冻结孔为每 2~3 孔一组串联安装。冻结系统安装并调试完成后即可开机进行冻结施工。

3. 盾构始发或接收

（1）盾构始发或接收流程如图 5-6 所示。

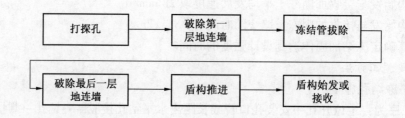

图 5-6　盾构始发或接收流程

（2）冻结效果的监测及完成的参数指标：

① 盐水去回路温差不大于 -2 ℃。

② 各孔组温差不大于 -1.2 ℃。

③ 盐水温度降至 -28 ℃以下。

④ 积极冻结时间要达到设计值。

⑤ 冻结过程中无断管和盐水漏失，如有应经分析论证确认。

⑥ 选择合理测温孔测点温度，计算冻结扩展及平均温度达到设计值。

⑦ 打探孔无水，且探孔内温度在 0 ℃以下已结冰。

⑧ 经过验收合格后方可破除洞门处地连墙盾构机始发或接收。

（3）盾构推进范围内冻结管拔除。利用人工局部解冻的方案进行拔管，具体方法如下：利用热盐水在冻结器里循环，使冻结管周围的冻土融化达到 50～100 mm 时，开始拔管。采用固定在搭设的脚手架上的 2 t 手拉葫芦拔出冻结管（连同孔口管一起拔出），当手拉葫芦不能拔出冻结管时，可利用两个 5 t 千斤顶架设在地连墙上，水平向外顶推冻结管拔出。如拔断冻结管，可使用水平断管拾取装置简单拔出。

当盾构推进范围内的冻结管拔出完成后，即可恢复盾构推进，完成始发与接收。

4. 融沉注浆

端头井洞门采用冻结加固法进行土体加固时，一般地质条件较差、含水较丰富，冻土融沉量较大，如果不采取措施会使地面产生沉降，造成地面塌陷、管线断裂、房屋开裂等重大破坏。为避免融沉造成的破坏，需根据地面沉降监测数据，对融化的冻土进行适当的跟踪注浆。

（1）注浆范围内的隧道管片，每环预留 15 个注浆孔，改变了以住在拔出的外圈冻结孔中布注浆孔的方式，注浆控制效果明显。

（2）注浆采用表 5-1、表 5-2 所示的单液水泥浆和 C-S 双液浆，单液浆水泥等级强度为 P.O 42.5 级，水灰比一般为 0.8；双液浆水泥等级强度为 P.O 42.5 级，水玻璃为 35～42°Bé，可根据地层适当调整，将配好的水泥浆液和水玻璃浆液按照 1:1 混合注入。

表 5-1　1000 L 双浆液参考配比　　　　　　　　　　　　　　kg

甲　液		乙　液	
水	水泥（P.O 42.5）	水玻璃（40°Bé）	水
351	439	235	335
甲液和乙液按照体积比 1:1 混合注入			

表 5-2　1000 L 单浆液参考配比　　　　　　　　　　　　　　kg

水	水泥（P.O 42.5）
702	878

（3）注浆应遵循均匀、少量、多点、多次的原则进行，隧道纵向注浆顺序采取隔环跳注的方式，每间隔 1 环施工 1 环。

（4）当 1 d 地面沉降大于 0.5 mm 或累计沉降大于 3 mm 时应进行融沉注浆；地面隆起

达到 3 mm 时停止注浆。

（5）根据地表沉降监测和温度场监测，冻结壁已经融化完毕，且实测地层沉降持续一个月每半个月不大于 0.5 mm，隧道最终沉降小于 5 mm，可停止融沉补偿注浆。

（6）融沉注浆压力控制在不大于 0.5 MPa，按设定的注浆顺序和计算注浆量进行融沉注浆，计算注浆量需结合监测数据适当调整。最终融沉注浆量总结为注浆量 = 冻土体积（m^3）×15% ×（1.5 ~ 2.0）。

5. 劳动组织

单个洞门土体全封闭水平冻结加固施工劳动组织见表5–3。

表5–3 单个洞门土体全封闭水平冻结加固施工劳动组织表　　　　　　人

序号	工种	人数	工作内容	备注
1	打钻工	15	搭设钻机平台、跟管钻井冻结管、打压试漏	含机操工2名
2	冻安工	16	冷冻站安装、冻结系统安装、冻结运转监控	
3	机修工	2	设备的维修、保养	
4	电工	2	电气设备、线路的维护、检查	
5	电焊工	4	冻结管等冻结系统安装时的管路焊接	
6	测工	1	冻结管的测斜等测量工作	
7	技术组	2	负责各项技术工作	
8	安全员	1	检查施工过程中各种安全隐患并及时处理	
9	管理组	2	施工过程中内处协调、日常管理	

6 材 料 与 设 备

单个洞门土体全封闭水平冻结加固施工主要材料与设备见表6–1。

表6–1 主要材料与设备表

编号	设备名称	型号、规格	数量	备注
1	螺杆冷冻机组	JYSGF300Ⅲ/110	2	其中1台备用，该机组在现有机组中能耗较低
2	水泵	IS150 – 125 – 315C	2	其中一台备用
3	水泵	IS150 – 125 – 400	2	其中一台备用
4	真空泵（或抽氟机）		1	
5	测温仪		1	
6	冷却塔	KST – 80RT	2	
7	钻机	MD – 60A	1	
8	双液注浆泵		1	
9	单液注浆泵		1	

表 6 - 1（续）

编号	设 备 名 称	型号、规格	数量	备　　注
10	经纬仪	J2	1	
11	水准仪	LEICA NA2	1	
12	手拉葫芦	2 t	1	
13	千斤顶	5 t	2	

7　质　量　控　制

7.1　工程监测

（1）基准点布设：借用盾构推进过程中布设的基准点。

（2）地面沉降点布设：在冻结区域外扩 10 m 范围内对隧道水平及垂直方向的收敛变形及施工影响范围内的隧道整体进行监测。沉降监测点布设在隧道底环片上，测点间距为 2 m，测点用道钉打入环片内牢固。

（3）位移点布设：位移监测点布设在隧道两肩的环片上，测点间距为 2 m，测点用道钉打入环片内牢固。

（4）隧道收敛监测点布设：监测点布设在隧道壁上，用红漆做好标记。

7.2　质量控制措施

（1）盾构始发与接收段全封闭水平冻结加固技术施工现行标准规范较少，质量标准见本成果内容及上海市工程建设规范《旁通道冻结法技术规程》（DG/TJ 08 - 902—2006）、《建筑变形测量规范》（JGJ/T 8）等现行规范标准。

（2）冻结管采用丝扣加焊接连接方式，做好冻结管的测斜、测深及打压试漏工作。

（3）采用双回路供电，冷冻机、盐水泵、清水泵均配备用设备，确保冻结运转不间断。

（4）冻结效果采用计算与开探孔实测进行双控。

（5）装设盐水液位报警仪，及时发现盐水泄漏，快速处理。

（6）编制应急预案并进行演练，提高处理工程风险事故的反应能力。

（7）施工全过程中，24 h 派专业技术人员监控，及时处理施工现场技术质量问题。

8　安　全　措　施

施工中遵守有关施工安全规则，重点做好以下工作：

（1）钻机操作平台搭设必须牢固，经验收合格后方可使用。

（2）拔管所使用的支架与人员工作平台支架必须是各自独立的体系，两个支架间不得有任何连带关系。

（3）端头井上部需设置安全围挡，防止人员及物资、杂物坠落。

（4）严格遵守施工现场临时用电安全技术规范。

（5）吊装作业制定专门安全措施和操作规则，配备专职信号工、吊装工进行操作。

（6）施工期间夜间设立灯光示警装置。

（7）严格实行"动火证"制度。

（8）冷冻站列为易燃易爆、有毒及压力容器车间。站内配备消防水龙头及排气、防毒工具，空间高压容器和管道涂抹相应颜色注明。

9 环 保 措 施

盾构始发与接收土体加固施工为防止施工时对周边建筑、地下管线、民用及公共设施等环境带来不良影响，必须制定严格的保护措施。

（1）选用无污染、效率高、能耗小、安装运输方便的螺杆冷冻机组作为制冷系统的主机。防止挥发性气体污染环境。

（2）采取必要的措施，防止打冻结孔时水土流失；在钻孔施工期间加强沉降的监测，发现跑泥、漏砂、水土流失严重引起的沉降，影响到建筑物和地下管线，应立即停止施工，马上注浆，防止沉降影响周围建筑物和地下管线，到没有沉降为止，待地层较稳定后再施工钻孔。

（3）施工之前必须认真查清周边建筑、地下管线、民用及公共设施的具体情况，针对性制定具体保护措施。

（4）加强冻胀与融沉监测，及时进行融沉注浆，防止融沉影响周围建筑物和地下管线。

（5）施工过程中接收洞口所处的地面沉降和隆起量应控制在规范要求以内。

（6）始发与接收洞门土体加固施工全过程中沿隧道方向设立沉降观察标志。

（7）随时向甲方及监理工程师汇报地面沉降变形测量情况。

（8）施工完成后，用容器回收废盐水。

10 效 益 分 析

10.1 经济效益

采用全封闭水平冻结加固，有效控制了盾构始发与接收的风险，简化盾构始发与接收程序，可减少维护冻结工期，每个洞门平均造价 130 万元，可实现新增利润 50 万元，2009 年采用该成果施工的 4 个工程，新增利税 266 万元。

10.2 社会效益

（1）全封闭水平冻结加固技术，所加固的土体在盾构接收过程中滴水不漏，确保了盾构始发与接收的安全。

（2）水平冻结施工需在端头井施工完成后进行，经常会出现端头井洞门上方钢筋混凝土中板影响冻结布孔，通常的解决办法是钻孔前将钢筋混凝土中板拆除，待冻结施工完成后再行恢复，既增加了施工难度、影响施工形象又造成了浪费。在此次盾构接收土体加固施工中，采用首创的长距离水平钻孔防喷接驳器，在不拆除中板的工况下完成受中板影响的钻孔的施工。

（3）实践证明，利用隧道管片上的预留注浆孔进行融沉注浆是控制后期融沉的有效措施，效果非常明显。

11 工 程 实 例

11.1 实例一

上海轨道交通 10 号线 5.1 标四川北路站西端头井上行线盾构接收土体加固工程，区间隧道采用盾构法施工；区间上行线盾构推进方向为从天潼路站出发向四川北路站推进。该段地层地质条件复杂，盾构接收段穿越土层主要为灰色砂质粉土、灰色淤泥质黏土，其中灰色砂质粉土层含水量比较丰富，盾构接收时有涌砂、涌水的风险。为保证盾构机接收安全，防止泥砂及地下水涌入工作井，同时由于地面有管线、道路已恢复，地面没有施工场地，不具备垂直冻结施工条件，上行线盾构接收土体加固采用全封闭水平冻结加固技术施工。整个接收过程滴水不漏，地面最大沉降仅为 4.13 mm，达到预期全封闭水平冻结加固目标。

11.2 实例二

上海轨道交通 10 号线曲阳路站南端头井上行线盾构接收土体加固工程，区间隧道采用盾构法施工；区间上行线盾构推进方向为从溧阳路站出发向曲阳路站推进。该段地层地质条件复杂，盾构接收段穿越土层主要为盾构接收段穿越的土层主要为灰色砂质粉土、灰色淤泥质黏土，下部与灰色黏土层贴近，其中灰色砂质粉土层含水量比较丰富，盾构接收时有涌砂、涌水的风险。由于隧道埋深较深，为保证盾构机接收安全，防止泥砂及地下水涌入工作井，盾构接收土体加固采用工作井内全封闭水平冻结加固技术施工，实现了安全接收，地面最大沉降仅为 3.89 mm。

11.3 实例三

上海轨道交通 12 号线复兴岛站盾构始发土体加固工程，邻近复兴岛运河及其防汛墙，且埋深较大，根据现场实际情况，复兴岛站始发井地墙距离防汛墙基础最小净距为 8.5 m。复兴岛站始发位置隧道位于灰色黏土、灰色粉质黏土中，由于现场工况复杂，特别是距河近，为始发安全采用工作井内全封闭水平冻结加固技术施工，实现了始发安全，地面最大沉降仅为 4.35 mm。

突出软煤层深孔定向钻进施工工法（BJGF038—2012）

山西宏厦第一建设有限责任公司

梁爱堂　赵瑞明　耿延方　刘宝库　高志强

1　前　　言

随着矿井采掘深度的延伸，煤层瓦斯含量增高，瓦斯（包括瓦斯涌出与突出）、火等自然灾害越来越严重。长期以来矿井都在致力于发展瓦斯抽采技术，井下使用的普通钻机施工能力偏小，钻孔的长度短、预抽期短，由此造成矿井瓦斯抽采不能满足矿井生产衔接需要，高瓦斯依然制约着矿井的安全生产，然而深孔定向千米钻机可有效解决这一难题。

在突出软煤层中施工瓦斯抽放钻孔，由于煤层地质构造的不可预见性，加之煤层软，且具有突出危险性，煤层裂隙发育繁多，瓦斯赋存量大，经常会有喷孔现象发生。喷孔一般表现为：高瓦斯气流向孔口喷出，承压瓦斯携带大量的煤粉和水直接冲出孔口，孔口经常伴随有煤炮声和气流冲击声，表现为脉冲形式，造成瓦斯超限。喷孔、塌孔、堵孔和卡钻的现象的出现，将导致无法继续钻进，甚至由钻进转化为事故。本工法为千米定向钻机克服钻孔喷孔、塌孔、堵孔和卡钻等现象，完成井下近水平长距离瓦斯抽放钻孔的施工方法。

山西宏厦第一建设有限责任公司千米钻机项目部目前在阳煤集团新景矿、一矿、二矿、寺家庄公司、新大地公司施工瓦斯抽放钻孔，重点施工煤层均为软煤层。煤层硬度系数 $0.1 < f < 0.5$，软分层厚度一般在 0.5 m 左右，属于松软煤层，且 3 号、15 号煤层均有突出性质；相对瓦斯涌出量在 $11 \sim 30 \ \mathrm{m^3/t}$ 之间，瓦斯压力在 $0.74 \sim 3$ MPa 之间，且有煤与瓦斯突出危险性。

经煤炭信息研究院全面检索，在检索范围内，除本课题组研究人员所著文献外，国内未见有与本课题查新点所述综合研究内容相同的文献报道。

该技术经中国煤炭建设协会鉴定，达到行业领先水平。该成果获得 2011 年山西省阳泉市职工优秀技术创新成果一等奖，2012 年山西省阳煤集团科技进步奖一等奖。

2　工　法　特　点

（1）选用 ZDY - 6000LD 千米定向钻机，用于松软煤层瓦斯抽放深孔定向钻孔施工。

① ZDY - 6000LD 千米定向钻机是一种全液压动力头坑道钻机，具有低转速大扭矩特性，适用于大直径近水平深孔定向钻进。

② 先进的负载敏感液压控制技术，优化的油路设计，可以同时满足大直径回转钻进和定向钻进的需要。

（2）应用随钻测量系统获取钻孔的方位角、倾角、弯头方向等技术参数，描绘出该钻孔的空间轨迹曲线。

① 随钻测量系统中的数据采集与处理电路将加速度计信号、磁通门信号、温度传感器信号、电池电压信号经过 A/D 转换电路，传输给微控制器，微控制器根据当前的工作方式以规定的通信协议通过中心通缆式钻杆传输给孔口监视器。

② 该测量系统根据测量出来的参数利用三角函数计算出每一个测量点的坐标，即可描绘出该钻孔的空间曲线，并与设计的轨迹进行对比，根据偏差情况及时调整弯接头方向，使钻孔轨迹最大限度的符合设计要求。

（3）根据岩性变化、瓦斯涌出情况，合理确定钻进参数，避免卡钻、断杆、喷孔、塌孔等事故。

（4）按设计轨迹施工多个分支钻孔，实现大面积抽采。

① 每个钻场施工 10 个主孔，主孔施工深度为 500 m，附带施工 2~3 个分支孔，每个钻场进尺为 18000 m。

② 每个钻场施工钻孔的覆盖宽度为 200 m、钻孔施工长度为 500 m，每个钻场覆盖面积为 100000 m²。

3 适 用 范 围

该工法适用于煤矿突出软煤层中深孔定向千米钻机钻孔施工，特别适用于：

（1）突出软煤层采掘工作面瓦斯抽放钻孔。

（2）邻近层瓦斯抽放钻孔。

（3）煤层注水钻孔。

（4）防治水钻孔。

（5）地质探测钻孔。

4 工 艺 原 理

近水平深孔定向钻进技术的关键为随钻测量系统和孔底马达及其操作方法。

4.1 随钻测量系统原理

随钻测量系统中的数据采集与处理电路将加速度计信号、磁通门信号、温度传感器信号、电池电压信号经过 A/D 转换电路，传输给微控制器，微控制器根据当前的工作方式以规定的通信协议通过中心通缆式钻杆传输给孔口监视器。

随钻测量系统是保证近水平深孔定向钻进按照预定的轨迹进行钻进的关键。该测量系统在孔内主要的测量参数为方位角、倾角、弯头方向、上下偏差、左右偏差，根据测量出来的参数利用三角函数计算出每一个测量点的坐标，即可描绘出该钻孔的空间曲线，并与设计的轨迹进行对比，根据偏差情况及时调整弯接头方向，使钻孔轨迹最大限度的符合设计要求。测量系统精确度可达到倾角 ±0.1°，方位角 ±0.5°。

4.2 孔底马达工作原理

孔底马达主要由旁通阀、孔底马达（定子、转子）、万向轴、传动轴四大部件组成，以达到定向的目的。高压水通过通缆钻杆送入孔底马达，在孔底马达进出口处形成一定压差，推动马达转子旋转，通过前端万向轴和传动轴将转速和扭矩传递到钻头，钻头旋转，达到破碎煤体的目的，形成钻孔。孔底马达驱动装置结构如图4-1所示。

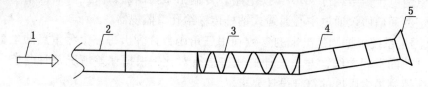

1—高压水；2—钻杆；3—马达定子、转子；4—弯接头、前端轴承；5—钻头

图4-1 孔底马达驱动装置结构示意图

5 施工工艺流程及操作要点

5.1 施工工艺流程

施工工艺流程如图5-1所示。

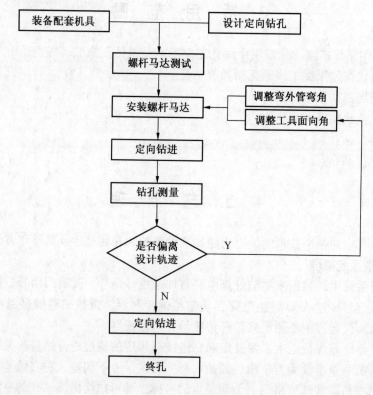

图5-1 工艺流程图

5.2 操作要点

5.2.1 钻孔设计

在钻孔施工前，必须确定施工地点、钻场尺寸及钻孔所覆盖区域，针对覆盖区域设计

钻孔个数、开孔位置、钻孔的圆弧曲率半径、钻孔抽放半径、终孔位置。千米钻机钻场设备布置如图5-2所示。

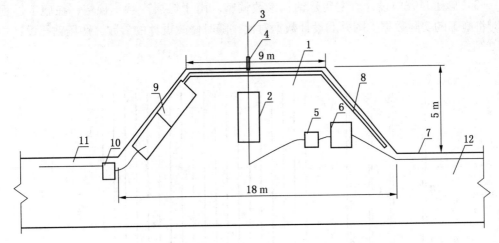

1—钻场；2—千米钻机；3—通栏钻杆；4—封孔管；5—泥浆泵（给水）；6—水箱；7—给水管；
8—水渠；9—二级排水池；10—泥浆泵（排水）；11—排水管；12—巷道

图5-2 千米钻机钻场设备布置图

钻孔设计遵循"由整体到局部，先设计后施工"的原则，把工作面的布孔分为：

（1）总体方案设计。根据矿方抽采钻孔方案，确定钻孔数量、钻孔深度、钻孔施工范围、钻孔开孔位置、方位角、倾角等技术参数。钻孔设计轨迹计算表见表5-1。明确布孔的形式、钻孔的密度、施工的顺序。

表5-1 钻孔设计轨迹计算表

设计单位	钻场编号	钻孔编号			日期	第 页	设计施工说明	
千米钻机项目部	南七十五横贯	15号				共 页	1. 设计文件中所涉及方位角均为磁方位 2. 开孔位置距底板1m 3. 煤层厚度按2.5m计算	
开孔位置距底板高度/m	磁偏角/(°)	开孔坐标			勘探线方位角			
		E(x)	N(y)	z				
1.00	-5.00	0.00	0.00	0.00	275.00			

测点序号	测深/m	倾角/(°)	磁方位角/(°)	计算方位角/(°)	钻孔水平投影长度	E坐标x	N坐标y	垂深z	视平移x	左右偏差y	测段全弯曲强度i/6m	AutoCAD绘平面图数据	AutoCAD绘剖面图数据
1	0	260	4	4.00	0.00	0.00	0.00	0.00	0.00	0.00	0.00	0.0272734762232617, -1.01543303661024	-1.04188906600158, -5.00884651807325
2	6	260	3	3.00	-1.04	0.03	-1.03	-5.91	-0.03	-1.04	0.18	0.055895695807258, -2.134570504214459	-2.13530221895447, -11.808375063457562
3	12	259	4	4.00	-2.14	0.06	-2.13	-11.81	-0.06	-2.14	102	1.0767723971393217, -3.48645588957787765	-3.33150982545765, -18.9245876248628

（2）分段设计。设计钻孔的开孔倾角、开孔方位角、开孔距顶板的距离、孔深等，并有图纸。

（3）施工过程中设计。主要是钻孔参数调整。由于煤层产状不稳定，在施工过程中及时将施工的实际数据上图并和设计数据对比，随时修改设计的参数。钻场钻孔设计如图5-3所示。

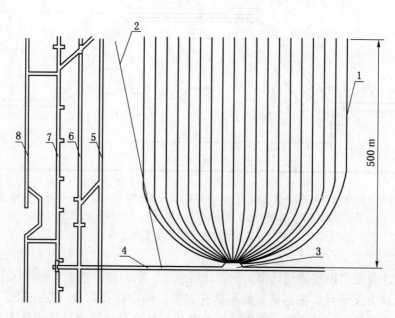

1—钻孔设计轨迹；2—保护煤柱；3—钻场；4—15112进风巷道；5—盘区南回风巷；
6—辅助运输巷；7—带式输送机巷；8—盘区北回风巷

图5-3 钻场钻孔设计平面示意图

5.2.2 开孔、封孔

（1）用直径为96 mm的开孔钻头施工12 m，退出钻杆。

（2）用直径为153 mm的扩孔钻头扩孔至12 m，退出钻杆。

（3）将直径为133 mm的封孔管送入钻孔，浇灌水泥浆，进行封孔。

（4）安装孔口安全装置（包括孔口四通和气水分离器），依照孔口监视器的提示进行开新孔操作。

5.2.3 钻进

（1）将整套钻具（孔底马达、下无磁钻杆、测量探管、上无磁钻杆）放入孔内，将孔底马达弯头方向调整为正十二点方向，测出此时的工具面向角值，作为工具面修正值。

（2）正常钻进操作程序：启动水泵，待孔内有返水，确认返水、返渣、泥浆泵泵压、给进压力、起拔压力均正常的情况下，方可开始给压钻进。

（3）每施工6 m进行一次测量，将测量数据线的两个接头分别连接于通缆钻杆的钻杆母扣和通缆内芯上，进行测量，得出测量数据（深度、倾角、方位角、方位偏差、下行轨迹、左右偏差、上下偏差、坐标位置），保存至孔口监视器，并对测量数据进行记录。钻孔实钻轨迹测量剖面图如图5-4所示。

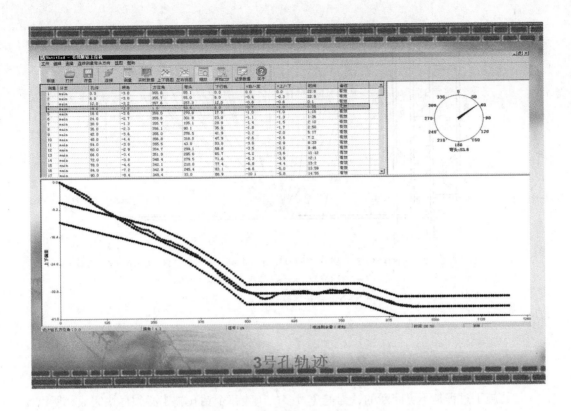

图 5-4　钻孔实钻轨迹测量剖面图

（4）不同的层位需要不同的给进压力，根据压力表数字控制给进、起拔的压力范围：

给进压力控制：200 m 以内给进压力不得超过 2 MPa；200～400 m 给进压力控制在 3 MPa 以内；400 m 以上给进压力最大为 4 MPa。

起拔压力控制：200 m 以内起拔压力不得超过 1 MPa；200～400 m 起拔压力控制在 2 MPa 以内；400 m 以上起拔压力最大为 3 MPa。

5.2.4　排渣

排渣的好坏直接关系到钻孔的成败，排渣顺畅可以大大减少喷孔，降低喷孔强度。钻进过程中必须专人观察排渣及返水的状况，及时采取退杆再钻进的措施。钻进过程中突然没有返水时必须停止钻进，退杆至返水畅通后再钻进。经过实践我们形成了"返水钻进、低压慢进、以退为进、掏空前进、慢进快退"的钻孔施工工艺原则。

5.2.5　完善设计

钻孔施工完毕后，分析实钻轨迹，完善各见煤点和出煤点的位置，并绘制出实际煤层剖面图，设计下一个钻孔。

5.2.6　成孔报告

当钻孔施工结束后，钻孔的所有数据已传输至孔口监视器内，连接电脑将钻孔数据进行保存，通过轨迹检测软件形成相应图表。成孔报告包括：钻孔设计、井下施工原始记录表、实钻轨迹原始数据、验收单、成孔报告、按钻场绘制实际煤层顶底板剖面图、实钻钻孔平、剖面图。钻场实钻轨迹水平如图 5-5 所示。

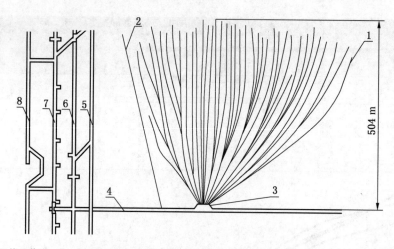

1—实际钻孔轨迹；2—保护煤柱；3—钻场；4—15112进风巷道；5—盘区南回风巷；6—辅助运输巷；
7—带式输送机巷；8—盘区北回风巷

图5-5 钻场实钻轨迹水平示意图

6 材料与设备

钻孔施工过程是不可间断的，为避免过多的风险每个钻孔施工必须尽快完成，所以要求设备、机具等备件要充足有余，以便设备损坏后能及时、快速地修复。本工法无须特别说明材料，采用的主要设备、机具见表6-1，以及如图6-1至图6-6所示。

表6-1 施工主要设备、机具一览表

序号	设备名称	规格型号	单位	数量	备注
1	定向千米钻机	ZDY-6000LD	辆	1	钻孔施工
2	测量探管	YHD1-1000T	根	1	数据测量
3	通缆钻杆	$\phi 73$ mm	根	200	钻孔施工
4	孔底马达		根	1	调整钻孔方向
5	测量系统		套	1	数据测量、保存
6	泥浆泵	NB-300	台	2	工作水泵、排水泵

1—泵站；2—主机；3—操纵台；4—履带

图6-1 煤矿用履带全液压钻机

图 6 - 2　测量探管

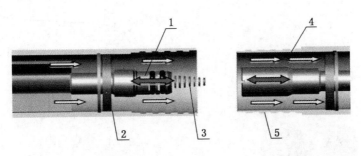

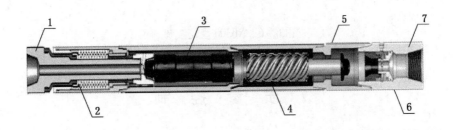

　：信号传输方向

　：动力水传输方向

通缆钻杆连接方式

1—内芯，用于传输测量信号；2—钻杆母头；3—连接弹簧；
4—内外管间的间隙，传输动力水；5—钻杆公头

图 6 - 3　通缆钻杆

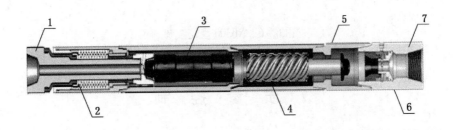

1—钻头连接处；2—传动轴总成；3—万向轴总成；4—马达总成；
5—防掉总成；6—旁通阀总成；7—钻杆连接处

图 6 - 4　孔底马达

随钻测量系统结构图：

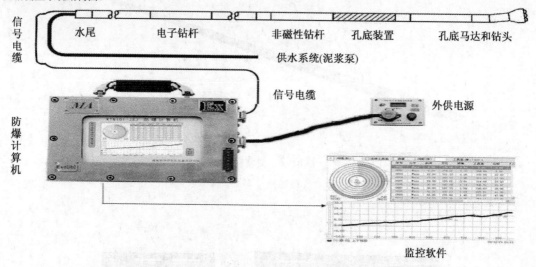

图 6-5　测量系统

图 6-6　NB300 型泥浆泵

7　质　量　控　制

7.1　工程质量控制标准

（1）国内暂时无相关行业标准、技术规范。

（2）详细了解地质资料，进行钻孔轨迹的合理设计，设计的钻孔倾角保持在 ±8° 以内，钻孔终孔间距满足设计要求。

（3）控制钻孔轨迹时，尽量使轨迹平缓，使 6 m 的倾角和方位角不超过 1.25°，避免钻具在孔内弯曲过大。

（4）在钻进过程中不仅要记录钻孔的深度、倾角、方位角、方位偏差、下行轨迹、左右偏差、上下偏差，还需记录水压、推进压力、提钻压力、水量、调整工具面向角情况、见顶底板情况以及其他说明等，以便遇到钻进事故时采取合适的处理措施。

7.2 质量保证措施

（1）为了在钻进过程中更为合理有效地控制钻进，要求钻工操作时每间隔一定距离有意识地预留合适的分支点。

（2）在设计与施工在过程中，应避免在地质构造区域布置钻孔及施工。

（3）在施工过程中，操作人员应随时观察钻孔返渣颜色、返水颜色，判定钻孔施工层位；观察返水量、返渣量，判定施工速度。

（4）钻孔越深，煤渣流出要运送的距离就越长，就必须选择大的流量来增加返水携带煤粉的能力，因此操作人员在施工过程中要及时调整泥浆泵的流量。

（5）技术人员应对实际钻孔数据及时处理，绘制出钻孔平、剖面图，以便真实的反映地质情况，对钻孔有个整体的把握和控制。

8 安 全 措 施

8.1 执行的主要安全法律、法规、规范

（1）《中华人民共和国安全生产法》。

（2）《煤矿安全规程》。

8.2 安全措施

（1）严格按有关规范、法规编制安全技术措施，做好安全技术措施贯彻交底工作。

（2）钻机司机必须经过培训，考试合格并取得合格证后，方可持证上岗。

（3）钻机施工前，防护罩、防尘盖要保持齐全完整，任何人不得随意拆除。

（4）钻机安装前，跟班队干必须仔细检查保证设备完好，给排水管路通畅，电气设备完好、油管是否漏油，发现异常必须及时检修，检验完好后，方可组织安装。

（5）钻机安装时，液压柱要打牢、升紧，液压柱、柱帽要用 10 号铁丝与巷道顶板金属网拴牢、绑紧，配套设备要各就各位保证完好。前后液压柱必须打在实顶实底上，保证支撑有力，钻机稳定不晃动。

（6）开机时必须低转速检查钻机旋转是否正常，调整正反转，掌握钻机钻进性能；必须低转速开孔。

（7）钻机钻进过程中，如有瓦斯喷出、孔内塌孔等现象出现，必须停止给进，并冲洗钻孔将孔内煤粉或瓦斯气体导通，全部排出后，方可继续钻进。

（8）调整工具面向角时，为了减少钻头切削孔底煤岩的阻力，必须将孔底马达退出距孔底 10 cm 的距离，防止马达弯管处受力太大。

9 环 保 措 施

9.1 组织措施

（1）成立环保小组，负责检查、落实各项环保工作。

（2）定期对职工进行文明施工、环保知识教育，加强职工环保意识。

9.2 节能、环保措施

（1）设备选型优先考虑低噪声的设备，做好防振基础，将噪声降到最低。

（2）保持巷道整洁，无杂物，无积水，无淤泥，管线架设整齐，风管、水管、油管没有跑、冒、滴、漏等现象。

（3）各种材料和设备堆放有序，分类管理，编号挂牌存放。

（4）施工过程中，废水必须经污水沉淀池和净化处理后排放。

9.3 文明施工

（1）各种文明规章制度挂牌或放置在明显位置，工作人员按章操作。

（2）在施工区内设置污液池，集中废水、污水、污油，统一处理。

（3）施工区的环境卫生责任到人，环保小组定期进行检查。

10 效 益 分 析

10.1 质量方面

在正确和熟练使用钻机的基础上，结合不同的操作方法、针对施工地点均为突出软煤层的特点，克服喷孔、塌孔、堵孔和卡钻等遇到的问题，保质保量完成瓦斯抽放钻孔工程。

10.2 经济效益

经过 2010 年 6 月至 2012 年 6 月两年的努力，我们总结出一系列施工技术，取得了良好的效果，现在单机月效率 2000 m。2011 年全年共计施工 111196 m。

10.3 社会效益

使用突出软煤层深孔定向钻进施工技术能出色地完成各项瓦斯抽放钻孔工程，抽放钻孔均能施工至设计位置，钻孔成孔率高，瓦斯抽放效果好、抽出率高。使用该工法施工速度快，施工质量优良。

11 应 用 实 例

近年来，随着煤矿开采深度的增加，瓦斯浓度越来越高，瓦斯抽放量越来越大，所采用的钻孔施工方法也在不断更新，工艺优化、质量更好、速度更快、机械化程度提高。

11.1 实例一

阳煤集团新景公司芦南二区为 2010 年 5 月开工，已施工的钻场有：南六钻场、北七钻场、南八钻场、北八钻场、南十钻场、北十一钻场。保安区 2010 年 8 月开工，已施工的钻场有：北二钻场、北三钻场。

11.2 实例二

阳煤集团国阳一矿为 2011 年 4 月开工，已施工的钻场有：西六岩巷 1 号、2 号、3 号、4 号钻场。

11.3 实例三

阳煤集团国阳二矿 2010 年 8 月开工，已施工的钻场有：41302 回风巷 1 号、2 号、3 号、4 号钻场。

11.4 实例四

阳煤集团寺家庄公司为 2010 年 6 月开工，已施工的钻场有：15112 工作面回风巷 1 号钻场；15112 进风巷 1 号、2 号钻场。

11.5 实例五

阳煤集团新大地公司为 2010 年 12 月开工，已施工的钻场有：西翼千米钻场。

我们针对阳煤集团各矿的具体地质状况，制定出具有针对性的施工方案，研究简单、实用的施工工艺，为千米钻机的推广和发展奠定基础。近年来的应用实例数据统计见表 11-1。

表 11-1　近年来的应用实例

序号	施 工 矿 井	时 间	备 注
1	阳煤集团新景公司	2010 年 5 月开工	已完工 8 个钻场共施工 230714 m
2	阳煤集团国阳一矿	2011 年 4 月开工	已完工 4 个钻场共施工 61110 m
3	阳煤集团国阳二矿	2010 年 8 月开工	已完工 4 个钻场共施工 129370 m
4	阳煤集团寺家庄公司	2010 年 6 月开工	已完工 3 个钻场共施工 45728 m
5	阳煤集团新大地公司	2010 年 12 月开工	已完工 1 个钻场共施工 34414 m

特大断面冻结立井与永久井塔平行施工工法 (BJGF041—2012)

中煤第七十一工程处　中煤矿山建设集团有限责任公司

徐辉东　方体利　郭保国　羊群山　刘　宁

1 前　言

泊江海子煤矿副井井筒净径 10.5 m，最大掘进荒径 14.6 m，施工中利用永久混凝土井塔，通过在井塔混凝土立柱中预埋支撑接头，搭设钢结构天轮平台、翻矸台凿井；配备了 XFJD6.11S 双联伞钻打眼，两台 HZ－6 型中心回转加两台 PC－60 挖掘机装岩，两台 JKZ－4.0/15 新型凿井专用绞车配备 5 m³ 吊桶出矸的大型机械化施工作业线。

该副井采用冻结法凿井，在冻结单位打钻、砌冻结沟槽等工作结束后，土建施工单位进点施工井塔基础、回填、井塔滑模施工等工作；待井塔滑模施工至凿井平台以上后停止施工，由矿建单位进行井塔内凿井设施布置，然后转入井筒掘砌施工。实现了矿建筹备与井塔下部土建工程平行施工，矿建凿井与井塔上部土建工程平行施工，大大加快了施工速度，减少了井口占用时间，也解决了特大断面冻结立井现有凿井井架无法满足施工要求的难题。该工法关键技术于 2011 年 5 月 10 日通过了中国煤炭建设协会组织的专家鉴定，达到国内领先水平，具有十分广阔的推广应用前景。

2 工 法 特 点

（1）利用永久井塔（+32.5 m 平台结构以下）凿井，合理利用永久井塔结构、空间进行天轮平台、翻矸台等临时凿井设施的优化布置，解决了特大断面冻结立井现有凿井井架无法满足施工要求的难题。

（2）实现了凿井大临设施与井塔下部施工平行作业，井筒掘砌与上部井塔施工平行作业。

（3）首次研制并应用双联伞钻，解决了特大断面冻结立井单台或两台伞钻凿眼无法覆盖整个掘进断面的难题，同时采用了双抓岩机、双挖掘机等配套设施。应用了深孔一次凿眼、光面爆破的施工工艺。完善了特大断面冻结立井（净径 10.5 m，荒径 14.6 m）掘砌施工关键技术。

（4）施工技术方案科学、工艺先进，选择了合理的机械化配套方案，首次实现了井筒掘砌与井塔平行施工，工序安排紧凑合理，缩短了建井工期，实现了安全生产，保证了施工质量。

3 适 用 范 围

适用于煤矿和非煤矿山超大直径立井工程（井筒直径 10 m 以上），利用永久混凝土井塔凿井施工的立井井筒工程。

4 工 艺 原 理

在冻结单位打钻、砌冻结沟槽等工作结束后，土建施工单位进点进行井塔基础、井塔滑模施工等工作；同时矿建单位进点进行稳绞基础、大临设施等的筹备工作。待井塔滑模施工至 +32.5 m 平台后停止施工，交矿建单位进行井塔内的凿井设施布置；然后凿井与井塔平行施工。结合凿井提升的要求，以及混凝土井塔的结构，分别在 +24 m、+15.5 m、+26.2 m 水平布置天轮平台梁，在 +11.5 m 搭设翻矸台。施工中要求上部井塔全封闭施工，同时井塔溜槽两侧和混凝土搅拌站一侧上部敷设双层防护棚，另一侧全部封闭。

5 施工工艺流程及操作要点

5.1 施工工艺流程

特大断面冻结立井与永久井塔平行施工工艺流程如图 5-1 所示。

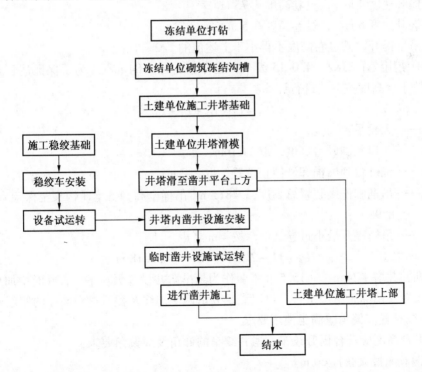

图 5-1 特大断面冻结立井与永久井塔平行施工工艺流程图

5.2 操作要点

5.2.1 凿井设施布置要求

1. 副井井塔结构

副井永久井塔设计跨度24 m×20.5 m,自下至上为1F(+0.00 m)、2F(+15.500 m)、3F(+24.00 m)、4F(+32.50 m)、5F(+41.80 m)、顶层+60.00 m。+16 m为交通罐防撞梁底面标高,+23 m为罐笼防撞梁底面标高,+32.5 m为导向轮安装水平,+41.8 m为提升机安装水平。

2. 凿井翻矸设施布置方案

翻矸台的确定主要考虑:①应使其高度保证矸石溜槽的角度不小于38°~40°;②溜槽口距地面的高度应满足出车需要;③溜槽口伸出的长度要便于机械操作;④提升、悬吊伞钻的使用要求。

距井口最近的平台为+15.5 m平台,过高不能利用。根据施工经验,在距井口11 m高度位置安装凿井用翻矸台(满足XFJD6.11S伞钻使用的要求)。

在井塔结构柱上设置钢结构牛腿,用钢板及连接螺栓固定牛腿在混凝土柱上,牛腿上设置钢梁,钢梁上设置翻矸平台各梁。其下设置支撑立柱。根据井塔施工图纸,确定溜槽出口位置及方位。井塔的相对两侧门高宽应不小于3.5 m×5 m,以方便进出车及排矸工作。

3. 天轮平台高度的确定

1)提升过卷高度验算

根据《煤矿安全规程》第397条,罐笼提升,过卷高度规定值:

(1)提升速度4 m/s,过卷高度4.75 m。

(2)提升速度6 m/s,过卷高度6.5 m。

(3)吊桶提升,其过卷高度不得小于上述值的1/2。

施工中使用绞车2JKZ-4.0/15绞车,提升速度为6.84 m/s。为了保证达到正常使用功能,天轮平台高度按下式进行计算:

$$H_{副} = L_1 + L_2 + L_3 + L_4$$

式中 $H_{副}$——天轮平台高度;

      L_1——井口到翻矸台高度,取11.0 m;

      L_2——翻矸台到吊桶卸矸停止位置,取2.2 m;

      L_3——吊桶和连接装置总高度,3.48(5 m³吊桶全高)+5.5(钩头至保险伞距离)=8.98 m;

      L_4——吊桶提升最小过卷高度,按4 m考虑。

$$H_{副} = 11 + 2.2 + 8.98 + 4 = 26.18 \text{ m}$$

使用副井井塔+24 m、+15.5 m平台作为悬吊凿井设施天轮平台,临时增加+26.2 m平台作为天轮及稳绳悬吊用平台,可以满足井塔两侧出绳及提升过卷高度的使用要求。

2)稳绞布置仰偏角应满足使用要求

天轮平台高度应符合提升绞车、凿井绞车的仰角及绳偏角要求:

(1)钢丝绳最大弦长60 m。

(2)钢丝绳最大偏角1.5°。

(3)钢丝绳最小仰角30°。

4. 天轮平台及稳绞布置

副井在 +24 m、+15.5 m、+26.2 m 水平布置天轮平台梁，井塔两侧出绳。各梁坐落在承重梁上，中心间距11.6 m×10.2 m。为了便于悬吊设施出绳，应延长天轮梁至井塔壁上。井塔两出绳侧塔壁不施工，预留出绳孔，此孔在天轮所在平台上，高宽应不小于2.5 m×9.5 m。井筒施工立面布置如图5-2所示。

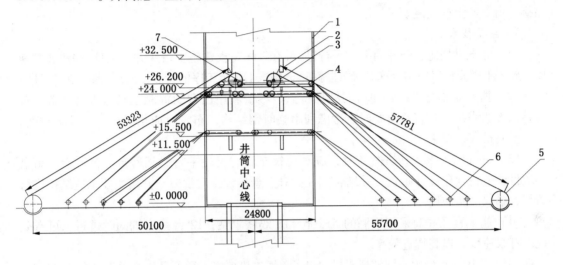

1—混凝土井塔；2—井塔混凝土支撑梁；3—提升天轮；4—导向天轮；

5—提升机；6—凿井绞车；7—提升天轮梁

图5-2 井筒施工立面布置图

5. 凿井设施与混凝土井塔的连接

根据井筒稳车仰角，以及井塔各平台间高度等要求，井筒凿井施工在 +26.2 m 设置有天轮平台，安设主、副提升天轮及主、副稳绳悬吊天轮。由于此水平无混凝土结构平台可利用，故设计了临时钢结构平台。+24 m、+15.5 m 水平天轮平台利用已有混凝土平台，在其上预埋钢板，天轮梁焊接在钢板上固定。

6. 凿井与井塔上段平行施工的安全防护措施

要求上部井塔全封闭施工，同时井塔溜槽两侧和混凝土搅拌站一侧上部敷设双层防护棚，另一侧全部封闭。

5.2.2 施工机械化配套

（1）提升：井筒主、副提升均采用2JKZ-4.0/15绞车，各配一套单钩5.0 m³吊桶提升矸石，下放物料、人员。吊桶将矸石提升至翻矸平台，通过翻矸台主、副溜槽将矸石倒至地面，然后用ZL-50装载机将土石装载至自卸汽车，转运至指定堆放场地。

（2）掘进：冻结土层采用人工用铁锹、高效风铲、B87型气动破碎机掘进刷帮，采用两台PC60挖掘机装土。若挖掘时围岩稳定性较差，可先在井中挖掘超前小井，再由井中向周边扩展，台阶式挖掘；立模前井壁欠挖部分必须用风镐刷至设计的井帮荒径，并将井壁底部浮矸清理干净；为了防止井帮塌落，掘砌段高不宜过大。

（3）冻结基岩段及基岩段采用钻爆法施工：打眼采用定制的XFJD6.11S双联伞钻打眼，动力为压风-液压传动。炸药使用煤矿许用抗冻水胶炸药，雷管使用秒延期电磁雷管,起爆方式为地面电磁发爆器起爆。

出矸时采用两台 HZ－6 型中心回转抓岩机,以及两台 PC60 挖掘机。地面采用自动座钩式翻矸,矸石通过溜槽溜入 10 t 自卸汽车,运至排矸场地。ZL－50 型装载机辅助平整场地。

（4）外壁砌筑:砌壁采用液压绅缩整体下行式大模板,正常段高为 4.0 m。

（5）内壁砌筑:采用拼块模板砌壁,底卸式吊桶经分灰器直接浇筑入模,分层浇筑、振捣,由下向上连续浇筑。

5.2.3 主要技术要点

（1）永久井塔施工与井筒掘砌平行进行,有效缩短土建施工占用井口工期,加快建井速度。施工工序安排时应结合冻结、矿建筹备、土建施工各个工序的特点,综合考虑后予以安排。

（2）凿井布置时应结合井塔的结构特点,尽量利用已有的混凝土平台进行布置。现有结构无法满足凿井布置需要时再考虑利用临时钢结构,布置时应尽量少占用井塔空间,并应能满足安装要求。

（3）井筒利用永久井塔凿井时,应对稳绞布置、天轮平台、翻矸台、封口盘、吊盘相关设置进行优化设计布置,并结合立井提升、悬吊设施对混凝土井塔主要承重结构进行验算,确保安全使用。

（4）超大直径井筒采用定制的 XFJD6.11S 双联伞钻,12 台凿岩机同时进行,可有效提高打眼速度,提高掘进效率。

（5）双 HZ－6 型中心回转抓岩机解决了单抓岩机抓岩半径不足和抓岩能力不足的问题。

5.3 劳动组织安排

劳动组织配备见表 5－1。

表 5－1 劳动组织配备表   人

单位	工 种	人数	单位	工 种	人数	单位	工 种	人数
综合队	队管	3	辅助队	队管	3	机关管理	经理	1
	技术员	4		技术员	2		副经理	5
	材料员会计	2		信号工	12		工资、计划、财务	4
	机修工	2		翻矸台把钩工	6		安检	5
	爆破员	2		井口把钩工	6		材料	2
	信号工	6		铲车司机	2		保卫	1
	看盘工	6		排矸司机	3		食堂	6
	挖掘机司机	2		绞车工	12		锅炉、澡堂	2
	抓岩机司机	3		电工	8		地质测量	3
	出矸	16		通风瓦检	3		通风	1
	清底	8		机修	6		司机	2
	砌壁	15		变电	3		调度	3
	打眼工	18		混凝土搅拌站	3		小 计	35
小 计		87	小 计		69			
合计				87＋69＋35＝191				

6 材 料 与 设 备

施工所需的主要施工设备见表6-1，主要施工材料见表6-2。

表6-1 主要设备表

序号	名 称		型号、数量
1	凿岩机钻架		XFJD6.11S
2	抓岩机		HZ-6，2台；PC60挖掘机，2台
3	主提升机		2JKZ-4.0/15
4	副提升机		2JKZ-4.0/15
5	提升吊桶		5 m³ 吊桶；DX-3 m³ 底卸式吊桶
6	凿井井架		永久井塔改造后
7	凿井稳车		JZA-5/1000，1台；JZ-10/600A，1台；JZ-16/1300A，6台；JZ-25/1300A，12台
8	砌壁	外壁模板	MJY-10.5/3.8
		内壁模板	拼块模板
9	排水泵		MD50-80×11
10	通风机		FBD-No.8.0型 2×45 kW 对旋式风机
11	通信、信号控制台		KJTX-SX-1型，1套
12	照明设备		Dd250/127型，2台
13	测量设备		全站仪、经纬仪、水准仪
14	压风机		SA-250A，2台；SA-120A，2台

表6-2 主要材料表

序 号	名 称	规 格 型 号
1	主提升钢丝绳	18×7+FC-40-1770
2	副提升钢丝绳	18×7+FC-40-1770
3	吊盘及稳绳钢丝绳	18×7+FC-38-1770
4	压风供水管钢丝绳	18×7+FC-34-1770
5	排水管钢丝绳	18×7+FC-36-1770
6	模板钢丝绳	18×7+FC-38-1770
7	抓岩机钢丝绳	18×7+FC-34-1770
8	安全梯钢丝绳	18×7+FC-22-1770
9	爆破电缆钢丝绳	18×7+FC-18-1770
10	无缝钢管	$\phi219×6/\phi159×4.5/\phi108×4/\phi57×3.5$
11	风筒	$\phi1000$ 胶质
12	风镐钎	$L=400$ mm
13	高压动力电缆	VLV29-6/3×70
14	电缆	UP-3×70+1×16
15	电缆	UP-3×50+1×16
16	电缆	YC-2×16

7 质量控制

7.1 执行的主要规范、标准

（1）《煤矿井巷工程质量验收规范》（GB 50213—2010）。

（2）《煤矿井巷工程施工规范》（GB 50511—2010）。

（3）《煤矿安全规程》（2011 年版）。

（4）《钢筋混凝土工程施工质量验收规范》（GB 50204—2002）。

7.2 质量控制措施

（1）加强职工职业道德教育。牢固树立"百年大计，质量为本"的思想，形成全员、全过程、全方位的质量管理网络。施工前和施工过程中不断开展技术培训和技术练兵，提高施工技术水平。

（2）建立健全工程技术档案，做好技术交底工作，严格原始记录，隐蔽工程记录，材料检验及验收，地质、测量成果记录等有关资料的收集整理工作。做到资料齐全、交接完善。

（3）混凝土使用的水泥、骨料、水、外加剂的质量应符合规范要求。水泥、外加剂要有出厂合格证和试验报告。石子选用粒径 5 ~ 25 mm，砂为中粗砂，且含泥量不超过3%。水采用生活用水，并严格按相应的配合比认真配置。

（4）矿建工程凿井设施在布置前，主要承力部件需要土建单位预埋进结构工程中，预埋件不得影响主体结构。

（5）在井塔两侧进出车侧，井筒混凝土立柱、各水平平台的导向钢丝绳设置钢板进行围护，防止车辆撞击、提升设施磨损，保护已完混凝土结构。

（6）在土建混凝土井筒施工完毕，混凝土养护达到设计强度值后，方可进行凿井设施的安装工作。

（7）混凝土井塔桩基严格按规范要求进行静荷载试验，合格后方可继续施工。

8 安全措施

（1）施工中土建、安装、桩基、矿建各类工程，严格按照业主要求，按计划节点工期进场组织施工，按照各自划分的施工区域设置围挡封闭施工。

（2）矿建、土建、安装平行交叉作业时，由业主组织进行技术交底，明确各自施工任务、安全注意事项等，并对参与进场施工的人员进行培训教育，合格后方可施工。

（3）土建工程与矿建工程平行施工时，在井塔的进出口侧、天轮平台上部设置防护层，铺设大板、悬挂安全网，防止高空坠物。

（4）土建井塔施工期间，在井筒周围设置沉降观测系统，定期观测数据。凿井施工单位应将悬吊荷载进行统计，并提供给设计单位核算井塔荷重是否满足要求。

（5）加强对吊挂系统的严格检查，对提升容器、连接装置、天轮、钢丝绳及提升各部位要定期检查。井筒施工时保证各通信、信号畅通和准确无误。绞车房要做好施工标高位置的标识，避免墩罐及过卷事故的发生。

（6）井口及井上下各盘孔要封闭严密，对井口以及井壁上的悬浮杂物清理干净以免坠物伤人。

（7）吊桶上下人员时，要系好保险带，上下罐时不准乱抢、乱跳；下放材料或爆破物品，不准与人员混装；下放长料时，一定要捆牢绑紧；下放重物构件时，每班要有专人负责，检查绳扣连接是否牢固，悬挂是否正确安全可靠。

（8）所有施工人员不得酒后施工作业。

（9）安装各梁时严格按要求施工，确保各悬吊点位置符合设计要求。

（10）安装各部件要固定牢固，确保施工安全。

9　环　保　措　施

（1）严格遵守国家和地方的有关控制环境污染的法规。

（2）制定防粉尘、防噪声措施，安设消声装置，工厂及道路经常洒水，防止尘土飞扬。井下实行湿式凿岩，出矸时洒水降尘。现场不得随意焚烧有毒、有害物质，并制定施工不扰民措施。

（3）施工排出的污水、废水，要经过污水处理站处理，达标排放。施工和生活中的废弃物，要排放到指定地点，按规定进行处理，防止扩散，造成环境污染。

（4）施工机械的废油料，必须集中存放，并做好废油的利用工作，禁止随意乱倒，污染环境。

10　效　益　分　析

10.1　经济效益

在泊江海子煤矿副井井筒施工中，通过实施"特大断面冻结立井与永久井塔平行施工工法"，制定了有针对性的施工方案，比计划工期提前了 26 d，工程质量全优，节省费用 372.144 万元。

1）新型的井塔布置方案节省材料费用

采用新型的井塔布置方案，节省了搭设 +24 ～ +26.2 m 水平钢结构支撑平台的费用，减少 I63 工字钢 161.6 m，钢材 19.62 t，节省投资 11.77 万元。

2）采用新工艺后节省工程直接费及辅助费

（1）工期缩短 26 d，节约固定成本费用共计 204.55 万元。人工 + 设备租赁费 + 周转材料租赁费 + 管理费 = 124.7 + 41.8 + 11.25 + 26.8 = 204.55 万元。

（2）采用新工艺与传统的掘砌工艺比较，冻结段节约工程直接费 155.824 万元。

① 在冻结段施工中（2009 年 12 月 18 日开始试挖至 2010 年 11 月 6 日结束套壁），共减少用工 21 人/d，节约井下直接工工资 21 人/d × 324 d × 160 元/人 = 108.864 万元。

② 共减少风镐、风铲、临时支护、炸药、雷管等材料费支出 46.96 万元。

（3）合计增效为 204.55 + 155.824 = 360.374 万元。

10.2　社会效益分析

随着我国一批特大型煤矿的建设，特别是在近年来西部一些矿井深部煤炭开采中，立井井筒直径加大，使得原来定型的凿井设备满足不了大直径井筒的施工要求。本工法对凿井井架，凿岩伞钻，抓岩机出矸工艺进行了革新改造，满足了施工要求；同时井塔与凿井平行施工可有效地缩短矿井建设总工期，降低人工费、辅助费、管理费、设备租赁费等，对于提高施工企业的竞争能力，以及矿山整体的建设和其后的生产都有显著的经济和社会效益。

11 应 用 实 例

内蒙古银宏能源开发有限责任公司泊江海子煤矿工程，位于鄂尔多斯境内，由煤炭工业合肥设计研究院设计。副井永久井塔设计跨度 24 m×20.5 m，自下至上为 1F（ +0.00 m）、2F（ +15.500 m）、3F（ +24.00 m）、4F（ +32.50 m）、5F（ +41.80 m）、顶层 +60.00 m。副井井筒设计净直径为 ϕ10.5 m，井筒全深 611.7 m，设计冻结段支护深度 550 m，冻结深度 556 m。冻结段内层井壁厚度 700～1000 mm，外层井壁厚度 750～1050 mm，最高混凝土标号 C70。

泊江海子煤矿副井 2009 年 12 月 18 日开始试挖，2010 年 1 月 16 日开工，9 月 10 日完成外壁施工，11 月 6 日结束套壁，目前工程已安全优质施工完毕，井塔经观测沉降符合要求。副井采用冻结法凿井，在冻结单位打钻、砌冻结沟槽等工作结束后，土建施工单位进点进行井塔基础施工、回填、井塔滑模施工等工作，待井塔滑模施工至 +32.5 m 平台后停止施工（已进入冬季，土建无法继续施工），交由矿建单位进行凿井设施布置，然后矿建与土建平行施工（第二年春天，土建工程继续施工）。结合凿井提升的要求，以及混凝土井塔的结构，分别在 +24 m、+15.5 m、+26.2 m 水平布置天轮平台梁，在 +11.5 m 搭设翻矸台。施工中要求上部井塔全封闭施工，同时井塔溜槽两侧和混凝土搅拌站一侧上部敷设双层防护棚，另一侧全部封闭。

该项目利用永久井塔（ +32.5 m 平台结构以下）凿井，合理利用永久井塔结构、空间进行天轮平台、翻矸台等临时凿井设施的优化布置，解决了特大断面冻结立井现有凿井井架无法满足施工要求的难题；实现了凿井大临设施与井塔下部施工平行作业，井筒掘砌与上部井塔施工平行作业；首次研制了双联伞钻，解决了特大断面冻结立井单台或两台伞钻凿眼无法覆盖整个掘进断面的难题，同时采用了双抓岩机、双挖掘机等配套设施。研究应用了深孔一次凿眼、光面爆破的施工工艺。完善了特大断面冻结立井（净径 10.5 m，荒径 14.6 m，目前国内最大）掘砌施工关键技术。

斜井大断面过含水层疏干水再利用
施工工法（BJGF043—2012）

中鼎国际工程有限责任公司

易香保　刘护平　杨华明　周海火　吴　强

1　前　　言

随着我国西部地区煤炭资源的开发和矿井更新改造，井筒施工过含水层的情况不可避免。在矿井设计及建井过程中应把绿色开采、生态环境保护及水资源保护列为首要考虑因素。疏干水再利用施工的"循环经济理念"必将在水资源最匮乏的地区更加深入人心。实现煤炭资源开发利用与矿区生态保护的协调发展，对于促进国民经济和社会健康发展意义重大。

斜井大断面过含水层疏干水再利用施工技术工艺简单，地表施工的劳动安全条件较好，组织灵活，不污染水源，施工期间所抽的水可通过简单设施回收利用，不影响周边居民用水，不破坏水系，便于控制，便于实施对水资源的保护。井筒穿过含水层后不破坏周边水系的补给途径、流向，特别是与"注浆帷幕法"和"冻结法"等方法相比费用低廉，为今后类似穿过含水层疏干水再利用施工技术提供了成功经验。该工法的关键技术于2012年12月20日通过了中国煤炭建设协会组织的鉴定，鉴定结论为：该项技术达到行业领先水平，具有较高推广应用价值。

2　工 法 特 点

（1）根据含水层的赋存条件采用井点降水疏干法进行施工。

（2）采用正台阶环形开挖法施工：短段掘砌，上台阶式分区分步开挖，管棚超前支护，拱架安装，拱圈喷混凝土，铺设防水土工布，钢筋混凝土砌筑。

（3）建立了完整的地下水抽取、净化、检测、回灌及地下水井上下循环系统，使水资源得到了充分利用。

3　适 用 范 围

3.1　含水层原始条件

（1）渗透系数 K 值大于 3 m/d。

（2）厚度不小于 3~4 m 的中粒及粗粒砂砾层。

（3）裂隙均匀分布的含水基岩，如灰岩、白云岩、泥灰岩及砂岩。

（4）含水层离地表较近，岩层厚度较小。

3.2 适应范围

（1）矿山井巷、隧道和其他土木工程中地层构造复杂且富水性条件下的掘进或开挖工程施工。

（2）适用于干旱和半干旱地区，能解决生产、生活用水并降低对周边环境的污染。

4 工 艺 原 理

4.1 疏干水再利用施工技术原理

（1）疏干是通过对周边地质条件及水文情况探测分析和降水参数计算，建立地面排水系统，在人为控制的情况下利用深孔降水井超前距离提前疏干、疏水降压和工作面堵沙、导水工艺，消除含水砂砾层对巷道掘进施工的安全影响。其基本内容可分为疏干和疏水降压两个方面。其中疏干是指通过疏水将含水层的水位降至矿井工程层位标高以下或形成稳定的降落漏斗，使之局部疏干，避免开拓时含水层水直接涌入工作面。疏水降压是指通过疏水将含水层水位降至预先设计的安全标高之下，从而减轻或消除矿井在开拓和生产过程中含水层水在水压力的作用下破坏其上下隔水层而涌入矿井，调节矿井涌水量、改善井下作业条件以及保证斜井开拓安全。

（2）井点疏干是采用流体力学及岩体力学理论，对方案、参数设计方法及流程进行标准化的设计，并根据此方法和流程进行方案、参数计算。降水井距斜井距离较远，会增加抽水量和抽水难度，影响降水效果；距离较近，抽水又会影响井壁围岩的稳定性，增加支护难度和围岩位移量。

斜井塑性区半径计算：

$$R_1 = r_1 \left[\frac{(\lambda H + C\cot\varphi)(1 - \sin\varphi)}{C\cot\varphi} \right]^{\frac{1 - \sin\varphi}{2\sin\varphi}}$$

式中 R_1——塑性区半径；

C——岩体内聚力；

φ——岩体内摩擦角；

r_1——斜井半宽；

H——含水层厚度。

设计降水井位于斜井围岩塑性区外侧，降水井与斜井中心距施工值比理论计算值大 $0.3 \sim 0.5 \mathrm{m}$。

降水井数目可根据总降水量和单井抽水能力来确定，即降水井数目为二者之商；知道降水井数目后，可根据布置方式确定降水井间距。首先确定单根井点管的抽水能力。单根井点管最大出水量取决于滤管的构造和尺寸、土的渗透系数，可按下式计算：

$$q_{\max} = 65\pi d_{\mathrm{n}} l \sqrt[3]{K}$$

式中 $q_{\max}$——单根井点管最大出水量，$\mathrm{m^3/d}$；

d_{n}——过滤管内径，m；

l——过滤管长度，m；

K——渗透系数，m/d。

潜水完全井涌水量计算简图如图4-1所示。

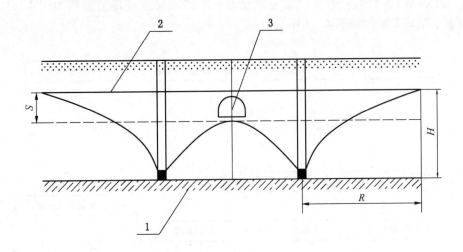

1—不透水层；2—原水位线；3—主斜井；H—含水层厚度；

R—降水影响半径；S—降水深度

图4-1　涌水量计算简图

井群总涌水量按下式计算：

$$Q = \frac{3.14K(2H - S)S}{\ln \dfrac{R}{0.565 \sqrt{F}}}$$

式中　Q——井群总涌水量；

　　　K——含水层渗透系数；

　　　H——含水层厚度；

　　　S——降水深度；

　　　R——降水影响半径；

　　　F——降水井所围矩形面积。

（3）疏干水再利用技术是根据井点疏干抽水量、工作面涌水量、地面（地下）水文地质条件及水资源需求和使用情况，建立合理的地下水抽取、地面水净化、检测工艺流程，水资源回收利用系统。

（4）按照疏干水再利用技术要求，进行了井筒防渗漏支护方式设计，主要包括预支护、隔水层、防水永久支护三步防渗漏支护。预支护的目的是快速通过含水砂砾层，防止巷道垮冒，确保施工安全，为后期施工创造条件。隔水层：在穿越含水层巷道预支护后、永久支护前，全断面铺设防水土工布。防水永久支护：采用高强度混凝土砌碹支护，混凝土中添加BR系列防水剂。巷道底板（反拱）钢支架下铺设碎石滤层、PPC塑料多孔导水管导水后施工隔水层，再浇筑底板混凝土至巷道设计高度。

4.2　地下水井上下循环系统的建立

疏干水再利用技术的目的是为不影响地方生产、生活用水，将地下水抽取后进行净化和利用、回灌水源井。工作面排水经排水管路进入井口沉淀池进行初次净化，然后进入净化过滤池进行二次净化，达到排放标准后进入清水调节池（调节降水井水量与水源井回灌量不匹配问题），然后经管路回灌至水源井，工作面排水处理流程图如图4-2所示，降水井上下循环系统图如图4-3所示。

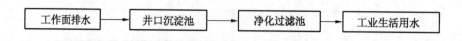

图4-2 工作面排水处理流程图

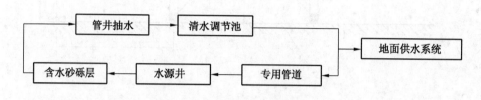

图4-3 降水井上下循环系统图

4.2.1 地下水抽取

地下水抽取包括工作面排水和井点降水两部分。工作面排水选用55 kW离心泵1台、污水泵1台，铺设两趟无缝钢管作为排水管路，将工作面积水直接排入井口附近的沉淀池内，进行初次净化，然后进入净化过滤池进行二次净化，达到标准后经管路到达工业及居民生活用水系统。降水井抽水选用200QJ型潜水泵，每个井内安装1台，抽出的水经钢管直接流入沉淀池内，净化后进入地面供水系统或清水调节池。

4.2.2 地面净化工程

在施工现场选址建筑2个净化水池，分别为井口沉淀池和净化过滤池。井口沉淀池外墙及底板采用5 mm钢板焊接；混凝土净化过滤池，壁厚300 mm，碎石垫层200 mm，铺底300 mm，强度C30。为防冻及尽量避免水质二次污染，水池上建活动板房。

4.2.3 水循环系统

在水池与水源井之间铺设1趟钢管，将清水直接排入水源井，作为水源井的补给水源，水源井供应周边工业、生活用水，经过对该井进行喷浆加固，确保回灌水进入含水层。

4.3 疏干法施工技术

4.3.1 降水疏干井布置方式

降水疏干井井点的排列数是由降水影响半径决定的，采用沿井筒两侧各布置1排降水井的布置方式。

4.3.2 降水井中心距井筒边沿的距离

降水井距斜井距离较远，会增加抽水量和抽水难度，影响降水效果；距离较近，抽水又会影响井壁围岩的稳定性，增加支护难度和围岩位移量。设计降水井位于斜井围岩塑性区外侧。

4.3.3 降水井数目及降水井间距

降水井数目可根据总降水量和单井抽水能力来确定,即降水井数目为二者之商;知道降水井数目后,可根据布置方式确定降水井间距。确定单根井管的抽水能力。单根井管最大出水量取决于滤管的构造和尺寸、土的渗透系数。

4.3.4 降水井深度

以同煤集团东周窑煤矿主斜井为例,通过的含水砂砾层降水深度较大,含水层渗透系数大于 10 m/d,故采用深井泵管井降水方式,设计降水井为潜水完全井,降水井井底低于含水层底板标高 11 m 左右。

降水井深 60 m（视斜井穿过含水砂砾层高度）,降水井直径 450 mm（图 4 - 4、图 4 - 5）。下入内径 325 mm 螺旋焊接钢井管,井管中实管长 20 m,花管长 40 m（设进水孔,孔径 25 mm,间距 100 mm）,花管及井管下口用尼龙网包裹,再用防水丝线绑牢以防塞孔,在降水井与井管间填入滤料。

降水井结构如图 4 - 6 所示。

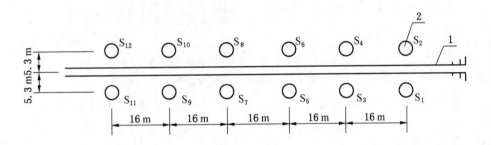

1—斜井井筒;2—降水井

图 4 - 4　降水井平面布置图

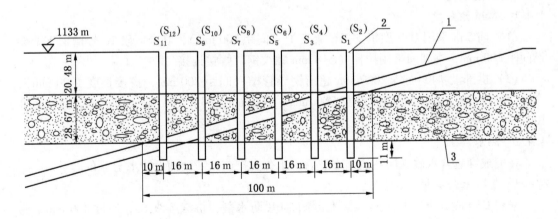

1—斜井井筒;2—降水井;3—含水层

图 4 - 5　降水井剖面布置图

4.3.5 降水井施工顺序

沿井筒方向先确定 2 个降水井的位置,根据抽水情况可调节后期降水井的具体位置和

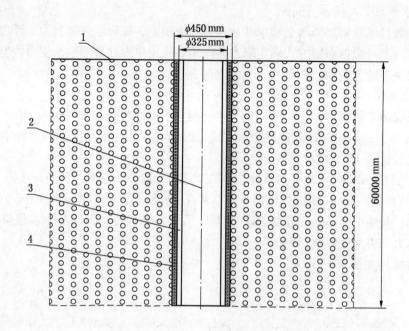

1—地坪；2—降水井；3—螺旋焊接管；4—滤料

图4-6　降水井结构示意图

数目。

4.3.6　排水方法

根据井下涌水量情况确定降水井数量，必要时采取多孔排水及水源井同时排水的方法。

4.4　防渗漏结构

4.4.1　巷道预支护

（1）前5 m采用U29型钢支架密集支护（间距200 mm），其余区段18号槽钢支架架设间距500 mm，支架间采用拉杆（ϕ18 mm螺纹钢）焊接连接。

（2）拱部设ϕ40 mm×2000 mm超前钢导管棚（间距200 mm，搭接长度1000 mm），全断面铺设ϕ6.5 mm钢筋网（规格700 mm×1000 mm，网目100 mm×100 mm，搭接宽度100 mm），喷200 mm厚C25混凝土。

4.4.2　隔水层

在完成穿越含水砂砾层巷道预支护后，永久支护前全断面铺设防水土工布。

4.4.3　巷道永久支护

采用C30混凝土砌碹支护，混凝土添加BR防水剂，抗渗等级S8，厚度400 mm；巷道底板（反拱）铺底采用C30混凝土，厚度300～600 mm，浇筑至巷道设计开挖底板。斜井成巷后统一铺底。含水砂砾层巷道支护示意图如图4-7所示。

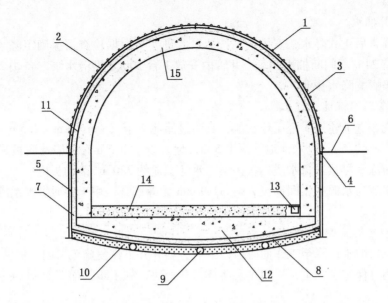

1—φ40 mm 钢导管；2—钢筋网；3—18 号槽钢支架；4—钢连接板；5—整体焊接连接拉杆；
6—钢管托拱梁；7—300 mm 厚 C25 混凝土；8—反向拱钢支架；9—排水管；10—滤料；
11—防水土工布；12—巷道底板反拱，300～600 mm 厚 C30 素混凝土；13—水沟；
14—铺底要用 C30 混凝土，厚 300 mm；15—C30 混凝土砌碹支护，厚 400 mm

图 4-7　含水砂砾层巷道支护示意图

5　工艺流程及操作要点

5.1　工艺流程

试验井施工→地面管路与沉淀池施工→降水井施工→降水井抽水→井筒施工。

5.2　操作要点

5.2.1　降水（试验）井施工

1. 降水井施工

降水井施工选用 300 型钻机采用一次成井法钻进；钻机就位时调整其底座与钻塔垂直并用机台木垫实。钻机钻头要对准孔位、钻杆垂直偏差不大于 10%；钻机每钻进 20 m 测一次孔斜，发现钻孔偏斜较大时及时进行纠斜，钻孔钻到设计深度前下入套管护壁再钻至终孔，并确认钻孔达到设计深度。钻孔的同时进行取芯采样，采用平卧法出芯，洗净后按顺序摆放入岩芯箱内，送达实验室。

下井管时，先测量孔深，再根据井深配管，应注意井管与孔壁间的环形距离均匀，确保井壁安全且井管位于钻孔中心；井管安装完毕并验收合格后，及时进行填料，选用粒径 10～20 mm 的碎石作滤料，沿井壁环形投填，滤料填到井口处；滤料充填稳定后，下入 200QJ 型水泵洗井。洗井前向井管内注入清水，使螺旋焊管内泥浆稀释；洗井时采用水泵抽水，直至抽出的水至清为止，洗至水清砂净；洗井结束后采用潜水泵进行试抽，将水泵放到井底后上抬 0.5 m 左右。

2. 降水井抽水

试抽无异常后正式降水，安排电工、抽水值班人员根据检查情况确定降水间隔时间。施工期间保持24 h不间断抽水，每个井管内安放1台200QJ型潜水泵（备用2台），防止水泵出现故障影响降水作业。

5.2.2 地面管路与沉淀池施工

在施工现场选址建筑3个循环水池，其中过滤池2个（8 m×5 m×2.5 m），清水池1个（10 m×8 m×2.5 m）。水池地下深1.5 m，地表以上0.5 m。外墙及底板采用5 mm钢板焊接。为防冻及尽量避免水质二次污染，水池上建约350 m³活动板房。

在循环水池与水源井之间铺设1趟φ219 mm无缝钢管，用于接通供水系统。

5.2.3 井筒施工

1. 正台阶环形开挖法

含水砂砾层的水位降至工作面底板以下后，斜井井下恢复施工，因井筒断面较大，围岩条件差，为确保施工安全，采用正台阶环形开挖法，施工步骤如图5-1所示。

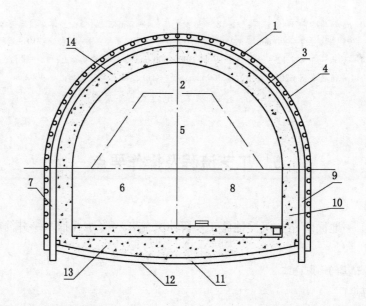

1—超前钢导管钻装；2—上台阶周边开挖；3—拱架安装；4—拱圈喷混凝土；5—上台阶中部开挖；
6—左边墙开挖；7—左支架腿安装；8—右边墙开挖；9—右支架腿安装；10—边墙喷混凝土；
11—反拱架安装；12—铺设防水土工布；13—反向拱混凝土浇筑；14—底混凝土、周边混凝土浇筑

图5-1 正台阶环形开挖法施工步骤图

2. 施工方法

1）超前钢导管钻装

在工作面搭设工作台板，采用凿岩机钻眼后，再将钢导管顶进，开挖前必须按设计要求完成超前钢导管的钻装，并经检查验收合格，否则不允许进行开挖作业。

2）开挖落岩

采用0.1 m³挖掘机开挖落岩，人工风镐修整。开挖遵循依次分部的原则，严禁采用

大开挖方式，防止围岩暴露时间过长和暴露面积过大，导致围岩失稳发生片帮冒顶。挖掘机司机必须服从现场指挥，小心驾驶，不得撞击损坏巷道支护物件和井筒内其他物件。

3）钢支架预支护

钢支架采用 18 号槽钢机械加工成型，人工安装，间距 200 ~ 500 mm。钢拱架背后铺设钢筋网。为了防止边墙开挖时，拱架失稳，钢支架安装后必须在左右拱脚以上位置各钻装 1 根钢托梁。

4）喷混凝土预支护

地面采用 JS - 500 型搅拌机拌料，PL - 800 型配料机电子秤计量，箕斗运料；井下采用转Ⅶ型喷浆机喷射，喷混凝土作业必须在钢拱架架设后立即进行，及时封闭围岩。

5）混凝土永久支护

地面采用 JS - 500 型搅拌机拌料，PL - 800 型配料机电子秤计量；井下采用 DSB - 15 型混凝土输送泵送料入模。浇筑时采用 16 号槽钢拱架碹胎、4 in 钢管内支撑和 1500 mm × 300 mm × 55 mm 组合钢模。斜井过含水砂砾层段采用正台阶环形开挖法，其上台阶超前距可视配套机械效率和预支护的稳定情况而定。当预支护稳定，配套机械效率高时，可继续施工上台阶，超前下台阶工作面 2 ~ 3 m；反之，应转入下台阶施工。开挖、预支护、永久支护的间距视预支护后巷道稳定性，适时安排施工，但反向拱混凝土必须分小段及时施工。

5.3 施工组织

预支护由开挖和支护综合作业班组施工，采用"三八制"作业，劳动力配备见表 5 - 1；永久支护分支模班与支护班，采用"滚班制"作业，劳动力配备见表 5 - 2。

表 5 - 1 巷道预支护劳动力配备　　　　　　　　　　　　　　　　　人

工 种	人 数	工 种	人 数
班长	1	支架工	5
安全员	1	小计	13
质检员	1	合计	13 人 × 3 班 = 39 人
喷浆工	5		

表 5 - 2 巷道永久支护劳动力配备　　　　　　　　　　　　　　　　　人

	工 种	人 数		工 种	人 数
支模班	班长	1	浇混凝土班	班长	1
	安全员	1		安全员	1
	质检员	1		质检员	1
	支模工	10		混凝土工	10
	小计	13		小计	13

6 材料及机械设备

6.1 材料

施工材料详见表 6-1。

表 6-1 主 要 材 料

序号	名 称	规格、型号	数 量	单 位	用 途
1	碎石	粒径 10~20 mm		m^3	降水井
2	无缝钢管	ϕ159 mm		m	供水管
3	螺旋焊接管	ϕ325 mm	720	m	井管
4	钢板	5 mm		m^2	水箱
5	无缝钢管	ϕ40 mm		m	钢导管
6	尼龙网	网孔 2 mm	820	m^2	
7	钢筋网	ϕ6 mm		m^2	
8	钢支架	U29 型钢	17	榀	
9	钢支架	18 号槽钢	335	榀	
10	钢筋	ϕ18 mm 螺纹钢		m	拉杆
11	拱架碹胎	16 号槽钢		榀	衬砌
12	无缝钢管	ϕ108 mm		m	衬砌
13	钢模板	1500 mm×300 mm×55 mm	100	块	衬砌
14	防水土工布	宽度 6 m		m	隔水
15	PPC 管	DN110		m	排水管
16	BR 防水剂	S_8		t	防水
17	水泥	425		t	混凝土
18	砂子	中粗砂		m^3	混凝土
19	碎石	粒径 3~5 mm		m^3	混凝土
20	水			t	混凝土
21	速凝剂			t	混凝土

6.2 机械设备

施工采用的主要机械设备详见表 6-2。

表 6-2 主 要 机 械 设 备

序号	名 称	型号、规格	数 量	单 位	用 途
1	钻机	300	3	台	降水井
2	离心泵	37 kW	1	台	工作面排水
3	污水泵	DM45-50×12	1	台	工作面排水

表6-2（续）

序号	名　称	型号、规格	数量	单位	用　途
4	潜水泵	200QJ	14	台	降水井抽水
5	提升机	JK-2 m	1	台	提升
6	提升机	JK-3 m	1	台	提升
7	挖掘机	0.1 m³	1	台	掘进
8	通风机	2×30 kW	2	台	供风
9	全站仪	DTM-531E	1	台	测量
10	钢筋弯曲机	GW40	2	台	加工钢筋
11	电焊机	BX-300	2	台	焊接
12	钢筋切割机	GJ40	1	台	切割钢筋
13	喷浆机	转Ⅶ	4	台	喷浆
14	输送泵	DSB-15	1	台	浇筑混凝土
15	搅拌机	JS-500	2	台	拌料
16	配料机	PL-800	1	台	配料

7　质　量　控　制

7.1　执行的规范和标准

（1）《煤矿井巷工程施工规范》（GB 50511—2010）。

（2）《煤矿井巷工程质量验收规范》（GB 50213—2010）。

7.2　降水井质量控制

7.2.1　前期准备工作

（1）查阅地质报告：了解地层情况和地下水的位置、地下水类型、土壤渗透系数、降水深度、水文地质特征等。

（2）编制并审查降水设计方案及严格审查施工方案：明确井点降水方法；井点管长度、构造和数量；降水设备的型号和数量；井点系统布置图；降水深度及相关的技术要求；井孔施工方法及设备；现场管理组织机构及职责分工；质量和安全技术措施；降水对周围环境影响的估计及预防措施；观测点的设置及观测记录等。

7.2.2　成井过程控制

（1）对成井过程进行严格控制，按照设计图纸和审定的施工方案进行，每口井都要进行试抽，以保证成井质量。

（2）准备好足够的发电设备和水泵，预防停电，保证水泵连续抽水。

7.2.3　降水过程控制

（1）对排水线路及电缆电路进行检查，保证排水不间断、通畅、无渗漏；降水期间设专人巡视降水情况和机具设备的维护。

（2）降水运行应与斜井开挖施工互相配合，按照设计和施工方案确定的施工程序进行，在降水井施工阶段应完成一口投入降水运行一口，保证开挖工作面干作业环境。

（3）在降水过程中，要随时测量观察井的水位是否降至设计深度。

（4）如果出现抽不上水或抽出的水逐渐变浑浊的情况，应立即检查处理，可考虑重新洗井或者重新打井。

（5）在巷道内及降水区域地面附近设置一定数量的沉降观测点，沉降超过警戒值时要及时处理。

7.3 斜井成巷质量控制

7.3.1 钢支架

钢支架架设按3°角迎山角架设，偏差控制在0°～+0.5°范围内；钢支架严格按中线和腰线架设；支架与壁面之间必须楔紧，相邻钢架之间必须用螺纹钢焊接牢靠；钢支架的柱窝挖到实底，脚支立在实底上，深度符合设计要求；钢支架的垫板用混凝土垫块垫稳、垫平、垫牢固；钢支架拉杆必须挂在挂耳上，挂牢、挂紧；钢支架间距必须严格控制在200～500 mm；钢支架扭矩控制在±30 mm之间；钢支架连接板必须密贴，不得有缝隙，连接螺丝必须扭紧。

7.3.2 超前导管与钢管托梁

钢支架架设完毕及时地进行钢管托梁和超前钢导管施工；钢管托梁与水平面的夹角为+3°～+5°；超前钢导管施工角度与巷道倾角为+3°～+5°；钢插管的间距、倾角按设计尺寸严格施工；钢插管单面尖朝上，以确保钢管施工倾角。

8 安 全 措 施

8.1 拱部防漏顶措施

（1）超前导管的长度、间距、搭接长度必须符合设计尺寸。

（2）如发现顶部有滴砂砾现象，应及时用700 mm×100 mm×50 mm混凝土背板背牢固、背紧实。

（3）超前导管的施工角度必须符合设计角度，防止角度偏小，搅动砂砾带来漏顶。

（4）拱部每架钢支架支护后，及时进行初喷混凝土，封闭空顶空间。

8.2 防拱部预支护下沉措施

（1）预留拱部预支护沉降量50 mm。

（2）每架钢支架安装完成后，及时在两拱脚上稳拱梁。

（3）托拱梁的施工角度必须符合设计角度。

（4）施工时，如果钢支架柱窝超深，必须用木板垫实、垫牢、方可架设钢支架。

（5）架设钢支架时迎山角保持3°，且不得退山。

8.3 工作面防漏砂措施

（1）上台阶始终保持巷道中心长2 m、宽2.0～2.5 m的核心岩柱。

（2）巷道帮部支架与拱部支架对接安装后，及时进行初喷混凝土封闭。

（3）涌水位应始终保持在工作面底板3 m以下，防止砂砾流动给工作面带来涌砂。

（4）涌水位与巷道底板持平时，停止施工。

9 环 保 措 施

（1）井筒挖出的矸石及时清运，按建设单位指定的地点堆放。

（2）水泥和其他易飞扬物、细颗粒散体材料，在搬运时要防止遗撒、飞扬并采取码放措施，减少对空气的污染。

（3）井下抽出的污水和搅拌机排放的污水要排入污水沉淀池内，认真做好无害化处理。

（4）局部通风机安装消声装置，降低噪声。

（5）在地面和井下施工场地做到文明整洁。

10 效 益 分 析

10.1 经济效益

（1）与东周窑煤矿附近煤矿多个斜井采用"钢板桩法"未能通过含水砂砾层对比，采用"井点降水疏干法"使东周窑煤矿主斜井顺利通过含水砂砾层，避免因无法通过而报废井筒造成的前期建设资金的浪费。

（2）大断面斜井过含水砂砾层采用"井点降水疏干法"与"注浆帷幕法"和"冻结法"等方案相比费用低廉，工期短，节省大量的建设资金。

（3）施工时间120 d，涌水量按82 m³/h测算，水费按3.20元/m³计算，则创造水资源再利用经济效益：82 m³/h × 120 d × 24 h/d × 3.2元/m³ = 755712元。

10.2 社会效益

通过该项目的实施，简化了施工工艺，保证了井筒穿过含水砂砾层后不破坏周边水系的补给途径、流向及水源不被污染；施工期间所抽出的水也得到了回收复用，补充了周边工业和居民生活用水；同时，大大缩短了矿井的建设工期，加快了矿井建设的步伐，实现了安全、高效、绿色施工，为后续施工做出了贡献，也为我国同类缺水地区可持续发展提供了宝贵的施工经验。

11 应 用 实 例

2008年8月28日，大同煤矿集团公司同发东周窑煤业有限责任公司工程项目开工，主斜井井筒工程开始施工。2008年10月6日主斜井掘进至74.2 m处，工作面帮部底角见含水层涌水面，静水位标高为1311.52 m。2008年11月16日开始施工降水井。2008年11月28日在降水漏斗内进行主斜井井筒掘进施工。

从2008年10月主斜井见水，到2009年3月20日安全顺利穿过含水砂砾层，历时4个月，成巷104.2 m，平均月成巷26 m，最高月成巷36 m。施工过程中工作面涌水量较小，达到了井点疏干水再利用施工斜井的目的。

采用帷幕注浆截流治理矿井水害
施工工法（BJGF044—2012）

湖南楚湘建设工程有限公司

王作成　金　鑫　张跃龙　侯辉华

1 前　　言

　　矿井水害给生产带来了安全隐患，严重制约企业发展，恶化工作环境，增加施工成本。特别是矿山企业在江河、水库等水体附近开采时，如果遇到暴雨和山洪暴发，江河、水库水位上涨，洪水泛滥，洪水从废弃的小窑井口、塌陷区、裂缝带、岩溶裂隙等通道倒灌，经采空区流入矿井采区，会导致矿井涌水量剧增，甚至远大于矿井的综合排水能力，从而造成淹井事故，给企业造成重大人员伤亡和财产损失。治理类似的矿井水害，受到地理环境条件限制，无法采取河流改道、修筑河堤或库坝等方案进行防洪改造时，虽可采取对废弃的井口、塌陷区、裂缝带、岩溶裂隙露头等导水入口进行填塞处理，但因小窑开采历史悠久、星罗棋布，塌陷区、裂缝、岩溶裂隙等发育范围广且不稳定，填塞难以做到万无一失和根治。采用地面打钻揭穿导水通道，实施注浆帷幕截流，减少矿井涌水量，能从根本上杜绝暴雨、洪汛期等对矿井的威胁，避免淹井的危害。该工法关键技术于 2012 年5 月 16 日通过了中国煤炭建设协会组织专家进行的技术鉴定，达到国内先进水平。

2 工 法 特 点

　　（1）对发生矿井水害的成因条件进行了综合分析。

　　① 通过走访调查，收集、整理有关信息、图纸和资料并进行综合研究；同时对地面和井下突水现场进行仔细踏勘。

　　② 了解了突水点附近的地质构造以及是否存在含水层、岩溶裂隙及其分布和发育程度。查明了小窑开采后形成的老空、垮落带、导水裂隙带的分布情况以及与突水矿井开采之间的相互关系。

　　③ 查清了突水水源及其性质，通过流通试验确定了突水水源的流向、入口位置和数量，估算了流速。对导水通道的性质、特征做出了较准确的判断。为帷幕注浆施工设计提供了可靠的依据。

　　（2）帷幕注浆施工的合理设计。

　　① 帷幕注浆孔是按分序加密、一孔多用的原则布置的，即先疏后密、先近后远，探、注相结合。

② 在帷幕注浆施工实践中，按照勘探设计、施工和地质"三边"工作的要求，边施工、边分析研究地质情况、边调整和修改设计。

（3）根据导水通道的性质、特征，通过注、压水试验合理选择注浆材料的类型和配合比。

（4）采用地面打钻探明塌陷区、裂缝带，然后灌注堵水材料，填塞导水通道，从根本上截堵水流，是一种治本的防治水方法。

（5）根据不同的钻孔设计深度选择不同的施工设备，帷幕截流不受导水通道埋藏深度的限制。

（6）同一注浆段，可重复扫孔、加压灌浆，能使浆液充分充填导水通道。结实体具有较好的密实性、不透水性。堵水安全可靠。

3 适 用 范 围

该工法技术适用于各种突水水源通过地表塌陷区、裂隙带和岩溶裂隙等其他导水通道流入矿井采区巷道的各类水害治理。

4 工 艺 原 理

施工前期收集、整理和分析有关图纸、资料，通过水文地质调查和现场踏勘，充分了解导水通道的方向、空间范围及相互关系。并根据其特征在突水水源和突水点之间按一定间距布置若干个注浆孔，经地面打钻揭穿导水通道。利用注浆设备将水泥浆液〔或混合浆液、固（骨）料等堵水材料〕，通过压力压入导水通道内，经扩散、凝固、硬化，使各孔中的注浆体相互搭接，形成一道类似帷幕的混凝土地下连续墙，截断水流，阻止突水水源进入矿井采区，以减少矿井涌水量，达到治理矿井水害的目的。

5 工艺流程及操作要点

5.1 施工工艺流程

施工工艺流程如图 5-1 所示。

5.2 操作要点

5.2.1 注浆堵水前须进行水文地质调查

（1）我们通过野外踏勘和调查，分别向突水矿井周围的洪涝塌陷点、裂隙带和废弃的小窑井口等，灌注高锰酸钾试剂，根据试剂从突水入口流至井下突水点的时间及两点间的直线距离，估算突水水源的流速，判断其流向，查清入口的数量和位置。

（2）通过收集、整理有关信息、图纸和水文地质资料，对突水点附近的地质构造、含水层的分布、岩溶裂隙发育程度及主要方向；小窑开采后形成的老空、垮落带、导水裂隙带的分布情况等，进行了综合分析，掌握了导水通道的性质、特征、空间位置及相互关系。

5.2.2 帷幕注浆孔和观测孔设计

1. 注浆孔的设计

（1）在垂直或斜交地下水流方向设置帷幕墙走向，其长度以两端与不透水体相接为原则。帷幕线上注浆孔的设计，是根据导水通道的特征、突水水源的流量、流速、流向和浆液扩散半径等因素，合理确定的。

（2）注浆孔按分序加密、一孔多用的原则布置，施工中我们采用的是1排或2排钻孔，根据需要也可增补3排钻孔，钻孔呈等边三角形排列。排间距、孔间距≤2r（r为浆液的扩散半径，通过试验或根据经验确定），根据经验一般取r≤10 m。同时按照勘探设计、施工和地质"三边"工作的要求随时进行调整。

2. 观测孔的设计

观测孔分别布置在帷幕墙的上、下游，间距一般为200～250 m，其数量根据帷幕墙的长度而定，观测孔与探注线的垂距应大于浆液的扩散半径，一般以30～50 m为宜。

3. 注浆孔和观测孔的布置

注浆孔和观测孔的深度都以穿过导水通道（或含水层）为原则。注浆孔和观测孔的布置如图5-2所示。

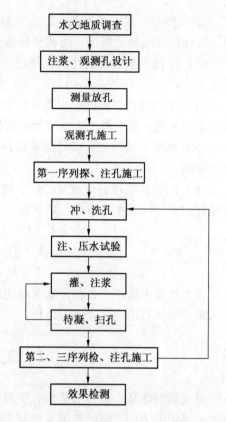

图5-1 施工工艺流程图

5.2.3 帷幕注浆孔、探注线的分类及施工顺序

1. 帷幕注浆孔、探注线的分类

（1）注浆孔按钻孔施工的先后分为第一序列（勘探、注浆）孔、第二序列（检查、注浆）孔和第三序列（加密注浆）孔。第一序列孔按照一定间距布置在探注线上（先勘探再注浆）。第二序列孔布置在第一序列孔中间（检查并补注）。第三序列孔布置在第一和第二序列孔中间（加密注浆）。

（2）帷幕注浆采用2排或3排钻孔施工时，探注线分别布置2条或3条，探注线从帷幕墙的下游到上游分别分为1、2号或3号。

2. 帷幕注浆孔、探注线的施工顺序

（1）同一探注线上先施工第一序列孔，后施工第二序列孔。根据注浆情况若需加密浆注，再施工第三序列孔。

（2）由2排和3排探注线组成的帷幕，按1、2、3的探注线顺序施工。

5.2.4 在观测孔和注浆孔施工中做好的工作

在观测孔和注浆孔施工中做好以下工作，给下一工序提供了可靠施工依据。

（1）钻孔穿过表土层进入完整基岩后，下入孔口管，底部进行止水。并通过密封注水试验检验，确保了管底不泄漏。

（2）在岩芯鉴定编录工作中，做好有关水文地质特征的描述。包括节理、裂隙性质及其发育情况；岩芯破碎情况和采取率；岩溶发育及充填情况等。

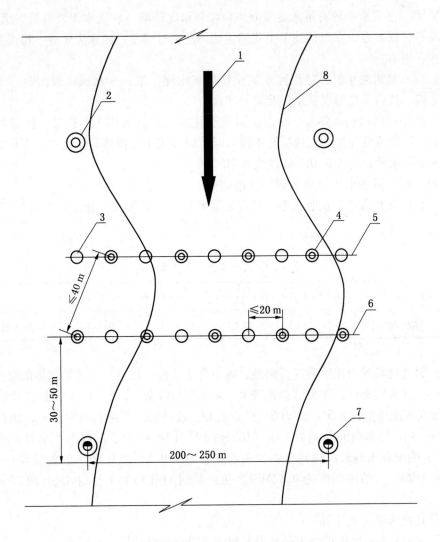

1—地下水流方向；2—上游观测孔；3—第一序列孔；4—第二序列孔；5—第二探注线；
6—第一探注线；7—下游观测孔；8—地下水通道

图 5-2　注浆孔、观测孔平面布置图

（3）做好水文地质有关现象的观测和记录，包括钻孔水位的变化，冲洗液的消耗和漏失情况，钻孔遇溶洞、老巷、大裂隙、掉钻等现象。

5.2.5　冲洗孔与注、压水试验

（1）针对较小的裂隙和溶隙导水通道，注浆前先对钻孔进行注水冲洗，在冲洗孔孔口返清水后停止。然后再进行压水试验。

（2）压水试验的泵压是根据裂隙和溶隙的发育情况而定的，实际操作中我们常采用注浆泵压的 80%。

5.2.6　灌、注浆材料

1. 灌、注浆材料的选择

（1）灌、注浆液的类型是根据钻孔揭露导水通道的性质（或压水试验情况）选择的。

（2）灌、注浆液一般有纯水泥浆液、粉煤灰水泥浆液、黏土水泥浆液等。固料有沙、炉渣、砾石、锯末等。在以往施工中我们主选的注浆材料是：纯水泥浆液、粉煤灰水泥浆液、河沙、锯末。

（3）导水通道较小时，选用纯水泥或粉煤灰水泥浆液。导水通道较大时，先用固料将通道充填，然后采用粉煤灰水泥浆液补注。

（4）注浆材料的质量要求。使用注浆泵灌注时，水泥采用 325 标号，粉煤灰要求无结块及渣。用砂浆泵灌注或直接从孔中投入时，河沙用中、粗沙且无尺寸大于 0.2 m 的砾石，锯末中要求无长度大于 0.2 m 的硬木屑。

2. 灌、注浆液的水灰（或水固）比的选择

（1）根据注浆段的单位吸水率，确定浆液的水灰（或水固）比。可按表 5-1 进行掌握。

表 5-1 吸水率与水灰比关系表

吸水率/(L·min^{-1}·m^{-2})	0.5~1.0	1.0~5.0	5.0~10.0	10.0~15.0	>15
水灰比	4:1	2:1	1:1	0.75:1	0.5:1 或注骨料

（2）通过现场配合比实验进行调整，确定合适浓度，以满足注浆结实体的强度要求。

（3）在注浆实例中，注浆液首先按水：水泥：粉煤灰＝1.2:1:1 的配合比制浆，同时分别加入水泥质量比 0.5% 和 0.05% 的食盐和三乙醇胺。其结石率为 91%，结石强度为 1.13 MPa，初、终凝时间分别为 1 小时 07 分和 21 小时 46 分。后按水：水泥：粉煤灰＝1.6:1:1 的配合比制浆，同样分别加入水泥质量比 0.5% 和 0.05% 的食盐和三乙醇胺，其结石率为 76%，结实强度为 0.82MPa。初终凝时间分别为 1 小时 43 分和 28 小时 21 分。

3. 单孔注入浆液量计算

单孔注入浆液量根据扩散半径和岩石裂隙率进行粗略计算，公式为

$$Q = \pi r^2 A H n \beta \qquad (5-1)$$

式中　Q——浆液注入量，m^3；

　　　r——浆液扩散半径，m；

　　　n——裂隙率，%；

　　　H——注浆段高，m；

　　　β——浆液在裂隙内有效充填系数，0.9~0.95；

　　　A——浆液消耗系数，一般取 1.2~1.3。

5.2.7　灌、注浆

1. 灌、注浆方法

（1）采用的是自上而下分段依次（下行式）注浆，即从地表钻进至漏水层后开始注浆，注一段浆，钻一段孔。下段注浆时上段同时获得复注。

（2）灌浆开始时，均先采用静压充填注浆，再改用压力注浆。

2. 注浆段高的确定

为防止浆液在大裂隙扩散远、小裂隙扩散近，上部岩层的裂隙进浆多、下部岩层裂隙进浆少，注浆时采用了分段注浆。段高是按岩层破碎程度划分的，根据经验：极破碎岩层一般为 5～10 m；破碎岩层为 10～15 m；裂隙岩层为 15～30 m；重复注浆可取 30～50 m。

3. 灌、注浆压力的确定

灌浆压力通过公式计算或根据经验先行拟定，并在灌浆施工过程中进行调整。孔口压力表压力经验值（P_m）一般为 1.5～2.0 MPa。总压力可由式（5-2）计算。

$$P_0 = \left[P_m + (Hr - h)/10 \right] - P \qquad (5-2)$$

式中　P_0——总压力，10^5Pa；

　　　P_m——孔口压力表压力，10^5Pa；

　　　H——孔口至注浆段的高度，m；

　　　r——浆液相对密度；

　　　h——注浆时静水位高度，m；

　　　P——压力损耗值。

4. 灌浆结束标准

在满足注浆压力要求的前提下，单位时间注浆量≤20 L/min 时，稳定注浆 30 min；灌浆可以结束。

5. 灌、注浆中的其他措施

（1）遇溶洞、老空区、较大导水通道或通道中流量和流速皆大时，我们在孔口安装灌浆漏斗，边投沙边灌浆充填固料、缩小过浆断面、增加浆液流动阻力、减少跑浆。

（2）在通道流量、流速虽小，但注浆量较大时，在浆液中加入速凝剂；同时采用间歇注浆的方法。每次停注后均冲入一定量清水，保证通道畅通。

（3）当相邻孔有窜浆现象时，采取将其中一孔孔口封闭，再对另一孔进行注浆的方法。

5.2.8　注浆效果检查

1. 施工过程中的检查

（1）在钻孔施工时，通过取芯检查，观察注浆段是否有注浆材料（浆液或骨料）的充填，以判断相邻孔注浆后浆液的扩散情况。

（2）分别对不同注浆段各注浆孔的注浆量进行统计，对同一序列相邻孔或前、后两序列相邻孔的吃浆量进行比效和分析。初步判断帷幕墙的形成情况。

2. 注浆堵水后期检查

（1）进行抽水试验，与同期相比，了解井下涌水量的变化情况。

（2）检查堵水前后观测孔的水位变化。

（3）进行注水试验，了解注水前后井下涌水量的变化情况。该方法投入成本太大，施工中未采用。

5.3　劳动组织

采用帷幕注浆截流治理矿井水害施工劳动组织见表 5-2。

表5-2 施工劳动组织　　　　　　　　　　　　　　人

序号	工种类别	人 数	序号	工种类别	人 数
1	项目经理	1	8	钻机班长	9
2	项目副经理	1	9	钻工	27
3	工程技术	5	10	注浆队长	1
4	物资供应	3	11	注浆班长	3
5	安全生产调度	3	12	注浆工人	18
6	后勤保障	3	13	修理工	2
7	钻机机长	3		合　计	79

6 材料与设备

6.1 主要材料

（1）浆液：纯水泥浆液、粉煤灰水泥浆液、黏土水泥浆液。

（2）骨料：沙、炉渣、砾石、锯末等。

（3）附加剂：水玻璃溶液、三乙醇胺、食盐等。

6.2 主要施工设备

主要施工设备见表6-1。

表6-1 主要施工设备

序号	名 称	规格及型号	单位	数量	备 注
1	回转钻机	JU（300～600）	台	5～10	具体型号根据孔深而定
2	注浆泵	BW250/60	台	3	
3	搅拌筒	ϕ1400 mm	台	3	自制
4	搅拌机	ZB-5.5	台	3	自制
5	经纬仪（全站仪）	J2（RTS632）	台	1	
6	供水设施		台套	1	

7 质 量 控 制

7.1 质量控制及验收标准

质量控制及验收按照以下规范和标准执行。

（1）《地下防治水工程质量验收规范》。

（2）《地层注浆与加固施工技术》。

（3）《煤矿防治水规定》。

（4）《岩芯地质勘探规程》。

（5）《金属非金属矿山安全规程》。

7.2 主要质量要求及控制措施

7.2.1 质量要求

（1）帷幕墙位置必须设计在主要进水口与突水点间并与地下水流方向垂直或斜交。

（2）帷幕线两端须在不透水体上，帷幕形成后不产生绕流。

（3）注浆终了，各注浆体相互搭接，形成连续的地下混凝土帷幕墙。

（4）帷幕墙体形成后应满足设计强度。

（5）通过相应的抽水、注水试验和其他方式检验后，能达到设计要求满足堵水截流的目的。

7.2.2 控制措施

（1）注浆帷幕设计时，必须确切掌握水文地质条件，查明突水水源及导水通道的具体位置、性质和特征。

（2）钻孔位置与设计位置的偏差不得大于 0.1 m；钻孔偏斜度不超过 1/100；孔深必须满足设计要求。

（3）孔口管底部止水后，进行密封试验的注水压力应大于注浆压力。

（4）灌浆段在灌浆前进行冲洗后，孔内沉淀厚度不能超过 0.2 m。

（5）压水试验时，必须保证足够的压水时间。将裂隙中松软的泥质充填物推送到注浆范围以外，提高堵水效果。

（6）灌注的浆液必须在现场进行配合比试验，掌握浆液的初、终凝时间；结实率及强度。每次注浆结束，必须满足灌浆结束标准。

（7）随时掌握井下涌水量和观测孔的水位变化情况，并进行综合分析、研究，以指导后续工作。

（8）严格把好施工过程质量控制关，做到严谨、细致。

8 安 全 措 施

（1）严格按照《岩芯地质勘探规程》施工。

（2）建立健全安全生产责任制，把安全责任落实到人，做到在安全管理方面处处有人管，事事有人抓。

（3）进入施工现场必须戴好安全帽，高处作业须系好安全带。

（4）把好机械设备的安装关，做到稳固、平整、基础牢靠。

（5）做好施工机具等设备的定期检查、校验、检测工作，发现问题及时处理。

（6）注浆过程中做到统一指挥，相互协调，及时反馈信息。

（7）压力注浆达到设计值后，需打开回水阀待泵完全泄压，方能拧卸注浆管路接头和孔口异径接头。

（8）压力注浆时要有专人负责注浆泵的运转情况，随时观察泵压的变化，发现异常及时处理。

9 环 保 措 施

（1）本工程的主要污源为施工的泥浆和注浆后扫孔产生的渣粉，为加强监督、防止污染，设立专门的环保督查专职人员加强管理。

（2）做好施工现场泥浆、渣粉的清理和管理工作，做到集中外运处理，决不向外溢流。

（3）做到现场的施工材料妥善保管，露天的材料堆放整齐，并用纺布盖好，防止灰尘污染。费料不遗洒，整理归类统一处理。不能回收的边角料及时清理出场。

（4）对泥浆中掺入的外加剂、化学试剂等原料做到封闭保存，不乱丢乱放。

10 效 益 分 析

（1）消除了矿井水患威胁，为安全生产提供了保障。

（2）矿井涌水量减少，节省了排水费用，降低了成本，提高了工效和质量。减少和控制了地面塌陷范围的扩展，保持了自然生态平衡。以白山坪矿井为例，通过帷幕注浆治理该矿井涌水量由治理前的 2200 m^3/h 减少到 190 m^3/h，平均每天减少排水量 48240 m^3，每年节约排水费用约 1736 万元。同时每年节约塌陷区回填、治理费用 55 万元。

（3）保护了矿区外围十分珍贵的水资源，恢复了当地村民生产、生活用水，减少工农关系冲突及经济赔偿。

（4）从源头根本治水，对前期水文地质工作进行了验证，积累了矿井防治水经验。

总之，通过地面打钻注浆实施帷幕截流，对矿山水害进行治理，确保了矿井的正常生产，同时取得了很好的社会效益和经济效益。

11 应 用 实 例

（1）湖南省煤业集团白山坪矿业公司白山坪矿石板丘水库径流带帷幕注浆工程。该工程采用双排帷幕墙，注浆孔呈等边三角形排列。间距为 20 m。2008 年 9 月开工，2009 年 11 月结束。施工地点为耒阳市泗门洲镇大塘角村。共施工钻孔 32 个，其中水文观测孔 4 个，注浆孔 28 个。共完成钻探延米 3816.78 m，注浆量 19986.68 m^3。

（2）湖南省煤业集团长沙矿业公司煤炭坝矿区洋泉湖径流带帷幕注浆工程。该工程采用单排帷幕墙，注浆孔间距为 20 m。2008 年 5 月开工，2009 年 3 月结束。施工地点为宁乡县回龙铺镇贺家湾村。共施工钻孔 16 个，其中水文观测孔 1 个，物探检测孔 2 个，注浆孔 13 个。共完成钻探延米 5280.95 m，注浆量 12330.767 m^3。

（3）湖南省煤业集团红卫矿业公司沈家湾矿帷幕注浆工程。该工程采用单排帷幕墙，注浆孔间距为 20 m。2009 年 12 月开工，2010 年 12 月结束。施工地点为耒阳市大义乡红泉上村。共施工钻孔 29 个，其中水文观测孔 4 个，注浆孔 25 个。共完成钻探延米 4317.90 m，注浆量 29814.68 m^3。

以上帷幕截流治理矿井水害工程，均已经过数次暴雨、洪汛期的检验，实践证明，该工法技术成熟、工程质量可靠，效果显著，完全满足施工设计及环保要求。得到了建设单位的一致好评和充分肯定。

泄水注浆充填固结安全通过巷道突水冒顶区施工工法 （BJGF045—2012）

河南煤化建设集团有限公司

雒发生　刘其瑄　李新政　刘金良　侯胜龙

1　前　言

在矿井二期工程开拓过程中，巷道要穿过不同的地层，由于地质条件复杂，加之地质勘探资料不详和偏差，在没有采取相应的预防措施或施工方法不当时，巷道掘进过程中往往会发生突水冒顶事故。尤其是立转平后，矿井永久排水系统尚未形成，排水能力有限，如果巷道突发水害得不到及时治理，就有可能造成淹井事故。突水冒顶事故不仅严重威胁施工人员人身安全，而且会造成其他巷道被迫停工，将严重影响建井工期。因此，研究探索及时治理突水冒顶水患，有着显著的经济效益和社会效益。河南能源化工建设集团有限公司在河南永夏矿区陈四楼矿东翼皮带巷、河南焦煤集团方庄一矿、古汉山矿二期工程施工中研究探索实施了"泄水注浆充填固结安全通过巷道突水冒顶区施工工法"。达到了治理水患、实现安全快速施工的目的，确保了建井工期。本工法关键技术于2012年5月通过中国煤炭建设协会组织的技术成果鉴定，达到国内先进水平。

2　工　法　特　点

（1）采用本工法，可实现在无水密实的矸石－水泥浆胶结物下施工，避免顶水在冒顶区施工的安全威胁。此方法一是避免了在大量淋水恶劣环境中作业，二是无须在危险冒顶区作业，三是无须采取木垛接顶方式治理冒顶区。

（2）止浆墙用600mm厚的喷射混凝土墙替代2~3m（厚度由计算确定）厚的浇筑混凝土墙，节省了混凝土墙7d以上凝固时间，同时节省了混凝土墙周围注浆加固的时间。

（3）在冒顶区后侧打泄水孔泄压，并由下至上对冒落的矸石进行充填注入水泥浆，将冒顶区的松散矸石固结成整体。

（4）与常规过突水冒顶区的施工方法相比较，缩短了几倍施工时间，减少了大量材料用量，经济效益和社会效益显著。

3 适 用 范 围

该工法适用于矿井巷道、隧道顶部由于水压作用造成的突水冒顶事故的快速处理。

4 工 艺 原 理

首先，在冒顶区后侧施工钻孔，进入冒顶区顶部和上部砂岩含水层，进行导水、泄压，以降低涌水对矸石冒落区充填注浆施工的影响。矸石冒落区注浆前，先以矸石堆作为依托，采用"梯形挡矸"方法，从上往下逐段施工600 mm厚喷射混凝土止浆墙。并在止浆墙上、中、下部分别埋设注浆管和导水管。先对冒顶区下分层进行低压注浆充填、固结围岩，待下部围岩固结形成抗压区后，再利用巷道顶板泄水孔对上部含水岩层进行注浆，以实现注浆堵水目的。最后采用短掘短支，人工风镐掘进，U型钢棚支护方式，安全通过冒顶区。

5 工艺流程及操作要点

5.1 工艺流程

工艺流程如图5-1所示。

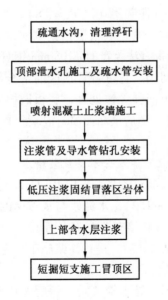

疏通水沟，清理浮矸

顶部泄水孔施工及疏水管安装

喷射混凝土止浆墙施工

注浆管及导水管钻孔安装

低压注浆固结冒落区岩体

上部含水层注浆

短掘短支施工冒顶区

图5-1 泄水注浆充填固结工艺流程图

5.2 操作要点

5.2.1 疏通水沟清理浮矸

（1）清理巷道水沟内杂物、淤泥，使水沟保持畅通，防止巷道内积水。

（2）为减小堆积矸石清理时对巷道围岩的扰动和减少冒顶区下滑矸石，并使后续施工喷射混凝土止浆墙能够以矸石堆作为依托，尽量靠近冒顶区，在清理冒顶区大块矸石时，采用"梯形挡矸"方法。即从冒顶区后方 3 m 处的矸石堆上部开始，按 500 ~ 800 mm 的高度分层，每层打设钢管立柱和木板挡住矸石，使其不下滑；然后自上而下逐层清理矸石，直至清理出近似直立的梯形坡面为止。

5.2.2 顶部泄水孔施工及疏水管安装

（1）以焦煤集团方庄一矿二期工程为例，在冒顶区退后 5 m 处，使用 MK - 4 型钻机向巷道顶部施工两个泄水孔。疏 1 孔 41°、疏 2 孔 36°，泄水孔必须进入冒顶区顶部和上部含水岩层中，一方面在冒顶区充填注浆时，可以起到疏水泄压作用，使充填加固注浆不受承压水的影响，同时可避免后续施工的止浆墙承受注浆压力。另一方面，注浆孔在完成注浆充填加固施工后，可转变为封堵突水点的注浆孔。

（2）疏 1、疏 2 泄压孔钻孔完毕后，利用钻机推进安装 $\phi108$ mm 疏水管，并安装阀门，满足后期注浆需要。

5.2.3 混凝土止浆墙施工及注浆管和导水管埋设

（1）从冒顶区顶部至向下 1 m 位置，施工第一层 600 mm 厚 C20 喷射混凝土墙，使用 MK - 4 型钻机并以 14°~20°角钻孔，安装三根 $\phi108$ mm 注浆管（注 1、注 2、注 3）。

（2）向下再清理 1.2 m 高度，施工第二层 600 mm 厚 C20 喷射混凝土墙，使用 MK - 4 型钻机并以 5°角钻孔，安装三根 3 m × $\phi108$ mm 注浆管（注 4、注 5、注 6）。

（3）继续向下清理 1.5 m 高度至巷道底板，施工第三层 600 mm 厚 C20 喷射混凝土墙，钻孔安装 2 根 3 m × $\phi108$ mm 注浆管（注 7、注 8）。

（4）为了使止浆墙生根牢固，巷道底板嵌槽挖到实底。施工时，先在巷道底板两底角处各设置 1 根长 1.2 m，外端带有法兰盘的 $\phi108$ mm 钢管导水管（导 1、导 2）。导水管跨过底板嵌槽，管口安装高压闸阀。它可将冒顶区涌水全部集中导出，流入后巷的水沟内。考虑到巷道底板喷射混凝土回弹无法处理，底板嵌槽内用压气吹干净后，直接浇筑 C30 混凝土。接着按设计打锚杆，随后全断面喷射混凝土封闭。冒顶区疏水及充填加固注浆孔布置如图 5 - 2 所示。

5.2.4 低压注浆固结冒顶区松散岩体及含水层注浆堵水

（1）注浆材料为水泥 - 水玻璃双液浆，采用 P·O32.5 水泥和浓度为 40°Bé 的水玻璃配制，水泥浆水灰比为 1 : (0.8 ~ 1.2)，水泥浆与水玻璃的体积比为 1 : 0.13。注浆设备为 2TGZ - 60/210 型电动注浆泵，直接布置在工作面。

（2）待 C20 喷射混凝土凝固 4 d 后，进行注浆施工。先低压注浆充填、固结冒落松散岩体，再利用巷道顶部泄水管进行含水层注浆。

（3）充填注浆前，先将下部的导水管关闭，然后先从下部注 7 和注 8 开始注入双液浆进行充填。当中部注浆孔开始流出浆液时，即对注 4、注 5、注 6 三个中部注浆孔进行注浆充填。同样，当上部注浆孔流出浆液时，即对上部注 1、注 2、注 3 三个注浆孔进行注浆充填。

（4）上部注浆孔注浆充填至泄水孔流出浆液时，便利用泄水孔对冒顶区剩余空间进行注浆充填。巷道冒顶区疏水、堵水及充填加固注浆孔布置剖面如图 5 - 3 所示。

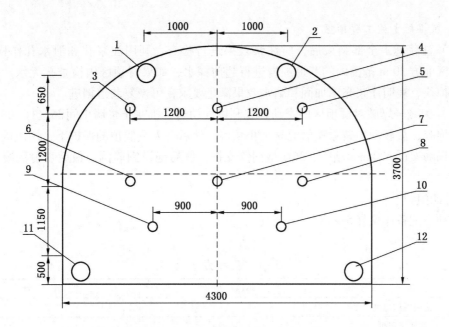

1—疏1；2—疏2；3—注1；4—注2；5—注3；6—注4；7—注5；8—注6；
9—注7；10—注8；11—导1；12—导2

图5-2 冒顶区疏水及充填加固注浆孔布置图

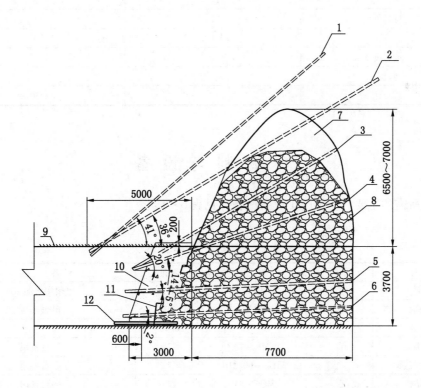

1—疏1；2—疏2；3—注2；4—注1、注3；5—注4、注5、注6；6—注7、注8；7—冒顶区；
8—冒落矸石；9—巷道；10—喷射混凝土止浆墙；11—梯形矸石堆面；12—导1、导2

图5-3 巷道冒顶区疏水、堵水及充填加固注浆孔布置剖面图

5.2.5　短掘短支施工冒顶区

（1）注浆施工全部结束后，对注浆效果进行检查，利用注浆孔和泄水孔作检查孔，对冒顶区前方 30 m 范围内的巷道围岩进行超前探水，如果冒顶区内检查孔无水，且不塌孔、不掉块，表明注浆充填加固和堵水效果满足要求，可恢复巷道掘进。

（2）为减轻爆破对冒顶区的震动，先利用气动凿岩机在止浆墙中间部位打 400 mm 深的掏槽炮眼，放震动炮破除喷射混凝土止浆墙；然后在人造假顶的保护下，用风镐刷扩掘进，随掘随架设 500 mm 棚距，36U 型钢棚支护，棚后铺设钢筋网，最后喷射混凝土，一次成巷。

5.3　劳动组织

劳动力配备详见表 5-1。

表 5-1　劳动力配备表　　　　　　　　　　　　人

工 种 名 称	小 班 人 数	圆 班 合 计
钻机操作司机	1	3
注浆泵司机	1（兼）	
机电维护工	2	6
材料运输工	4	12
观察工	1	3
材料员	1	1
班长	1	3
技术员	1	1
队长	1	1
总　计		30

6　材料与设备

施工所需的主要材料及施工设备配备详见表 6-1。

表 6-1　主要材料和设备表

名　称	单位	型　号	数量	备　注
水泥	t	32.5	231	喷浆用水泥 20 t
水玻璃	t	40°Bé	19	40 波美度
外加剂	t	J-85	6.43	
钻机	台	MK-4	2	一台备用
电动注浆泵	台	2TGZ-60/210	2	一台备用
锚杆钻机	台	MQT-85	2	一台备用
喷浆机	台	PZ-5B	2	一台备用
喷射混凝土	强度	C20		水泥：中砂：碎石=1:2:1.5
浆液配合比				水泥：水玻璃=1:0.5~1

7 质 量 控 制

7.1 质量控制标准

(1)《矿山井巷工程施工及验收规范》(GBJ 213—1990)。

(2)《煤矿井巷工程质量检验评定标准》(MT 5009—1994)。

7.2 质量保证措施

(1)加强原材料管理,严把原材料质量关,凡进场材料如砂子、石子、水泥、外加剂、水玻璃、钢材等,使用前必须按规定进行抽样检验,确认符合要求后方可使用。

(2)浆液搅拌严格按配合比,并搅拌均匀;添加外加剂时,必须先把外加剂加入水中,搅拌均匀后再加入水泥搅拌。外加剂按水泥量的8%添加,严禁超量使用。

(3)堵水注浆孔深度必须深入到含水岩层中,注浆终压达到静水压力的1.5~2倍,封孔后,注浆孔不得渗水。

(4)注浆期间,压力上升不明显时,以封堵混凝土壁表面渗水为标准。

(5)巷道掘进采用"一掘、一锚网、一架棚、一喷浆"的施工方案,掘进前,要及时施工超前骨架。

(6)要严格按照测量给定的中心线、腰线精确施工,防止超挖、欠挖,确保巷道成形,在施工中,中心线、腰线要采用激光指向,测量人员要及时对激光指向仪进行检查校正。

(7)架设钢棚前必须先用油漆在棚梁上明确标出腰线、中心及各连接扣件的位置;钢棚接头要用限位卡卡牢上紧。架设后,严格按照中心线、腰线对钢棚进行校对。

(8)棚子的顶、帮背紧背实,特别是肩窝处。金属网必须连接成一个整体,搭接100 mm。连接板必须呈一条直线,预紧力矩不低于100 N·m;螺栓必须上紧,卡缆预紧力矩不低于300 N·m。

(9)喷浆时必须按喷浆工艺及要求进行喷浆作业,喷浆厚度不得小于设计值,棚外喷层要光滑,无漏棚、漏筋现象。定期对喷射混凝土强度进行检查,发现问题,及时采取补强措施。

8 安 全 措 施

(1)为减轻爆破对冒顶区的震动,采用风镐掘进,同时,进行临时支护和堵漏(正常时无须采取临时支护),要加强冒顶区域围岩监测,设置专人进行监测,发现不安全因素及时停止工作进行处理。

(2)使用风镐前,应首先检查风镐风嘴、高压胶管及其连接处的可靠性,严防使用过程中风嘴或高压胶管断开伤人;使用过程中也应经常停镐检查风嘴、高压胶管及其连接处的可靠性。

(3)挖掘时应先顶部后下部,挖掘距离不得超过0.5 m,挖掘后立即进行U型钢棚及喷射混凝土支护。

(4)喷浆时喷头与受喷面要尽量垂直;喷浆时要调整好风压及水灰比;喷射时,喷头要围绕受喷面做划圆运动。要根据不同的喷射地点与角度调整喷浆手的位置，以减少回弹。

（5）施工人员劳动保护用品必须佩戴齐全、正确，以防打钻时钻杆缠绕工作服伤人或注浆时浆液伤人。打钻时，严禁戴手套。

（6）注浆前必须对设备及输浆管路进行耐压试验并保证畅通、无泄漏。充填加固注浆应按照措施要求进行，含水层堵水注浆应达到设计注浆压力和注浆量。

（7）钻机钻进时，操作人员不准离开操作台，并做到"两听""三看""三不下"及"四检查"。

9 环 保 措 施

（1）严格遵守国家有关环境保护的法律法规、标准规范、技术规程和地方有关环保的规定。

（2）成立施工现场环境管理领导小组，建立健全环境管理体系。

（3）在施工过程中，自觉地形成环保意识，最大限度地降低施工中产生的噪声和环境污染（如由原人工搅拌浆液改为机械搅拌，杜绝了浆液外溢）。

（4）工业场地要平整、清洁、卫生，井口房各种标牌悬挂应整洁有序，严禁堆放杂物，施工用具摆放整齐。

（5）巷道内风筒、管线悬吊统一整齐，并做到风、水、电、气、油五不漏，创造良好的施工环境。

（6）加强通风和综合防尘管理，使井下粉尘浓度达到安全规程要求。井上、下工作场所内要做到清洁整齐，布置有序。

（7）施工废水、废油、生活污水分别经过沉淀池、隔油池、生化处理池，净化处理后排放。

（8）工业及生活垃圾及时清扫，集中存放，定期进行处理，防止污染环境。

（9）润滑油要明显标记，分类存放，容器必须清洁密封，不得敞盖存放；每天要定期检查各运行设备的油量，按规定加油，严禁设备漏油；加油时，油桶必须干净；做好废油的回收利用工作，更换的废旧油脂必须及时回收、上交，统一存放、处理。

（10）地面各种材料堆放规整有序，材料、构件分类管理，整齐挂牌，编号存放。

（11）做好职工培训，教育职工文明施工，培养职工良好作风。

10 效 益 分 析

10.1 经济效益

河南永夏矿区陈四楼矿东翼皮带巷工程施工期间，巷道顶部突水，涌水量 87 m^3/h，破碎带宽度 4.5 m，且被水冲击下的矸石在巷道中堆积 20 m 长，突出时像泥石流一样。采用该工法施工，计划工期 60 d，工程实际施工 15 d，相比计划工期提前 45 d，节约施工成本 16.9853 万元，多生产原煤 295890.4 t，按吨煤利润 180 元计算，多创收入 5326 万元。

河南焦煤集团方庄一矿二期工程轨道大巷刚施工 200 m 时，巷道顶部突水 130 m^3/h，并造成大面积冒顶。采用该工法施工，只用了 17 d 就安全顺利通过冒顶区比计划工期提前 30 d，节约施工成本 19.62 万元，多生产原煤 36986.3 t，按吨煤利润 120 元计算，多创收入 443.84 万元。

河南焦煤集团古汉山矿二期工程在采区运输大巷过断层破碎带施工期间，巷道顶部突水，涌水量 100 m³/h。采用该工法施工，计划工期 45 d，工程实际施工 20 d，相比计划工期提前 25 d，节约施工成本 13.65 万元，多生产原煤 83657.6 t，按吨煤利润 120 元计算，多创收入 1003.89 万元。

10.2 社会效益

充分利用压力传递的原理，用喷射混凝土墙替代浇筑混凝土墙，是理论与实践的结合，安全可靠，操作简便。采取顶部泄水、底部导水、自下而上充填注浆固结松散岩体。采取泄压注浆，保证了注浆封水效果，改善了作业环境，避免了工人在冒顶区下作业，实现了安全顺利通过冒顶区。极大提升了安全效益，社会效益显著。

11 应 用 实 例

11.1 实例一

河南永夏矿区陈四楼矿东翼皮带巷工程施工期间（$S_{掘} = 12.5 \text{ m}^2$），巷道顶部突水，涌水量 87 m³/h，破碎带宽度 4.5 m，且被水冲击下的矸石在巷道中堆积 20 m 长，突出时像泥石流一样。开始采取了多种方案措施，耗时两个多月都失败。因为只要矸石清理到工作面，顶部就有松动，上部水与矸石就随之涌下。工程于 2007 年 8 月 9 日开工，采用泄水注浆充填固结松散岩体施工方法，8 月 24 日施工结束，工期只用了 15 d，安全顺利通过了泥石流状的突水冒顶区。

11.2 实例二

河南焦煤集团方庄一矿在二期工程轨道大巷（$S_{掘} = 12 \text{ m}^2$），巷道刚施工 200 m 时，巷道顶部突水 130 m³/h，并造成大面积冒顶。如果不及时治理，其他巷道不敢继续掘进施工，并时刻有淹井的威胁。工程于 2007 年 5 月 31 日开工，采用泄水注浆充填固结松散岩体施工方法，6 月 17 日施工结束，工期只用了 17 d，安全顺利通过冒顶区。堵水效率为 99%。巷道施工后只有几个点在滴水，没有线状水流，实现了安全快速通过突水冒顶区的预期效果。

11.2 实例三

河南焦煤集团古汉山矿二期工程在采区运输大巷过断层破碎带施工期间（$S_{掘} = 13 \text{ m}^2$），巷道顶部突水，涌水量 100 m³/h。开始采取了多种方案措施，治水效果均不理想。工程于 2008 年 3 月 5 日开工，采用泄水注浆充填固结松散岩体施工方法，3 月 25 日施工结束，工期只用了 20 d，安全顺利通过断层破碎带突水区域，达到了预期治水效果。

钻井法凿井一钻成井施工工法 （BJGF046—2012）

中煤矿山建设集团有限责任公司　中煤特殊凿井有限责任公司

王厚良　蔡　鑫　丁　明　荣怀宇　付新鹏

1 前　　言

现有矿山竖井井筒钻井法成井工艺存在以下问题：设备占用量大，工程成本高，功效低，成井速度慢。钻井法凿井主要包括下列步骤：井筒钻进、井壁预制、井壁下沉、壁后充填。在井筒钻进过程中，采用一钻成井的方式成井，可以提高成井速度 20% 左右，成井偏斜率小于 0.4‰，且减少了设备占用量，并使泥浆排放量减少约 20%，降低了对环境的污染。

国外从 19 世纪开始采用钻井法开凿技术，先后成井 200 余个，但采用一钻成井技术施工的井筒直径都在 4.0 m 左右，直径超过 4.0 m 的井筒，多采用分级钻进施工。

我国钻井法凿井从 20 世纪 50 年代开始研究，至 20 世纪 80 年代所钻井筒的超前钻孔直径均未超过 4.0 m。2008 年，我公司采用 AD130/1000 型竖井钻机采用一钻成井技术完成了淮北矿业集团袁店一矿南风井井筒的施工，该井钻井直径 7.1 m，钻井深度 301 m。在此基础上，我公司采用一钻成井技术成功完成了皖北煤电集团朱集西煤矿矸石井井筒的施工。朱集西矸石井钻井直径 7.7 m，钻井深度 545 m，是一钻成井技术又一次大的跨越。

皖北煤电朱集西煤矿一钻成井技术成功解决了复杂地质条件下特殊法凿井关键技术难题，达到国际领先水平；"φ7.7 m 钻井法一钻成井施工技术研究与应用"获中国施工企业管理协会特等奖；"泥浆无害化处理与资源化应用"获安徽省科技进步三等奖。其关键技术——钻井法凿井一钻成井技术，经安徽省科技情报研究所鉴定达到国内先进水平，并于 2011 年 5 月 10 日经过中国煤炭建设协会鉴定，达到国内领先水平，具有广泛的推广应用前景。

2 工 法 特 点

在大直径井筒钻井法施工中，一般采用分级钻进的施工方法，而此工法采用一钻成井技术，不需要对所钻凿井筒进行分级钻进。

（1）一次全断面钻进，减少辅助作业时间，缩短施工工期，提高成井速度。

（2）利用 AD130/1000 型大型竖井钻机驱动钻具旋转破碎岩土，通过压气循环泥浆将岩渣携带到地面，机械化程度高。

（3）采用钻井防偏技术控制钻井偏斜，利用超声波测井仪对钻井的偏斜率进行监测，钻井偏斜率小，成井质量高。

（4）设备占用量少，降低劳动强度，减少施工场地的占用。

（5）该工法可将泥浆排放量减少约20%，减少了对环境的污染。

（6）采用大功率钻机和特殊的钻具及合理的技术参数，可使成井偏斜率小于0.4‰。

3 适 用 范 围

该工法适用于适合复杂地质条件下钻井法施工的大直径深井井筒。

4 工 艺 原 理

该工法的工艺原理是根据井筒设计的技术要求和地质条件，选择合理的钻机并配备合适的钻头和刀具，采用全断面一次钻进的方法，利用竖井钻机驱动钻具旋转，使刀具切割岩土，将其破碎成容易吸收的颗粒，同时通过压气循环泥浆进行洗井作业，使泥浆不断循环，将破碎的岩渣携带到地面的沉淀池内沉淀，循环的泥浆同时又起到护壁和冷却钻头的作用，如此反复，完成一次全断面钻井井筒的施工。

5 工艺流程及操作要点

5.1 工艺流程

施工工艺流程如图5－1所示。

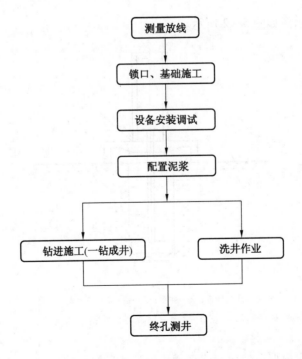

图5-1 工艺流程图

5.2 操作要点

5.2.1 测量放线

根据业主提供的井筒中心坐标及近井点,确定钻井井筒的中心,同时确定出锁口、泥浆沉淀池、设备基础等的位置。

5.2.2 基础施工

(1)锁口施工。开挖锁口前要充分掌握地基土的性质,对开挖基坑周围的基土进行夯实或加固处理。锁口施工完毕后,其平整度必须满足钻机安装的要求。

(2)基础施工。根据泥浆沉淀池、空气压缩机等基础图纸完成泥浆沉淀池、空气压缩机等基础的施工。沉淀池的长度、宽度和深度应能满足设计需要,沉淀池宽度还应控制在捞渣机械的工作半径内。

5.2.3 设备安装、调试

(1)利用起重设备完成钻机、空气压缩机、门式起重机等设备的安装;钻机安装完毕后,要确保大钩提吊中心、转盘中心、井筒设计中心在同一铅垂线上。

(2)根据钻头刀具布置图进行刀具布置。测量并记录钻头高度。

(3)完成设备电气接线后,应先通电进行空载试运转,然后带负荷进行设备试运转,确认正常后,方可投入正常运转。

5.2.4 泥浆配制

开钻前应认真分析井筒地质资料,对开钻后不能自然造浆或自然造浆能力差的地质情况,应提前配置泥浆,配置的泥浆数量应能满足钻孔泥浆护壁需要;对自然造浆能力好的地层,可直接用清水开钻。

5.2.5 钻进施工

一钻成井施工示意如图 5-2 所示。

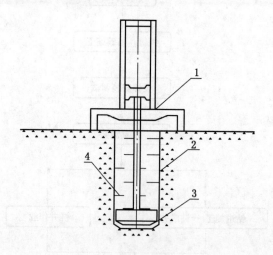

1—钻机;2—井帮;3—钻头;4—泥浆

图 5-2 一钻成井示意图

(1)开钻前,应根据自然地面标高测量出死残尺的尺寸。

(2)开钻前,配备的空压机最大供风量应能满足全断面钻进时泥浆冲洗的要求。

（3）开钻时应先进行泥浆正循环钻进作业，当钻进深度满足出浆要求后，起钻具，装入混合器，进行泥浆反循环钻进作业。

（4）钻进期间，应根据地层情况合理选择钻压、转数等参数，并经常检查钻进记录，校核钻具全长。

（5）在钻进通过膨胀性地层时，钻孔容易缩径，可采取控制泥浆失水量、扫孔、反向刀具等技术措施，预防和消除钻孔缩径。

（6）在钻进通过膨胀性黏土层、泥岩层时，钻头容易泥包，可采取如下措施预防和消除钻头泥包：

① 钻进时应适当控制钻压，减小钻进速度；

② 加大泥浆的冲洗量和适当降低泥浆的黏度；

③ 改进钻头结构和刀具布置方式；

④ 钻进过程中经常上下串动钻具，反复扫孔洗井；

⑤ 每次下钻时，在钻头距井底 1.0～1.5 m 处，经扫孔后，再进入工作面。

（7）钻进期间，操作人员应注意观察各仪表的变化情况，防止掉钻、井内掉物、井帮坍塌等事故的发生。

（8）在岩石层钻进时，有时会有蹩钻现象出现，当蹩钻现象长时间不消失或导致钻进无法正常进行时，此时应起钻对钻具进行检查，并进行打捞。

（9）钻至设计深度后，利用超声波测井仪测量钻孔垂直度和直径，符合规范要求后，进行下一步施工。

（10）在钻进至设计深度后，应改用小直径钻头将钻孔再向下延伸一小段距离，以保证井壁下沉到底后，井壁的稳定；同时在井壁下沉时，还可防止井帮大块岩石掉落影响井壁下沉。

5.2.6　洗井作业

（1）应及时清理沉淀池内的沉渣，对不能沉淀的细小颗粒，应采用泥浆净化装置进行处理，控制泥浆的含砂量。

（2）应定期化验泥浆的各项参数，对影响钻进速度或安全的参数，应及时采取措施调整。

（3）对影响洗井作业的漏风、跑风现象，应及时处理，保证供风量和风压。

（4）应根据钻进深度的增加，及时调整混合器的埋置深度，确保洗井效果。

（5）应严格控制井口泥浆面不低于锁口面 500 mm，确保足够的压差，防止因浆面太低造成井帮坍塌。

5.2.7　测井

钻至设计深度，调整泥浆参数，达到测井要求后，采用超声波测井仪，对钻孔的垂直度和井径进行测量。

5.2.8　低密度泥浆下沉井壁

在井壁下沉初期，泥浆浮力小于井壁自重，造成井壁无法漂浮或漂浮高度小于安全高度（安全高不小于 1.5 m），故应对井壁漂浮高度进行验算，无法漂浮和漂浮安全高度不够的应在井壁预制时预埋钢梁，利用钢梁的承载能力和泥浆浮力来平衡井壁自重。

在下沉井壁前应根据井壁实际重量和泥浆密度，逐节计算井壁漂浮高度。如预埋钢梁仍不能满足漂浮安全高度时，应通过增加预埋钢梁节数或调整泥浆密度的方法达到漂浮安全高度。

5.2.9 泥浆固化

（1）将高稳定性的废弃泥浆通过加水加药稀释。

（2）在稀释后的泥浆中加入破稳降黏剂、混凝聚结剂、pH 调节剂等，经破稳搅拌装置进行破稳。

（3）通过加压泵强制固液分离，脱水污泥经输送机输入污泥存放场自然干化后就地填埋、铺路、复耕等，滤液经处理回用或达标排放。

5.3 劳动组织安排

劳动组织安排见表 5-1。

表 5-1 劳动组织安排表

人

序号	名　称	人数	序号	名　称	人数
一	进场筹备及设备安装调试	70	三	井壁下沉	130
1	钻机队	35	1	吊运班	16
2	井壁队	10	2	电焊班	36
3	机电队	10	3	清理、涂防腐、节间注浆班	20
4	管服人员	15	4	测量找正	8
二	钻井施工期	220	5	防腐剂配制	6
1	钻机一班	12	6	加水、排浆班	6
2	钻机二班	12	7	机电维修班	10
3	钻机三班	12	8	管服人员	28
4	电工班	10	四	壁后充填	90
5	电焊班	6	1	水泥浆搅拌班	20
6	车辆班	8	2	注浆班	20
7	检修班	6	3	压风、排浆班	6
8	钢筋班	24	4	注浆维护班	10
9	模板班	12	5	机电维修班	6
10	混凝土班	12	6	管服人员	28
11	电、气焊班	16	五	壁厚充填质量检查	26
12	混凝土振捣班	12	1	井上	10
13	钢结构加工及防腐	50	2	井下	10
14	管服人员	28	3	管服人员	6

6 材 料 与 设 备

施工所需的主要材料见表 6-1；主要设备见表 6-2。

表6-1 主要材料表

序号	名 称	规格、型号	备 注
1	钢筋	φ22、φ18	
2	水泥	P.O 32.5	
3	砂	中粗	
4	碎石	5~31.5 cm	
		2~4 cm	
5	钢轨	QU100	根据井筒设计直径、深度和地层情况确定
6	道夹板		
7	扣件		
8	混凝土轨枕		
9	三聚磷酸钠		
10	纤维素		
11	液压油	46号抗磨	

表6-2 主要施工设备、机具

序号	名 称	规格、型号	单位	数量	备 注
1	钻机	AD130/1000	台	1	根据井筒的设计直径、深度确定
2	钻杆		根		
3	滚刀钻头		套		
4	门式起重机	300 t×18 m	台	1	
5	门式起重机	80 t×18 m	台	1	根据井筒的设计直径、深度确定是否使用
6	空气压缩机	GR200/20	台	3	
8	拍浆泵	TBW-850/50	台	2	
9	泥浆净化器	TBW-850/50	套	2	
10	超声波测井仪	SKD-1	套	1	
11	慢速稳车	5 t	台	1	
12	汽车吊车	50 t	辆	1	
13	泥浆翻斗车	5 t	辆	2	
14	挖掘机	0.9 m³	台	1	
15	深井泵		台	1	扬程50 m，水量50 m³/h

7 质 量 控 制

7.1 质量标准

严格按照《煤矿井巷工程施工规范》（GB 50511—2010）、《煤矿井巷工程质量验收规范》（GB 50213—2010）、《混凝土结构工程施工质量验收规范》（GB 50204—2002）组织施工。

7.2 检验方法

（1）进场设备要有出厂合格证、维修保养记录、大修检验报告。

（2）进场材料的合格证、质量证明书。

（3）施工过程中需有施工日志、钻进施工原始记录表、泥浆检验原始记录、隐蔽工程验收报告、混凝土试件强度报告、混凝土施工记录等。

（4）钻进、吊运、泥浆系统的安装质量：检查安装记录。

（5）钻井护壁泥浆质量：检查泥浆化验记录。

（6）各级钻头钻进最终深度：测量钻进最终深度时组成钻杆、钻头等的长度，计算出钻具总长，校核钻进最终深度时的活残尺和死残尺。

（7）成孔偏斜率：检查测井图纸。

7.3 质量保证措施

（1）钻进、吊挂、泥浆系统安装前，要编制安装技术措施，由项目技术负责人审核后，向安装人员交底，安装时落实。

（2）钻进前，要准确测量钻头、钻杆的高度和长度、死残尺等参数。

（3）钻进前要根据钻头的直径和钻具的重量、地质情况合理制定钻进参数。

（4）在不均匀地层或软硬交接地层钻进时，应坚持减压钻进。

（5）钻进期间，要严格控制泥浆的参数，确保护壁质量。

（6）钻进结束前，提前调制泥浆，除比重、黏度、失水量、泥皮厚度要满足规范要求外，泥浆的含砂量、胶体率、pH 值也必须达到规范要求。

（7）各分项工程均编制质量、安全保证措施，各分项工程实施单位经济收入与质量挂钩。

（8）完善各级质量责任制，并认真落实，做到有检查、有记录、有评比、有总结。

（9）开展质量管理教育和组织群众性的质量管理活动，加强质量技术培训。

8 安全措施

（1）施工前，应对职工进行三级安全教育，即：公司安全教育、项目部安全教育、班组安全教育。

（2）锁口基坑采用人工开挖时，应有防基坑坍塌的安全措施；锁口施工时，当利用土体作模板时，也必须有防土体坍塌的安全措施，并设专人巡视。

（3）基坑开挖完毕后，基坑周围应设置防护挡板或防护栏，并设安全警示牌，夜间应有照明。

（4）钻井设备安装时应编制安全专项措施，并经公司安全部门审核批准后，向安装人员交底，并进行落实；安装期间，必须严格执行《高处作业规程》和《吊装作业规程》。

（5）钻机必须安装避雷装置，并有可靠接地。

（6）钻井期间，井口和泥浆沟槽须设置安全防护网，夜间井口和沉淀池周围必须有保证夜间施工安全的照明设施。

（7）钻井期间，应严格控制泥浆的各项参数，防止塌孔。

（8）钻井期间，地面的钻杆排放要整齐，并有防止钻杆滚动措施。

（9）在井口进行钻具检修时，检修工作面应有防滑措施，洞口应铺设安全防护网；更换刀座、刀具时应将更换下来的刀座、刀具慢慢落至工作面，并及时清理到井口外。

（10）门式起重机行走轨道及基础应经常检查，当基础出现下沉或轨距偏差较大时应及时进行处理。

9 环 保 措 施

（1）钻井期间，利用两级净化的方式对泥浆进行处理：即先利用筛网振动机将大块岩屑清除，进入自重沉淀，再利用泥浆净化装置对泥浆进行净化，净化出的岩屑可作为回填用土或作为临时建筑的砌筑用砂，从而减少土地占用。

（2）在矿井附近设置临时废浆池，将钻进时多余泥浆排至废浆池，采用泥浆无害化处理技术，对泥浆进行无害化处理，减少泥浆对环境的污染，同时，临时废浆池可兼做矸石堆放场地。

（3）铺设运渣车辆专用车道，捞渣、运渣期间，运渣车辆应行驶平稳，捞渣结束后，安排专人对运渣专用车道的泥浆进行清理。

（4）采用新型螺杆空气压缩机，降低了施工时产生的噪声对职工听觉的伤害，改善了职工的工作环境。

10 效 益 分 析

10.1 经济效益

一钻成井技术的成功运用，提高了钻井法施工纯钻进效率，加快了钻井速度，缩短了建井工期，使矿井能够提前投产，创造了较好的经济效益。

下面以朱集西煤矿矸石井为例进行经济效益分析。

朱集西煤矿矸石井钻井直径 7.7 m、成井直径 5.2 m、井深 545 m；2008 年 11 月 26 日开钻，2010 年 2 月 10 日施工结束。一次全断面钻井直径和深度创造了钻井法施工的新记录。

1）AD130/1000 型钻机进行改造取得的经济效益

（1）钻机液压系统、机械手改造费约 100 万元。

（2）承揽朱集西煤矿矸石井，采用 $\phi 7.7$ m 一钻成井技术完成直径 7.7 m、深度 545 m 井筒，总工期 442 天，比分级钻井节约施工成本 300 万元。

（3）产生的经济效益为：300 - 100 = 200 万元。

2）采用低密度泥浆漂浮下沉井壁取得的经济效益

如将 25378 m^3 泥浆的密度由 1.15 g/cm^3 提高到 1.2 g/cm^3，需使用纤维素约 40 t，重晶石约 2000 t，纤维素 16000 元/t，重晶石 440 元/t，共需增加费用为

$$40 \times 16000 + 2000 \times 440 = 152 \ 万元$$

所以采用低密度泥浆漂浮下沉井壁取得的经济效益为 152 万元。

综合上述两项，该成果在朱集西煤矿共计产生的经济效益为：200 + 152 = 352 万元。

10.2 社会效益

（1）改变了以往分级钻孔模式，实现了工期、质量的双赢，并将钻井法凿井技术提高到一个新水平。

（2）泥浆固化处理工业性试验的成功，实现了钻井泥浆的泥、水分离和规模化处理，彻底解决钻井泥浆的占地、污染问题，废水、废渣达标排放，节约了大量的土地资源，改变了钻井泥浆没有有效处理方法的现状。

（3）AD130/1000 型竖井钻机的改造成功，大大提高了钻机的整体性能，减少了钻机维修时间近 45%，对今后加快井筒建设速度具有重要意义。

（4）通过新技术、新工艺、新材料、新设备的应用，提高了井筒质量，降低了职工的劳动强度，改善了职工的工作环境，缩短了建井工期。

11 应 用 实 例

11.1 实例一

袁店一矿南风井工程。该工程位于安徽省淮北市五沟镇境内，设计钻进直径 7.1 m，钻进深度 301.03 m，其中表土层厚 260.82 m，岩石层厚 40.21 m。钻进施工于 2007 年 6 月 21 日开始，2007 年 12 月 10 日结束。该井采用 ϕ7.1 m 一钻成井技术，顺利地完成了钻井施工，钻井偏斜率 0.293‰，工程质量优良。

11.2 实例二

皖北煤电集团有限责任公司朱集西煤矿矸石井工程位于安徽省淮南市潘集区贺疃乡境内，设计钻井直径 7.7 m，钻井深度 545 m，其中表土层厚 469.55 m，岩石层厚 75.45 m。工程于 2008 年 11 月 26 日开工，2010 年 2 月 10 日结束。

该井采用 ϕ7.7 m 一钻成井技术，顺利地完成了钻进施工，钻井偏斜率 0.319‰，工程质量优良，为目前国内在保证钻井质量的前提下一钻成井直径和破岩体积最大的工程，它的成功标志着钻进施工技术向前推进了一大步。

复杂地层条件下斜井快速施工工法（BJGF048—2012）

江苏省矿业工程集团有限公司

杨海楼　王国栋　童军伟　朱庆庆　何罗成

1 前　　言

斜井开拓有利于大型采煤设备的井上下整体运输和运输环节简单等优点已被人们广泛接受，在我国西部煤层储存较浅的大、中、小型矿井被采用。但大断面、大倾角、大淋水等复杂地层条件下的斜井快速施工技术，是一项集掘进、提升运输、永久支护和防治水等综合性的施工技术。

复杂地层斜井快速施工技术是我公司对青岗坪煤矿大断面大倾角大淋水复杂地层斜井施工的经验总结。

青岗坪煤矿副斜井井筒倾角为 21°，掘进断面 24.74 m²，斜长 848.35 m，其中：表土明槽开挖段长度 30.02 m，基岩段长度为 818.33 m。根据副斜井设计及实际揭露的地质资料显示，青岗坪煤矿副斜井在掘进至 132 m 处底板揭露洛河砂岩，继续向下施工过程中陆续揭露该砂岩与砂砾层互层结构，该砂岩岩性特征为砂泥质胶结，裂隙发育，含水性强，每次爆破后岩石遇水即碎成泥状，不能通过扒装机装矸，只能人工排矸，给工程进度带来很大困难。经现场实测，迎头水量达到 32 m³/h。根据地质资料显示，该井筒掘进过程中共通过 11 层含水层，最大涌水量达 75~85 m³/h。

通过对青岗坪煤矿原始地质资料和揭露围岩情况进行科学分析，在岩巷掘进施工中，积极引进和推广新工艺、新材料、新设备，同时对原生产设备不断进行技术改造，初步形成了一套比较成熟的掘进机械化作业线，即多台风动气腿式凿岩机凿岩、耙斗式装岩机装岩、箕斗提升、矸石仓排矸、布孔仪布孔、激光仪指向测量、潜水泵排水、局部通风机通风。通过优化施工工艺，使斜井的掘进得以安全顺利进行，为类似条件下的斜井施工提供了成功典范。该工法关键技术经中国煤炭建设协会于 2012 年 4 月 12 日鉴定达国内先进水平。

2 工 法 特 点

（1）采用布置导水孔技术，降低了水对巷道围岩强度的浸蚀作用。

（2）采用正台阶法掘进，减少应力扰动。即先进行上半圆导洞开挖，然后开挖下部，有效解决了工作面底部被水淹没问题。

（3）平行作业：对掘进、支护、排水等主要环节工种的互相配合，保证现场施工质量，提高工效。

3 适 用 范 围

本技术适用于大断面、大倾角、大淋水复杂地层条件下的斜井施工。

4 工 艺 原 理

（1）通过对本矿井及相邻矿井的地质资料进行研究，采用理论计算和数值模拟法，优化了明槽段、基岩段合理的支护参数，保障了斜井的安全快速掘进。

（2）在设计导水孔时，适当增大了导水孔孔道尺寸（30 mm × 30 mm），水平间距与锚杆间距相同（700 mm），两根锚杆之间布置一个导水孔，尽可能地将锚杆锚固端的裂隙水排出，增强围岩的可锚性。

（3）采用正台阶法掘进，减少应力扰动。先进行上半圆导洞开挖，然后开挖下部，有效解决了工作面底部被水淹没问题。

（4）通过增加锚杆密度、锚固药卷数、锚固长度提高锚杆锚固力；通过提高砂浆配合比、水泥标号、防水剂和速凝剂的配量及在井巷内淋水大处安设导水管、增加复喷次数、喷砂浆厚度等措施封堵淋水，确保支护和成巷质量。

（5）采用分段截流、多级排水法。在工作面迎头将砂袋码放分块，进行分区排水清矸。在巷道内采用分段截流、挖沟断流、集中一处或多处水窝等措施，并将躲避硐和人行车场挖深做堰挡水作为临时水仓，分段集中，多级排放。坚持"有疑必探、先探后掘"的防治水原则，遇到可疑含水层时，超前 10 m 左右探水，水量大于 10 m³/h 时，进行工作面预注浆。

（6）优化施工工艺。采用激光指向、中深孔爆破技术，实行掘进与喷射混凝土平行作业，提高掘进速度。

5 工艺流程及操作要点

5.1 工艺流程

施工工艺流程如图 5 - 1 所示。

5.2 操作要点

5.2.1 明槽 I—I 段钢筋混凝土支护段

明槽 I—I 段钢筋混凝土支护段断面示意图如图 5 - 2 所示。

明槽开挖段前 10 m 暂不施工，以便根据工业场地平面布置调整标高。具体施工方案如下：

（1）土方开挖。明槽土方开挖采用一台 CT - 30 挖掘机由上向下按照设计坡度分层多台阶开挖，渣土运距 100 m 以内作为回填土堆土点，基坑深度超过 5 m 时，堆土点离基坑边坡不小于 30 m，以保持基坑边坡的稳定性。

（2）边坡支护。坡面按 1 : 0.75 放坡，在缓冲台阶实际坡高范围内，用挖掘机沿坡面横向施打两排板桩，板桩选用直径 150 mm、长 4 m 的杨木桩，桩间距 1 m，压入土中

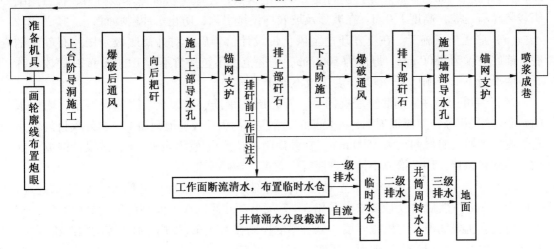

图 5-1　工艺流程图

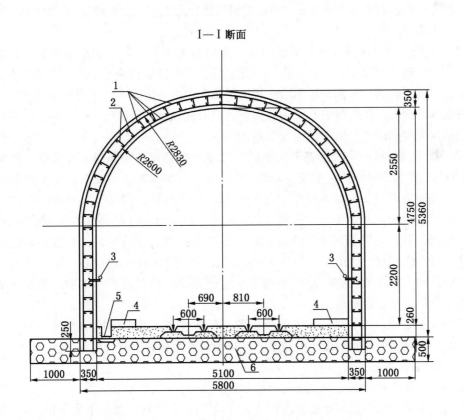

1—ϕ18@250 圆钢；2—ϕ8@230 圆钢；3—扶手；4—台阶（长×宽×高 =500 mm×385 mm×140 mm）；

5—水沟（净尺寸 200 mm×200 mm）；6—500 mm 片石砂浆垫层

图 5-2　明槽 I—I 段钢筋混凝土支护段断面示意图

3.0 m，外露 1.0 m，板桩外侧打设高度 1.0 m 的板墙，采用 40 mm 厚木板材料，板后用编织袋装碎石压坡，高度 1.0 m。在坡顶及坡底均设排水沟，防止水冲刷坡面。

（3）底板垫层施工。在土方开挖至风化带设计位置后，对井筒底板采用片石砂浆铺底，铺底宽度为 7800 mm、厚度为 500 mm，铺底范围不包括暂不施工的 10 m 井筒段。片石强度等级不低于 MU15，砂浆强度等级不低于 MU7.5。

（4）混凝土浇注。铺底垫层凝固后，开始绑扎钢筋、立模板、浇注混凝土。内模板的碹股选用 20 号轻型槽钢加工，外模板的碹股选用 10 号轻型槽钢加工，内外模板均使用建筑模板立模，碹股间距为 1500 mm。在井筒附近位置设置搅拌站一座，按设计混凝土配比自动配料搅拌，用溜槽或小推车将混凝土入模，振捣密实。

（5）回填土施工。拆模后，先对井筒外露部分的碹拱表面用防水砂浆做防水处理，厚度为 50 mm，然后按设计要求，采用 3∶7 灰土对井筒两侧 1 m 高度范围分层夯实，灰土采用装载机现场搅拌，机械回填，分层厚度控制在 400 mm 以内，18 t 震动压路机碾压。其上部采用黄土分层夯实至地面，压实度不低于 95%。

5.2.2 暗槽Ⅱ—Ⅱ段钢筋混凝土支护段

暗槽Ⅱ—Ⅱ段钢筋混凝土支护段断面示意图如图 5-3 所示。

暗槽加固段设计长度为 4.6 m，用双层钢筋混凝土支护，支护厚度为 350 mm，混凝土强度等级为 C30。

（1）掘进。由于该斜井地下水较丰富，涌出的水主要汇集于工作面底部，易造成边墙失稳，且给施工带来了很大的难度，因此，斜井基岩段掘进施工全部采用将巷道分成上下两个正台阶工作面，上部工作面始终超前下部工作面一定距离的平行作业的施工方法。

根据现场情况，风化带岩石采用风镐震动破岩或风钻凿岩爆破的方式掘进。掘进中采取锚或前探梁等临时支护措施保证安全施工。

（2）提升及排矸。明槽段施工完毕后，在井筒内铺设两条临时运输轨道，其中一条（井筒北侧）作为排矸使用，前期（150 m 内）由一台 55 kW 调度绞车配合 V 型矿车提升矸石，后期换为 JK-2.5/20A 绞车配合 6 m³ 箕斗提升排矸；另外一条（井筒南侧）作为物料上下及后期人员上下线路，前期（150 m 内）由一台 55 kW 调度绞车配合 1.5 m³ 矿车上下物料，后期采用 JT1600×1200-20 绞车串车提升、下放物料，人员上下也由此通过斜巷人行车来实现。轨道选型为 30 kg/m，轨距分别为 900 mm 和 600 mm。

地面排矸系统设置：前期设置 V 型矿车翻矸系统，后期设置箕斗翻矸系统。由 2 部自卸车将矸石排至指定地点。

（3）支护。该段支护结构除了外模碹股及模板支护，其余同明槽段基本一致。浇注混凝土时，采取地面布置混凝土输送泵、专用输送管路输料的方式将混凝土入模。

5.2.3 素混凝土Ⅲ—Ⅲ段混凝土浇注段

素混凝土Ⅲ—Ⅲ段混凝土浇注段断面示意图如图 5-4 所示。

素混凝土Ⅲ—Ⅲ段混凝土浇注段设计长度为 5 m，采用素混凝土永久支护，支护厚度为 350 mm，混凝土强度为 C30。暗槽段施工完毕后，素混凝土Ⅲ—Ⅲ段施工。

（1）掘进。井筒素混凝土段所穿过岩性以泥岩、砂岩为主，本设计按中硬岩 $f=4\sim6$ 考虑，施工中如果岩石硬度发生变化，爆破孔间距及装药量应根据实际情况及时做出调整，以获得最佳的爆破效果。利用激光指向仪找好井筒掘进荒径位置，然后点好周边眼位

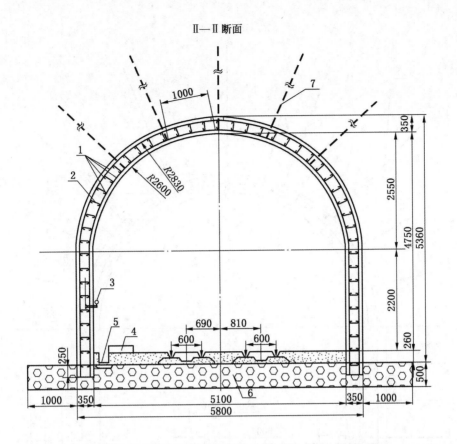

Ⅱ—Ⅱ断面

1—φ18@250圆钢；2—φ8@230圆钢；3—扶手；4—台阶（长×宽×高＝500 mm×385 mm×140 mm）；

5—水沟（净尺寸200 mm×200 mm）；6—500 mm片石砂浆垫层；

7—锚索（φ17.8 mm，L8000 mm，间排距1000 mm×1500 mm）

图5-3　暗槽Ⅱ—Ⅱ段钢筋混凝土支护段断面示意图

置。按设计要求，点出炮孔位置，采取定人、定位、定眼、定机分区作业。结束后用专用扫孔器将炮孔内残渣吹净，并检查孔深是否符合设计；按爆破设计要求装填药卷，使用炮泥封孔。装药采用反向连续装药结构，以提高爆破效率。装好后按要求连线，人员撤到安全距离后再起爆。

（2）提升及排矸。暗槽段施工完毕后，在井筒内铺设两条临时运输轨道，其中一条（井筒北侧）作为排矸使用，前期（150 m内）由一台55 kW调度绞车配合V型矿车提升矸石，后期换为JK-2.5/20 A绞车配合6 m³箕斗提升排矸；另外一条（井筒南侧）作为物料上下及后期人员上下线路，前期（150 m内）由一台55 kW调度绞车配合1.5 m³矿车上下物料，后期采用JT1600×1200-20绞车串车提升、下放物料，人员上下也由此通过斜巷人行车来实现。轨道选型为30 kg/m，轨距分别为900 mm和600 mm。

地面排矸系统设置：前期设置V型矿车翻矸系统，后期设置箕斗翻矸系统。由2部自卸车将矸石排至指定地点。

（3）支护。该段支护结构为外模碹股及模板支护，浇注混凝土时，采取地面布置混凝土输送泵、专用输送管路输料的方式将混凝土入模。

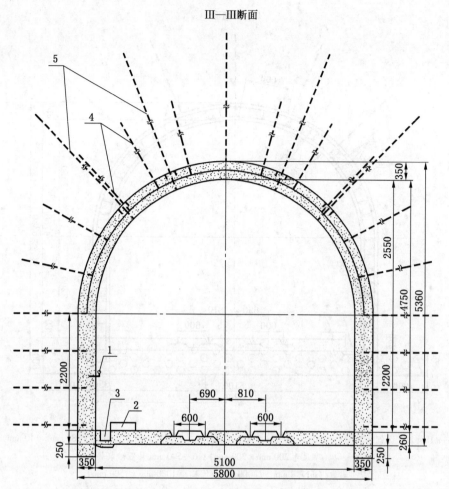

1—扶手；2—台阶（长×宽×高＝500 mm×385 mm×140 mm）；3—水沟（净尺寸 200 mm×200 mm）；

4—左旋无纵肋螺纹钢锚杆（ϕ20 mm，L2250 mm，间排距 700 mm×700 mm）；

5—锚索（ϕ17.8 mm，L8000 mm，间排距 1000 mm×1500 mm）

图 5-4　素混凝土Ⅲ—Ⅲ段混凝土浇注段断面示意图

5.2.4　基岩Ⅳ—Ⅳ段锚网索喷射混凝土支护段

基岩Ⅳ—Ⅳ段锚网索喷射混凝土支护段断面示意图如图 5-5 所示。

基岩Ⅳ—Ⅳ段锚网索喷射混凝土段设计长度为 27.4 m，采用锚网索喷射混凝土联合支护，支护厚度为 150 mm，混凝土强度为 C25。素混凝土段施工完毕后，基岩Ⅳ—Ⅳ段施工。

（1）掘进。井筒基岩段所穿过岩性以泥岩、砂岩为主，本设计按中硬岩 f = 4 ~ 6 考虑，施工中如果岩石硬度发生变化，爆破孔间距及装药量应根据实际情况及时作出调整，以获得最佳的爆破效果。利用激光指向仪找好井筒掘进荒径位置，然后点好周边眼位置。按设计要求，点出炮孔位置，采取定人、定位、定眼、定机分区作业。结束后用专用扫孔器将炮孔内残渣吹净，并检查孔深是否符合设计；按爆破设计要求装填药卷，使用炮泥封孔。装药采用反向连续装药结构，以提高爆破效率。装好后按要求连线，人员撤到安全距

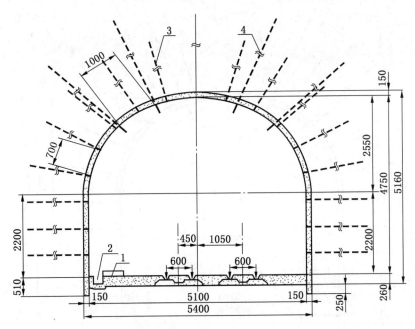

1—台阶（长×宽×高 = 500 mm×385 mm×140 mm）；2—水沟（净尺寸 200 mm×200 mm）；

3—左旋无纵肋螺纹钢锚杆（ϕ20 mm，L2250 mm，间排距 700 mm×700 mm）；

4—锚索（ϕ17.8 mm，L8000 mm，间排距 1000 mm×1500 mm）

图 5-5　基岩 IV—IV 段锚网索喷射混凝土段断面示意图

离后再起爆。

（2）临时支护。采用打锚杆、挂网、顶板初喷等措施作临时支护。在围岩层理特别发育、炮后有撬不掉的危岩时，选用前探梁支护顶板或打前探锚杆。在顶板完整的情况下，可以直接采用打锚杆、挂网、初喷混凝土临时支护，临时支护紧跟工作面。每 20 m前移一次装岩机，进行一次性自下向上浇灌混凝土永久支护，混凝土浇灌与工作面掘进平行作业。

（3）排矸及物料上下。正常基岩段装岩采用 PY-60B 型装岩机装岩，6 m³ 箕斗运输，2.5 m 主提绞车提升排至地面，地面排矸采用 12 t 自卸汽车。下放物料采用两辆 1 t 的MC1-6B 材料车串车，并采用 1.6 m 绞车作为副提提升物料。轨道选型为 30 kg/m，轨距分别为 900 mm 和 600 mm，选用木质枕木，间距 1 m。每一节道轨设两个轨距固定拉杆，每 15～20 m 设一地滚。

（4）混凝土浇注。每次向前掘进 20 m 移动一次耙装机，然后在耙装机后自下而上立模浇注混凝土。砌骨采用 20 号槽钢加工，分三段用螺栓连接；模板选用小块金属组合式模板，内部采用建筑脚手架钢管搭架支撑加固，同时留出工作面掘进及排矸空间，以便于掘砌平行作业。浇灌混凝土时应添加减水剂，缩短凝固时间。

5.2.5　基岩 V—V 段锚网索喷射混凝土支护段

基岩 V—V 段锚网索喷射混凝土段断面示意图如图 5-6 所示。

基岩 V—V 段锚网索喷射混凝土段设计长度为 737 m，采用锚网索喷射混凝土联合支

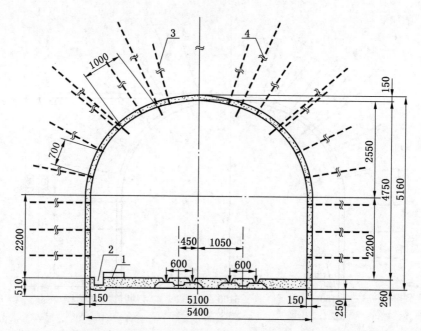

Ⅳ—Ⅳ断面

1—台阶（长×宽×高＝500 mm×385 mm×140 mm）；2—水沟（净尺寸 200 mm×200 mm）；
3—左旋无纵肋螺纹钢锚杆（φ20 mm，L2250 mm，间排距 700 mm×700 mm）；
4—锚索（φ17.8 mm，L8000 mm，间排距 1000 mm×1500 mm）

图 5-6　基岩Ⅴ—Ⅴ段锚网索喷射混凝土段断面示意图

护，支护厚度为 150 mm，混凝土强度为 C25。基岩Ⅳ—Ⅳ段施工完毕后，进入基岩Ⅴ—Ⅴ段施工。

掘进、排矸及物料上下与基岩Ⅳ—Ⅳ段一样。

锚网喷支护采用一掘一锚网，两掘一喷浆的施工方式。水沟及铺底、排水管路、扶手等在掘进结束后从下向上分次完成。

5.2.6　布置导水孔增强围岩可锚性

为避免孔道堵塞造成导水孔失效，本矿井导水孔为直径 30 mm，长度 2500 mm，导水孔水平间距 700 mm，与锚杆支护间距相同，两根锚杆之间布置一个导水孔，尽可能地将锚杆锚固端的裂隙水排出，增强围岩的可锚性。

通过实践发现，布置导水孔之后，围岩的稳定性有一定程度的提高，从而使掘进工作和支护工作得以顺利进行。

5.2.7　分级截流、多级排水技术的运用

根据本矿井实际情况，采用分段截流、多级排水法。针对含水层淋水，涌水呈分层揭露，分段出现的现状（副井共穿过大小淋水带 11 段），在工作面采用砂袋码放分块，分区排水清矸的方法，在巷道内采用分段截流、挖沟断流、集中一处或多处水窝，将躲避硐和人行车场挖深做堰挡水作为临时水仓，每个躲避硐及人行车场挖一横向水沟，截住上边巷道底板水，分段集中，多级排放的方法排水。此技术有效地减少已通过淋水区域的淋水对工作面施工的影响，有效地减少汇聚到工作面的水量，加快了施工进度。与此

同时在副斜井掘进至 400 m 区域时利用主、副井联巷改造成联巷水仓，将副斜井 150～400 m 区域的井筒涌水引流至联巷水仓直排地面，为副斜井后期井筒工程施工创造了有利条件。

5.2.8　施工组织

井筒在表土段及基岩段施工时的掘砌实行"工序滚班混合制"作业方式。采用固定工序，组织专业班组，按循环图表要求控制作业时间，保证正规循环作业；每个班组的作业时间都进行考核，超时或提前都实行不同的奖罚措施，使劳动成果与经济效益直接挂钩；积极开展小指标老竞赛活动，提高职工的生产积极性，缩短正规循环作业时间。各班组对自用设备及时进行维修和保养，并负责对使用过程中出现的故障及时处理，保证井下掘进工作顺利进行。设备维修应尽量不占用或少占用掘进时间。

锚、网、喷段：采用一掘一锚网，"两掘一喷"作业方式，掘进班每班循环进尺为 1.8 m，循环作业图表见表 5－1。

表 5－1　循环作业图表

工　序	班次工时时间/min	一　班								二　班								三　班							
		1	2	3	4	5	6	7	8	1	2	3	4	5	6	7	8	1	2	3	4	5	6	7	8
交接班	30	—								—								—							
打眼	150																								
装药连线爆破	30																								
炮后通风	30																								
瓦检、工作面敲帮问顶	30																								
工作面倒矸	30																								
临时支护	60																								
锚网、锚杆架设	120																								
出矸	240																								
喷浆准备	120																								
喷浆	300																								
打、挖水沟	90																								
清理回弹	30																								
出矸	150																								

5.3　劳动组织

表土段及基岩段井筒掘砌实行"工序滚班混合制"作业方式。辅助工为三班作业制：机电采用大班、小班和包机班组三种形式，大班负责日常机电工作，小班采用"三八制"，负责处理 24 h 井上下机电故障。并根据现场条件、设备配制及施工水平，采用"三班八小时现场交接班"作业，掘进与永久支护平行交叉作业。劳动组织详见表 5－2。

表5-2 劳动组织表　　　　　　　　　　　　　　　　人

序号	工 种	人 数	序号	工 种	人 数
1	材料员	3	11	汽车司机	6
2	技术员	3	12	信号工	6
3	队长	1	13	绞车司机	13
4	机修工	6	14	钉道工	1
5	班长	3	15	充电工	4
6	掘进工	27	16	电工	4
7	爆破员	4	17	电板、压风工	6
8	维护员	3	18	开泵工	3
9	耙装机工	3	19	钢筋工	9
10	喷浆工	6	20	其他	20
合　计					131

6 材 料 与 设 备

本技术主要生产系统所需的主要施工材料、设备见表6-1，各个矿井应根据实际条件具体考虑。

表6-1 主要施工材料和设备

序 号	名 称	规 格 型 号	单 位
1	风机	BDF15×2	台
2	胶制风筒	ϕ800 mm	米
3	装岩机	PY-30B、60B	台
4	自卸式汽车	12 t	辆
5	装载机	ZL50D	台
6	无缝钢管	ϕ108 mm×4 mm	米
7	压风机	4L-20/8	台
8	供水管	ϕ57 mm×3.5 mm	米
9	钢管	2 in、6 in	米
10	钢管排水管	ϕ108 mm	米
11	矿用卧泵	DM85-45×4	台
12	搅拌机	JS-500	台
13	电子配料站		套
14	混凝土输送泵	闸板阀、S阀	台
15	喷雾器	上海田枫	台
16	风动凿岩机	7655	台
17	锚杆钻机	MQT-130/2.7	台
18	锚杆安装设备	MQT-130/2.7	台
19	锚索张拉器		台

7 质量控制

（1）认真贯彻"科学管理、顾客至上、持续改进、依优取胜"的质量方针，始终坚持质量第一的宗旨，切实贯彻公司质量管理手册、程序文件和规章制度。

（2）组织全体施工人员认真学习施工质量标准。开展岗位技术培训和练兵，提高施工人员的技术、操作水平。

（3）合理选择施工工艺和施工设备，组织编制技术先进、经济合理、能够保证施工质量与安全的施工组织设计、作业规程、技术措施，并认真组织实施。

（4）制订项目质量计划，明确质量控制的各项要求，规定施工质量检验、试验方法和途径。

（5）严格事前控制，加强设计图纸等文件与资料的控制，做好图纸会审、技术安全交底等工作。

（6）落实施工质量挂牌制，坚持以工序质量控制为核心，把握每一工序施工作业质量。认真落实工程质量自检、互检和交接检，上道工序质量检验不合格不得进行下道工序施工。

（7）严格控制原材料质量，保证混凝土配比的精细度要求。

（8）加强施工工艺的控制，保证工程质量。

（9）开展 QC 小组活动，推行全面质量管理，严格按照 PDCA 循环作业，保证质量目标的实现。

8 安 全 措 施

8.1 安全管理制度

（1）安全管理制度主要有：①安全生产责任制度；②安全办公会议制度；③安全目标管理制度；④安全投入保障制度；⑤安全质量标准化管理制度；⑥安全生产教育与培训制度；⑦安全隐患排查与整改制度；⑧安全监督检查制度；⑨安全技术措施审批制度；⑩矿井主要灾害预防制度；⑪事故应急救援制度；⑫安全奖惩制度；⑬入井人员管理制度；⑭安全举报制度；⑮安全操作管理制度；⑯各级领导安全生产责任制、职能机构安全责任制、岗位人员安全责任制、职能部门业务保安责任制；⑰井下作业矿领导带班制度；⑱井下交接班制度；⑲带班下井档案管理制度；⑳带班下井公示制度；㉑带班下井考核制度；㉒带班下井举报制度。

（2）设置安全监督检查机构，按照安全质量标准化标准及安全生产重大隐患排查制度的要求，定期组织安全检查，做到警钟长鸣，把安全事故消灭在萌芽状态，达到安全生产的目的。

（3）严格执行一工程一措施。工程开工前，将施工顺序、技术要求、操作要点、要达到的质量标准及安全注意事项等认真向施工人员交底，切实贯彻落实安全技术措施。

（4）组织施工人员进行技术、安全教育，提高安全意识和技术水平。对要害工种进行严格考核，坚持持证上岗。

（5）建立项目部安全奖罚制度，并进行严格考核。

8.2 主要施工工序安全措施

8.2.1 打眼爆破施工安全技术措施

爆破施工时，采用多台 7655 风锤同时造孔，B22×2200 钎子及 ϕ42 mm 合金钢一字钻头打眼，分台阶分次光面爆破。

（1）雷管必须使用煤矿许用 5 段毫秒延期电雷管。

（2）严格按照炮眼布置图及爆破说明书进行打眼、装药、连线。

（3）严格执行"一炮三检"和"三人连锁放炮"制。

（4）炮眼布置及装药量应根据巷道围岩情况及时修改和调整。

（5）装药前首先必须清除炮眼内的岩粉、煤粉，再用木质或竹质炮棍将药卷轻轻推入，不得冲撞或捣实。炮眼内的各药卷必须彼此密接。

（6）炮眼封泥应用水炮泥，水炮泥外剩余部分的炮眼应用黏土炮泥封实，严禁无炮泥或炮泥不实的炮眼爆破。

（7）炮眼深度超过 1 m 时，封泥长度不小于 0.5 m；光面爆破时，周边眼口应用炮泥封实，且封泥长度不得小于 0.3 m。

（8）爆破后发现拒爆、残爆，应严格按照《煤矿安全规程》第 342 条执行。

（9）爆破前必须设好爆破警戒，随掘进巷道的推进，警戒线可逐步前移。

8.2.2 喷浆施工安全技术措施

（1）施工中采用人工喂料，喷浆机喷射混凝土。喷浆机距迎头不超过 40 m。

（2）喷浆前，应接好风、水管，输料管不得有急弯，接头必须严紧，不得漏风。

（3）喷浆前，要检查喷浆机是否完好，并进行空载试运转，紧固好摩擦板，不允许出现漏风现象，另喷浆前必须采用高压风水冲洗岩面。

（4）喷浆的顺序应按照先帮后顶、先凹后凸、自下而上进行。

（5）喷枪头与受喷面应尽量保持垂直。喷射距离控制在 0.8~1.2 m 之间，枪头应按螺旋形一圈压半圈的轨迹移动，螺旋圈的直径不大于 250 mm。

（6）喷射过程中应根据出料量变化，及时调整给水量，保证水灰比准确。保证喷射的湿混凝土无干斑、无流淌、黏着力强、回弹量少。

（7）一次喷射厚度达不到要求时，应分次喷射，复喷间隔时间不超过 2 h。

（8）喷射混凝土应严密封实巷顶和巷帮，不允许有孔洞出现。

（9）喷射时，严禁将枪头对着其他人员。堵管时，应停止上料，敲击震动输料管来处理，处理过程中，喷射手应紧握枪头，并将枪口朝地。

（10）如巷道有淋水现象，应减少给水量，适当加大速凝剂掺入量。

（11）喷射混凝土必须连续洒水 7 d 以上进行养护，每班不少于一次。

（12）喷浆前应对喷浆范围内的风水管路、风筒、电缆管线及电器设备进行保护。每次喷射完毕，应立即清理、收集回弹料。每班喷射工作结束后，必须及时清理喷射机内外部灰浆和余料。

8.2.3 顶板管理安全技术措施

（1）必须建立健全敲帮问顶制度，接班后、打眼前、装药前、爆破后、打锚杆前、耙矸前、喷浆前必须凿净顶帮浮矸危岩，对凿不掉的危岩必须用前探梁临时支护或补打锚杆进行加固补强；找顶要从外向里进行，找顶人员必须有专人监护并站在安全地点用长把工具找尽顶帮危岩活矸，找顶范围内应设立警戒线，除作业人员外，不准有其他人员逗留。找顶前要保证退路畅通。

（2）各班必须现场交接班，做到交清接明。

（3）工作面必须进行临时支护，严禁空顶作业，必须配置3~5根直径不小于150 mm的安全顶柱和柱帽6~10块，柱帽规格为300 mm×300 mm×50 mm（长×宽×厚）。

（4）严格按爆破要求进行光面爆破，控制装药量以降低对围岩的破坏。

（5）爆破后必须及时将后面松动的锚杆托盘上紧，对迎头顶板在临时顶柱的支撑下进行及时初喷支护。

（6）初喷后及时从外向里打锚杆，锚杆距迎头不超过一个排距。

（7）锚杆托盘必须紧固，构件齐全，失锚的必须补打。

（8）严禁使用支护锚杆牵引耙矸机斗子，确实需要时可另打锚杆专用。

8.2.4 耙装机装载作业安全技术措施

（1）耙装机司机必须经过专业培训，持证上岗，严格按操作规程操作。

（2）每次开机前，必须检查耙装机周围及迎头安全情况，坚持敲帮问顶，发现问题及时处理，否则不准开机。

（3）耙装机启动前，司机必须发出警号，确定在机器周围危险区域内无人时，方可开机。

（4）作业期间，严禁在耙装机前方、钢丝绳运行范围内有人员停留或进行其他工作。

（5）设专人对耙装机进行维护、检修，保证设备正常运转，严禁机器带病作业。

8.2.5 井筒提升、运输安全技术措施

（1）加强对提升系统的检查，对矿车、连接装置、钢丝绳及提升绞车各部位要定期检查。

（2）人员上下采用步行。下放物料、工具采用矿车下放。严格执行斜巷"行人不行车，行车不行人"制度。

（3）在井筒内安设能够将运行中断绳、脱钩的车辆阻止的跑车防护装置。

（4）斜井提升时，严禁蹬钩、行人。运送物料时，开车前把钩工必须检查牵引车数、各车的连接和装载情况。

9 节 能 环 保

（1）严格遵守国家有关环境保护的法律法规、标准规范、技术规程和地方有关环保的规定。

（2）成立施工现场环境管理领导小组，建立健全环境管理体系。

（3）在施工过程中，自觉形成环保意识，最大限度地减少施工中产生的噪声和环境污染。

（4）加强废弃物管理，施工现场应设置专门的废弃物临时贮存场地，废弃物应分类存放，对有可能造成二次污染的废弃物必须单独储存，设置安全防范措施且有醒目标识，减少废弃物污染。

（5）运输、施工所用车辆和机械产生的废气和噪声等应符合环保要求。

（6）施工现场应有防尘措施，防止物料搬运过程中产生粉尘污染。

（7）施工场界应做好围挡和封闭，防止噪声对周边环境的影响。

（8）对重要环境因素应采取控制措施，落实到人。

10 效 益 分 析

10.1 社会效益

通过对本矿井及相邻矿井地质资料的研究，得出了斜井涌水段的涌水规律及原因，确定了明槽段、基岩段的合理支护参数，实现了斜井的快速安全掘进。

通过对涌水段围岩的失稳破坏机理分析，提出合理的围岩控制技术，围岩变形量显著减小，围岩完整性显著改善，大大提高了生产的安全性。通过优化施工工艺，提高了掘进速度，大大缩短了工期，社会效益显著。

10.2 经济效益

分段截流、多级排放方法与过去采用的注浆加固方法相比，技术经济效益十分显著。按水泥单价 380 元/t，木材单价 700 元/m³，人工费 100 元/工日，机械费 200 元/台班计算，青岗坪煤矿副斜井井筒大概需要资金 500 多万元；而采用分段截流、多级排放方法只需增加几台水泵，铺设一些排水管路，相应地增加了排水费用，主要是电费、设备和人工费用。青岗坪煤矿副斜井井筒工程原本计划实施壁后注浆，再进行掘进通过。该工程通过对传统施工工艺的改革，结合井筒特点，采用人工排矸施工方法通过 400 m 洛河砂岩段。参照当时市场价格及井筒断面，预计注浆费用为 5000 元/米。因此，节约注浆费用 200 万元。月成巷 70 m，节约工期 1.5 个月，节约人工工资约 15 万元/月，总计节约投资 222.5万元。通过优化施工工艺，加快了施工速度，大大降低了人工费用。该矿主斜井及回风斜井井筒采均采用同样方法施工，有效地完成了掘进任务。

11 工 程 实 例

复杂水文地层条件下的斜井快速施工技术已在陕西旬邑青岗坪煤矿主、副、回风斜井等多个矿井成功应用。

11.1 实例一

2008 年 9 月至 2010 年 5 月，我公司承担了陕西旬邑青岗坪煤矿主斜井井筒工程。井筒倾角为 16°30′，斜长 1227.5 m，其中表土明槽开挖段长度 59.6 m，采用双层钢筋混凝土支护，钢筋采用 φ22 mm@300 mm 螺纹钢筋，支护厚度为 350 mm，混凝土强度为 C30；风化基岩段长度为 230 m，基岩段长度为 937.9 m，采用锚网喷支护，支护厚度 150 mm，混凝土强度为 C25。

原本计划实施壁后注浆，再进行掘进通过。该工程通过对传统施工工艺的改革，结合青岗坪煤矿井筒实际，采用人工排矸的方法强行通过 545 m 洛河砂岩段。参照当时市场价格及井筒断面，预计注浆费用为 5000 元/米。因此，节约注浆费用 272 万元。月成巷 70 m，节约工期 2 个月，节约人工工资约 15 万元/月，总计节约投资 302 万元。

11.2 实例二

2008 年 9 月至 2010 年 1 月，我公司承担了陕西旬邑青岗坪煤矿回风斜井井筒工程。井筒倾角为 22°，斜长 903.4 m，支护方式与主斜井相同。该工程结合青岗坪井筒涌水量大、倾角大的特点，改变传统施工工艺，强行通过洛河砂岩含水层 350 m。节约工期 2 个月，节约注浆费用约 175 万元。

11.3 实例三

2008 年 9 月至 2010 年 1 月，施工了陕西旬邑青岗坪煤矿副斜井井筒工程。井筒倾角为 21°，斜长 853 m，支护方式与主斜井相同。通过施工工艺改革，结合青岗坪煤矿副斜井井筒的特点，采用人工排矸施工方法通过 400 m 洛河砂岩段。节约工期 1.5 个月，节约注浆费用 200 万元。

钻杆注浆超前加固支护过断层破碎带
施工工法（BJGF049—2012）

中煤第三建设（集团）有限责任公司

周树清　王劲红　王清华　王　平　田茂长

1 前　　言

在井巷工程中普遍存在着软弱岩层、断层破碎带、高地应力大变形等复杂地质条件，给巷道掘进施工带来了极大的困难。这些地质情况均需进行妥善处理，以保证施工过程及工程建成后运行的安全。

针对断层破碎带围岩自身稳定性差的情况，根据近几年的施工探索，形成了一套较完善的利用钻杆注浆超前支护加固过断层破碎带的施工工艺，该工艺将钻孔、注浆及加固支护等功能一体化，在巷道超前支护工程中均能很好地改善围岩，增强围岩的整体性和稳定性，达到理想的支护效果。该工法2010年在内蒙古吾余煤业公司+400 m水平大巷应用，取得良好的效果，提前22天完成施工任务。2012年6月14日，中国煤炭建设协会组织有关专家鉴定，该项技术达到了国内先进水平，具有较好的推广应用价值。

2 工　法　特　点

（1）应用穿透力强的钻头，在坑道钻机的作用下，能够穿透各类岩石。

（2）钻杆体厚壁无缝钢管材料连接国际标准螺纹，便于安装钻头，并能连接加长，可以配合钻头完成深度不等的钻孔。

（3）杆体无须拔出，其中空可作为注浆通道，从里至外进行分段注浆，使破碎岩层固结成一体，增强围岩的整体性和稳定性，从而改善顶板的自身承载力。

（4）利用止浆塞做好钻孔的固管及分段注浆施工，避免注浆浆液泄漏，同时孔口管安装高压球阀，使注浆能保持较强的注浆压力，使浆液在断层破碎带裂隙中运移，充分地充填空隙，固定破碎岩体，钻杆留在孔内，形成临时支护，达到围岩与钻杆共同支护的目的。

（5）钻杆接头使得钻杆具有边钻边加长的特性，适用于较狭小的施工空间，实现了特长钻杆加固围岩的设计思想。

（6）由于采用钻杆注浆并将钻杆留在孔内，超前加固的功能使得它在各类围岩条件下施工时，不需要套管护壁等特殊方法形成钻孔并保证加固与注浆效果。

（7）通过小段长高压预处理，结合浆液调配，使浆液充填进去。

（8）预处理法：就是在注前向孔内注经稀释的水玻璃溶液。由于水玻璃溶液对裂隙面有极大的润滑作用，能提高浆液的可注性，增加浆液注入量，提高注浆效果。

（9）利用钻杆的刚性棚架结构，能有效地提高巷道围岩的自身承载能力，防止顶板事故的发生。

3 适 用 范 围

适用于井下软弱岩层、断层破碎带等复杂地质条件的巷道掘进施工。

4 工 艺 原 理

该工法的核心就是井巷施工遇到软弱围岩、断层破碎带时，利用钻杆注浆超前加固支护断层破碎带，作为钻杆的杆体无须拔出，其中空可作为注浆通道，从里至外进行分段注浆，能充分地充填空隙，使破碎带岩体固结成一体，从而增强围岩抗压能力，钻杆留在孔内，达到围岩与钻杆共同支护的目的，改善顶板的力学状态，防止顶板事故的发生。

5 工艺流程及操作要点

5.1 施工工艺流程

超前探断层钻孔→巷道清理→确定孔位→钻机钻进6~8 m→注浆加固支护→扫孔后继续钻进6~8 m→注浆加固支护→完成一个钻孔，进行下一钻孔施工→所有钻孔结束后，进行掘进施工。

根据破碎带宽度，采用分段钻进，前面几次钻进，钻杆均要拔出后进行扫孔，最后一次钻孔结束后，钻杆不必拔出，直接注浆加固。

5.2 注浆加固施工工艺

采用SGZ-ⅢA坑道钻机，ϕ50 mm×5.5 mm地质钻杆，ϕ65 mmPDC复合片系列钻头钻进，钻探结束后安装Dg50/Pg64高压球阀，并安设止浆塞，利用2ZBQ18.5/4注浆泵，通过ϕ25 mm×20 m高压胶管注浆加固断层破碎带，并将钻头及钻杆留在岩层中作为临时支护。钻孔施工顺序由中间至两边，打一孔注一孔，注浆段长一般为6~8 m，钻进6~8 m，加固注浆，再扫孔继续钻进6~8 m，再注浆加固，直至完成一个钻孔。所有钻孔注浆结束后，进行掘进施工。掘进时，随着巷道延伸，逐渐拆除钻杆，直至通过断层破碎带。

5.3 操作要点

5.3.1 钻孔布置

钻孔布孔方式可选择平行布孔或放射孔，根据巷道尺寸，确定布孔数，一般间距300~500 mm，位置位于起拱基线以上。钻孔布置参数见表11-1，钻孔布置如图11-1所示。巷道掘进时，应短掘、多打眼、少装药、弱爆破，爆破炮眼布置在起拱线以下，爆破后全断面掘进，及时采取临时支护，适时进行永久支护。

5.3.2 注浆段长

为保证钻注质量，要根据围岩性质、构造和裂隙发育，断层带破碎程度，一般注浆段长选择6~8 m，严格按照划分段长施工，在施工中明确做到注一段，保一段，注一孔，保一孔，采取步步为营的方式向前推进。待钻孔穿过断层破碎带 5 ~ 10 m 后，一次掘进通过断层破碎带。

5.3.3　注浆参数选择

（1）注浆压力：是浆液运移所需动力，使浆液有效扩散，充填密实破碎裂隙，是注浆的重要参数。在破碎带中，注浆压力宜采用初期 1.0 ~ 1.2 倍、中期 1.5 ~ 1.6 倍、后期 2.0 倍静水压力。

（2）注浆流量：注浆过程中，由于浆液的充填作用，裂隙逐渐被充塞，流量则随注浆压力的升高而减小。为增加浆液的注入量和提高注浆效果，流量越小越好，但太小会影响结石体的强度和结石率，所以，在断层带中，以大于或等于 20 L/min，稳定时间大于或等于 15 min 较合适。

（3）浆液浓度：相同条件下，浆液越浓，黏度越大，扩散距离越小，当然，浆液的结石率也随浓度而增加。破碎带应以稀浆为主，起始浓度水灰比一般为 1.5 ~ 2.0。因浆液稀，要想保证一定注入量，不能按延续时间作为调整浓度的依据，而应当改为以注入量多少来调整水灰比。

5.3.4　凝结时间

单液水泥浆初凝、终凝时间长，早期强度低，强度增长慢，在单液水泥浆中添加氯化钠与三乙醇胺的复合添加剂，可提高结石体的早期强度，缩短浆液凝结时间。前段注浆 12 h 后，则进行扫孔，进行下段注浆加固。注浆结束后撤出钻注设备，24 h 后进行掘进施工。

5.4　劳动组织

锚杆注浆施工采用"三八制"作业，每天 3 个作业班，每班 8 h 作业。选派具有项目经理资质的人员任锚杆注浆施工项目经理；在管理系统中选派具有中级职称以上的工程技术人员和经营管理人员负责日常管理工作，其他人员（包括特殊岗位人员）必须持证上岗。劳动力组织配备详见表 5 - 1。

表 5 - 1　劳动组织配备表　　　　　　　　　　　人

工种名称		圆班人数		备注
		每小班施工人员	合计	
管服人员	值班经理	1	3	
	跟班队长	1	3	
	技术员	1	3	
	材料员		1	
锚注作业人员	打眼工	2	6	
	注浆工	2	6	有一人兼班长
	司泵工	1	3	
	制浆工	4	12	
	笼头工	1	3	放浆、处理笼头、记池数
	记录员	1	3	记录打钻、注浆原始数据
	电钳工	1	3	
合　　计		15	46	

6 材料与设备

超前探钻及断层注浆加固所用的施工材料及设备见表6-1。

表6-1 材料与设备明细表

名 称	型 号	数 量
钻机	SGZ-ⅢA	1台
注浆泵	2ZBQ18.5/4	1台
拌浆桶		1个
钻杆	ϕ50 mm×5.5 mm×1600 mm	200根
接头	ϕ50 mm	30个
异径接头	ϕ50 mm/ϕ65 mm	2个
滑车	3 t	1只
压力表	10 MPa 抗震	5块
高压球阀	Dg50/Pg64	5个
高压胶管	ϕ25 mm×20 m	10根
水泥	42.5R 普通硅酸盐水泥	
混合器		

7 质量控制

7.1 质量标准

（1）《煤矿安全规程》。

（2）《煤矿建设安全规范》。

（3）《煤矿防治水规定》。

（4）《煤矿井巷工程施工规范》（GB 50511—2010）。

（5）《煤矿井巷工程质量验收规范》（GB 50213—2010）。

7.2 质量控制措施

（1）在钻场底板打设4棵 ϕ18 mm×2400 mm 金属锚杆，用2根钢梁将钻机前后分别固定牢固。

（2）钻机开钻前，必须由机长亲自检查立轴的方位、倾角是否与设计相符。

（3）钻孔的位置、方位、倾角应由测量工程技术人员根据钻探设计实地测量后标定。

（4）钻进过程中，要随时注意观察孔内情况，发现异常现象，要马上停钻，并及时汇报。

（5）注浆前，应对注浆泵、输送管路系统进行检查，达到规定后方可注浆。

8 安全措施

（1）严格执行《煤矿安全规程》《煤矿建设安全规范》及企业相关规定。

（2）项目部在施工队伍进场前应对全体人员进行劳动纪律、规章制度教育，并进行安全技术交底及安全教育。

（3）实行项目安全责任制，并制定安全责任分级负责制，使安全责任落实到人。项目部制定安全检查制度，配备专（兼）职安全员负责安全检查并做好安全统计工作。

（4）施工人员必须熟悉现场环境和上、下井主要路线及避灾路线。

（5）加强钻场附近巷道支护、清理，挖好排水沟，保证流水畅通。

（6）在打钻地点安设专用电话，并确保电话畅通。

（7）施工现场应有安全可靠的照明，所有用电设备应严格按照井下规定选用，并安装过流、漏电保护装置，严禁失爆。

（8）钻机安装时班队长带头遵章作业，确保所有施工人员的安全，钻机操作时，必须按照施工设计和安全措施执行。

（9）钻机的传动部分应设安全防护罩。操作人员应穿戴整齐，扎紧袖口，防止被传动部位绞住。

（10）操作钻具时，操作人员不准站在与孔内钻具呈一直线的位置上。

（11）在进行钻进工作时，要掌握好钻进压力、水量，检查好所有使用的钻具，防止发生钻孔事故，确保钻孔质量。

（12）注浆时司泵工必须按操作规程认真操作，并随时注意压力、流量、油温、声响的变化，发现异常及时处理，确保注浆安全。

9 环 保 措 施

（1）钻探注浆期间必须保证工作面供电、通信、通风、排水系统布置到位。

（2）钻探注浆结束后，应及时清理施工现场，做到工完料清，文明施工。

（3）制作浆液时，应注意防止水泥粉尘污染环境。

（4）应加强施工人员个体防护。

（5）井下剩余注浆材料应按规定处理，不得随意倾倒。

10 效 益 分 析

10.1 经济效益

巷道过断层采用钻杆注浆超前支护，不仅减少了掘进工程量，加快了施工速度，而且大大减少了巷道支护成本。在许厂煤矿 330 皮带巷过断层破碎带时，采用架棚方式加固断层破碎带及附近围岩，施工将近一个月；而 330 轨道巷过断层破碎带时，采用钻杆注浆支护方式加固断层破碎带及附近围岩，打钻注浆 10 d，结束后仅 4 d 便安全掘进通过该断层破碎带。节约人工费、电费、材料费 37 万元；设备维修费 9 万元。

10.2 社会效益

采用钻杆支护改善了顶板的力学状态，保证了安全生产。钻杆支护利用它的刚性棚架结构原理，能有效地提高巷道围岩的自身承载能力，有效地防止顶板事故的发生。

11 应 用 实 例

采用钻杆注浆超前加固支护过断层破碎带的施工工艺，该工艺将钻孔、注浆及加固支护等功能一体化，在巷道超前支护工程中均能很好地改善围岩，增强围岩的整体性和稳定性，达到理想的支护效果。

11.1 实例一

淄博矿业集团许厂煤矿 330 采区轨道大巷工程。该工程 2008 年轨道巷施工至 340 号导线点前 116.5 m 时停止掘进，根据《煤矿安全规程》规定，布置超前钻孔对该断层探查，施工三个超前钻孔，其中一孔全孔取芯，查明沿钻孔钻进方向破碎带宽约 13 m，充填物为泥砂岩混合物。在 341 号导线点前 36 m 迎头布置一处钻房，将巷道迎头与钻探无关杂物清理干净，形成临时水沟。巷道顶部布置 13 个钻孔（1~13 号），1~13 号钻孔开孔位置在巷道底板以上 3.3 m，方位角均为 31°，倾角为 +1.5°，各孔之间的间距为 300 mm，两帮 1 号、13 号孔距巷道帮部 0.2 m。采取分段钻进分段注浆的方式，段长 6 m，穿过断层破碎带进入稳定岩石 3.5 m。注浆加固断层破碎带，并将钻头及钻杆留在岩层中作为支护，由于采用了"钻杆注浆超前加固支护过断层破碎带施工"工法，最终 14 d 完成生产任务，工程质量全优。钻孔深度、角度参数见表 11-1，钻孔布置如图 11-1 所示。

表 11-1 钻孔深度及倾角

序　　号	钻孔深度/m	倾角/(°)
1 号、2 号、3 号、4 号、5 号、6 号、9 号、11 号、13 号	16.7	+1.5
7 号、8 号、10 号、12 号	16.4	+1.5

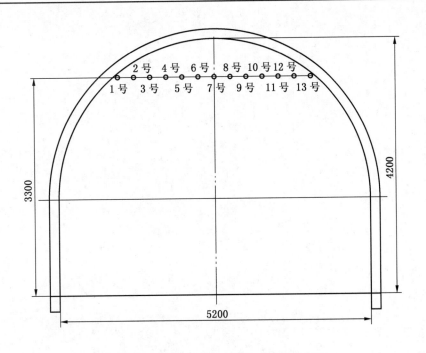

图 11-1 330 采区轨道大巷钻孔布置示意图

11.2　实例二

吾余煤业有限责任公司 +400 m 水平轨道大巷工程。2010 年在 +400 m 水平轨道大巷施工中，采用了"钻杆注浆超前加固支护过断层破碎带施工"工法，最终提前 22 d 完成生产任务，工程质量全优。

11.3　实例三

内蒙古双欣矿业有限公司 2 - 2 煤输送机大巷工程。2011 年在 2 - 2 煤输送机大巷施工中，采用了"钻杆注浆超前加固支护过断层破碎带施工"工法，最终提前 19 d 完成生产任务，工程质量全优。

含水软岩地层中的立井冻结施工工法（BJGF051—2012）

唐山开滦建设（集团）有限责任公司

田国栋　李元春　张庆武　张玉梅　王晓辉

1　前　　言

我国自 1955 年开滦矿区首先应用冻结法凿井以来，冻结法施工已不是单纯解决第四系表土层的含水问题，对强度不高的含水基岩也可采用冻结法施工，以提高其强度。

软岩地层岩石天然状态下抗压强度较低，大部分岩石抗压强度小于 10 MPa，且地层岩石遇水后易出现崩解、砂化和泥化现象。察哈素煤矿位于内蒙古鄂尔多斯地区，主要地层为白垩系地层及侏罗系地层，井筒检查孔志丹群地层岩性以砾岩、含砾粗砂岩、粗粒砂岩为主，其次为砂质泥岩、泥岩等。副立井、风立井井筒均采用冻结法施工，在进行方案设计、冻结温度场计算，开挖时机的控制，冻结过程控制等方面都采用独特的工艺和方法。含水软岩地层中的立井冻结法施工工法成功地解决了软岩冻结时采用钻爆法掘进断管，开挖时机难确定，掘进过程中地下水渗入等难题，为软岩地层中的井筒施工提供了新的方法。

该工法的关键技术于 2012 年 12 月通过中国煤炭建设协会组织的鉴定，达到国内先进水平；国电建投内蒙古能源有限公司察哈素煤矿副立井、风立井井筒冻结工程，荣获煤炭行业工程质量"太阳杯"奖。

2　工　法　特　点

（1）可有效隔绝地下水，其抗渗透性能是其他任何方法不能相比的，绝大多数含水软岩地层均可采用冻结法施工。

（2）冻结帷幕的形状和强度可视施工现场条件、地质条件灵活布置和调整。

（3）冻结法施工形成的冻结壁改变软岩地层的性质，特别是可以避免软岩遇到水之后发生崩解、软化等现象。

3　适　用　范　围

适用于含水软岩地层中立井井筒冻结工程。

4 工 艺 原 理

针对软岩地层特点，即含水层组以孔隙、裂隙含水层为主，各含水层组的富水性均较弱，在冻结凿井过程中，要注意软岩的冻胀特性，尤其要考虑岩土体开挖之初冻胀压力的释放和冻结壁的变形对支护结构和冻结管的作用，防止冻结管断裂。根据软岩试验结果，即软岩三轴剪切强度随冻结温度的降低而增大可知，冻结温度对三轴剪切强度影响较大。

结合以上特点，对含水软岩地层中的立井冻结施工方法进行研究设计。含水软岩地层中的冻结施工的主要目的是堵水，其次是增强软弱层位的整体强度，开挖施工后冻结壁只提供部分的支撑作用，其设计的冻结壁厚度远小于松散层中的计算厚度，所以多采用单圈孔冻结方案，且冻结孔距荒径达到安全距离。以察哈素矿风井冻结工程为例，冻结孔布置如图4-1所示。

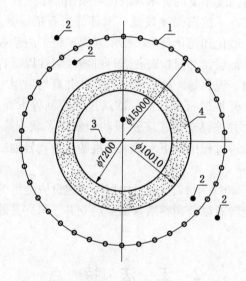

1—冻结孔；2—测温孔；3—水文孔；4—井壁

图4-1 察哈素矿风井冻结孔布置图

该井筒净直径 7.2 m，冻结深度 395 m，井筒全深 452 m，根据软岩抗压强度较低，遇水后易出现崩解、砂化和泥化的特征。对冻结方案进行设计优化，主要技术参数见表4-1。

表4-1 察哈素矿风井井筒冻结主要技术参数

序 号	项 目	单 位	风立井
1	井筒净直径	m	φ7.2
2	最大掘进荒径	m	10
3	冻结壁厚度	m	3.5
4	冻结深度	m	395

表 4 - 1（续）

序 号	项 目	单 位	风立井
5	冻结壁平均温度	℃	-8
6	冻结孔圈径	m	$\phi15$
7	冻结孔数	个	38
8	冻结孔深	m	395
9	冻结孔间距	m	1.239
10	最大孔间距	m	≤2.0
11	测温孔	m/个	395/2；282/2
12	水文孔	m/个	188/1；283/1
13	冻结管规格	mm	$\phi159 \times 7$
14	测温管水文管规格	mm	$\phi108 \times 4.5$
15	钻孔工程量	m	16515
16	井筒需冷量	$10^4 kcal/h$	186
17	冻结站装机制冷量	$10^4 kcal/h$	750

5 工艺流程及操作要点

5.1 工艺流程

1）冻结施工工艺流程

冻结施工的工艺流程如图 5 - 1 所示。

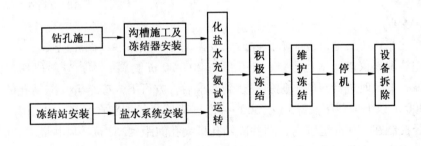

图 5 - 1 冻结施工工艺流程图

2）钻孔施工的工艺流程

钻孔施工的工艺流程如图 5 - 2 所示。

5.2 操作要点

5.2.1 冻结孔施工

1）钻孔施工

由于软岩地层的强度较高，钻进过程中一般应采用大泵量、中压中转速钻进。钻压要

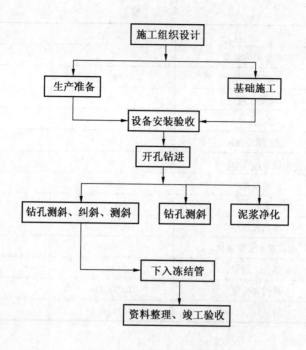

图 5-2　钻孔施工工艺流程图

均匀、稳定，三班操作要统一。

考虑到软岩地层的特点，其泥浆性能参数为：

漏斗黏度	20~25 s
相对密度	1.07~1.15
失水量	10~25 mL/min
含砂量	<3%

泥浆净化采用沉淀池沉淀、旋流除砂泵及振动筛机械除砂，循环泥浆。

使用陀螺测斜仪进行钻孔测斜，开孔后每 20~30 m 测斜一次，导斜段加密测点。发现孔斜超偏，要及时进行纠斜，偏斜率达到要求后，方可下入冻结管。冻结孔的偏斜率控制范围，300 m 以上偏斜率≤2.5‰，300~400 m 靶域半径控制在 0.8 m 范围内，400 m 以下靶域半径控制在 0.9 m 范围内，副井冻结孔最大孔间距≤2.2 m（风井最大孔间距≤2.0 m），400 m 以下最大孔间距≤3.5 m，钻孔向内偏斜≤0.2 m。

2）冻结管安装

冻结管采用内接箍焊接连接，管端打坡口分层焊接，上、下管距应控制在 4~7 mm 之间。使用之前认真检查冻结管质量，严禁使用弯曲、变形或有质量问题的冻结管。管箍材质必须与冻结管相同，且焊接采用低碳钢焊条，焊缝应饱满，不得有砂眼、咬边、裂缝等焊接缺陷。

测温管、水文管采用外接箍焊接，管箍材质与冻结管相同。

3）钻孔封水

对穿过巷道、马头门、管子道等冻结孔，下管前用缓凝水泥浆进行泥浆置换，置换高度为巷道顶板以上 100 m。

5.2.2　冻结站安装

依设备布置图和安装图完成冷冻站机房设备安装和临时配电室安装，安装过程要严格按作业指导书的要求进行，并符合有关标准要求。

5.2.3　沟槽砌筑安装

砌筑沟槽要求底帮不得漏水，安装后的干管及配液圈符合坡度要求，并加装防护装置和排污口。

5.2.4　压力试验

冻结站制冷系统低压部分以 1.2 MPa 试压，高压部分以 1.6 ~ 1.8 MPa 试压，24 h 压力不降为合格；盐水干管及配液圈以 1 MPa 试压，1 h 不降为合格。

5.2.5　保温包装

盐水箱以 50 mm 厚聚苯乙烯板双层保温，盐水干管、配集液圈以 50 mm 厚 PEF 保温板进行保温。

5.2.6　化盐水及充注制冷剂

盐水密度控制在 1.26 ~ 1.27 g/cm^3 之间。制冷系统打压试漏结束时充氨，充氨要严格按作业指导书进行，充注量要严格计量，认真保证充氨过程的安全。充氨时氨液面以达到贮氨器液面的 80% 为准。

5.2.7　积极冻结

（1）冻结孔全部投入运行，保证盐水流量控制到单孔 12 ~ 18 m^3/h。

（2）冷冻设备全部投入运行，确保盐水温度尽快达到设计温度。

5.2.8　维护冻结

（1）开挖后，保持盐水温度达到设计值，根据盐水温度和掘砌速度综合调整开机台数，保证送冷量和需冷量的平衡。

（2）根据温度监测情况，调整冻结器运行方式，防止井筒非正常出水，保证掘砌的安全进行。

5.2.9　消极冻结期

外壁掘砌施工结束后，保持盐水温度在 −25 ~ −28 ℃，直至砌完壁座，套壁结束为止。

5.2.10　冻结站拆除

井筒套内壁结束后，放除制冷系统的氨及盐水系统中的氯化钙盐水，进行冻结站拆除。冷冻站拆除结束，拔出冻结孔中塑料管，对冻结孔进行充填处理。

5.2.11　冻结方案设计

（1）根据地质及水文地质资料，全面掌握井筒所穿过地层特性、地下水流速与流向、冻结段终止位置等地层特点，同时结合井筒井壁结构图及相关标准、规范进行冻结方案设计。

（2）按基岩自身强度和基岩段钻爆法施工的特点有针对性地加大冻结孔与荒径的实际距离（>2.5 m），既保证了冻结管的安全，又减少了冻结软岩进入荒径的距离，减少了掘进施工的难度。

（3）冻结工程的直接产品是形成一个完整的、具有足够强度的冻结壁，以保证井筒掘砌施工的安全高效进行，基岩段冻结的重点是封水和增强井筒四周岩层强度，对冻结壁的保护工作主要是在掘砌过程中保证交圈后的冻结壁不被破坏。

5.2.12 冻结壁保护措施

在冻结法施工中，冻结壁的安全是影响施工安全的主要因素，破坏冻结壁原因一般为：冻结壁的融化；钻爆施工对冻结管及冻结壁的破坏；穿过巷道冻结管串水。

针对以上原因制定如下措施：

（1）适时进行冷量供应，保证冻结冷量能够抵御井筒水化热、通风换热、冻结壁扩展等对冷量的需求。使在掘砌中不发生冻结壁强度降低、厚度减薄，杜绝冻结壁融化、透水。

（2）合理安排冻结孔圈径及冻结孔距荒径的实际距离，避免在基岩冻结段难挖砌的情况下，凿井单位采用钻爆法掘进，对冻结壁造成破坏，致使冻结管易断裂。

（3）根据测温孔温度、井帮温度等情况，进行冻结壁预测分析，及时调整冷量供给。切实做好外层井壁的质量管理工作，对井壁强度、厚度、钢筋、混凝土质量等严加管理。严格控制冻结壁的裸露时间，必要时要缩小段高。

（4）提前对穿过巷道的冻结孔进行泥浆置换，冻结结束后及时进行充填处理，防止通过冻结孔串水淹井。

5.3 劳动组织

根据工程施工方案，施工技术装备、工效等情况，确定各工种需求人数，见表5-1。

表 5-1 劳 动 组 织 表   人

序 号	名 称	人 数	备 注
1	项目经理	1	负责项目的总体管理
2	技术员	4	负责项目技术管理工作
3	机长	6	单台钻机管理
4	钻工	36	负责造孔操作
5	测量工	6	负责造孔施工测斜
6	班长	3	负责本班生产安全管理
7	运转工	24	负责冻结设备运转操作
8	电工	6	负责电气设备运转维护保养
9	测温工	3	负责测量测温孔、井帮温度等
	合 计	89	

6 材 料 与 设 备

主要施工材料和施工设备见表6-1。

表6-1　主要施工材料、设备表

用　途	设 备 名 称	规 格 型 号	单 位	数 量
造孔设备	钻机	TSJ－2000	台	4
	泥浆泵	TBW－850	台	4
	陀螺测斜仪	JDT－5A	台	2
冻结设备	螺杆式压缩机	LG－20 LG－25	台	10
	中间冷却器	ZL－10	台	4
	贮氨器	ZA－8	台	2
	热虹吸罐	HZA－2.0	台	1
	蒸发式冷凝器	EXV－290	台	8
	蒸发器	LZL－320	台	5
	氨液分离器	AF－1000	台	5
	盐水泵	12SH－9	台	2
主要材料	无缝钢管	$\phi159\times7/\phi140\times7$	m	16515
	塑料管	$\phi75\times6$	m	14820
	氨	99.9%	t	20
	氯化钙	70%	t	140
	冷冻油	46号	t	10

7 质 量 控 制

（1）因基岩段冻结以钻爆法为主，要考虑因爆破产生的地震波对冻结管的影响，冻结管距荒径距离应大于2.5 m。

（2）开挖时机必须要选在所有水文孔冒水7 d以后，严禁不上水就开挖。

（3）掘进过程中的开机台数要视掘进速度快慢适当调整，由于冻结孔多为单圈孔布置，且冻结软岩融化速度快，减机速率较表土层要慢。

（4）根据测温孔温度、井帮温度等情况，进行冻结壁预测分析，及时调整冷量供给。

（5）切实做好外层井壁的质量管理工作，对井壁强度、厚度、钢筋、混凝土质量等严加管理。

（6）落实质量检验制度，对关键材料如液氨、冷冻油、盐水（$CaCl_2$）等定期抽检，运行严格三检制（自检、专检、交接检）。

（7）为保证井筒冻结施工质量，在井筒冻结工程中将信息化管理融入施工全过程，利用计算机技术实现对冻结器运行、冻结壁形成、冻结站运行的动态管理。

8 安 全 措 施

（1）加强干管、沟槽内的保护、巡视，及时发现问题及时处理。对盐水系统加强巡视并增设报警系统，发现盐水漏失及时报警。

（2）对内偏值较大的钻孔重点加以观察，并挂警示牌，对盐水去、回路温度加以对比分析。

（3）加强与凿井单位的沟通，对掘进过程中出现的井帮温度异常、片帮等情况仔细分析，采取相应措施。

（4）施工现场作业人员严格执行作业指导书内容及文明生产纪律，执行安全奖惩制度。冷冻站安装要严保质量，打压试漏等关键工序和特殊过程要严格把关，杜绝基础性缺陷存在。

（5）制定专门的冬、雨季安全保证措施。

（6）制定施工用电安全技术措施，站内站外安装防雷保护装置。

9 环 保 措 施

施工涉及的重大环保因素主要包括：废氨排放、废油排放、盐水排放和噪声污染。

（1）防止废氨污染措施：运转过程中，站内设置两处氨浓度检查点，按时记录监测数据，严格控制站内氨浓度，系统压力升高"放空"时，放空管路接至专用水池，严禁直排大气，在运转结束后，用氨车将系统内余氨回收，做好氨回收计量记录。

（2）防止废油污染措施：运转期间，站内杜绝跑冒滴漏现象，及时维护运行设备，系统加油遵循少加、勤加原则，避免过量冷冻油在系统中积存，在运转结束后，对系统油及时回收，回收干净后，再拆除冻结站。

（3）防止盐水污染措施：冻结运行结束后对盐水箱、盐水干管、集配液圈及冻结孔内盐水进行回收贮存，以备下个工地使用。

（4）防止噪声污染措施：冻结站采用封闭车间，减少噪声传播，运转工定期维护设备，杜绝设备带病作业，职工在冻结站内操作工作时佩戴隔音耳塞。

10 效 益 分 析

以察哈素矿副、风立井冻结工程为例，应用此施工工法取得的经济效益分析如下。

（1）通过优化施工方案进行设计优化：两井筒需冷量减少 200×10^4 kcal/h，减少设备投资 1098000 元。

（2）施工中冷量合理调节控制，合理掌握井筒开挖时间，积极冻结期工期提前节约运行费用：按合同约定单井日运行费用为 75800 元计算，副、风立井节约工期分别为 23 d、19 d。节约费用为 $75800 \times (19 + 23) = 3183600$ 元。

（3）积极冻结期工期提前节约机械费用：单台冷冻机月租赁费 1400 元，20 台冷冻机，工期提前可节约费用为 $1400 \div 30 \times 20 \times (19 + 23)/2 = 19600$ 元。

共实现经济效益：4301200 元。

由于开挖时间确定较为合理，为整个矿井建设时间缩短起到了积极的作用，使矿井按时投产有了保证，并且为企业赢得了声誉。

11 应用实例

11.1 实例一

察哈素矿风立井井筒冻结工程，工程位于内蒙古鄂尔多斯市，勘察资料表明地质为典型的白垩系地层；工程冻结深度为 395 m，采用全深冻结方法；于 2009 年 5 月开始造孔，2010 年 7 月井筒施工到底。

11.2 实例二

察哈素矿副立井井筒冻结工程，工程位于内蒙古鄂尔多斯市，勘察资料表明地质为典型的白垩系地层；工程冻结深度为 463 m，井筒全深 485.1 m；于 2009 年 5 月开始造孔，2010 年 7 月井筒施工到底。

井筒含水不稳定岩层中采用柔模混凝土临时支护施工工法（BJGF052—2012）

中煤第五建设有限公司

范聚朝　郑双成　陈　运　王雨寒　包国兰

1　前　　言

近年来，煤矿中采用立井开拓方式的井筒越来越多，但立井施工井筒涌水、不稳定岩层段频繁出现，常导致立井施工速度缓慢，施工难度加大。采用临时锚网喷和二次永久混凝土联合支护用于不稳定岩层段井筒施工已不能满足要求。

神华宁煤集团梅花井煤矿回风立井位于宁夏灵武市境内。中煤五建四十九处承建的回风立井井筒累深783.5 m，净径6 m，普通法施工，现浇素混凝土单层井壁，壁厚400 mm，混凝土强度为C30。该井筒的水文地质条件较为复杂，围岩以粉砂岩、砂岩为主，岩石孔隙发育中等，抗外力和抗变形能力一般，遇水易崩解，回风立井预计将穿过14个含水层，岩性以粉砂岩和砂岩为主，除位于井深596.9~604.70 m和609.50~625.0 m的两个含水层（分别为第10、11含水层，即2-1煤顶板含水段；预计涌水量分别为5~30 m³/h、20~50 m³/h）涌水较大外，其他含水层的涌水量均不超过10 m³/h。井筒掘至600 m位置涌水量增大，岩石遇水泥化、不稳定，片帮严重，一次片帮量最多达78 m³，本井筒含水层岩石累计厚度达33.3 m（累深602.4~635.7 m）。目前尚无此不稳定岩层段井筒施工经验，施工技术难度大。最初采用锚网喷做临时支护施工该含水层，岩石松软、岩石片帮量大，同时井壁淋水较大，喷浆回弹率大、上墙率极低。为确保在安全的前提下快速完成井筒掘砌工作，专家组对此问题进行了全面的论述和研究。为确保既能快速施工又能保证井筒的浇筑质量，决定采用柔模辅助施工方案。

通过在神华宁煤集团梅花井煤矿回风立井中的使用，充分体现了其优越性，对今后立井井筒含水不稳定岩层段快速、安全、优质施工具有重大的指导意义和广泛的推广应用价值。该工法关键技术于2012年7月通过中国煤炭建设协会组织的技术鉴定，成果达到国内先进水平。

2　工　法　特　点

采用分区对称刷帮、施工柔模混凝土工艺，在井筒含水不稳定岩层中采用锚网与柔性模板浇筑混凝土联合支护作为临时支护，该项技术简单可行，及时进行临时支护，有效地控制了片帮，确保了施工安全，保证了工程质量。

3 适 用 范 围

本工法适用于含水不稳定岩层立井矿井建设工程。

4 工 艺 原 理

西部侏罗系中统直罗组以砂岩、泥岩为主,岩石遇水崩解、泥化,该段井壁涌水量大,岩石片帮严重。最初采用锚网喷做临时支护,但此段岩石松软、岩石片帮量大,同时井壁淋水较大,喷浆回弹率大、上墙率极低,给职工造成很大的劳动强度和安全隐患,且材料也有很大浪费。

柔模布采用土工织物加工而成,轻便、耐冲压。本工法原理如下。

(1) 局部开挖浇注减少围岩影响:因围岩强度低,为使开挖尽可能减少对围岩平衡造成的破坏,围岩尽可能只承受自身应力,现场实践验算,确定采用局部分段开挖浇筑,每开挖宽 2 m、高 1.2 m 及时进行柔模局部浇筑,使柔模紧贴围岩抑制围岩侧应力加大,使围岩形成相对稳定状态,维持围岩平衡。

(2) 柔模固定及各层整体连接:为防止岩壁土体滑移影响柔模浇筑混凝土厚度,局部开挖后铺设防水布打锚杆挂网(沿井帮钉上防水布,然后打锚杆挂网)做临时支护。第一模采用水平锚杆悬挂柔模,浇筑混凝土前在柔模竖向内植入钢管(ϕ25 mm),钢管下端外露 100 mm。第二模以下柔模采用钢管上的短丝杠悬挂固定,下模钢管通过连接头与上模预留钢管连接,先将柔模穿过钢管,然后将短丝杠固定在管接头处,再将柔模挂在丝杠上;最后柔模外侧挂设钢筋网,通过托盘螺母固定。

(3) 井壁与围岩摩擦力控制:根据围岩情况合理布置柔模数量,有效控制井壁岩石片帮量,减少了混凝土充填,确保井壁科学合理厚度,及时观测调整、控制井壁与围岩摩擦力保障了井筒整体稳定性。

5 工艺流程及操作要点

5.1 工艺流程

井筒含水不稳定岩层中采用柔模混凝土临时支护施工工法的工艺流程:局部开挖→施工防水布→打锚杆挂网→连接纵向钢管→挂模→铺设内层钢筋网→灌注混凝土→形成整体(一圈)混凝土。

5.2 操作要点

柔模施工操作要点如下:

(1) 防水布锚网施工。

先将井筒局部挖出长 2 m,段高 1.2 m 的荒壁,然后沿荒井帮整体铺设防水布(将防水布用水泥钉钉在井帮上),最后打锚杆挂网,钢筋网紧贴防水布铺设,锚杆间排距 2000 mm × 1000 mm(锚深 1000 mm),钢筋网规格为 2200 mm × 1200 mm,搭接为 100 mm,用铁丝绑扎,防水布、钢筋网作为临时支护可防止岩壁土体滑移从而影响柔模混凝土浇筑厚度。

（2）第一模柔模施工。

采用锚杆悬挂柔模。第一模柔模的井壁锚杆施工时锚杆外露长度为300 mm。首先将柔模挂设在锚杆上（第一块柔模布上四个角预留有锚杆通过孔），然后在柔模竖向内植入钢管（φ25 mm），钢管下端外露100 mm埋入底部岩石中，柔模挂设好后，在柔模内侧铺设钢筋网挂在锚杆上，钢筋网通过托盘螺母固定（钢筋网搭接为100 mm，用铁丝绑扎）；每个柔模布上横向布置4个连接孔、纵向布置2个连接孔，上下、左右相邻的两个模通过连接孔用连接筋连接。

（3）第二模及以下柔模施工。

将钢管通过接头与上模外露的钢管连接（每模柔模最下端保证钢管外露100 mm，直接插在岩石中），将柔模穿过钢管，将丝杠固定在钢管接头上，柔模通过丝杠悬挂，柔模挂设好后，在柔模内侧铺设钢筋网挂在丝杠上，钢筋网通过托盘螺母固定（钢筋网搭接为100 mm，用铁丝绑扎）；柔模布上横向布置4个连接孔、纵向布置两个连接孔，上下、左右相邻的两模用连接筋连接。

（4）柔模浇筑。

局部灌注混凝土，通过溜灰管将地面拌好的湿料溜入柔模内（柔模布外侧边缘处设上下两浇筑口，浇筑顺序自下至上），依次对柔模进行支护，最后在井壁周边形成一圈混凝土。一圈混凝土形成后，按同样步骤进行下两段柔模的浇筑，三段柔模混凝土浇筑成3.6 m后，移动钢模板，进行二次永久浇筑。如图5-1、图5-2、图5-3和图5-4所示。

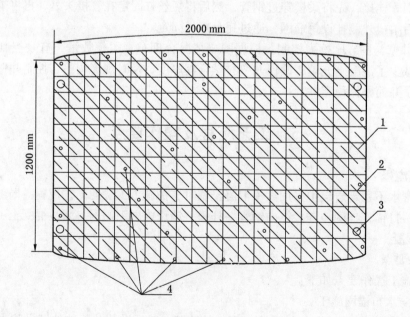

1—彩条布；2—钢筋网；3—锚杆；4—水泥钉

图5-1　防水布、锚杆网施工示意图

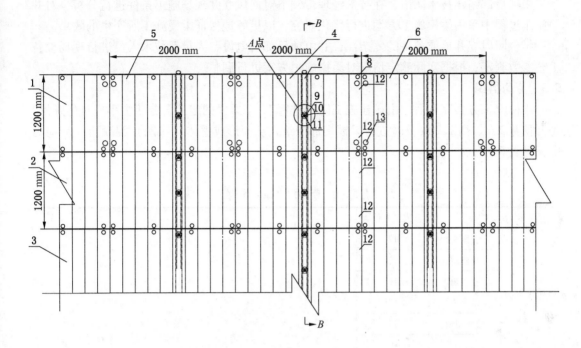

1—第一模柔模；2—第二模柔模；3—第三模柔模；4—第一块柔模；5—第二块柔模；6—第三块柔模；7—钢管；
8—柔模连接孔；9—钢筋连接头；10—M20丝杠；11—丝杠穿过口；12—浇注口；13—锚杆通过口

图 5-2　柔模施工平面展开图

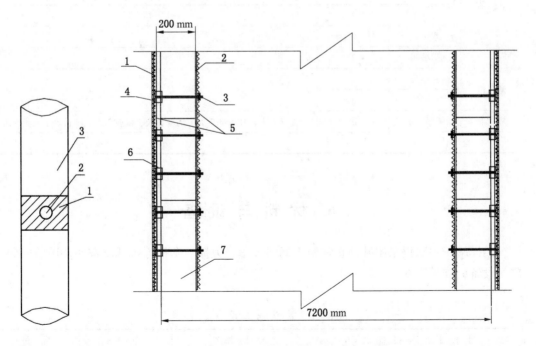

1—钢管接头；2—M20
　锚杆；3—钢管

图 5-3　A点放大图

1—加筋布（即彩条布和锚杆锚网）；2—铺设钢筋网；3—丝杠；4—接头；
5—柔模布；6—钢管；7—混凝土

图 5-4　B—B剖面图

由项目部组建技术队伍，在技术经理带领下对回风立井现场施工条件进行分析，对井筒施工过程中采用柔模施工方案进行优化研究，以更好地保证柔模施工所产生的效果。

结合回风立井地质条件的复杂性，并由项目部机电设备人员及技术人员进行现场设备工艺参数测定；根据实际测定情况对柔模施工方案进行调整。

5.3 劳动组织

柔模施工方案完善后，由矿建施工队伍进行11个柔模的施工，分四个小班对称开挖，每开挖宽2 m、高1.2 m及时进行柔模局部浇筑，从而形成整体（一圈）混凝土。劳动力配备见表5-1。

表5-1 劳动力配备表

岗 位 工 种		施工人数	备　　注
矿建队	打眼班	12	
	出渣班	12	
	打灰班	12	
	清底班	12	
	绞车司机	12	
	队干	4	
机电队	机电工	13	大抓包机组3人、压风包机组2人、稳绞维护1人、泵包机组2人、机大班2人、电工班3人
	压风工	3	
	变电工	3	
	水泵工	4	
	爆破工	2	
通风组	瓦检员	3	
	通风工	3	
项目部	管服人员	14	食堂2人、技术部3人、财务2人、供应2人、项目班子成员5人
合　计		109	

6 材料与设备

柔模施工中除仍采用井筒正常施工期间绞车、大抓、伞钻等机械设备外，还增加如下施工设备，详见表6-1。

表6-1 柔模施工设备配备表

序　号	设 备 名 称	型号或规格	单　位	数　量
1	风钻	YT28	台	6
2	风镐	G10	台	6

表 6-1（续）

序 号	设 备 名 称	型号或规格	单 位	数 量
3	帮部锚杆机	MQC-120L	台	4
4	风动注锚器	AQS-90	台	2
5	扭矩扳手	NAK	把	4

7 质 量 控 制

7.1 执行标准

严格执行《煤矿井巷工程质量验收规范》（GB 50213—2010）、《煤矿井巷工程质量检验评定标准》（MT 5009—1994）。

7.2 质量保证措施

（1）柔模紧贴围岩不得有空隙。

（2）局部开挖后防水布铺平固定在围岩上。

（3）按施工规范要求打锚杆挂网。

（4）柔模袋上下、左右间通过柔模袋预留孔用连接钢筋绑扎紧固。

（5）配制混凝土所用的骨料、水泥、水、外加剂的质量必须符合设计要求，混凝土强度必须符合设计要求。

8 安 全 措 施

（1）认真贯彻"安全第一、预防为主、综合治理"的方针，根据国家有关规定、条例，结合施工情况和工程的具体特点，组成专职安全员和班组兼职安全员及施工负责人的安全生产管理网络，执行安全生产岗位责任制，明确各级人员的职责，抓好工程的安全生产。

（2）所有操作人员必须经过培训，考试合格并持证上岗。

（3）配齐配足状况良好的机械设备，在施工过程中加强维修保养，成立设备包机组，落实"清洁、润滑、调整、防腐"机械现场保养作业法，利用机械运转间隙时间进行检修，保证设备正常运转。

（4）井口设调度指挥中心，协调平衡生产，确保安全生产。

（5）实行技能、效益、质量、安全、收益相结合的管理理念，制定严格的奖罚制度。

9 环 保 措 施

（1）成立对应的施工环境卫生管理机构，在工程施工过程中严格遵守国家和地方政府发布的有关环境保护的法律、法规和规章，加强施工现场管理，并随时接受相关单位的监督检查。

（2）施工现场、设备做到标牌清楚、齐全，各种标识醒目，施工场地整洁文明。

10 效 益 分 析

该工法在小纪汗进风井井筒工程中得到成功应用。井筒于 2010 年 10 月 13 日开工至 2011 年 2 月 27 日竣工，施工工期比合同工期提前了 42 d，且实现了工程质量全优、安全无事故。参与工程施工人员 160 人，按照人工 180 元/天计算，节约人工成本费用约 120.7 万元；设备及周转材料租赁费、维修费、电费、消耗材料等 3.2 万元/天，辅助节约资金 134.4 万元。仅以上两项累计节约辅助建井费用 255.1 万元。

该工法在梅花井回风立井井筒工程中得到成功应用，预计工期比合同工期要提前 76 d，生产过程中实现了工程质量全优，安全无事故。参与工程施工人员 165 人，按照人工 180 元/天计算，节约人工成本费用约 225.7 万元；设备及周转材料租赁费、维修费、电费、消耗材料等 3.2 万元/天，辅助节约资金 243.2 万元。累计节约辅助建井费用 619.4 万元。

该工法在梅花井副立井井筒工程中得到成功应用，预计工期比合同工期要提前 68 d，生产过程中实现了工程质量全优，安全无事故。参与工程施工人员 165 人，按照人工 180 元/天计算，节约人工成本费用约 202 万元；设备及周转材料租赁费、维修费、电费、消耗材料等 3.2 万元/天，辅助节约资金 217.6 万元。以上两项累计节约辅助建井费用 419.6 万元。

仅以上三个井筒工程就为施工企业累计节约资金 1294.1 万元；早投产对建设单位产生的效益是巨大的。

对施工企业来说，提高了施工速度，降低了生产成本，减少了设备的租赁费用和人工费用，确保了安全生产；同时在社会上的影响增大，提高了企业在工程项目投标中的竞争力量。

对社会来说，促进社会生产力的提高，减少了材料、能源、人力、物力的浪费和对环境的影响，符合国家节能降耗的方针要求。

11 工 程 实 例

11.1 实例一

梅花井煤矿回风立井位于宁夏灵武市宁东镇境内。回风井井筒井口绝对标高为 +1354.40 m，掘砌井深 783.5 m，净径 6.0 m，采用普通法施工。井筒采用现浇素混凝土支护，部分为钢筋混凝土支护。根据设计，井筒内有 2 个壁座和 1 个风硐出口。井筒于 2009 年 3 月 1 日开工，2011 年 10 月 13 日竣工。该工法在中煤第四十九工程处承建的梅花井回风立井井筒工程中的成功应用，使预计工期比合同工期提前 76 d，生产过程中实现了工程质量全优，安全无事故。

11.2 实例二

梅花井煤矿副立井位于宁夏灵武市宁东镇境内。副立井井筒井口绝对标高为 +1354.40 m，掘砌井深 795 m，净径 7.5 m，采用普通法施工。井筒采用现浇素混凝土支护，部分为钢筋混凝土支护。根据设计，井筒内有 2 个壁座和 2 个安全出口。井筒于

2009 年 1 月 20 日开工，2012 年 6 月 23 日竣工。该工法在中煤第四十九工程处承建的梅花井副立井井筒工程中的成功应用，使预计工期比合同工期提前 68 d，生产过程中实现了工程质量全优，安全无事故。

11.3 实例三

陕西华电榆横煤电有限公司小纪汗煤矿位于陕西省榆林市。副立井井筒井口绝对标高为 +1216.0 m，掘砌井深 357 m，净径 6.5 m，采用普通法施工。井筒采用现浇素混凝土支护，部分为钢筋混凝土支护。井筒于 2010 年 10 月 13 日开工，2011 年 2 月 27 日竣工。该工法在小纪汗进风井井筒工程中的成功应用，使施工工期比合同工期提前了 42 d，且实现了工程质量全优、安全无事故。

岩巷安全快速通过大型断层、破碎带
施工工法（BJGF053—2012）

河南煤化建设集团有限公司

雒发生　刘金良　李新政　刘其瑄　侯胜龙

1　前　　言

在岩巷施工中，经常会遇到大型断层破碎带，并伴随顶板淋水，给工程施工造成很大难度。在这种地质条件下，施工人员时刻受到塌方、冒顶、片帮等安全威胁。在许多基建矿井建设过程中，由于遇到此类地质条件，冒顶、片帮事故经常发生，不仅造成经济损失，还严重影响了建井工期。因此，探索、实践安全快速通过大型断层、破碎带施工技术具有十分重要的意义。河南煤化建设集团有限公司在河南永煤集团城郊煤矿西翼轨道运输大巷、城郊煤矿西风井出煤联巷、焦煤集团新河煤矿轨道运输大巷工程中，根据围岩破碎的地质特点，采用"割补法"分层、分区施工，局部开挖、及时支护、及时喷浆成型，避免了冒顶、片帮事故发生。实现了安全、优质、快速、高效地通过大断层破碎带，本工法关键技术于2012年5月通过了中国煤炭建设协会组织的技术成果鉴定，达到国内先进水平，具有推广应用价值。

2　工　法　特　点

（1）根据岩巷施工通过大型断层时围岩特别破碎、施工难度大、安全威胁大的特点，选择合理的支护方式和施工方法，在确保安全施工的基础上，合理、经济、高效地通过断层破碎带。

（2）采用"割补法"分层、分区施工，局部开挖、及时支护、及时喷浆成型，可避免冒顶、片帮事故发生。

（3）采用管棚超前支护，可加固前方开挖岩层，同时利用其支撑力保持前方岩体的稳定，能够有效防止巷道冒顶事故的发生。

（4）对于巷道围岩破碎、压力大，巷道底鼓等地质条件的巷道，将巷道设计为圆形断面。采用圆形可伸缩性29U或36U型钢骨架，铺设金属网、喷射混凝土支护，可避免由于各个部位受力不均匀而导致巷道被压坏的风险。

3 适 用 范 围

该工法适用于复杂地质构造条件下，断面 15 ~ 25 m^2 的岩石平巷和断面 15 ~ 25 m^2，坡度小于 16° 的岩石斜巷施工。

4 工 艺 原 理

根据围岩破碎的地质特点，采用"割补"法分层、分区施工，局部开挖、及时架设钢棚支护、及时喷浆封闭围岩。最大限度减少开挖断面围岩暴露面积和暴露时间，同时采用管棚进行超前支护，以减少工作面围岩松动的影响，从而降低巷道围岩压力，避免了施工中冒顶、片帮等安全威胁，确保了施工安全、实现了快速施工。

5 工艺流程及操作要点

5.1 工艺流程

施工采用台阶法分层、分区施工，先施工台阶上半部 10 m，再进行下半部施工。施工工艺流程如图 5-1 所示。

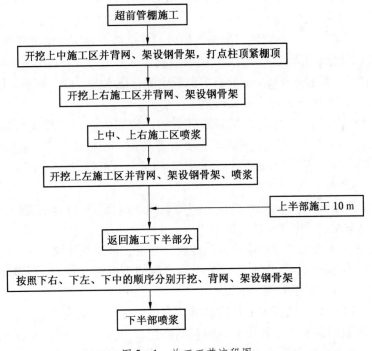

图 5-1 施工工艺流程图

5.2 操作要点

5.2.1 超前管棚

施工前沿巷道拱部周边打设密集管棚进行超前支护。管棚采用 2 in 钢管制成，长度 3 m，一端做成尖状，用风钻推进；超前管棚间距为 300 mm，若岩石较硬，则用风钻打眼（钻头为 $\phi42$ mm），用 1 in 管子插入作为骨架，间距为 200 mm。

5.2.2 开挖上中施工区并背网、架设钢骨架，打点柱顶紧棚顶

（1）将巷道上半部分 2.1 m 垂高范围分成上中、上右、上左三个施工区。首先开挖上中施工区，采取短掘短支的施工方式。使用 G10 型风镐人工开挖，一次开挖一个棚距 500 ~ 600 mm。利用工作面后方巷道内的锚杆作为吊挂点，安装前探梁进行临时支护；架设 3 ~ 5 棚后利用钢棚挂设前探梁进行临时支护。

（2）开挖完毕后进行顶部背网。网片规格 2000 mm × 1000 mm，网格 100 mm × 100 mm；网片搭接长度 100 mm，搭接处每隔 200 mm 用 14 号铁丝双股绑扎。

（3）背网后架设可伸缩性 29U 或 36U 型钢棚。利用前探梁临时支撑拱部钢棚，按照中心线、腰线操平找正后，打垂直点柱顶紧钢棚，防止钢棚倾倒。

5.2.3 开挖上右施工区并背网、架设钢骨架

（1）使用 G10 型风镐人工开挖。开挖时，点柱作为临时支护，顶紧拱部钢棚，巷道拱部支撑点柱在架棚过程中不再拆除。右侧开挖完毕后及时背网，按照中心线、腰线安装棚腿；棚腿用卡缆与顶梁搭接固定，棚腿下边垫规格为 300 mm × 300 mm × 20 mm 铁托盘并使用木楔打紧，同时在棚腿预留孔位置打设固定锚杆，防止钢棚下沉。

（2）钢骨架间距为 500 ~ 600 mm，骨架间用连接板连接，连接板厚度为 20 mm，每棚 12 副连接板，均匀布置。每节搭接长度为 400 mm。

5.2.4 上中、上右施工区喷浆

上中和上右施工区开挖并背网、架棚支护后，对这两个施工区域进行喷浆封闭。采用 PZ - 5 型喷浆机，按照先墙后拱的顺序。喷射混凝土标号 C20，采用 P·O 42.5 普通硅酸盐水泥、中粗黄砂、粒径 5 ~ 15 mm 碎石，混凝土配合比水泥：砂：石子 = 1：2：2。

5.2.5 开挖上左施工区并背网、架设钢骨架、喷浆

使用 G10 型风镐人工开挖，开挖完毕后背网，按照中心线、腰线安装左半侧棚腿，并使用专用卡缆与顶梁搭接固定；棚腿底部铁托盘使用木楔打紧。整个钢棚施工完毕后喷浆封闭，施工顺序及方法与上右施工区相同。上部施工示意如图 5 - 2 所示。

5.2.6 施工下半部分

巷道上半部架棚施工 10 m 后再进行下半部钢棚逐段施工。下半部施工每段安装两架棚，分为下右、下左、下中三个施工区。

5.2.7 按照下右、下左、下中的顺序分别开挖、背网、架设钢骨架

（1）开挖下半部分时，从前向后以工作面方向的钢棚为支撑对上半部钢棚采用前探梁进行临时支护，防止钢棚倾倒、下沉。

（2）首先使用 G10 型风镐人工开挖巷道下右施工区，开挖完毕后，背网并架设可伸缩性 29U 或 36U 型钢骨架，上右和下右的钢棚搭接长度为 400 mm，限位卡缆进行连接。然后按照下左、下中的顺序先后进行开挖、背网、架设钢棚。

5.2.8 下半部喷浆

下半部分架设骨架完毕后进行喷浆成型。在喷射混凝土时，要保证喷浆厚度，严禁有露网片现象出现，喷浆人员要注意喷浆头的角度，使喷浆回弹率降到最低限度；然后以两

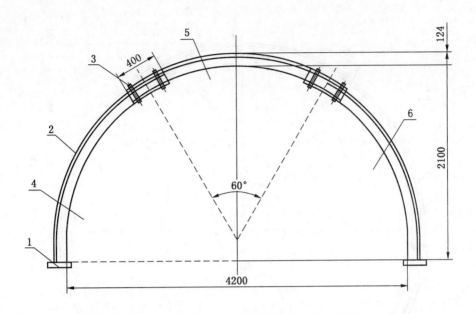

1—托盘；2—钢骨架；3—限位卡缆；4—上左施工区；5—上中施工区；6—上右施工区

图 5-2　上部施工示意图

棚为一段，依次向前施工，直至将整个巷道断面施工完毕。下部施工示意如图 5-3 所示，巷道全断面示意如图 5-4 所示。

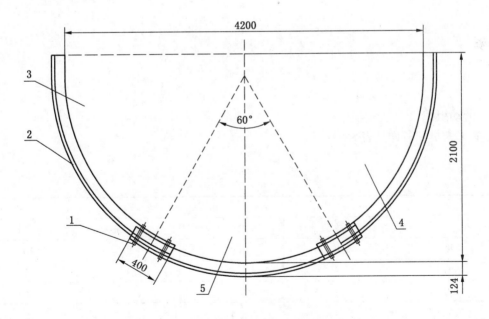

1—限位卡缆；2—钢骨架；3—下左施工区；4—下右施工区；5—下中施工区

图 5-3　下部施工示意图

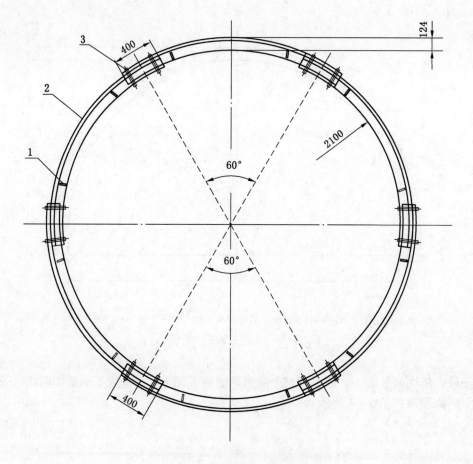

1—连接板；2—钢骨架；3—限位卡缆

图 5-4　巷道全断面示意图

5.3　劳动组织

施工人员配备详见表 5-1。

表 5-1　施工人员配备表　　　　　　　　　　　　　人

工　种	出　勤　人　数			
	一　班	二　班	三　班	总　计
直接工	10	10	10	30
辅助工	4	4	4	12
验收员	1	1	1	3
机电工	1	1	1	3
跟班队长	1	1	1	3
合　计	17	17	17	51

6 材料与设备

施工所需的主要材料及设备配备详见表6-1。

表6-1 主要材料、设备配备表

序号	名　　称	规格型号	单位	数量	备　　注
1	凿岩机	YT-28	台	4	2台备用
2	局部通风机	FBDNo5.6/15×2	部	2	1台备用
3	耙矸机	P-90B	台	1	
4	喷浆机	PZ-5	台	2	1台备用
5	锚杆机	MQT-130	台	2	备用
6	风镐	G10	部	5	2台备用
7	绞车	JD-1.6	台	1	
8	甲烷传感器	KG9701	台	2	
9	水泥	P·O 42.5	t	70.98	
10	黄砂		t	109.78	3个实例中3条巷道所需主要材料量总和
11	碎石	粒径5～15 mm	t	63.88	
12	速凝剂	J-85	t	3.55	

7 质量控制

7.1 质量控制标准

（1）《煤矿井巷工程施工规范》（GB 50511—2010）。

（2）《煤矿井巷工程质量验收规范》（GB 50213—2010）。

（3）《煤矿井巷工程质量检验评定标准》（MT 5009—1994）。

7.2 质量保证措施

（1）严把材料验收关，钢骨架及其构配件的材质、规格质量必须符合设计要求和有关质量标准规定，不合格材料严禁使用。

（2）加强对职工的思想教育和业务素质培训，健全岗位责任制。组织员工学习安全质量标准化规定，组织员工学习操作规程，提高操作技能。

（3）对施工人员做好技术交底，认真贯彻施工措施，使所有施工人员领会施工技术要求和质量要求，并要求所有施工人员签名，做好工程质量的自检和自评工作。

（4）要严格按照测量给定的中、腰线精确施工，确保正确无误。施工中心线、腰线采用激光指向，测量人员要及时对激光指向仪进行检查校正。

（5）严格执行"三检"制度，工序质量不合格不验收，质量不符合设计和验收规范的坚决返工，验收合格后方可进入下道工序施工。

（6）架设钢骨架前必须先用油漆在棚梁上明确标出腰线、中心点及各连接扣件的位置；钢骨架接头要用限位卡卡牢上紧。架设后，严格按照中心线、腰线对钢骨架进行校对，并要用力矩扳手对所有螺栓进行二次紧固，以达到设计扭力。

（7）棚后要充填密实。

（8）按喷浆工艺要求进行喷浆作业，喷浆厚度不得小于设计值，棚外喷层要光滑，无漏棚、漏筋现象。定期对喷射混凝土强度进行检查，发现问题，及时采取补强措施。

8 安 全 措 施

（1）施工前，班组长必须对工作面安全情况进行全面检查，确认无危险后，方准施工人员进入工作面。

（2）严格执行敲帮问顶制度，施工人员必须站在安全地点，用大于 1.8 m 的长柄工具在爆破后、交接班前、打眼前、喷浆前，捣掉顶、帮活石危岩后，再进行其他工作。找帮、找顶时，要由外向里，先顶后帮，严禁多处同时找矸。在处理活矸完毕之前，严禁在该地点进行与处理活矸无关的其他工作。

（3）严格按照规定使用临时支护，临时支护应紧跟迎头，严禁空顶作业。巷道内要备有一定数量的圆木、背板、木楔等，一旦出现围岩片落或流矸应及时支护。

（4）坚持及时开挖及时支护的施工方法，加强"三帮"（工作面迎面墙也是帮）管理，严禁空帮、空顶作业。

（5）在巷道下部施工中，一次开挖距离不得超过架棚的长度。

（6）爆破时，要放松动炮，少装药，严格控制装药量。爆破时必须严格坚持"一炮三检"和"三人连锁爆破"制度，爆破前，应严格按照要求专人设警戒；并坚持"去二回一"制度，警戒位置距离爆破地点 120 m 外。爆破前必须对设备、开关、电缆、风筒及风水管路等加强保护，防止爆破崩坏。

（7）架棚时，要至少 6 人以上共同协作，严禁单独作业。抬棚梁时，要精神集中，动作协调，稳抬稳放，并派专人在一旁统一指挥，以防发生事故。施工时，支架未架设好，不得终止工作。

（8）施工时，风筒要紧跟作业地点，最大距离不得超过 15 m。

（9）工作地点出现顶板来压，支护变形速度骤增，有害气体超限，温度骤增骤减，围岩变形，涌水大增等突水预兆时，必须立即停止作业，撤出所有受威胁的人员并及时汇报调度室等有关部门。

9 环 保 措 施

（1）严格遵守国家有关环境保护的法律法规、标准规范、技术规程和地方有关环保方面的规定。

（2）成立施工现场环境管理领导小组，建立健全环境管理体系。

（3）生产区及生活区分片规划，做到场地平整、排水畅通。

（4）润滑油要明显标记，分类存放，容器必须清洁密封，不得敞盖存放；每天要定期检查各运行设备的油量，按规定加油，严禁设备漏油，加油时，油桶必须干净；做好废油的回收利用工作，更换的废旧油脂必须及时回收、上交，统一存放、处理。

（5）施工废水、废油、生活污水分别经过沉淀池、隔油池、生化处理池净化处理后排放。

（6）工业及生活垃圾及时清扫，集中存放，定期进行处理，防止污染环境。

（7）加强通风和综合防尘管理，使井下粉尘浓度达到规程要求。巷道采用压入式通风、湿式凿岩、冲洗巷帮、装煤岩洒水等降尘措施。喷浆使用潮料或除尘机，安装喷雾装置，降低粉尘浓度。作业人员佩戴防尘口罩，搞好个人防护。

（8）控制机械噪声排放，选用能耗低、噪声小、污染轻的机械设备，最大限度地降低噪声，减少噪声带来的影响。对产生噪声的部分机械设备安装消声器减噪，对强噪声源均设置减振装置和消声器。

（9）巷道内风筒、管线悬吊统一整齐，并做到风、水、电、气、油五不漏，创造良好的施工环境。

（10）地面各种材料堆放规整有序，材料、构件分类管理，整齐挂牌，编号存放。

10 效 益 分 析

10.1 社会效益

岩巷安全快速通过大型断层、破碎带施工工法，避免了在复杂地质构造施工中冒顶、片帮事故，且做到一次成巷、牢固可靠，节约大量巷道返修资金，最大限度地减少安全隐患，对保证和缩短建井工期起到了重要作用，为安全快速通过大型断层施工积累了宝贵的经验。

10.2 经济效益

河南永煤集团城郊煤矿西翼轨道运输大巷过 F14 断层，工程量为 30 m，计划工期45 d，分两段施工。该工程实际施工 21 d，相比计划工期提前 24 d，节约施工成本 14.8 万元，节约巷道维修费用约 50 万元；工期提前 24 d，多生产原煤 157808 t，按吨煤利润 180元计算，多创收入 2840.5 万元。

河南永煤集团城郊煤矿西风井出煤联巷过 DWF27 断层，工程量为 24 m，计划工期38 d。实际施工时间 17 d，相比计划工期提前 21 d，节约施工成本 12.85 万元，节约巷道维修费用约 44 万元；工期提前 21 d，多生产原煤 138082 t，按吨煤利润 180 元计算，多创收入 2485.5 万元。

河南焦煤集团新河煤矿轨道运输大巷过 F216 断层，工程量为 20 m，计划工期 30 d，分两段施工。实际施工 16 d，相比计划工期提前 14 d，节约施工成本 6.12 万元，节约巷道维修费用约 21 万元；工期提前 14 d，多生产原煤 16438 t，按吨煤利润 120 元计算，多创收入 197.3 万元。

11 应用实例

11.1 实例一

河南永煤集团城郊煤矿西翼轨道运输大巷，过 F14 断层施工。该断层走向 267°，倾向 357°，倾角 65°~70°，落差为 72 m，断层破碎带长度为 17 m，宽度 20 m。破碎带内多为泥煤及角砾岩混杂物，极为松软。断层上盘岩性主要为泥岩、砂质泥岩及粉砂岩，多成互层。由于断层牵引的影响，近断层附近的岩石倾角可达 50°，裂隙十分发育，岩石极为破碎，局部地段有滴淋水。工程于 2009 年 3 月 16 日采用"岩巷安全快速通过大型断层、破碎带施工工法"施工，于 2009 年 4 月 6 日施工结束，计划工期 45 d，分两段施工，实际施工 21 d，相比计划工期提前 24 d。

11.2 实例二

河南永煤集团城郊煤矿西风井出煤联巷，过 DWF27 断层施工。该断层倾向 45°~55°，断层落差 25 m，局部涌水量 5~10 m³/h。受此断层影响，24 m 巷道围岩极为破碎，呈豆渣状；岩层层理紊乱，由泥岩、炭质泥岩、粉煤泥组成；巷道掘进时因涌水造成巷道顶板及帮部破碎围岩以泥石流方式被冲开流失，极易造成巷道冒顶。工程于 2011 年 1 月 5 日采用"岩巷安全快速通过大型断层、破碎带施工工法"施工，于 2011 年 1 月 22 日施工结束，计划工期 38 d，实际施工 17 d，相比计划工期提前 21 d。

11.3 实例三

河南焦煤集团新河煤矿轨道运输大巷，过 F216 断层。该断层为压扭性正断层，断层走向近东西，倾向 176°，倾角 76°，落差 25 m 左右，施工工程量 20 m 左右。工程于 2010 年 10 月 25 日采用"岩巷安全快速通过大型断层、破碎带施工工法"施工，于 2010 年 11 月 3 日施工结束，计划工期 30 d，分两段施工，实际施工 16 d，相比计划工期提前 14 d。

深孔光爆锚喷支护巷道施工工法（BJGF054—2012）

中煤第五建设有限公司

臧培刚　刘晓亭　张小美　裴继承　潘建峰

1　前　　言

矿山井巷工程光爆锚喷支护施工技术是井巷工程施工史上的一次技术革命。光面爆破（以下简称光爆）在我国的发展，是随着我国推广应用锚喷支护而相应发展起来的。光爆是锚喷支护的重要前提和基础；光爆和锚喷的有机结合，构成了光爆锚喷技术。

近年来，随着国民经济的快速发展，对煤炭资源的需求越来越大，矿井建设速度加快，开采深度不断增加，要求巷道施工速度越来越快，支护方式向多元化发展。中煤第五建设有限公司作为煤炭基建行业中的专业队伍，经过多年的探索、发展，在井下巷道施工中积累了大量的经验，特别是在深孔爆破、锚喷支护方面取得了很大程度的发展，为巷道施工提供了宝贵的经验。该工法关键技术于2012年7月通过中国煤炭建设协会组织的技术鉴定，成果达到国内先进水平。

2　工　法　特　点

（1）通过改变光面爆破掏槽方式、炮眼布置、装药量等合理选择爆破参数，使炮眼深度达到3.5~4.2 m，并最大限度地减少爆轰波对围岩的破坏，保护围岩的强度和整体性，提高围岩的稳定性与自承能力。

（2）通过改变锚杆、锚索支护所选用的材料，进一步提高支护材料的效能，大大提高支护系统的稳定性。采用了由高强度左旋无纵肋螺纹钢树脂锚杆、蝶形托盘、高强螺帽组成的锚杆支护，由高强度低松弛预应力钢绞线、锚索托盘、配套锁具组成的锚索支护。该支护技术特点是支护强度高、预紧力高、锚固力大，实现了一体化快速安装、承载。

（3）针对爆破后围岩稳定性差，支护过程中易风化、脱落的特点，改变了原来的爆破后先打锚杆，然后喷混凝土支护的施工顺序，实行爆破后首先进行初喷支护对围岩进行封闭，改善围岩应力的状态，同时防止因水和风化作用造成围岩破坏与剥落，然后施工锚杆和锚索，最大限度地减少了围岩的变形和扰动，保证了巷道成型。

3　适　用　范　围

深孔光爆锚喷支护巷道施工工法适用于矿井地下软硬岩互层、层理裂隙发育、断面18 m² 以上的岩平巷工程。

4 工艺原理

（1）根据岩石的性质合理选择爆破参数，包括光面爆破炸药、炮眼深度、掏槽方式、不联合系数、炮眼间距、炮眼最小抵抗线、炮眼密集系数、炮孔装药量、装药结构、起爆方式等，使炮眼深度达到3.5～4.2 m。

（2）通过锚入围岩钻孔内的锚杆杆体或钢绞线，利用树脂锚固剂黏结形式，联合对围岩施压，积极地承受巷道围岩变形产生的地压和阻止破碎岩石的塌落，改变围岩本身的力学状态，在巷道周围形成一个整体而较稳定的岩石带，发挥和利用围岩的自身承载能力，使支护与围岩共同工作而达到支护巷道的目的。树脂锚杆、树脂锚索联合支护是一种积极防御的支护方法。

（3）爆破后首先进行初喷支护对围岩进行封闭，防止围岩的风化，然后施工锚杆和锚索，最大限度地减少围岩的变形和扰动，最后复喷至设计断面尺寸。

5 工艺流程及操作要点

5.1 工艺流程

5.1.1 深孔光面爆破工艺流程

深孔光面爆破工艺流程如图5-1所示。

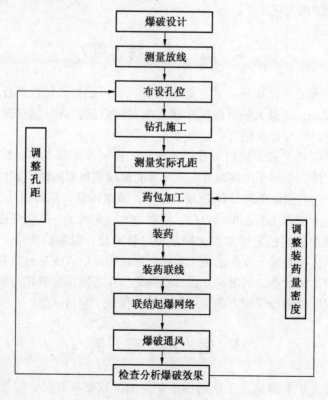

图5-1 深孔光面爆破工艺流程图

5.1.2 深孔光爆锚喷支护工艺流程

深孔光爆锚喷支护工艺如图5-2、图5-3所示。

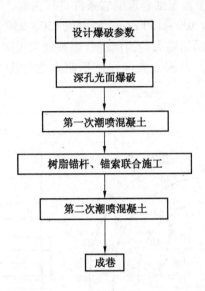

图5-2 深孔光爆锚喷支护巷道施工工艺流程

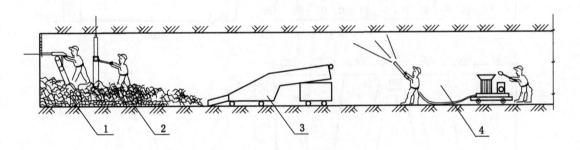

1—钻凿炮眼作业；2—锚杆、锚索支护作业；3—耙装机；4—潮喷混凝土作业

图5-3 深孔光爆锚喷支护巷道施工示意图

5.1.3 树脂锚杆、锚索联合支护工艺流程

工艺流程：设计→布孔→钻凿锚杆孔→安装→钻凿锚索孔→安装。

5.2 操作要点

5.2.1 深孔光面爆破操作要点

（1）应根据工程设计断面图和岩层条件，合理设计光面爆破参数，炮眼深度应与钻眼机械、辅助系统的机械化配备相适应，同时保证不能打破正规的循环作业程序。

（2）掏槽方式采用双楔形掏槽方式，应先利用毫秒延时电雷管先起爆内侧一组楔形掏槽眼，为外侧掏槽眼起爆提供自由面，并松动岩石。经试验掏槽眼的利用率可达到90%以上。

（3）周边眼间距一般取炮眼直径的10~20倍，在节理裂隙发育的岩石中取小值，整体性完好的取大值；最小抵抗线一般大于或等于眼距。

（4）光面爆破炮眼密集系数 m 取 $0.8\sim1.0$，硬岩取大值，软岩取小值。

（5）周边眼光面爆破装药量要保证巷道围岩不产生粉碎性破坏，并且能在岩壁上留有眼痕，因此周边眼的装药量要根据巷道围岩条件进行选取，一般单位长度炮眼装药量软岩取 $70\sim120\text{ g/m}$，中硬岩取 $100\sim150\text{ g/m}$，硬岩取 $150\sim250\text{ g/m}$。

（6）以赵楼煤矿南部辅助运输大巷为例进行爆破效果说明。

赵楼煤矿南部辅助运输大巷深孔光面爆破炮眼布置如图 5 - 4 所示，爆破参数见表 5 - 1，爆破效果见表 5 - 2。

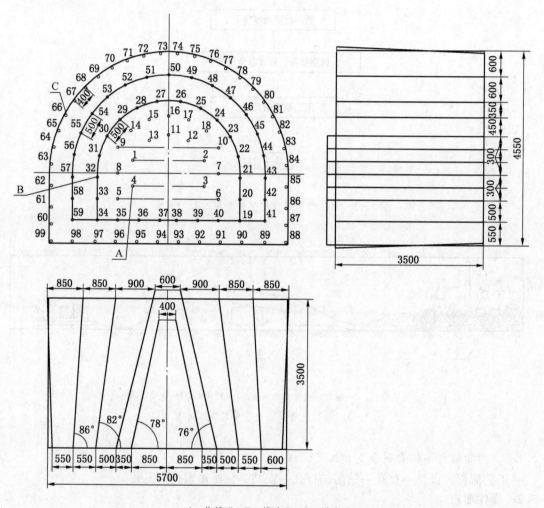

A—掏槽眼；B—辅助眼；C—周边眼

图 5-4　赵楼煤矿南部辅助运输大巷深孔光面爆破炮眼布置示意图

5.2.2　树脂锚杆、锚索联合支护操作要点

（1）锚杆支护材料材质采用高强度左旋无纵肋螺纹钢树脂锚杆、蝶形托盘和高强螺帽；锚索支护材质采用高强度低松弛预应力钢绞线、锚索托盘和配套锁具。托盘采用蝶形托盘，较之其他的托盘更加具有强度高、韧性好、重量轻的优点。

（2）锚杆（锚索）孔的钻凿，要按设计尺寸，在巷道量好锚杆的位置，标好记号。

锚杆孔一定要垂直岩层层面，如果层理不明显时，要垂直巷道的轮廓线。

表5-1　赵楼煤矿南部辅助运输大巷爆破参数表

眼号	炮眼名称	眼深/m	眼数/个	眼距/m	每孔装药量/kg	总装药量/kg	水平角度/(°)	起爆顺序	联线方式	装药结构
1~4	掏槽眼	3.1	4	1.7	1.2	4.8	78	I		
5~10	掏槽眼	3.8	6	1.3	1.8	10.8	76	II		
11~40	辅助眼	3.5	30	0.65	1.5	45	82	III	串联	正向装药
41~59	辅助眼	3.5	19	0.64	1.5	28.5	86	IV		
60~87	周边眼	3.5	28	0.36	0.9	25.2		V		
88~99	底眼	3.5	12	0.55	1.5	18		VI		
合计			99			132.3				

表5-2　赵楼煤矿南部辅助运输大巷预期爆破效果表

序号	名　称	单位	数量	序号	名　称	单位	数量
1	炮眼深度	m	3.5	6	每循环炸药消耗	kg	132.3
2	炮眼利用率	%	91.5	7	每立方米实岩炸药消耗	kg	1.87
3	每循环进尺	m	3.2	8	每循环雷管消耗	个	99
4	每米爆破实岩	m³	22.1	9	每立方米实岩雷管消耗	个	1.4
5	每循环爆破实岩	m³	70.7	10	每循环炮眼总长度		346.7

（3）锚索参数的确定，以"悬吊作用"为主，其长度以实际探测顶板岩性变化情况及软岩层的厚度确定，必须使长锚索的锚固端伸入稳定坚硬岩层基本顶内不小于1000 mm，锚索外露300~500 mm。同时锚索间排距根据掘进循环进尺、锚杆间排距等合理布置，有矩形、三花形、五花形等布置方式，确保巷道围岩受力均匀，合理可靠。

（4）锚杆要按安装说明和要求安装，一定要保证初始锚固力达到设计要求。锚杆安装采用风动扳手或锚杆钻机。锚索安装采用锚索钻机顶进，液压锚索张拉油顶施加初始锚固力。

赵楼煤矿南部辅助运输大巷巷道支护断面如图5-5所示。

5.2.3　分层潮喷混凝土操作要点

（1）喷射混凝土前，检查施工工程掘进规格尺寸，使其符合设计要求。

（2）巷道工程危岩活石，特别是巷道两帮基底的浮矸，必须清除干净，挖出基础。

（3）清洗冲刷岩面，清洗岩面上粉尘。稳定围岩，用压力水冲洗；松软易风化潮解的围岩，采用压缩空气冲刷。

（4）对喷射机具和风、水、电管线等进行全面检查和试运转。

（5）严格按设计的混凝土标号，做混凝土配合比试验，得出水泥、砂子、石子的配合比和水灰比。

（6）喷射时喷嘴沿螺旋轨迹运动，一圈压半圈。

5.3　劳动组织

为确保施工工艺的正规循环，施工期间采用"三八"作业制，每班配备掘进、喷浆2

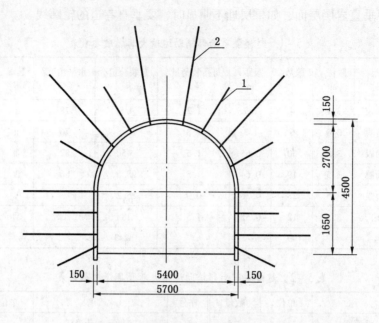

1—树脂锚杆；2—锚索

图 5 - 5　赵楼煤矿南部辅助运输大巷巷道支护断面图

个小班，掘进、喷浆平行作业，掘进班爆破后由喷浆班进行工作面的初喷支护，其他时间喷浆班与掘进班平行作业，进行工作面后方的复喷工作。凿岩爆破班和喷射混凝土班人员构成见表 5 - 3。

表 5 - 3　凿岩爆破班和喷射混凝土班人员构成表　　　　　　　　人

班　次	工　种	人　数	班　次	工　种	人　数
凿岩爆破班	钻眼工	5	喷射混凝土班	喷射手	2
	点眼工	2		喷射机司机	1
	耙装机司机	1		混合料搅拌工	4
	运输工	4		喷射机供料工	2
	爆破工	1		喷射机维修工	1
	维修工	1		班长	1
	班长	1			

注：在实际施工中，除耙装机司机、喷射机司机、爆破工及维修工不能调整外，其余人员可以根据实际情况调整。

6　材料与设备

6.1　材料

本工法所需主要材料见表 6 - 1。

表6-1 主要材料表

序号	材料名称	材料型号	单位	数量	说 明
1	炸药	岩石水胶炸药	kg/m³	1.87	药卷直径25 mm,密度1.05~1.25 g/cm³
2	雷管	毫秒延期	个/m³	1.4	
3	锚杆	φ18 mm	根/m	11.25	高强度左旋无纵肋螺纹钢
4	托盘	蝶形托盘	个/m	11.25	10 mm厚钢板一次冲压而成
5	锚索	φ17.8 mm	根/m	5	高强度低松弛预应力钢绞线
6	锚索托盘	φ300 mm	个/m	5	厚钢板钻孔
7	锚固剂	快速、中速	块/m	42.5	
8	水泥	P.O 32.5R	kg/m	1212	
9	砂子	中砂	kg/m	1626	
10	石子	碎石3~5 mm	kg/m	3792	
11	速凝剂	J-85型	kg/m	36	掺和量一般为水泥用量的3%~5%

6.2 机具设备

本工法所需主要机具设备见表6-2。

表6-2 主要机具设备表

序 号	设 备 名 称	设 备 型 号	单 位	数 量
1	气腿式风动凿岩机	YT28	台	8
2	发爆器	MFB-150	台	1
3	锚索钻机	MQT-130	台	3
4	预应力张拉千斤顶	YCD-180	台	1
5	耙装机	P-60	台	1
6	混凝土喷射机	PZ-5(B)	台	1

7 质 量 控 制

7.1 必须遵照执行的国家和行业标准

(1)国家标准GB 50511—2010《煤矿井巷工程施工规范》。

(2)国家标准GB 50213—2010《煤矿井巷工程质量验收规范》。

(3)国家标准GBJ 107—1987《混凝土强度检验评定标准》。

(4)国家标准GB 50086—2001《锚杆喷射混凝土支护技术规范》。

(5)行业标准MT 5009—1994《煤矿井巷工程质量检验评定标准》。

(6)行业标准MT/T 5015—1996《锚喷支护工程质量检测规程》。

7.2 光面爆破的质量要求

(1)眼痕率不少于50%。

（2）超挖尺寸不得大于 150 mm，欠挖尺寸不得超过质量标准要求。

（3）岩面上不应有明显的炮震裂缝。

7.3　锚杆施工质量要求和检验方法

（1）安装锚杆前要检查锚杆孔的深度（深了不能和孔底胶结），检查杆体零件是否齐全，树脂药卷是否完好。安装前必须用压风吹扫眼孔内的积水和岩粉，以免影响药卷和孔壁的黏结。

（2）锚杆质量的检查应按质量标准和检查办法进行，除检查锚杆的成品、材质、安设间距、排距、孔深和托盘质量外，更重要的是做锚固力试验。锚固力是检验锚杆安装质量的主要指标。

7.4　喷射混凝土质量要求和检验方法

（1）喷射混凝土施工应从原材料操作到施工整个过程实行全面严格的质量管理。

（2）原材料出厂要有产品合格证，定期对原材料进行检验。

（3）严格按设计技术要求和操作规程施工。

（4）对喷射混凝土采用喷模试块、切割试块、钻取试块进行抗压强度试验，也可采用回弹法、超声仪器进行检验。

8　安　全　措　施

（1）加强火工品的管理，建立健全火工品的发放管理制度。

（2）井下爆破工作必须由专职爆破工担任，严格执行作业规程及爆破说明书。

（3）爆破作业必须执行"一炮三检"制（装药前、爆破前、爆破后检查瓦斯）。

（4）建立顶板管理制度，坚持经常性的敲帮问顶制度，特别是在打眼定炮、安装锚杆过程中应清除危岩、排除隐患。

（5）当围岩稳定性较好时，采用先锚后喷的方式；当围岩不稳定、顶板破碎、易风化、易冒落时，应先喷射混凝土封闭围岩，然后打锚杆挂网，复喷到设计厚度。

（6）喷射机司机在开机前，要严格按照风、水、电先后顺序开机，避免发生堵塞输料管。

（7）处理输料管堵塞时，严禁喷嘴对人，以防伤人。

9　环　保　措　施

（1）为减少施工中的粉尘污染，施工用的粉状材料应采用袋装或其他密封方法运输，现场存放时，应认真覆盖，防止尘埃飞扬。

（2）拌和设备要配备防尘设备，各拌和站和施工运输道路，应经常洒水除尘。

（3）凿岩机上必须配备消声罩，如有损坏及时更换。

（4）坚持湿式凿岩，井下所有接尘人员必须配备防尘口罩。

（5）巷道内应做到：无杂物、无淤泥、无积水，材料工具码放整齐。

10 效益分析

（1）采用深孔光爆锚喷支护巷道施工工法，施工速度得到了大幅度的提高，平均月进度达到了 160 m，提前了巷道施工工期。

（2）本工法对维护巷道稳定，抑制顶板下沉，具有明显的支护效果，巷道围岩得到了有效的控制，保证了施工质量。

（3）本工法能提高井巷围岩自身的稳定性和承载能力，构成围岩、锚喷支护共同承载的整体。由消极支护变为积极支护，减少了维修工程量和巷道维修费用，拓宽了锚喷支护的适用范围。

（4）本工法有效地控制了爆破后巷道顶板，改善了支护工作劳动作业环境，保证了施工安全。

11 应用实例

11.1 实例一

兖煤菏泽能化有限公司赵楼煤矿井深 905 m，南部辅助运输大巷工程净断面 20.3 m²，掘进断面 22.1 m²，工程量 1139.9 m。采用本工法施工，开工日期 2009 年 9 月 21 日，竣工日期 2010 年 4 月 25 日，比计划工期提前 81 d，工程质量优良，安全无事故。

11.2 实例二

兖煤菏泽能化有限公司赵楼煤矿井深 905 m，南部轨道运输大巷工程净断面 16 m²，掘进断面 18.3 m²，工程量 863 m。采用本工法施工，开工日期 2010 年 10 月 1 日，竣工日期 2012 年 4 月 21 日，比计划工期提前 15 d，工程质量优良，安全无事故。

11.3 实例三

山东济矿鲁能煤电有限公司阳城煤矿 –650 m 轨道石门工程，净断面 18.16 m²，掘进断面 19.55 m²，工程量 786.338 m。采用本工法施工，开工日期 2010 年 3 月 5 日，竣工日期 2010 年 11 月 18 日，比计划工期提前 12 d，工程质量优良，安全无事故。

无铰接盾构极限小曲率半径施工工法（BJGF055—2012）

中煤第五建设有限公司

姜敦灿　嵇彭　杨开艮　王鹏越　吴继强

1　前　　言

目前,城市规模越来越大,城市轨道交通发展迅猛,地铁交通线路大多选择在城市地面以下,受到地面建(构)筑物的影响,其设计线路选择极小曲率半径的隧道越来越多,其极小曲率半径按照惯例均采用铰接盾构施工,但采用无铰接盾构施工极小曲率半径隧道还没有先例。为使无铰接盾构能够在极小曲率半径隧道的得到应用,减少企业费用,我单位于2010年初提出了无铰接盾构极限小曲率半径施工技术研究的申请,当年得到公司立项批准。

该工法先后在杭州地铁、天津地铁工程中得到应用,实践证明该工法科学合理、工艺先进、安全可靠,取得了良好的经济效益和社会效益。

该工法的关键技术于2012年7月通过中国煤炭建设协会技术鉴定,成果达到国内先进水平。

2　工　法　特　点

(1) 首次将无铰接盾构应用于300 m小曲率半径地铁隧道施工。

(2) 自主设计和应用无铰接盾构极小曲率半径隧道管片模拟排版技术。

(3) 在极小曲率半径内合理布置基座并结合始发管片布置等技术来控制无铰接盾构始发段轴线与设计轴线相吻合。

(4) 全天候进行地面及建筑物监测并结合自动测量系统进行信息化施工,有效控制了地面沉降,保护了历史保护性建筑物的安全,提高了管理水平。

3　适　用　范　围

本工法适用于复杂地质和复杂地面环境下无铰接盾构施工300 m极小曲率半径地铁隧道工程。

4　工　艺　原　理

本工法就是以无铰接盾构施工极小曲率半径隧道为核心,即自主设计和应用无铰接盾构极小曲率半径隧道管片模拟排版技术,以满足管片模拟排版设计轴线要求并解决洞门轴线偏差问题；在极小曲率半径内进行无铰接盾构始发，研究采用盾构基座中心延长线与隧道轴线成割线布置的方式，并结合始发管片布置方式解决始发掘进轴线难于控制的难题。采用盾构掘进线路走内线的方式并结合注浆技术解决曲线隧道轴线偏移的难题。通过全天候地面监测并结合注浆技术及自动信息化管理控制地面沉降及保障历史保护性建筑物的安全。

5 施工工艺流程及操作要点

5.1 工艺流程

工艺流程如图5-1所示。

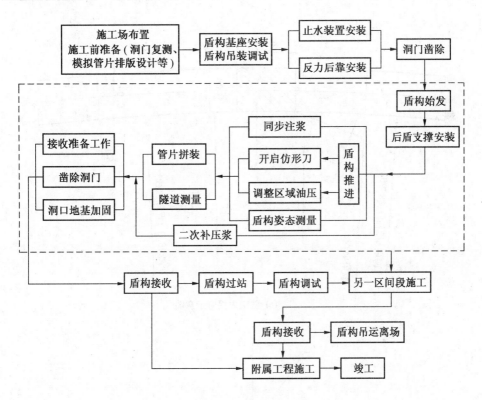

图5-1 无铰接盾构极限小曲率半径工艺流程图

5.2 操作要点

5.2.1 施工准备

（1）区间隧道沿线环境调查，摸排隧道穿越多少建（构）筑物及管线。

（2）洞门复测，检查洞门中心轴线是否符合设计要求。

（3）人员、设备组织进场。

5.2.2 无铰接盾构极小曲率半径拐弯验算

本工程拟采用无铰接土压平衡式盾构机进行掘进,其参数条件：盾构主机长8.452 m,盾构直径6.34 m,曲线半径300 m,管片直径6.2 m,管片宽度1.2 m,盾尾间隙0.025 m,

仿形刀有效行程 0.11 m。

　　盾构转弯半径需要验算盾构主机转弯、主机与车架连接部分转弯半径和车架转弯半径 3 部分。

　　1. 盾构主机转弯验算

　　根据盾构机的已知条件进行 300 m 曲率半径隧道拐弯模拟试验,通过图 5-2 模拟可知:隧道管片内弧半径为 296.9 m,隧道管片外径为 303.1 m,因此开挖外边线至少满足半径为 300.2257 m,开挖内边线至少满足半径为 296.83 m,才能满足 300 m 小曲率半径施工的需要。从图中看出盾构头部外侧 A 点,内侧 B 点,盾尾 D 点和 C 点状态是盾构拐弯前的状态,A'、B'、C'、D' 是在拐弯后所处位置,A' 在设计开挖线以内,B' 点处在设计内开挖线上,C'、D' 均在设计开挖线以内,同时管片与盾尾之间仍有一定间隙,拐弯时不会

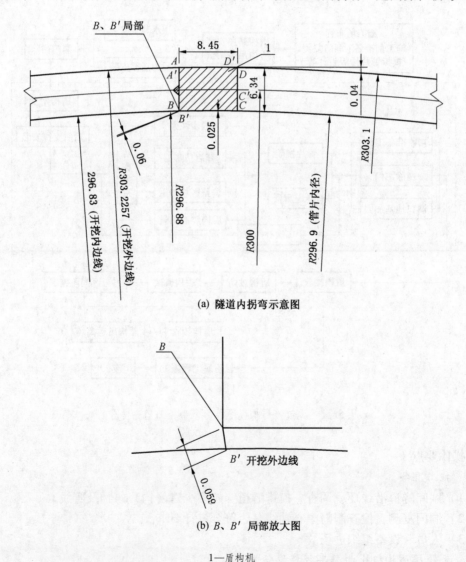

(a) 隧道内拐弯示意图

(b) B、B' 局部放大图

1—盾构机

图 5-2　盾构机进行小曲率半径隧道内拐弯模拟图

挤碎管片，盾构头部 B 点到 B' 的距离为 0.0591 m，因此盾构机拐弯至少需超挖土体量为 59.1 mm，才能满足 300 m 小曲率半径施工要求。盾构机仿行刀有效行程为 0.11 m，仿形刀伸出 0.0591 m，其安全系数为 1.86，所以盾构在 300 m 小曲线半径隧道内拐弯满足要求。

2. 主机与车架连接部分转弯半径验算

主机与车架连接部分在盾构转弯过程中起着很重要的作用，因为关系到各种零部件的位置关系，因此要使双梁足转弯、牵引梁足转弯、皮带机与双梁的关系、皮带机与人行走道及牵引梁的关系等 4 种情况满足要求，需采取如下措施。

1）双梁转弯

要使双梁在 300 m 转弯半径时不能产生干涉扭曲，需在双梁中间增加铰接部分，尾端前端都增加了长腰孔，双梁长度为 17.895 m，双梁转弯时由于前部与 H 形梁连接处是用销水平方向固定，不会转动，所以转弯主要依靠中间的铰接部分转动，此双梁满足转弯要求。

2）牵引梁转弯

在右侧牵引梁上设置牵引油缸，能够使牵引梁伸缩，油缸在正常时处于中间位置，在 300 m 半径转弯时，考虑左转弯和右转弯两种情况。在左转弯时，油缸伸出 0.213 m；在右转弯时，油缸缩进 0.106 m，完全在油缸行程范围之内，这样牵引梁就满足转弯要求。

两侧双梁的长度差在 0.213 m，而在实际中，双梁前后腰形孔的调节力为单边 0.38 m，两边同时调节就有 0.76 m。双梁的宽度则为行走小车的宽度，与皮带机没有相互接触的地方，表示与皮带机完全不相交。右转弯的情况，大致相同，区别是此时牵引梁的牵引油缸缩短而不是伸长，两者长度差为 0.106 m。

3）皮带机与双梁的关系

皮带机设计按照转弯半径 250 m 设计，这样就满足 300 m 转弯半径的要求，在盾构 300 m 半径转弯时，两者间的最近距离为 0.223 m，满足要求。

4）皮带机与人行走道，牵引梁的关系

在曲线施工时，要考虑皮带机是否与人行走道以及牵引梁有所碰擦，因两者在双梁之外留有安全距离，不会相碰，同时转弯时两者与管片的距离也达到了安全距离，满足转弯要求。

3. 车架转弯

车架转弯主要是车架的轮子在转弯时能否都走在轨道上。一节车架有 6 个轮子，每边 3 个，前后两个采用有缘轮，中间采用无缘轮，所以前后轮起导向作用。轮槽的宽度为 0.08 m，钢轨的宽度为 0.05 m。在转弯时车架轮子完全能够在轨道上，满足转弯要求。

综上所述，无铰接盾构能够满足曲线隧道 300 m 小曲率半径施工要求。

5.2.3 极小曲率半径隧道管片模拟排版设计

存在以下 2 种情况要进行极小曲率半径隧道管片模拟排版设计：

（1）经过洞门复测，右线洞门中心水平轴线偏离设计轴线 0.155 m（与设计曲线方向背离），左线洞门中心水平轴线偏离设计轴线 0.082 m（与设计曲线方向背离），偏差较大，按原设计管片排版较难满足轴线要求；

（2）盾构始发处于极小曲率半径内，要校核原隧道管片排版设计是否符合无铰接盾构掘进要求。因此需进行极小曲率半径管片模拟排版设计以满足设计轴线要求。管片拼装过程中，采用软木垫进行纠偏，使管片拼装轴线符合设计偏差要求。管片模拟设计排版如图 5-3 所示。

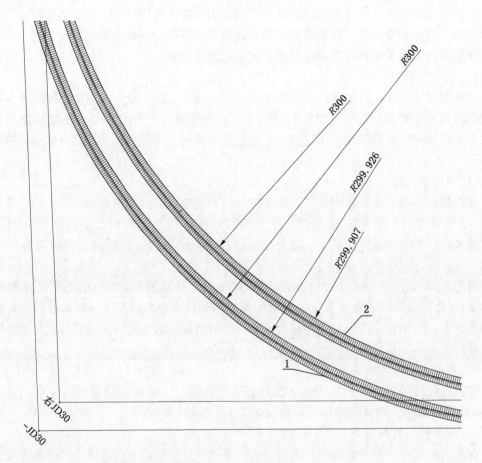

*R*300—设计半径；*R*299.926、*R*299.907—复测调整的设计半径；1、2—区间隧道

图 5-3　无铰接盾构小曲率半径隧道管片模拟设计排版图

5.3　操作要点

5.3.1　盾构始发基座布置

由于盾构始发井处于隧道设计轴线 300 m 小曲率半径内，并存在洞门偏差现象，轴线控制较为困难。盾构始发只能在洞圈到加固区这段距离进行直线推进，曲线轴线控制难度相当大。要确保盾构始发后轴线符合设计要求，且在始发后的状态便于采用纠偏措施向设计曲线相拟合，因此盾构始发姿态控制是关键，而盾构基座的姿态决定盾构的姿态，研究基座最佳布置方式是盾构始发轴线控制的关键，其布置要考虑到基座平面与洞圈内轴线的相对关系，如果布置角度偏差过大，则产生洞圈与盾构相碰的危险，角度过小不能满足要求，因此通过多次图上模拟，方案比选，决定以盾构基座中心延长线与隧道轴线呈割线布

置。具体布置方案：左线洞门沿盾构推进方向以隧道中心线割线方向布置盾构基座，盾构推进延长线与隧道中心线在距离地连墙6.5 m处相交。右线洞门沿盾构推进方向以隧道中心线割线方向布置盾构基座，盾构推进延长线与隧道中心线在距离地连墙8 m处相交，如图5-4所示。

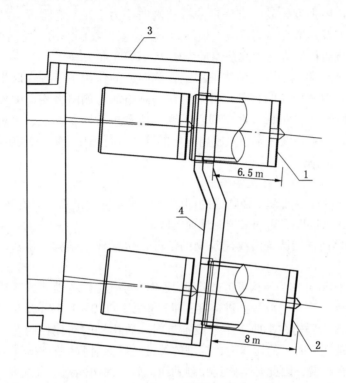

1、2—盾构；3、4—地下连续墙

图5-4　盾构始发推进模拟图

采用以上方式进行基座布置，盾构始发后可以尽量减少因洞门偏差及直线推进影响造成的轴线偏差。

始发管片布置：始发管片轴线与盾构始发轴线相一致，与洞门成一定的夹角，便于盾构掘进线路向设计轴线拟合。

在盾构推进至距离洞门4~5 m处开启仿形刀进行超挖，并合理使用楔形环管片，为盾构始发后顺利进行拐弯提供空间，便于推进轴线逐步与设计轴线相吻合。

5.3.2　控制极小曲率半径隧道轴线措施

盾构在小曲率半径隧道掘进时，在千斤顶的推力下会产生侧向分力。盾构在曲线段进行拐弯纠偏，使用仿形刀进行全断面超挖，管片脱出盾尾后四周为空隙，悬浮在开挖的洞中，在侧向力的作用下管片在脱出盾尾后将向弧线外侧偏移。按照土体的弹性变形假设与管片建筑空隙内偏移量分析，未开启仿形刀的情况下理论偏移量为0.07 m。根据湖滨站——龙翔桥站区间隧道在初期掘进形成的一段曲线隧道进行量测，管片脱出盾尾后的偏移量在0.05~0.09 m之间，明显大于理论偏移量，因为在曲线段开启超挖刀进行全断面超挖，形成的建筑空间较大，因此偏移量也大。

（1）盾构掘进走内线：为了控制隧道轴线最终偏差控制在设计及规范要求的范围内，盾构掘进时，考虑给隧道预留一定的偏移量。

将无铰接盾构沿设计曲线的内侧（靠近圆心一侧）方向掘进，即沿割线方向掘进，管片拼装时轴线位于弧线的内侧，以使管片出盾尾后受侧向分力向弧线外侧偏移时留有预偏量。由于所处土层强度较硬，有一定的抵抗侧向分力，在一定程度上减少隧道的偏移量，并根据超挖量及隧道实际测量数据最终确定偏移量，在湖滨站—龙翔桥站区间隧道掘进过程中，无铰接盾构掘进走内线预偏为 0.05~0.08 m 为宜。

（2）结合同步注浆减少隧道轴线偏移：在侧向力的作用下管片在脱出盾尾后向外侧偏移，为削弱侧向力减少其偏移量，可采用在外侧施加与侧向力相反的外力来减少偏移量，因此采用在隧道曲线外侧（远离圆心一侧）位置进行同步注浆，浆液采用可硬性浆液，加快凝固具备一定强度，浆液对脱出盾尾的管片进行施压来减少隧道偏移量，注浆压力控制在 0.3 MPa 范围内。

5.3.3 控制地面沉降及保护建筑物安全

在盾构掘进 300 m 小曲率半径隧道的同时要穿越大量建筑物。为有效控制地面沉降，保护建筑物安全，采取以下措施来控制地面沉降。

（1）在穿越之前详细调查沿线建筑物的情况，包括建筑结构、层数、基础形式、埋深及年代等。

（2）在穿越前 50 m 作为盾构掘进试验段，摸索盾构掘进参数，为正式穿越提供合理参数。

（3）推进速度。穿越时放慢推进速度，推进速度以 1.0~1.5 cm/min 为宜。

（4）盾构纠偏。盾构在小曲率半径段推进时，盾构机的纠偏控制尤为重要。盾构的曲线推进实际上是处于曲线的切线上，推进的关键是确保对盾构的头部的控制，由于曲线推进盾构环环都在纠偏，因此必须做到勤测勤纠，盾一次纠偏量不宜过大，尽量减少盾构对周围土体的扰动。

（5）土体改良。盾构穿越建筑物群时，隧道处于粉质黏土层，该土层强度较高黏性大，对刀盘的摩阻力较大，为确保盾构顺利推进及减少对建筑物的影响，通过刀盘前面的加泥加水孔向土体进行加外加剂进行改良土体，增加土体的和易性，使螺旋机出土通畅，从而减小对土体的扰动。

（6）同步注浆。严格控制同步注浆量和浆液质量，通过同步注浆及时充填建筑空隙，减少施工过程中的土体变形。盾构推进施工中的注浆，选择具有和易性好、泌水性小，且具有一定强度的浆液进行及时、均匀、足量压注，确保其建筑空隙得以及时和足量的充填。压浆量和压浆点视压浆时的压力值和地层变形监测数据而定。在施工过程中严格控制浆液质量。

（7）二次注浆。由于建筑空隙因未能充分填充或者由于土体的后期应力释放而产生沉降，同时考虑隧道受侧向力的影响及建筑物的安全，需要进行二次补压浆。通过隧道内管片注浆孔进行浆液压注。

在管片出盾尾 5~6 环后，通过管片注浆孔向管片外周进行浆液压注，来控制地面沉降与抵抗侧向分力。二次注浆压力控制 0.5 MPa 之内。在该工程中，通过二次注浆后，隧道的轴线基本稳定，同时也解决了土体超挖多、扰动大，地表沉降大的问题，保护了地面建筑物。

（8）跟踪注浆。主要控制地面沉降，确保建筑物安全，同时也进一步起到稳定隧道的作用。根据地面沉降监测反馈，及时对沉降明显地段进行跟踪注浆，跟踪注浆位置选择在沉降位置附近，由两侧开始向中间补充注入。注入压力适当高于二次注浆压力，控制在 0.6 MPa 之内，具体根据地面隆起情况确定，隆起量不超过 2 mm。跟踪注浆坚持平稳、持续的注入原则，以地面沉降监测情况为指导，保证持续对沉降进行控制，注浆压力逐步提升，先低后高、平稳注入。同时，在楼房群范围内，做好连续补浆准备，搭设移动平台，保证车架通过后同样能够及时控制。

注浆压力控制措施：严格控制注浆压力，注浆过程中对注浆压力进行控制并记录，同时观察隧道结构变化，认真做好注浆记录。对注浆作业进行监督，避免注浆压力过大影响隧道结构，造成建筑物隆起过大，同时防止注浆压力过高导致浆液突穿至地表污染建（构）筑物及地面。

（9）加强地面及建筑物沉降监测：在盾构穿越建筑物过程中，每推进一环对穿越建筑物进行 2 次监测，并将监测数据及时地传达给值班人员。穿越过程中根据实际需要可以进行 24 h 不间断的跟踪监测。跟踪监测时，现场监测人员和中央控制室值班人员通过对讲机进行及时联系，值班人员对地面监测数据进行综合分析，得出结论及时通过电话传达给盾构工作面，指导盾构施工参数的设定，然后通过监测地面变形量进行效果的检验，从而反复循环、验证、完善，保证施工过程中构筑物的安全。

5.3.4 自动信息化施工

为更好地控制推进线路与设计隧道轴线相吻合，利用盾构机上自动测量系统，推进线路与设计线路时刻动态地显示在电脑屏幕上。项目技术管理人员能够方便、直观的根据屏幕上显示的盾构当前掘进线路与设计轴线的偏差及时下达指令，而且盾构司机在操作室内根据平面上显示的姿态偏差数据情况及时进行动态纠偏，同时也节省了测量人员与时间，测量技术人员每 10 环进行一次人工复核，确保测量的准确性。

5.4 劳动组织

劳动组织和作业制度采用"二班"作业制，劳动力配备按照 2 条隧道安排，见表5-1。

表5-1 劳动力组织表　　　　　　　　　　　　　　　　人

序号	岗 位 名 称	人数	备　注
1	班长	4	按"二班"制配备 4 个班考虑盾构司机及测工轮休各备用1人，共54人
	盾构司机	5	
	测量工	5	
	电机车司机	8	
	司索工	4	
	拼装工	8	
	单轨梁司机	4	
	双轨梁司机	4	
	拌浆工	8	
	看土工	4	

表5-1（续） 人

序号	岗位名称	人数	备注
2	电工	5	配备1个班
	电焊工	5	
	机修工	5	
	司索工	4	
	行车司机	4	
3	涂料工	6	配备1个班14人
	保洁修补工	4	
	注浆工	4	
4	合计	91	

6 材料设备

盾构掘进主要材料与设备见表6-1。

表6-1 主要材料与设备

序号	用途	设备名称	规格型号	单位	数量	备注
1	掘进与运输	无铰接盾构	φ6340	台	2	土压平衡
		行车	MG32t/5t	台	1	
		行车	MG15t	台	1	
		电机车	XK25-7(9)/288-JC	台	4	
		送浆车	3.5 m³	个	2	
		土箱	9 m³	台	10	
		平板车		台	14	
2	拌浆	拌浆机	BJL3500型	台	2	
3	通风	通风机	SFDZ-Ⅰ-NO.7 2×30 kW	台	2	
4	排水	污水泵	Y160M1-2	台	2	功率11 kW，36 m扬程，35 m³/h
		污水泵	WQ15-30-3	台	2	
		潜水泵	QX15-34-3	台	2	
		充电机	KCA01-100/200 (25t)	台	6	
		配电柜	600 A	只	3	
		配电柜	200 A 或 250 A	只	12	
		降压启动柜	100 A	只	7	
5	其他	套丝机	23t-1.1/0013	台	1	
		电焊机	500 F 或 400 F	台	4	

7 质量控制

7.1 本工法在施工中执行的规范和标准

(1)《盾构法隧道施工与验收规范》(GB 50446—2008)。

(2)《工程测量规范》(GB 50026—1993)。

(3)《建筑变形测量规程》(JGJ 8—2007)。

(4)《城市轨道交通工程测量规范》(GB 50308—2008)。

7.2 质量标准

(1)隧道轴线平面位置不超过 ±50 mm。

(2)隧道轴线高程不超过 ±50 mm。

(3)地面沉降(+10 ~ -30)mm。

(4)建筑物沉降(+5 ~ -5)mm。

7.3 沉降监测

7.3.1 监测内容

为确保隧道施工质量及安全,及时收集、反馈和分析周边环境在施工中的变形信息,实现信息化施工,保障周围环境安全,根据设计方案的要求和场区周边环境情况,进行以下内容监测:

(1)隧道地表垂直位移监测。

(2)周边建、构筑物垂直位移监测。

(3)周边市政管线垂直位移监测。

7.3.2 监测点布置

1. 地表沉降监测点布设

沿左线和右线轴线每 6 m(5 环)布设 1 点,每 30 m(25 环)布设 1 个监测断面(始发与接收端 30 m 范围内增设两个监测断面)。此断面在轴线左右两侧对称布设各 4 点,间距分别为 2.5 m、3.5 m、5 m、5 m,每排断面共计 9 个点。

盾构施工的监测范围一般为盾构切口前 20 m,盾尾后 30 m。

在盾构始发端与接收端时要加密测点,在盾构始发端与接收端 2 环、10 环处各增加 1 组横断面监测点,始发端与接收端 50 m 内不少于 3 组监测断面。

2. 周边建(构)筑物沉降位移监测(在区间隧道两侧 20 m 范围内)

建(构)筑物沉降观测点重点布设在外墙角、门窗边角、立柱等突出部位,监测点布置详见图 7-1,周边建(构)筑物沉降位移监测同地面沉降监测点同一方法、同一线路、同时观测。

隧道盾构推进期间,现场监测人员 24 h 值班,在出现险情时及时进行测量,为施工及时提供监测信息。

3. 周边市政管线垂直位移监测

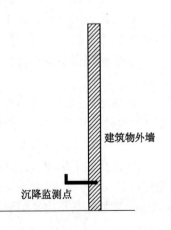

图 7-1 监测点布置图

根据区间内隧道沿线环境的特殊情况及盾构施工对地下管线影响的需要，为了更直接地了解盾构施工对管线的影响程度，对轴线两侧各 20 m 范围内各种管线的设备点（如阀门井、抽气井、人孔、窨井等）进行直接监测，确保管线的安全。

7.4 仪器设备

仪器设备见表 7 - 1。

表 7 - 1 仪 器 设 备 一 览 表

序号	名 称	规 格	单 位	数 量	精 度	备 注
1	水准仪	DSZ2 + FS1	台	1	±0.5 mm	地面测量
2	全站仪	GTS - 222	台	1	2″	地面测量
3	全站仪	徕卡 TCR802	台	2		隧道
4	水准仪	ZDL700	台	2		隧道
5	经纬仪	苏光 DT202C	台	2		隧道

7.5 质量控制措施

（1）建立隧道施工质量管理组织机构及质量保证体系。

（2）隧道轴线控制的措施。

① 在掘进中，及时掌握盾构机的方向和位置，严格对盾构机进行姿态控制，保证实际轴线同设计轴线的偏差量小于 ±50 mm 的要求。

② 盾构推进中，测量在每环拼装后进行，做到勤测勤纠，避免误差积累，对轴线一次纠偏量不大于 4 mm。

③ 定期人工测量盾构机姿态，发现问题及时纠正。

④ 隧洞衬砌每循环都要测量盾尾间隙。及时纠偏，以保证隧洞轴线的准确性。

⑤ 利用自动化测量系统，能够早发现偏差趋势，及早进行预防，防止偏差过大，把偏差控制萌芽状态。

（3）控制地表及建（构）筑物沉降的措施。

① 合理设定土压，使土舱压力与开挖面水土压力保持平衡。另外根据需要，注入适当的添加剂增加开挖土的塑性流动性。

② 盾构掘进中减小对穿越地层的扰动，保持掘进姿态，控制轴线偏移量在允许范围之内。

③ 根地质状况选择适宜的壁后注浆材料，在盾构推进的同时进行壁后注浆及跟踪注浆，另外注意控制二次注浆引起的地基隆起或地基扰动。

④ 确保管片拼装精度，同时充分紧固接头螺栓，以免管片衬砌变形，增大地基下沉。

⑤ 防止地下水渗入，减少地基下沉。防止从管片接头、壁后注浆孔等漏水，必须仔细进行管片的组装及防水作业。

⑥ 加强地基及建筑物变形的预测与测定，及时反馈信息，调整推进参数。

8 安 全 措 施

8.1 认真贯彻"安全第一、预防为主"的方针

为确保人员、工程安全和周边环境的安全，成立项目安全管理组织机构，项目经理为安全第一责任人，设安全副经理和专职安全员，组成全面有效的安全监督、管理系统。

8.2 盾构机掘进中的安全保证措施

（1）建立规范的交接班制度，做到岗位职责到人，人不离岗。

（2）盾构井内进管片有专人指挥，协调施工。

（3）定期检查盾构隧道内的高压、低压电缆，运输轨道的安全性。

（4）严禁在隧道内乘坐电瓶车及在隧道内吸烟。

（5）与当地供电部门建立经常性的联系，在接到停电通知后，及时通知工作面的工作人员，关闭螺旋输送器的前后闸门，作好水位及土压监测。

（6）加强隧道内通风，确保每人需供应新鲜空气不得小于 $3\ m^3/min$，隧道最低风速不得小于 $0.25\ m/s$。

9 环 保 措 施

9.1 全面运行 ISO 14001 环境保护体系

轨道交通一般处在城市繁华地段，环境问题受到度高关注。为了保护环境，减少噪声及污染，成立项目环境保护组织机构，全面运行 ISO 14001 环境保护体系，执行标准，采取措施保护好环境。

9.2 大气污染的防治

对进出场道路，不乱挖乱弃，旱季注重道路洒水养护，降低粉尘对环境的污染，雨季做好沟渠疏通，防止对道路造成污染。

9.3 水污染的防治

施工期间的施工排水系统的建立与日常维护，须经过沉淀后方可排入就近市政雨水窨井内，并制定措施，确保排水通畅。

安排专职清洁工，建立"文明清洁岗"制度，保证施工区、生活区的清洁工作。

9.4 固体废弃物的防治

对环境有污染的城建渣土和商业固体废物，必须经过处理后方可外运。

工程竣工后，认真清理沿线杂物，拆除临建，并将上述垃圾弃至指定地点。

9.5 地表沉降的防治

采取合理的盾构推进参数，注浆要及时、足量，并加强沉降监测，控制地表沉降，保护管线及建筑物的安全。

10 效 益 分 析

10.1 经济效益

通过无铰接盾构极限小曲率半径施工技术的成功运用,使我单位在杭州地铁湖滨站—龙翔桥站的施工中取得了较大的经济效益。本区间隧道设计最小曲率半径为 300 m,按照以往施工惯例均采用铰接盾构进行施工,但租赁费用较高,租赁费用每米 5800 元。本工程采用无铰接盾构进行施工,右线隧道长 1486 m,节省租赁费用达 861.88 万元;左线隧道长 1508 m,节省租赁费用为 874.64 万元。天津地铁金狮桥站—中山路站区间隧道工程,隧道最小曲率半径为 300 m,右线隧道长 943.8 m,节省租赁费用 547.404 万元,以上总计节省 2283.924 万元,为企业节省了大量的费用,创造了巨大的经济效益。

10.2 社会效益

无铰接盾构极限小曲率半径施工技术在湖滨站—龙翔桥站区间隧道施工中应用所取得的社会效益表现在以下几个方面:

(1)通过成功运用我们的施工技术,提高了我单位在隧道小曲率半径不利土层及地面环境复杂环境下的施工信誉,得到了业主的认可,为我单位立足杭州地铁市场做出了贡献。

(2)为以后的小曲率半径隧道采用无铰接盾构施工提供了成熟完善的施工技术,开创了先河,树立了典范。

10.3 质量效果

通过该关键技术的实施,盾构掘进线路与设计曲线相吻合,符合设计要求;管片拼装质量较好,无较大碎裂现象,隧道整体质量良好;地面沉降和建筑物沉降得到有效控制,沉降量符合设计及规范要求,保护了大量历史保护性建筑物。

11 应 用 实 例

11.1 实例一

杭州地铁湖滨站—龙翔桥站区间右线隧道工程。位于杭州市中心商业城区,高楼林立,管线众多。

右线隧道长度约为 1486 m,最小曲率半径为 300 m,曲线长度 400 m,最大纵向坡度为 28‰。

地质情况:盾构穿越土层为淤泥质粉质黏土和粉质黏土。其中小曲率半径隧道段处于粉质黏土中。

沿线环境情况:沿线越众多历史保护性建筑物和众多市政管线。

本工程右线隧道从 2010 年 6 月初始发,至 2011 年 7 月接收。

11.2 实例二

杭州地铁湖滨站—龙翔桥站区间左线隧道工程。左线隧道长度约为 1508 m。最小曲率半径为 300 m,曲线长度 400 m,最大纵向坡度为 28‰。工程地质和沿线环境同右线隧道相同。

左线隧道从 2010 年 7 月初始发，至 2011 年 8 月接收。

11.3 实例三

天津地铁金狮桥站—中山路站区间隧道工程，右线隧道全长 943.8 m，最小曲线半径 300 m，曲线段长度 200 m，最大纵坡 25‰。

区间线净距为 2.48~4.4 m，小间距段覆土深度为 7~13 m。

隧道主要穿越淤泥质粉质黏土、粉土、粉质黏土、粉质黏土。

本区间隧道从 2011 年 3 月始发，2011 年 10 月接收。

斜坡道法快速施工中央泵房配水系统
施工工法（BJGF056—2012）

河南国龙矿业建设有限公司

雒发生　高世恩　李新政　刘其瑄　刘金良

1 前　　言

水文地质条件复杂的矿井转入二期工程施工后，应尽早形成井下供电、永久泵房和水仓等系统，以提高矿井抗灾应急的能力。

在施工永久泵房和水仓等排水系统工程中，配水巷和吸、配水井因设计和施工条件限制，往往是制约永久排水系统形成的主要因素。如从水仓处施工，由于配水巷和吸、配水井在水仓尽头，施工完水仓再施工配水巷和吸、配水井工期较长。如从吸、配水井处施工，由于用不上机械化，施工难度大、速度慢，工期也很长。为尽早形成永久排水系统，河南国龙矿业建设有限公司在永煤集团新桥煤矿施工中，创新采用了"斜坡道"法快速施工中央泵房配水系统施工工法，实现了配水巷和吸、配水井与水仓施工平行作业，并可采用机械排矸运输，使施工工期减少2.5~3个月，大大缩短了排水系统形成时间。永久排水系统的提前形成，提高了矿井抗灾应急能力，为井下工程施工全面展开创造了有利条件。本工法关键技术于2012年5月通过中国煤炭建设协会组织的技术成果鉴定，达到国内先进水平，具有一定的推广应用价值。

2 工 法 特 点

（1）在泵房与变电所交界的管子道口处，利用开掘的水泵基础坑，施工通向吸水井和配水巷的斜坡道，斜坡道倾角22°，宽度2.5 m，斜长11.8 m。通过斜坡道进行配水巷和吸、配水井的施工。

（2）配水巷和吸、配水井施工，采用P30B型耙矸机实现机械装矸。

（3）管子道开口处安设JD1.6型绞车，通过绞车牵引1T矿车实现配水巷机械排矸运输。

（4）配水巷矸石重车，经过中央变电所通道运输至副井底，运输距离小于50 m。

（5）采用"斜坡道"法施工，缩短了配水巷及吸、配水井施工工期，提前形成永久排水系统。

（6）实现了配水巷，吸、配水井与水仓施工平行作业。

（7）配水巷和吸、配水井施工完后，用混凝土将斜坡道浇筑填实。

3 适 用 范 围

该工法适用于矿井井下中央泵房配水巷，吸、配水井工程的施工。

4 工 艺 原 理

该工法的施工工艺，是在泵房与变电所交界处、配水巷端头，利用开掘的水泵基础坑，施工通向吸、配水井和配水巷的斜坡道，通过此斜坡道，进行吸、配水井和配水巷的施工，达到提前施工、机械化施工、快速施工和多工程平行施工的目的。

5 工艺流程及操作要点

5.1 工艺流程

施工工艺流程如图 5-1 所示。

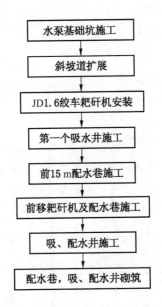

图 5-1 斜坡道法施工工艺流程图

5.2 操作要点

5.2.1 水泵基础坑掘进

按照设计图纸，在配水巷端头，第一个吸水井前方位置，采用爆破法开挖长×宽×深为 3.6 m×1.8 m×1.5 m 的水泵基础坑。

5.2.2 斜坡道扩展

根据永久泵房的现场条件，利用已经开掘的水泵基础坑，进行宽度和深度扩展，形成满足运输需要通向吸水井和配水巷的斜坡道；斜坡道倾角 22°，宽度 2.5 m，斜长 11.8 m。"斜坡道法"的施工平面图如图 5-2 所示，"斜坡道法"施工剖面图如图 5-3 所示。

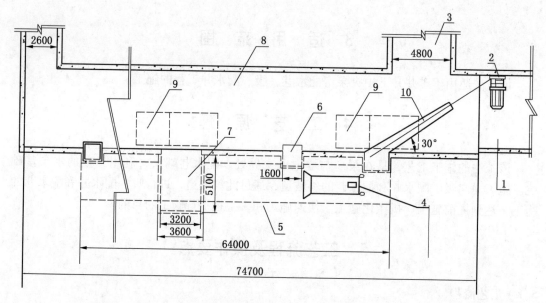

1—中央变电所；2—绞车；3—管子道；4—耙矸机；5—配水巷；6—吸水井；7—配水井；

8—主排水泵房；9—水泵基础；10—斜坡道

图5-2 斜坡道法施工平面图

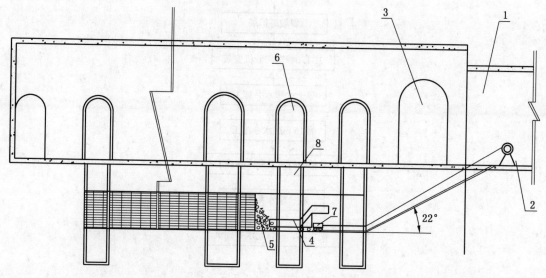

1—中央变电所；2—绞车；3—管子道；4—耙矸机；5—配水巷工作面；6—壁龛；7—矿车；8—吸水井

图5-3 斜坡道法施工剖面图

5.2.3 JD1.6 绞车及耙矸机安装

在管子道井口处适当位置，首先施工绞车基础，然后安装 JD1.6 m 提升绞车。待绞车安装结束，利用绞车钢丝绳作为保护绳，在斜坡通道上下移和固定 P30B 型耙矸机，并使用耙矸机卡轨器及 4 根 $\phi21.5$ mm 拖拉钢丝绳进行固定。使用 P30B 型耙矸机配合 1.0 t 矿车运输矸石和物料。

5.2.4 第一个吸水井施工

吸水井设计深度 6.5 m 分两段进行施工，首先在配水巷施工前，由泵房吸水井壁龛向下施工 4 m，第二个掘进循环矸石暂不提升，然后由配水巷向吸水井进行贯通、排矸，最后完成吸水井剩余 2.5 m 掘进施工。

5.2.5 前 15 m 配水巷施工

配水巷掘进采用钻爆法施工，先将 P30B 型耙矸机固定在斜坡道上，配合 1 t 矿车排矸运输；配水巷平巷掘进 15 m 后将耙矸机前移至配水巷中。

5.2.6 前移耙矸机及配水巷施工

第一个吸水井施工至配水巷标高，同时配水巷平巷施工 15 m 后，将 P30B 型耙矸机下移至配水巷平巷段，斜巷安装"一坡三挡"设施，继续向前进行配水巷掘进施工。

（1）钻炮眼准备：钻炮眼采用长 2.8 m 中空六角钢钎杆，$\phi42$ mm 十字钻头。钻炮眼前，检查机具是否完好，风压、水压是否满足要求。

（2）施工量测：钻炮眼前在工作面量测中腰线、画出巷道掘进轮廓线，标定炮眼位置。

（3）喷射混凝土：配水巷喷射混凝土厚度 30 mm，掘进采用"一掘一锚网一喷浆"的作业方式。

5.2.7 吸、配水井施工

吸、配水井设计 9 个，随配水巷掘进工作面向前推进，按照 1~9 号顺序逐个进行吸、配水井施工。吸水井一次施工完毕；配水井分上下两部分掘进施工，首先进行配水巷底板标高以上部分掘进施工，待配水巷全部施工完毕后，最后逐个进行配水井剩余部分掘进施工。

5.2.8 配水巷，吸、配水井混凝土砌筑施工

配水巷，吸、配水井掘进和锚喷支护完毕后，进行混凝土二次支护。井下中央泵房内安装 MJZC - 350 具有防爆性能的混凝土搅拌机，用于混凝土二次支护施工。首先根据设计尺寸组装模板，将配水井、吸水井底层浇筑至配水巷底板标高，然后进行配水巷由里向外连续浇筑，最后进行配水井、吸水井上部混凝土施工。

5.3 劳动组织

5.3.1 施工人员配备

每班配有掘进工（打眼工、支护工、装岩机司机）、运输工、信号把钩工、绞车工、验收员、班长等。劳动力配备详见表 5 - 1。

表 5-1 劳 动 力 配 备 表 人

工 种 名 称	小班人数	合 计
掘进工	5	20
信号把钩工	2	8
绞车工	1	4
运输工	2	8
验收员	1	4
班长	1	4
办事员		1
队长		1
总 计		50

5.3.2 作业方式

采用"四六"作业制,配水巷循环进尺2.2m,掘进支护循环图表详见表5-2。

表5-2 掘进支护循环表

工序 \ 时间	班次 工序时间	一班						二班						三班						四班					
		1	2	3	4	5	6	7	8	9	10	11	12	13	14	15	16	17	18	19	20	21	22	23	24
交接班	15																								
打眼	45																								
装药连线	30																								
爆破通风	30																								
安全检查	15																								
临时支护及锚网	50																								
出矸	90																								
喷浆准备	20																								
喷浆	50																								
清理	15																								

6 材料与设备

施工所使用的主要材料及设备详见表6-1。

表6-1 材料及设备明细表

序号	设备及材料名称	型 号	单位	数量	备 注
1	凿岩机	YTP28	台	10	掘进凿岩
2	锚杆机	MQT-130	台	3	锚杆支护
3	井下防爆搅拌机	MJZC-350	台	1	井下混凝土搅拌
4	喷浆机	PZ-5B	台	2	喷浆支护
5	绞车	JD1.6	台	1	提升运输
6	耙矸机	P-30B	台	2	装矸
7	电机车	5T蓄电池式	台	2	运输
8	矿车	1.0T	台		运输
9	水胶炸药	$\phi35\ mm \times 300\ mm$			爆破施工
10	雷管	1~5毫秒延期			爆破施工
11	发爆器	MFB-200	台	2	爆破施工
12	锚杆	高强树脂锚杆	根		支护
13	钢筋网	$\phi6.5\ mm$	m²		支护
14	速凝剂	J85型	t		喷浆施工

7 质 量 控 制

7.1 质量控制标准

《煤矿井巷工程质量检验评定标准》(MT 5009—1994)。

7.2 质量保证措施

(1) 打眼深度、角度不符合爆破图表要求，严禁装药。

(2) 装药、联线质量不符合爆破图表要求，严禁爆破。

(3) 巷道掘进断面规格尺寸达不到要求，严禁打锚杆联网。

(4) 锚网质量不符合要求，严禁喷射混凝土；锚杆的间排距允许偏差为 ± 100 mm；锚杆外露长度不大于 50 mm；锚杆与岩面夹角不小于 75°。

(5) 未清除浮矸、冲洗岩帮，严禁喷射混凝土。

(6) 未拉好巷道边线，严禁喷射混凝土。喷射混凝土厚度不得小于设计值的 90%；表面平整度小于等于 50 mm。

(7) 量测并画掘进轮廓线，标定眼位。打眼时坚持使用标杆导向打眼。

(8) 按光面爆破图表装药爆破，控制周边眼的装药量。爆破后眼痕率不得少于 50%。

(9) 由验收员标出锚杆眼位，锚杆眼垂直于巷道轮廓线，最小角度不得小于 75°，锚杆眼深度误差不得超过 50 mm。

(10) 锚杆安装锚杆时，缓慢将树脂药卷顶至孔底，边搅边推，锚杆顶端推到眼底后，全速搅拌 8 ~ 10 s，保持锚杆钻机持续推紧锚杆 1 ~ 2 min，待树脂药卷凝固 30 min 以后，才可以用加长扳手紧固螺母。

(11) 每班配备一把加长扳手和一把扭矩扳手，加长扳手用以紧固锚杆螺母。扭矩扳手用以检测锚杆的预紧力。每个锚杆检查一遍，预紧力达不到设计要求的，要及时用加长扳手紧固，或者重新补打锚杆。

(12) 联网必须保证搭接长度不得小于 100 mm，并每隔 100 ~ 200 mm 用 12 号铁丝双股绑紧。

(13) 喷射混凝土前，首先用压风、水将受喷面吹洗干净。

(14) 耙矸机后作业区喷射混凝土前，必须拉线喷射混凝土，由验收员设置好喷射混凝土 9 条边线，即拱顶、两拱肩、两拱基线、两墙腰、两墙根各一条线。

(15) 围岩渗漏水时，应以导水为主，安设导管导水后再喷混凝土。

(16) 采用铁丝绑扎模板和锚杆加模板支撑，固定模板，必须铁丝绑牢、模板支撑固定牢靠，严防模板在浇筑混凝土过程中移位。

(17) 浇筑混凝土过程中，要对称、分层浇筑，每层厚度为 300 mm。

(18) 坚持使用振动棒振捣，专人负责，严防过振、漏振，确保浇筑混凝土质量。

(19) 浇筑后的混凝土每班洒水养护一次，连续养护 7 d。

8 安 全 措 施

（1）所有施工人员，均必须接受安全知识学习和培训，取得安全资格证，并在安全技术交底后经考试合格，方可上岗。

（2）每道工序施工前，由检查负责人检查把关，首先进行安全检查，处理隐患，做到不安全不生产。

（3）进入工作面前，首先检查顶帮和支护情况，有浮矸或支护不完好，必须首先从外向里进行处理，否则严禁进入工作面。

（4）操作人员要站在风钻一侧，严防断钎伤人；工作面坚持使用安全防护网；严禁打眼时进行装药工作。

（5）严格遵守"一炮三检"制度和"三人连锁爆破"制度。

（6）严格按爆破操作程序执行，必须按规定设置警戒，警戒区内严禁有人，否则不准爆破。

（7）通电拒爆时，必须等15 min后再进入工作面检查。

（8）拒爆处理必须按《煤矿安全规程》规定严格执行。

（9）爆破后进入工作面前，必须站在支护完好的安全地点用长把工具"敲帮问顶"，由外向里认真执行"敲帮问顶"制度。

（10）必须使用金属前探梁临时支护，否则不准进入工作面。

（11）锚喷支护时，必须在金属前探梁支护下，由外向里进行打锚杆和联网工作。

（12）喷射混凝土前，操作人员必须戴好口罩；喷射混凝土时如果发生堵管，必须先停电，后停风。处理堵管时，严禁喷嘴对着人。

（13）耙矸机的安全防护装置齐全可靠，有封闭式金属挡绳栏、防耙斗出槽的护栏。

（14）耙矸机作业时必须使用明亮的射灯；耙矸机导向轮固定楔固定牢固；耙斗运行范围内严禁站人；耙矸机司机严格按照操作规程操作。

（15）坚持使用斜巷上平台阻车器、斜巷挡车杠；必须固定绞车工、信号把钩工，必须持证上岗；坚持使用保险绳、保险插销。

（16）跟班电钳工必须对钢丝绳进行安全检查，不合格立即更换。

9 环 保 措 施

（1）在上岗前对职工进行职业健康安全和环境保护知识教育，进行环境保护措施的技术交底。使职工自觉遵守环境保护的规章制度，保护井下环境，保护职工的身体健康。

（2）搅拌站采取密闭措施，严防粉尘飞扬。

（3）职工必须佩戴防尘口罩等劳动保护用品，坚持湿式打眼。

（4）在喷浆机后安设喷雾降尘装置，喷射混凝土时开启水雾，达到降尘的目的。

（5）在耙矸机的装矸处，安设喷雾降尘装置，在装矸时开启喷雾降尘。

（6）局部通风机必须使用消声罩，减少风机噪声。

（7）严格局部通风机和风筒管理，向工作面供给足够的新鲜风流，确保掘进工作面空气新鲜，确保工作面温度、湿度适宜。

（8）施工废水、废油、生活污水分别经过沉淀池、隔油池、生化处理池，净化处理后排放。

（9）工业及生活垃圾及时清扫，集中存放，定期进行处理，防止污染环境。

（10）润滑油要明显标记，分类存放，容器必须清洁密封，不得敞盖存放；每天要定期检查各运行设备的油量，按规定加油，严禁设备漏油，加油时，油桶必须干净；做好废油的回收利用工作，更换的废旧油脂必须及时回收、上交、统一存放、处理。

（11）按安全质量标准化要求，做到文明施工，放置标准的可回收和不可回收垃圾箱，巷道底板做到无积水、无淤泥。大巷内物料、工具摆放整齐，设备设施干净卫生，为职工创造一个舒适的井下环境。

10 效 益 分 析

10.1 经济效益

永城煤电集团新桥煤矿中央泵房配水系统工程：井下中央泵房工程设计 2 个配水井、7 个吸水井及 63 m 配水巷，总工程量 121.5 m、掘进体积 815.6 m^3；采用"斜坡道"法施工，比计划工期提前 75 d 完成泵房配水巷和吸、配水井等配水工程，节约成本费用 20.4 万元。

永华能源嵩山煤矿井下中央泵房配水系统工程：井下中央泵房工程设计 2 个配水井、9 个吸水井及 80 m 配水巷，总工程量 151.5 m、掘进体积 1117.5 m^3；采用"斜坡道"法施工，比计划工期提前 80 d 完成泵房配水巷和吸、配水井等配水工程，节约成本费用 23.9 万元。

焦煤集团新河煤矿井下中央泵房配水系统工程：井下中央泵房工程设计 3 个配水井、10 吸水井及 95 m 配水巷，总工程量 180 m、掘进体积 1245.5 m^3；采用"斜坡道"法施工，比计划工期提前 90 d 完成泵房配水巷和吸、配水井等配水工程，节约成本费用 27 万元。

10.2 社会效益

该工法适用于所有矿井井底中央泵房配水巷、吸水井和配水井的施工，既缩短了排水系统施工工期，提前形成永久排水系统，又减轻了工人劳动强度、提高了施工速度，降低了施工成本，使矿井尽早具备抗灾能力，避免由于突发水灾，造成淹井、淹工作面重大事故发生，社会效益显著，具有一定的推广应用价值。

11 应 用 实 例

永城煤电集团新桥煤矿、永华能源嵩山煤矿、焦煤集团新河煤矿的井底中央泵房配水系统工程施工中，采用"井底中央泵房配水系统工程快速施工工法"，分别提前 75 d、80 d、90 d 形成永久排水系统，提高了矿井抗灾能力。为矿井二期工程施工打下基础，促进了二期工程安全、快速施工。

11.1 实例一

永城煤电集团新桥煤矿井下中央泵房有 2 个配水井、7 个吸水井，配水巷长 63 m，总工程量 121.5 m，掘进体积 815.6 m³。其中，配水巷采用"锚网喷+混凝土"支护，平均掘进断面面积为 6.25 m²。采用绞车提升，耙矸机装矸，矿车运输，利用"斜坡道"施工的方法，工程于 2006 年 4 月 5 日开工，6 月 1 日竣工，采用与水仓平行施工，使排水系统工期提前了 75 d 完成。

11.2 实例二

永华能源嵩山煤矿井下中央泵房有 11 个吸、配水井、配水巷长 80 m，总工程量 151.5 m，掘进体积 1117.5 m³。其中，配水巷采用"锚网喷+混凝土"支护，平均掘进断面面积为 6.8 m²。采用绞车提升，耙矸机装矸，矿车运输，利用"斜坡道"施工的方法。工程于 2008 年 3 月 1 日开工，5 月 16 日竣工，采用与水仓平行施工，使排水系统工期提前了 80 d 完成。

11.3 实例三

焦煤集团新河煤矿井下中央泵房有 13 个吸、配水井、配水巷长 95 m，总工程量 180 m，掘进体积 1245.5 m³。其中，配水巷采用"锚网喷+混凝土"支护，平均掘进断面面积为 6.5 m²。采用绞车提升，耙矸机装矸，矿车运输，利用"斜坡道"施工的方法。工程于 2009 年 10 月 1 日开工，12 月 20 日竣工，采用与水仓平行施工，使排水系统工期提前了 90 d 完成。

破碎岩层煤仓施工工法（BJGF057—2012）

山西宏厦第一建设有限责任公司

梁爱堂　樊保柱　耿延方　李剑锋　左亮亮

1 前　　言

煤矿井下煤仓作为井下的储煤硐室，具有断面大、结构复杂、工艺繁多、施工难度及安全风险大、质量要求高等特点。采用普通钻爆法施工破碎岩层煤仓，还存在围岩破碎，支护难度大；容易片帮伤人；施工速度慢、工期长等问题。山西宏厦第一建设有限责任公司在阳煤集团五矿一号主斜井二号煤仓、二矿13采区煤仓、五矿扩区一号煤仓施工中，均遇到断层破碎带的地质条件。采用反井钻机先施工1.2 m反井钻孔，解决了通风、出矸及排水问题，并在反井钻孔中安装 φ1.0 m 的钢管，以防止煤仓刷大过程中反井钻孔的二次坍塌、堵孔。采用该工法，保证了煤仓施工的安全和质量，提前完成了煤仓施工任务，通过多项工程的应用证明，安全、质量、经济效益显著。本工法关键技术于2012年5月通过了中国煤炭建设协会组织的技术成果鉴定，达到国内先进水平。

2 工 法 特 点

利用反井钻机由上而下先施工一个 φ216 mm 的导孔，然后采用 φ1200 mm 的钻头进行扩孔，并在钻孔中安装 φ1000 mm 的钢管，有效防止了孔壁坍塌堵孔，保证了施工中的出矸、排水、通风工作。

3 适 用 范 围

该工法适用于煤矿地质条件复杂的各类围岩岩层、各种直径的煤仓工程施工。

4 工 艺 原 理

该工法利用 AT－1200 反井钻机施工 φ1.2 m 的反井钻孔作为煤仓施工期间出矸、通风、排水通道。在反井钻孔中安装 φ1.0 m 的钢管，并用矸石充填孔壁与钢管环形空间，防止煤仓刷大施工过程中反井钻孔的二次坍塌、堵孔。煤仓采用下行法施工，短掘短支、锚网喷一次支护，最后浇筑混凝土永久支护。

5 工艺流程及操作要点

5.1 工艺流程

工艺流程如图 5-1 所示。

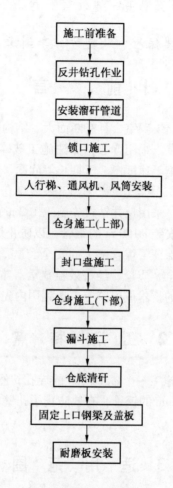

图 5-1 施工工艺流程图

5.2 操作要点

5.2.1 反井钻孔施工

1）导孔施工

（1）施工导孔时，首先要进行钻机定位，钻机定位的精度及其误差不超出规定要求。钻具要保持与钻孔垂直，偏斜误差不超出规定要求。

（2）在导孔钻进过程中，要保证循环水畅通，如出现出水不畅，要及时上提钻杆，处理完毕后方可重新钻进。

2）反井钻孔扩孔施工

（1）反井钻孔扩孔施工时，扩孔压力与破岩效率关系密切，不同的岩性应采用适宜的钻压。每种岩石都有特定的最佳挤压破碎值，压力过大或过小都会使破岩效能下降，因此，要合理掌握掘扩孔压力。

（2）反井钻孔为煤仓施工期间出矸、通风、排水通道，其规格为 ϕ1200 mm。钻孔边缘应偏离煤仓中心，且偏离提升中心。反井钻机施工示意图如图 5-2 所示。

5.2.2　溜矸管路安装

（1）溜矸管路选用 ϕ1000 mm 的钢管，钢管两头为法兰盘，采用螺栓连接。下放时将钢管用管卡卡紧，并用 JD-1.8 型调度绞车的提升钢丝绳与钢管管卡连接，采用逐节安装、逐节下放的方法。

（2）安装管路时必须有专人指挥，操作人员与绞车司机配合一致，保证管路安全安装完毕。

5.2.3　绞车、钢丝绳、天轮安装

（1）采用 JD-1.8 型矿用调度绞车提升物料，提升钢丝绳为 ϕ18.5 mm 不旋转钢丝绳；采用 JD-55 型矿用调度绞车提升 1 m³ 吊桶进行人员上下，提升钢丝绳选用 ϕ21 mm 不旋转钢丝绳，天轮选用 ϕ500 mm 的标准天轮。

（2）天轮安装高度为 2.8 m，在煤仓上部硐室安装两根 40 号工字钢，两端嵌入巷道两帮不小于 500 mm，并按照中心线调好出绳角度安装固定 ϕ500 mm 天轮。确保提升器物最突出部位与钢梁、仓壁边缘不小于 200 mm。

（3）在顶部打注两根锚索用 ϕ18.5 mm 的双股钢丝绳制作的绳环连接，不少于 4 道卡，并用双帽拧紧卡牢，锚索锁具上方安装 500 mm 长 29U 钢并将钢丝绳环锁牢。绳环从天轮下方及提升钢丝绳中穿过作为二次保护。

（4）在工字钢上固定一根 ϕ18.5 mm 的钢丝绳，钢丝绳长度大于煤仓深度 30 m 以上，并在钢丝绳上用卡固定几个 ϕ20 mm 的圆钢制作的扁环，防止反井钻孔堵孔时使用。

（5）绞车安装位置布置在进料的另一侧，靠近提升天轮，且至天轮之间视线良好。绞车安装采用 4 根锚杆固定，绞车卷筒提升中心必须与天轮绳槽对正。煤仓上部硐室设备布置示意图如图 5-3 所示。

5.2.4　锁口施工

（1）采用 20a 工字钢呈“井”字形布置，顺巷工字钢长度为 15 m，垂直巷道的工字钢长度为 10 m。煤仓锁口段高为 3~4 m，锁口为收口圆台状，采用双层钢筋混凝土支护。

（2）采用钻爆法掘进至该段底部位置，存留 0.6 m 厚以上虚矸，进行绑扎钢筋、立模、浇筑等工作。

（3）浇筑混凝土采用自落式搅拌机设置于进料一侧仓壁边缘，出料口下方设自制溜槽，搅拌好的混凝土输送到仓中容器内，由人工均匀入模。煤仓上部锁口示意图如图 5-4 所示。

5.2.5　通风机、风筒安装

（1）通风机安装在进料、提升机另一侧位置，采用 2 根锚索及 ϕ15.5 mm 钢丝绳固定在巷道顶板上。

（2）采用胶质风筒，快速接头连接，转弯过渡段采用龙骨风筒，风筒采用两根悬吊钢丝绳及半圆卡子固定，钢丝绳采用锚杆安装固定在锁口仓壁上口混凝土上。

（3）通风工作只在反井钻孔堵塞的情况下进行，正常情况下为自然通风。

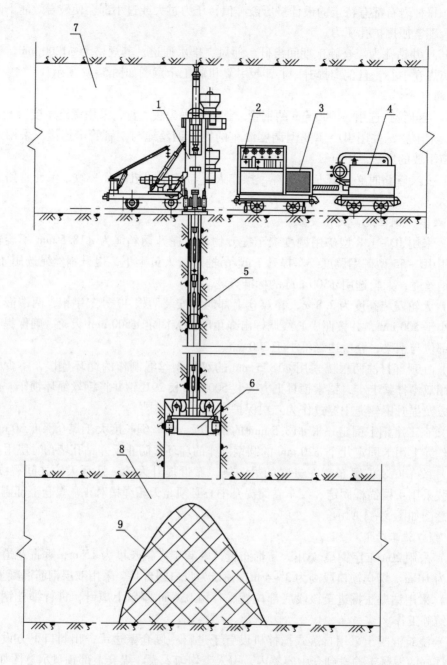

1—钻机车；2—操作车；3—泵站；4—油箱；5—导孔钻进；6—扩孔钻进
7—上部钻机工作巷道；8—下部钻机工作巷道；9—钻机破碎的矸石

图 5-2　反井钻机施工示意图

5.2.6　行人梯安装

（1）施工深度小于 5 m 时，人员上下采用钢管、钢筋或角铁自制的直梯。深度为 5～10 m 时，人员上下采用自制软梯，软梯采用 ϕ15.5 mm 钢丝绳作梯子两条竖边，采用

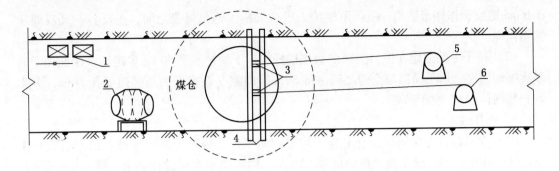

1—局部通风机；2—混凝土搅拌机；3—天轮；4—40号工字钢；
5—JD-1.8型调度绞车；6—JD-55型调度绞车

图5-3 煤仓上部硐室设备布置示意图

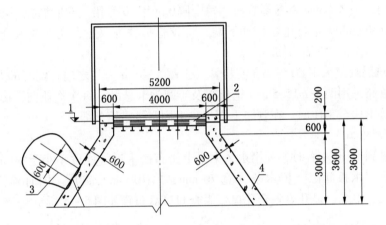

1—巷道底板标高；2—铁箅子；3—螺纹钢锚杆，排距600 mm；4—C20混凝土

（a）

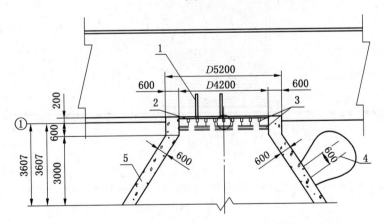

1—防护栏杆，1000 mm×1000 mm×800 mm；2—厚度50 mm木盖板；
3—20a工字钢；4—螺纹钢锚杆；5—C20混凝土

（b）

图5-4 煤仓上部锁口示意图

$\phi16\,mm$螺纹钢作梯子横挡，横挡两端加工成两叉插入钢丝绳股之间，正反各一叉反卷压实钢丝绳。

（2）梯子上端固定在锁口上面的两根锚杆上，下端挂两个$50\,kg$重砟，以保证梯子的垂直度和稳度。梯子横挡与仓壁之间保持$50\,mm$间隙（在梯子两条竖边绑扎$50\,mm$方木与仓壁间衬起），便于攀登。

5.2.7 仓身施工

（1）仓身设计为圆筒状，仓身施工均采用短掘短支施工方式。爆破后的矸石直接由反井钻孔排出，如仓壁出现欠挖的地方，由人工用风镐刷大至设计要求。然后进行锚杆、锚索及挂网、喷浆施工。在施工完一个掘进高度（$1.2\,m$）时，拆除钻孔钢管进行下一循环作业。

（2）喷射混凝土作业，喷浆机放置在煤仓上部硐室处，出料管为$\phi50\,mm$高压胶管，入仓部分采用一条$\phi10\,mm$钢丝绳悬吊，每间隔$3\,m$用10号铅丝双股绑扎一道。每次喷射作业前，用$\phi50\,mm$麻绳捆扎好胶管下端，将胶管折叠为双股，先下放入仓胶管中间折点，放到位后再下放中间以下部分。

（3）浇筑混凝土采用$\phi159\,mm$溜料管（下端$5\sim6\,m$为与之内径配套的龙骨硬胶管）输送入模。管路采用两条$\phi15.5\,mm$钢丝绳及半圆钢卡悬吊，每次作业前，由绞车提住管路，逐节连接下放至工作面，在管路上端担梁上固定悬吊钢丝绳。

5.2.8 封口盘施工

煤仓掘进到$15\,m$左右时，利用永久钢梁上密布松木板（厚度不小于$80\,mm$）对煤仓上口进行封闭，木板间隙上覆木条（宽$70\,mm$，厚$10\,mm$）钉严。同时预留出各类管、筒、线、行人、中线、提升等入仓孔口。煤仓封口盘布置如图$5-5$所示。

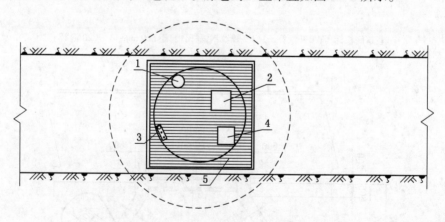

1—风筒口；2—人员上下口；3—风管、水管、溜料管；4—物料上下口；5—封口盘

图$5-5$ 煤仓封口盘布置图

5.2.9 漏斗施工

煤仓漏斗多为敞口圆台状倒八字形。漏斗的荒断面与下部硐室贯通后，控制出矸量至下部硐室顶板面下$1.3\sim1.5\,m$，利用提升钢丝绳从下部硐室拖入（或从上部硐室下放）下部硐室钢梁及漏煤口框架钢结构进行安装就位，然后立模浇筑漏斗。

5.3 劳动组织

采取"三八"制作业制度,"两掘一喷"作业方式,劳动力配备详见表5-1。

表5-1 劳动力配备表   人

序号	工种	小班	圆班
1	打眼工	5	10
2	爆破工	1	2
3	信号工	2	6
4	把罐工	2	6
5	耙岩机司机	1	2
6	喷浆机司机	1	1
7	支护工	5	5
8	机修工	1	3
9	调度绞车司机	1	3
10	绞车司机	1	3
11	供料工	4	4
12	验收员	1	2
13	班长	1	3
14	技术员		1
15	队长		1
	合 计	26	52

6 材 料 与 设 备

主要材料及施工设备、机具详见表6-1。

表6-1 主要材料及施工设备、机具

序号	名 称	规 格	功率/kW	单位	数量	备注
1	风动凿岩机	YT-29		部	6	
2	耙斗装岩机	P-60B	55	台	1	
3	风镐	G10		部	4	
4	喷浆机	PZ-5	5.5	台	1	
5	锚索机	中煤130		台	2	
6	搅拌机	JS-1000	10	台	1	
7	风动振动棒	自制		台	1	
8	木模板	3 m×0.2 m×0.06 m		m³	40	
9	碹箍	不同直径		道	6	

表 6-1（续）

序号	名 称	规 格	功率/kW	单位	数量	备注
10	局部通风机	30	2×30	台	2	
11	调度绞车	JD-1.8	25	台	1	
12	调度绞车	JD-55	55	台	1	
13	反井钻机	AT-1200	120	台	1	
14	钢筋	ϕ14 mm		kg	1500	
15	锚杆	ϕ20 mm×2000 mm		根	1000	
16	锚索	ϕ21.6 mm×5300 mm		根	300	
17	水泥	P.O 42.5		t	50	
18	黄砂			m³	60	
19	碎石	20~40		m³	60	

7 质 量 控 制

7.1 主要标准、规范

（1）《煤矿井巷工程施工规范》（GB 50511—2010）。

（2）《煤矿井巷工程质量验收规范》（GB 50213—2010）。

（3）《山西省煤矿安全质量标准化标准及考核评级办法》。

7.2 质量保证措施

（1）锚杆间排距误差不超过 100 mm，锚杆外露长度不超过 50 mm，锚杆抗拔力不小于 50 kN，锚杆角度为 75°~90°。

（2）钢筋网上下之间采用钢筋钩连接，挂好后用专用弯钩器将钢筋钩连接牢固。钢筋网两侧采用搭接方式连接，用双股 14 号铅丝绑扎牢固，搭接重合 100 mm，每 200 mm 绑扎一道。

（3）仓身净半径允许偏差（0~+50）mm；井壁厚度局部不小于 50 mm；混凝土表面无明显裂缝，每平方米范围内蜂窝、孔洞、露筋等不得超过两处；壁后充填饱满密实，无明显空帮现象；接茬采用喷射混凝土进行合口；表面平整度允许偏差不大于 10 mm；模板半径允许偏差（+10~+40）mm；模板到岩面距离允许偏差 -50 mm；掘进半径允许偏差（-50~+150）mm；混凝土强度达到设计要求。施工所用原材料质量符合标准规范要求。

（4）施工前应根据工程地质条件、开挖断面、施工方法等确定爆破参数，严格按照爆破设计要求进行打眼、装药、连线和爆破。

（5）严格控制开挖断面，开挖作业采用光面爆破，做到欠挖、超挖不超过标准规范规定。

（6）选择合适的钻爆参数、最佳爆破器材，完善爆破工艺，提高爆破效果。

（7）严格控制周边眼装药量，"三不同"雷管不能混装，泡泥封堵质量符合要求。

（8）初喷混凝土支护紧跟工作面，并做好喷射机械的清理和调试，选择最佳喷射距离和风量，以便达到最佳喷射质量。锚杆间距和锚杆长度应符合设计要求。喷射混凝土的强度和厚度要满足标准规范要求，并检查喷层是否平顺，有无漏喷、离鼓、裂缝现象，断面尺寸应符合设计要求。

8 安 全 措 施

（1）反井钻孔钻进、爆破及溜矸作业期间，下部硐室必须设置专人警戒。

（2）封口盘未设置前，爆破作业时必须对天轮、绞车及井上设备作必要的安全防护。

（3）天轮固定架安装后，其与顶板之间的间隙应喷浆进行充实，喷浆时应对天轮固定架进行包扎掩盖。

（4）自制行人软梯每隔 4 m 必须设一半圆拱形靠背（采用 ϕ12 mm 钢筋自制），人员上下时梯上仅限 1 人，严禁 2 人以上多人同时攀登。

（5）入仓胶管（压风管、供水管），以及电缆（信号电缆、爆破母线）均采用钢丝绳或麻绳悬吊，爆破前全部提出仓外并盘放整齐。

（6）每次浇筑完毕，都要将混凝土溜料管全部回撤到仓外。

（7）下放回撤行人梯，各类管、线、筒等物时，仓内严禁有人。

（8）煤仓施工期间，封口盘承重梁两端头与敞口梁窝间隙必须采用木楔撑紧。

（9）封口盘上各类孔口必须有牢靠的孔口盖，必须有防止从孔口处坠物的措施，提升口四周必须设简易的栅栏及栅栏门。封口盘上不得有大于 5 mm 的空隙，无法避免时应堵塞棉布封严。

（10）提升口下方任何时候都不得站人，确需下方站人作业必须与煤仓上口把罐工联系交代清楚。

（11）采用吊桶下放长料时，必须捆扎牢固，重心高度尽可能低，且与提升中心尽量重合。

（12）仓内出矸，安装封口盘、钢梁及仓口盖板等高空危险作业时，操作人员必须佩戴保险带。

（13）工作面掘进到仓底部有效厚度 3~5 m 贯通前，打炮眼作业人员必须佩戴保险带；下部硐室严禁人员出入；耙岩机尾轮悬挂位置必须移到摘挂尾轮人员不必穿过下部硐室的一侧；摘挂尾轮人员必须快速行走、操作。在反井钻孔上放置一个漏斗筛，防止人员坠落，漏斗筛示意图如图 8-1 所示。

（14）仓漏斗段高较大，掘进时仓岩壁必须作可靠锚杆支护。砌筑前漏斗下方漏煤孔必须用松木板（50 mm）封闭；砌筑时必须采用专用钢管及卡子安装可靠脚手架。

（15）反井钻孔发生堵塞时，首先采用绞车慢慢提升预留钢丝绳，将堵塞的矸石松动。处理前，需保持工作面通风，检查工作面瓦斯浓度不超限，处理堵眼时必须有专人监护。发生大矸堵孔需爆破时，打眼工及其所用钻具需用保险带系牢并固定在专用保险绳上，保险带的长度不得超过反井钻孔位置。

（16）提升机必须装设防过卷装置，当提升容器超过正常终端停止位置 0.5 m 时，必须能自动断电，并使制动闸发生作用。仓口和天轮下都必须装设防过卷装置。

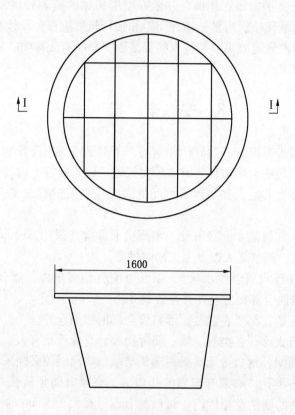

图 8-1 漏斗筛剖面示意图

（17）绞车必须慢速运行，运行速度不超过 2 m/s，当提升速度超限时，过速装置能够自动断电，并使制动闸发生作用。

9 环 保 措 施

（1）通风机必须安装消声器。

（2）凿岩机上必须配备消声罩，如有损坏及时更换。

（3）打眼作业必须采取湿式打眼。

（4）作业人员必须正确佩戴防尘口罩、耳塞等劳动保护用品，降低粉尘和噪声对人体的危害。

（5）每次爆破后出矸前必须在出矸面上充分洒水湿润。

（6）装填炮眼最外一段必须采用水泡泥。

（7）耙岩机机尾上方设自动或手动喷雾，出矸时必须有效使用。

（8）喷射混凝土作业必须采用潮喷。

（9）压风、供水和供油管路加强维护，不得有泄漏。

（10）施工废水、废油、生活污水分别经过沉淀池、隔油池、生化处理池，净化处理后排放。

（11）工业及生活垃圾及时清扫，集中存放，定期进行处理，防止污染环境。

（12）润滑油要明显标记，分类存放，容器必须清洁密封，不得敞盖存放；每天要定期检查各运行设备的油量，按规定加油，严禁设备漏油，加油时，油桶必须干净；做好废油的回收利用工作，更换的废旧油脂必须及时回收、上交、统一存放、处理。

（13）按安全质量标准化要求，做到文明施工，放置标准的可回收和不可回收垃圾箱，巷道底板做到无积水、无淤泥。大巷内物料、工具摆放整齐，设备设施干净卫生，为职工创造一个舒适的井下环境。

10 效 益 分 析

10.1 经济效益

阳煤集团二矿13采区煤仓工程，工程量30 m，掘进体积204 m³，施工工期67 d，比计划工期提前18 d，节约费用150万元。

阳煤集团五矿扩区一号煤仓工程，工程量45 m，掘进体积260 m³，施工工期88 d，比计划工期提前21 d，节约费用180多万元。

阳煤集团五矿一号主斜井二号煤仓，工程量40 m，掘进体积227 m³，施工工期74 d，比计划工期提前15 d，节约费用148万元。

10.2 社会效益

采用反井钻机施工井下煤仓，不但降低了工人的劳动强度，还保证了工程质量，缩短了施工工期，施工安全系数更高，从人性化角度考虑，人身安全更有保障，为矿井早日投产赢得了工期保证，该工法具有良好的推广应用价值。

11 应 用 实 例

11.1 实例一

阳煤集团二矿13采区煤仓工程，工程量30 m，掘进体积204 m³，该工程于2010年10月10日开工，2011年12月15日竣工，施工工期67 d，比计划工期提前18 d。工程质量受到业主和设计、监理单位的好评。

11.2 实例二

阳煤集团五矿扩区一号煤仓工程，工程量45 m，掘进体积260 m³，该工程于2011年3月6日开工，2011年6月1日竣工，施工工期88 d，比计划工期提前21 d。施工质量好、速度快、安全无事故，施工期间多家单位到现场观摩学习，为企业赢得了良好的社会信誉。

11.3 实例三

阳煤集团五矿一号主斜井二号煤仓，工程量40 m，掘进体积227 m³，该工程于2011年8月21日开工，2011年11月2日竣工，施工工期74 d，比计划工期提前15 d。

拱形网壳锚喷支护应用施工工法（BJGF058—2012）

中鼎国际工程有限责任公司

徐思凌　许志林　丁克镜　徐　亮

1 前　　言

我国绝大部分煤矿都存在软岩支护问题，而且随着开采深度增加，这一问题日趋严重。尽管软岩巷道支护理论与技术在近几十年来有很大发展，但其仍然是煤矿巷道支护的薄弱环节，也是目前国内外尚未很好解决的难题。

拱形网壳锚喷支护由网壳支架、快凝树脂锚杆、喷射混凝土三种支护联合而成。其支护工程量与普通锚网喷相同，支护费用略高于普通锚网喷支护，但比钢筋混凝土砌碹、锚网喷＋型钢支架等支护的费用低。拱形网壳锚喷支护不仅性能优良、支护可靠、成本较低，而且其支撑能力与让压性能有良好的可调节性，可以针对不同地质条件与不同地压显现特征，设计出不同规格的网壳支架，既可单独作为巷道支护，也可以与其他主动支护方式等构成联合支护体系，在软岩、动压巷道及大断面硐室中均可使用，具有广阔的推广应用前途。

拱形网壳锚喷支护由原淮南工业学院土木工程系提出，2001 年在本公司承建施工的江西萍乡煤炭集团公司巨源煤矿三水平延深工程中推广使用。

该工法的关键技术于 2012 年 12 月 20 日通过了中国煤炭建设协会组织鉴定，鉴定结论为：该项技术达到国内先进水平，具有较高推广应用价值。

2 工 法 特 点

拱形网壳锚喷支护是一种钢架＋网＋锚喷联合支护，其技术特点是用一种预制成型的钢筋双曲拱形网壳支架代替普通的型钢支架或钢筋网。支架一架紧挨另一架连续架设，支架之间不留空隙，并用锚杆和喷射混凝土将支架和围岩进行锚锁固结，使支架、锚杆、喷射混凝土与围岩一道组成连续、刚柔相济的双曲薄壳拱形主动支护体系。

3 适 用 范 围

（1）该工法适用于在软岩、煤层破碎带、裂隙发育带地段的巷道，尤其适合有煤与瓦斯突出的煤巷、半煤岩巷。

（2）遇水膨胀岩层，应做好导水、截水、堵水、排水工作；根据地压情况，可加设全封闭的底拱。

（3）在大压力的软岩动压巷道中使用，可加设预应力锚索支护；还可采用纤维（钢纤维或聚丙烯纤维）喷射混凝土及全长锚固的螺纹中空注浆锚杆支护。

（4）如果在特大压力的软岩动压巷道中使用。除了上述的加设预应力锚索支护，采用纤维（钢纤维或聚丙烯纤维）喷射混凝土，锚杆采用全长锚固的螺纹中空注浆锚杆等加强支护方案外，还可以采用双层或多层复合支护，如加衬 U 型钢支架、加衬钢筋混凝土支护等。

4 工 艺 原 理

（1）拱形网壳锚喷支护是由拱形网壳支架、锚杆和喷射混凝土 3 种支护联合而成，如图 4-1 所示，图中所示的构件见表 4-1。

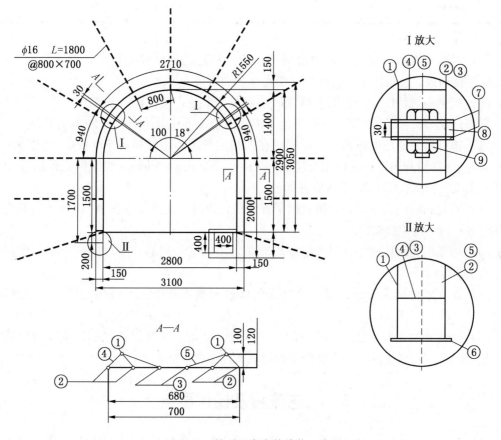

图 4-1　拱形网壳支护结构示意图

表 4-1　钢 筋 及 构 件 表

序号	名称	形　状		规格	数量	备注
①	钢筋	墙：	拱：	φ20	2 根/片	
②	钢筋	墙：	拱：	φ12	4 根/片	
③	钢筋	墙：	拱：	φ14	2 根/片	

表 4 - 1（续）

序号	名称	形 状	规 格	数 量	备 注
④	钢筋	△　　　△	φ8	间距 200	
⑤	钢筋	⌣	φ8	间距 200	
⑥	脚板	▭	700 mm × 130 mm × 6 mm	2 块/架	
⑦	连接板	▭○○○○	700 mm × 130 mm × 6 mm	4 块/架	4 孔 φ32
⑧	木垫板	▭○○○○	700 mm × 130 mm × 30 mm	2 块/架	4 孔 φ35
⑨	螺栓垫圈		M23 mm × 67 mm	8 套/架	

（2）每组支架由两墙和拱顶 3 块网壳组成。网壳之间用螺栓连接，中间加木垫板，两端加连接钢板，起缓冲作用，网壳支架底部各加脚板 1 块。

（3）根据围岩特性，考虑围岩承压后的收敛变形量，架设网壳支架时，净宽（中线至左右墙）、净高（腰线至顶底板）应比巷道断面设计尺寸沿径向增大 50 mm 左右。

（4）锚杆沿主筋部位布置，托板固定在两根主筋上。锚杆排距 700 mm、间距 800 ~ 1000 mm，每排错开布置；锚杆托板规格 160 mm × 200 mm × 6 mm（大于网壳网格尺寸）；锚杆采用端头锚固，K28/35 型树脂锚固剂。

（5）不封底的网壳支架，为防止两帮被侧压力踢出（尤其是水沟侧），两墙网壳支架底部应各布置 1 根锁脚锚杆。

（6）根据网壳结构而定，以固结壁后充填、填满支架网格，盖过网壳钢筋，保护层厚度大于 30 mm。

（7）支架紧跟迎头架设，要求搞好光面爆破和巷道成型，不损伤支架，杜绝冒顶、空顶。

（8）架设好网壳支架之后，应及时钻装锚杆，在下一循环爆破之前，应及时喷射混凝土封闭围岩，防炮崩损坏，使联合支护较早发挥综合承载能力。

5　工艺流程及操作要点

拱形网壳锚喷支护与型钢钢架—网—锚喷联合支护略有不同。拱形网壳锚喷支护施工技术和质量精度要求较高，施工难度大，工艺复杂。但只要严格按本工法程序和要求施工，可以达到质量标准要求。

5.1　工艺流程

工艺流程图如图 5 - 1 所示。

5.2　操作要点

5.2.1　掘进

（1）采用炮掘时，实行光面爆破，人工辅助修边整形；采用综掘时，巷道成形必须

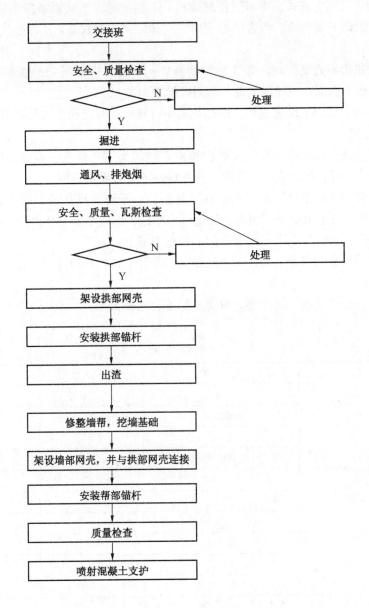

图 5-1　工艺流程图

规整，符合设计和验收规范的要求。

（2）掘进必须采用光面爆破工艺，合理布置炮眼，严格控制装药量，尽可能减少巷道超欠挖量，并不损坏支架。一旦出现欠挖时，欠挖部分要用风镐刷大，并将围岩整修规整，两墙刷直，挖出基槽。

5.2.2　网壳支护

（1）拱形网壳支架架设应根据巷道中、腰线检查巷道掘进尺寸，欠挖处及时修整。

（2）支架应与岩面背紧，有间隙应使用不易自燃的材料充填，底脚埋入深度应符合设计要求，且不得架在浮渣上。

（3）采用短段掘支方式，当岩层松软破碎、不稳定时，支架紧跟迎头架设，不空顶，每进尺 0.7 m 架设 1 架支架；当岩层稳定时，空顶距离不超过 2 m，每进尺 1.4 m 架设 2 架支架。

（4）架设拱形网壳支架时，先立好两墙网壳，再支好拱部网壳；墙部与拱部网壳之间的连接处须垫木垫板，外加钢垫板，再用螺栓紧固。

（5）拱形网壳支架架设完成后，根据巷道中、腰线及时复验支架尺寸与位置。

5.2.3 锚杆支护

（1）锚杆孔的孔径、孔深和应与锚杆和锚固剂的类型、长度、直径相匹配，孔的间排距及布置形式应符合设计要求，孔距、孔深误差要符合质量标准。

（2）打锚杆前先根据设计要求测量巷道规格，小于设计尺寸的，应先刷帮或挑顶使之符合设计要求。再定出眼位，用明显颜色做出标记，眼应尽量与巷道周边垂直布置。

（3）锚杆的托板固定在拱形网壳支架的两根主筋上。

（4）采用不封底的网壳支架，支架底部应各布置 1 根锁脚锚杆。

5.3 劳动组织

各工种均采用"三八"制作业。劳动力配备表见表 5 - 1。

表 5 - 1　劳动力配备表　　　　　　　　　　　　　　人

分 类	工 种	小班人数	圆班人数
掘进、支护	掘砌工	8	24
	爆破员	1	3
	运输工	2	6
	装岩机司机	1	3
电、钳、辅助	电工	1	3
	钳工	1	3
	通风、瓦斯检查工	1	3
质量安全	施工员	1	3
	质检员	1	3
	安全员	1	3
合　计		18	54

6 材 料 与 设 备

6.1 材料

主要施工材料按照工程量及设计进行配置，其中拱形网壳支架按照图 4 - 1 和表 4 - 1 进行加工。

6.2 施工设备

主要施工设备配备见表 6 - 1。

表6-1 主要施工设备表（炮掘为例）

序号	机械或设备名称	型号规格	数量	单位
1	凿岩机	YT-23	5	台
2	风镐	G10	3	台
3	挖掘式装载机	ZWY系列	1	台
4	矿车			台
5	搅拌机	JS-500	1	台
6	配料机	PL-800	1	台
7	喷浆机	PZ-5	2	台
8	锚杆钻机	MQT-130	3	台
9	风煤钻	ZQS-30/2.5	2	台
10	扭力扳手	MJY300	3	把

7 质量控制

7.1 质量标准

（1）《煤矿井巷工程施工规范》（GB 50511—2010）。

（2）《煤矿井巷工程质量验收规范》（GB 50213—2010）。

7.2 掘进质量控制

（1）钻眼前，由施工员根据中、腰线画出巷道轮廓线，点好眼位，开挖尺寸应较设计掘进尺寸略大50 mm。

（2）钻眼时，分区定人定眼，开孔位置要准确，钻进过程要控制好钻进角度。

（3）采用光面爆破技术，爆破后根据中、腰线检查巷道净空，欠挖位置要及时修整。

7.3 支护质量控制

1. 拱形网壳支架

（1）网壳支架按图及质量标准加工，入井前在地面预组装，检验合格后对各组网壳支架进行编号，使用前应清除油污、锈蚀；在装卸和搬运过程中，要避免重摔、重撞，防止支架损伤或变形。

（2）拱网壳支架应按中线和腰线架设，有偏差应在锚杆固定前调整好，实际尺寸应比设计大50 mm左右，使巷道受压收敛后仍然符合使用要求。

（3）支架应按齐、直、平三原则架设。齐是指紧贴上一架支架架设，不留间隙、不出现台阶；直是指墙帮网壳保持垂直，不偏不斜；平是指支架架设平整，支架轴线和巷道中、腰线重合或平行，不扭曲，平面度偏差不大于10 mm，网壳高、跨尺寸偏差不大于20 mm，网壳之间连接处的4个螺栓必须全部拧紧。

（4）支架腿埋入底板深度应符合设计要求，不得置于浮渣上。

（5）拱形网壳支架与围岩之间不留空。间隙较小时，直接用喷射混凝土充填；间隙较大时，应先用袋装石渣，混凝土板等不易风化、腐蚀的材料充填，再用喷射混凝土封闭。

（6）水沟应保持畅通，使巷道底板干燥，无污泥积水，以免被水浸泡造成巷道底鼓或两帮来压，损坏支架巷道。

2. 锚杆

（1）锚杆的杆件应平直，其材质、品种、规格、强度必须符合设计要求，使用前应清除油污、锈蚀。

（2）锚固药卷材料的材质、规格、配比、性能必须符合设计要求。

（3）拱形网壳支架架好后，及时安装锚杆。采用 YT-23 型凿岩机施工 ϕ30 mm 锚杆孔，达到设计深度后，将锚杆孔冲洗干净；装上托板和螺母按设计扭矩拧紧锚杆。

3. 喷浆

（1）应选用硅酸盐水泥或普通硅酸盐水泥，水泥的强度等级不应低于42.5。

（2）应采用坚硬干净的中粗砂，细度模数宜大于 2.6、含泥量不大于 3%、含水率控制在 5% ~7% 。

（3）应采用坚硬耐久的碎石，粒径不宜大于 15 mm；级配良好，使用前必须过筛洗净。石子表面含水率应控制在 2% ~3% 。

（4）速凝剂或其他外加剂的掺量应通过试验确定。混凝土的初凝时间不应大于5 min，终凝时间不应大于 10 min。

（5）混凝土的拌合用水，宜采用自来水或不含有害物质的洁净水。

（6）喷射混凝土施工要求喷层达到设计厚度，能覆盖住钢筋，并有 10 ~20 mm 厚的保护层，喷射混凝土 8 h 后，应连续洒水养护 7 d。

8 安 全 措 施

（1）安装拱部支护之前，必须先"敲帮问顶"，清理危岩活石。

（2）支护应紧跟迎头，严禁空顶作业。

（3）在破碎岩层、松软煤层中作业，必须派专人监视顶板，发现顶板垮落预兆、掉渣及围岩来压时，作业人员应立即撤出。

（4）减少围岩扰动，控制巷道成型。采用炮掘施工，必须应用光面爆破技术，合理布置炮眼、严格控制装药量，欠挖部要及时修整刷大；采用综掘施工，成形必须规整，符合设计和质量验收规范要求。

（5）喷浆作业时，工作面输料软管不能出现死弯，喷口不准对人；处理堵管时，尽量采用敲击法疏通，如用压风吹通时，要放稳管子，管口前严禁站人，工作人员要撤到安全地点。

9 环 保 措 施

（1）开工之前，组织干部、员工学习环境法规，增强环保意识，养成良好习惯。

（2）工程施工选择合理的爆破方案，实行光面爆破，使之成型规整，减少超挖，减少出渣量。

（3）做到一次成巷，不留尾巴工程；临时水沟、轨道紧跟工作面；巷道底板平整、水沟畅通，无污泥积水、无杂物；实行文明施工，做到成巷一条线；水沟一条线；轨道一条线；管线、电缆、风筒吊挂各成一条线。

（4）管、线、缆布置有序、悬吊牢固、敷设整齐、接头严密，无跑冒滴漏等现象。

（5）实行通风除尘、湿式钻眼、喷雾洒水、水炮泥和爆破喷雾、净化风流、冲洗井壁巷帮、湿式除尘风机、个体防护等综合防尘措施，减少粉尘产生；个体防护要求入井人员必须佩戴防尘口罩。

（6）混凝土搅拌站附近保持整洁，散落的材料及时清理，运送混凝土做到不撒不漏。

（7）规范施工现场管理，做到工具器、材料堆放整齐，按照质量标准化的要求，保持施工环境整洁。

10 效 益 分 析

10.1 经济效益

以萍乡巨源煤矿三—四水平延深工程为例，经济效益分析见表 10 - 1、表 10 - 2。

表 10 - 1 工程造价分析表

序号	支护结构	单 轨 巷			双 轨 巷			合 计	
		工程量	单价/元	预算/万元	工程量	单价/元	预算/万元	工程量	预算/万元
1	钢筋混凝土砌碹	2450	4416	1081.92	550	5102	280.61	3000	1362.53
2	U25 支架＋锚喷	2450	4113	1007.69	550	4824	265.32	3000	1273.01
3	拱形网壳锚喷	2450	3622	887.39	550	4232	232.76	3000	1120.15

表 10 - 2 经济效益对比表

工 程 名 称	工程量/m	与钢筋混凝土砌碹对比 节约费用/万元	与 U25 支架＋锚喷对比 节约费用/万元
萍乡巨源煤矿 三—四水平延深工程	3000	242.37	152.86

10.2 社会效益

（1）拱形网壳锚喷支护同时具有刚性支撑能力和柔性让压性能，能充分发挥了钢筋与混凝土两种材料的优点，适合松软围岩的支护方式。

（2）拱形网壳锚喷支护能及时一次支撑到位、及时承压，具有一定的初撑能力，有利于安全施工。

（3）采用拱形网壳锚喷支护，可有效预防因围岩松动、片帮冒顶诱发的煤与瓦斯突出事故发生。

11 应 用 实 例

11.1 实例一

江西萍乡巨源煤矿三—四水平延深工程采用拱形网壳锚喷支护设计，完成 3000 m 巷道工程，成巷多年，未出现较大的开裂、变形。该支护形式是松软破碎地层巷道的一种比较有效的支护结构；在揭煤、过煤段巷道应用，可有效防止因围岩松动、垮顶、片帮等引起的煤与瓦斯突出。

11.2 实例二

印尼朋古鲁煤矿一井、二井均属施工单位直营国外煤矿，在穿过煤层的井筒、大巷中采用拱形网壳锚喷支护设计，其中一井共施工了 266 m，二井目前共施工了 388 m。

工程投入使用近两年，巷道净空尺寸基本满足生产、安全的需要，支护面未出现明显的裂纹、变形，目前暂不需要进行维修作业。

11.3 实例三

江西铜业东乡铜矿 92 斜井工程，其井筒需穿越软岩地段 400 m，施工中尝试过多种支护方式，施工中仍经常出现片帮、冒顶事故，且支护完成后巷道变形难以控制。

经试验对比最终采用拱形网壳锚喷支护设计，施工中未出现顶板安全事故，且项目竣工后投入使用至今，未出现严重的井筒变形，提升运输基本不受影响。

煤（半煤岩）巷综掘成套施工工法（BJGF059—2012）

中鼎国际工程有限责任公司

刘护平　陶新水　杨华明　周海火　倪礼强

1　前　　言

随着科学技术的高速发展，煤（半煤岩）巷综掘成套施工技术以安全、高效、降低劳动强度逐步深入到煤矿施工中。煤（半煤岩）巷综掘成套施工技术在掘进、锚网喷支护平行作业与炮掘巷道相比较，在施工安全上、生产效益上、减轻工人劳动强度上、工程施工质量上均有着显著的改善和提高，对巷道成形质量，降低支护成本有明显的提高。在如今煤矿施工中以"安全就是效益"、"以人为本"的安全理念下，使用掘进机掘进、配套使用带式输送机运煤矸石（半煤岩），在煤矿施工中得到广泛的应用，有十分重大的意义。

随着煤矿现代综采设备的广泛应用，北方产煤大矿的产能有了大幅度提升，由此带来采掘失衡，这就在客观上要求煤（半煤岩）巷掘进速度必须大大加快，而以前炮掘的速度已不能与之相适应。2007年以来，公司在煤（半煤岩）巷道施工中，推广应用综掘成套施工技术，施工技术日趋完善，并在多个项目成功应用。

该工法的关键技术于2012年12月20日通过了中国煤炭建设协会组织鉴定，鉴定结论为：该项技术达到国内先进水平，具有较高推广应用价值。

2　工　法　特　点

2.1　机械化配套施工作业线

综掘机掘进、截割煤岩，机载刮板输送机装运煤岩，桥式带式输送机转载煤岩，锚杆钻机支护。

2.2　安全生产可控

在煤（半煤岩）巷使用综掘机掘进，避免了因炮掘爆破造成的伤人事故，以及处理拒爆、残爆不良现象而引发的伤人事故；对掘进煤巷，能够避免因爆破产生的火花而引发煤层瓦斯爆炸事故，从而达到安全生产的目的。

2.3　提高工程质量

使用综掘机掘进巷道明显提高巷道成形质量，减少巷道超挖、欠挖，减少了超挖部分支护工程量，降低巷道喷射混凝土支护成本。

综掘机掘进巷道与炮掘巷道相比，减少了对巷道围岩的扰动，降低巷道支护成本，提高工程质量。

2.4　降低了工人劳动强度

煤（岩）巷采用综掘成套施工技术，只需按动机械开关，控制机械操作平台，减少工人掘进打眼、出煤（矸石）工作量，大大降低工人的劳动强度。

2.5　有效地保障工人的身体健康

使用综掘机掘进，配套在掘进机上安装一套 ZPCZ(A)－10 型高压喷雾降尘装置喷雾降尘及 KCS－225D 型（生产能力 225 m^3/min）除尘风机，能够最大限度减少巷道内的煤岩尘，保障工人的身体健康。

2.6　设置临时水仓

巷道涌水量大于 10 m^3/h 时，须考虑设置临时水仓，将水及时排出，避免巷道因水而造成底板松软、综掘机无法行走，而影响生产。

3　适用范围

（1）适用于煤巷及半煤岩巷（岩石硬度系数 $f < 8$）的巷道，巷道坡度小于 18°。

（2）巷道掘进宽度在 2700～6000 mm，掘进高度在 2200～4850 mm 之间，掘进断面积 5.94～29.1 m^2。

4　工艺原理

4.1　工艺原理

1. 掘进工艺原理

安装和调试 EBZ 系列综掘机，采用综掘机掘进，后接桥式带式转载机（巷道开口 70 m 以内使用刮板输送机临时排煤矸），接可伸缩带式输送机进行出渣、排矸石。

2. 系统设备设施在巷道断面内的布置

以巷道中线为界，一侧为运料线、人行道及避车、倒车、贮料硐室；另一侧布置运煤线、风水管线，其顶部悬挂风筒、电缆。工作面机械设备布置如图 4－1 所示。

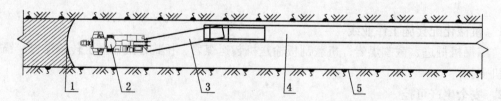

1—工作面；2—掘进机；3—桥式带式转载机；4—可伸缩带式输送机；5—巷道

图 4－1　工作面机械设备平面布置图

3. 辅助生产系统运煤系统

（1）出渣系统：工作面→综掘机铲板→综掘机星轮→综掘机机载刮板输送机→桥式带输送机转载→可伸缩带式输送机→运煤（矸石）系统。

（2）运料系统：可采用在巷道一侧铺设窄轨与矿轨道运输系统连通；也可采用无轨运输方式，由防爆自卸汽车完成材料与小型设备的运输。

4.2　综合防尘系统工艺

掘进机上有机载内、外喷雾装置。但由于设计上存在的缺陷和掘进机工作过程中造成的损坏和影响，掘进机内载外喷雾装置难以保持正常降尘效果。为了进一步降低粉尘又在掘进机上安装一套 ZPCZ(A)-10 型高压喷雾降尘装置，通过这套系统从源头上很好地抑制了煤尘的产生。为了有效地降低煤层转载与运输过程中产生的煤尘，在各转载点和带式输送系统每 300 m 安装了一套自动喷雾降尘系统，并配置有粉尘浓度传感器和智能降尘装置，实现了粉尘浓度实时监测和自动喷雾。

5　工艺流程及操作要点

5.1　综掘施工工艺流程

工艺流程如图 5-1 所示。

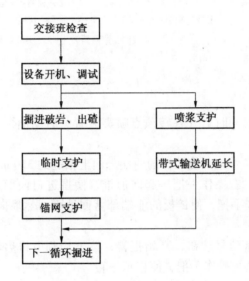

图 5-1　工艺流程图

5.2　操作要点

5.2.1　掘进机运输与调试

根据矿井的运输条件，可选择在地面将掘进机解体编号，依次装车，由大功率机车运至工作面，通过锚索、葫芦起吊安装；也可选择在地面上通电通油调试，完成后由大型支架拖车运至工作地点附近。掘进机的解体与运输、安装、调试可由厂家技术人员指导，单位技术人员操作使用。

5.2.2　掘进机截割路线

掘进机截割路线如图 5-2 所示。

5.2.3　掘进破岩、出渣

（1）经检查确认机器正常，开机前先发出报警信号，并确认除机组操作人员外其他作业人员撤至安全地点后，方准合上电控箱总开关，按操作程序进行空载试运转，禁止带

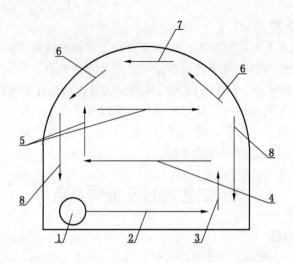

1—底部掏槽；2—横向拉槽；3—向上截割；4—反向截割扩大自由面；

5—往复截割破岩；6—刷肩窝；7—挑顶；8—刷帮

图 5-2　掘进机截割路线图

负荷起动。

（2）开启抑尘装置，同时打开各转载点喷雾装置。启动油泵电机，同时启动桥式转载机和刮板输送机。

（3）向前推铲板操作手把，使铲板的前端部向上抬起约 350 mm。

（4）将行走机构左、右操作手把一起向前推，使掘进机向前运行，移动到工作面合适位置，向后拉铲板操作手把，使铲板的前端部落回地面，然后向前推动支撑操作手把，使撑腿落下站稳。

（5）按下切割预报警信号按钮，开始报警，按下切割电机启动按钮，切割电机开始工作，同时向前推扒装系统操作手把，使耙爪正转。

（6）切割头在旋转状况下，才能开始截割。切割头不许带负荷起动，推进速度不宜过快，禁止超负荷运转。

（7）严格按作业规程规定的割煤路线进行作业。先底部掏槽，掏槽时向前切割 100 ~ 150 mm，必须向左或向右水平切割 200 ~ 300 mm，然后再向纵深切割，在完成一个水平掏槽之后，由左或右边缘向上切割，每向上切割 100 ~ 150 mm，须水平摆动 200 ~ 300 mm，如此切割完整个断面。掏槽时不准使切割臂处于左、右极限位置。

（8）割完中部后，依同样方法割顶部，并使割出的顶板平顺，然后看准中腰线将巷道轮廓进行修整，做到不超挖、不欠挖，墙帮直，不留伞檐。

（9）当截割够一个循环进度时，收起后支撑，升起铲板将掘进机退出工作面，再次放下铲板，由外向里扒装底板上的浮渣，使巷道底板平整。

（10）掘进机退出工作面 5 m 左右后，将铲板落下，支起后支撑，断开掘进机的电源开关和磁力启动器隔离开关。

5.2.4　截割的质量要求

（1）按中线截割，不能超挖。

（2）软岩欠挖部分用风镐刷成形。

（3）截割煤岩块度适中，大块用掘进机截割部进行二次破碎。

5.2.5 临时支护

（1）割煤停机后及时前移前探梁，棚梁前方空顶区用坑木或钎檩接顶背实；人员在前探支护的情况将空顶区的前探承吊锚杆施工好；将前探梁插入加工好的方框托盘内，固定好前探梁，并用木楔与顶板刹牢背紧；移动前探梁时，人员要站在支护完好的安全地点，人要站稳；移动前探梁时，应安排专人监护帮顶。

（2）前探梁及机载临时支护。临时支护紧跟工作面，采用机载临时支护，同时采用2根前探梁联合临时支护，前探梁采用长4.5 m的14号槽钢制作，并用道木、木板、木楔与巷道顶板背严、接实。

5.2.6 永久支护

1. 锚网支护

作业人员进入工作面，在临时支护的保护下进行锚网支护，可安排多台锚杆机同时作业，锚网支护作业按照常规工艺进行。

2. 喷浆支护

为了加快施工进度，将喷浆作业滞后于工作面30～50 m，与掘进机掘进工序平行作业，喷浆作业时，应对作业范围内进行覆盖保护，喷浆结束后及时清理回弹料。

5.2.7 带式输送机延长

首先松开带式输送机机头的张紧绞车钢丝绳，再将机尾通过钢丝绳用掘进机向前牵引至合适位置，在输送机机尾延长出的部分架设上H架和托梁，最后通过张紧绞车将输送张紧到适合程度。

5.3 劳动组织

实行"三八"劳动工作制，现场交接班。一班（早班）检修、进尺；二、三班进尺，喷浆平行作业。一次成巷，小班多循环。劳动组织见表5-1。

表5-1 机掘劳动组织表 人

工 种	一 班	二 班	三 班	合 计
班长	2	2	2	6
质量验收员	1	1	1	3
瓦斯检查员	1	1	1	3
安全监督员	1	1	1	3
电钳维修工	2	4	2	8
掘进机司机	2	2	2	6
输送机司机	3	3	3	9
支护工	4	2	4	10
清煤工	1	1	1	3
通风工	1	1	1	3
合计	18	18	18	54

6 材料与设备

施工机械设备见表6-1。

表6-1 主要机械设备

序号	名 称	型 号	数 量	单 位
1	局部通风机	FBDNo.7.1, 2×37 kW	2	台
2	掘进机	EBZ 系列	1	台
3	激光指向仪	YBJ-600	2	台
4	风钻	YT-28	4	台
5	风镐	G-10	3	台
6	移动式压风机	MLGF-10/7G-55	2	台
7	气动锚杆钻机	MQT-120	2	台
8	液压锚杆钻机	MYT1-120	3	台
9	搅拌机	JS750	1	台
10	桥式转载机	DJQ/80/40/11	1	台
11	刮板输送机	SGB-40T	4	台
12	带式输送机	SJ-800	4	台

7 质 量 控 制

7.1 质量控制标准

（1）《煤矿井巷工程施工规范》（GB 50511—2010）。

（2）《煤矿井巷工程质量验收规范》（GB 50213—2010）。

7.2 施工中的质量控制

（1）树立"百年大计，质量第一"的质量意识。在工程施工过程实施从开工起到质量保修期终结的全过程质量控制，坚持把质量管理作为企业管理的中心环节，坚持以人为本、质量第一、防检结合、一切以数据说话的原则。

（2）每道工序将严格按规定要求进行自检、互检和交接检验。分项工程未经检验或已经检验评为不合格的，严禁转入下道工序。

（3）建立项目质量责任制和监督考核评价体系。项目负责人是项目质量责任制的第一责任人，过程质量保证责任制严格落实到每一道工序和岗位。

（4）坚持和完善持续改进的质量管理。

（5）质量保证按图的程序实施。

7.3 质量控制措施

7.3.1 技术交底

（1）单位工程、分部工程和分项工程开工前，项目技术负责人应向承担施工的负责人进行书面技术交底，所有技术交底资料均应办理签收手续。

（2）在施工过程中，项目技术负责人对建设单位工程师提出的有关施工方案、技术措施及设计变更的要求，应在执行前向有关人员进行书面技术交底。

7.3.2 测量保证措施

巷道中心线应按照井巷中心的设计坐标、高程和方位角进行标定。

7.3.3 材料保证措施

（1）原材料、半成品和构配件按设计的品种、规格、材质的要求购入。

（2）按搬运储存规定进行搬运和贮存，并建立台账。

（3）未经检验或已经验证为不合格的原材料、半成品、构配件和工程设备，不准投入使用。

（4）对建设单位提供的原材料、半成品、构配件和工程设备和检验设备，必须按规定进行验证，但验证不能免除建设单位提供合格产品的责任。

8 安 全 措 施

8.1 安全规范

（1）《煤矿安全规程》（2011年修订）。

（2）《煤矿建设安全规范》（AQ 1083—2011）。

8.2 安全措施

（1）启动前，掘进机司机必须检查工作面顶板、支护情况，工作面有无杂物及机组周围是否有人停留或行走，确认安全后，方可开机。

（2）启动前，必须检查机组操作手把是否灵活可靠，滚筒截齿是否齐全，有无损坏，检查各减速器及油位、喷雾洒水装置及水冷却系统是否正常，检查电缆有无破口，是否漏电等不安全因素，检查各紧固件的紧固情况，机组及附属设备的完好情况，若发现问题，应及时进行处理，确认一切正常方可开机。

（3）操作时注意事项：

① 截割头必须在空载旋转工况下才能向煤岩壁钻进，切勿在切割臂水平和垂直动作极限位置上进刀。

② 机器前进或后退时，必须收起后支撑，抬起铲板。

③ 截割部工作时，若遇闷咚声应立即停机，防止截割电机长期过载。

④ 掘进机上的运输机直通最大高度350 mm，当发现超过300 mm的大块煤矸时，应进行二次破碎后再进行装载。

⑤ 机组前进或后退时，要注意保护好电缆，以免机组电源线断开或挤破。

⑥ 当机械设备和人身安全处于危险状态时，可直接按下紧急停止按钮，使全部电机停止运转，确认安全后，再重新启动。

⑦ 严禁掘进机超负荷运转，严格按规程规定的截深截割，严禁甩掉保护装置操作。

⑧ 掘进机司机在操作机组前进或后退时，必须先发出信号，在检查机组行走范围内无人员和物料时，方可前进或后退。

⑨ 掘进机在截割过程中，除掘进机司机在操作台上操作外，其余人员必须退出掘进

机作业范围，以免掘进机移动或操作将人员挤伤。

⑩ 喷雾灭尘装置不能正常使用时禁止开机割煤；铲板一般不予抬起，截割部与铲板间距不得小于 300 mm。挖柱窝时，铲板严禁抬起；截割头电机启动延时要求在 8~11 s 范围内；切割硬岩和在上下山巷道掘进及底板不平整时，要放下后支撑；移动掘进机时，必须先将后支撑收回；如掘进机上的刮板运输机过载时，将掘进机退出处理，严禁点动开车处理，以免烧毁电动机或液压马达；当掘进机运行过程中，遇到片帮冒顶或断层等地质构造、瓦斯涌出异常以及有透水预兆等特殊情况时，应立即停止作业，撤出人员，及时向跟班领导汇报。

9 环 保 措 施

施工时严格遵循卫生及环保要求，领导分工明确，责任落实到人，分区分片管理，建立健全定期检查和奖罚制度，加强施工地点的通风、洒水，制定环境控制措施及环境保护办法。定期进行环境影响的评价及检测，重点对排放的废水，巷道内的有害气体，空气中的粉尘进行处理。主要措施有：

（1）在开工前，组织全体干部职工学习环境法律法规，增加环保意识，养成良好的环保习惯。

（2）保持巷道整洁，无杂物、无积水、无淤泥。

（3）通风除尘，对施工过程中产生的灰尘通过除尘喷雾装置及除尘风机，将灰尘及时消除。

（4）采用以湿式钻锚杆孔，并配合喷雾洒水等防尘技术措施，降低作业中的煤尘。

（5）洒水防尘，定期对巷道、输送带转载部位及喷混凝土时采用洒水防尘措施，做到及时到位。

（6）加强作业人员个体防护，如佩戴防尘口罩等。

（7）建立环境管理信息网络，配置相关人员和设施，对施工环境进行有效的预防、监测和控制。

10 效 益 分 析

10.1 经济效益

（1）使用该工法，明显提高巷道成形质量，减少巷道超挖、欠挖及巷道围岩的采动扰动，减少了超挖部分支护工程量，降低巷道支护成本。

（2）使用该工法，提高了掘进速度，缩短了建设工期，减少了设备租赁费和人工费用的支出。

（3）以陕西煤化黄陵一号煤矿 609 工作面进风巷工程为例，采用该工法施工，较矿方计划工期提前 3 个月，节约设备租赁费 36 万元，节约人工费 94 万元，节约材料费 2.7 万元，累计创造利润 132.7 万元。

10.2 社会效益

该工法的应用，机械化应用程度高，减少劳动力投入，提高生产率；改善了作业环境，保障工人的身心健康，该工法安全性高、施工速度快、工期短、质量有保证，有广泛的推广应用价值。

11 应 用 实 例

11.1 实例一

2008年3月开工的陕西煤化黄陵一号煤矿西一进风巷工程全长3885 m，沿煤层顶板掘进。设计拱形断面，掘进断面为20.5 m²，采用锚网喷支护，净断面为19.31 m²。2008年8月经过项目管理人员的精心组织和实施，全体员工的努力奋斗，取得了日最高进尺达到41 m，月进尺最高1100 m的成绩，比计划工期提前一个半月。

11.2 实例二

2009年11月开工的陕西煤化黄陵一号煤矿609工作面进风巷工程，全长3350.7 m，沿煤层顶板掘进。设计矩形断面，掘进断面为10.8 m²，采用锚杆+锚索梁+塑钢网支护，采用煤（半煤岩）巷综掘成套技术施工。2010年5月进一步提升施工工法水平，加强机电设备管理，施工机械完好率达95%以上；优化掘进、支护平行作业线，最高月成巷660 m，顺利提前工期两个月，为黄陵一号煤矿工作面接替赢得了时间，也为企业更好地发展做出了贡献。

11.3 实例三

同煤国电同忻煤矿有限公司北一盘区3-5号层8106面顶板抽巷，设计长度1800 m，矩形断面，掘进断面10.3 m²，采用锚网喷支护形式。顶板锚杆采用ϕ20 mm×2000 mm左旋无纵筋螺纹圆钢锚杆，护帮锚杆ϕ18 mm×2000 mm左旋无纵筋螺纹圆钢锚杆，间排距800 mm×800 mm；锚索选用ϕ17.8 mm×6300 mm，间排距为1600 mm×1600 mm，二二布置，网片采用ϕ6 mm圆钢金属网，全断面喷射C25混凝土，喷厚为50 mm；锚索的锚固长度为1800 mm。2010年9月最高月成巷350 m，6个月完成了施工任务，工程质量被评为优良。

大断面岩巷快速掘进施工工法 （BJGF060—2012）

山西宏厦第一建设有限责任公司

李子长　梁爱堂　李平元　耿延方　范新海

1 前　　言

　　近年来我国煤炭行业发展迅速，煤炭产量逐年增加，矿井基本建设也随之得到发展，技术水平也得到相应的提高。在改革开放、科技创新的今天，传统的大断面岩巷采用手持凿岩机打眼、耙斗装载机装岩，U 型矿车配合小绞车或电机车牵引运输的作业方式，存在着单循环进尺低、投入人员多、机械和人身事故较多等缺点，已满足不了安全生产的需要。为了提高施工效率，山西宏厦第一建设有限责任公司在山西阳煤集团五矿赵家分区施工 +211 m 水平北轨道运输石门巷、+211 m 水平北回风石门和 +211 m 水平南回风石门，研究应用了大断面岩巷机械化作业线，形成大断面岩巷快速掘进施工工法。该工法提高了机械化程度，并采用中深孔爆破，一次性成巷，人工工效和单进水平大大提高，使工程施工达到了快速、优质、安全、高效。本工法关键技术于 2012 年 5 月通过了中国煤炭建设协会组织的技术成果鉴定，达到国内先进水平。

2 工 法 特 点

　　（1）与原施工方法相比，本施工工法提高了机械化程度，将中深孔爆破方法与液压钻车钻眼、履带挖掘式装载机装矸、刮板输送机、带式输送机运输与缓冲矸石仓相配套结合，侧卸式装载机辅助刷帮出矸，巷道施工效率大幅度提高。

　　（2）根据现有施工条件，放弃原有的浅孔爆破法，采用中深孔爆破法提高循环进尺。履带挖掘式装载机配套带式输送机转载实现连续运输排矸，以解决由于矸石装运环节多、路线长等制约巷道掘进效率的问题。

　　（3）在提高机械化程度后，工作面将减少施工人员数量，提高了人工工效和安全保障，并将减下来的人员用于一次成巷工作，既改善了工作环境，又提高了工程质量。

3 适 用 范 围

　　该工法适用于矿山、冶金、国防等工程的大断面平巷、平硐施工。尤其适用于锚喷支护，断面在 15 m² 以上的井巷工程。

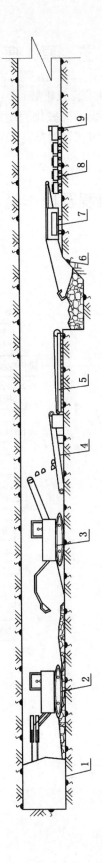

1—工作面；2—液压钻车；3—履带挖掘式装载机；4—刮板输送机；5—带式输送机；6—储矸仓；7—耙斗装载机；8—矿车；9—电机车

图 4－1　工艺原理图

4 工 艺 原 理

该工法采用液压钻车钻眼、履带挖掘式装载机装矸、刮板输送机配合带式输送机运输，实现与缓冲矸石仓配套的机械化作业线。机械化程度的提高既减少了钻炮眼的时间，又实现连续装矸，减少装矸占用工作面时间，有效提高了钻炮眼和装岩出矸的效率。工艺原理如图4-1所示。

5 工艺流程及操作要点

5.1 工艺流程

施工工艺流程如图5-1所示。

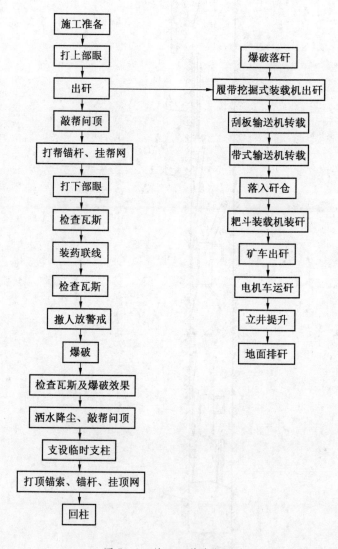

图 5-1　施工工艺流程图

5.2 操作要点

5.2.1 钻眼

（1）依据围岩来确定合理的爆破参数，围岩较稳定的炮眼深度可取 2.5~3 m，全断面一次爆破；围岩基本稳定或较破碎的炮眼深度可取 2~2.5 m，全断面一次爆破。

（2）利用激光导向仪导向，按照炮眼布置图标定眼位。

（3）采用光面爆破法施工，楔形掏槽，周边眼控制在 450 mm 以内，如图 5-2 所示。

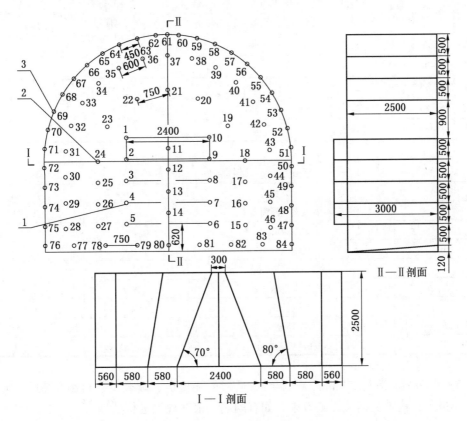

1—掏槽眼；2—辅助眼；3—周边眼

图 5-2　炮眼布置图

（4）打眼前准备，将钻具连接好，进行安全检查。

（5）为了控制巷道成型，增强爆破效果，提高矸石破碎度，全断面采用标准杆控制打眼角度，画好轮廓线后在打上部眼时，通过搭设工作平台来控制打眼角度。

（6）液压钻车司机必须了解掌握钻车使用说明书的内容，掌握钻车的结构原理及液压、电气、水路等系统。能熟练操作钻车，对钻车能进行日常维护保养，会排除一般的故障。

（7）液压钻车司机应严格执行交接班制度和岗位责任制，工作完毕后详细填写工作日志。钻车司机应爱护设备，按规定对钻车进行日常维护保养。

5.2.2 爆破

（1）制定合理的炮眼和装药量，保证炮眼利用率在 90% 以上（表 5-1、表 5-2）。

（2）严格执行一炮三检，爆破三连锁、交换牌制度。

（3）根据爆破图表的装药量进行装药，班组长亲自联线，按照规程要求，将人员撤至安全地点，并设置警戒。

（4）为防止爆破崩坏设备，以及爆破后抛矸距离不能超过 15~20 m，同时控制矸石的破碎度，要求根据巷道围岩情况，及时调整爆破参数。

表5-1 掘进爆破参数表

炮眼名称	眼号	眼数/个	眼深/m	炮眼角度		装药量		起爆顺序	使用炸药	联线方式
				水平/(°)	竖直/(°)	块/眼	合计/块			
掏槽眼	1~14	14	3.0	70	90	9	126	I		
辅助眼	15~46	32	2.5	85	90	7	224	II	煤矿许用三级乳化炸药	串联
周边眼	47~75	29	2.5	90	90	5	145	IV		
底眼	76~84	8	2.5	90	85	6	48	IV		
合计		84	84	214.5			543			

表5-2 预期爆破效果表

序 号	名 称	单 位	数 量
1	巷道掘进断面	m^2	25.79
2	炮眼深度	m	2.5
3	炮眼个数	个	84
4	每循环炸药消耗量	块	543
5	每循环雷管消耗量	发	84
6	炮眼利用率	%	90
7	每循环进尺	m	2.25
8	每循环爆破煤矸	m^3	58.03

（5）爆破后，等待 30 min，炮烟吹尽后，由瓦检员、爆破员、班组长三人，前后间隔 15 m 进入，检查瓦斯及爆破效果。如有问题，根据规程进行处理。

5.2.3 装岩

（1）在装岩前要对履带挖掘式装载机各部位进行检修，添加润滑油。

（2）装岩前先进行洒水降尘，按照由里向外、由远及近的顺序进行装岩。

（3）履带挖掘式装载机使用时应尽量往前推进，将铲齿插入矿石底部，以便于装载和清底，装岩时大臂抬起高度应根据岩石堆积高度决定，不必每次抬到最高位置。

（4）履带挖掘式装载机操作时要人机协调尽量避免工作油缸伸缩到终点，避免油缸和工作机构受到多次冲击，避免安全阀经常溢流，油温升高。

5.2.4 运输

（1）矸石由履带挖掘式装载机转运至刮板输送机，再转运至带式输送机，运至井下矸仓，井下矸仓设置在工作面车场处，长×宽×深为 25 m×3 m×2.8 m，矸仓设置在巷道一侧贴近巷帮处，另一侧用双层料石砌墙，防止人员掉入。

（2）耙斗装载机安装在矸仓口，出矸时耙入矿车，再由电机车运走。

（3）矿石卡住履带挖掘式装载机刮板链时，暂时停止装矿，让刮板链不断正反转，将卡在链和链轮之间的石头排除，即可恢复正常工作。

（4）刮板输送机起动后，要注意观察其运行状态，观察运行是否平稳，声音是否正常，输送机的链子、刮板连接环、分链器等要求完好无缺，牢固可靠。

（5）带式输送机在开机前须检查传动装置是否正常，轴瓦、滚轮是否松动，输送带上有无工具杂物，安全防护是否牢固，各润滑系统是否有足够的油量。检查完毕后，有卸料小车的带式输送机将卸料的刹车放松，开动卸料车运行到放料仓位后刹车，停机前必须把输送带上料卸完，停机后须做好清扫工作。

（6）缓冲矸仓在使用时要预留 1/3 的矸石，防止矸石过少而使耙斗装载机耙底，矸仓矸石超过 1/2 时必须出矸。

5.2.5 支护

（1）敲帮问顶时必须使用 2 m 以上的长柄专用撬棍，从外往里，从上至下进行，先清理活矸围岩，清理时必须用撬棍敲击顶板或两帮，若回声发闷、发空，则表明围岩为活矸，必须认真清理，清理不下来则必须打设临时支护并及时打设永久支护。

（2）巷道顶部锚杆和锚索采用 MQT-130/2.8 型气动锚杆机钻眼，帮部采用 YT-28 型风钻进行钻眼。

（3）支护作业时先进行顶部作业，在进行顶部支护时搭设工作平台，人员站在工作平台上进行作业。

（4）打设帮锚杆时，打眼角度垂直岩面，锚杆必须成排成行。

（5）对工作面进行洒水消尘、敲帮问顶，按要求打设临时支柱。

（6）根据中线制定锚杆锚索位置，标记好后进行打注。

（7）顶板支护好后，检查扭力矩及预紧力，达到要求后，撤回临时支柱，开始进行下一循环。

5.3 劳动组织

5.3.1 劳动力配备

配备有液压钻车司机、履带挖掘式装载机司机、溜子工、带式输送机维护工、支护工、耙斗装载机司机、电机车司机、班长等。劳动力配备详见表5-3。

表5-3 劳动力配备表　　　　　　　　　　　　　　　　人

序号	工种（岗位）	班次			共计
		一班	二班	三班	
1	液压钻车司机	3	3	3	9
2	履带挖掘式装载机司机	2	2	2	6
3	溜子工	2	2	2	6
4	带式输送机维护工	3	3	3	9
5	支护工	4	4	4	12
6	耙斗装载机司机	2	2	2	6
7	电机车司机	2	2	2	6
8	喷浆工	3	—	—	3
9	班长	1	1	1	3
10	跟班队长	1	1	1	3
	合　计	23	20	20	63

5.3.2 作业方式

采用"三八"作业制，循环进尺 2.25 m，循环作业图表详见表 5-4。

表 5-4 循环作业图表

序号	工序名称	时	分	一小班 1	2	3	4	5	6	7	8	二小班 1	2	3	4	5	6	7	8	三小班 1	2	3	4	5	6	7	8
1	交接班安全检查	0	30																								
2	看线、准备	0	30																								
3	打上部眼	0	30																								
4	打下部眼	1	0																								
5	装药爆破	1	0																								
6	通风、检查	0	30																								
7	敲帮问顶，打临时支护	1	0																								
8	打顶锚杆，打锚索	2	0																								
9	打帮锚杆	1	0																								
10	出矸	2	0																								
11	喷混凝土	8	0																								

说明：钉道、延长风水管根据实际情况调整作业，此图表为掘、锚、喷循环图表，采用掘喷平行作业方式。

6 材料与设备

施工所需的主要施工材料及施工设备、机具详见表 6-1。

表 6-1 主要施工材料及设备

序号	名　称	型　号	单位	数　量
1	液压钻车	CMJ2 - 18 型	台	1
2	风钻	YT - 28	部	10
3	矿用气动锚杆钻机	MQT - 130/2.8	台	4
4	气动油泵	QYB - 0.45/70	台	2
5	张拉千斤顶	YDC - 250/150A	台	2
6	风镐	G10、G7	部	5
7	喷浆机	PZ - 5B	台	1

表 6-1（续）

序号	名　称	型　号	单　位	数　量
8	气动扳机	BK20	部	1
9	单体液压支柱	内注式	根	10
10	锚杆	$\phi 20\ mm \times 2400\ mm$	根	17100
11	锚索	$\phi 17.8\ mm \times 5200\ mm$	根	5700
12	钢筋网	$\phi 6\ mm - 150\ mm \times 150\ mm$	m^2	18720
13	水泥	P. O 32.5	t	1568
14	沙子		m^3	1960
15	石子	$5 \sim 10\ mm$	m^3	1960
16	履带挖掘式装载机	ZWY180/79L	台	1
17	侧卸式装载机	ZMC－30	台	1
18	刮板输送机	SGD－620/55	台	1
19	带式输送机	SPJ－1000	台	1
20	耙斗装载机	P－90B	台	1

7　质　量　控　制

7.1　主要标准、规范

（1）《煤矿井巷工程施工规范》（GB 50511—2010）。

（2）《煤矿井巷工程质量验收规范》（GB 50213—2010）。

（3）《山西省煤矿安全质量标准化标准及考核评级办法》。

7.2　质量保证措施

（1）施工所用原材料必须符合质量要求。

（2）施工前应根据工程地质条件确定爆破参数，按照爆破设计进行钻眼、装药、联线和爆破。

（3）严格控制打眼角度，炮眼数量必须符合设计要求。

（4）严格控制周边眼装药量，"三不同"雷管不能混装，炮泥封堵质量符合要求。

（5）初喷混凝土支护紧跟工作面。提前做好喷射机械的调试，选择最佳喷射距离和风量，以达到最佳喷射质量。锚杆间距和锚杆长度必须符合设计要求。喷射混凝土的强度和厚度要满足设计和规范要求，并检查喷层是否平顺，有无漏喷、离鼓、裂缝。

（6）按照中腰线检查断面尺寸是否符合设计要求，否则不得进行喷浆作业。

（7）锚杆垂直巷道岩面布置，锚杆外露长度 30 ~ 50 mm，锚杆抗拔力不小于 70 kN。间排距误差不超过 100 mm。钢筋网搭接为 100 mm，每隔 200 mm 绑扎一道双股 14 号铅丝，托盘必须贴紧岩面。

（8）锚索垂直巷道岩面布置，锚索外露长度不超过 200 mm，预紧力不小于 38.8 MPa，间排距误差不超过 100 mm。

(9) 中线两侧宽度允许偏差：0~200 mm。

7.3 组织保证措施

（1）为提高岩石平巷掘进成型质量，避免由于二次修整，造成单米成巷人员、设备、材料的浪费。为提高施工效率，降低施工成本，施工中推行光面爆破，为一次成巷创造有利条件。

（2）技术员必须按照巷道围岩情况编制合理的爆破图表及爆破说明书，并贯彻到每一个操作人员。技术员要根据施工现场围岩变化情况，及时调整爆破图表。

（3）操作人员必须熟悉并严格按照爆破图表及说明书中规定的内容及要求进行施工。现场施工过程中，选择适合的爆破图表进行作业。

（4）施工队班组必须指派一名专职的质量检查员对钻眼、装药、联线、爆破全过程进行监督、检查。

（5）由跟班队长负责看线，看线后由跟班队长标出巷道中心，并画出巷道掘进轮廓线，并确定眼位。

（6）钻眼完成后，必须由质量检查员重新按爆破图表检查一次炮眼质量，对不合格的炮眼由班长安排工人进行补打，直至质量检查员验收合格，方可进行装药，验收包括炮眼数量、深度、角度。

（7）装药前，由班长指定专人将炮眼内岩粉吹净，由质量检查员检查后，方可进行装药。装药时严格按爆破图表进行装药，当岩石硬度有变化时，及时调整装药量，确保爆破效果。装药时，由安监员和质量检查员共同监督封泥质量。

8 安 全 措 施

（1）建立健全安全生产管理体系。实行安全责任制，项目负责人是安全第一责任人，对生产过程中的安全负责，班队长对当班现场作业的安全负责，工作人员对生产过程和自身安全负责。

（2）对各环节制定操作规程和专项安全措施，组织作业人员学习贯彻。严格遵守煤矿井下作业规程，做好煤矿巷道作业安全。

（3）特殊工种必须持证上岗，无证人员不得从事特种作业。

（4）所有机械旋转部位必须设置安全罩，不设置不得使用。

（5）所有用电设备必须设漏电保护装置。

（6）液压钻车在运行期间，在运行范围内严禁有人，停车时要将钻臂平放到地面并切断电源。

（7）履带挖掘式装载机运行范围内严禁有人，停机时要将铲斗放至地面并切断电源。

（8）液压钻车和履带挖掘式装载机需要检修时要将机器移至安全可靠的永久支护下进行检修。

（9）刮板输送机和带式输送机运行期间严禁其他无关人员在其运行范围内进行其他无关的工作，司机要听清信号方可开机运行。

（10）缓冲矸仓运行期间，在其运行范围内严禁有人，严格执行耙岩机操作规程。

（11）各种机械都必须有相应的操作规程并悬挂于现场。

9 环保措施

(1) 通风机必须安装消声器。

(2) 凿岩机上必须配备消声罩，如有损坏及时更换。

(3) 打眼作业必须采取湿式打眼。

(4) 作业人员必须正确佩戴防尘口罩、耳塞等劳动保护用品，降低粉尘和噪声对人体的危害。

(5) 每次爆破后出矸前必须在矸石面上充分洒水湿润。

(6) 装填炮眼最外一段必须采用水泡泥。

(7) 耙斗装载机机尾上方设自动或手动喷雾，出矸时必须有效使用。

(8) 喷射混凝土作业必须采用潮喷。

(9) 压风、供水和供油管路加强维护，不得有泄漏。

(10) 施工废水、废油、生活污水分别经过沉淀池、隔油池、生化处理池，净化处理后排放。

(11) 工业及生活垃圾及时清扫，集中存放，定期进行处理，防止污染环境。

(12) 润滑油要明显标记，分类存放，容器必须清洁密封，不得敞盖存放；每天要定期检查各运行设备的油量，按规定加油，严禁设备漏油，加油时，油桶必须干净；做好废油的回收利用工作，更换的废旧油脂必须及时回收、上交、统一存放、处理。

(13) 按安全质量标准化要求，做到文明施工，放置标准的可回收和不可回收垃圾箱，巷道底板做到无积水、无淤泥。大巷内物料、工具摆放整齐，设备设施干净卫生，为职工创造一个舒适的井下环境。

10 效益分析

10.1 经济效益分析

阳煤集团五矿赵家分区 +211 m 水平北轨道运输石门，设计长度 1400 m，掘进断面 25.79 m^2。采用大断面岩巷快速掘进施工工法，最高月进 147 m，比计划工期提前 47 d 完成，节约费用 141 万元。

阳煤集团五矿赵家分区 +211 m 水平北回风石门，设计长度 1330 m，掘进断面 30.7 m^2。采用大断面岩巷快速掘进施工工法，最高月进 143 m，比计划工期提前 26 d 完成，节约费用 109 万元。

阳煤集团五矿赵家分区 +211 m 水平南回风石门，设计长度 1330 m，掘进断面 30.7 m^2。采用大断面岩巷快速掘进施工工法，最高月进 144 m，比计划工期提前 31 d 完成，节约费用 122 万元。

10.2 社会效益分析

大断面岩巷快速掘进施工工法，采用了先进的机械化作业线，不但提高了机械化程度，降低了人工劳动强度，还提高了生产效率，缩短了施工工期，且操作性可靠，性能好，施工安全保障得到提高，并采用中深孔爆破方法施工，不但提高了施工速度，还减少材料消耗，降低成本，提高经济效益，改变了传统爆破方法掘进速度慢，循环次数多，工序复杂，材料消耗高的缺点，具有良好的推广应用价值。

11 应用实例

山西宏厦一建矿建七部从 2011 年 5 月 31 日成立以来就积极改进施工工艺，引进新设备，在五矿赵家分区工地施工中推行大断面岩巷快速掘进施工工法，取得了良好的效果。

11.1 实例一

阳煤集团五矿赵家分区 +211 m 水平北轨道运输石门，直墙半圆拱形断面，坡度 4‰，掘进断面 25.79 m²，采用锚网喷支护，2009 年 10 月开工，截至 2010 年 7 月底，施工 1400 m，最高月进尺 147 m，平均成巷进尺 140 m/月，工期提前 47 d，工程质量等级被评为优良。

11.2 实例二

阳煤集团五矿赵家分区 +211 m 水平北回风石门，直墙半圆拱形断面，坡度 3‰，掘进断面 30.7 m²，采用锚网喷支护，2010 年 5 月开工，截至 2011 年 2 月底，施工 1330 m，最高月进尺 143 m，平均成巷进尺 133 m/月，工期提前 26 d，工程质量等级被评为优良。

11.3 实例三

阳煤集团五矿赵家分区 +211 m 水平南回风石门，直墙半圆拱形断面，坡度 3‰，掘进断面 30.7 m²，采用锚网喷支护，2010 年 6 月开工，截至 2011 年 3 月中旬，施工 1330 m，最高月进尺 144 m，平均成巷进尺 140 m/月，工期提前 31 d，工程质量等级被评为优良。

缓坡斜井机械化配套快速施工工法（BJGF061—2012）

中鼎国际工程有限责任公司

刘护平　汪长青　李信跃　张海涛　熊小麟

1　前　　言

　　机械化配套施工缓坡斜井是国内外大型矿山基建施工发展的趋势，它具有动力消耗小、能量利用率高、优质、快速、安全、经济效益显著等特点。随着我国国民经济高速持续的发展，对煤炭能源的需求不断的扩大，北方大型煤矿的建设将越来越多，机械化配套施工缓坡斜井是个可行的施工方案。

　　在同煤集团同忻煤矿主、副斜井井筒工程施工中，成功利用装载机装矸，胶轮车运输矸石、材料等，大功率对旋式风机长距离通风，全站仪与 CAD 软件相结合的快速测量放样，长距离直线段激光导向，自制钻眼平台、全断面中深孔光面爆破、滚班制作业、钻眼、锚网、喷浆支护平行作业方式，在大断面、长距离缓坡斜井应用该工法可达到快速施工的目的，巷道成形好、进度快、安全系数高，具有较好的经济效益和社会效益。

　　该工法还在江铜集团永平铜矿露转坑辅助斜坡道、同煤集团同忻煤矿主斜井及山西省煤炭运销集团王家岭煤业副斜井井筒等工程中得到应用，取得了较好的经济效益。其适用范围广，具有良好的推广应用前景。

　　该工法的关键技术于 2012 年 12 月 20 日通过了中国煤炭建设协会组织鉴定，鉴定结论为该项技术达到国内先进水平，具有较高推广应用价值。

2　工　法　特　点

　　（1）无须安装绞车、铺设轨道，缩短了施工准备期。

　　（2）爆破后初期支护，钻眼、锚网、初喷可平行作业，缩短作业时间，为快速施工创造了条件。

　　（3）缓坡斜井每隔 80 m 设置一个错车硐室，实现安全无阻碍运输。

　　（4）采用全站仪测量、工程计算器现场计算、激光导向、CAD 软件快速成图导出数据，缩短测量时间，减少对掘进工序影响。

　　（5）各个工种实现专业化组织，按"滚班制"作业，充分发挥各工种专业特长，工序相互之间紧密衔接，有利于实现正规循环作业。

　　（6）装载机装矸、胶轮车运矸，装运能力强、速度快，每茬炮平均 2.5 h 完成出矸作业，缩短出矸时间。

　　（7）爆破后，采用装载机清除工作面拱部危岩活矸，提高了作业安全性，采用装载机清底，节省了工时，降低了作业工人劳动强度。

（8）使用大功率对旋式风机长距离接力通风，保证井下空气质量，缩短爆破后的通风排烟时间。

（9）有轨运输变无轨运输，简化了运输工序，提供了运输效率和灵活性。

3 适 用 范 围

（1）适用于宽度大于 4 m、坡度小于 9°，底板 f 值大于 4，转弯外半径大于 7 m 的斜井。

（2）当斜井涌水量小于 10 m^3/h 时，按正常工法施工；当斜井涌水量大于 10 m^3/h 时，采取注浆堵水措施。

（3）在非煤矿山，按正常工法施工；在煤矿，采用防爆设备应符合安全规程的要求。

4 工 艺 原 理

该工法在缓坡斜井中应用自制钻眼台架打眼、中深孔全断面光面爆破法等技术、装载机与自卸式汽车配合装运矸、施工组织上采用多工序平行作业、"滚班制"作业，形成高效的机械化配套作业线，作业循环见表 4-1。

表 4-1 作 业 循 环

工序名称	需要时间/min	时间/h							
		1	2	3	4	5	6	7	8
打眼准备	15								
钻眼、复喷	180								
装药爆破	30								
通风	30								
初喷	60								
排渣	165								

5 工艺流程及操作要点

5.1 工艺流程

施工工艺流程图如图 5-1 所示。

5.2 操作要点

5.2.1 测量

井筒内测量放线，建立主副导线闭合环，内插小闭合环，环环相扣，形成多个闭合条件。直线段利用激光指向仪掘进指向，弯道段利用 CAD 快速出图指导施工。回头曲线因拐弯半径大，激光仪指向用不上，采取拐弯段任意测量两个点 A 和 B，利用 CAD 快速出

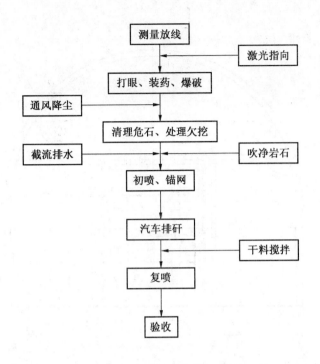

图 5-1 施工工艺流程图

图就能中线指向 30 多米，压缩了测量所占的时间，给井筒施工腾出了时间。

5.2.2 钻眼爆破

施工员画好断面轮廓线、点好炮眼位置后即可开始打眼，先安装自制凿岩台架，如图 5-2 所示，配 YT-28 型凿岩机，多台多人定眼位分层同时作业。

采用中深孔全断面光面爆破法施工，掏槽眼深 3.5 m，周边眼及辅助眼深 3.3 m，每茬炮平均进度 2.83 m。

5.2.3 初喷、锚网

爆破进行通风洒水降尘后，先进行敲帮问顶，处理危石活石，在检查断面合格后进行初喷作业，并及时按设计要求进行锚网支护。

其中初喷封闭迎头前，应用压风由上而下将岩面吹净，埋设控制喷厚的标志钉。

如工作面有滴水或淋水，应提前设置导管排水。

5.2.4 排矸

初喷、锚网支护后，采用装载机装矸，胶轮车运输排矸。制定斜巷运输管理制度，加强车辆各系统的检查，确保车辆完好，对井下路面及时清理、修复、整平。迎头设专人指挥装载机作业和胶轮车倒车；会车时，空车让重车，使用近光灯，拐弯处设置弯道镜。

5.2.5 复喷

复喷作业置于迎头后方 20~30 m 范围，与打眼、帮部锚网支护工序平行作业。喷射作业先墙后拱、自下而上，按螺旋形轨迹（φ300 mm）一圈匀速移动，以防止上部喷射回弹虚掩盖拱脚或墙脚而不紧实，先将凹处部分铺平，然后喷射凸出部分，并使其平顺连接。喷浆料由地面搅拌站集中搅拌，自卸式汽车运至工作面。其中，水泥标号不低于

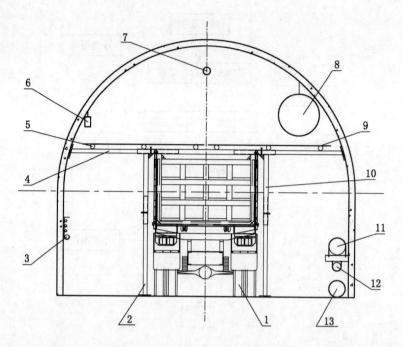

1—胶轮车；2—台架腿撑；3—电缆挂钩；4—台架帮撑；5—台架横梁；6—瓦斯传感器；7—激光指向仪；
8—风筒；9—台架面板；10—台架主体；11—压风管路；12—供水管路；13—排水管路

图5-2 凿岩台架示意图

42.5R，混合料按配比用电子秤称量配料。

5.2.6 通风

采用长距离压入式接力的通风方案，如图5-3所示，配置大功率对旋通风机、大直径胶质风筒向工作面供风。加强通风管理，配置2名专职通风工，修补风筒、保持风筒直顺、风筒接口不漏风。

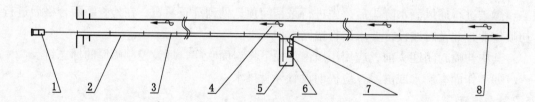

1—一级风机；2—巷道；3—风筒；4—污风流；5—风库；
6—二级风机；7—风门；8—新鲜风流

图5-3 接力通风示意图

采用湿式钻眼、喷雾装置、胶轮车和装载机增设尾气净化装置等综合措施，改善井下空气质量。

5.2.7 排水

采用导、截、排、堵、疏等措施，对斜井内的漏渗水进行处理。迎头设置水窝，用风泵排入临时水仓，再用水泵排出斜井，确保路面干燥、平整。

5.3 劳动力组织及人员配备

项目主要管理人员配置见表5-1。

表5-1 项目主要管理人员配置表 人

名 称	人 数	名 称	人 数
项目经理	1	生产副经理	1
项目总工程师	1	机电副经理	1
预算员	1	施工员	2
财务员	1	质检员	2
计划统计员	1	材料员	1
仓库管理员	1		

特殊作业人员配置见表5-2。

表5-2 特殊作业人员配置表（每小班） 人

名 称	人 数	名 称	人 数
爆破员	4	电焊工	1
通风工	2	汽车司机	8
电工	2	安全员	3
钳工	2	汽车修理工	2
压风工	2	火工品押运员	1

6 材 料 与 设 备

主要施工机械设备见表6-1。

表6-1 主要施工机械设备表

序号	设备名称	型号规格	单位	数量
1	凿岩机	YT-28	台	20
2	锚杆钻机	MG-75C	台	10
3	装载机	LW160FB	台	2
4	移动式空压机	SA-250	台	3
5	混凝土喷射机	转Ⅶ	台	4
6	局部通风机	DJK50-No.9.5 2×75 kW	台	2
7	局部通风机	DJK50-No.9 2×55 kW	台	2

表 6 -1（续）

序号	设 备 名 称	型 号 规 格	单位	数量
8	搅拌机	JS750	台	2
9	激光指向仪	YBJ - 600	台	3
10	全站仪	TCR402	台	1
11	水泵	100FDG45	台	4
12	胶轮车	WC6	辆	15
13	钻眼台架	自制	台	1

7 质 量 控 制

7.1 质量标准

《煤矿井巷工程施工规范》（GB 50511—2010）。

《煤矿井巷工程质量验收规范》（GB 50213—2010）。

7.2 施工中的质量管理

（1）加强现场质量管理，严格执行班组自检、互检和交接班检查制度。

（2）施工过程中，经常检查施工组织设计、作业规程及施工方案的落实贯彻情况。

（3）执行事前控制，加强对设计图纸等文件与资料的审核把关，做好图纸会审、技术交底工作。

（4）严格按爆破图施工，防止巷道的超挖、欠挖；实行定人定位打眼，完善作业责任制，加强工序质量检验。

（5）加强喷射混凝土支护质量的管理，重点在配合比操作、混凝土强度及喷射作业上加强管理，养护期不少于 7 d。

（6）定期召开质量分析会，对施工过程中产生的质量缺陷、质量通病及影响质量的因素进行分析，并制定出质量改进措施，不断提高质量管理水平。

8 安 全 措 施

8.1 顶板管理

（1）作业人员进入迎头前必须由班长对作业点顶、帮情况进行安全检查。

（2）由班长负责敲帮问顶作业，由外向里逐步进行，处理危岩活石。

（3）迎头严禁空顶作业，爆破后空顶距超过 3 m 应及时进行临时支护。

（4）严禁使用不合格的支护材料，防止冒顶事故。

（5）安全员必须自始至终在迎头检查安全隐患，督促作业人员敲帮问顶，发现问题及时指挥人员处理或撤离。

（6）严格按爆破说明施工，控制周边眼装药量，确保巷道成型规整。

（7）处理空顶时，应先观察顶板及围岩情况，由专人指挥、专人操作，用方木将顶板背紧接实。

8.2　运输管理

（1）严格按交通规则作业，服从工作安排，听从现场跟班干部指挥，保质保量完成各项运输任务。

（2）严禁酒驾、醉驾以及超速行驶。

（3）行车时，集中精力，注意工作面设备和管路，确保安全行驶，避免交通事故的发生。

（4）加强车辆维护和保养，经常认真检查主要安全部件是否正常，发现故障及时排除，确保车辆处于完好状态。

（5）爱护车辆，保持车辆卫生，下班时车辆必须清洗干净，方能交接班。

8.3　装载机管理

（1）装载机司机必须是经过严格的专业培训，持证上岗。

（2）在操作过程中一定要思想集中，严格按操作程序执行，设备不得带病运行。

（3）操作装载机前，应检查各转动部位是否灵活、各安全防护设施（灭火器、防护棚、三角垫木）是否完好、各油管接头是否漏油。

（4）装载机装载时，除指挥专员外，车辆周围严禁站人，只有车辆停稳后人员才能过往；严禁人员在铲斗下方停留或通往。

（5）装载机司机严禁站在装载机驾驶室外或将身体伸出驾驶室进行操作。

（6）启动装载机前，先检查刹车系统，确认可靠后挂一挡，严禁使用空挡和运行中挡；运行中铲斗应朝下方，放到距地面 300 mm 左右，以不碰底板石块为准。

（7）装载机司机离开装载机时，停车须靠帮、放下铲斗、关闭发动机、拉手刹，对四轮加垫，确认不会溜车后，方可熄火带钥匙离开。

（8）清扫残留在装载机机体上的积渣，应将装载机退至安全地点，停稳、关闭发动机、液压系统后进行。

9　节　能　环　保　措　施

9.1　地面措施

（1）严格遵守国家和地方所有控制环境污染的法律和法规，减少粉尘对空气的污染，降低噪声污染，保护生态环境。根据工程环保的特点制定一系列具体措施和建立健全施工中的环保责任制，切实加以贯彻落实。

（2）在规定的施工活动界限之内施工临建，器材、机具、构件不越界堆放。

（3）施工现场和生活区设置足够的临时卫生设施，定期清扫处理。保持施工区和生活区的环境卫生，及时清理垃圾，并将其运至指定的地点进行处理；定期进行环境卫生防疫检查，喷洒药剂，防止疫情发生；做好施工期间临时排水设施，施工废水不排入饮用水源中。

（4）所有临时设施都必须符合消防、卫生及环保的要求。

9.2　井下措施

（1）保持巷道整洁，无杂物、无积水、无淤泥。

（2）通风除尘。对掘进爆破后的烟尘通过增大通风机的风速及风筒的风量及时排出洞外，风速控制在 0.15 ~ 4.0 m/s。

（3）湿式作业。采取以湿式凿岩为主，配合喷雾洒水、水炮泥，水封爆破等防尘技术措施，降低作业中的岩尘。

（4）钻眼、爆破后、装矸及喷浆作业时，应洒水降尘。

（5）加强作业人员的个体防护，所有下井人员必须携带过滤式防尘口罩、锂电矿灯等。

10 效 益 分 析

（1）无须安装绞车和铺设轨道，缩短了施工准备期 1 个月以上。

（2）施工工序相对简单、紧凑，多工序平行作业，充分利用空间安排作业，减少工序间转换时间，能快速成巷。具有巷道成形好、进度快、安全系数高、经济效益显著。

（3）装载机、胶轮车配合装运矸石，运输能力大、生产效率高、机动灵活、实现了快速施工，节约了辅助费。

（4）采用巷道分侧、分段浇筑底板，分段养护，养护路段用钢板覆盖架空行车等方式，可使铺底工程与斜井掘进施工平行作业，缩短了总体工期，有利于减少汽车、铲车消耗件的损耗，节约工程成本。

（5）以永平铜矿露转坑辅助斜坡道为例，采用该工法施工，较计划工期提前 2 个月，节约设备租赁费 4.68 万元，节约人工费 62 万元，节约材料费 0.61 万元，累计创造利润 67.29 万元。

11 应 用 实 例

11.1 实例一

江铜集团永平铜矿露转坑辅助斜坡道井筒工程全长 3236.2 m，平均坡度 8°31′。掘进断面 21.067 m²，净断面 18.89 m²，岩石系数 $f = 8 ~ 10$，支护参数：$\phi18$ mm × 4000 mm 金属树脂锚杆、间排距 800 mm × 800 mm、100 mm 厚 C25 混凝土。

在施工过程中，积极探索机械之间配套的最佳使用率，2007 年 7 月完成独头月进尺 168 m、8 月完成独头月进尺 195 m、9 月完成独头月进尺 200 m 的新纪录，为工程顺利提前两个月竣工打下坚实的基础。

11.2 实例二

同煤国电同忻煤矿主斜井井筒总长 4560.1 m，倾角 −5°08′，每隔 50 m 设置硐室；巷道为直墙半圆拱形，掘高 4.12 m，掘宽 5.04 m，掘进断面 18.04 m²。

主斜井施工中，使用此工法，2008 年 8 月创造全岩巷独头月进尺 211 m 新纪录。工法中两项关键技术于 2009 年 4 月获得同煤集团技术革新一等奖、二等奖及科学进步一等奖。工程还获评为煤炭行业优质工程。

11.3 实例三

山西省煤炭运销集团王家岭煤业副斜井井筒工程设计长度 3047 m，直墙半圆拱断面，墙高 1.6 m，净宽 5.0 m，净高 4.1 m，净断面积 17.82 m²；掘高 4.55 m，掘宽 5.3 m，掘进断面积 21.19 m²。设计支护型式为锚网喷联合支护，ϕ18 mm × 2000 mm 左旋无纵肋螺纹钢树脂锚杆，端头锚固，三花形布置，800 mm × 800 mm 的间排距；铺设 ϕ6 mm 钢筋网（网孔：100 mm × 100 mm）；喷 150 mm 厚 C20 混凝土。

本矿副斜井井筒工程于 2010 年 6 月在运距 900 m 的条件下创独头月成井 233 m 的佳绩；于 2010 年 12 月在本矿安全质量标准化竞赛中、在运距 1900 m 的条件下，再创独头月成井 229.5 m，为本矿基建期间施工最快月进度；于 2011 年 1—3 月连续独头月成井 200 m 以上，为本矿建设做出了较大贡献。井筒经过 2011 年 9 月初完成验收，为优质工程。

冲击凿孔护筒振动跟进桩基施工工法

（BJGF063—2012）

湖南楚湘建设工程有限公司

王作成　金　鑫　张跃龙

1　前　　言

在水位较浅的水中桥梁桩基施工中，考虑到水上搭设钢结构施工平台成本太高，先采用回填碎（片）石黏土人工筑岛，然后在筑岛形成的施工平台上施工。由于回填层结构松散、不稳定，遇水及易出现膨胀、垮、塌孔等现象，冲击凿孔过程中的护壁、保持孔壁稳定是施工中最关键的工作。常需花费大量的人、财、物及时间。我公司通过长期的水上桩基施工，在冲击回填碎（片）石黏土层成孔方面，总结和摸索出了冲击凿孔护筒振动跟进法，且经多个回填筑岛施工平台上的桩基施工实践，形成了较为成熟的冲击凿孔护筒振动跟进法施工工法。此工法在保证施工质量、加快施工进度方面效果明显，具有一定的社会、经济效益及推广价值。

2012 年 5 月 16 日，中国煤炭建设协会组织专家鉴定，其关键技术达到国内先进水平。

2　工　法　特　点

（1）冲锤在略大于锤径的钢护筒内凿孔，护筒跟进，凿一段跟一段。

（2）护筒跟进是利用振动锤振动跟进，并在孔口护筒上安装了定位导正装置，阻止钢护筒跟进时发生倾斜。定位导正装置如图 2-1 所示。

（3）首节护筒底部外缘焊有多块锥形刃片、内焊有加强圈。每节护筒上部焊有导正连接环。护筒结构如图 2-2 所示。

（4）由于护筒及时跟进，从根本上解决了冲击成孔过程中的掉块、缩孔、塌孔等现象。

（5）采用振动筛过滤清渣，除渣效果好。

3　适　用　范　围

适用于回填碎（片）石黏土筑岛平台上的桩基础施工。由于该施工方法是在冲击凿孔的同时，借助于振动设备将钢护筒逐节下振跟进，有一定的局限性，一般适用回填高度小于 8 m 的浅水区，桩径小于 2.5 m 的桩基础施工。

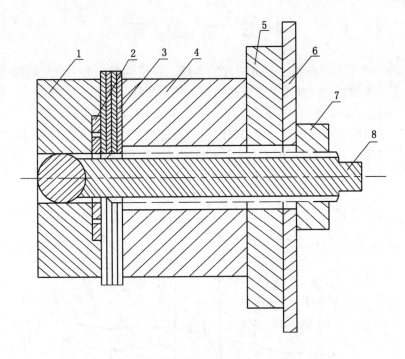

1—定位块；2—盖板；3—垫块；4—支座；5—加强板；
6—孔口护筒；7—螺母；8—推进螺杆

图 2-1　定位导正装置示意图

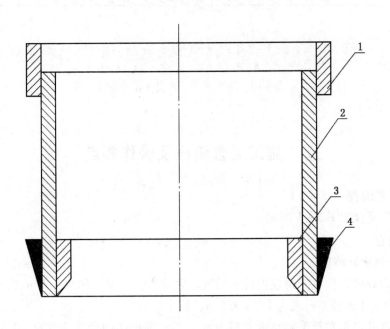

1—导正连接环；2—内钢护筒；3—加强圈；4—锥形刀片

图 2-2　护筒结构示意图

4 技 术 原 理

基于回填的碎（片）石黏土层有一定的空隙，在受到挤压时会产生收缩，冲锤凿孔孔径会稍大于锤径的特点，在略大于锤径的钢护筒内凿孔，凿孔一定深度（一般为0.5～1.0m）后，利用振动设备下振钢护筒。下振时，钢护筒底部刃片对孔壁产生侧压力，孔壁向外扩张，同时向下剪切窜动，使护筒跟进。通过反复冲击凿孔，对接钢护筒，下振钢护筒，直至穿过碎（片）石黏土层、河床沉积的淤泥层形成钢护筒孔壁。钢护筒护壁冲凿孔如图4-1所示。

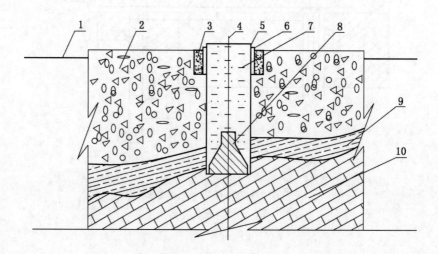

1—河水位；2—回填层；3—混凝土圈梁；4—钢丝绳；5—内钢护筒；6—井口护筒；
7—孔内泥浆；8—冲击锤；9—黏土层；10—基岩
图4-1　钢护筒护壁冲凿孔示意图

5　施工工艺流程及操作要点

5.1　施工工艺流程

施工工艺流程如图5-1所示。

5.2　操作要点

5.2.1　孔口钢护筒的预埋

（1）在设计桩孔位置挖预埋护筒的圆坑，底部凿平。圆坑深约1.5m,直径等于$(D+1.3)$m,D为设计桩径，一般为1.2～2.5m。

（2）吊放孔口钢护筒至圆坑内并校对好中心。钢护筒内径等于$(D+0.3)$m,高度等于1.7m,孔口钢护筒顶面高出地面0.2m。

（3）在孔口钢护筒外缘浇筑C25混凝土圈梁，圈梁高1.5m,外径$(D+1.3)$m,且在混凝土中分别加入三乙醇胺和食盐作为速凝剂，三乙醇胺加入量为水泥重量的0.05%、

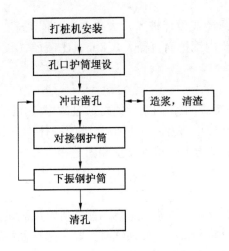

图 5-1 施工工艺流程图

食盐加入量为水泥重量的 0.5%，并对混凝土进行浇水养护。

5.2.2 冲击凿孔

（1）孔口钢护筒外缘混凝土圈梁浇筑 4～5 d 后，强度达到最大值的 60% 左右开始冲击凿孔。

（2）凿孔时先进行造浆，造浆采用 7.5 kW 自制搅拌机，浆液基本材料为黏土和水，外加纯碱。水、黏土、纯碱的重量比为 1∶0.1∶0.004，浆液比重一般为 1.1～1.15，黏度为 23～25 s。

（3）在孔口钢护筒内段凿孔，冲程均控制在 1 m 以内。其他段凿孔控制在 1.5～2 m 之间。

5.2.3 下振内钢护筒

（1）凿孔进尺 0.5～1.0 m 后，下振内钢护筒，用卷扬机吊放内护筒时通过调节定位块定位、扶正，保证护筒垂直。

（2）下振前，振动设备（钢管夹持器和振动锤）夹持器夹住内钢护筒时，护筒保持垂直状态。

（3）下振时先成减压状态，采用点振，慢慢跟进，随时观察护筒的跟进情况，无异常时，适当加大下振力度。

（4）下振护筒遇阻时，不能盲目强振，应采用向桩孔内回填直径 0.2～0.3 m 的片石，回填高度超过受阻护筒底部 0.5 m 为宜，然后重复冲击对孔壁进行修整。回填的片石经冲击形成粉渣经清渣系统排出。

5.2.4 钢护筒对接

（1）先将上节护筒下端插入下节护筒上部的导正连接环内，并保持上、下两节护筒垂直并在同一直线上。

（2）对焊接处需进行油、污、铁锈、水分等的清理。

（3）对接采用的是低氢焊条焊接。

5.2.5　钢护筒的尺寸

（1）内钢护筒直径比锤径（设计桩径）大0.1m，单节高度一般为1m。

（2）孔口钢护筒直径比内钢护筒直径大0.2m，比锤径（设计桩径）大0.3m，其高度等于1.7mm。

5.2.6　内钢护筒的固定

冲击凿孔护筒振动跟进法施工，内钢护筒是通过凿一段孔跟一节护筒逐节对焊接形成的。节与节之间由导正连接环电焊相接，形成完整的一体。护筒上部由定位导正装置控制，底部直接坐落在完整的基岩上，得到支撑和固定。

5.2.7　制浆、除渣、清孔

1. 制浆

因冲击凿孔时需要泥浆量大，造浆采用自制搅拌机难以满足需要。采取孔内自然造浆比较方便。制浆基本材料为黏土和水，外加纯碱，黏土选择黏性好的黏泥，水、黏土、纯碱的重量比为1:0.01:0.004。具体操作方法：

（1）造浆前先进行除渣。

（2）将冲锤提出桩孔外，按比例往桩孔内加适量清水、黏土和纯碱，然后反复上提、下放冲锤搅拌，通过分批逐步边投边冲进行造浆。浆液比重控制在1.1～1.15，黏度控制23～25s。

2. 除渣

冲凿孔过程中，泥浆通过除渣循环系统，即泥浆悬浮岩渣由桩孔通过泥浆槽（泥浆槽坡度1/100～2/100）流入储浆池，再用3PNL砂浆泵将泥浆从储浆池抽至振动筛储浆箱，经振动过滤，泥浆经出浆管回流到桩孔内。过滤后的岩粉渣由振动筛出渣口排出。泥浆循环除渣系统如图5-2所示。

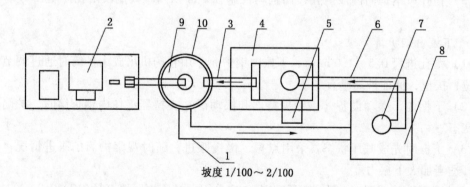

坡度1/100～2/100

1—泥浆槽；2—冲击钻机；3—出浆管；4—振动筛；5—出渣口；6—进浆管；7—砂浆泵；
8—储浆池；9—冲击锤；10—桩孔

图5-2　泥浆循环除渣系统示意图

3. 清孔

桩孔凿到设计深度后，浇灌混凝土前，需进行两次清孔。第一次清孔，下导管入桩内，导管上部与出浆管相接，导管长度大于桩孔深度1m左右，起动砂浆泵和振动筛，利用卷扬机提、放导管，使导管在桩孔底上、下窜动。泥浆由出浆管经导管流入桩孔底，悬浮岩渣返回孔口，再经泥浆槽流到储浆池。通过除渣循环系统循环泥浆、振动过滤除渣，满足桩孔底沉渣厚度小于 0.01 m 的清孔要求。第一次清孔结束后，将导管提出桩孔外，下放钢筋笼，钢筋笼安装结束后进行第二次清孔，清孔时，将导管下放在桩孔内的钢筋笼里面，与第一次清孔相同，通过除渣循环系统振动过滤除渣，使孔底沉渣厚度小于验收所要求的值。泥浆循环清渣系统如图 5 - 3 所示。

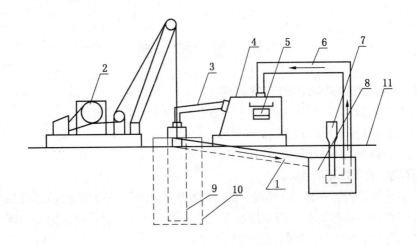

1—泥浆槽（坡度 1/100～2/100）；2—冲击钻机；3—出浆管；4—振动筛；5—出渣口；
6—进浆管；7—砂浆泵；8—储浆池；9—导管；10—桩孔；11—施工水平面

图 5 - 3　泥浆循环清渣系统示意图

6　材料与设备

施工是采用钻机冲击钻孔、护筒跟进，材料及设备应根据不同桩径和桩长选用与施工能力相匹配的类型。施工材料和机具详见表 6 - 1。

表 6 - 1　施工材料和机具

序号	名　称	规格及型号	单位	数　量	备　注
1	冲击钻机	JK - (5～15)	台	1	具体型号根据桩径而定
2	冲击锤	5～10 t	个	1	具体型号根据桩径而定
3	孔口钢护筒	$\phi(0.8～2.5\ m)\times D(0.008～0.012\ m)\times L(1.7\ m)$	个	1	具体规格根据桩径而定
4	内钢护筒	$\phi(0.8～2.5\ m)\times D(0.012～0.016\ m)\times L(1\ m)$	个	具体根据桩长而定	具体规格根据桩径而定
5	振动锤	DZ150	个	1	

表6-1（续）

序号	名　称	规格及型号	单位	数　量	备　注
6	钢管夹桩器	ZYJG2-111	台	1	
7	电焊机	BX-500	台	4	
8	泥浆振动筛	AJS604L	台	1	
9	砂浆泵	3PNL	台	1	

7 质 量 控 制

7.1　质量控制及验收按照以下规范和标准执行

（1）《建筑地基基础工程施工质量验收规范》（GB 50202—2002）。

（2）《建筑桩基技术规范》（JGJ 94—2008）。

（3）《建筑基础检测技术规范》（JGJ 106—2003）。

7.2　主要质量要求及控制措施

（1）为防止桩机底架下沉，确保桩机稳定性，在底架四角下面分别浇筑 C20 混凝土基础。

（2）孔口钢护筒根据孔径一般用厚度 8~12 mm 的钢板卷制而成，护筒顶面中心与设计桩位偏差不得大于 50 mm，倾斜度不能大于 1%。

（3）为降低冲锤晃动，防止护筒松动，在孔口护筒内冲孔时采用小冲程冲孔。

（4）首次下振钢护筒先必须校正钢护筒垂直度，由熟练工人操作，采用轻振、点振。

（5）制作护筒的钢板厚度，要根据孔径大小、回填高度合理选择，以满足下振时的抗压、抗剪、抗弯强度，防止护筒出现变形、开裂等现象。制作护筒的钢板厚度见表 7-1。

表7-1　护筒的钢板厚度

护筒直径/m	孔口护筒	内钢护筒
	钢板厚度/m	钢板厚度/m
1.2 以下	0.008	0.012
1.2~2	0.010	0.014
2.2~2.5	0.012	0.016

（6）钢护筒对接时，为保证接头的机械性能，要求采用低氢焊条。焊接前要进行油、污、铁锈、水分等的清理。严格按照《钢结构工程施工质量验收规范》施工。

（7）做好泥浆的管理工作，确保泥浆的作用。

8 安 全 措 施

（1）严格按照《钻孔灌注桩施工规程》（DZ/T 0155—95）施工。

（2）建立健全安全生产责任制，把安全责任落实到人，做到在安全管理方面处处有人管，事事有人抓。

（3）进入施工现场必须戴好安全帽，高处作业须系好安全带，邻近河、海施工作业必穿救生衣。

（4）把好机械设备的安装关，做到稳固、平整、基础牢靠。

（5）做好施工机具等设备的定期检查、校验、检测工作，发现问题及时处理。

（6）在起动振动设备下振钢护筒时，必须做到统一指挥，并由熟练的机班长操作。

9 环 保 措 施

（1）本工程的主要污染源为施工的泥浆和渣粉，为防止污染，加强监督，设立专门的环保督查专职人员，加强管理。

（2）做好施工现场泥浆、渣粉的清理和管理工作，做到集中外运处理，决不向外溢流。

（3）做到施工现场费料不遗洒，整理归类统一处理。不能回收的边角料及时清理出场。

（4）对泥浆中掺入的外加处理剂做到封闭保存，不乱丢乱放。

10 效 益 分 析

在回填碎（片）石黏土人工筑岛形成的施工平台上，采用钢护筒振动跟进法凿孔，避免了裸眼冲击成孔时的掉块、缩孔、塌孔等现象，减少了大量护壁护孔时间，与裸眼凿孔相比成孔速度提高了 1/4 ~ 1/3，节约了护壁护孔造浆材料，省略了搭设水上钢结构施工平台的工序，降低了施工成本，同时也因护壁护孔造浆量的减少，减少了对环境污染。

11 应 用 实 例

11.1 湖南郴州苏仙桥桩基础施工应用实例

施工地点：郴州市苏仙区。设计钻孔灌注桩 12 根，其中水中桩 4 根，分别是 $2^\#$ - 1、$2^\#$ - 2、$2^\#$ - 3、$2^\#$ - 4，设计桩径 1400 mm，桩长 15 ~ 16 m，回填碎石黏土层厚度 4.5 ~ 5.0 m。桩基础施工日期 2008 年 8 月 16 日，结束日期 2009 年 3 月 18 日。

11.2 湖南郴州东江大桥桩基础施工应用实例

施工地点：郴州东江镇。设计钻孔灌注桩 16 根，其中水中桩 8 根，分别是 $2^\#$ - 1、$2^\#$ - 2、$2^\#$ - 3、$2^\#$ - 4、$3^\#$ - 1、$3^\#$ - 2、$3^\#$ - 3、$3^\#$ - 4，设计桩径 1800 mm，桩长 15 ~ 18 m，回填碎石黏土层厚度 5.5 ~ 6.5 m。桩基础施工日期 2009 年 5 月 8 日，结束日期 2010 年 2 月 10 日。

11.3 上海洋山深水港东海大桥 $23^\#$ 墩桩基础施工应用实例

施工地点：浙江省嵊泗县小洋山。$23^\#$ 墩设计钻孔灌注桩 16 根，其中水中桩 8 根，分别是 $23^\#$ - 1、$23^\#$ - 2、$23^\#$ - 3、$23^\#$ - 4、$23^\#$ - 5、$23^\#$ - 6、$23^\#$ - 7、$23^\#$ - 8，设计桩径 2500 mm，桩长 20 ~ 23 m，回填碎石黏土层厚度 4.0 ~ 6.0 m。桩基础施工日期 2004 年 1

月8日，结束日期2004年5月12日。

以上在回填碎（片）石黏土筑岛平台上的桩基础施工，均采用冲击凿孔护筒振动跟进法施工，操作安全，简单，工程质量可靠，完全满足施工设计及环保要求。得到了建设单位的一致好评和充分肯定。

高空大跨度型钢混凝土梁吊模法
施工工法（BJGF012—2012）

中煤建设集团工程有限公司

张素娟　刘石生　李文军　邵廷华　兰洪波

1 前　　言

　　型钢混凝土组合结构及构件被广泛应用于高空大跨度建筑结构中，但由于此类构件跨度较大且处于高空，具有施工难度大、成本高、安全防护困难等特点。为此，中煤建设集团工程有限公司成立了技术创新小组，开展高空大跨度型钢混凝土梁施工技术研究，经过论证、基础研究、施工方案设计，并经过三个工程的施工应用验证，不断完善，总结出高空大跨度型钢混凝土梁吊模法施工工法。

　　该工法关键技术是在型钢混凝土组合结构施工中，利用其中钢结构的强度，将施工荷载、模板、钢筋及新浇混凝土的荷载全部由钢结构承担；在模板支设时，采用"吊模"方式支设钢骨梁和楼板的模板，使用螺栓吊杆将模板荷载传递到梁中型钢上；在型钢混凝土组合结构施工作业面下方设置空中钢结构作业平台，钢结构作业平台支承于两端的型钢混凝土柱上，为上方的型钢混凝土组合结构的钢结构安装、模板和钢筋作业提供安全保障。

　　该工法关键技术于2012年通过中国煤炭建设协会组织的技术鉴定，认定该技术在国内同类工程施工中处于领先水平。

2 工 法 特 点

　　（1）在型钢混凝土组合结构施工中，采用"吊模法"将模板体系吊挂在永久结构梁中的型钢上，利用型钢来承担模板、钢筋、新浇混凝土的荷载和施工荷载，节约了周转材料，降低了劳动强度。

　　（2）在型钢混凝土组合结构施工作业面下方设置空中钢结构作业平台，为上方的施工作业提供工作平台，保证了施工安全。

　　（3）利用空中钢结构作业平台还能进行高空型钢混凝土组合结构的外装饰装修工程施工，节约了材料、缩短了工期、降低了施工成本。

3 适 用 范 围

本工法适用于高空型钢混凝土或混凝土结构施工，大跨度及大截面型钢混凝土结构施工。

4 工 艺 原 理

设置充满型实腹型钢的型钢混凝土结构中，钢骨架本身具有一定的承载力，可以承受施工阶段的荷载，可将模板悬挂在钢骨架上，省去支撑，有利于加快施工速度，缩短施工周期。

在高空型钢混凝土结构施工时，利用两端的型钢混凝土柱作为支座，设置钢结构作业平台，可以节约周转材料，保证施工安全。

5 施工工艺流程及操作要点

5.1 施工工艺流程

高空大跨度型钢混凝土组合结构施工工艺流程如图5-1所示。

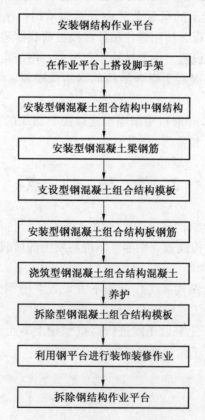

图5-1 高空大跨度型钢混凝土组合结构施工流程图

5.2 操作要点

5.2.1 型钢混凝土梁板吊挂式模板体系设计

1. 型钢混凝土主梁模板吊挂式体系设计

型钢混凝土梁的模板及浇筑混凝土时的荷载均由梁中型钢承担，采用螺栓吊杆将梁底模板及支撑吊挂在钢梁上翼缘上，使用双 $\phi48\ mm \times 3.5\ mm$ 钢管作为梁底支撑，梁侧面外龙骨采用双 $\phi48\ mm \times 3.5\ mm$ 钢管。梁侧面设置对拉螺栓，梁钢骨部位的对拉螺栓以在梁腹板上焊接节点板的方式固定。

吊杆钢筋的直径、梁底支撑间距、梁侧支撑间距、梁侧对拉螺栓直径及间距等参数均需根据具体工程通过计算确定。

模板支设方式如图 5-2、图 5-3、图 5-4 所示。

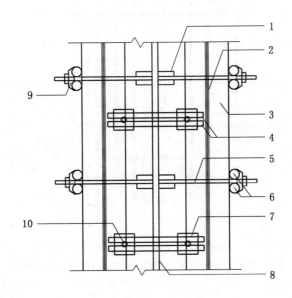

1—钢梁上翼缘；2—梁侧模面板；3—梁侧模木龙骨；4—双 $\phi25\ mm$ 钢筋；5—梁侧对拉螺栓；6—双 $\phi48\ mm \times$ 3.5 mm 钢管；7—100 mm × 100 mm × 10 mm 钢板；8—钢梁腹板；9—山形扣件；10—螺栓吊杆

图 5-2 型钢混凝土主梁模板支设平面示意图

2. 型钢混凝土次梁模板吊挂式体系设计

型钢混凝土次梁的模板吊挂体系同主梁，考虑楼板模板支撑的需要，梁底主龙骨采用通长槽钢，在其上打孔用于穿过吊杆。

次梁模板支设如图 5-5、图 5-6 所示。

3. 钢筋混凝土楼板模板体系设计

钢筋混凝土楼板模板支设时，利用次梁梁底的槽钢，向上用 $\phi48\ mm \times 3.5\ mm$ 短钢管立柱（或 100 mm × 100 mm 木方作为立柱）支撑 100 mm × 100 mm 木方，作为楼板模板主龙骨，以 50 mm × 100 mm 木方作为楼板模板次龙骨，面板采用竹胶合板模板。注意支撑立杆需与梁底槽钢有可靠的连接，并在次梁高度范围内中间设一道水平杆与梁侧面顶紧，以增加支撑体系的整体性，楼板模板示意图如图 5-7、图 5-8 所示。

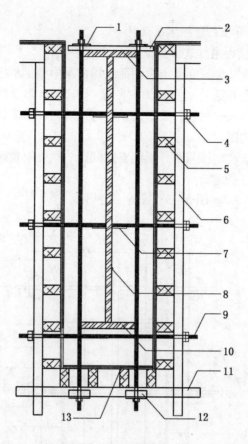

1—100 mm×100 mm×10 mm 钢板；2—双 φ25 mm 钢筋；3—钢梁上翼缘；4—山形扣件及螺母；
5—梁侧模木龙骨；6—双 φ48 mm×3.5 mm 钢管；7—6 mm 厚钢板与腹板及螺栓焊接山形扣件；
8—钢梁腹板；9—梁侧对拉螺栓吊杆；10—钢梁下翼缘；11—双 φ48 mm×3.5 mm 钢管；
12—槽钢；13—梁底模板

图 5-3 型钢混凝土主梁模板支设剖面示意图

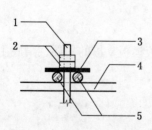 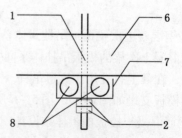

1—螺栓吊杆；2—双标准螺母；3—10 mm 厚钢板；4—钢梁上翼缘；5—双 φ25 mm 钢筋；
6—梁底木方；7—槽钢 12.6 mm×100 mm；8—双 φ48 mm×3.5 mm 钢管

图 5-4 型钢混凝土主梁模板支设节点图

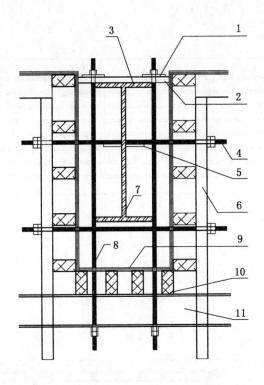

1—10 mm 厚钢板；2—双 φ25 mm 钢筋；3—钢梁上翼缘；4—梁对拉螺栓；5—6 mm 厚钢板与螺栓及腹板焊接；
6—双 φ48 mm×3.5 mm 钢管；7—钢梁腹板；8—螺栓吊杆；9—梁底模板；10—梁底龙骨；11—槽钢

图 5-5 型钢混凝土次梁模板支设剖面示意图

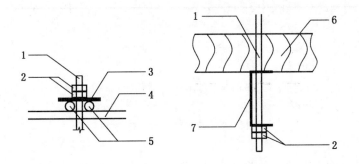

1—螺栓吊杆；2—双标准螺母；3—10 mm 厚钢板；4—钢梁上翼缘；5—双 φ25 mm 钢筋；
6—梁底木方；7—槽钢 12.6 mm×100 mm

图 5-6 型钢混凝土次梁模板支设节点图

5.2.2 钢结构作业平台的设计

钢结构作业平台的设计需满足上部施工作业需要，同时安装及拆除在施工现场条件下易于操作，并且拆除后材料可进行回收再利用。钢桁架结构自重较轻，但应考虑制作周期较长且不易再利用等因素；H 型钢梁制作周期较短且便于回收利用，但应考虑自重较重等因素。具体工程应按照结构设计情况、现场情况、垂直运输机械设备情况等具体分析，确

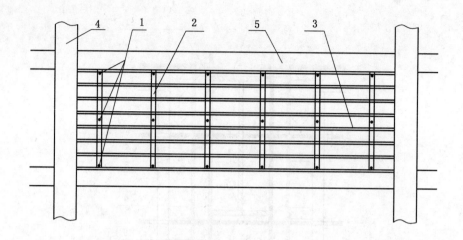

1—立杆；2—主龙骨100 mm×100 mm 木方；3—次龙骨50 mm×100 mm 木方；
4—型钢混凝土主梁；5—型钢混凝土次梁

图5-7　楼板模板支设平面示意图

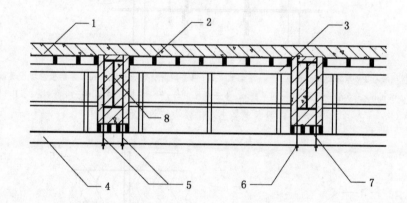

1—钢筋混凝土楼板；2—50 mm×100 mm 木方；3—100 mm×100 mm 木方；4—槽钢；
5—螺栓吊杆；6—双标准螺母；7—梁底木方；8—梁中型钢

图5-8　楼板模板安装示意图

定钢结构作业平台的结构形式。

钢结构作业平台按照钢结构设计规范委托有资质的专业设计单位进行设计，设计和计算结果均需经原结构设计人员认可。设计荷载考虑上部搭设临时脚手架重量及施工人员、临时堆放物料等荷载及风荷载、雪荷载。钢作业平台安装在型钢混凝土结构的下一结构层处，考虑安装和拆除操作便利，结构型式宜与上部结构型式对应。

5.2.3　钢结构作业平台安装

作业平台的安装顺序：安装主钢梁→安装次梁→铺设安全网及脚手板→搭设脚手架及护身栏。

根据施工现场的实际情况，使用现场的塔式起重机或其他垂直运输设备进行作业平台钢结构的安装，经过计算垂直运输设备的位置及其起重参数，在符合设计及施工规范要求的条件下，可把作业平台主钢梁分段制作、安装。为便于现场操作，主钢梁之间的连接可采用翼缘焊接，腹板螺栓连接的方式，次梁与主梁连接可采用螺栓连接方式。

5.2.4 钢结构安装

使用现场垂直运输设备进行结构钢梁的吊装，现场拼装的钢梁需提前计算起拱造成的螺栓位置的变化。按设计要求进行钢梁的起拱，如设计无具体要求，可按钢梁跨度的 1/400 起拱，考虑钢梁的自重，钢梁预拼装起拱可按跨度的 1/300 考虑。施工过程中需要对钢梁的挠度进行监测。

5.2.5 安装型钢混凝土梁钢筋

设置于型钢梁外侧的钢筋包括纵筋和箍筋，安装时根据设计位置可将梁上部纵筋架在钢梁上翼缘上，支撑件间距不大于 1 m，梁下部纵筋通过箍筋吊挂也将荷载传递到钢梁上，同时也有效保证了梁主筋保护层的厚度。

5.2.6 模板安装

型钢混凝土梁钢筋安装完成并经隐蔽验收，即可进行模板的安装。

按设计位置、间距在梁内型钢上翼缘设置钢筋横担及吊杆，在梁底模对应位置穿孔使吊杆通过，先利用作业平台上搭设的脚手架临时固定模板体系，再拧紧吊杆上的螺母使底模标高、起拱度符合设计要求。

安装梁侧模时，先将对拉螺栓与梁腹板上焊接节点板焊接牢固，再在侧模对应位置穿孔使对拉螺栓穿过，通过侧模主龙骨将侧模位置固定。

次梁模板安装完成后，通过水平支撑将主次梁模板连为一体，增加模板体系的整体性。

最后将模板体系与临时支撑的作业平台脚手架脱开。

5.2.7 混凝土的浇筑

混凝土浇筑中应避免使用布料机，减少对大跨度结构的振动荷载。配制小粒径、高流动性的混凝土，钢梁两侧应同时下料振捣，分层浇筑。振捣时使用小直径振捣棒，同时在模板上设置附着式振捣器通过对模板外表面的振动使混凝土密实。安排专人对振捣过的范围进行敲击检查，防止出现漏振现象。

5.2.8 模板拆除

同条件养护混凝土试件的强度达到设计强度 100% 后，方可进行梁板模板的拆除。拆除的顺序为先拆除楼板模板，再拆除梁模板，先拆梁侧面模板，再松开梁底吊杆螺母，拆除底面模板。拆下的模板及支撑架不得在作业平台上存放，要做到随拆随运。

5.2.9 钢结构作业平台拆除

型钢混凝土空中结构及外装饰工程施工完成，即可进行钢结构作业平台的拆除。拆除钢作业平台悬挑梁和次梁时以平台主梁为受力点，拆除平台主梁时以施工完成的上部连接体结构为受力点。作业平台拆除顺序如下：拆除悬挑梁→拆除次梁→拆除主钢梁。

平台主钢梁整根拆除。通过已完成的型钢混凝土梁设置吊点，用钢丝绳和倒链先将主钢梁吊住，在主梁端部切断，使用倒链将主梁逐步放至地面，如图 5-9 所示。

5.3 劳动力安排

根据工程规模配备专业施工人员及相应的生产、技术、质量管理人员，详见表 5-1。

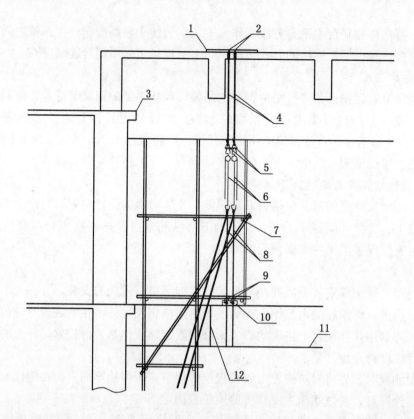

1—50 mm 厚木板；2—主梁两侧楼板钻孔；3—型钢混凝土梁；4—钢丝绳；5—卡环；6—倒链；
7—脚手架；8—钢丝绳；9—卡环；10—吊装用耳板；11—钢平台梁；12—切断位置

图 5-9 作业平台主梁拆除示意图

表 5-1 施工人员配置表

岗 位	人数	工作地点	责 任 范 围
总指挥	1	整个项目	负责各方面协调工作，对工程进度，质量安全负责。是工程总负责人
副指挥	2	整个项目	一位负责生产调度，一位负责技术管理
吊装负责人	1	吊装现场	负责钢结构吊装的工艺、人员组织、设备调配、安全措施落实等
专职质检员	1	焊接作业现场	对全部焊接工艺、焊接质量，无损检测，进行把关、控制
焊接工程师	1	焊接作业现场	跟班、进行焊接程序把关，技术交底，焊接记录，资料的整理
土建工程师	1	施工现场	对全部工程的作业负责。落实施工组织设计，工艺程序把关，解决技术问题
土建施工员	1	施工现场	负责钢筋、模板及混凝土工程的施工组织，协调与其他工种作业的交叉
安全员	2	施工现场及生活区	进行安全交底、检查、督促、安全教育，对安全生产负责。检查安全措施落实，提出隐患
质量检查员	1	施工现场及生活区	负责质量标准和质保体系运转的检查。对产品检查签署意见
材料组	3	材料仓库及施工现场	对所有采购的材料规格、型号、质量负责。负责提供材料合格证及办理复验

表 5 - 1（续）

岗 位	人数	工 作 地 点	责 任 范 围
测量员	4	现场	负责测量、数据积累、复查测量数据，绘制测量图
电焊工	8	预制焊接及高空组焊	负责焊接作业，质量责任落实到人
起重工	12	吊装现场	钢构件的运输、高空吊装
钢筋工	35	现场	钢筋安装
模板工	45	现场	模板及构配件的制作、安装及拆除
混凝土工	15	现场	混凝土浇筑
架子工	12	现场	按计划和图纸要求进行脚手架搭设及拆除

6 材 料 与 设 备

6.1 材料

（1）胶合模板板材表面平整光滑，具有防水、耐磨、耐酸碱的保护膜，板材厚度不小于 12 mm，质量符合《混凝土模板用胶合板》（ZBB 70006）的规定。

（2）用于模板体系的木材不得有腐朽、霉变、虫蛀、折裂等缺陷，材质标准符合《木结构设计规范》（GB 50005—2003）的规定。

（3）钢材的品种、规格、性能等应符合现行国家产品标准和设计要求。进场后检查质量合格证明文件、中文标志及检验报告等。

（4）焊接材料的品种、规格、性能等应符合现行国家产品标准和设计要求。焊条外观不应有药皮脱落、焊芯生锈等缺陷。

（5）钢结构连接用高强度大六角头螺栓连接副、扭剪型高强度螺栓连接副、地脚锚栓等紧固标准件及螺母、垫圈等标准配件，其品种、规格、性能等应符合现行国家产品标准和设计要求。

6.2 设备

主要施工设备见表 6 - 1。

表 6 - 1 施 工 设 备 表

设 备 名 称	规 格 型 号	单 位	数 量
塔式起重机	F0 - 23B	台	2
超声波探伤仪	MFD500	台	1
交流焊机	BX3 - 500	台	6
磁力钻	LH - 45	台	2
汽车吊	20 t	台	1
倒链	5 t	个	12

7 质 量 控 制

7.1 施工中执行的质量控制标准

（1）《混凝土结构工程施工质量验收规范》（GB 50204—2002）。

（2）《混凝土结构工程施工规范》（GB 50666—2011）。

（3）《钢结构工程施工质量验收规范》（GB 50205—2001）。

（4）《钢结构工程施工规范》（GB 50755—2012）。

（5）《型钢混凝土组合结构技术规程》（JGJ 138—2001）。

（6）《建筑施工模板安全技术规范》（JGJ 162—2008）。

7.2 施工质量允许偏差

钢梁安装的允许偏差见表 7-1，现浇结构的允许偏差见表 7-2。

表 7-1　钢梁安装工程允许偏差

项　　目	允许偏差/mm	检验方法
同一根梁两端顶面的高差	$L/1000$ 且不应大于 10.0	用水准仪检查
主梁与次梁表面的高差	±2.0	用直尺和钢尺检查
拱度（设计要求起拱）	$±L/5000$	拉线和钢尺检查
对定位轴线的偏差	10	拉线和钢尺检查
跨中垂直度	$h/250$，且不应大于 15.0	吊线和钢尺检查
侧向弯曲矢高	$L/1000$，且不应大于 10.0	拉线和钢尺检查

表 7-2　现浇结构工程允许偏差

项　　目	允许偏差/mm	检　验　方　法
轴线位置	8	钢尺检查
截面尺寸	－5～＋8	钢尺检查
表面平整度	8	2 m 靠尺和塞尺检查

7.3 质量控制措施

（1）施工前编制安全专项方案，专项方案由公司技术部门组织本单位施工技术、安全、质量等部门的专业技术人员进行审核，并组织专家对方案进行论证。

（2）施工前编制详细的安全技术交底，明确操作工艺及质量标准，对各级操作人员进行交底后方可施工。

（3）钢构件的加工制作严格按照设计图纸和质量验收规范进行，出厂前经检验合格，有出厂检验合格文件。

（4）所有原材料及成品进场后均进行验收，做好验收记录，并向项目监理部报验，监理工程师审批同意使用后方可施工。

（5）在钢柱的牛腿上钢梁的顶面准确地测出轴线，使用钢丝依据轴线拉出梁中心线控制线，在钢梁上弹出梁中心线，依据控制线调整梁的位置后再进行连接。

（6）在主梁和主梁间次梁安装过程中，始终保留钢丝控制线，并随时保持主梁中心和控制线的相对位置的准确。

（7）在钢梁安装过程中，用水准仪来检查、控制钢梁顶面的标高，并在施工中随时监测钢梁的变形。

8 安 全 措 施

（1）作业前对所有安装人员进行专项安全技术交底，使所有人员充分了解工作的各项要求，提高自我保护意识，正确使用劳动保护用品。

（2）所有的施工人员必须戴好安全帽，系好安全带。

（3）钢结构安装及拆除作业前必须划分警戒区域，危险区域严禁无关人员进入，设置警示标志并设专人值守。

（4）在主钢梁的上方设置两道钢丝绳作为保险绳用，施工人员进行作业时，必须将安全带挂在保险绳上。

（5）所有的安装工作必须要统一指挥，根据先后顺序进行作业操作。吊装过程中，要保证信号传递清晰准确。

（6）安装人中使用的工具、材料、构件防止必须可靠稳妥，尽量放置在平台架子上，严禁随意放置，严防从高空坠落任何物品。

（7）当风速达到 10 m/s 时，不得进行悬空作业和吊装作业。

（8）气体切割和高空焊接作业时，应清除作业区危险易燃物，并采取必要的防火措施。

9 环 保 措 施

（1）施工期间控制噪声，合理安排工作时间，尽量减少对周边环境的影响。

（2）施工区域保持清洁，并采取防尘、降尘措施。

（3）夜间施工灯光向场内照射；焊接电弧采取遮挡防护措施。

（4）钢结构安装现场留下的废料和余料妥善分类收集，统一回收利用，不得随意搁置、堆放。

（5）采取沉淀、隔油等措施处理施工过程中产生的污水，不得直接排放。

10 效 益 分 析

以乌兰察布市广播电视中心工程为例，采用本工法共使用钢材 19 t，考虑安装、拆除及残值等因素，综合费用为 13 万元。

采用传统高支模脚手架，增加的钢管及扣件等周转材料租赁费约为 37.5 万元，搭拆人工费 4 万元，综合费用为 41.5 万元。

两项对比，应用该工法节约施工成本 28.5 万元。

11 应 用 实 例

11.1 内蒙古乌兰察布市广播电视中心工程

该工程为框架－剪力墙结构，建筑面积31086 m²，主楼在标高为57.5 m处设计有连接东西两个塔楼的型钢混凝土组合结构连廊，其中主梁为型钢混凝土梁，跨度为22.5 m，截面尺寸为500 mm×1900 mm。

该工程于2005年6月6日开工，2008年9月10日竣工。实现了安全生产，工程质量优良，节约施工成本28.5万元，并取得了良好的社会效益。

11.2 内蒙古呼和浩特新闻大厦工程

该工程为框架－剪力墙结构，建筑面积49985 m²，在主楼十八层顶板处（标高为74.30 m）挑出型钢混凝土大梁。工程于2006年6月8日开工，2009年7月20日竣工。缩短工期15 d，节约施工成本12.5万元，施工过程中未发生任何安全事故，工程质量优良，并取得了良好的社会效益。

11.3 运城珠水国际大酒店工程

该工程总建筑面积55970 m²，地上19层，地下2层，大厅顶部为型钢混凝土梁。工程于2009年10月10日开工，2012年5月20日竣工，缩短工期15 d，节约施工成本18.5万元，施工过程未发生安全事故，工程质量优良，得到业主和监理的一致好评，经济及社会效益显著。

保护井筒永久井架基础的控制冻结
施工工法（BJGF015—2012）

唐山开滦建设（集团）有限责任公司

卢相忠　刘　神　田国栋　张庆武　李元春

1　前　　言

立井开凿时，一般采用凿井井架进行施工，井筒施工结束后，再更换成永久井架。为了提高投资效益，减少施工工序，有一些矿井在立井开凿期间，利用永久井架进行凿井的提升和设备的悬吊，节省了凿井井架的安装和拆卸工作量。

随着冻结工艺的发展，大井径、深表土、多排孔冻结的井筒越来越多，伴随着井筒直径的增大，外排孔甚至中排孔距离永久井架基础很近或者个别冻结孔穿过井架基础，永久井架基础已经落在冻结壁之上，所以妥善解决冻结期间永久井架基础的防冻问题，已经成为一个不容忽视的问题。特别是井架基础直接坐落在冻结壁上，随着冻结时间的延长，冻土范围扩展，其冻胀也将越来越明显。为了保护冻结施工期间永久井架基础不受冻结的影响，提出了保护井筒永久井架基础的控制冻结施工方法，并于 2008 年 8 月在安徽省淮南市潘集区朱集西煤矿副井井筒得到成功的应用，井架基础在井筒冻结及解冻期间未出现冻胀、冻裂等现象。此后 2008 年 10 月至 2009 年 8 月期间该工法在开滦（集团）蔚州矿业有限责任公司北阳庄矿和林南仓矿进行应用也取得了较为满意的效果。本工法关键技术于 2012 年 5 月通过了中国煤炭建设协会组织的技术成果鉴定，达到国内领先水平。

2　工　法　特　点

（1）永久井架可以在井筒开工前进行安装，缩短了矿井建设总工期。

（2）为冻结法凿井期间使用永久井架提供了技术支持，节省了凿井井架的安装、拆卸工作，节约了施工费用，提高了投资效益。

（3）避免冻结产生的冻胀力破坏井架基础，消除冻结壁的扩张对井架基础造成的影响，防止井架基础隆起或下沉及井架安装后因不均匀位移产生破坏性内应力。

（4）综合考虑冻结孔与热水循环孔的相互影响，在井架基础侧面多层次布置多排热水循环孔，既保证了冻结壁的冻结效果，又控制了冻结壁的发展范围，减少了冻土对井架基础的影响。

（5）在冻结过程中，实时监测冻土的发展范围和温度，根据监测数据，动态调整热水循环孔内的热水温度和流量，有效控制了冻结范围。

3 适 用 范 围

适用于冻结法施工的井筒，需要对永久井架基础进行保护的工程。

4 工 艺 原 理

永久井架基础贴近冻结孔或者坐落在冻结孔上时，在冻结施工过程中，冻结孔周围冻土扩展形成的冻胀力，将会使井架基础产生不均匀的沉降与偏移，并且井架基础在靠近冻结壁一侧与远离冻结壁一侧之间存在的温差，会导致井架基础产生裂纹。当冻结结束后，冻胀力消失，冻土产生的融沉，也会严重威胁到井架基础和井架的安全。为确保井架基础的安全，在井架基础与冻结管之间布置热水循环孔，在两者之间形成一定深度的未冻结带，以消除土层冻结对井架基础施加的挤、抬作用，减少其受冻结施工的影响。

5 工艺流程及操作要点

5.1 工艺流程

控制冻结施工工艺流程如图 5 - 1 所示。

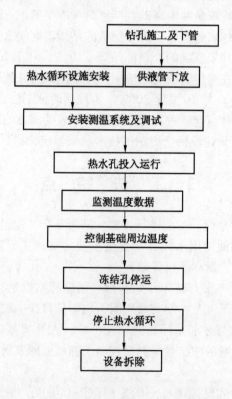

图 5-1 控制冻结施工工艺流程图

5.2 操作要点

5.2.1 控制冻结设计

（1）技术可靠、经济合理、施工方便。

（2）在井架基础和冻结壁之间形成一定厚度的未冻带，以缓解或消除因土层冻结对井架基础产生的挤、抬作用，保证冻结期间井架基础不受冻胀的负面影响，同时克服和消除低温对井架基础产生的温度效应。

（3）根据井架基础布置图、地层条件、地沟槽位置，合理布置热水循环孔位置，在钻孔内安装供液管，通过热水循环，维持基础附近有足够的未冻带。

（4）根据冻胀产生的机理、冻土发展的范围、地质条件和设计与施工的要求，考虑到冻胀的影响范围，一般确定热水循环孔深度为基础下 10 ~ 30 m。

（5）井架基础离外排孔最近，因而受外排孔的影响最大，中排孔离井架基础较远，故其影响相对较小，因而应综合考虑冻结对井架基础的影响。按照外排孔冻结向外发展半径为 2 m 考虑，在外排孔外 800 ~ 1000 mm 的圈径上布置热水循环孔，并布置在外排孔的界面上。为阻隔中排孔对井架基础的影响，在外排孔和中排孔之间、距离井架 3 m 区域边缘布置一定数量热水循环孔，并布置在外排孔主面上，与外排热水循环孔一起形成封闭的隔温带，如图 5 - 2 所示。

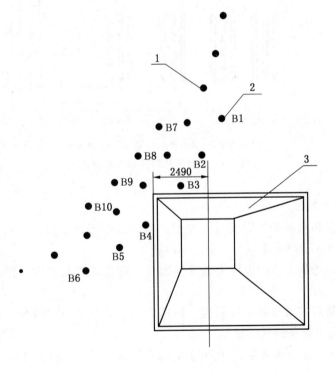

1—冻结孔；2—隔温孔；3—井架基础

图 5 - 2 隔温孔平面布置图

（6）井架基础邻近冻结壁 3 ~ 5 m 范围内为未冻保护范围。

（7）热水循环管一般可选用 φ127 ~ 159 mm 低碳钢无缝钢管，内管箍焊接，要求不渗不漏。供液管可选用 $\phi60 \sim 75$ mm 的聚乙烯塑料管，可按井筒冻结器要求进行安装。

（8）4 个井架基础的隔温孔被分成四个循环系统，即每个基础周围的隔温孔串联一起，用塑料管连接，选择清水泵提供循环动力。循环水经供水总管送到井口分水器，然后分接到各循环系统。供水总管根据热水循环孔数量采用无缝钢管制作集、分水器，用保温后的塑料管连接到各循环系统，具体系统图如图 5-3 所示。

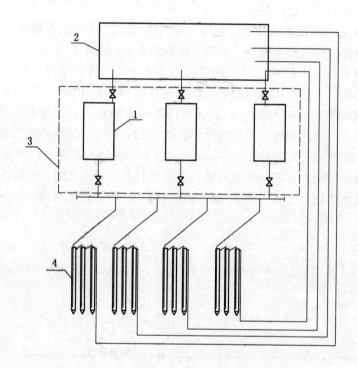

1—清水泵；2—清水池；3—泵房；4—隔温孔

图 5-3　隔温孔结构及循环系统图

5.2.2　热水循环系统控制

（1）每天对井筒测温孔内温度进行观测，当温度低于 5 ℃ 时，开始循环热水，根据测温孔数据调整热水循环孔流量，直至冻结段施工结束。

（2）停冻后，当测温孔内温度为正常温度且温度呈上升趋势时，停止循环热水系统运转。

（3）测量人员对井架及基础定期进行位移监测，并收集测量数据，对异常情况应及时进行分析，并提出解决问题的措施。

（4）热水来源在地下水水温高于 20 ℃ 时取自冻结循环水，在低于 20 ℃ 时采用锅炉加热供水。

5.2.3　温效监测

根据需要，每个井架基础布置一个测温孔，其位置为离井筒中心最近的位置。待井架基础开挖后，沿基坑边缘预埋 89 ~ 108 mm 无缝钢管作为测温管，对温度数据进行实时监测（图 5-4、图 5-5、图 5-6）。

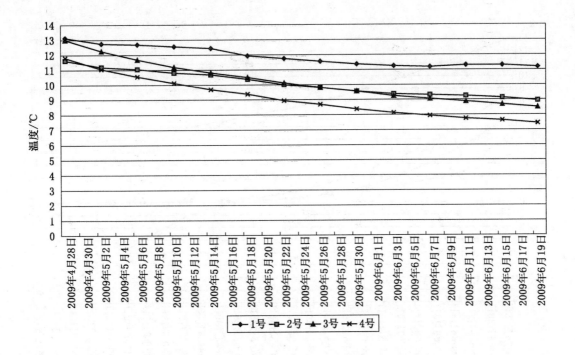

图 5-4　热水循环孔 6 m 层位温度变化曲线图

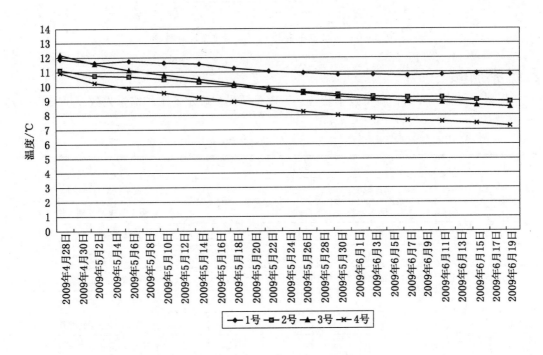

图 5-5　热水循环孔 12 m 层位温度变化曲线图

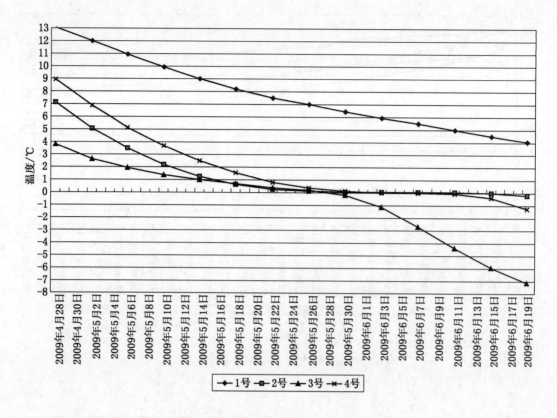

图 5-6 热水循环孔 35 m 层位温度变化曲线图

5.3 劳动组织

根据工程施工方案，施工技术装备、工效等情况，确定各工种需求人数，见表 5-1。

表 5-1 劳 动 组 织 表　　　　　　　　人

序　号	名　称	人　数	备　注
1	项目经理	1	负责项目的总体管理
2	技术员	3	负责项目技术管理工作
3	机长	1	单台钻机管理
4	钻工	6	负责造孔操作
5	测量工	4	负责造孔施工测斜
6	班长	3	负责本班生产安全管理
7	运转工	9	负责冻结设备运转操作
8	电工	6	负责电气设备运转维保
9	测温工	3	负责测量测温孔温度
合　计		36	

6 材料与设备

主要施工材料及设备详见表6-1。

表6-1 主要施工材料、设备表

序 号	名 称	规 格	单 位	数 量
1	清水泵	IS125-100-315	台	3
2	马牙扣	1000 mm	个	50
		300 mm	个	50
3	双头马牙扣	300 mm	个	20
4	测温系统	OCEAN	套	1
5	阀门	ϕ125 mm	个	4
6	阀门	ϕ100 mm	个	4
7	旋塞阀	ϕ63.5 mm	个	10
8	钢板	δ8	m²	5
9	无缝钢管	ϕ159 mm×6 mm	个	20
10	塑料管	ϕ75 mm×6 mm	个	2500
11	槽钢	8 号	个	30
12	高压胶管	ϕ63.5 mm	个	100
13	底锥	ϕ50 mm	个	50
14	钢管	ϕ108 mm×6 mm	个	20
15	钢管	ϕ127 mm×6 mm	个	20

7 质 量 控 制

7.1 执行标准、规范

循环系统安装及使用材料应符合国家质量标准、验收规范及本行业质量强制性条文要求，主要标准规范如下：

（1）《煤矿井巷工程施工规范》（GB 50511—2010）。

（2）《煤矿井巷工程质量验收规范》（GB 50213—2010）。

（3）《输送流体用无缝钢管标准》（GB/T 8186—2008）。

7.2 质量控制措施

（1）根据施工现场条件，热水循环孔与冻结孔同期施工，热水循环管加工技术要求同冻结管技术，要求不渗不漏。造孔施工坚持以防偏为主，纠偏为辅的原则，控制钻孔向井筒中心、冻结孔布置方向的偏斜。

（2）为了掌握施工情况，及时指导施工，对热水循环管路去、回水温度及井架基础附近地层温度进行实时监测，并根据去回路温度及测温孔温度随时调整热水循环量，以保证热水循环效果、最合理的冷量消耗和井筒冻结效果。

（3）靠近井口及过路的供液管要采取保护措施，以防碾压造成管路折断或水路不畅。

（4）在冻结沟槽内部及冬季时期的热水循环孔管路要做好保温措施，减少热量的散失和防止管路结冰。

（5）测量人员对井架及基础定期进行沉降和位移监测，收集测量数据，对异常情况应及时进行分析，以便及时采取相应措施。

8 安 全 措 施

（1）高空作业人员要戴安全帽、系安全带、穿防滑鞋，所用工具要用工具包接送，使用工具袋防止工具、材料等坠物伤人。

（2）加强管路和设备的巡视，发现问题及时处理。

（3）通过道路的管路要做好保护措施。

（4）冬季施工不得赤手接触金属物件，场地周围采取防滑措施，雨季施工做好防汛工作。

（5）水池周围做好防护及警示处理，防止无关人员进入。

9 环 保 措 施

（1）循环的热水可利用冻结站冷却水，不仅使冻结循环水温度二次降低，同时也大大节约了能源的消耗。

（2）钻孔施工废弃泥浆指定专门地点排放，防止污染周围环境。

（3）冻结冷却水不含任何污染，尽管如此仍应经常观察，控制排放水质量，避免造成不必要的环境影响。

（4）加强各种设备、管路的巡查，杜绝设备带病运行及管路跑、冒、滴、漏现象发生。

（5）施工过程中要保持施工现场清洁，工业及生活垃圾及时清扫，集中存放，定期进行处理，防止污染环境。工程结束后对现场进行彻底清理，不留杂物、污物，做到工完料净场地清。

（6）施工废水、废油、生活污水分别经过沉淀池、隔油池、生化处理池，净化处理后排放。

10 效 益 分 析

10.1 社会效益

控制冻结施工方法可以解决永久井架基础在冻结期间的稳定性，拓展了冻结法施工的适用范围，同时保护井架基础的方法也可以应用于需要对周围建筑物和构筑物严格保护的市政工程中人工冻结法施工中。

10.2 经济效益

朱集西煤矿副井冻结施工采用此工法，在凿井前建设永久井架，凿井完成后不需要进行井架的拆换，在井筒建设期间可缩短 1 个月左右建井工期，同时节约临时井架安装、拆除费用大约 100 万元，其经济效益与社会效益十分显著。

11 工程应用实例

11.1 实例一

朱集西煤矿副井井筒冻结工程位于安徽省淮南市潘集区，矿井设计能力为 400×10^4 t/a，采用立井多水平开拓方式。井筒主要技术参数见表 11-1。

表 11-1 井筒主要技术参数表

序 号	项 目	单 位	副 井
1	井筒净直径	m	ϕ8.0
2	井筒净断面积	m	50.27
3	表土层厚度	m	468.70
4	基岩强风化带厚度	m	497.2
5	基岩弱风化带厚度	m	503.8
6	冻结段井壁厚度	mm	1528～2578
7	井筒全深	m	1015.2

四个井架基础直接坐落在冻结壁上，随着冻结时间的延长，冻土范围扩展加大，其冻胀也将越来越明显。根据冻胀产生的机理、冻土发展的范围、地质条件和设计与施工的要求，结合类似工程的设计和施工经验，确定钻孔深度为 30 m。井架基础临近冻结壁 4.0～5.0 m 范围内为未冻带。

钻孔布置在井架基础内侧，外排孔的内外侧，距离冻结孔 1～1.6 m，孔间距 1.7 m 左右。主腿北基础布置 10 个，主腿南基础布置 11 个；副腿北基础布置 10 个，副腿南基础布置 10 个。每个基础附近设测温孔 1 个，钻孔布置如图 11-1 所示。

保护井筒永久井架基础的控制冻结施工方法在副井井筒冻结中得到了成功应用，井架基础在井筒冻结及解冻期间未出现冻胀、冻裂等现象，并且缩短建井工期 1 个月，节约费用 100 万元。

11.2 实例二

开滦（集团）蔚州矿业有限责任公司北阳庄矿年生产能力 180×10^4 t，副井井筒净直径 7 m，2008 年 10 月至 2009 年 8 月的冻结工程中，井筒冻结深度为 190 m，冻结孔直径 12 m。永久井架基础坐落在冻结孔外侧，最近距离仅为 500 mm 左右，井架基础直接落在冻结壁上，采用此工法也取得了较为满意的成果。

11.3 实例三

开滦（集团）有限责任公司林南仓矿业分公司年生产能力 150×10^4 t，新副井井筒净

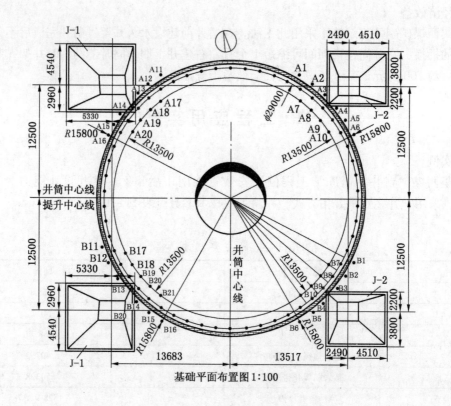

基础平面布置图1:100

图 11−1 钻孔布置图

直径 6.5 m，2009 年 8 月至 2010 年 6 月在冻结工程中，井筒冻结深度为 245 m，冻结孔直径 12 m。永久井架基础坐落在冻结孔外侧，最近距离仅为 500 mm 左右，井架基础直接落在冻结壁上，通过采用该项技术得以使井架基础位置、结构在冻结施工前后未出现变化。

储煤槽仓仓壁预应力锚索施工工法（BJGF021—2012）

中煤建筑安装工程集团有限公司

杨圣扩　倪时华　杜红军　卢学广

1　前　　言

利用现有地形采用高强度钢绞线预应力锚索支护边坡，直接锚喷混凝土面层作为储煤槽仓仓壁结构层，是近年来西北地区主要煤炭基地大型地下储煤槽仓仓壁常用的结构形式。西北地区大部为堆积黄土地区，土质疏松，并具湿陷性，槽仓地下仓壁支护的安全性，决定了工程施工的成败，为解决此技术难题，中煤建筑安装工程集团有限公司成立了课题组，开展超长预应力锚索施工支护技术研究，总结出储煤槽仓仓壁预应力锚索施工工法。其关键技术为无水干钻成孔，二次劈裂注浆技术，增大锚固体直径使锚索与土体达到预期的锚固力。该工法先进合理、实用性强，便于操作，安全可靠。

该工法关键技术经国家安全生产监督管理总局信息研究院查新表明，国内未见相关技术报道，并于2012年6月通过中国煤炭建设协会组织的技术鉴定，达到煤炭行业领先水平。

该工法先后在中煤平朔东露天选煤厂产品煤槽仓工程、神华准能公司哈尔乌素露天矿选煤厂产品煤槽仓工程、神华准能公司黑岱沟露天矿选煤厂产品煤仓边坡加固工程中得到成功应用，取得了良好的经济效益和社会效益。

2　工　法　特　点

（1）采用无水成孔、二次劈裂注浆技术，使锚索与土体达到预期的锚固力，确保基坑安全性。

（2）利用土层锚索进行边坡支护，锚索与土体结合在一起，使得岩土体结构稳定，通过高强度钢绞线的张拉施加预应力，可以有效地控制边坡的变形量。

（3）喷锚钢筋混凝土面层主动支护土体，并与土体共同工作，随挖随支，安全经济。

（4）施工所需钻孔孔径小，不需要大型钻孔设备，机械化成孔简便快捷，适用性强。

3　适　用　范　围

本工法适用于土质疏松地区大型地下或半地下储煤槽仓仓壁施工和超大、超深基坑及高边坡支护工程施工。

4 工 艺 原 理

大型地下储煤仓仓壁施工中，采用了超长预应力锚索支护技术。超长锚索支护的施工原理是根据设计边坡的倾角、上下两层锚索的竖向间距分层开挖土方，然后钻孔穿筋注浆，锚索的一端与支挡结构（腰梁）连接，另一端锚固在岩土体层内，待锚索混凝土面层强度达到设计要求后，对其施加预应力，以锚固段的摩擦力形成抗拔力，承受岩土压力、水压力、抗浮、抗倾覆等所产生的结构拉力，用以维护岩土体的稳定。分层分段逐层向下施工，直至按设计全部完成，锚索面层作为边坡挡土结构。在半地下槽仓工程中锚杆面层可以直接形成仓壁的结构层，最后在锚索面层上贴耐磨料，形成整个仓壁。地下储煤仓预应力锚索结构位置如图4-1所示。

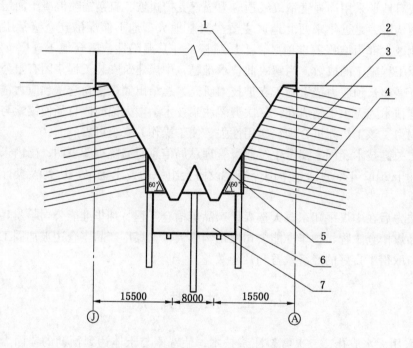

1—仓壁；2—室外地坪；3—土钉；4—预应力锚索；5—漏斗；6—桩基；7—暗道

图4-1 地下储煤仓预应力锚索结构位置图

5 施工工艺流程及操作要点

5.1 施工工艺流程

施工工艺流程如图5-1所示。

5.2 操作要点

5.2.1 施工准备

（1）施工前，根据图纸、地质报告及技术规范编制专项施工方案，并进行技术交底。

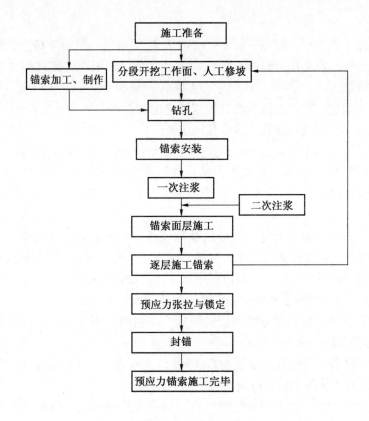

图 5-1　工艺流程图

（2）根据预应力锚索设计要求、土层条件和环境条件，合理选择材料、设备、器具，布置水、电设施。

（3）测量定位，设置水准点、变形观测点。

5.2.2　钻孔

（1）钻孔前先依据仓壁设计倾角，进行粗略修坡，待一次注浆完毕后，再根据腰梁梁座型式修整到位。

（2）锚索成孔顺序。由于钻孔较深，一般利用中空螺旋钻杆压风钻机成孔，采用隔一钻一的钻孔方式，一次注浆完毕后，方可开钻相邻锚孔，避免孔距太近，防止发生串孔现象。

（3）成孔。开孔前根据钻杆角度调整钻机，当钻杆钻进 1~2 m 后，使用专用扳手将钻进土层中的钻杆尾部固定，反转将外面的钻杆松开，钻机动力器退后 1~2 m，取新钻杆，两头分别接在已钻进土层的钻杆尾部和钻机动力器动力头上，动力头正转使接上的钻杆拧紧后卸掉扳手，继续钻进，重复以上步骤直至达到设计深度。

锚索孔径不得小于设计孔径。锚杆成孔采用 MDL-120D1 型钻机螺旋钻杆钻进，同时采用 21 m³/min 空压机送风，全孔无水干钻，严禁加水冲钻及冲洗孔壁，同时应严格控制钻进速度，防止钻孔偏斜、扭曲或变径。总进尺超过 10 m 后每进尺 3 m 进行一次提钻清土，如果土质过湿而导致钻杆叶片裹土，在提钻清土过程中用小锤敲击钻杆使裹于叶片上的土体剥落。在钻进过程中要认真做好施工记录，如开孔时间、终孔时间、地层和地下水情况等。

（4）边桩施工过程中，标高 -6.0 ~ -9.8 m 范围内遇一层粉质黄土，标高 -28.0 m 以下为饱和黄土层，若成孔过程中有塌孔和缩径现象，采用套管跟进的方式穿过上述地层，保证成孔质量。

（5）钻进过程中，掌握钻进参数、控制钻进速度。

（6）成孔后，反复送风洗孔，清除孔内沉渣。

（7）锚索垂直、水平方向上的孔距误差不得大于 100 mm，钻头直径应不小于设计孔径3 mm，孔深应超过设计孔深 1 m 以上，钻孔轴线的偏斜率不应大于锚杆长度的2%。

5.2.3 锚索制作与安装

1. 锚索制作

（1）锚索一般采用预应力高强度低松弛钢绞线，根据锚索设计长度、垫板、螺帽厚度、外锚头长度以及张拉设备的工作长度等，确定适当的下料长度。其长度为锚索设计长度、结构竖肋厚度、千斤顶长度、限位板厚度及张拉操作所需长度的总和。张拉操作余量一般取 650 mm 为宜，锚筋下料应整齐准确，误差不大于 50 mm。

（2）锚索制作前，要确保每根钢绞线顺直，不扭曲，不分叉，排列均匀，剔除有死弯、机械损伤的钢绞线。

（3）锚索的制作。应搭设高于地面 500 mm 以上与锚索设计长度相适应的操作台及简易防晒防雨棚。加工完的锚索应摆放顺直，均匀排列。

（4）承载体的安装。在下好料的钢绞线下端头安装导向帽，锚索体上按设计锚固段中心间距（1.5 m）安装定位支架，主要固定钢绞线位置，确保钢绞线在孔内平行、间隔布置，每隔 2 m 设置一道；紧箍环由 ϕ80 mm 焊接钢管切割、制作而成，锚固段每隔 2 m 设置一道。定位支架和紧箍环间隔安装，间距为 1 m，从自由段底部开始安装第一个架线环。预应力锚索结构如图 5-2 所示，定位支架做法如图 5-3 所示。

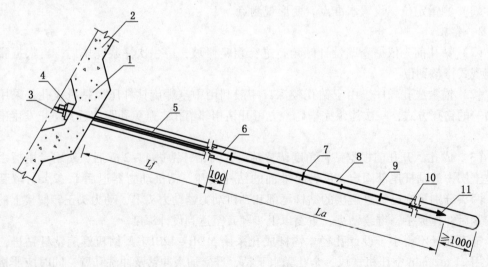

1—混凝土腰梁；2—仓壁面层；3—锚具；4—钢垫片；5—PVC 套管；6—钢绞线；7—定位支架；
8—注浆体；9—钻孔；10—紧箍环；11—导向帽；Lf—自由段；La—锚固段

图 5-2 预应力锚索结构图

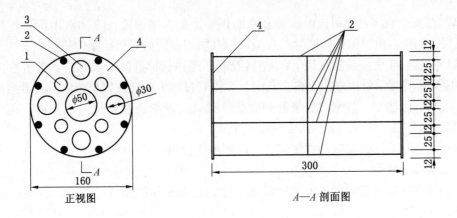

正视图   A—A 剖面图

1—穿锚索孔；2—ϕ12 钢筋；3—穿注浆管孔；4—4 mm 厚钢板

图 5-3   锚索定位支架示意图

（5）锚索制作完成后，进行外观检验，按锚索长度，规格及对应孔号进行编号。

（6）锚索应尽早使用，避免长期存放；锚索应存放在干燥、清洁的地方，锚索体裸露部分应用浸渍油脂的纸张或塑料布进行防潮处理，不得损坏。

（7）锚索自由段防腐处理。自由端表面均匀涂抹预应力钢绞线专用防腐油脂，外套聚乙烯塑料套管，套管直径大于锚筋外径 5~10 mm，保证杆体与套管之间孔隙充满油脂，自由段与锚固段接合处用密封塞封闭密实，以防注浆时浆液进入自由段。

2. 锚索安装

（1）锚索由人工搬运，扛抬各支点间距不得大于 2 m。

（2）在定位支架内侧穿设一、二次注浆管，一次注浆管采用 1 in 厚壁塑料管，二次注浆管自由段采用镀锌钢管，锚固段采用高强聚乙烯塑料管，锚固段每隔 1.0~1.5 m 穿十字注浆孔，并用胶带封闭。二次注浆管与定位笼绑扎固定，便于二次注浆时劈裂一次注浆砂浆。

（3）检查钻孔，对塌孔、掉块进行处理，并在孔口临时安装 500 mm 长与钻孔直径相同的 PVC 管，防止推送锚索时孔口土体坍塌。推送锚索时均匀用力，不得出现锚索转动现象，确保将锚索推送至预定的深度。

（4）锚索推送困难时，拔出锚索，检查钻孔及锚索配件，进行处理后，再进行锚索安装。

5.2.4   孔内灌浆

1. 浆体配制

按设计要求选择水泥浆体材料。一次注浆宜选用灰砂比为 1:1、水灰比 0.45~0.50 的水泥砂浆或适量掺加细砂、水灰比 0.45~0.50 的水泥浆，一般不采用纯水泥浆，必要时可加入一定量的外加剂或掺合料；二次压力注浆采用水灰比 0.45~0.50 的纯水泥浆，灰浆搅拌必须采用机械强制拌和，注浆浆液应搅拌均匀，随拌随用，浆液应在初凝前用完，不得有石块、杂物混入浆液。

2. 一次灌浆

（1）一次灌浆采用挤压式注浆泵，灌浆压力一般不得低于 0.4 MPa，也不宜大于 2 MPa。

（2）在黄土地区宜使用自由段带套管的预应力筋，锚固段长度和自由段长度内采取同步灌浆，避免自由段晾孔时间太长，造成锚孔坍塌，同时易于控制注浆量。

（3）一次注浆管一般宜采用 PVC 塑料胶管，随锚杆推进时放入孔内。随着水泥浆的灌入，应逐步将灌浆管向外拔出自至孔口，在拔管过程中应保证管口始终埋在砂浆内。灌浆时，压力不宜过大，以免吹散浆液和砂浆。孔口浆液渗透后及时进行补浆，孔口预留 300~500 mm 空孔，锚索张拉完毕后再进行补浆。

（4）注浆完毕后，及时冲洗注浆管，以便多次使用。

3. 二次压力注浆

（1）二次注浆为锚固段压力劈裂注浆，注浆设备采用柱塞式注浆泵，注浆压力一般控制在 2~4 MPa。

（2）待一次注射的砂浆强度达到 5 MPa 左右时，进行二次压力注浆。首先采用高压冲破封闭的注浆孔和表层砂浆，压力表读数回落后，继续持续匀速的注射浆液，压力达到要求后，稳压 15~20 min，停止注浆，同时关闭孔口止浆阀，防止浆液倒流。

（3）在疏松的黄土状粉土层和上部第一层锚索二次压力注浆时采用注浆量指标为宜，防止注浆压力太大，造成地面隆起，降低土体的握裹力，或由于土质孔隙率较大，渗透到下一层锚索位置，影响施工。

5.2.5 腰梁施工

（1）按照设计要求尺寸开挖台座基槽，然后初喷一层 20~30 mm 厚混凝土，防止边坡暴露时间太长。将预制好的钢筋放入台座内，固定好模板浇筑混凝土，振捣密实。

（2）腰梁施工宜在锚索二次注浆完成后开始，同时采用加设套管措施对锚索进行保护，施工中严禁碰撞外露筋体。

（3）锚坑尺寸按设计进行留设，锚坑位置的腰梁箍筋，暂先截断，封锚时焊接处理。

5.2.6 仓壁面层施工

上下腰梁之间仓壁面层采用喷射混凝土，腰梁钢筋绑扎完毕后，及时按照设计绑扎面层钢筋网片，钢筋网一般双层双向布置。在钢筋网上高压分层喷射，每层厚度不宜超过 100 mm，喷层应均匀密实，避免漏筋现象。

5.2.7 预应力张拉与锁定

1. 张拉

（1）张拉设备要根据锚索的材料和锁定力的大小进行选择。选择时应考虑它的通用性能，并事先对千斤顶、油泵、液压表进行标定。

（2）待腰梁混凝土强度和锚固段浆体强度达到设计强度方能进行张拉。

（3）张拉采用"双控法"即利用拉力与伸长值来控制锚杆应力，以控制油表读数为主，用伸长量来校核。当实际伸长量与理论伸长值差别大于 6% 时，应暂停张拉，待查明原因后方可继续进行。理论伸长值按下式计算：

$$\Delta l_p^c = \frac{F_{pm} l_p}{A_p E_p}$$

式中　Δl_p^c——理论伸长值，mm；

　　　F_{pm}——预应力钢绞线的平均张拉力，取张拉端的拉力与固定端（两端张拉时，取跨中）扣除摩擦力损失后拉力的平均值，kN；

l_p——预应力钢筋自由段的长度，mm；

A_p——预应力钢筋的截面面积，mm^2；

E_p——预应力钢筋的弹性模量（钢绞线 $E_p = 1.95 \times 10^5 \ N/mm^2$）。

（4）张拉程序见表 5-1。

表 5-1 张拉程序表

张 拉 步 骤	伸长量的确定
0～15% 锁锚力	量测并记录当前状态下千斤顶伸长量 a
15%～30% 锁锚力	量测并记录当前状态下千斤顶伸长量 b
30%～103% 锁锚力	量测并记录当前状态下千斤顶伸长量 c
维持 103% 锁锚力 2 min 后锚固	锚索伸长量 $b+c-2a$

（5）安装锚具前，应对锚具进行逐个严格检查。预应力锚索张拉前，依次安装垫板和工作锚具，千斤顶就位，套上工具锚并顶紧工作锚具。

（6）将锚垫板表面清除干净，锚具安装应与锚垫板和千斤顶密切对中，并与锚索轴线方向垂直，千斤顶轴线与锚索轴线应在同一条直线上。

（7）按照张拉程序分级张拉，除第一次张拉需要稳定 30 min 外其余每级持荷稳定时间为 5 min，不得一次加至锁定荷载，并做好记录。

2. 锁定

锚筋张拉至设定最大张拉荷载值后，应持荷稳定 10～15 min，通过观察油泵压力值以及伸长量变化，来判断是否有预应力损失，若有及时进行补偿张拉，然后进行锁定作业。拧紧工作锚螺母，卸荷千斤顶油路即完成锁定作业。

5.2.8 封锚

张拉达到设计要求后，用手工钢锯切掉张拉端多余的预应力筋，严禁采用明火切割和切割过程中撬动锚杆，防止预应力损失。预应力筋的外露长度不宜小于其直径的 1.5 倍，且不宜小于 30 mm，但不得突出仓壁，宜低于仓壁表面 20～30 mm，用环氧树脂涂封锚具及外露预应力筋。封闭前应将锚坑表面的混凝土凿毛、冲洗干净，并按设计要求配置钢筋网片，用比面层高一等级的微膨胀细石混凝土进行封闭。

5.2.9 面层下排水盲沟施工

为防止由于深基坑施工改变地表径流，地下水位上升，影响锚索受力条件，而引发质量事故，在锚索面层下部每隔一定距离埋设排水盲沟，将地表水引导汇聚，直接回收利用。

施工流程：开槽→铺设已裹好两层反滤布的盲管→回填→锚索混凝土面层施工。

5.3 劳动组织

现场施工可根据工作面大小及工期要求分为若干作业组进行，工种主要包括钢筋工、电焊工、机械操作手及普工等。劳动力组织情况见表 5-2。

表5-2 劳动力组织表　　　　　　　　　　　　　　　人

序　号	工　种	所需人数	工 作 内 容
1	管理人员	8	施工管理
2	钻机机械操作工	48	每台配备8人
3	装载机司机	4	材料运输、平场
4	挖掘机司机	2	土方作业
5	卡车司机	6	土方运输
6	电焊工	8	加工定位笼
7	钢筋工	20	腰梁、钢筋网绑扎
8	普工	30	放筋、注浆、喷锚、张拉等

6　材　料　与　设　备

6.1　材料

6.1.1　预应力锚索材料

根据设计要求采用预应力混凝土用高强度低松弛预应力钢绞线，其性能应符合现行国家标准《预应力混凝土用钢绞线》(GB/T 5224—2014)的规定。

6.1.2　其他辅材

定位支架、腰梁、面层钢筋网片采用HPB235级钢筋和HRB335级钢筋；自由段隔离材料用预应力专用防腐油脂，套管材料选用聚乙烯塑料管；二次注浆管自由段选用镀锌钢管，锚固段选用高强聚乙烯塑料管。

6.1.3　浆体材料

水泥宜使用普通硅酸盐水泥，必要时采用抗硫酸盐水泥，其强度等级为42.5级，不得使用高铝水泥。细骨料选用粒径不大于2 mm的中细砂，砂的含泥量按重量计不大于3%；砂中所含云母、有机质、硫化物及硫酸盐等有害物质的含量，按重量计不宜大于1%。拌和水采用食用水。具有腐蚀性土壤中掺加一定量钢筋阻锈剂。

6.1.4　排水盲沟

主要材料：聚乙烯塑料盲管，直径符合设计要求，反滤布要求大于250目。

6.2　施工设备

采用的主要施工设备见表6-1。

表6-1　主要施工设备表

序号	机 具 名 称	型　　　号	单位	数量	使 用 部 位
1	锚杆钻机	MDL-120D1	台	6	锚杆钻孔
2	空气压缩机	MAM-1200，21 m³	台	2	喷锚
3	空压机	425E，12 m³	台	8	钻孔、喷锚
4	挤压式注浆机	JYB-2	台	4	一次注浆
5	柱塞式注浆机	BW-150	台	2	二次压浆
6	喷锚机	PZ-5B	台	2	面层喷锚

7 质量控制

7.1 质量控制标准

（1）预应力锚索施工技术指标应符合标准《水电水利工程预应力锚索施工施工规范》（DL/T 5083—2010）、《建筑边坡工程技术规范》（GB 50330—2013）、《建筑基坑支护技术规程》（JGJ 120—2012）、《岩土锚杆（索）技术规程》（CECS 22—2005）的规定。

（2）预应力高强度低松弛钢绞线和预应力锚具等应符合相应技术规程的规定。

（3）每一典型土层中，至少留 3 根非工程锚索进行抗拔试验，非工程锚索各项参数及施工方法与工程锚索完全相同，依据抗拔试验得到的极限荷载计算界面黏结强度的实测值，抗拔试验平均值应大于设计荷载所用标准值的 1.25 倍，否则应进行反馈修改设计。

（4）现场验收试验遵守《建筑边坡工程技术规范》（GB 50330—2013）附录 C 有关规定，抽检的锚索数量不少于锚索总数的 5% 且不得少于 3 根进行抗拔力试验。

（5）锚索成孔施工允许偏差应符合表 7-1 的规定。

表 7-1 锚索成孔施工允许偏差

序　号	项　目	允　许　偏　差
1	孔深允许偏差	±50 mm
2	孔径允许偏差	±5 mm
3	孔距允许偏差	±100 mm
4	成孔倾角偏差	±5%

（6）锚筋组装、安装的允许偏差应符合表 7-2 规定。

表 7-2 锚筋组装、安装的允许偏差

项　次	项　目		允　许　偏　差
1	锚筋长度		±50 mm
	锚固段长度		±50 mm
	塑料套管端头定位		±50 mm
2	入孔方向	倾角	±1.0°
		方位	±2.0°
3	入孔深度		±200 mm

7.2 质量保证措施

（1）严格按技术要求进行施工，每道工序合格后，方可进行下道工序作业。

（2）将锚索连接、防腐油脂涂抹、二次压浆等作为关键控制点，委派专人验收。

（3）注浆浆液应搅拌均匀，随搅随用。灌浆后，浆体强度未达到设计要求前，预应力筋不得受扰动。

（4）施工过程中边坡位移及时进行监测，发现变形超过预警值及时启动应急预案。

（5）锚索应力监测应由专业单位实施，内力超过设计荷载，及时反馈设计部门，修正设计参数。

8 安 全 措 施

（1）临时用电及机械使用，应遵守国家和行业安全标准及规范。

（2）张拉预应力锚索前应对设备进行全面检查，并固定牢靠，张拉时孔口前方严禁站人，张拉时吊篮下方严禁其他作业。

（3）注浆管路应畅通，防止塞泵、塞管；二次注浆孔口严禁站人，防止阀门爆裂，造成安全事故，操作人员应佩戴安全面罩、防护镜。

9 环 保 措 施

（1）采取措施使施工噪声符合《建筑施工场界噪声限值》（GB 12523—2011）要求。

（2）在易产生粉尘的环境中作业，除洒水降尘外，作业人员应佩戴劳保防护用品。

（3）施工过程中，及时清理施工垃圾。

10 效 益 分 析

（1）缩短工期。预应力锚索在边坡加固中应用，有利于减少土方开挖和弃方量，减少用地面积，不影响周边建筑物的施工，有效缩短项目工期，并且减少了对周边环境的破坏。

（2）工程造价低。利用支护结构，经处理后临时性基坑支护面层与永久性结构仓壁合二为一，形成工程结构主体，支护结构不仅起到基坑支护的作用而且经处理后作为工程主体使用，降低了工程的投资。

（3）安全、质量有保证。本工法采用随挖随支施工方式，充分利用信息化监测手段，边坡变形、土体应力变化情况均在可控范围之内，结构稳定可靠、安全经济。

11 应 用 实 例

11.1 神华集团哈尔乌素露天矿选煤厂产品仓工程

2007 年 4 月至 2008 年 10 月施工的神华集团哈尔乌素露天矿选煤厂产品仓工程，占地面积（250×37）m^2，贮量 $12.5×10^4$ t，为半地下"V"形槽仓，地下埋深 28.80 m。仓壁锚（索）杆设计孔径 120 mm，长度 18 m、20 m，共布置锚索 5812 根，总计 110 km。采用本工法，减少了土方开挖量，同时保证了施工安全和质量，缩短工期 91 d，创造经济效益 78 万元。

11.2 神华集团准能公司黑岱沟露天矿选煤厂产品煤仓边坡加固工程

2008 年 7 月至 2009 年 5 月施工的神华集团准能公司黑岱沟露天矿选煤厂产品煤仓边

坡加固工程，位于铁路专用线南侧高边坡上，在选煤厂运营期间，由于地下水位变化，造成仓体随边坡共同向南侧滑移。采用本工法施工超长锚索对边坡土体进行加固，锚索自上而下共布置7层，孔径180 mm，锚索长45~58 m，共布置锚索2012根，共计103 km。经过锚索加固产品仓基础下部岩层，阻止了边坡进一步滑移、变形，确保了边坡及仓体的稳定性，安全可靠，加固效果良好，创经济效益126万元，且施工期间不影响选煤厂正常生产，社会效益显著。

11.3 中煤集团平朔煤业公司东露天矿选煤厂产品煤槽仓工程

2009年4月至2012年6月施工的中煤集团平朔煤业公司东露天矿选煤厂产品煤槽仓工程，为半地下"V"形槽仓，该工程主仓占地面积（237×43）m²，储煤量12.0×10⁴ t，仓体返煤暗道地下埋深32.6 m。仓壁倾角60°，垂直方向共布置锚杆20层，最长锚杆40 m，孔径150 mm，总共布置锚索（杆）2456根，共计80 km。采用本工法，保证了施工质量和安全，缩短工期68 d，节约成本102万元。

大面积超深软弱土区域重锤强夯法地基处理施工工法（BJGF027—2012）

中煤建设集团工程有限公司

王翠英　刘石生　李文军　王　春　谢艳丰

1　前　　言

重锤强夯法在解决场区高低差异，土质不均匀且处理深度较深等复杂地形方面有较强优势，能够提高地基承载力、减少变形、降低工程造价。

大面积超深软弱土区域重锤强夯法地基处理施工工法的核心内容是以张煤机装备产业园地基处理工程为例，采用大吨位夯击能重锤强夯法对 1600 亩场区、最大处理深度达 33 m 的丘陵地带软弱地层进行地基处理，在施工过程中采用 8000 kN·m、3000 kN·m、2000 kN·m、1000 kN·m 等多种夯击能，多达 48 台强夯设备同时作业，应用点夯、满夯两种方式进行夯击，采用分区多层开挖（回填）、分层夯实的施工方法进行强夯处理，分层最多达七层。经分层检测及静载试验，处理后的地基达到设计及规范要求。

该工法经国家安全生产监督管理总局信息研究院查新表明，国内未见与本课题相同的文献报道，2012 年通过中国煤炭建设协会组织的科学技术成果鉴定，达到国内先进水平，并获得了 2012 年度中国施工企业管理协会技术创新成果二等奖。该技术是对大面积超深软弱土区域地基处理的创新，该技术成熟可靠，科学合理，解决了丘陵地带大面积超深软弱土地基处理问题，保证工程质量，实现安全生产，降低成本。

2　工　法　特　点

（1）对于大面积深软弱土区域，通过多种地基处理方案的可行性对比，最终选择了重锤强夯法地基处理方法，施工方法简单，质量容易控制、处理效果显著、造价低。

（2）大面积强夯地基处理施工过程中有大量的土方作业、强夯作业，每一项的工作量都较大，在施工中采取分段分层的方法进行强夯作业，有足够工作面可多台夯机同时作业，加快施工进度。

（3）现场采用高、低夯击能的强夯作业机械，分别采用 8000 kN·m、3000 kN·m、2000 kN·m、1000 kN·m 夯击能，现场区域大，土质情况多变，重锤强夯可适用于黏性土、湿陷性黄土、杂填土等各种土质，应用范围广。

3 适用范围

本工法适用于地基处理面积较大，处理深度较深的地形复杂的区域，用于加固碎石土、砂土、低饱和度粉土、黏性土、湿陷性黄土、高填土、杂填土等各种土质。

4 工艺原理

强夯法施工是在极短的时间内对地基地体施加一个巨大的冲击能量，使得土体发生一系列的物理变化，如土体结构的破坏或液化、排水固结压密以及触变恢复等，其作用结果使得一定范围内地基强度提高，孔隙挤密并消除湿陷性。

5 施工工艺流程及操作要点

5.1 施工工艺流程

施工工艺流程如图5-1所示。

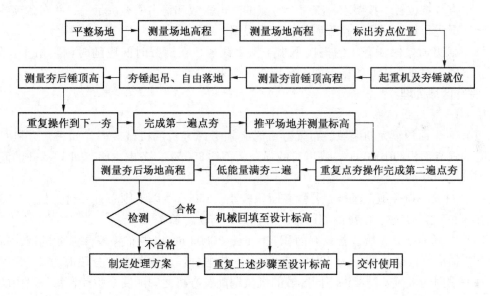

图5-1 施工工艺流程图

5.2 重锤强夯法施工的操作要点

（1）随时掌握强夯地基的地质情况，当土质情况发生显著变化时，及时调整强夯施工的各项参数，同时应查明强夯范围内的地下构造物和各种地下管线的位置及标高，并采取必要的防护措施，以免因强夯施工造成损坏。

（2）强夯前平整场地，周围做好排水沟，按夯点布置测量放线确定夯位。地下水位较高时，应在表面铺0.5～2 mm中（粗）砂或砂砾石、碎石垫层。

（3）强夯应分段进行，顺序从边缘夯向中央。每夯完一遍，用推土机整平场地，放线定位后，间歇达到 3～5 d 即可接着进行次夯击。强夯法的加固顺序是：先深后浅，即先加固深层土，再加固中层土，最后加固表层土，一遍夯完后，再以低能量满夯两遍。

（4）回填土应控制含水量在最优含水量范围内，如低于最优含水量，可钻孔或洒水浸渗；如高于最优含水量，应及时翻松表层土晾晒或局部置换。

（5）夯击时应按试验和设计确定的强夯参数进行，落锤应保持平稳，夯位应准确，夯击坑内积水应及时排除。坑底上含水量过大时，可铺砂石后再进行夯击。在每一遍夯击之后，要用周围的土将基坑填平，再进行下一遍夯击。

（6）对于高饱和度的粉土、黏性土和新饱和填土，进行强夯时，很难以控制最后两击的平均夯沉量在规定的范围内，可采取：

① 适当将夯击能量降低；

② 将夯沉量差适当加大；

③ 填土采取将原土上的淤泥清除，挖纵横盲沟，以排除土内的水分，同时在原土上铺 50 mm 的砂石混合料，以保证强夯时土内的水分排除，在夯坑内回填块石、碎石或矿渣等粗颗粒材料，进行强夯置换等措施。通过强夯将坑底软土向四周挤出，使在夯点下形成块（碎）石墩，并与四周软土构成复合地基。

（7）做好施工过程中的监测和记录工作，包括检查夯锤重和落距，对夯点放线进行复核，检查夯坑位置，按要求检查每个夯点的夯击次数和每击的夯沉量等，并对各项参数及施工情况进行详细记录，作为质量控制的根据。

（8）满夯时要保证夯印的搭接不小于 1/4 锤径，在满夯时间应随时调整吊车位置，以防止出现以吊车为中心的扇形面，影响夯击效果。

5.3 特殊区域处理

5.3.1 同一区域强夯施工要求

（1）对于面积较大的区域，布置夯机时必须考虑夯机的机械效率，如一台夯机每天点夯时的强夯面积约 1000 m²，满夯时的强夯面积约 800 m²，考虑主次夯间 3～5 d 的间歇（细颗粒时为 10 d）。

（2）在同一强夯施工区域，若强夯面积较小，3500 m² 以下则布置一台夯机，在 3～4 d 的时间完成主夯时，间歇时间结束时可连续进行次夯施工。

（3）在同一强夯区域，若强夯面积较大时，30000 m² 以内布置多台强夯机械，每一台强夯机械的有效作业范围为 3000～3500 m²。考虑分段流水作业，分段时分 2～3 段流水，每一段内的机械安排考虑不同区域的机械调配及夯机之间的安全距离，每一段内的强夯机械最好安排在 8 台以内，每一段强夯完成及时进行土方回填，进行下一层的地基处理施工。

（4）同一区域进行地基处理时，必须分层处理，开挖土方时根据土质情况考虑放坡系数，并根据每层的处理标高进行错台布置，如最深处为 33 m，分层布置如图 5-2 所示。

5.3.2 不同标高场区的接槎处理

不同地基处理区域之间将存在强夯搭接，搭接范围内两侧的土方强夯必须平衡向上施工，在搭接处必须考虑先低处，后高处，后施工的位置搭接至先施工的土方，在先强夯区域的原夯点以及后强夯区域的后夯点必须靠近强夯边界，如图 5-3 所示。

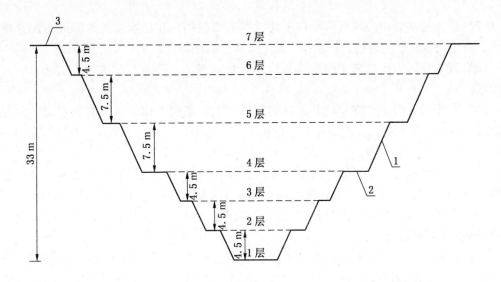

1—强夯处理分层边线；2—分层时错台搭接；3—设计最后处理标高

图 5-2　分层处理示意图

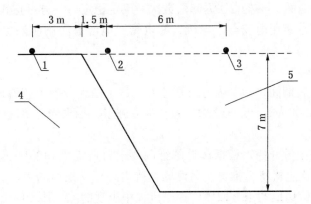

1—先强夯区域边界处夯点；2—后强夯区域边界处夯点；3—后强夯区域夯点；

4—先强夯区域；5—后强夯区域

图 5-3　不同区域接槎处理示意图

5.3.3　出现地下水处理

出现地下水时，全部用碎石回填，回填时必须全部覆盖，根据回填的厚度确定适用夯击能，在强夯过程中，夯坑出水时全部换填或直接填碎石，再正常向上作业。

5.4　雨季施工措施

地基强夯施工受雨季影响非常大，雨水对土方回填的含水率影响很大，现场必须组织好雨季的施工，制定针对雨季施工的雨季施工应急预案，预案中要全面考虑雨水带来的各种影响及保证施工质量、施工进度的应对措施。

（1）现场设专人负责天气情况的信息收集，掌握天气变化情况，做到事前预防。及时根据天气情况调整施工内容及启动雨季施工应急预案，减少雨水对地基处理施工质量、施工进度的影响。

（2）根据地基处理的现场情况在高处设挡水墙拦挡，在挡水墙的外侧或内侧开挖引水沟，防止地表水流入现场，挡水墙一般为 1 m 左右的堆土。

（3）对于场区内已处理完的基坑及时进行垫层施工，不能及时进行垫层施工的，进行抽水。

（4）对于场区内正在进行地基处理的基槽，先在基槽上口设置临时挡水墙，并在挡水墙的外侧设置排水沟，在围堰外侧开挖出 1~2 条 800 mm 宽、500 mm 深的明沟，将雨水排走。

（5）在基槽内已回填土的四周设置排水沟及集水井，开挖出的基坑必须在坑四周设置 300 mm 宽明沟，一定位置设置集水井，准备好水泵，及时进行抽水。

（6）在基槽内正在回填土时将回填土分层碾压平整，硬化其表面，并形成坡度，将雨水引至集水井内抽走。

（7）填土区强夯，填土应使中间稍高；土料含水率符合要求；认真分层回填，分层推平、碾压，并使表面保持 1%~2% 的排水坡度；当班填土当班推平压实；雨后抓紧排除积水，推掉表面稀泥和软土，再碾压；夯后夯坑立即推平、压实，使高于四周。

（8）履带式起重机在雨后强夯时，严禁在未夯实的虚土上或低洼处作业，同时进行试吊，将夯锤吊离地面 1 m 左右往返起落数次，确定稳定后，方可正式强夯。

（9）雨季施工注意用电安全。电机、配电箱及电缆有防雨防潮保护措施，有漏电保护装置。

5.5　冬季施工措施

（1）在进入冬施期间，地基强夯的管理人员每个白天及晚上查看地基土的受冻深度，如果受冻深度小于 200 mm，可继续进行地基强夯施工，如果受冻深度大于 200 mm 将停止地基强夯作业。

（2）地基处理土方开挖。根据设计图纸的要求对所需处理的区域进行机械开挖，如遇雪天，必须先用推土机将雪推走，另设场地待雪融化，挖出的表层冻土另设场地堆放，好土将及时用于其他场地的土方回填。挖土过程中出现的冻土块及时清理外运。

（3）地基处理土方回填。冬期填方前必须清除原基底上的冰雪和保温材料，不应将冻结基土或回填的冻土块夯入基础的持力层。地基强夯回填土的含水量必须达到最优含水率，回填土方必须加快进度，及时回填到位，防止受冻面积增加。

（4）地基重锤强夯。冬期施工应及时推填夯坑并平整场地，其推填料不得有冰雪及其他杂物。在黏性土或粉土的地基上进行强夯时，宜在被夯土层表面铺设粗颗粒材料，并应及时清除黏结在锤底上的土料。冬施期间的地基强夯施工要求同原设计，为了保证每天强夯前将表层的冻土层夯碎，应适当增加强夯击数，现场检测不同区域表层冻土层的夯击情况，若冻土层较深，无法破碎时及时停工，停工前尽量安排在所在层面地基强夯完毕及检测合格的状态。

冬期施工时每天的夯坑及时回填，如遇降雪在强夯前用推土机将表层雪推走，再进行地基强夯施工。

（5）地基处理区域的越冬维护。对于已达到设计高度的强夯地基在冬施停工过程中必须在地基土上覆盖至少 1.5~2 m 厚的回填土进行保温。对于未达到设计高度的强夯地基及时回填上层需进行强夯的土层，回填土应高于需强夯标高层以上 1.5 m，以便来年强夯前将表层冻土层推掉再施工。在第二年工程开工时，必须及时清除覆土层，清除冻块，对表层含水量较大的土层进行晾晒，并对局部土层进行单点开挖，检查下层土的受冻情况，合格后再组织施工。

5.6 劳动组织

一台强夯机械施工需配备作业人员见表5-1。

表5-1 劳动力配备计划表（一台强夯机械）　　　　　　　人

序　号	工　种	人　数
1	司机	1
2	司索工	1
3	测量工	2
4	壮工	1

6 材 料 与 设 备

6.1 材料

地基强夯施工采用的材料为回填土，回填土一般为碎石土、砂石、黏性土、低饱和度的粉土、湿陷性黄土，杂填土，对于重锤强夯地基所用的回填土粗颗料土（直径大于20mm）含量不小于35%，填土的含水量应达到或接近最优含水量，一般为最优含水率的±3%。

6.2 设备

主要施工设备包括以下几个部分：

（1）挖运机械：挖掘机、推土机、装载机、自卸汽车。

（2）强夯机械：夯锤、履带式起重机。

（3）测量仪器：全站仪、水准仪、塔尺。

7 质 量 控 制

7.1 质量控制标准

施工过程中质量控制执行国家现行标准《地基基础工程施工质量验收规范》（GB 50202—2012）中主控项目及一般项目的要求，具体情况见表7-1。

表7-1 强夯地基质量控制要求

项　目	序号	检 查 项 目	允许偏差或允许值		检查方法
			单位	数值	
主控项目	1	地基强度	设计要求		按规定方法
	2	地基承载力	设计要求		按规定方法

表 7-1（续）

项　目	序号	检 查 项 目	允许偏差或允许值		检查方法
			单位	数值	
一般项目	1	夯锤落距	mm	±300	钢索设标志
	2	锤重	kg	±100	称重
	3	夯击遍数及顺序	设计要求		计数法
	4	夯点间距	mm	±500	用钢尺量
	5	夯击范围（超出基础范围距离）	设计要求		用钢尺量
	6	前后两遍间歇时间	设计要求		

7.2 施工前检验

7.2.1 强夯区域情况

强夯区域的平面坐标、强夯前的基底标高、基底土质的颗粒情况、基底土质的含水率情况、强夯区域周围的排水情况。

7.2.2 夯击点的布置情况

大面积地基处理区域，夯点布置均采用梅花形布置，而且夯点布置应平行于工程基础的轴线方向。每一区域必须设 2~3 个控制点，以判断主次夯点的位置，如图 7-1 所示。

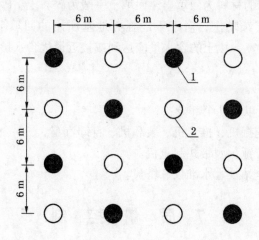

1—主夯点；2—次夯点
图 7-1 8000 kN·m 夯点布置示意图

7.2.3 夯锤的重量、落距

强夯施工的夯击能为锤重与落距的乘积，因此夯锤的锤重与落距直接决定夯击能和加固深度，通过测量夯锤重量以及夯锤提升的总高度检查夯击能。

7.3 过程中检验

（1）单点的夯击数。强夯作业中单点的夯击数主要根据现场试夯时得到的夯击次数和夯沉量关系曲线确定，且最后两击的平均夯沉量不大于 50 mm，夯击能较大时不大于

100 mm；夯坑周围不应发生过大的隆起；不因夯坑过深而发生起锤困难。单点夯击数一般为 9 ~ 14 击。现场每一夯点强夯时均进行强夯施工记录。

（2）在施工过程中由质检员检查各项测试数据和施工记录，不符合设计要求是应补夯或采取其他有效措施。在施工记录中包括夯点夯击时间、夯锤直径、质量、提升高度、夯坑深度、每击夯沉量等。

（3）主次夯之间留设一定的时间间隔，以便土中超静孔隙水压力的消散，待地基土稳定后再夯次夯，次夯与满夯之间不留空闲时间。

7.4 重锤强夯法地基处理检验

每一分层的强夯处理后应在施工结束后间隔一定时间进行强夯检测，间隔时间一般 7 d 左右，主要包括动力触探、标贯试验、土工试验，在最后一层增加静载试验。地基竣工验收时，承载力检验应采用原位测试和室内土工试验。每一区域进行检测时按照 600 ~ 800 m² 布置一个检测点，检测孔度深度一般大于强夯处理深度 0.5 m。

经过检测，张煤机装备产业园区工程的场区经地基强夯法处理后，承载力及压缩模量均符合设计要求。

7.5 对于在分层强夯过程中出现不合格区域的处理

在重锤强夯法进行地基处理的过程中，偶尔会出现检测不合格的情况，当某一检测值偏低时，即相邻 100 mm 的击数小于 10 击以下时，需重新在相邻区域进行检测，检测合格时可不进行处理。当重新检测值仍偏小时需对该区域进行处理，若是因回填土含水率偏高引起的不合格，将重新挖出不合格土方进行晾晒后再回填，重新进行强夯处理；若是因夯击遍数不够引起的不合格，则用高夯击能夯机重新对该区域进行强夯，所有重新处理后的区域必须再进行检测，合格后才可进行下道工序施工。

8 安 全 措 施

（1）强夯作业施工前，项目部必须成立安全领导小组，配备齐全安全员。施工前由项目技术组编制完善安全施工方案及安全作业技术交底。

（2）贯彻落实安全生产条例及岗位安全操作规程，加强职工安全教育。

（3）施工前对强夯场地周围有可能受强夯施工震动影响的建（构）筑物，要采取隔震措施。强夯时，当飞溅的土石可能对周边场外造成损伤时，要设立妥当的防飞石排栅网及警示牌或其他安全标志，并派专人值班。

（4）严格按照国家的消防条例规定，在施工现场、临设办公、生产、生活区建立和执行防火管理制度，设置符合消防要求的消防设施，并保持完好的备用状态。

（5）施工过程中采用大量的机械设备，必须满足强夯机械以及各类土方机械的操作规程。

9 环 保 措 施

（1）强夯处理过程中为了减少振动对相邻建筑物的影响一般采取设置隔振沟，降低夯击能等方法。

（2）在土方作业过程中产生扬尘，要求现场土方进行覆盖，并在土方作业期间定时进行洒水降尘。

（3）强夯期间使用大量重型机械设备，现场设置集中维修区域对设备进行维修，地面硬化，防止漏油。

10 效 益 分 析

对于大面积超深较弱土区域的地基处理，采用重锤强夯法处理，其技术及经济效益非常明显。在实施过程中，强夯法施工与其他处理方法的比较，以张煤机装备产业园建设项目为例，处理范围 1.066×10^6 m^2，处理深度平均为 10 m，原挖土方为 6.5×10^6 m^3，回填土方为 9.08×10^6 m^3，直接效益如下：

（1）重锤强夯法施工。省料、省时、节省造价，但受气候影响较大。费用合计 26406 万元。

（2）挤密碎石桩法。处理效果好，受气候影响小，节约工期，但造价高。费用合计 54389 万元。

采用本工法与挤密碎石桩法比较，节约施工费用 27983 万元。

11 应 用 实 例

11.1 张煤机装备产业园铸造分厂工程

该工程地基处理区域的面积达 35×10^4 m^2，场地原始地貌属于山区丘陵区，沟谷发育，最深处与平场标高相差约 33 m，地基处理点夯采用单击夯击能 8000 kN·m 以及 3000 kN·m，满夯采用 2000 kN·m 以及 1000 kN·m。于 2010 年 8 月 10 日开工，2011 年 4 月 30 日完工，处理后的地基满足设计及规范要求，节约成本 927 万元，取得良好的经济效益。

11.2 张煤机装备产业园圆环链分厂工程

该工程地基处理区域的面积达 38.5×10^4 m^2，采用单击夯击能 8000 kN·m 以及 3000 kN·m，满夯采用 2000 kN·m 以及 1000 kN·m，于 2010 年 11 月 5 日开工，2011 年 6 月 10 日完工，处理后的地基满足设计及规范要求，节约成本 1005 万元，取得良好的经济效益。

11.3 内蒙古伊期装备产业园工程

该工程地基处理区域的面积达 3.36×10^4 m^2。采用单击夯击能 3000 kN·m，满夯采用 1000 kN·m，于 2011 年 5 月 10 日开工，2011 年 6 月 15 日完工，处理后的地基满足设计及规范要求，节约成本 95.5 万元，取得良好的经济效益。

电动爬升平台系统施工钢筋混凝土
烟囱工法（BJGF035—2012）

山西宏厦建筑工程第三有限公司

李富荣　孙仁宗　焦忠德　杨世儒　周海文

1　前　　言

烟囱是火电厂烟气排放的主要设施，是火电厂的主要标志性建筑物。随着环保要求的提高及电厂装机容量的扩大，烟囱的高度越来越高，出口内径也相应增大。2004 年，山西宏厦建筑工程第三有限公司承揽了阳煤集团煤矸石综合利用电厂 210 m 烟囱的施工任务，结合以往烟囱施工经验，经过技术人员的攻关，总结出电动爬升平台系统施工钢筋混凝土烟囱工法。

该工法关键技术经山西省科学技术情报研究所查新表明，国内未见相关技术报道，2013 年 3 月通过中国煤炭建设协会组织的科技成果鉴定，达到煤炭行业领先水平。

该工法先后在阳煤集团煤矸石综合利用电厂 210 m 烟囱、阳煤集团 40×10^4 t/a 氧化铝项目 150 m 烟囱、阳煤集团三电厂技改 150 m 烟囱等工程中得到成功应用，加快了施工速度，确保了施工质量和安全，取得了良好的经济效益和社会效益，其中阳煤集团矸石综合利用电厂 210 m 烟囱工程获山西省质量最高奖——"汾水杯"。

2　工　法　特　点

（1）操作平台顶升利用 16 台顶升电机带动摆线针轮减速机作动力顶升操作平台，实现操作平台同步、平稳、可靠运行。

（2）用于人料提升的吊笼均为双绳提升、双索道绳稳固，吊笼上下分别由两座控制台操作，两个控制台互联互锁，杜绝了误操作，确保了施工安全。

（3）烟囱中心采用激光铅垂仪控制，将中心点用激光铅垂仪投射到施工高度，校正筒壁模板半径操作方便。

（4）所有施工均在封闭的条件下进行，消除了高空作业的不安全感，降低了工人劳动强度，施工质量控制效果好。

（5）为避免烟囱筒壁绑扎、支设、浇筑的施工与内衬施工及爬梯和信号平台安装等工序的立体交叉作业，可组织 24 h 三班不间断的流水作业，在混凝土采取早强措施后，夏季每天施工高度可达 4.5 m，到达施工设计高度后所有施工工序均可同步完成，即可缩短工期。

（6）整套体系除上下操作平台的辐射梁槽钢随烟囱高度的增加，半径缩小需切割消耗外，其他机具、材料及设施均可周转重复利用。

（7）冬季施工时，在外防护周圈挂设棉被及帆布篷等，保温性能好。

3 适 用 范 围

本工法适用于高度80～300 m、出口内径3 m以上的单筒式混凝土结构烟囱工程施工。

4 工 艺 原 理

以减速电机为动力，带动螺纹丝杠正反旋转通过铜螺母将作用力传递到操作架上，以已有强度的混凝土筒身为受力基点，通过筒壁模板上的槽钢轨道轮提升架，带动操作平台上升，从而完成筒身和内衬的施工。

5 施工工艺流程及操作要点

5.1 施工工艺流程

烟囱筒壁施工分两个阶段，即烟道口以下部分采用常规的外搭双排脚手架，内用三角架倒模法施工，以上部分采用电动爬升平台系统进行施工。

施工工艺流程：钢筋绑扎→拆最下层模板→内模支设→外模支设→调半径→浇筑混凝土→刷防腐涂料→内衬砌筑→松索道绳吊笼系统停止工作→提升架与操作平台提升、调平→拉紧索道绳、吊笼恢复工作→重复以上工序。

5.2 操作要点

5.2.1 电动爬升平台组成

电动爬升平台系统主要分人员物料提升系统、操作平台系统、操行平台顶升系统、电气控制系统、信号系统、安全保护系统六大部分，具体情况如图5－1所示。

1. 人员、物料提升系统

人员、物料提升系统由内提升、外提升两部分组成。

内提升主要用于混凝土、内衬材料、模板等材料的运输及施工人员的上下工作面（每次准乘人数为4人，人料严禁混装）。内提升系统主要有双筒卷扬机、主提升钢丝绳、吊笼、索道绳、天轮、导向滑轮等组成。为确保工效，一般情况烟囱施工均设置两套提升系统，主提升卷扬机选用 SST－5T 型双筒双绳绞车，保证工作安全可靠。卷扬机安装在距烟囱大于50 m处的设备基础上。

主提升钢丝绳选用 6×37－19.5 的钢丝绳。每个吊笼额定提升重量1.5 t，主提升速度约为0.7 m/s。

内提升系统设计采用 6×19－18.5 钢丝绳作为吊笼索道绳，上部与平台井架固定，下部采用5 t倒链配合拉力计与烟囱基础固定，用于调整索道绳的松紧程度和调节罐道绳的长度。为确保安全运行，在吊笼上设置了可靠的断绳保护器。

外提升主要用于吊装钢筋等长构件物品。由旋转圆管臂桅杆、变幅绞车、提升绞车及

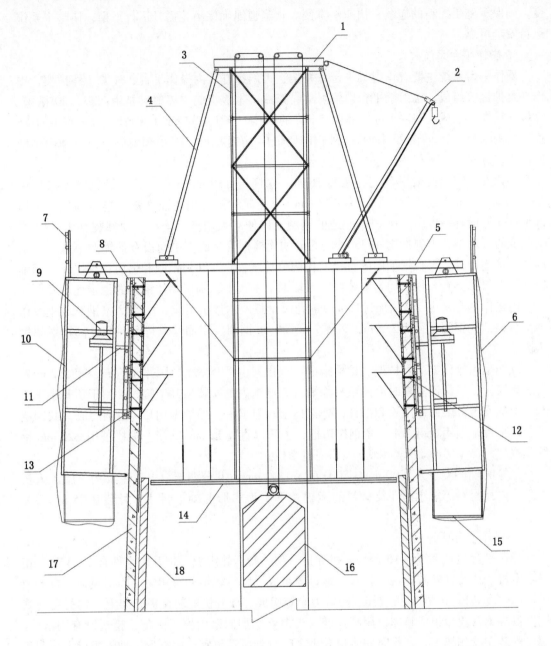

1—天轮架；2—桅杆；3—井架；4—大斜撑杆；5—辐射梁平台；6—密目网、安全网、篷布；
7—护栏；8—轨道模板；9—电机；10—外护架；11—爬腿；12—高强螺栓；13—插销；
14—内衬砌筑平台；15—吊篮架；16—吊笼；17—筒壁；18—内衬壁

图 5-1　电动爬升平台剖面示意图

钢丝绳组成，旋转桅杆和变幅绞车均安装在操作平台上，设计选用 TKS5T 单筒卷扬机作为外提升设备、JJ1T 土建绞车用于变幅，提升钢丝绳选用 6×37-12.5 的钢丝绳，提升速度为 0.66 m/s。

该提升系统内外平行作业，互不影响，调速卷扬机可根据实际要求随时调整提升速度，确保了施工提料的连续、快速、方便。软罐道绳确保吊笼提升运行平稳，使整个系统运行安全可靠。

2. 操作平台系统

操作平台系统主要有辐射梁平台、井架、大斜撑杆、内操作平台、外架、外护架、操作平台护栏等组成。辐射梁平台由辐射梁、钢圈、木板组成。辐射梁是由两根匚20槽钢，钢板封槽焊接而成，每隔 1 m 打 ϕ32.5 mm 的圆孔，穿上 ϕ32 mm 的销轴。辐射梁共计 16 根。内钢圈是匚25 槽钢煨制而成，外钢圈用匚14 槽钢煨制。16 根辐射梁与内钢圈用销轴连接均匀分布。

井架安装在辐射梁平台上，架高 10 m，立杆用 ϕ89 mm×4.5 m 无缝钢管，撑杆用 ϕ51 mm×3.5 m 无缝钢管，斜撑为 ϕ32 mm×2.5 m 的钢管用高强度螺栓连接而成，距顶部 1.1 m 处设有一道用匚14 槽钢制成的钢圈，以便和大斜撑杆连接，顶部装有用匚18 槽钢制成的天轮架，大斜撑用 ϕ133 mm×5 m 的无缝钢管制成，中间设有伸缩调节螺栓，采用法兰接连短件，可根据烟囱的直径变化调节长度，它与井架钢圈和辐射梁用螺栓、销轴连接。大斜撑共有 8 根，均匀安装在整个辐射梁平台上，确保整体钢架的稳定性。

内操作平台是由匚12 槽钢和 3 mm 的花纹钢板及木架板组成。用匚12 槽钢制成钢圈作为平台架，内钢圈直径为 3.5 m，每隔 2 m 设一道钢圈。用钢丝绳将钢圈和上部辐射架吊牢固。

外架是由操作架、保护架、护栏组成。操作架由匚25 槽钢制成长 6.7 m、宽 1.2 m 外侧装有滚轮，以保证升模时沿筒壁平稳滑行。槽钢内侧安装顶升架爬轨，用于顶升小车爬升。上部安装外架回缩滚轮和吊杆，外架挂于辐射梁上。外护架用匚8 槽钢制成，共四层平台，平台走道用∟40×4 m 角钢作边框，中间焊直径 12 mm 钢筋。护栏是用 ϕ25 mm 钢管作栏杆，高 1.2 m，每隔 400 mm 装一道横栏。

吊笼的规格尺寸为 1000 mm×800 mm×4400 mm，共分两层。上层主要用于施工人员上下、内衬材料等短小构件及材料的运输；下层为梯形混凝土料斗，可装 0.45 m^3 混凝土。

3. 操作平台顶升系统

操作平台顶升系统由 16 台顶升机和提升架、爬行轨组成。顶升机组件有 2.2 kW 三相异步电机、摆线针轮减速机、丝杆、螺母等组成。爬行轨组件有爬轨、固定模板、方形销轴、高强度 ϕ20 mm 的双头螺栓、防剪力套等组成。顶升机安装在提升架上，爬行轨与烟囱壁混凝土及模板组成整体，用高强度双头螺栓和烟囱壁内模板固定，爬轨设有固定孔。螺母安装在操作架上，工作时先将顶升小车爬行到所需位置，用方形销轴将爬行小车和爬行轨固定，然后反向运行就可将操作平台提升，提升最大高度为 1.8 m，该系统的特点是16 台顶升机可同步工作，也可单独运行，能使操作平台平稳升起，灵活调整。

4. 电气控制系统

电气控制系统由动力、控制、信号、照明四部分组成，主要功能是提供电能，控制提升系统，确保操作统一可靠，保证夜间有足够的照明。

总动力箱设置在烟囱底部距离主卷扬机不远的地方，烟囱照明配电箱和顶升控制箱设置在操作平台上，烟囱施工的动力配电采用三相五线制，各用电点均使用漏电保护器。主提升控制台分别安装在烟囱的底部和操作平台上，主提升的两个控制台设计采用手动凸轮控制器控制,实现了五个挡位电气调速,两个控制台互联互锁,防止误操作。在顶升系统的控制设计原理中实现了16台电机同步运行、分组运行和单台运行,既能满足平台顶升的同步要求,又能调整由于电机及配套设备的工况不同所引起的不同步性。

5. 信号系统

整个系统的运行联络信号至关重要,该系统采用声光信号进行联络,并将声光信号装置装入操作台。

根据应用的特点,结合系统运行的需要制定信号规则:每一种操作必须信号互通三次并确认后进行;上升操作必须由操作平台上的司机操作,下降操作必须由地面的司机操作;非操作方司机在确认信号后必须将控制器手把推至零位,否则对方将无法启动。

6. 安全保护系统

提升系统中选用双滚筒双绳绞车提升单吊笼保证了提升的可靠性。

在吊笼上设置了断绳保护器,一旦发生断绳事故,断绳保护器将吊笼牢牢地固定在罐道绳上,不会发生坠落事故。

提升电气控制回路中设计了超高、超低限位,以防过卷和落底;主控制回路中串入两层操作平台的门限位,在门没有关好的情况下,绞车不会被启动。

操作同一台绞车的两个控制台凸轮控制器实现零位互锁,防止误操作。

操作台上设置紧急停车按钮,在有紧急情况时可随时停车。

顶升系统的每一套爬升架上都设置了上、下行程限位开关,保证爬升高度的统一性,防止由于不同步造成将个别机构和构件损坏。

在爬升架和辐射梁之间设一道安全钢丝绳,防止在顶升过程中爬升架脱落发生意外。

筒身施工用可调弧模板拼装,通过对拉螺栓及钢管三角架将内外模板加固保证其壁厚,用正反丝杠调整其弧度及半径,内外模用∟75×7 m角钢及对拉螺栓加固。钢筋用平台上小拔杆从筒壁外由地面提升到施工高度,混凝土、周转材料、工器具、施工人员的垂直运输由卷扬机及吊笼进行。

5.2.2 提升系统的运行

先清理各层平台的多余料具,检查围檩及螺杆是否与提升单元碰撞,然后松索道绳。在每个提升单元处站一工作人员,观测提升状况,启动电机联动,单动至一个行程1.5 m固定提升架,检查平台中心偏差,用倒链拴好提升架,调节好后紧导索对中,吊环向钢筋并绑好,拆除模板、围檩并吊上、支上、支好,调好半径,混凝土浇筑完,竖向钢筋吊运并绑好,同上进行内衬施工。电力提升系统如图5-2所示。

在提升系统运行时对操作架提升要点:

操作架提升前要逐一检查提升架牛腿是否受力,如果没有受力,应开启电动机,丝杠向下使牛腿和销块受力均匀,这样才能保障提升过程中的平稳。

提升过程中操作架应派人监护,发现问题及时解决,为保证安全刚开始提升时,一次提升750 mm,等提升正常以后,再每次提升至1.5 m。

提升过程中,辐射梁平台上除指定的操作人员及固定荷载外,不得有其他荷载。

操作架提升到位置以后把销块放进去稍微点动一下,使整个16组操作架受力均匀。

5.2.3 模板工程

(1)筒壁内外模板均采用钢模板和收分模板间隔拼装,钢模板采用1.5 m高钢模板,

图 5 - 2 电动提升系统

收分模板为 12 mm 厚胶合板和∟40 × 4 m 角钢制作，胶合板与角钢用铆钉连接固定，确保混凝土外表一致。收分模板与钢模连接采用 M12 螺栓连接，保证其紧贴模板。模板分成 16 等份，以 16 等份中心线为模板中心线，进行拼组模板。拼组模板时必须贴密封条，接缝严密，保证不漏浆。模板必须每模配置一次，每一模收缩量均需平均分配到每块收分模板上，保证模板上下形成竖向通缝确保外部美观。

（2）筒壁模板加固方法：支设内模时以围成弧状的 φ22 mm 钢筋作为内楞，并与钢模板用 8 号铅丝连接成大模板，∟75 × 7 m 角钢为外楞，外楞通过脚手架顶丝杆与内架"顶""拉"而形成整体，外模用 φ22 mm 钢筋与模板连接（每模三圈紧固）。加固模板采用 φ16 mm 的对拉螺栓，内外模板之间夹 φ25 mm 钢套管，每层模板用 2 排对拉螺栓，对拉螺栓周圈间距 500 mm，对拉螺栓要向中心呈辐射状布置螺栓，需逐个拧紧以防跑模。内外模板采用∟75 × 7 m 角钢将每层模板上的两排对拉螺栓连接保证模板稳固。对拉螺栓套 φ25 mm 的钢管作套管，两头加钻孔的塑料塞，拆模后采用特制干硬性水泥石棉灰砂浆堵塞并抹平压光。

（3）内模初步固定后进行中心校正，校正方法：用激光铅垂仪将烟囱中心投射到操作层吊 5 kg 线锤拉钢尺校正模板。

（4）为确保烟囱的整体外观并正确指导施工，应计算出每节筒壁模板的内外半径、厚度、标高，对拉螺栓的长度，便于施工控制。内、外模板配置三层，循环上翻使用。随着筒壁的升高，筒壁半径逐渐缩小，用收分模板进行调节。

（5）模板拆除后用悬挂于架子上用滑轮吊到操作层清理后支设下一层。

5.2.4　混凝土工程

混凝土浇筑每节混凝土的浇筑要求连续进行，一节模板内不得留施工缝。混凝土浇筑时要从筒壁的一处为起点，同时分别向两侧进行。用振动棒均匀振捣，振动棒插入间距400 mm 左右，为使水平施工缝与模板水平缝一致。防止混凝土灌满溢出模板，造成流浆，应将混凝土灌至低于模板顶面 50 mm 处，余下部分人工用小桶灌满，然后用木抹子将混凝土面找平，最后用纱布将模板边擦干净，以便密封条的粘贴。混凝土振捣必须密实，消除气泡。每浇筑一节混凝土后，必须与模板上表面抹平，待混凝土初凝后用钢丝刷将混凝土表面刷成麻面，再清扫混凝土表面的水泥浆和松动石子，并清扫干净。进行下模的混凝土浇筑前，要先浇水湿润并冲洗干净混凝土表面的浮浆及尘土，不得有积水。混凝土浇筑前先浇一层与混凝土同标号的水泥砂浆，为了保证混凝土接槎良好，混凝土的养护保证混凝土外观质量和强度，在拆模后必须刷混凝土养护液进行养护。

5.2.5 内衬砌筑

内衬砌筑随筒身混凝土施工同时进行，利用电动提模系统加设的内衬砌筑平台进行，材料通过吊笼运输，砌筑时必须与上部施工错开。

5.2.6 烟囱中心的控制

烟囱中心的控制，在基础底板施工时，应在烟囱中心处做 300 mm × 300 mm、高300 mm 混凝土墩，墩顶预埋 200 mm × 200 mm 的钢板，在混凝土底板混凝土浇筑后，用全站仪将烟囱中心投射到钢板上，用电钻打 $\phi 4$ mm 的眼作为烟囱中心，烟囱中心作为筒身施工时架设激光铅垂仪控制烟囱筒身垂直度的依据。

5.3 劳动组织

劳动组织见表 5 – 1。

表5-1 劳动组织表　　　　　　　　　　　　　　　　人

序　号	单项工程	所需人数	备　　注
1	管理人员	4	现场施工管理
2	提升操作人员	4	土方开挖支护施工
3	木工	22	模板施工、爬杆安装
4	钢筋工	12	钢筋绑扎
5	混凝土工	20	混凝土施工
6	瓦工	36	烟囱内衬施工
7	焊工	8	钢爬梯、信号平台制作安装
8	架工	20	提升系统组装及顶升
9	测量人员	4	烟囱中心点投测

6 材 料 与 设 备

6.1 材料

水泥：采用强度等级不低于42.5级的普通硅酸盐水泥、矿渣硅酸盐水泥。

粗骨料：选用强度高、连续级配好、含泥量不大于2%的碎石。

细骨料：选用细度模数在 2.3～2.8 之间，颜色一致，含泥量小于 3% 的黄砂。

型钢：质量应符合《钢结构工程施工质量验收规范》（GB 50205—2001）中原材料要求。

钢筋：质量符合相关规范及标准要求。

烟囱内衬材料：主要由耐酸陶土砖和耐酸胶泥。

6.2 设备

施工主要设备见表 6-1。

表 6-1 主要施工设备表

序号	机械名称	型号	单位	数量
1	装载机	Z50	台	1
2	双筒卷扬机	SST-5T	台	2
3	单筒卷扬机	TKS5T	台	1
4	单筒卷扬机	JJ1T	台	1
5	激光铅垂仪		台	1
6	直螺纹套丝机	2	台	2
7	混凝土振捣器	ZGJ-500	台	6
8	电焊机	BX9-500	台	1
9	调直机	CTJ4/14	台	1
10	弯曲机	WJ40	台	1
11	切断机	FGQ40	台	1
12	圆盘锯	MJ105	台	1
13	钢丝绳	ϕ19.7 mm	m	540
14	钢丝绳	ϕ12 mm	m	300
15	钢筋	ϕ16 mm	t	3
16	钢丝绳卡	ϕ19.7 mm	个	150
17	钢丝绳卡	ϕ12 mm	个	60
18	花篮螺栓	600 mm	套	60
19	螺栓	M12 mm×80 mm	套	1500
20	倒链	3 t	个	5
21	导向滑轮	3 t	个	5
22	导向滑轮	1 t	个	5
23	倒链	1 t	个	10
24	倒链	5 t	个	5

7 质 量 控 制

7.1 质量控制标准

（1）《混凝土结构施工质量验收规范》（GB 50204—2002）。

（2）《烟囱工程施工与质量验收规范》（GB 50078—2008）。

7.2 质量允许偏差

质量允许偏差见表7-1。

表7-1 烟囱滑模工程质量允许偏差

项 目		允许偏差/mm
轴线位移		5
表面平整度		5
相邻两板面高低差		3
筒壁厚度偏差		±20
任何截面上的半径		±25
筒壁内外表面局部凸凹不平（沿半径方向）		25
预埋暗榫中心		20
预埋螺栓中心		3
筒壁扭转	10 m	100
	全高程内	500
预留洞口、烟道口	中心线	15
	标高	±20
	截面尺寸	±20
筒壁高度偏差		±0.1%
筒身中心线的垂直度偏差	高度150 m	75
	高度210 m	95
	高度240 m	105
	高度270 m	115
	高度300 m	135

7.3 质量控制措施

（1）健全质量保证体系，强化各级质量责任制，明确职责。

（2）钢筋、水泥、混凝土外加剂及商品混凝土等材料必须有出厂合格证，经检验合格后，方可使用。

（3）钢筋的各种接头必须符合规范和施工图要求。

（4）混凝土拌和均匀、和易性良好、计量准确、外加剂准确添加，混凝土骨料中不得掺有杂物。严格控制振捣器的插入深度，振捣时不得强力碰动主筋，严格控制混凝土分层浇筑。混凝土表面必须平整严禁出蜂窝、麻面现象。

（5）每节混凝土浇筑前要洒水湿润，混凝土振捣厚度不大于 500 mm，不允许留有施工缝。

（6）确保钢筋规格、数量、位置符合设计要求，控制好钢筋保护层。

（7）内衬砌筑必须保证砂浆的饱满度达 90% 以上。

（8）模板应及时清理，不符合要求的要及时更换，确保外观质量。

（9）混凝土拆模后涂刷 KLM 专用混凝土养护液。

8 安 全 措 施

（1）建立安全生产责任制，定期进行安全培训。

（2）高空作业必须经体检合格才能上岗，进入施工现场应佩戴安全防护用品，严禁疲劳作业及酒后作业。

（3）施工现场的一切电源、电路、机电设备的安装、拆除必须由电工操作，各种电器设备应安全接地、接零，并安装漏电保护装置。

（4）脚手架验收合格后，方可使用，使用过程中应经常检查。

（5）烟囱施工周围 30 m 范围内采用钢管和密目网进行封闭，严禁非施工人员和车辆进入施工现场。

（6）筒身出入口应搭设安全通道，并设专人看守，施工人员应由安全通道内出入。

（7）提料洞口四周应采用密目网防护（上人口除外），严禁任何物件探到提料洞口内。

（8）烟囱施工外平台外侧和下部、砌筑平台上下方应进行封闭，防止物体坠落。

（9）定期开展安全检查，查出隐患及时整改。

9 环 保 措 施

（1）建立健全环境管理体系，明确职责。

（2）施工现场应保持道路畅通，施工垃圾集中存放、及时清运，适时洒水，减少扬尘。

（3）土方运输采用密闭式运输车辆，不超载，避免途中遗撒。

（4）运输、储存、使用油品、油漆等，应有防渗漏措施，防止泄漏污染土壤和水源。

（5）使用节能、低噪声设备和器具，降低能耗、减少环境污染。

10 效 益 分 析

该工法具有提高施工速度、确保施工安全和质量、降低施工成本等优点。根据《全国统一建筑安装工程工期定额》，电厂 210 m 钢筋混凝土烟囱工程的定额工期为 315 d，以阳泉煤业 405 MW 煤矸石电厂 210 m 烟囱工程为例，工期仅用 243 d，比定额工期提前 72 d，按每日节约施工费用 2.5 万元（其中人工费：100 元 × 150 人 = 15000 元/d，机械费：5000 元/d，管理费：3000 元/d，周转材料租赁费：2000 元/d）计算，节约施工成本 180 万元。

采用该工法，除上下操作平台的辐射梁为消耗材料外，其他设施均可周转重复利用，降低了钢材、模板、木材等材料的损耗，节能环保效果显著。

11 应 用 实 例

11.1 阳煤集团煤矸石综合利用电厂210 m 烟囱工程

该烟囱为钢筋混凝土单筒式结构，总高度为 210 m，顶部出口直径 5 m。烟囱筒身内衬和隔热材料为内壁涂防腐涂料、80 mm 厚岩棉板、耐酸胶泥砌耐酸陶土砖。筒身在±0.000 mm 处，对称设有 2 个出灰口，筒身在 6.5 m 处对称设有 2 个烟道接孔和钢筋混凝土结构积灰平台。

工程于 2004 年 3 月 15 日开工，2004 年 11 月 17 日竣工，缩短工期 72 d，节约施工成本 180 万元，在施工期间未发生任何安全质量事故，该工程分别于 2007 年和 2008 年荣获山西省电力优质工程、山西省优良工程和山西省建设工程最高质量奖——"汾水杯"。

11.2 阳煤集团40×10⁴ t/a 氧化铝项目150 m 烟囱工程

该烟囱为钢筋混凝土单筒式结构，总高度为 150 m，顶部出口直径 4.5 m。烟囱筒身内衬和隔热材料为内壁涂防腐涂料、80 mm 厚空气隔热层、耐酸胶泥砌耐酸陶土砖。筒身在±0.000 mm 处，设有 1 个出灰口，筒身在 8.5 m 处对称设有 2 个烟道接孔和钢筋混凝土结构积灰平台。

工程于 2005 年 8 月 15 日开工，2006 年 2 月 23 日竣工，缩短工期 68 d，节约施工成本 170 万元，未发生任何安全质量事故。

11.3 阳煤集团三电厂技改150 m 烟囱工程

该烟囱为钢筋混凝土单筒式结构，总高度为 150 m，顶部出口直径 4.5 m。烟囱筒身内衬和隔热材料为内壁涂防腐涂料、80 mm 厚岩棉板、耐酸胶泥砌耐酸陶土砖。筒身在±0.000 mm处，设有 1 个出灰口，筒身在 8.0 m 处对称烟道接孔和钢筋混凝土结构积灰平台。

工程于 2006 年 7 月 13 日开工，2007 年 1 月 14 日竣工，缩短工期 70 d，节约施工成本 175 万元，未发生任何安全质量事故。

利用 CL 干法砂浆砌筑加气混凝土砌块及抹灰施工工法（BJGF039—2012）

平煤神马建工集团有限公司

吴　闽　宋永恒　常欢欢　李卫锋　彭怀江

1　前　　言

随着建筑节能技术的发展，近几年来新型建筑材料不断在建筑工程项目中投入使用，许多新型墙体材料相继推出，其中加气混凝土砌块是近几年来新兴的新型建筑材料，具有材料来源广泛、材质稳定、质轻、易加工、施工方便、造价较低且保温、隔热、隔声等优点，越来越受到建筑行业的青睐。但是由于砌块材料吸水率高，砌块完成后需浇水养护，增大了砌块墙体的含水率，易造成砌块墙体产生干缩裂缝的质量通病。所以，传统通过湿砖来增加砂浆与砌块黏结力的方法已慢慢被建筑业所淘汰，同时也无法达到新型材料的施工要求，施工质量无法保证。为此平煤神马建工集团有限公司在工程实践的基础上，掺用 CL 干法砂浆 Mb 专用砂浆添加剂提高砌体砂浆的保水性和黏结性，砌筑完成后用 CL 干法砂浆 Mb 专用砂浆添加剂、Ⅰ级粉煤灰、聚丙烯纤维等材料搅拌而成的抹灰砂浆直接在干燥的墙面上抹灰，无须浇水保湿养护，从而有效减少加气混凝土砌块因含水率过高导致墙面产生收缩裂缝和抹灰砂浆裂缝的发生概率，从而总结出利用 CL 干法砂浆砌筑加气混凝土砌块及抹灰施工工法。

该工法关键技术 2012 年 4 月经河南省科学技术信息研究所查新表明国内未见相关文献报道，2012 年 6 月通过中国煤炭建设协会组织的技术鉴定，达到煤炭行业领先水平，并获得河南省住房和城乡建设厅科技进步奖一等奖。

该工法先后在平煤神马集团体育馆工程和国家陆地搜寻与救护平顶山基地办公楼、培训中心综合楼、消防中队楼工程中得到成功应用，保证了质量，缩短了工期，取得了较好的经济和社会效益。

2　工　法　特　点

（1）采用 CL 干法砂浆 Mb 专用砂浆添加剂提高砌筑砂浆的保水性和黏结性，在砌筑前不需湿砖和适量浇水，直接干砖上墙，砌筑完成后掺用 CL 干法砂浆 Mb 专用砂浆添加剂、Ⅰ级粉煤灰、聚丙烯纤维等材料配制抹灰砂浆能直接在干燥的墙面上抹灰，有效地控制了抹灰层的裂缝。

（2）利用 CL 干法砂浆 Mb 专用砂浆添加剂代替清水搅拌 CL 干法砂浆，比传统施工方法节省三分之二的用水量，达到建筑施工环保节能要求。

（3）通过改进施工工艺，简化了施工工序、降低了劳动力强度、提高了工作效率、节约了成本。

3 适用范围

适用于工业和民用建筑的非承重墙墙体施工。

4 工艺原理

干法施工采用在砌筑砂浆中添加 CL 干法砂浆 Mb 专用砂浆添加剂对砌筑砂浆进行复合改性，以及在抹灰砂浆中添加 CL 干法砂浆 Mb 专用砂浆添加剂、Ⅰ级粉煤灰和聚丙烯纤维对抹灰砂浆进行复合改性，从而提高普通砂浆优异的保水性、良好的流动性、较佳的初黏能力、较佳的出浆能力，满足轻质砌块施工的要求，保证砂浆与砌块的黏结，且不至于水分过早被块材稀释或散失，更好地使砂浆均匀混合，保证与砌块交接面砂浆的饱满性和充分渗透。

5 施工工艺流程及操作要点

5.1 施工工艺流程

施工工艺流程图如图 5-1 所示。

5.2 操作要点

5.2.1 清理基层

基层不平整处可采取剔除或补抹砂浆的措施，待基层清理干净后要及时进行抄平放线工作。

5.2.2 定位放线

砌体施工前，应将基础面或楼层结构面按标高找平，依据砌筑图放出墙体轴线、砌体边线和洞口线，清除柱、梁表面的浮浆、泥尘。

5.2.3 立皮数杆

立皮数杆时，先在立杆处打一木桩，用水准仪在木桩上测出 ±0.000 标高位置，然后把皮数杆的 ±0.000 线与木桩上 ±0.000 线对齐，并用钉钉牢。

5.2.4 后置拉结筋

（1）按照砌块排列图标出的皮数，拉结筋长度 1000 mm、间距 ≤500 mm（或者是两层砌块高度）。

（2）在门窗洞口及窗间墙等重点部位放置 3 根 $\phi6$ mm 的拉结筋。

5.2.5 墙根反坎施工

在砌块墙底部（除厨卫以外）采用小块实心砖砌筑，其高度不小于 200 mm。

5.2.6 调制 CL 干法砂浆胶液

（1）现场配置 2 个以上不小于 200 L 的容器作为调配胶液用。

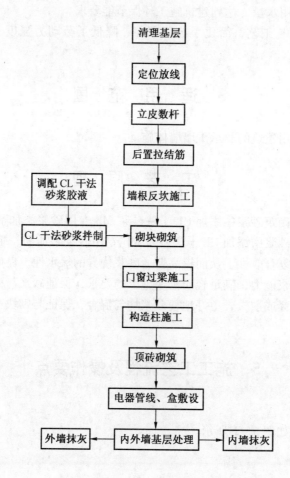

图 5-1 工艺流程图

（2）内外墙抹灰 CL 干法砂浆胶液中的添加剂和水的配合比为 1∶200，其添加剂的正值与水的负值误差应严格控制在 2% 以内。

（3）先将量水桶中量好的水倒入搅拌桶，再慢慢倒入 CL 干法砂浆 Mb 专用砂浆添加剂，边倾倒边用配备的专用搅拌头的电钻搅拌，搅拌至均匀无结块、不冒泡至可流动状后，静置 2~3 min，使其充分反应。

（4）所调配的胶液应在 3 d 内用完。

5.2.7　CL 干法砂浆拌制

（1）CL 干法砂浆由调制成的专用胶液代替清水倒入水泥和砂中搅拌而成。

（2）CL 干法砂浆中水泥、砂、水、CL 干法砂浆 Mb 专用砂浆添加剂的配合比为 270∶1350∶250∶1.3。

（3）CL 干法砂浆 Mb 专用砂浆添加剂忌与其他类型添加剂、掺加料（如砂浆王、石灰膏等）混用。

（4）CL 干法砂浆 Mb 专用砂浆添加剂禁止直接与水泥、砂一同投入砂浆搅拌机中搅拌，也不得用胶液与清水掺半加入砂浆中使用，这样操作将会大大降低添加剂的利用率，并且也将严重影响砂浆的均质一致。

（5）搅拌好的干法砂浆施工时间为 2 h，超过 2 h 或地面回收的砂浆必须添加胶液及适量的水泥重新搅拌，使用时，应根据施工进度与砂浆用量调拌干法砂浆。砂浆在使用过程中，若流动性变差，宜加入适量胶液缓凝，以改善砂浆的施工性能，但不允许直接用水代替胶液调配砂浆。

5.2.8　砌块砌筑

（1）砌筑前，将挑选好的砌块就位，将搅拌好的 CL 干法砂浆运至砌筑地点放置在专用砂浆存储器内，专用砂浆随拌随用。在砌筑部位前用灰刀进行分块铺灰，铺灰长度不超过 750 mm。直接用干砖砌筑墙体，在砌块的端面上浆，以挤浆法砌筑上墙。

（2）砌筑时要双面挂线，若长墙几个人均使用同一根线，中间应设几个支点，小线要拉紧，每层砖要穿线看平，使水平灰缝均匀一致，平直通顺，此挑线点应以两端盘角点或"起墙"点贯通穿线看齐。

（3）砌块放置上墙后，对准皮数杆，配合锤子敲击把砌块一次性摆正。与立柱黏结的砌块应优先砌筑上墙，并确保灰缝达到饱满黏结的要求。难以顶压挤浆的竖向灰缝，其压浆面应预先批抹上砂浆，再拼接砌筑，以保证这一部位的黏结质量，其饱浆黏结应以灰缝与黏结面有效黏结面积百分率计算，应大于 80%，垂直和水平灰缝厚度控制在 8 ~ 12 mm 以内，砌筑高度一天不超过 1.5 m。

（4）砌筑后及时用刮子进行勾缝，约 2 h 后，用扫帚对墙面进行清扫，扫除勾缝边砂浆。

5.2.9　门窗过梁施工

应采用与加气混凝土砌块配套的专用过梁，其宽度与砌体宽度相同。过梁两端应伸入墙体不小于 250 mm。当洞口宽度大于 2 m 时，洞口两侧应设置框架梁，安装时应坐浆饱满，结合牢固。

5.2.10　构造柱施工

（1）构造柱同墙厚，混凝土强度等级为 C20，应在砌块墙体砌筑完成后浇筑。

（2）填充墙沿框架柱、混凝土墙、构造柱全高，按块体模数，每隔 500 mm 左右设置 2 根 ϕ6 mm 拉结筋，拉结筋长 1000 mm。当墙垛长不超过 1.5 m 时，则沿墙垛全长设置，在末端（门窗洞边）需弯直钩。构造柱应在砌完一个楼层高度后连续分层浇灌，混凝土坍落度应不小于 100 mm，每浇灌 400 ~ 500 mm 高度应捣实一次。

（3）预留的门窗洞口采取加强构造，门窗洞口加强立面图如图 5 - 2 所示。

5.2.11　顶砖砌筑

（1）砌筑横排斜顶砖前，应清扫其梁底与水平灰缝等基面上的灰尘，梁底下的横排顶砖以顶浆法砌筑上墙，并在跨中部收口。

（2）顶砖砌筑时间须严格按照设计要求，顶砖必须顶紧，砂浆饱满，砌体顶部斜顶砌筑中部部位如图 5 - 3 所示。

5.2.12　电器管线、盒敷设

（1）电器管线、盒敷设工作，必须待墙体砌筑完成并达到一定强度后方能进行。先在墙体上按设计位置弹出管线、盒的开槽、剔洞位置，用手提电动切割机并辅以手工镂槽器开线槽。线槽的竖缝不大于 1/3 墙厚，水平缝不大于 1/4 墙厚，盒洞的尺寸应比盒的外

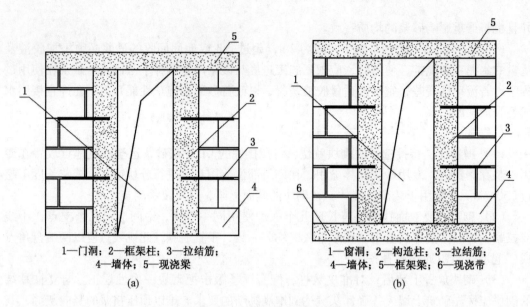

1—门洞；2—框架柱；3—拉结筋；
4—墙体；5—现浇梁

(a)

1—窗洞；2—构造柱；3—拉结筋；
4—墙体；5—框架梁；6—现浇带

(b)

图5-2　门窗洞口加强立面图

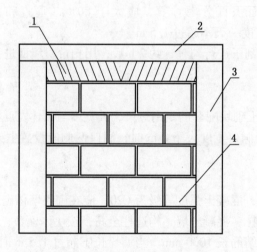

1—顶砖斜砌；2—框架梁；3—框架柱；4—墙体

图5-3　砌体顶部斜顶砌筑中部部位

围尺寸略大些。

（2）盒洞剔好后，将洞内清理干净，用水将洞内湿润，然后用 M10 的聚合物水泥砂浆将接线盒、开关盒稳埋，并沿槽长外贴宽度不小于 300mm 玻璃纤维网格布。

5.2.13　内外墙基层处理

墙体抹灰施工前用扫帚把墙面基层上的尘土、浮浆等影响到黏结的介质清除，无须在抹灰前浇水养护。

外墙满挂镀锌钢丝网；内墙在不同材料交接处挂宽度 300mm 的玻璃纤维网格布。

5.2.14　外墙抹灰

（1）外墙面抹灰层（找平层）：掺入 CL 干法砂浆 Mb 专用砂浆添加剂、Ⅰ 级粉煤灰和聚丙烯纤维等材料配置抹灰专用砂浆，该砂浆具有较高黏结力和抗裂性、抗渗性。

（2）外墙面的抹灰层，每一楼层应设置一道水平走向的控制缝。水平走向的控制缝宜设置在边梁的底部，当外墙的单幅宽大于 5 m 时，应设置一道竖向控制缝。

（3）控制缝的宽度宜为 3～5 mm，其深度与抹灰层同厚或为抹灰层厚度 2/3，控制缝应采用高性能聚氨酯黏结密封胶嵌填密封。

5.2.15　内墙抹灰

（1）掺入 CL 干法砂浆 Mb 专用砂浆添加剂、Ⅰ级粉煤灰和聚丙烯纤维等材料搅拌而成，具有较佳抗裂性、抗渗性。

（2）抹灰层厚度。内墙普通抹灰不超过 20 mm，内墙高级抹灰不超过 25 mm。

（3）墙体护角。护角高 2000 mm，两侧宽 50 mm，且宜采用塑料墙角护条。

（4）墙面抹灰层的厚度应不小于 8.0 mm，每道抹灰的厚度应控制在 15 mm 范围内。当抹灰层施工厚度大于 20 mm 时，应分多道上浆施工，分道上浆抹灰的间歇时间应大于 12 h。

（5）抹灰层的表面应原浆抹平压光。

5.3　劳动组织

表5-1　劳动力组织情况表　　　　　　　　　人

序　号	单　项　工　程	所　需　人　数
1	管理人员	5
2	技术人员	4
3	瓦工	38
4	抹灰工	17
5	钢筋工	23
6	混凝土工	12
7	杂工	5
合　　计		104

6　材　料　与　设　备

6.1　材料

所用主要材料见表6-1。

表6-1　主要材料表

序号	材料名称	材料规格	单位	数量	用　途
1	CL 干法砂浆 Mb 专用砂浆添加剂		袋	150	配制 CL 干法砂浆专用胶液
2	普通水泥	32.5～42.5R	t	100	搅拌 CL 干法砂浆
3	砂	中砂	m³	300	搅拌 CL 干法砂浆

表 6-1（续）

序号	材料名称	材料规格	单位	数量	用途
4	加气混凝土砌块	600 mm×250 mm×200 mm	块	5000	砌筑墙体
5	Ⅰ级粉煤灰		袋	150	搅拌 CL 干法砂浆
6	聚丙烯纤维		袋	100	搅拌 CL 干法砂浆
7	镀锌钢丝网		m	5000	不同材料处粘贴

6.2 设备

所用主要设备见表 6-2。

表6-2 主要设备表

序号	设备名称	单位	数量	用途
1	搅拌机	台	2	搅拌 CL 干法砂浆
2	手提式小型搅拌机	台	5	搅拌 CL 干法砂浆专用胶液
3	手提电动切割机	台	10	切割加气混凝土砌块
4	手工镂槽器	个	5	墙体切槽
5	手提式振捣器	台	5	振捣混凝土
6	专用存储器	个	10	存储 CL 干法砂浆
7	水平仪	台	2	墙体标高抄平
8	经纬仪	台	1	墙体轴线放线

7 质 量 控 制

7.1 质量控制标准

本工法执行的主要标准《蒸压加气混凝土砌块》（GB 11968—2006）、《砌体结构工程施工质量验收规范》（GB 50203—2011）、《建筑装饰装修工程质量验收规范》（GB 50210—2001）、《建筑节能工程施工质量验收规范》（GB 50411—2007）等。

7.2 质量允许偏差

砌体质量控制允许偏差项目见表 7-1。

表7-1 砌体质量控制允许偏差

序号	项　　目			允许偏差/mm	检 验 方 法
1	轴线位置位移			10	用经纬仪或拉线和尺量检查
2	基础和墙砌体顶面标高			±5	用水准仪和尺量检查
3	垂直度	每层		5	用 2 m 托线板检查
		全高	≤10 m	10	用经纬仪或吊线和尺量检查
			>10 m	20	

表 7 -1（续）

序号	项目		允许偏差/mm	检 验 方 法
4	表面平整度	清水墙、柱	5	用 2 m 靠尺和楔形塞尺检查
		混水墙、柱	8	
5	水平灰缝 平直度	清水墙	7	拉 10 m 线和尺量检查
		混水墙	10	
6	水平灰缝厚度（10 皮砖累计数）		±8	与皮数杆比较尺量检查
7	清水墙面游丁走缝		20	吊线和尺量检查，以底层第一皮砖为准
8	门窗洞口（后塞口）	宽度	±5	尺量检查
		门口宽度	+15（-5）	
9	预留构造柱截面（宽度、深度）		±10	尺量检验
10	外墙上下窗口偏移动			用经纬仪或吊线检查以底层窗口为准

注：每层垂直偏差大于 15 mm 时，应进行处理。

7.3 质量控制措施

1. CL 干法砂浆保水性

将所抽检的砂浆平敷在报纸上 10 ~ 15 min，报纸上砂浆周边的水印应在 3.0 mm 范围内。此外，新砌筑上墙的砌块，其灰缝部位 3 h 内不允许见到水印痕迹，否则说明砂浆性能未符合干法施工要求。

2. CL 干法砂浆黏连性、抗垂挂性

把砂浆敷抹在砌块上，以砌块上所敷的砂浆在倒立的情况下不掉落为准。

3. CL 干法砂浆流动性、触变性

在平放的砌块上，均匀敷抹一道 10 ~ 12 mm 厚的砂浆，叠压上另一砌块，再揭移分开，以见砌块的铺浆面及另一砌块的压浆面，其挂浆面积不小于 90% 为准。

4. CL 干法砂浆砌体灰缝饱浆黏结质量

把新砌筑上墙的砌块揭移开，以砌块的铺浆面和坐浆面的挂浆面积不小于 90% 为准。

8 安 全 措 施

（1）砂浆搅拌机等危险机具必须搭设维护设施，严禁无关人员靠近。

（2）现场施工临时用电必须按照施工方案布置完成并根据《施工现场临时用电安装技术规范》检查合格后才可以投入使用。

（3）砌筑外墙时，施工人员必须在稳定的脚手架上操作，严禁站在挑空板上。

（4）施工临时洞口及门窗过梁下的支撑应坚固、牢固。

（5）工人在楼层内用手推车转运砌块时，转角处应防止小车夹手。

（6）如果需要切割砌块，应用锯子切割整齐，严禁用灰刀或斧子削、砍。

9 环保措施

（1）砌筑前，必须先将制作好的砂浆存储器放置在楼地面上，专用砂浆只能倒在砂浆存储器内，严禁砂浆污染地面，如果砂浆掉在地面上，必须及时清理，并用清水将地面冲洗干净。

（2）运到楼层的砂浆应有计划，做到随用随运，对于当时不能用完的砂浆，应及时清理到指定地方。

（3）砌块的切割作业，应做好降噪措施，防止粉尘飞扬。

（4）施工现场应及时清扫、洒水，防止扬尘。

（5）砂浆搅拌机污水须经过沉淀池过滤后排入市政排污管网。

10 效益分析

通过在中国平煤神马集团体育馆工程的施工中形成一套可行的施工工艺，并进一步在国家陆地搜寻与救护平顶山基地办公楼、培训中心综合楼、消防中队楼工程中改进、完善，从而形成了一套完整的施工工法，具有工艺先进、确保质量、节能环保、缩短工期、降低劳动力强度、节约成本、提高工作效率等优点。

以国家陆地搜寻与救护平顶山基地办公楼工程为例：

节约人工费：$(180-154)$ 元/$m^2 \times 5560 \ m^2 = 144560$ 元；节约材料费：$(136-124)$ 元/$m^2 \times 5560 \ m^2 = 66720$ 元；节约机械费：$(47-40)$ 元/$m^2 \times 5560 \ m^2 = 38920$ 元；节约墙面产生裂缝维修费用：$(35-5)$ 元/$m^2 \times 5560 \ m^2 = 166800$ 元，共计节约是费用 417000 元。

11 应用实例

11.1 中平能化体育馆工程

该工程建筑面积 6580 m^2，框架结构采用 A3.5，200 mm × 250 mm × 600 mm 的加气混凝土砌块，于 2010 年 2 月开工、2010 年 10 月竣工，加气混凝土砌块全部采用干法砌筑和聚丙烯纤维砂浆抹灰，减少用水量，节约工期 19 d，节约费用 168750 元，取得了良好经济效益和社会效益，赢得了建设单位的高度赞誉。

11.2 国家陆地搜寻与救护平顶山基地办公楼工程

该工程建筑面积 9960.8 m^2，框架结构采用 A3.5，200 mm × 250 mm × 600 mm 的加气混凝土砌块，于 2010 年 11 月开工、2011 年 12 月竣工，节约工期 43 d，节约费用 417000 元，加气混凝土砌块全部采用干法砌筑和聚丙烯纤维砂浆抹灰，未出现任何质量问题。

11.3 国家陆地搜寻与救护平顶山基地培训中心综合楼工程

该工程建筑面积 7100 m^2，框架结构采用 A3.5，200 mm × 250 mm × 600 mm 的加气混凝土砌块，于 2010 年 11 月开工、2011 年 12 月竣工，节约工期 25 d，节约费用 243750 元，加气混凝土砌块全部采用干法砌筑和聚丙烯纤维砂浆抹灰，实施效果良好。

11.4 国家陆地搜寻与救护平顶山基地消防中队楼工程

该工程建筑面积 3600 m²，框架结构采用 A3.5，200 mm×250 mm×600 mm 的加气混凝土砌块，于 2011 年 3 月开工、2011 年 11 月竣工，节约工期 14 d，节约费用 88500 元，加气混凝土砌块全部采用干法砌筑和聚丙烯纤维砂浆抹灰，实施效果良好。

煤矿塌陷区应用注浆法稳固建（构）筑物基础施工工法（BJGF047—2012）

唐山开滦建设（集团）有限责任公司

杜 凯 刘 神 薄志丰 吴志臣 王学军

1 前 言

煤矿回采工作面回采结束之后，造成地面或建（构）筑物的自然塌陷，引起环境破坏。随着经济不断发展，地面建设不断增加，位于煤矿塌陷区的建（构）筑的基础，必须考虑地基的承载力，需要对其进行加固施工。如何保证在煤矿塌陷区上建（构）筑物的稳定性和承载力，成为研究的主要课题。

我单位根据有关科研单位提出的采用减沉注浆方法，利用粉煤灰或水泥、粉煤灰为原材料，实施减沉注浆技术，大大减小地面下沉量，避免由于地面下沉影响地面建（构）筑物倾斜造成事故。该工法目前是一项超前的地质灾害治理技术，具有重要的实用价值和推广应用前景，该工法关键技术于 2012 年 12 月 8 日由中国煤炭建设协会通过技术鉴定，成果达到煤炭行业领先水平。

2 工 法 特 点

（1）利用粉煤灰、水泥和水作为注浆材料，采用特殊的固相、液相配比技术制成浆液，实施注浆充填和固结，形成固相结石体，改变塌陷区地层的结构，提高塌陷区地层的稳定性，起到稳固建（构）筑物基础作用。

（2）通过注浆之后钻孔取芯鉴定其充填加固质量；利用钻孔透视仪监测孔内和孔壁周围的注浆加固与充填状况；使用物探手段检测注浆充填密度；建立地面检测站，设置检测点，监测下沉变化。

3 适 用 范 围

该项施工技术适用于煤矿塌陷区内建（构）筑物地基基础的充填加固与稳固，包括铁路、公路、桥梁、隧道、地铁、涵洞、工业与民用建筑基础等。

4 工 艺 原 理

其工艺原理是在预治理区域的地面施工钻孔到塌陷区内，通过注浆管路向孔内注入大量的粉煤灰浆液或水泥粉煤灰浆液，充填密实回采塌陷后形成的离层带或采空区，达到减小或防止地面建筑物和构筑物移动、下沉、倾斜等目的。注浆主要分为离层带减沉注浆和采空区充填加固注浆。

5 工艺流程及操作要点

5.1 工艺流程

首先在地面预定位置施工钻孔到预注浆位置，套管下到离层带之上或指定注浆的最上一层采空区上，通过预先安装的注浆管路，由孔口管连接到注浆站的注浆泵上，将准备好的注浆材料送到注浆搅拌池中与水混合搅拌后，通过注浆泵压入注浆孔内。施工工艺流程如图 5-1 所示。

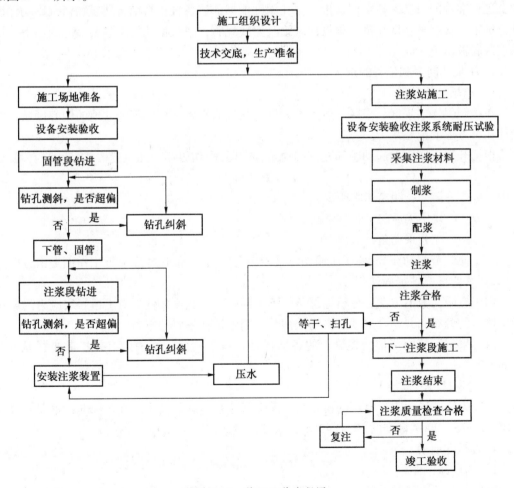

图 5-1 施工工艺流程图

5.2 操作要点

5.2.1 设计要点

1. 孔深确定

1）离层减沉注浆

主要根据覆岩破坏观测资料，各个煤层采后防水煤柱垂高按式（5-1）计算：

$$H = K \times M(1 + \eta) + \Delta h \tag{5-1}$$

式中 H——煤层采后防水煤柱垂高；

K——裂高采厚比，取值13；

M——初采煤层采厚，取值6.5 m；

η——岩性变化等系数，取值0.5；

Δh——地质测量岩层界面误差，取值5.0。

以此来作为注浆孔深的基本值，另外根据以往的注浆经验和岩石的性质进行孔深的修订。离层注浆孔深度的确定的原则是钻孔恰好钻过离层带即可。

2）采空区充填加固注浆

采空区治理设计前，必须具备原有地质采矿资料和具体的采空区勘察资料，并在此基础上进行准确的采空区稳定性评价。钻孔深度依据前述各种资料结合建筑物荷载影响深度进行确定，根据采空区注浆工程设计理论及实践经验，一般钻孔施工到要治理的最下一层采空区底板以下 3 m。

2. 注浆孔间距和位置的选择

1）离层减沉注浆

在缓倾斜煤层采区，采区一般为长方形，孔位应布置在离层沉降盆地的中心区域，宜设计在长方形的中心线上。

根据开采工作面的起动距和充分移动角，离开开采切眼第一孔位置按式（5-2）计算：

$$L_1 = H \times \cot\phi \tag{5-2}$$

式中 L_1——第一孔距离切眼距离；

H——煤层采后防水煤柱垂高；

ϕ——充分采动角，取值60°。

为了使浆液流动充分，离层压缩相对又较慢，其位置一般选择在靠近工作面上山方向。

2）采空区充填加固注浆

利用有限元数值方法，分析地层条件下不同的充填宽度条件下对上覆岩层应力的影响及支撑力的分布，并结合治理区内场地情况，确定钻孔位置的布置。

由于采空区的垮落带、裂缝带的各向异性，在不同区域浆液的有效扩散半径从 5～50 m不等。

3. 注浆材料的选择

一般为施工场地附近电厂的粉煤灰，采空区注浆应满足国家二级灰标准；水泥为符合国家 GB 175—2007 标准的 P·O 42.5 普通硅酸盐水泥。

4. 注浆量计算

1）离层减沉注浆

离层注浆注入量常采用体积法，即根据开采体积计算出工作面开采后的塌陷体积，以此为基数，增减相应的系数。

离层注浆注入量可按式（5-3）计算：

$$V = Aq_oV_{开采}\eta/m \tag{5-3}$$

式中　　A——损耗系数，取值在 1.2～1.3 之间；

　　　　q_o——下沉系数，取值 0.6；

　　　　$V_{开采}$——开采体积；

　　　　η——注浆充填系数，取值 0.85；

　　　　m——浆液结石率，取值 0.80。

2）采空区充填加固注浆

采空区加固注浆的注入量与采空区的高度、地层性质、采空区冒落状况以及覆岩破坏情况有关，同一地区各孔相差也很大，准确预计注浆量存在一定困难。但根据浆液有效扩散半径、采空区上覆岩层残余空隙率等参数，可以估计出各注浆孔的最大需要注入量，为注浆过程中采空区加固治理施工质量的控制提供理论依据。注浆总量可按式（5-4）计算：

$$Q_{总} = ASmK\Delta V\eta/C \tag{5-4}$$

式中　　$Q_{总}$——采空区总注浆量，m^3；

　　　　A——注浆总量浆液损耗系数，取值在 1.0～1.5 之间；

　　　　S——采空区治理面积；

　　　　m——采空区煤层厚度，m，单层开采 3.5 m；

　　　　K——采出率，唐山矿采用"落垛式"开采，取值 0.5；

　　　　ΔV——采空区剩余空隙率，取值 0.15；

　　　　η——注浆充填系数，取值 0.85；

　　　　C——浆液结石率，取值 0.8。

5. 注浆压力

1）离层减沉注浆

离层注浆是在地面向地层中已经产生的离层注浆，由于地层已经产生离层空间，所以对于浆液的流动阻力相对较小，与充填注浆相似，注浆宜以静压为主。但是，由于离层注浆的输浆管路较长，还需要考虑输浆管路的沿程压力降和局部阻力损失。

原则上注浆压力不大于地层压力。

2）采空区充填加固注浆

注浆压力的大小将决定浆液的扩散距离和充填、压密的效果。压力大，浆液扩散距离大，裂隙中浆液充填的效果也高。采空区注浆施工过程中采用孔口管压力作为注浆工程的控制指标，因此，孔口管压力 P_b 可通过式（5-5）进行估算：

$$P_b = KH - \left(\frac{H_c\rho_c - H_w\rho_w}{10}\right) \times 0.1 \tag{5-5}$$

式中　　H——注浆深度，m；

　　　　K——压力系数，MPa/m；取值 0.016～0.022；

　　　　H_c——受注层段 1/2 处至孔口压力表的浆液柱高度，m；

　　　　ρ_c——注浆浆液的相对密度，取值为 1.5；

　　　　H_w——注浆钻孔水压，取值为 0，注浆钻孔内按无水压情况考虑；

ρ_w——注浆钻孔水的相对密度，取值为1.0。

根据实践经验，可适当降低注浆终压，注浆压力达到孔口最大压力为1.0~3.0MPa。有时采取泵压，则还需要考虑输浆管路的沿程压力降和局部阻力损失。

5.2.2　施工要点

1. 离层减沉注浆

离层减沉注浆由于注浆时间较长，一般不采用裸孔注浆，而是常用花管注浆。花管注浆既可以保护孔壁，又可以通过花管的孔向离层进行注浆。离层注浆工艺的特点是内、外管注浆工艺。注浆管的口径应满足最大注浆量的要求。注浆钻孔结构示意图如图5-2所示。

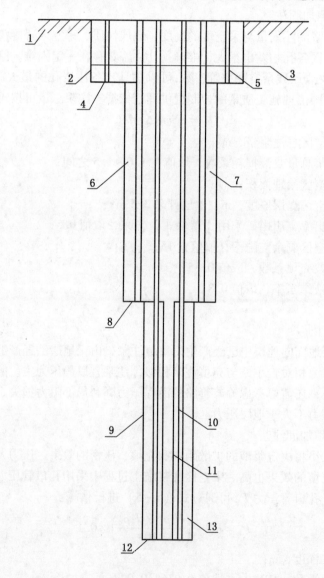

1—地表；2—孔径311mm；3—基岩面80m；4——套管孔深130m；5—φ219mm套管；
6—孔径190mm；7—φ168mm套管；8—二套管孔深140m；9—孔径127mm；
10—φ108mm套管；11—孔径91mm；12—终孔孔深220m；13—水泥固管

图5-2　注浆钻孔结构示意图

在注浆段地层范围内，要求准确记录正常条件下各岩层（深度）的钻进速度，孔斜率不得超过1%，注意钻进过程中各种现象及孔内情况的变化。

孔口装置的功能需能满足单独内注或单独外注及内外同时注的要求，且孔口周围加固，保证不因地表下沉妨碍注浆工作。

注浆前的压水目的是检验注浆系统运转是否正常；同时把离层中的松散充填物推到注浆范围之外，以保证浆液充填饱满；探测地层的吸浆量和所需的压力。

为了便于现场控制和计量，一般以浆液的相对密度表示浆液的浓度指标。粉煤灰浆液析水大、容易沉、浆液稳定性差，加之注浆管路又长，容易沉淀堵塞管路，因此浆液不宜浓，一般配成相对密度为1.1~1.3的浆液。

离层注浆的方式是全孔连续注浆，其最大的特点是一旦开始注浆就不能停止，直至注浆完成。

应控制注浆压力始终在设计压力的高端运行，保持离层始终在被充满状态。注浆泵量应与离层发育速度相匹配，即只要离层有产生，就马上有浆液充填进离层中，才能保证最终的注浆效果。

2. 采空区充填加固注浆

考虑钻进施工的连续性及处理孔内事故的可操作性，冲积层护壁套管直径和注浆孔止浆套管的口径应满足设计要求。钻孔结构及注浆孔口管结构如图5-2所示。止浆套管深度不宜过浅，因为止浆套管深度决定着注浆段长，套管过浅，会造成采空区上部岩层裂隙吃浆，不但消耗材料，而且浅部易窜浆，浪费材料，窜到楼基础下可能引起建筑物的倾斜。

采用合理钻具组合，严禁钻杆加压，防止钻孔偏斜，每百米孔斜要求不超过1.5°，应及时进行纠偏。

主要使用水泥粉煤灰浆液，其配比是施工中关键参数之一。在施工前，应按施工时使用的水泥、粉煤灰、速凝剂，在试验室做浆液配比试验，试验内容应包括每立方浆液干料含量、浆液浓度、初终凝时间、结石率、无侧限抗压强度。根据以往成功经验，一般水泥粉煤灰浆取水泥和粉煤灰固相比为1:3，浆液水固比分别用1:1、0.8:1、0.6:1。具体根据工程实际情况进行优化配比。

注浆时及时做好注浆参数的调整，主要是调节注浆压力和浆液流量，以便控制浆液扩散半径，保证充填加固质量。特别是在已建成的建（构）筑物下注浆，必须控制好注浆压力，一旦压力过高浆液可能窜浆到基础下，此类窜浆近似管道流，一旦压力不能很快消散，则对建筑物基础底板的反力，引起基础底板的破坏，或引起建筑物的倾斜。同时根据文献资料，以往的采空区其沉降都无法回到原始状态，一旦有诱因，均有活化的可能。但如果短时间内大量大面积注浆，在浆液未达足够强度的短时间内，就会引起煤柱的软化，注浆压力打破了局部的平衡，注浆孔的范围在此时间段内变成了支撑薄弱点。

5.3 劳动组织

根据工程施工方案，施工技术装备、工效等情况，确定各工种需求人数，见表5-1。

表 5-1 劳动组织表　　　　　　　　　　　　　　　　　　人

序　号	单 项 工 程	人　数	备　注
1	管理人员	4	现场施工管理
2	安全员	2	现场安全管理
3	注浆技术员	4	注浆操作及记录
4	测斜技术员	4	测斜操作及记录
5	焊工	6	焊接套管
6	钻探工	45	钻机操作
7	钳工	6	仪器维护
合　　计		71	

6　材料与设备

采用的主要施工设备见表 6-1，主要施工材料见表 6-2。

表 6-1　主要施工设备一览表

序号	名　称	规 格 型 号	数量	额定功率/kW	生产能力	备注
1	钻机	TSJ-1000	3	75	1000 m	
2	钻塔	22～24 m	3			
3	钻杆	ϕ73、ϕ89	1500 m			
4	泥浆泵	TBW850/50	3	100		
5	注浆泵	TBW850/50	1	100		
		TBW1200/7B	3	200		
6	搅拌机	摆线	3	15		
7	泵	3PN、水玻璃泵	2	15		
8	潜水泵	10 kW、30 kW	各1			
9	测斜仪	TCX-50/CTM-50	2			

表 6-2　主要施工材料一览表

项　　目	孔径/mm	套管直径/mm	需套管量/m
0～80 m	ϕ311	ϕ219（孔口套管）	80
80～基岩面 130 m	ϕ190	ϕ168（护壁套管）	130
0～注浆深度 220 m	ϕ127	ϕ108（无缝钢管）	140
钻头	ϕ311 mm 数量 1 个；ϕ190 mm 数量 1 个；ϕ127 mm 数量 1 个；ϕ91 mm 数量 3 个		
钻杆	ϕ73 mm 数量 300 m；ϕ89 mm 数量 200 m		
钻铤	ϕ120 mm 数量 30 m；ϕ159 mm 数量 20 m		
水泥	3730.20 t		
粉煤灰	5983.94 t		
水玻璃	41.93 t		

7 质量控制

7.1 施工进行的质量标准

（1）《煤矿井巷工程质量验收规范》（GB 50213—2010）。

（2）《矿山井巷工程施工规范》（GB 50511—2010）。

7.2 注浆质量检验

煤矿塌陷区注浆治理工程的质量监控主要包括两个方面的工作：一是施工过程中的质量监控工作；二是施工结束后的注浆效果检测工作。过程监控工作主要从钻孔、制浆、注浆3个环节进行控制，包括室内试验、钻孔压水试验等，均以到设计标准为合格。

注浆钻孔必须达到设计的要求，各层套管必须封闭止水质量合格。

注浆结束标准：各注浆孔必须达到设计终压、终量及稳定时间的要求，即可结束注浆工作。

目前用于工程质量检验的技术和方法主要有物探、钻探取芯、地表变形观测。注浆施工结束后的质量检验主要包括注浆后采空区充填率分析、充填体强度检验、充填范围检验等内容。常用的检测方法见表7-1。

表7-1 煤矿塌陷区注浆工程质量检测内容及方法

检 测 种 类	检 测 内 容	检 测 方 法
取样试验	结石体强度，结石体密度	室内试验
现场检测	采空区充填率，充填体厚度	钻探，孔内电视
	地层渗透性变化	压水试验
	注浆范围、效果	物探
	地表变形	沉降观测

1. 钻探、钻孔电视

施工检查孔，取芯检查地层充填密实情况，对其进行质量评价。利用孔内、孔间透视（录像）监测注浆质量。钻孔电视孔内观测不能出现未充填空洞，钻孔电视观测到明显的浆液结石体。

2. 压水试验

根据检查孔的简易压水试验得到的时间、流量、压力数据，估算出压水吸水率大小，与注浆孔注浆前数据进行比较，根据经验，检查孔注浆前的压水吸水率小于0.005 L/（min·m）时，其注浆效果很好。

3. 物探检测技术

物探检测技术是煤矿塌陷区注浆治理工程施工完成后对工程质量检验的重要方法，它是根据煤矿塌陷区治理区域内同范围、同点、同深度处岩层的物理性质在注浆前后的变化对比，直观判断工程质量的优劣。其优点是成本低、速度快、效率高、施工简单。常用的方法有大地电磁法、孔内波速测井法、瑞雷波（面波）法、瞬变电磁法、高密度电法等。通过对注浆范围进行探测，对比注浆前后岩体物性变化，定性评价地层的整体性。

4. 室内试验（充填体强度检验）

检查孔取芯得到的浆液结石体单轴抗压强度大于等于 0.3 MPa 为合格。

5. 地表变形观测

注浆工程应在地表设立一定数量的地表沉降观测点，按岩层移动的有关要求进行定期观测，定期分析，经过一定的时间后对注浆效果进行评价。评价的最终结论是减沉效果，即在同等条件下，地表沉降的减少值。

通过对沉陷观测站上的观测点定时进行测量，观测建（构）筑物下沉情况，从而分析注浆质量。

以唐山万达广场住宅区地下煤矿塌陷区注浆治理工程为例，唐山万达广场建于煤矿塌陷区之上，建筑高度约 100 m。治理前主体工程已基本施工结束，建立观测站进行沉降观测（表 7-2）。

表 7-2 建筑物各阶段沉降量和沉降速率

建 筑 物 状 况	平均累积沉降量/mm	日均沉降量/(mm·d⁻¹)	当前沉降速率/(mm·d⁻¹)
主体竣工阶段	−25.72 ~ −27.97	−0.08 ~ −0.09	—
注浆施工阶段	−14.75 ~ −14.93	−0.04	—
竣工验收后	−40.65 ~ −42.72	—	—

根据沉降观测点及沉降量分布情况判断，建筑物整体沉降较为均匀。沉降量和沉降速率符合规范要求。从上述数据中可以看出，整体建筑沉降速度已达到稳定值，证明注浆效果良好。

8 安 全 措 施

8.1 安全管理制度

（1）落实安全责任，实施责任管理。

（2）建立以项目经理为首的安全生产领导组织，有组织、有领导地开展安全管理活动，承担组织领导安全生产的责任，建立各级人员安全生产责任制度，明确各级人员的安全责任。

（3）一切从事生产管理与操作的人员依照其从事的生产内容，分别通过企业、施工项目的安全审查，取得安全操作认可证，持证上岗。特种作业人员除经企业的安全审查，还需按规定参加安全操作考核，取得安全生产监督管理部门核发的《安全操作合格证》，坚持"持证上岗"。

8.2 安全管理措施

（1）钻探及注浆施工中要严格按照操作规程及有关安全规范进行。个人安全防护用品要配备齐全，进入场地要戴安全帽，上塔要系安全带。经常开展安全教育活动，树立安全第一的观念。遵守劳动纪律，杜绝"三违"现象。

（2）机械设备安装后，必须经过试运转达到要求后，方可投入使用。

（3）电路安装必须按照有关操作规程进行，不准乱搭乱接，并有防护和保护装置。

（4）所有转动部分要加防护罩。

（5）注浆管路及接头耐压要达到设计注浆压力的 1.5 倍以上。

（6）注浆期间，井口及高压管附近不宜久留，闲杂人员严禁靠近，以防发生意外事故。泥浆池附近有警示牌和防护栏。搅拌池上面应设有防护盖和罩。

（7）钻塔上必须安装避雷针装置，做好防汛和防暑降温工作。

9 环 保 措 施

（1）实行环保目标责任制，加强检查和监控工作，严格执行国家的法律、法规。

（2）施工场地要经常打扫、洒水，防止粉尘污染。

（3）施工设备经常清洗，保持环境整洁。施工设备采用减震和消声装置，包括水刹车装置等，防止噪声污染。

（4）防止水源污染，废水、废浆排放到指定地点。

（5）泥浆池与泥浆循环系统规范、整齐，四周围护好，保证不乱跑浆。保持场地整洁。

（6）注浆站、材料场采用防尘措施，防止水泥灰污染环境。

（7）保证现场文明施工和环保，保护和改善施工现场的环境。

10 效 益 分 析

10.1 经济效益

钻探 1000 元/m，注浆 220 元/m^3，设备占用费 3 万元/月。按照上述进行计算，煤矿塌陷区充填加固减沉注浆，一般施工 1 个项目费用在 2500 万元至 2800 万元。

在煤矿塌陷区上建筑施工的占地费用与其他地区相比，远远大于减沉注浆的投入，经济效益大大提高。

例如开滦（集团）唐山矿 3696 综采工作面的地面有部分企业和民房，总建筑面积为 39296 m^2。为了减少地面企业和村庄的搬迁，采用注浆措施减小地表下沉，减轻地表下沉对建筑物的破坏程度，推迟了部分单位搬迁时间，同时还节省了搬迁征地费用，青苗补偿费，部分应被破坏的单位的维护、维修费用、复垦费，以及电厂粉煤灰处理费等多项费用，实现经济效益 1256 万元。

10.2 社会效益

通过对已有建（构）筑物的塌陷区进行注浆充填之后，大大减小地面下沉，减小环境破坏，保证了建（构）筑物的正常安全使用，稳定了住户的思想情绪，保障了社会的安定，社会效益十分显著。

11 应 用 实 例

11.1 实例一

开滦范各庄矿铁路桥地基减沉注浆工程。该工程是继唐山矿京山铁路下减沉注浆之后进行的减沉注浆项目，在 5 个回采工作面下布设 14 个钻孔，进入离层带内或冲积层底部，对其进行注浆充填，减小铁路桥体的下沉。

注浆之后的桥墩下沉与变形值都大大减小，达到了减沉的目的。

采用了减沉注浆的施工技术，既开采了铁路桥下压覆的煤炭资源，又保护了铁路运输的安全。该项目经过了 2 年的减沉注浆之后，铁路桥及周围的保护煤柱占有的资源储量已陆续被开采，地面铁路仍正常运营无任何影响。

11.2 实例二

开滦林西电厂厂房基础下减沉注浆工程，此工程地点在唐山开滦热电有限责任公司林西电厂及开滦林西医院。2007 年开滦林西电厂因采动损害造成地面建筑物的破坏，如倾斜、开裂、下沉等。为了确保电厂地面建筑物，包括厂房、烟囱、冷却塔等安全使用，在对地表建筑物进行修复之前必须对采空区进行充填加固处理。共施工钻孔 32 个，孔深 $100 \sim 285$ m，总注浆量 101728 m^3。2007 年 5 月 15 日至 7 月 13 日为抢险期，7 月 14 日至 10 月 15 日为治理工期。

通过减沉注浆，充填加固地基基础后，大大减少地表移动延续时间，降低采动对地表建筑物的影响。通过减沉注浆，经过孔内与孔间透视、监测，能够对 80% 左右的采空区剩余空间进行充填，从而阻止了地表的移动变形或坍塌，达到了保护建筑物安全的目的，保证了整个古冶区的生产、生活以及企业的正常生产。

11.3 实例三

开滦古冶煤矸石坑口电厂二期地基基础下减沉注浆工程。工程地点为唐山开滦东方发电有限责任公司，工期从 2010 年 4 月 19 日至 9 月 6 日。

为确保开滦古冶煤矸石坑口电厂（2×300 MW 机组）工程的安全，对开滦古冶煤矸石坑口电厂（2×300 MW 机组）工程厂址深部采空区进行注浆加固治理，防止地基基础下沉。

施工钻孔 23 个，钻探工程量 4500.53 m。注浆总计 34450 m^3（包括混合浆 33300 m^3，单液浆 1150 m^3）。

塌陷区基础治理工程的质量检验采用多种检测技术手段进行综合评价，本工程质量检测涉及的内容有井下电视观察、充填率分析、检查孔取芯、充填岩体强度检验，注浆前后高密度物探对比等。质量检验合格。避免了电厂选新址征地、拆迁带来的上亿元巨额费用，具有良好的经济和社会效益。

11.4 实例四

唐山万达广场住宅区地下煤矿塌陷区注浆治理工程。工程地点为唐山市万达广场，工期从 2011 年 10 月 10 日至 2012 年 5 月 15 日。本工程住宅区域内设计 24 个注浆钻孔，设计造孔总进尺 9040 m，设计最大注浆量 13440 m^3。实际完成 24 个钻孔进尺 8981.57 m，完成注浆量 35750 m^3（完成设计最大注浆量的 143.79%，不含固管和封孔浆量）。

工程治理之后的质量检验与监测工作，采用多种检测技术手段进行综合评价，本工程质量检测涉及的内容有检查孔取芯、充填岩体强度试验、地面变形观测及高密度物探方法的监测等。质量检验合格，达到了稳固建筑物的目的，稳定了住户的安定局面，减少了损失，具有明显的经济效益和社会效益。

60孔6m捣固焦炉炉体砌筑施工工法（BJGF062—2012）

平煤神马建工集团有限公司

吴 闽 宋永恒 宗进营 王志全 杨玉章

1 前 言

随着经济的发展，焦炭的需求量日益增大，焦炉只有向大型化发展，才能满足经济发展的需要。另外小型焦炉大多存在浪费、环境污染严重等现象，这也要求焦炉向大型化方向发展。为顺应国家焦炉大型化的趋势，平煤神马建工集团有限公司经过考察、分析，在60孔6m捣固焦炉炉体砌筑方面取得了进展，形成了60孔6m捣固焦炉炉体砌筑施工工法。

该工法关键技术2012年4月经河南省科学技术信息研究所查新表明国内未见相关文献报道，2012年6月通过中国煤炭建设协会组织的技术鉴定，达到了国内先进水平，有较高的推广应用价值。"60孔6m捣固焦炉炉体砌筑施工技术"荣获2011年度中国施工企业管理协会科学技术奖技术创新成果二等奖。

该工法先后成功应用于河南中鸿集团煤化有限公司年产90×10^4t捣固焦工程和河南京宝焦化有限公司年产90×10^4t捣固焦工程，取得了较好的经济效益和社会效益。

2 工 法 特 点

（1）采用三维空间控制测量技术对炉体尺寸进行控制，用自制的尺寸模板对炉体的煤气管进行定位和检查。

（2）采用挂浆挤压法与三一砌筑法相结合的方法砌筑炉体，有效保证了炉体砌筑质量。

（3）采用配板对砖的型号和数量进行备料，用工具式钢平台进行材料运输，大大提高了生产效率。

（4）技术先进，节能环保，安全系数高。

3 适 用 范 围

适用于捣固式焦炉炉体的砌筑。

4 工 艺 原 理

利用配板对砖的种类和型号进行配备，通过上砖钢平台进行砖的运输和暂存，采用挂浆挤压法与三一砌筑法相结合的方法进行砌筑，运用三维空间测量技术对炉体的各部位尺寸进行控制和校核，使用自制的工具对砌筑质量进行检查。

5 施工工艺流程及操作要点

5.1 工艺流程

施工工艺流程图如图 5－1 所示。

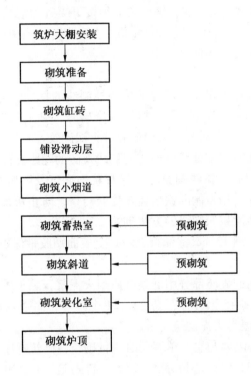

图 5－1 工艺流程图

5.2 操作要点

5.2.1 筑炉大棚安装

在焦炉基础顶板及筑炉大棚基础施工完毕后，开始安装筑炉大棚，并安装桁车作为垂直运输的主要工具。由于采用特殊的泥土砂浆砌筑，炉体砌筑的过程中，筑炉大棚起到遮风挡雨的作用，保证了工期和质量。

5.2.2 砌筑准备

在炉子烟道顶板搭设扣件式钢管脚手架，立杆间距 1.2 m，步距 1 m，高度 14 m，距离与要砌筑的炉体保持 0.3 m 左右，随炉体砌筑高度搭设脚手架。对焦炉基础顶板平整度和标高、下喷管和清扫管进行验收并对焦炉中心线和两边炭化室中心线进行复核，投放到实体上；每条炭化室中心线都对应投放到炉头边梁上，弹上墨线，焦炉中心线延长线投放到抵抗墙内侧面；标高控制线投放到抵抗墙内侧面，用红漆做标记。对砖型号、尺寸及质量进行验收，合格后方可使用。炉体炭化室、斜道等重要及复杂部位应进行预砌筑。

5.2.3 砌筑缸砖

按照事先测量投放的控制线砌筑缸砖，共4皮，以下喷管中心线为中心向两侧砌筑立砖一皮，其他位置砌筑平砖两皮。缸砖砌筑完毕后的上平标高不得高于设计标高，缸砖用黏土低温火泥进行砌筑。

砌筑完毕后对缸砖上面的平整度验收，达到灰浆饱满、与小牛腿边梁标高一致，清扫管和下喷管内不得掉入灰浆等杂物。

5.2.4 铺设滑动层

铺设0.3 mm厚镀锌钢板滑动层，铺设之前须按下喷管和清扫管图示位置及尺寸在钢板上割比管子直径大10 mm圆孔；铺设时从机、焦两侧向焦炉中心线方向，顺次搭接铺设，搭接长度50 mm，不得反向铺设。

5.2.5 砌筑小烟道

由于小烟道是在滑动层上砌筑，应保证炉头控制线的精度。各层均应先砌筑炉头砖，然后砌筑中间墙体。小烟道共计10层，硅砖45个砖号，黏土砖27个砖号，高强隔热砖及漂珠砖各1个砖号，共74种砖号，采用低温硅火泥砌筑。

第1层砌筑时必须随时用配列线杆检查配列线及砖的间距和位置。管砖及填心砖砌筑采用插砖法，控制管砖层高，拉线砌筑，确保灰浆饱满度及膨胀缝宽度，并确保其平整度，使之与相邻砌体水平。用自制的铁皮盖盖住管砖口，防止灰浆落入管砖内，砌筑衬砖时，使用木方支撑，其他层按照同样的方法砌筑。

膨胀缝应清扫干净，用12 mm泡沫板充填，上表面贴胶带保护。

5.2.6 砌筑蓄热室

蓄热室的主墙与单墙的硅砖部分用低温硅质耐火泥浆，黏土质衬砖与箅子砖用黏土泥浆。蓄热室共31层，硅砖45个砖号，黏土砖27个砖号，高强隔热砖及漂珠砖各1个砖号，共74种砖号，用低温耐火泥砌筑。

蓄热室1~29层中心隔墙与主、单墙同时进行砌筑，砌筑顺序依次为主墙、单墙、中心隔墙。蓄热室第30、31层中心隔墙与单墙一起砌筑。1~29层中心隔墙膨胀缝为12 mm，砌筑时采用12 mm泡沫板，30~31层中心隔墙为15 mm，砌筑时用15 mm泡沫板。砌筑完毕，要清扫干净膨胀缝。煤气管砖砌筑与水平烟道相同，挤入管砖孔内的泥浆要立即清除，并每天彻底清扫一次，保证煤气管砖畅通，该部位气密性要求严格，砌筑砖缝要饱满密实。

煤气管砖的中心距要及时用标杆进行校正，标杆长度应大于炉宽的1/2，标杆上按设计标上焦炉纵向中心线、正面线及其间的每个煤气管中心位置。

蓄热室主、单墙与各相邻墙间，主墙与相邻主墙间，应经常用2 m靠尺检查相互间的标高差。蓄热室的封墙必须隔热，要注意严密，封墙一般用黏土砖及隔热砖砌成，总厚度约为400 mm。

5.2.7 砌筑斜道

斜道区是焦炉各区中砖型最多、结构较复杂、砌筑要求严格的功能区。灰浆饱满度必须达到设计要求，以保证炉体严密。该区共8层，硅砖167个砖号，黏土砖3个砖号，高铝砖9个砖号，漂珠砖2个砖号，共181种砖号，用中温硅火泥砌筑。

（1）斜道第1~2层的砌筑顺序：先主墙，后单墙。砌筑主墙、单墙时，要保证斜道口位置和尺寸的准确，斜道口宽度用样板控制斜道口侧面砖容易下倾，施工时要用靠尺边砌边检查，控制好平整度及相邻墙的高度差。

（2）斜道第 3 层的砌筑顺序：主墙→单墙→过顶砖；拉线方法：主墙、管砖、单墙和过顶砖分别拉线。

为了保证主墙两侧膨胀缝的宽度尺寸，先砌主墙，并将主墙宽度尺寸控制在 ±0.5mm 以内。砌过顶砖前，需在过顶砖斜边第 2 层主墙间放下滑动纸边铺边砌筑。砌砖时，应将膨胀板放在两边的膨胀缝处，以确保膨胀缝的宽度。

（3）斜道第 4~7 层的砌筑顺序：单墙第一次拉线砌筑→单墙，第二次拉线砌筑→主墙砌筑。

拉线：单墙第一次拉线位置为单墙中间两排砖边，第二次拉线位置为单墙靠两边主墙间。

砌筑时，先配上单墙中间砖进行单墙一次拉线位置的砌筑。然后配上单墙边砖，进行单墙二次拉线砌筑。砌筑单墙时，将单墙宽度砌为负公差，以保证膨胀留设宽度。砌主墙时，在主墙与单墙间膨胀处放膨胀缝板。滑动油纸，边铺边砌 4 层主墙。第 4 层膨胀缝处理同第 3 层。

（4）斜道第 6 层主墙炉头为燃烧室保护板的底座，其标高要求较高，因此严格按标准砌筑，并用水平尺和靠尺检查炉头砖是否平整。

（5）斜道第 8 层的砌筑顺序：主墙→炭化室铺底砖。斜道第 8 层是炉体较重要的部位，施工时必须严格控制各项尺寸。砌筑主墙时，每砌完一个斜道口，用钢卷尺检查其长、宽尺寸是否准确。在砌筑过程中，经常检查相邻斜道口间距。砌筑炭化室底砖时，首先在第 7 层膨胀缝顶面铺上滑动油纸，然后在砌体两侧的膨胀缝处放上膨胀缝板，边砌边铺滑油纸并移动膨胀缝样板，同时用 2m 靠尺杆检查铺底砖的平整度以及铺底砖与主墙间的高度是否一致。特别强调的是铺底砖不得有逆向错台。膨胀缝填充物同前几层。

斜道第 8 层为专检层，砌毕后要全面清扫，并按标准全面检查无误后，膨胀缝再贴纸保护。

5.2.8 砌筑炭化室

采用高铝砖或黏土砖及硅砖砌筑炭化室墙，硅砖采用沟舌结构，炭化室墙采用丁字砖，炭化室的主要尺寸有长、宽、高、锥度和中心距。捣固焦炉与顶装炉不同，其锥度较小。炭化室墙面应横平竖直，不得有逆向错台。炭化室共计 49 层，涉及 230 种砖号，材质为黏土砖，中温硅火泥砌筑。

外形几何尺寸应符合设计要求，炉头砖面积大，可以在砖上用毛刷粘洒少许水后再砌筑，以杜绝可能产生的花脸现象。炭化室砌筑应对炭化室底标高及平直度检查合格后才开始进行。砌筑炭化室墙面砖时，除上表面拉线外，还需按划在炭化室底表面的墙宽控制线砌筑，以确保墙面下角位置的准确，并用 2m 靠尺杆检查炭化室墙面平整度。砌筑铺底砖时，要求砖表面平整，与下层斜道口不得产生错台。

炭化室第 1~43 层是炭化室墙的单、双数循环层。砌筑时要经常检查炭化室墙面的平整度、垂直度和标高等。炭化室墙面不得产生逆向错台，个别非逆向错台不得大于 1mm。必须严格控制墙面的平整度和垂直度。

炭化室第 44 层开始出现变化，砌筑时一定要防止错砖。炭化室第 45 层墙面砖变宽，砌筑时一定要防止向炭化室内倾斜，砌筑完毕，清扫干净后，取出移动保护板。砌筑 46

层时，首先要防止45层砖向炭化室内倾斜，砌筑时要特别注意墙顶面标高、相邻墙标高和顶面平整度，以保证下层过顶砖顺利进行。第47层为炭化室过顶，盖顶砖逐块仔细检查有无横向裂纹，砌筑时分为两次拉线，由于过顶砖是插砖砌筑，所以要充分打好接头灰，施工时注意泥浆饱满度，砖的上表面要边砌边用靠尺检查是否平整。每砌完一个看火孔砖，用视镜检查看火孔下面砖缝的饱满情况，不密实的地方，用半干的泥浆勾严，并在看火孔中放入海绵托保护。

第46~49层，每层砌筑顺序为墙面→勾缝清扫→提海绵托。砌筑46~49层砖，要先将胶皮拔子放在下层看火孔内，以便回收泥浆，每砌完一层砖，就将海绵托往上提一次（提升前，要用吸尘器将海绵托上的泥浆吸净）。每天测量放线时，要放出炉头正面控制线，以便随时检查炉头。

5.2.9　砌筑炉顶

炉顶砖硅砖29个砖号，缸砖12个主砖号，黏土砖128个砖号，高强隔热砖1个砖号，共170种砖号，采用中温硅火泥砌筑。

炉顶第1层过顶砖：在砌过顶砖前，必须重新检查砖表面有否裂纹，过顶砖不允许有横向裂纹，纵向裂纹的长度和宽度按炭化室墙面宽的规则执行。砌筑加煤口、上升管时，要严格按炭化室墙面中心线砌筑，并随时用卷尺检查其洞口的几何尺寸。砌过顶砖时，要边砌边在过顶砖下边铺设滑动油纸，过顶砖上表面比下表面窄，砌筑时注意不要将其大小放颠倒。

（1）炉顶第1层砌筑看火孔的顺序应根据配列线先拉线砌筑看火眼砖，然后在插砌眼砖之间的其他砖。砌眼砖时，眼砖内放入胶皮拔子，以防灰浆掉进燃烧室。砌筑衬砖1K、2K层时，先在过顶砖两侧放置5 mm的泡沫板，然后砌筑。

（2）第2~7层看火孔砌筑前，在下一层看火孔内放入胶皮拔子接灰，并将砌砖时挤出的灰浆及时回收，待勾缝清扫结束后，把下一层看火孔内海绵托往上提一层。看火孔第7层机焦侧与中心有高差，因此砌筑时，应测量确认其标高的准确性后，在纵中心位置处砌一块基准砖，然后拉线砌筑。

（3）加煤孔、上升管砌筑第1~6层衬砖砌筑前将加煤孔、上升管的砖层先划在孔衬砖上，砌筑时严格按砖层线控制其标高和几何尺寸，并用靠尺检查每层的平整度。由于加煤孔、上升管的砖均为插砌砖，因此在砌筑时，对立缝的泥浆要求饱满。每砌一层加煤孔和上升管都要在下一层膨胀缝内塞上膨胀缝保护绳，然后放上胀缝板再进行砌筑。

（4）填心砖砌筑前，先要在看火孔衬砖的侧面上划出填心砖的砖层线，以此来控制每层填心砖的标高。砌填心砖时，在两侧与看火孔衬砖之间的膨胀缝内放置5 mm的马粪纸，边放边砌筑。砌筑时要严格按图纸施工，不能随意改动加工砖位置。

（5）铺面砖的砌筑顺序：看火孔铺面砖→加煤口、上升管铺面砖及填心砖铺面砖。砌筑看火孔铺面砖时，在焦炉纵中心位置先砌一块基准砖作为高度基准，然后拉线砌筑，砌筑时要求平整，看火孔铺面砖砖孔与下层看火孔不得产生错牙，看火孔铺面砖砌完后，即可将看火孔铁件打灰砌筑在看火孔内。砌纵拉条沟时，要全炉拉通线，以保证纵拉条沟的宽度一致。砌筑铺面砖时，同时将轨枕放入。

5.3　劳动组织

劳动组织见表5-1。

表5-1 炉体施工劳动人员组织表　　　　　　　　人

序　号	岗　位	人　数
1	负责人	1
2	测量员	2
3	技术员	2
4	质检员	4
5	行车司机	2
6	砖工	60
7	清扫工	10
8	材料运转司机	3
9	杂工	10
合　计		94

6　材　料　与　设　备

6.1　材料

主要材料见表6-1。

表6-1　主要材料表

序号	材料名称	材料型号	单位	数量	用途
1	低温硅火泥	NN-38	t	463	砌筑炉体
2	中温硅火泥	JGN-92	t	889	砌筑炉体
3	黏土火泥	MⅢ-39	t	305	炉体砌筑
4	硅砖	96型等型号	t	11294.2	炉体砌筑
5	黏土砖	230mm×114mm×65mm	t	4823	炉体砌筑
6	缸砖	230mm×115mm×60mm	t	213	炉体砌筑
7	高强隔热砖	230mm×115mm×60mm	t	44	炉体砌筑
8	漂珠砖	230mm×115mm×90mm	t	38	炉体砌筑

6.2　主要设备

主要设备见表6-2。

表6-2　主要设备表

序号	设备名称	设备型号	单位	数量	用途
1	砌筑大棚	96m×30m×18m	座	1	遮风挡雨
2	桁车	10t	台	2	垂直运输工具
3	压风机	30m³/h	台	3	清扫

表6-2（续）

序号	设 备 名 称	设 备 型 号	单位	数量	用　　途
4	平板车	10 t	台	2	水平运输工具
5	灰浆搅拌机	350 L	台	6	搅拌灰浆
6	灰浆槽	6 L	个	30	储存灰浆
7	灰铲灰斗	0.3 L	个	30	砌筑铲灰
8	全站仪	JKS-02	台	1	定位、测量、检查
9	水准仪	DZS-2	台	2	抄平、检查
10	钢卷尺	5 m	把	20	检查、测量
11	钢卷尺	50 m	把	2	检查、测量
12	塞尺	2 mm	把	20	检查

7 质 量 控 制

7.1 质量控制标准

质量控制标准见表7-1。

表7-1 质量控制标准表

工业炉砌筑工程质量验收规范	GB 50309—2007
工程测量规范	GB 20026—2007
砌体工程施工质量验收规范	GB 50203—2011
砌体工程现场检测技术标准	GB/T 50315—2011
建筑施工扣件式钢管脚手架安全技术规范	JGJ 130—2011
施工现场临时用电安全技术规范	JGJ 46—2012

7.2 质量控制要求

质量控制要求见表7-2。

表7-2 炉体砌筑尺寸允许偏差

序号	项 目 名 称	允许误差/mm
1	现尺寸误差： 小烟道烟气进出口宽度； 各部位炉头及炭化室炉头肩部脱离正面线； 斜道口的宽度； 斜道口的长度； 斜道口出口处的宽度； 蓄热室、斜道、燃烧室及炉顶相邻墙体中心线间距； 相邻立火道、斜道口、焦炉煤气道和看火孔的中心线间距及各孔道中心线 与焦炉纵中心线的间距； 装煤孔和上升孔的中心线与焦炉纵向及横向中心线间距	±4 ±3 ±2 ±3 ±1 ±3 ±3 ±3

表 7 - 2（续）

序号	项 目 名 称	允许误差/mm
2	标高误差： 基础顶板耐热混凝土找平层表面标高； 小烟道衬套底部标高； 小烟道焦侧炉头各层标高； 蓄热室墙顶； 炭化室底； 炭化室墙顶； 炉顶看火墙表面； 相邻蓄热室墙顶的标高差； 相邻炭化室底部标高差； 相邻炭化室墙顶的标高差； 相邻喷射板底部小烟道墙标高差	±5 ±3 ±2 ±4 ±3 ±5 ±5 2 3 3 2
3	表面平整误差：（用 2 m 靠尺检查，靠尺与砌体之间的间隙） 基础顶板耐热混凝土找平层； 喷射板底部； 蓄热室墙面及炉头正面； 炭化室墙面	 5 3 5 3
4	炭化室墙炉头正面及炉头肩部； 热态后砌炉顶表面	3 5
5	垂直误差： 蓄热室墙及炉头正面； 炭化室墙； 炭化室墙炉头及炉头肩部	 5 4 5
6	炭化室墙和炭化室底的表面错牙（不得有逆向错台）	1
7	膨胀缝的尺寸误差： 一般膨胀缝； 炉端墙宽膨胀缝	 +2，-1 ±4
8	砖缝尺寸误差	+2，-1

7.3 质量控制措施

（1）对使用的各种砖必须认真挑拣，有裂纹、孔洞，尺寸偏差超过规范要求的均不允许使用。

（2）实行严格的工序交接制度和三检制度：班组自检，工序互检及专职检查员检查，实行严格的返工处理制度，对不符合要求的地方，必须返工处理。

（3）砌筑材料砖种类及尺寸繁多，每次使用前均有专职检查员验收，以防用错；每种砖的材质、尺寸必须在砖库内的显眼位置挂设牌号，以方便取砖。

（4）膨胀缝必须按设计要求留置，不得遗漏；特别是膨胀缝的宽度，缝上粘贴胶带以保证不进灰浆。

（5）每天筑起高度不得超过 1 m，层数不得超过 6 层。

（6）每次砌筑完毕都要进行清扫，特别是下喷管和清扫管内不得掉入灰浆。

（7）当天搅拌的砂浆当前用完，禁止使用过夜砂浆。

8 安 全 措 施

（1）桁车吊卸材料应有专人指挥，信号一致，防止吊物伤人和损坏炉体。
（2）炉墙体之间孔洞多，高空作业多，应有防止物体坠落伤人措施。
（3）搅拌火泥砂浆时，操作人员佩戴防护用品，防止火泥灰伤害眼睛。
（4）采用压风机清扫施工垃圾时，应有防伤人措施。

9 环 保 措 施

（1）搭设筑炉大棚，避免粉尘污染。
（2）现场洗刷搅拌机产生的污水，设置专门的沉淀池，回收利用。
（3）清扫施工垃圾前，先采用吸尘器对清扫面进行吸附，再用风机进行吹扫，避免扬尘污染。

10 效 益 分 析

该工法具有确保施工安全和质量，缩短工期，降低施工成本等优点。以河南中鸿集团煤化有限公司年产90万吨捣固焦工程为例。

上砖钢平台：按照焦炉砌筑周期87 d计算：减少桁车租赁费87 d×150 元/d = 13050元；节约电费（88200 − 87880）kW·h/d×0.75 元/×87 d = 20880 元；减少耐火砖损坏（120 − 40）t×1700 元/t = 136000 元；节约人工（1200 − 700）工日×100 元/工日 = 50000元；节约木板5.4 m²×2100 元/m² = 11340 元；节约辅助材料费用15000 元，合计246270元。

新测量机标高控制方法：节约方木4.365 m³×2100 元/m³ = 9166.5 元；节约人工（150 − 100）工日×100 元/工日 = 5000 元；节约辅助材料费用2000 元，合计16166.5 元。

新方法预砌筑：节约硅火泥（26 − 18）t×840 元/t = 6720 元；回收使用硅砖（136 − 76）t×1700 元/t = 102000 元；节约人工（98 − 68）工日×100 元/工日 = 3000 元，合计111720元。

共计节约施工成本374156.5 元。

11 应 用 实 例

11.1 河南中鸿集团煤化有限公司年产90万吨捣固焦工程

该工程应用该工法施工焦炉炉体，与传统的工艺相比，技术上成熟可靠，精确度高，工艺简单快捷，操作方便，效率高，工程于2008年8月开工、2010年12月竣工，缩短工期15 d，保证了质量，降低材料消耗，节约成本374156 元，做到了节能环保。

11.2 河南京宝焦化有限公司年产90万吨捣固焦工程

该工程应用该工法施工焦炉炉体，与传统的工艺相比，技术上成熟可靠，精确度高，工艺简单快捷，操作方便，效率高，工程于 2010 年 2 月开工、2011 年 6 月竣工，缩短工期 13 d，保证了质量，降低材料消耗，节约成本 343725 元，且实现了节能环保。

11.3 朝川焦化有限二期扩建工程

该工程应用该工法施工焦炉炉体，与传统的工艺相比，技术上成熟可靠，精确度高，工艺简单快捷，操作方便，效率高，工程于 2008 年 6 月开工、2009 年 11 月竣工，缩短工期 11 d，保证了质量，降低材料消耗，共计节约成本支出 298376 元，实现了节能环保。

井口房与井筒装备立体交叉平行作业
施工工法（BJGF064—2012）

中煤第五建设有限公司

谌喜华　魏家村　杨雪银　曹月芹　刘家彦

1 前　言

近年来随着我国经济的快速发展，对煤炭能源的需求日益增加，对煤矿生产能力要求不断增大。生产矿井和新建矿井的生产能力，很大程度上取决于提升系统的提升运输能力。提升系统是煤矿生产系统的重要组成部分，它不仅关系到提升运输的数量和速度，而且也直接影响着矿井工人的生命安全。在矿山生产中，副井担负着全矿运送矸石、材料及设备的任务，主井担负提升产品（煤或矿石）的任务。由于深部资源的开发逐渐增多，井筒深度不断地增大，提升运输系统的设计生产能力也相应增加，因而建井的周期也不断加长。提升运输系统的施工速度与质量，对矿井的生产、安全有重大影响，选择合理的施工作业方式，可以加快施工速度，提高工程质量，缩短工期，确保安全生产，为矿井实现高效、安全的生产提供条件。近几年，中煤第五建设有限公司承建了多项井口房及井筒提升系统安装工程，施工过程中，总结出井口房与井筒装备立体交叉平行作业施工工法。

该工法关键技术经教育部科技查新工作站查新表明，国内未见有相关技术报道，并于2012年7月通过中国煤炭建设协会组织的技术鉴定，达到国内同类工程领先水平。

该工法先后在山东新巨龙有限公司龙固煤矿副井井口房与井筒装备工程、肥城矿业集团单县能源有限公司陈蛮庄煤矿副井井口房及加热室工程和副井井筒装备安装工程、孔庄煤矿混合井井口房与井筒装备工程中成功应用，有效地缩短了施工工期，保障了安全生产，降低了施工成本，取得了良好的经济效益和社会效益。

2 工 法 特 点

（1）土建与安装同时施工，由项目部统一协调总体进度、施工场地、施工设施、安全管理、工序配合等，保证平行作业的顺利进行，减少分别作业时管理人员及设施的投入，实现资源共享。

（2）施工锁口时利用安装吊盘作为工作面，既可减少一次临时封口盘的施工，又可根据需要调整吊盘高度，经济、安全，方便。

（3）施工现场区域比较狭小，井口房与井筒装备安装工程所占工作面有部分重合，同时施工有时会相互影响，通过合理划分施工区域及时段，合理安排施工现场平面布置并适时调整，可实现资源利用率的最大化。

（4）有计划地组织各种材料与设备的进场顺序、时间与数量，尽量减少各种物资在现场的停放时间，提高现场临时设施的利用效率，使工地紧凑、整洁、有序，实现文明施工。

3 适 用 范 围

本工法广泛适用于煤炭和非煤各类矿山井口房与井架配套使用的立井提升系统工程施工。

4 工 艺 原 理

井口房与井筒装备工程立体交叉平行作业，即在矿井建设过程中，将原来独立施工的土建工程和安装工程进行优化组合，巧妙调整土建与安装工程的各施工段的开工时间，实现土建与安装施工立体交叉平行作业。其实质就是，将井筒装备时间推迟，先施工部分土建井口房，在井口房基础及井口锁口施工完成后，利用在永久井架上布置的临时天轮平台，在井口房主体施工的同时进行井筒装备施工，实现平行作业。

5 施工工艺流程及操作要点

5.1 施工工艺流程

5.1.1 总体施工工艺流程

总体施工工艺流程图如图 5-1 所示。

5.1.2 土建部分施工步骤

（1）基础工程：降水（根据需要）、土方开挖、钢筋混凝土基础与锁口、土方回填。

（2）主体工程：主体框架结构、填充墙（有时为钢结构及彩板围护结构）。

（3）装饰工程：门窗制作安装、墙面抹灰、楼地面、墙面及顶棚涂料、平台楼梯及栏杆制作安装、轻质构造。

（4）屋面工程：屋面保温、屋面防水。

5.1.3 安装部分施工步骤

（1）大临设施：主提绞车安装、稳车群布置、电控接线调试、临时天轮平台布置、绞车稳车缠绳、吊盘组装下放、井口临时封口盘安装。

（2）井筒下部装备：井底套架、防过放缓冲装置、防扭结梁及防砸护板等。

（3）正常段井筒装备：罐道、罐道梁或罐道托架安装；托管梁或管路导梁安装、排水、压风、洒水管路安装；动力电缆及信号控制电缆敷设、检修梯子间安装等。

（4）主提升设施安装：井口套架安装；缠绳挂箕斗、井上下口信号及配电安装、缓冲托罐装置安装。

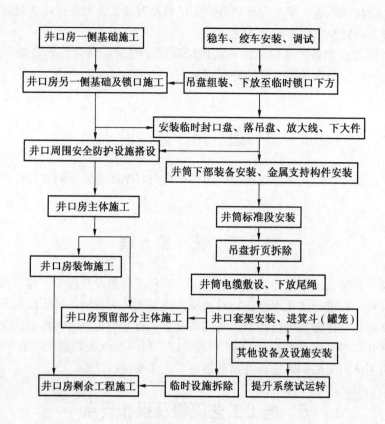

图 5-1　井口房与井筒装备工程平行交叉施工作业流程图

5.2　操作要点

（1）施工组织设计编制时要突出工程交叉平行施工作业方案，控制关键线路和关键点时间，保证平行作业能够实现，如图 5-2 所示。

（2）合理进行现场施工区域划分平面布置。预留临时稳车群和绞车组装位置；根据土建施工需要布置塔吊及搅拌机场地；根据施工进度调整、规划井筒装备堆放场地。

（3）井口房基础土方采用土石方机械挖运。基础承台一次施工，混凝土采用商品混凝土，混凝土输送泵泵送浇筑。基础及锁口模板采用木模，钢管加固，锁口可利用安装临时吊盘作为工作面，可减少一次临时封口盘施工，并可根据需要调整吊盘高度。

（4）井口房主体框架采用现浇方式进行施工，分层进行现支现拆模板的方法施工，填充墙分段砌筑。

（5）土建提升设备根据井口房高度选用相应塔吊来提升钢筋、模板等施工材料。人员出入通过安全通道进行，混凝土采用泵送商品混凝土。

（6）井口房主体施工时先将井口附近的部分预留下来，待井筒装备及井口套架安装完成以后施工，在主体施工区域靠近井口周围用脚手架、竹耙及安全网进行封闭，使井口周围形成完全隔离的安全区域，在隔离区内进行井筒装备安装施工，实现立体交叉平行作业，如图 5-3 所示。

（7）井筒下部装备：安装时利用设在永久井架上的临时天轮平台及吊盘由上向下进

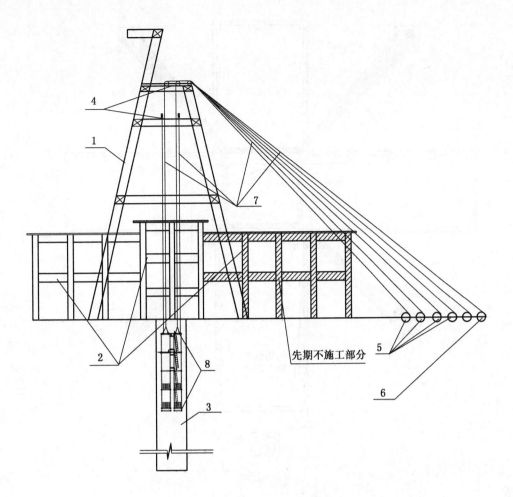

1—井架；2—井口房；3—井筒；4—临时天轮平台；5—安装用凿井稳车；

6—提升绞车；7—提升、吊挂钢丝绳；8—吊盘

图 5-2　井口房与井筒装备立体交叉平行作业示意图

行施工各层托架、两侧罐道梁、梯子间，施工到防撞梁时，再利用软盘从上往下施工中间罐道梁和组合罐道、稳罐罐道、防过放装置、防撞梁、尾绳保护装置。井筒装备用的各种物料全部从井口房预留部分进入，采用吊车及调度绞车运输。

（8）井筒标准段安装及电缆、尾绳敷设：自下而上一次成型安装井筒罐道梁、罐道、管路、电缆支架。电缆、尾绳采用盘放在吊盘上敷设的方法。

（9）提升设施安装：一侧箕斗使用永久提升绳下放，另一侧箕斗棚在井口房内。上部箕斗在井口挂设首绳及尾绳，下部箕斗在井底挂设尾绳。

（10）在进行平行施工时，在井口周围设立安全警戒区，在井口房入口设立安全通道。出入井口房及井口的施工人员均按规定路线行走，现场设立明确的行走路线指示图，以保证整个工程施工可以安全有序地进行。

5.3　劳动组织

井口房施工采用单班制，井筒装备施工采用三班制。劳动组织情况见表 5-1。

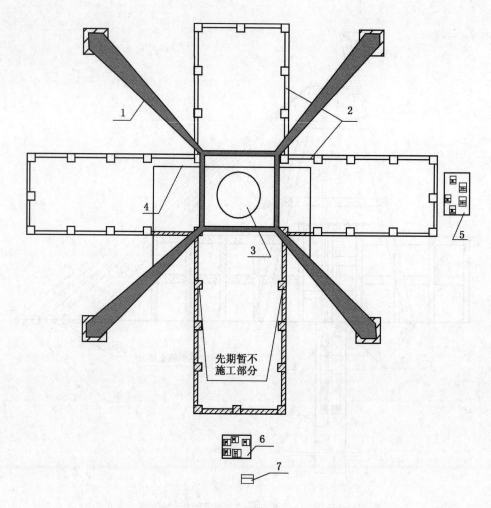

1—井架；2—井口房；3—井筒；4—土建与安装工作面隔离设施；
5—稳车群1；6—稳车群2；7—提升绞车

图5-3　井口房与井筒装备立体交叉平行作业平面示意图

表5-1　劳 动 组 织 表 　　　　　　　　　　　　　　人

序号	工　　种	人　　数	备　　注
1	项目部管理人员	20	现场管理
2	钢筋工	12	井口房施工
3	木工	15	井口房施工
4	瓦工	15	井口房施工
5	混凝土工	5	井口房施工
6	架子工	7	井口房施工
7	机械维修工	2	井口房施工
8	电工	8	井口房和井筒装备施工
9	焊工	8	井口房和井筒装备施工

表 5-1（续）　　　　　　　　　　　　　　　　　　　　　　　　人

序号	工　种	人　数	备　注
10	安装钳工	10	井筒装备施工
11	安装起重工	6	井筒装备施工
12	主提升机操作工	6	井筒装备施工
13	信号工	6	井筒装备施工
14	把钩工	3	井筒装备施工
15	辅工	14	井口房和井筒装备施工
	合　计	137	

6　材料与设备

6.1　材料

本工法无须特别说明的材料。

6.2　设备

6.2.1　土建施工设备

土建施工采用常规方法，设备选择以施工工艺和井口房结构尺寸为依据，不同施工工艺，采用不同的设备。主要施工设备见表 6-1。

表 6-1　井口房工程施工主要设备一览表

序号	名　称	型　号	性　能	能　耗	数　量
1	塔吊	QTZ63	提升能力 6 t	60 kW	1
2	混凝土输送泵	HBT60	生产率 60 m³/h	110 kW	1
3	混凝土搅拌机	JD750	生产能力 750 L	5.5 kW	1
4	钢筋对焊机	UN1-150	生产能力 80 次/h	150 kW	1
5	弯曲机	GW-40	5 r/min	15 kW	2
6	切断机	GQ-40	40 次/h	3 kW	1
7	插入式振动器	ZX50	2800 次/h	1.1 kW	20

6.2.2　安装施工设备

安装施工主要设备见表 6-2。

表 6-2　井筒装备安装工程施工主要设备一览表

序号	名　称	型　号	性　能	能　耗	数　量
1	提升机	JK-3.6/20	静张力 20 t	800 kW	1
2	凿井稳车	JZ-10	10 t	22 kW	4
3	凿井稳车	JZ-16	16 t	37 kW	6

表6-2（续）

序号	名 称	型 号	性 能	能 耗	数 量
4	内齿轮小绞车	JD11.4 kW	1 t	11.4 kW	1
5	天轮	ϕ3 m ϕ1 m ϕ0.65 m			1 12 8
6	变压器	560 kVA,6 kV/0.4 kV	560 kVA		1
7	配电柜	BDL-1-31			4
8	真空馈电开关	QBZ-80G KBD-350G	80 A 350 A		2 1
9	吊盘	自制			1
10	罐笼	ϕ1.2 m×2.2 m			1
11	电焊机	BX3-500		20 kW/台	3
12	烘干箱	ZYH-30		3 kW	1

7 质 量 控 制

7.1 质量控制标准

主要质量控制标准《煤矿安装工程质量检验评定标准》（MT 5010—95）、《建筑工程施工质量验收统一标准》（GB 50300—2001）、《建筑施工安全检查标准》（JGJ 59—2011）、《工业金属管道工程质量验收规范（附条文说明）》（GB 50184—2011）、《混凝土强度检验评定标准》（GB/T 50107—2010）、《混凝土质量控制标准》（GB 50164—2011）、《钢筋焊接接头试验方法标准》（JGJ/T 139—2011）等。

7.2 质量保证措施

（1）按照业主提供的基线和标高，结合现场实际情况，编制测量方案。井口十字线和提升机预留孔预埋的测量定位，经业主、监理等单位组织验线无误后，方可进行施工。

（2）加强现场的材料检验和试验。土建工程原材料按要求见证取样送检复试。安装大临设施的轴销、天轮应探伤，钢丝绳应试验。

（3）设立质量控制关键部位和关键工序。土建工程有主体结构的轴线、标高测量，钢筋的隐蔽，模板的安装，预留、预埋位置控制，混凝土浇筑、养护等。安装工程有井筒内罐道及罐道梁的中心线、标高、平直度，提升机安装轴线、标高，提升机大轴的水平度，锚杆的锚固强度，管路的焊接质量等。

（4）项目部制定三级质量控制点，分别由项目经理、工程师、质检员控制。施工中严把工序质量关，坚持"三检"制度，确保每道工序不留隐患。

（5）强化质量目标责任制，检验程序列表上墙，划分责任区域，标明责任人。定期进行质量检查评定，进行纵向和横向比较评比，优奖劣罚，提高质量控制的意识和水平。

（6）加强各专业间的沟通，定期召开技术例会，解决不同专业交叉问题，避免不同专业图纸疏漏造成返工而影响工程质量现象。

8 安 全 措 施

（1）井口房主体与井筒装备同时施工时，以井口房施工脚手架外边为界，一边进行土建施工，一边进行安装施工。井口房施工的脚手架外侧满挂竹耙与密目安全网，使两个施工区域完全隔开。

（2）井口临时封口盘及各层吊盘上设活动盖板，活动盖板材质与临时吊封口盘相同，保证有足够的强度及抗冲击能力。除人员及物料提升经过时，盖板一直处于封闭状态。盖板开启时，封口盘周围栏杆关闭。

（3）在井口房周围设立安全警戒区，在井口房底部入口设立安全通道及防护棚。现场设立明确的行走路线指示图，出入井口房及井筒的施工人员均按规定路线行走。

（4）所有新进场的施工人员必须经过"三级"教育，并经考核合格后方可上岗。

（5）特殊工种必须做到持证上岗。

（6）所有工程开工前要有安全技术交底，重要工程要编制专项安全技术措施，经上级主管部门批准后贯彻执行。

（7）所有施工人员要按照相应岗位操作规程进行施工，严禁出现"三违"现象。

（8）安全设施经检查合格后方准投入使用。

（9）施工人员要正确使用各种劳动保护用品，劳动保护用品要有合格证。

（10）安全管理机构要切实负起责任，制定切实可行的安全管理制度，认真落实执行。

（11）工程开工前先进行安全检查，确认不存在安全隐患方可开工。定期及不定期进行各类安全检查，对查出的问题和安全隐患要按照"三定"及"五落实"整改，整改未完成不得进行施工。

9 环 保 措 施

（1）建筑材料如砂、石、水泥、土等运输、堆放都要覆盖，避免扬尘污染环境。

（2）固体废弃物、废油等按规定分类储放，按当地环保部门规定进行处理。设备检修、拆除后场地要及时清理干净。

（3）在矿方指定的位置设置沉淀池，施工污水经沉淀后排入矿方污水管道。

（4）采取降噪措施防止施工噪声污染。施工期间进行昼夜连续施工作业时，先向有关单位申请、张贴安民告示，并尽量采用降低噪声设施施工。

（5）施工操作面做到"工完、料净、场地清"。施工现场原材料、半成品材料都要码放整齐，挂牌明示。

10 效 益 分 析

井口房与井筒装备立体交叉平行作业工法可充分发挥土建安装配合同时施工的优势，实现立体交叉平行作业，具有快速、优质、高效、安全施工等优点，能节省施工管理成本、减少建设期内贷款利息。

以山东新巨龙有限责任公司龙固矿井为例，工程主要包括一座面积（85×24）m^2 的井口房、深 854 m 的井筒装备、总造价 1300 余万元，合同工期 175 d。按常规施工方法，先施工井筒装备，再施工土建井口房基础、主体，最后进行提升机及其他提升设备的安装。按最快的施工速度计算，工期分别为 80 d、90 d、40 d，累计施工工期 210 d。采用本工法工程于 2006 年 10 月 18 日开工，至 2007 年 3 月 16 日竣工，实际工期 150 d，比合同工期提前 25 d，与常规方法相比缩短工期 60 d。

11 应 用 实 例

11.1 山东新巨龙有限公司龙固煤矿副井井口房与井筒装备工程

该工程井口房为钢结构框架，彩钢板围护，平面尺寸为 85 m×24 m，总高度为 18.6 m，局部两层，井口锁口（井颈）深度为 6.6 m，壁厚为 900 mm。

工程于 2006 年 10 月开工、2007 年 3 月竣工，缩短工期 60 d，节约施工成本 43 万元，确保了质量和安全。其中副井井筒装备工程被评为"国家优质工程奖"和"安装之星奖"，包括副井井口房和井筒装备在内的项目工程被评为"鲁班奖"。

11.2 肥城矿业集团单县能源有限公司陈蛮庄煤矿副井井口房及加热室工程和副井井筒装备安装工程

该工程副井井口房及加热室采用门式刚架轻型钢结构，建筑抗震设防类别为乙类，设计地震加速度值 0.10 g。产生火灾危险性分类为丙类，安全等级为二级，耐火等级为二级。井口房及加热室的外形尺寸为长（46.3 m）×宽（12.1 m）×高（12.5 m），设计使用年限 50 年。

工程于 2011 年 3 月开工、2011 年 7 月竣工，缩短工期 14 d，节约施工成本 8.9 万元，确保了质量和安全，得到业主和监理的一致好评。

11.3 孔庄煤矿混合井井口房与井筒装备工程

该工程主要包括井口房三层框架，总高度为 18.6 m，局部两层，平面形状为十字形，在井筒周围四周均有一部分建筑结构，平面尺寸为（11×38）m^2。井口锁口（井颈）深度为 12.5 m，壁厚为 1500 mm。

工程于 2011 年 10 月开工、2012 年 4 月竣工，缩短工期 35 d，节约施工成本 27.5 万元，确保了质量和安全。

大直径筒仓滑模施工平台轨道车运输混凝土施工工法 (BJGF065—2012)

宁夏煤炭基本建设有限公司

鱼智浩　崔晓林　马永智　苏兰生　赵世忠

1　前　　言

随着经济社会发展，30 m 及以上直径的混凝土筒仓越来越多地应用于煤仓、粮仓、水泥仓等，神华黄骅港三期储煤筒仓工程由 24 座直径 40 m 的筒仓群组成，单仓储煤量为 3×10^4 t，是目前国内在建同类煤仓中体量较大的筒仓群。针对该筒仓群工程的施工建设，宁夏煤炭基本建设有限公司成立课题小组，开展了大直径筒仓仓壁滑模施工技术研究，总结出大直径筒仓滑模施工平台轨道车运输混凝土施工工法，其关键技术是混凝土轨道运输车加工技术、滑模平台上轨道制作及安装技术、滑模平台上轨道车集中装料技术、混凝土轨道运输车卸料技术。

该工法关键技术经国家安全生产监督管理总局信息研究院查新表明，国内未见相关技术报道，该技术 2012 年 6 月通过中国煤炭建设协会科技成果鉴定，达到国内领先水平。

该工法在神华黄骅港三期储煤筒仓工程、神华黄骅港四期储煤筒仓工程、新疆准东煤田五彩湾矿区电厂备煤储煤仓工程成功应用，提高了筒壁滑模的混凝土施工速度，减少了混凝土运输操作人员的数量，节约了人工费用，取得了良好的经济效益和社会效益。

2　工　法　特　点

（1）该项工法简单易行、操作方便、经济适用。

（2）轨道车单车容量为 0.4～0.5 m^3，是传统小推车容量的 6～8 倍，但较传统手推车更省力、运送速度更快、工效提高显著。

（3）筒仓群工程施工中，采用该项工法能够使两个筒仓共用一台塔吊和一台混凝土输送泵即可满足材料、机具的垂直运输，省了大型施工设备的投入。

（4）能够加快混凝土浇筑速度、保证混凝土施工质量。

（5）利用轨道车的轨道对滑模操作平台进行功能区划分，减少作业面狭小带来的工效损失，省工省时、提高工效、确保安全。

（6）通过该施工工法综合应用，解决了国内大直径筒仓滑模施工混凝土水平运输技术难题，为同类工程施工提供技术借鉴。

3 适用范围

本工法适用于 30 m 及以上直径钢筋混凝土筒仓工程施工。

4 工艺原理

在筒仓滑模施工外侧平台上铺设简易环形轨道，混凝土经过混凝土泵输送到平台上固定的卸料斗内，将轨道车推至卸料口处打开卸料口进行装料，装完料后通过环形轨道将混凝土运输到浇筑工作面，工作面与轨道车之间利用小卸料槽导料，实施浇筑作业。

5 施工工艺流程及操作要点

5.1 施工工艺流程

施工工艺流程图如图 5-1 所示。

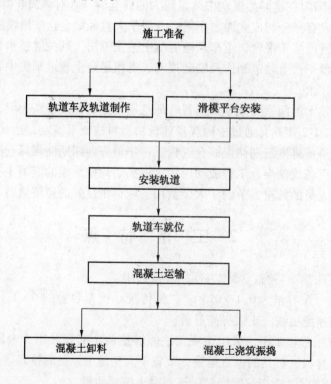

图 5-1 施工工艺流程图

5.2 操作要点

5.2.1 施工准备

组织技术人员认真编制施工方案，准备好加工轨道车的车轮、钢板、钢筋、角钢、槽钢、扁铁、钻尾钉、电焊条、电焊机等材料和设备，对相关操作人员进行岗前培训和施工技术交底。

5.2.2 制作

轨道制作：按照筒仓直径和滑模外平台的悬挑尺寸设计轨道的弯曲半径，内侧轨道槽钢槽型口指向筒仓方向，外侧轨道槽钢槽型口背向筒仓方向，轨道槽钢采用弯曲机进行弯曲，弧度应符合设计要求，轨道车断面如图5-2所示。

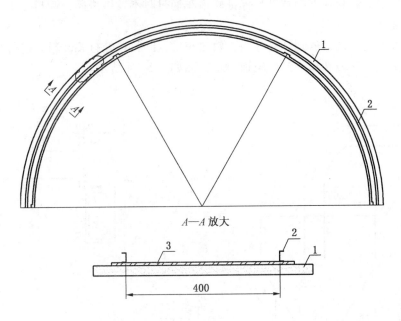

A—A 放大

1—滑模平台；2—轨道；3—3 mm 扁铁

图5-2 轨道车断面示意图

轨道车制作：采用角铁和钢板做车厢，车厢深800 mm、宽500 mm、长1200 mm，车轮轴距为400 mm，卸料口宽400 mm、高300 mm，轨道车实物如图5-3所示。

图5-3 轨道车实物图

5.2.3 安装及调试

按照设计在滑模平台上进行轨道放线定位，然后将800 mm长的扁铁按1.5 m的间距沿轨道方向按内外轨道线居中位置用钻尾钉固定在滑模平台木板上，再将加工好的轨道槽钢分内外轨道分别焊接在扁铁上，内外轨道间用钢筋（直径20 mm）支撑，防止轨道向内侧倾斜。将轨道车放置在轨道上，并进行试运行，运行平稳且不出现卡轨或脱轨后方可运输混凝土，搭设的卸料斗支架宽度要保证轨道车通过时不发生碰撞，卸料斗下口高度要高于轨道车顶面。

混凝土经混凝土泵输送到卸料斗内，轨道车推至卸料口处打开卸料口进行装料，装完料后运输到浇筑工作面卸料浇筑。轨道小车断面如图5-4所示。

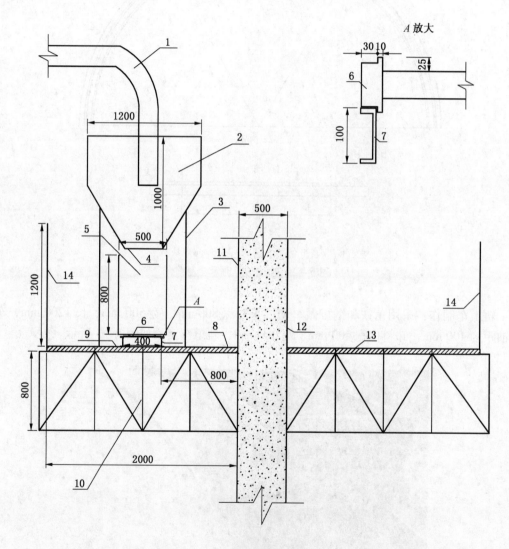

1—进料泵管；2—卸料斗；3—卸料斗支架；4—卸料口；5—轨道车；6—轨道车轮；7—轨道；8—外走道板；9—3 mm扁铁；10—滑模平台架；11—筒仓外壁；12—筒仓内壁；13—内走道板；14—防护栏杆

图5-4 轨道小车断面示意图

5.2.4 运输、卸料

将轨道车推至料斗下，装满混凝土后推至浇筑工作面进行卸料。

5.2.5 拆除

筒仓仓壁混凝土施工完毕后，轨道与扁铁焊接处以及轨道端头连接处用氧气割开，用塔吊将轨道吊至地面，再将滑模平台上的扁铁拆除。

5.3 劳动组织

劳动组织见表5-1。

表5-1 劳 动 组 织 表　　　　　　人

序号	工 种	人 数	备 注
1	项目经理	1	总协调
2	安装负责人	1	统一指挥
3	施工员	1	现场协调
4	安全员	1	施工安全管理
5	塔吊司机	2	吊装作业
6	司索	2	配合吊装作业
7	信号工	2	上下点各1名指挥吊装作业
8	电焊工	6	现场焊接作业
9	电工	1	施工用电作业
10	普工	8	推轨道车和配合其他工种作业

6 材 料 与 设 备

6.1 材料

主要施工材料见表6-1。

表6-1 主 要 施 工 材 料 表

序号	材 料 名 称	型 号	单位	数量	使 用 部 位
1	扁铁	50 mm × 5 mm	m	70	固定轨道
2	钢板	3 mm	m²	16	制作轨道车厢
3	槽钢	⊏10	m	260	做轨道
4	角钢	40 mm × 4 mm	m	28	做车厢
5	圆钢	φ25 mm	m	6	轨道车卸料手把
6	车轮	根据需要	对	8	轨道车用
7	钻尾钉	5 mm × 50 mm	个	350	固定轨道

6.2 设备

主要施工设备见表6-2。

表6-2 主要施工设备表

序号	机具名称	型 号	单位	数量	使 用 部 位
1	水准仪	S3	台	1	轨道安装找平
2	电焊机	BX1-400	台	2	焊接

7 质 量 控 制

7.1 质量控制标准

（1）轨道弯曲弧度应严格按设计加工，内外轨道必须构成同心圆，防止轨道车运行时脱轨。

（2）轨道安装时应检查滑模平台的平整度，高低差控制在15mm以内，确保轨道顶标高在同一平面上（最大高低差不超过10mm），防止轨道车运行时出轨。

（3）固定扁铁时应采用钻尾钉固定牢靠，不得有松动现象。

（4）轨道车、轨道焊缝表面不得有裂纹、焊瘤、表面气孔、夹渣、弧坑裂纹、电弧擦伤等缺陷，焊缝质量检查应不低于三级焊缝质量等级要求。允许偏差见表7-1。

表7-1 轨道顶标高及轨道间距允许偏差

序 号	项 目	允许控制偏差范围/mm	检 查 方 法
1	轨道顶标高	±5	水准仪
2	轨道间距	±3	钢尺

7.2 质量控制措施

（1）落实岗位责任制，分工明确做好施工技术交底。

（2）轨道安装前要放线定位，对滑模平台的刚度及平整度进行验收。

（3）轨道车制作完成后应对焊缝质量进行检查，扁铁安装完成及轨道安装完成后应对钻尾钉和焊接质量进行检查，确保连接安全可靠后方可使用。

（4）轨道安装后应采用水准仪进行标高测量，确保轨道顶标高在同一平面上，并对内外轨道的间距进行测量复核，确保内外轨道构成同心圆。

8 安 全 措 施

（1）作业前应对施工人员进行安全交底，考核合格后方可进行施工作业。

（2）使用中的氧气瓶、乙炔瓶距离不小于10m，应远离高温明火和熔融金属飞溅物10m以上。

（3）电焊机应做好保护接零和装设漏电保护器，二次侧必须有稳压装置及空载降压保护器或触电保护器；电源不得使用手动开关，应使用自动开关。

（4）电焊作业现场周围 10 m 范围内不得堆放易燃易爆物品。现场焊接时，在焊接下方应设接火斗，以免熔渣引燃可燃物。焊接连接扁铁时应将该部位的木板用水浇湿，并且在木板上用铁皮做隔离层，防止焊接扁铁与轨道时引燃木板。

（5）轨道车安装就位后应空车试运行，检查有无脱轨现象，运行畅通后方可装灰作业。

（6）轨道上不允许堆放其他物料，人员不得在轨道上行走。

（7）滑模平台在滑升过程中，平台的水平度高低差应始终控制在 15 mm 以内，高低差超过 15 mm，应停止轨道车运输混凝土，并立即进行平台水平度高差的调整，防止轨道车顺坡溜车。

9 环 保 措 施

（1）轨道车轮轴承上所用废机油、润滑油应集中回收处理，不得随意倾倒，污染环境。

（2）施工现场应保持整洁，施工废弃物不得随意丢弃，应回收利用或到指定的地点消纳。

（3）焊工应佩戴劳动防护用品，防止弧光、废烟等对人身造成伤害。

（4）氧气、乙炔等气瓶内残渣严禁自行随意处置，所有气瓶应送至原生产厂家进行处理。

（5）配电箱、电线、电路应确保无损坏与漏电现象，停止作业时应及时关闭电源，做到节约用电。

10 效 益 分 析

该工法与传统施工方法相比，解决了大直径混凝土筒仓滑模施工混凝土水平运输施工效率低下的难题，减少了施工作业人员，提高了运输效率，加快了混凝土浇筑速度，取得较好的经济和社会效益。

以神华黄骅港三期储煤筒仓 C1 仓为例，单仓仓壁混凝土浇筑量为 3000 m³，在施工总工期 13 d 不变的前提下，利用轨道车施工，需要 4 辆即可满足混凝土运输量要求，用手推车则需要 16 辆车可满足混凝土运输量需求，直接成本分析比较见表 10 - 1。

表 10 - 1 直接成本分析对比表

序号	设备名称	原 材 料	人 工	费用合计
1	手推车	380 元/辆×16 辆 = 6080 元	16 人/班×3 班×13 d×180 元/（d·人）= 112320 元	118400 元
2	轨道车	1500 元/辆×4 辆 = 6000 元 轨道及辅材：1.3 万元	8 人/班×3 班×13 d×180 元/（d·人）= 56160 元	75160 元
3	节约成本			43240 元

应用本工法施工比常规施工方法单仓节约成本 43240 元，12 个筒仓共计节约 518880 元。另外，在筒仓群工程施工中，两个筒仓共用一台塔吊和一台混凝土输送泵即可满足材料、机具的垂直运输，节省大型施工设备的投入，每个筒仓可节省施工费用 14 万元以上。

11 应 用 实 例

11.1 神华黄骅港三期储煤筒仓工程

该工程为后张拉预应力钢筋混凝土筒仓结构，由 24 个内径 40 m、仓壁厚 500 mm、高 42 m 的预应力钢筋混凝土筒仓组成，其中 C、D 列共计 12 个筒仓用此工法施工。单仓仓壁混凝土量为 3000 m^3，单仓贮煤量为 3×10^4 t，钢结构仓顶。

该工程于 2011 年 10 月 2 日开工，2012 年 11 月 20 日完工。在仓壁滑模施工中 12 个筒仓节约施工成本 164 万元，施工效益明显，没有发生任何安全事故。施工中成立的 QC 小组成果获得中国煤炭协会 2011 年度 QC 成果先进奖。

11.2 神华黄骅港四期储煤筒仓工程

该工程为后张拉预应力钢筋混凝土筒仓结构，由 24 个内径 40 m、仓壁厚 500 mm、高 42 m 的预应力钢筋混凝土筒仓组成，单仓仓壁混凝土量为 3000 m^3，单仓贮煤量为 3×10^4 t，钢结构仓顶。

该工程于 2012 年 3 月 2 日开工，2012 年 11 月 30 日完工。在仓壁滑模施工中 24 个筒仓全部采用此工法，节约施工成本 328 万元，节约工期 30 d，在施工过程中未发生安全事故，混凝土结构质量优良，得到业主和监理的一致好评，创造了良好的社会效益。

11.3 新疆准东煤田五彩湾矿区电厂备煤储煤仓工程

该工程为后张拉预应力钢筋混凝土筒中筒结构，由 1 个内径 36 m、仓壁厚 500 mm、高 44.08 m 的预应力钢筋混凝土筒仓组成，单仓仓壁混凝土量为 3500 m^3，单仓贮煤量为 3×10^4 t，钢结构仓顶。

该工程于 2011 年 6 月 10 日开工，2012 年 6 月 30 日完工。在仓壁滑模施工中采用此工法，经济效益明显，节约施工成本 32 万元，在施工过程中未发生安全事故，混凝土结构质量优良，得到业主和监理的一致好评，创造了良好的社会效益。

应用 FLAC3D 数值模拟筒仓施工工法（BJGF066—2012）

唐山开滦建设（集团）有限责任公司

史贵生　马德启　刘　神　李　黎　郑迎朝

1　前　　言

近年来我国大型煤炭基地建设迅速发展，一种直径大、储量多、结构复杂且符合国家环保政策的大型储煤仓在煤炭行业中得到了应用。此类筒仓由多种柱、转换梁、环梁、漏斗、多层平台叠加而成，结构复杂，传统施工方法速度慢、质量不易保证。为此，唐山开滦建设（集团）有限责任公司成立了课题小组，开展技术攻关，利用计算机软件辅助施工，将传统的手工平面放样，改为三维立体放样，提高了放样精度，保证了施工质量，缩短了工期，降低了施工成本。通过工程实践，不断完善，总结出应用 FLAC3D 数值模拟筒仓施工工法。

该工法关键技术 2012 年 6 月经国家安全生产监督管理总局信息研究院查新结果，国内未见有与本课题查新相关技术文献报道，2013 年 1 月通过中国煤炭建设协会组织的科技成果鉴定，达到国内先进水平。

该工法先后成功应用于开滦（集团）蔚州矿业有限责任公司北阳庄煤矿产品仓、京唐港焦化项目配煤室、东欢坨煤矿动力煤选煤厂原煤储煤仓及精煤仓等工程，保证了工程质量和工期，取得了较好的经济和社会效益。

2　工　法　特　点

（1）根据设计图纸，利用 FLAC3D 软件进行三维立体放样、演示、分析，提高了放样精度，保证了施工质量，降低了原材料的损耗，节约了施工成本。

（2）采用专业安全技术软件验算，提高了数据的准确性和工作效率，确保施工安全。

3　适　用　范　围

适用于直径 15 m 以上的钢筋混凝土筒仓施工。

4　工　艺　原　理

采用 FLAC3D 软件，建立结构数据模型，形成可视化的三维立体模型，对复杂结构及细节部位进行模拟演示和分析，将关键工序转换成 CAD 二维图像指导施工，提高配模和钢筋下料精度，同时借助安全技术软件对关键部位，如筒仓复杂结构处模板支撑体系进行快速分析、准确验算及优化，确保了筒仓施工安全和质量。

5 施工工艺流程及操作要点

5.1 施工工艺流程

施工工艺流程图如图5-1所示。

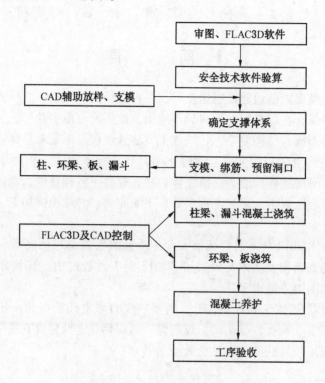

图5-1 施工工艺流程图

5.2 操作要点

5.2.1 审图运用 FLAC3D 软件

（1）认真熟悉设计图纸，甄别有效输入的图纸数据。

（2）输入 FLAC3D 软件，建立筒仓结构三维立体模型，如图5-2所示，形成可视化的动态模拟演示材料。

（3）向现场操作人员演示异形结构构件及衔接部位，并对异形结构进行可视化的分析和演示。

（4）通过软件从三维立体软件转换成二维图纸指导施工，达到空间与平面相结合的直观印象，以便每道工序都能准确分解成配置单元。

（5）正确把握模板、钢筋下料形状及尺寸，减少模板配置和钢筋下料出错率，增加了施工技术操作的明确性、直观性和科学性，为施工质量创优奠定了基础。

5.2.2 实施计算机测量放样

图 5-2　筒仓三维立体模拟效果图

（1）本技术借助 FLAC3D 软件绘出三维立体模型，再转换成二维 CAD 指导施工，减轻了施工强度，提高了精准度。

（2）利用 CAD 二维图形对关键部位进行测量放线，并对关键构件进行放样设计，克服了传统测量方法准确率低的问题。

（3）漏斗部位通常由井梁、转换环形梁、扇形漏斗等异形构件所构成，利用本软件克服了传统放样、支模时，工作量大，工人操作难度大、精度低，质量无法保证的难题。

5.2.3　确定支撑体系

（1）采用专业安全技术软件对漏斗斜壁、环型板、连接腋角等异形部位模板支设体系进行优化和验算，克服了传统手工计算工作量大、易出错的缺点，确保了支撑体系结构荷载计算的准确性和安全性。

（2）在支设前根据软件放样的数据在现场进行测量放线，比传统放线精度显著提高，并且一次复核准确到位。

（3）支设完毕后，对支撑系统进行确认验收，并对振捣棒进行试运转，对架体、模板、钢筋的变形情况进行检查和矫正加固，确保了支撑体系的稳定性。模板支设如图 5-3 至图 5-7 所示。

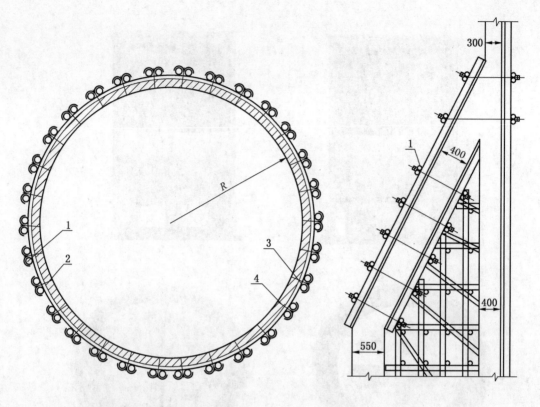

1—竖背楞；2—勾头螺栓；3—ϕ20 mm 钢圈；4—钢模板

图 5-3　筒身模板支设示意图

1—拉杆及背楞间距按仓内环梁模板进行设置

图 5-4　漏斗斜壁模板支设图

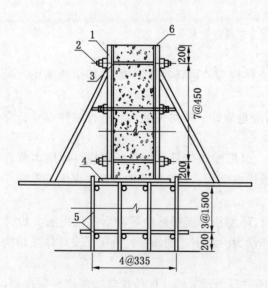

1—50 mm×100 mm 方木；2—M12 对拉螺栓；3—塑料
套管；4—40 mm 厚竹胶合板；5—ϕ48 mm×
3.5 mm 脚手管；6—18 mm 厚竹胶合板

图 5-5　梁模支模断面图

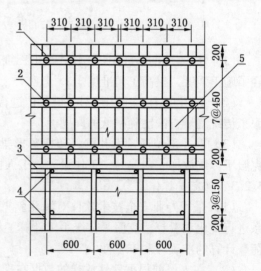

1—50 mm×100 mm 方木；2—M12 对拉螺栓；
3—40 mm 厚竹胶合板；4—ϕ48 mm×
3.5 mm 脚手管；5—18 mm 厚竹胶合板

图 5-6　梁模支模侧面图

图 5-7 环板模板支撑体系

5.2.4 在施工过程中的控制

（1）利用建立好的 FLAC3D 三维立体模型及 CAD 二维平面等数据对筒仓施工进行全方位、全过程技术控制。

（2）根据安全技术软件对结构的受力分析、验算，采用分层、分段、分构件逐渐浇筑混凝土的施工顺序，将筒仓结构中的转换梁、板、柱、漏斗及环梁等构件依次浇筑，减少支撑系统施工荷载的叠加，对浇筑进行优化配制，节约混凝土用量，降低水泥水化热、温度应力等因素所产生的不良影响，充分考虑局部荷载对结构所产生的应力变化。

（3）在每浇筑一个循环后全数检查模板支撑体系的立杆、横杆、扣件连接点、模板位移和断面尺寸的变化，实时跟踪加固扣件，并应用软件及时调整模板尺寸，确保了模板的整体稳定和结构尺寸符合设计要求，混凝土浇筑顺序如图 5-8 所示。

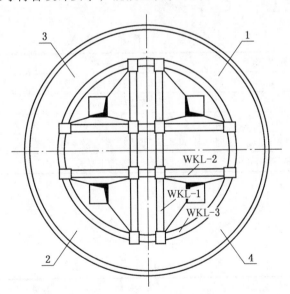

1—第一部分；2—第二部分；3—第三部分；4—第四部分

图 5-8 混凝土浇筑顺序

5.3 劳动组织

劳动组织见表 5 - 1。

表5-1 劳动组织表 人

序 号	单 项 工 程	所需人数	备 注
1	管理人员	12	现场施工管理
2	测量工	4	现场测量
3	普工	30	土方开挖支护施工
4	木工	48	模板施工及预埋件
5	钢筋工	38	钢筋制作、绑扎
6	混凝土工	20	混凝土施工
7	抹灰工	8	混凝土抹灰
8	架子工	8	搭设脚手架
9	电工	4	现场用电及预埋
10	其他配合人员	18	配合筒仓施工
合 计		190	

6 材料与设备

6.1 材料

施工材料见表 6 - 1。

表6-1 施工材料一览表

序 号	材料名称	型号或规格	备 注
1	水泥	P. O 32. 5普通硅酸盐水泥	商品混凝土配料
2	石子	粒径 20 ~ 40 mm	商品混凝土配料
3	砂子	中砂、含泥量小于3%	商品混凝土配料
4	外加剂	减水率35%以上聚羧酸系列	由试验室出配比
5	钢筋及制作	符合设计及施工要求	钢筋制作、安装

6.2 设备

施工设备见表 6 - 2。

表6-2 施工设备一览表

序 号	设 备 名 称	型号或规格	数量	额定功率/kW
1	经纬仪	TDJ2E	4	
2	水准仪	S3	4	
3	钢筋弯曲机	GW40	2	2.2

表 6 - 2（续）

序号	设 备 名 称	型号或规格	数量	额定功率/kW
4	钢筋切断机	GQ40 - 1	2	5.5
5	钢筋调直机	GT4 - 14	2	11
6	无齿锯	MJ225	2	3
7	振捣棒	HZ50	12	1.1
8	交流电焊机	BX - 500	8	38.5
9	塔吊	QTZ60	2	24
10	闪光对焊机	U100	2	100
11	木工电锯	MJJ - 3	1	3
12	手电钻	J1Z - FF	3	3
13	砂轮机	M3220A	2	5

7 质 量 控 制

7.1 质量控制标准

（1）《工程测量规范》（GB 50026—2007）。

（2）《混凝土质量控制标准》（GB 50164—2011）。

（3）《混凝土结构工程施工质量验收规范》（GB 50204—2002）。

7.2 质量控制措施

（1）施工前应做好审图工作，运用 FLAC3D 及 CAD 软件时，确保输入的数据准确、有效。

（2）每个节点、每个构件在支模前后，均应进行 FLAC3D 三维立体和 CAD 二维平面的演示、交底、放线及复查。

（3）对关键工序、关键部位进行质量控制，利用 QC 小组，按照 PDCA 循环进行过程控制，确保质量达到合格。

（4）严格控制筒仓钢筋保护层厚度。施工中出现位移的竖直钢筋与上部钢筋连接时，不能弯成死弯，对垫块要合理布置、绑扎牢固。

（5）为防止叠合处出现烂根现象，进行细部处理，并在混凝土浇筑前，先在模板内浇 50 mm 厚同等级细混凝土或砂浆，确保了叠合处或转换层的混凝土强度。

（6）加强成品保护，各部位的混凝土采用喷水养护，至少不低于 7 d。并防止施工过程中碰撞损坏成品。

8 安 全 措 施

（1）项目成立安全生产领导小组，定期安全检查，发现安全隐患及时整改，确保实现安全生产。

（2）施工现场设置安全纪律牌和安全警示牌，进入施工现场人员应佩戴安全防护用品。

（3）施工现场临时用电应制定专项方案，架空线高度距地面不得低于 4 m，跨越道路高度不得低于 6 m。在总配电箱、开关箱内均应设漏电保护器，实行两级漏电保护，并加强日常规范用电。

（4）施工承重结构、围护脚手架在施工前应编制安全措施，并做好安全技术交底。脚手架搭设，并与主体工程同步进行，筒仓壁架体采用刚性连接。

（5）脚手架外侧架设一道 3 m 宽的安全平网，与地面的距离不少于 3 m。

（6）上人爬梯口和预留洞口设置防护栏杆和双层盖板，通道口和立体交叉作业口搭设双层坚固的防护棚和围栏，临边部位设防护栏杆和围网。

9　环　保　措　施

（1）设专职环保员，负责贯彻执行有关环保方面国家法规和当地政府等有关部门的要求，协助项目部经理做好环保工作的实施、检查、验收。

（2）通过采用网络机软件对实物放样进行优化，提高了劳动效率，减轻了操作人员的劳动强度，减少脚手管、扣件、方木等材料的支出、周转，降低了能耗。

（3）夜间照明灯具把光线调整到操作现场。

（4）及时清运施工垃圾，运输中不出现遗撒现象。现场道路指定专人适量洒水，减少扬尘。出场的车辆派专人用水清洗轮胎。建筑垃圾出场需用苫布覆盖。

（5）选用节能、低噪声施工设备。

10　效　益　分　析

该工法与传统施工方法相比，通过 FLAC3D、CAD 及施工安全计算软件的综合运用，提高了工程放样精度和计算数据的准确性，保证施工安全和质量，缩短了工期，降低了原材料的损耗，节约了施工成本。以开滦东欢坨煤矿动力煤选煤厂原煤储煤仓及精煤仓工程为例，缩短工期 10 d，节约人工费、设备及周转材料租赁费共计 14.8 万元，实现了安全生产，工程质量得到业主和监理单位的高度赞誉。

11　应　用　实　例

11.1　开滦东欢坨煤矿动力煤选煤厂原煤储煤仓及精煤仓工程

该工程由 6 个直径 18 m 钢筋混凝土筒仓组成，于 2010 年 5 月 28 日开工，2011 年 12 月 31 日竣工，缩短工期 10 d，节约施工成本 14.8 万元，确保了施工安全和质量。

11.2　京唐港焦化项目配煤室工程

该工程由 4 个直径 25 m 钢筋混凝土筒仓组成，于 2000 年 6 月 24 日开工，2010 年 9 月 30 日竣工，缩短工期 8 d，节约施工成本 9.328 万元，确保了施工安全和质量。

11.3　开滦（集团）蔚州矿业有限责任公司北阳庄煤矿产品仓工程

该工程由 3 个直径 18 m 钢筋混凝土筒仓组成，于 2010 年 4 月 1 日开工，2011 年 12 月 13 日竣工，缩短工期 11 d，节约施工成本 10.355 万元，确保了施工安全和质量，受到甲方和质量监督部门的一致好评。

预应力钢筋混凝土吊车梁曲线钢绞线张拉施工工法 (BJGF067—2012)

兖矿东华建设有限公司

叶文付　叶　涛　毕爱玲　孟令苏　王庆林

1 前　　言

由于受张拉方式、孔道摩阻、钢绞线理论伸长值计算精确度等因素影响，曲线形钢绞线张拉控制较直线形钢绞线更为复杂与精细。为控制结构建立起的预应力值在设计及规范规定的允许偏差内，使结构满足承载力及耐久性的要求，由兖矿东华建设有限公司研究出预应力钢筋混凝土吊车梁曲线钢绞线张拉施工工法。

该工法关键技术 2012 年 12 月经国家安全生产监督管理总局信息研究院科技查新表明国内未见有与本课题研究内容相同的文献报道，2013 年 1 月通过中国煤炭建设协会组织的技术鉴定，达到国内先进水平，具有推广应用价值。

该工法成功应用于兖矿高性能大型工业铝挤压材项目挤压一车间、兖矿高性能大型工业铝挤压材项目挤压二车间、兖矿高性能大型工业铝挤压材项目挤压四车间等工程，其中兖矿高性能大型工业铝挤压材项目挤压四车间工程获得 2010—2011 年度煤炭行业优质工程"太阳杯"奖。

2 工 法 特 点

（1）进行曲线形钢绞线理论伸长值计算时考虑孔道摩阻力的影响，使理论计算结果更加精确，为指导张拉施工提供依据。

（2）曲线形钢绞线采用两端同步张拉方式，使孔道摩阻力对张拉结果的影响程度降低，提高张拉施工速度。

（3）采用"双控"措施，即从张拉力及钢绞线实际伸长值两个方面对张拉结果进行控制，使构件施工质量得到保证。

3 适 用 范 围

适用于非直线形钢绞线后张法预应力混凝土构件的施工。

4 工 艺 原 理

设计确定的预应力钢绞线位置上预留孔洞，采用预埋金属波纹管，钢筋"井字架"加固成孔技术。其工艺原理是吊车梁混凝土浇筑之前在构件内部预留孔道，待构件混凝土浇筑完成并达到设计要求的张拉强度后进行钢绞线的穿束、张拉及孔道注浆，借助孔道两端工作锚具及预应力钢绞线对构件建立预压应力，从而达到减小吊车梁变形，增大承载力的目的。

5 施工工艺流程及操作要点

5.1 施工工艺流程

施工准备→钢绞线下料、穿束→锚具、夹片、千斤顶及百分表安装→张拉→孔道注浆。

5.2 操作要点

5.2.1 施工准备

（1）原材料（钢绞线、锚具及夹片）进场报验完成并经复试合格后方可用于张拉。

（2）完成张拉机具（配套千斤顶及油压表）校检。

（3）进行技术交底，同时要准备好各种表格，如张拉记录表格、配套千斤顶及油压表张拉力表格等。在计算钢绞线理论伸长值时，中部曲线形孔道与直线形孔道相比，需要综合考虑孔道摩阻及张拉方式的影响，采用式（5-1）计算曲线钢绞线张拉应力。

$$\sigma = \sigma_j \times \left[1 - (KL_T + \mu\theta)/2 \right] \qquad (5-1)$$

式中 σ——曲线形钢绞线计算截面处张拉应力；

σ_j——曲线形钢绞线端部张拉应力；

K——孔道（每束）局部偏差时摩擦影响系数，波纹管取 0.003；

μ——预应力筋与孔道壁的摩擦系数，波纹管取 0.25；

L_T——预应力筋的实际长度；

θ——从张拉端至计算截面曲线孔道部分切线的夹角（以弧度计）。

（4）对现场吊车梁作全面检查，端头混凝土及波纹管道扩大部分的残余灰浆要铲除打磨平整、光滑。

（5）钢绞线穿束前应采用 14 号铁丝中部绑扎棉团对预留孔道进行通孔疏通、清理。

5.2.2 钢绞线下料、穿束

根据张拉方式，钢绞线下料长度采用式（5-2）进行计算：

$$L = L_1 + 2(L_2 + 100) + L_3 + L_4 + L_5 \qquad (5-2)$$

式中 L_1——构件长度；

L_2——夹片锚厚度；

L_3——千斤顶长度；

L_4——工具锚厚度；

L_5——垫板厚度。

由于进场成捆钢绞线其弹性较大，为防止钢绞线弹出伤人，钢绞线下料时应先吊放进专门加工的放线盘内进行下料切割。钢绞线下料应注意以下几个方面：

（1）钢绞线下料长度根据计算长度确定，试用后可对长度进行修正。

（2）钢绞线下料在干净无油污的枕木上进行，靠近放线盘架的枕木要求与放线盘架的距离不小于 6 m，在该位置处放置砂轮切割机。因为钢绞线从放线盘架弹出时有一定的弹力，防止伤人。

（3）钢绞线采用砂轮切割机切断，以保证切口平正，切头断面不散，不允许用电、气切割，以防损伤钢绞线和发生意外事故。

（4）钢绞线在下料前应进行表面清理、除锈，钢绞线不允许焊接，凡有以上缺陷的钢绞线不准使用。

（5）钢绞线穿束应待混凝土浇筑完毕，张拉前一周完成，防止穿筋过早造成钢绞线锈蚀或损坏。穿筋采用整束穿入方案，钢绞线应排列理顺，不得在孔道内交叉叠绕。

5.2.3 锚环、夹片、千斤顶及百分表安装

钢绞线穿束完成后开始安装工作锚环及夹片，安装前提前在吊车梁端部预埋钢板上划线定位，保证工作锚环中心与孔道中心重合，安装夹片时，采用 DN20 镀锌钢管穿过钢绞线将夹片击紧，使夹片露出锚环长度相同并将每孔内夹片的间隙调整均匀，固定端钢绞线露出锚环的长度尽量控制在 3 cm 并不得短于 3 cm。张拉端安放千斤顶之前先安装限位板，使限位板平面部位向外对准千斤顶前端，千斤顶通过放置在吊车梁两端的三角架采用手拉葫芦升降，千斤顶放置位置应保证千斤顶中心、锚环中心、孔道中心在一条直线上，千斤顶后端安装工具锚，工具夹片为每孔 3 片，周转使用，工具夹片紧固方法及要求同工作夹片方法。施加预应力之前，应检查工具夹片紧固程度（用手触碰无松动现象），工具夹片若安装不紧固，可能导致局部咬不紧钢绞线的情况，从而造成钢绞线滑脱现象，另外，工具夹片在安装入孔之前，要求在背部打蜡以便回顶时能顺利滑出工具锚，以后每使用 5～10 次，应将工具锚上的夹片卸下，向工具锚环中的锥形孔中重新涂上一层石蜡，以防夹片在退楔时卡住。百分表安装在吊车梁两端砸入土中的百分表架之上，各孔张拉完成后通过百分表读数计量混凝土压缩值，百分表指针应分别顶住张拉孔道下部混凝土面上。

5.2.4 张拉

1. 张拉方法

吊车梁顶部 1 号孔钢绞线采取一端张拉，中部 2 号曲线形钢绞线采取两端同步张拉，下部 3、4 号孔钢绞线采取一端同步对称张拉。各孔张拉顺序如图 5-1 所示。

先张拉 1 号孔，方式为一端张拉，其次张拉中部 2 号孔，方式为两端同步张拉，最后张拉 3、4 号孔，方式为一端同步对称张拉，各孔张拉过程如下：

1 号孔：$0\rightarrow10\%~\sigma_{con}$（作伸长量标记）$\rightarrow100\%~\sigma_{con}$（量测

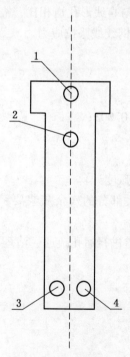

1—1 号孔；2—2 号孔；
3—3 号孔；4—4 号孔

图 5-1　吊车梁孔道示意图

伸长值)→锚固。

2 号孔：$0 \to 10\% \sigma_{con}$（作伸长量标记）$\to 103\% \sigma_{con}$（量测伸长值）$\to$（持荷 3 min）锚固。

3 号孔：$0 \to 10\% \sigma_{con}$（作伸长量标记）$\to 103\% \sigma_{con}$（量测伸长值）$\to$（持荷 3 min）锚固。

4 号孔：$0 \to 10\% \sigma_{con}$（作伸长量标记）$\to 103\% \sigma_{con}$（量测伸长值）$\to$（持荷 3 min）锚固。

由于该类型吊车梁各孔道采用分批张拉，需要考虑后批张拉产生的混凝土弹性压缩值对先批张拉结果是否会造成影响，如有影响，则先批张拉设备的张拉力尚需加上该弹性压缩损失值。在张拉施工前，可先选择一榀吊车梁进行张拉试验，各孔道附近均放置百分表用于检验后批张拉施工对先批张拉结果是否会造成影响及影响程度，以确定先批张拉钢绞线的张拉力在理论计算的基础上需增加的数值。

2. 张拉要求

（1）预应力钢绞线在张拉前，先调整到初应力（取张拉控制应力的 10%）作为零起点的初始伸长值，再开始张拉和量测伸长值。

（2）实际伸长值除张拉时量测的伸长值减去初始伸长值外，还应加上初应力时的推算伸长值，应扣除混凝土构件在张拉过程中的弹性压缩值，按规范要求，钢绞线实际伸长值与理论伸长值之差应控制在理论伸长值的 ±6% 以内。

（3）两端同时张拉时，两端千斤顶升压、降压、划线、测伸长、插垫等工作应基本一致。

（4）除顶部孔道钢绞线外，其余孔道钢绞线在张拉应力达到稳定并持荷 3 min 后方可锚固，锚固完毕并经检验合格后，即可切割端头多余外露钢绞线，切割后外露长度为 30 mm，严禁用电弧焊切割，只允许用砂轮机切割。

（5）张拉时应认真做到孔道、锚环与千斤顶三对中，以便张拉工作顺利进行，并不致增加孔道摩擦损失。

5.2.5 孔道注浆

吊车梁孔道注浆在钢绞线张拉完成后尽早进行以防预应力损失及钢绞线锈蚀，注浆顺序应由下向上进行。注浆宜在正温下连续进行，孔道内水泥浆应饱满、密实，尤其是构件端部的锚固区必须密实。注浆材料采用水泥浆，强度按设计要求采用 M30 水泥浆。

孔道注浆相关要求如下：

（1）注浆必须连续进行，一次完成，如中间因故停顿，应立即将已注入孔道的水泥浆用清水冲洗干净，正常后再重新注入。注浆完成后采用圆木楔将注浆孔封堵。

（2）注浆宜按照先下层孔道，后上层孔道的顺序依次进行，排气应通顺，在灌满孔道封闭排气孔后，应继续加压至 0.5 ~ 0.7 MPa，稳压 1 ~ 2 min，稍后封闭灌浆孔。每榀吊车梁的全部孔道应一次灌浆完成。

（3）注浆工作应在正温下进行，当室外温度高于 35 ℃ 时，宜在夜间施工。移动吊车梁时，水泥浆强度不应低于 15 MPa。

（4）注浆过程中，应根据施工日期留置同条件养护试块，以便测定水泥浆强度。

（5）孔道注浆完成后，为防止端头锚具损坏及锈蚀，应及时采用细石混凝土将端头锚具封堵严密。

5.3 劳动组织

以兖矿高性能大型工业铝挤压材项目挤压一车间工程为例,劳动组织见表5-1。

表5-1 劳动组织表   人

序 号	人 员 分 工	所 需 人 数
1	生产管理人员	1
2	技术管理人员	1
3	安全管理人员	1
4	质检管理人员	1
5	预应力筋张拉人员	8
6	监护、操控人员	4
7	电仪工	1
8	起重工	2
9	钢筋工	15
10	木工	10
11	瓦工	5
12	焊工	1
合 计		50

6 材 料 设 备

6.1 材料

施工主要材料见表6-1。

表6-1 主要材料表

序号	材料名称	规格型号	用 途	相关检验
1	工具锚环	与油压千斤顶配套	张拉工具可周转使用	硬度检验
2	工作锚环及夹片	符合设计要求	结构用	硬度检验
3	钢绞线	符合设计要求	结构用	最大负荷、屈服负荷、伸长率、弹性模量

6.2 设备

施工主要设备见表6-2。

表6-2 主要设备表

序号	设备名称	规格型号	数 量	用 途
1	砂轮切割机	常规	按现场实际	钢绞线下料
2	手提砂轮机	常规	按现场实际	多余钢绞线切割
3	张拉油泵	JEC - 1000	按现场实际	张拉

表6-2（续）

序号	设备名称	规格型号	数 量	用 途
4	千斤顶	YDC-1100	按现场实际	张拉
5	百分表		按现场实际	计量混凝土压缩值
6	倒链	1 t	按现场实际	升降千斤顶
7	钢尺	直角拐尺	按现场实际	测量钢绞线伸长值
8	百分表架	自制	按现场实际	固定百分表
9	三角架	自制	按现场实际	固定倒链
10	灰浆搅拌机	YJ-200	按现场实际	搅拌水泥浆
11	注浆机	HJB-3	按现场实际	孔道注浆

7 质 量 控 制

（1）预应力筋张拉锚固后实际建立的预应力值与工程设计规定检验的相对允许偏差为±5%，在同一检验批内，抽检预应力筋总数的3%，且不少于5束。

（2）每端预应力筋回缩量在6 mm以内。

（3）夹片外露长度不得大于5 mm。

（4）实测伸长值与理论伸长值之差不大于±6%理论伸长值。

（5）张拉过程中应避免预应力筋断裂或滑脱，当发生断裂或滑脱时，必须符合下列规定：对后张法预应力结构构件，断裂或滑脱的数量严禁超过同一截面预应力筋总根数的3%，且每束钢绞线不得超过一根。

（6）在张拉过程中出现以下情况，需换锚或重新张拉钢绞线：

① 终张拉时发现预/初张拉的锚具中有夹片断裂者；

② 同一锚具内夹片断裂超过两片者；

③ 锚环裂纹损坏者；

④ 切割钢绞线或压浆时发生滑丝者。

8 安 全 措 施

（1）参加施工的人员，应熟知本工种的安全技术操作规程，进入施工现场，应首先学习安全技术措施，经考试合格后方能上岗。

（2）任何人员进入施工现场必须配戴安全帽并系好帽带，施工人员必须遵守安全操作规程，用好劳动保护用品。

（3）严禁"三违"现象发生，严禁酒后作业。

（4）现场配备专职电工负责预应力施工用电。

（5）高压油管使用前应做耐压试验，合格后方能使用。

（6）油压表安装必须紧密满扣，油泵与千斤顶之间采用的高压油管连同油路的各部位接头均需完整紧密，油路畅通，在最大工作油压下保持 5 min 以上均不得漏油，若有损坏者应及时更换。

（7）钢绞线成盘下料时应采取措施，以防钢绞线弹出伤人，下料切割人员应戴好防护目镜。

（8）张拉地区应标示明显的标记，禁止非工作人员进入张拉场地。张拉钢绞线的两端必须设置钢板挡板。挡板应距所张拉钢绞线的端部 1.5～2 m，且应高出最上一组张拉钢绞线 0.5 m，其宽度应距张拉端钢绞线两外侧各不小于 1 m。

（9）预应力筋张拉时，千斤顶两端严禁站人，闲杂人员不得围观，预应力施工人员应在千斤顶的两端操作，不得在端部来回穿越，也不得踩踏高压油管。

（10）操作高压油泵人员要戴好防护目镜，防止油管破裂及接头处喷油伤眼。

（11）张拉时发现张拉设备运转声音异常，应立即停机检查维修。

（12）张拉时，张拉人员要注意观察油表行走情况，如有异常要立即关掉张拉油泵，查明情况。

（13）预应力钢绞线张拉完成后，严禁施工现场任何电焊工具以张拉完成后的吊车梁作为接地以防钢绞线断裂。

（14）施工中要严格遵守安全用电措施，配备专用电源、漏电保护器。

9 节 能 环 保

（1）施工现场材料应按规格分类堆放整齐。

（2）切割的多余钢绞线短料应及时回收，不得随意丢掷在施工现场。

（3）如遇高压油泵漏油的情况应及时进行设备维修及现场清理。

（4）现场存放的水泥及外加剂要堆放整齐并覆盖严密。

（5）进行孔道注浆时，每班作业完成后应对洒落的水泥浆及时进行清理。

10 效 益 分 析

采用本工法使预应力钢筋混凝土吊车梁施工工期及质量得到良好的保证，降低了施工成本，提高企业信誉度，经济和社会效益显著。以兖矿高性能大型工业铝挤压材项目挤压一车间工程为例，设计采用 6 m 张法预应力混凝土吊车梁，共计 326 榀，自行施工每榀吊车梁成本为 3660 元，而外委加工预制每榀吊车梁需 5000 元，该工程全部吊车梁可节约施工成本 326 榀 × 1340 元/榀 ＝ 43.684 万元。工期提前 15 d，该工程每日施工人数平均按50 人计算，人工工资按 150 元/日计算，可节约人工费：15 d × 50 人 × 150 元/（人·d）＝11.25 万元。工程共计节省施工费用 54.934 万元。

11 应 用 实 例

11.1 兖矿高性能大型工业铝挤压材项目挤压一车间

该工程设计 326 榀 6 m 后张法预应力混凝土吊车梁，在施加额定张拉力后，通过钢绞线实际伸长值与理论伸长值比较，数值偏差全部在规范允许的 ±6% 范围内。工程于 2010 年 3 月开始预制，至 11 月全部张拉完成，缩短工期 15 d，节约施工费用 54.934 万元。

11.2 兖矿高性能大型工业铝挤压材项目挤压二车间

该工程设计采用 394 榀 6 m 后张法预应力混凝土吊车梁，采用本工法施工完成后，经兖矿集团质量监督站、建设监理单位共同验收，施工质量符合设计及施工规范要求，吊车梁于 2011 年 5 月开始预制，至 9 月全部张拉完成，缩短工期 15 d，节约施工费用 52.7 万元。

11.3 兖矿高性能大型工业铝挤压材项目挤压四车间

该工程设计采用 188 榀 6 m 后张法预应力混凝土吊车梁，应用本工法施工完成后，经兖矿集团质量监督站、建设监理单位共同验收，施工质量符合设计及施工规范要求，吊车梁于 2009 年 4 月开始预制，至 7 月全部张拉完成，缩短工期 7 d，节约施工费用 25.2 万元。

演练巷道应用异形模板体系施工工法（BJGF068—2012）

唐山开滦建设（集团）有限责任公司

史贵生　陆文银　郝长青　张　胤　李学军

1 前　　言

混凝土结构的模板工程是混凝土成型施工中的一个十分重要的组成部分。模板工程的费用往往超过混凝土的费用，因此设计混凝土结构的模板工程时，应当考虑经济性和模板质量。

目前，对于异形混凝土巷道结构工程，尤其是断面较小的异形结构工程，采用钢木组合模板体系施工，具有施工速度快、节省木材的特点。

2011年唐山开滦建设（集团）有限责任公司承建的国家矿山应急救援开滦队模拟演练巷道工程，巷道总长为600 m，其中截面形式有拱形、矩形、梯形、菱形等。施工中通过对钢木组合模板体系中钢支架进行改进并结合CAD模拟技术手段，解决了异形巷道的模板支护技术难题，总结出演练巷道应用异形模板体系工法，提高了材料的利用率，保证了施工安全和工程质量，缩短了工期，降低了施工成本。

该工法关键技术于2013年1月通过中国煤炭建设协会组织的科技鉴定，结论为达到国内先进水平。

该工法先后在国家矿山应急救援开滦队模拟演练巷道工程、开滦国家矿山公园井下探秘游工程中得到成功应用，取得了良好的经济效益和社会效益。

2 工　法　特　点

（1）运用钢木组合模板体系施工时，在槽钢支架上设计快速插拔承插口，将整体钢支架分解，减轻整体支架的质量，便于运输、安装和拆卸，提高施工速度，同时可以根据巷道截面形式不同，对钢支架进行合理拼装，合理利用材料，降低施工成本。

（2）利用CAD模拟技术，对异形巷道施工时所需模板形状及尺寸进行提前设计和编号，确保模板设计、制作简单合理，便于安装拆卸及提高模板安装精度；合理编号，对号安装可以提高模板的安装速度。

3 适　用　范　围

适用于拱形、梯形等特殊截面形式的混凝土结构巷道工程的施工。

4 工 艺 原 理

针对演练巷道工程，施工准备阶段通过利用 CAD 模拟技术，对异形截面巷道施工时所需模板形状及尺寸进行提前设计和编号，用竹胶板提前加工，并根据各种截面的尺寸设计型钢支架，并在钢支架上设计快速插拔承插口，使钢支架可以进行合理拼装，施工时将提前制作好的木模板和型钢支架组合使用，形成钢木组合模板体系，此施工方法可以提高模板的安装速度、精度和材料利用率。

5 工艺流程及操作要点

5.1 工艺流程

工艺流程如图 5-1 所示。

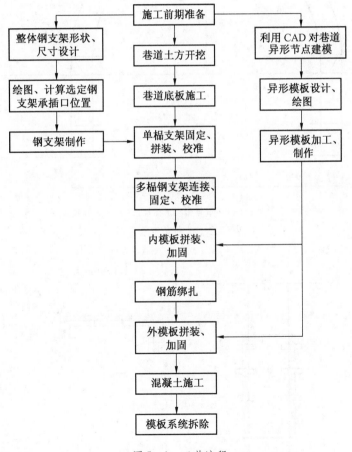

图 5-1 工艺流程

5.2 操作要点

5.2.1 钢支架设计及制作

（1）钢支架设计时，应根据截面形式、结构荷载、受力分析计算选用制作支架的槽钢的规格型号，确保支架有足够的强度。

（2）根据巷道截面形式不同，设计不同形状的槽钢支架，通常异形槽钢支架的外径 $D = D_1$（结构的内径）$- D_2$（木方高度）$- D_3$（复合模板厚度）$- D_4$（预留 5 mm 的调整空间）。

（3）钢支架设计时承插口位置设置合理，保证有足够强度，便于安拆，同时结合其他巷道截面形式及几何尺寸，尽量使支架自由部分能够组合拼装成其他截面形式。

（4）钢支架制作时严格按照设计尺寸加工，尽量采用专业机具，避免尺寸误差大。

拱形支架如图 5-2 所示，承插口如图 5-3 所示。

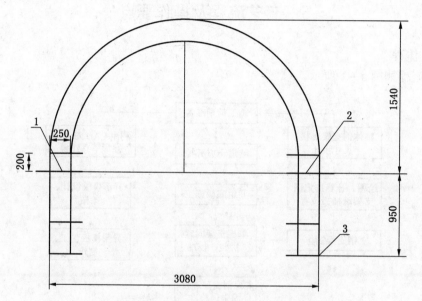

1—截断处；2—8 mm 厚钢板承插口；3—8 mm 厚钢板

图 5-2　拱形支架示意图

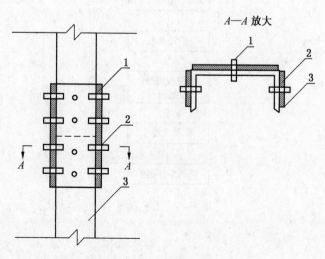

1—8 mm 厚钢板；2—钢制销钉；3—槽钢支架

图 5-3　承插口示意图

5.2.2 巷道混凝土底板施工

（1）混凝土底板模板支护时要严格控制模板的几何尺寸、轴线位置及标高，以确保支护精度。

（2）模板支护要确保牢固可靠，避免跑模、胀模现象发生。

（3）钢筋绑扎严格遵循设计和规范的要求，钢筋工程作业时应避免破坏防水工程。

（4）底板混凝土浇筑时要确保混凝土面层平直、标高准确，同时在底板两侧浇筑不低于300 mm高的直墙段，使接缝位置提高，且接缝位置应安装止水钢板，以防止渗水现象发生。

（5）混凝土浇筑完毕后，要严格按照规范进行养护，做好成品保护措施。

5.2.3 钢支架安装

（1）槽钢支架在运输和堆放过程中，尽量避免发生磕碰，防止支架变形破坏。

（2）槽钢支架拼装时，要确保承插口位置销钉全部安装到位且牢固可靠，避免跳钉现象发生。

（3）单榀槽钢支架固定时确保支架标高和位置准确，并用水准仪和钢尺反复进行校对。

（4）单榀槽钢支架安装到位后，在钢支架外侧铺设木方，内侧用脚手管将多榀支架连接成整体，所铺设木方要薄厚一致，铺设均匀，与支架用螺栓或铅丝连接牢固，如图5-4所示。

图5-4 钢支架实物图

（5）钢支架连接成整体后需进行复验，用水准仪、经纬仪及钢尺对整体钢支架的轴线位置、几何尺寸和标高复检，为保证精度需固定坐标点及高程控制点。

5.2.4 模板设计、制作及安装

（1）模板设计时要秉承合理利用、避免浪费的原则，对于大面积普通模板要考虑选用尺寸与结构尺寸匹配的板材。

（2）对于节点处异形模板，通过利用 CAD 进行模拟放样，提前画好定型模板加工图，并对各种型号的模板进行编号。

（3）定型模板制作严格设计尺寸加工，避免尺寸误差较大。

（4）定型模板制作完成后要采取有效的成品保护措施，避免发生变形破坏、雨水浸泡等现象。

（5）模板安装前刷脱模剂，施工时应采取措施防止模板损坏，尽量增加周转次数。

（6）模板安装时要对号安装，拆除后要按编号统一回收保管，以便再次利用。

5.2.5　钢筋工程

（1）钢筋的制作、绑扎应符合设计和现行相关规范的要求。

（2）钢筋翻样时，接头位置应布置在受力较小的区段，邻近钢筋的接头宜适当错开。

（3）钢筋绑扎时要绑扎牢固，使钢筋整体性良好。

（4）钢筋必须无锈蚀、无污染，钢筋与模板之间设置足够的垫块，确保钢筋保护层厚度符合要求。

5.2.6　混凝土浇筑

（1）混凝土品种、强度等级符合设计要求。

（2）混凝土浇筑前对模板、钢筋进行清理，确保无杂物，浇筑前用水将模板进行湿润。

（3）混凝土浇筑时宜分层进行浇筑，分层厚度宜为 150～300 mm。

（4）混凝土振捣时，振捣棒插点半径不宜大于其作用半径的 1.5 倍。

（5）按照规定留置混凝土试块。

（6）混凝土浇筑完毕后按要求对混凝土进行养护。

5.3　劳动组织

根据工程施工方案、施工技术装备、工效等情况，确定各工种需求人数，见表 5-1。

表 5-1　劳 动 组 织 表　　　　　　　　人

序　号	工　　种	人　　数	备　　注
1	管理人员	7	现场施工管理
2	普工	11	土方开挖支护施工
3	木工	15	模板施工
4	钢筋工	10	钢筋绑扎
5	混凝土工	6	混凝土施工
6	架子工	2	架体搭设
7	测量员	3	测量放线
8	电工	2	电气施工

6 材 料 与 设 备

6.1 材料

本工法所用的主要材料见表 6-1。

表 6-1 主要材料表

序 号	材 料 名 称	规 格 或 型 号
1	槽钢	□12
2	竹胶板	1220 mm × 12 mm × 2000 mm
3	木方	4000（3000）mm × 100 mm × 50 mm
4	脚手管	ϕ48 mm × 3.5 mm
5	扣件	
6	铅丝	10 号
7	铁板	δ10
8	全丝螺栓	ϕ12 mm

6.2 设备

本工法所用的主要设备见表 6-2。

表 6-2 主要设备表

序 号	设 备 名 称	数 量	功率/kW
1	经纬仪	1 台	
2	水准仪	2 台	
3	卷板机	1 台	11
4	电焊机	3 台	15
5	钢卷尺（50 m）	3 个	
6	钢筋切断机	1 台	5.5
7	钢筋弯曲机	1 台	2.8
8	圆盘锯	1 个	6
9	插入式振捣棒	4 个	8

7 质 量 控 制

7.1 执行标准

(1)《混凝土结构工程施工质量验收规范》(GB 50204)。

(2)《工程测量规范》(GB 50026)。

（3）《建筑工程施工质量验收统一标准》（GB 50300）。

（4）《建筑工程施工质量评价标准》（GB/T 50375）。

（5）《安全防范工程技术规范》（GB 50348）。

（6）《建筑施工模板安全技术规程》（JGJ 162）。

7.2 质量控制措施

（1）计量器具应及时进行检定、校准，确保量值准确。坐标点及高程控制点应采取固定措施，每次测量后应及时复测，并做好测量记录。

（2）巷道底板施工时混凝土接缝位置应安装止水钢板，防止渗水。

（3）钢支架加工及安装严格按照支架设计尺寸加工，确保支架几何尺寸符合要求。承插口位置设计合理、准确、满足强度要求。支架安装时应反复测量，确保支架位置和标高准确，支架固定后应及时进行加固，防止支架位移。

（4）钢支架承插口安装时，应确保所有销钉安装牢固，避免脱落。

（5）定型模板严格按照 CAD 模拟尺寸制作，合理编号，保证安装精度。

（6）模板系统支设完毕后及时进行加固，防止跑模、胀模现象发生。

（7）混凝土浇筑前对模板及钢筋进行清理，防止模板内存有杂物。

（8）混凝土浇筑前应洒水湿润，分层浇筑，振捣密实，混凝土终凝后应及时洒水养护，养护期不低于 7 d，抗渗混凝土养护期为 14 d。

（9）混凝土达到规范要求强度时方可拆除模板体系。

8 安 全 措 施

（1）建立各级人员安全生产责任制度，明确各级人员的安全责任，项目经理是施工项目安全管理第一责任人。

（2）特殊工种应持证上岗。

（3）施工现场机电设备应设专人管理，非机电人员不得擅自动用机械设备。

（4）脚手架的搭设，应符合设计和规范要求，把好"连接、承重、检验"三关，严禁堆入重物，并做好临边、洞口的防护。

（5）消防器材应配备齐全，定期进行检查，确保有效。

（6）及时进行施工安全技术交底，定期开展安全检查，并采取措施消除安全隐患。

9 环 保 措 施

（1）做好全员环保知识的培训工作，提高职工的节能环保意识。

（2）施工废弃物集中回收、分类存放，定期到指定地点消纳。

（3）加强现场油料、化学品的管理（如油漆、防火涂料等），对存放油料和化学品的库房进行防渗漏处理，防止油料跑、冒、滴、漏现象的发生。

（4）使用节能、低噪声设备，避免噪声污染。

10 效 益 分 析

该工法在异形巷道模板系统支护工程中，对原整体槽钢支架进行改进，在槽钢支架上设置快速承插口和插拔装置，形成可拆解的组合式模板支架，便于安装、拆除和运输，提高了槽钢支架的利用率，减少了大型吊装设备费用；利用 CAD 模拟设计、制作定型模板，减少了模板等周转料的浪费，大大提高了模板的安装精度和速度，确保了工程质量，缩短了施工工期。

以开滦国家矿山公园井下探秘游回风巷道改造工程为例，缩短工期 22 d，节约人工成本 8.47 万元，实现了安全、快速、高效、优质施工，经济效益和社会效益显著。

11 工 程 实 例

11.1 开滦国家矿山公园井下探秘游工程

该工程为回风巷道改造工程，位于井下探秘游回风巷道，主要包括巷道改造工程和出风口改造工程，巷道结构形式复杂。工程于 2010 年 11 月 24 日开工，2011 年 3 月 17 日竣工，缩短工期 22 d，节约施工成本 8.47 万元，确保了施工安全和质量。

11.2 国家矿山应急救援开滦队模拟演练巷道工程

该工程位于国家矿山应急救援开滦队工程厂区内部，地下钢筋混凝土结构，巷道总长为 600 m，其中截面形式有拱形、矩形、梯形、菱形等多种形式。工程于 2011 年 4 月 23 日开工，8 月 10 日竣工，缩短工期 18 d，节约施工成本 5.814 万元，确保了施工安全和质量。

凿井期间竖立特大型永久井架施工工法（BJGF005—2012）

唐山开滦建设（集团）有限责任公司

卢相忠　孙立仓　屈福民　梁培忠　段宗良

1　前　　言

在矿山建设中，井架安装工程是矿井建设中一个重要的标志性单位工程，它需要占用一定的凿井（井筒掘砌）施工工期。目前，凿井施工方法有利用临时凿井井架进行凿井施工的，也有利用永久井架进行凿井施工的。一般情况下，打钻注浆和冻结与凿井施工不安排在同一时间内施工，但有些建设单位为了节省整个矿井系统建设的工期，将井架安装与打钻注浆和冻结、凿井施工阶段安排在一起平行作业。传统的井架起立方法已不能满足工艺、工期、安全和成本的需要。减少整个矿井建设的施工工期，在减少或不占用凿井施工的情况下，进行井架的组立工作是一个新课题。为了满足工艺和安装的要求，应尽量减少井架安装施工中的占用凿井施工工期。

本工法关键技术为"大型钢结构井架超 90°桅杆扳转法吊装与凿井平行作业的技术（研究）"，2013 年 3 月通过中国煤炭建设协会组织的科学技术成果鉴定，结论为达到国内领先水平。荣获 2007 年度中国施工企业管理协会科学技术创新成果奖二等奖，2008 年河北省煤炭工业科学技术奖二等奖，2008 年 9 月 17 日获国家知识产权局发明专利（专利号：ZL 200610102078. X）。

2　工　法　特　点

（1）永久井架组装、起立与凿井（井筒掘砌、打钻注浆和冻结施工）平行施工，不占用凿井作业时间。

（2）井架主副斜撑组装在井筒两侧并与基础铰链连接。

（3）将两座起重桅杆组装在主斜撑一侧。

（4）主副斜撑起立均为铰链大反转法（＞90°），确保主副斜撑空中合拢尺寸的准确性。

（5）先利用两个起重桅杆起立主斜撑，再利用主斜撑起立副斜撑。

（6）主斜撑起立时副斜撑可作为起重桅杆缆风绳的锚桩使用。

（7）采用管状吊耳大吨位滑车组双出绳顺穿法起吊方案，使整个井架起立过程更安全。

3 适 用 范 围

适用于矿山工程中减少矿井施工工期的要求，即为了缩短矿井施工工期，在凿井设备还在使用，打钻注浆和冻结、凿井工程还在进行的同时进行井架的组立施工。

4 工 艺 原 理

大型钢结构井架吊装与井筒掘砌、冻结施工平行作业；在井筒两侧不影响冻结、凿井施工的位置组装井架主副斜撑，底部与基础铰链连接，并进行平面测量定位，与此同时进行临时设备合理布置和地锚的埋设及浇注，对凿井设备进行保护性搭设跨越设置。井架主副斜撑组装、吊装与凿井提升、运输设备成 90°布置；待两座起重桅杆组立好后，先起立主斜撑，放倒两座起重桅杆，再利用主斜撑起立副斜撑，从而使两者在空中准确合拢，找正焊接。

5 工艺流程及操作要点

5.1 工艺流程

工艺流程如图 5 - 1 所示。

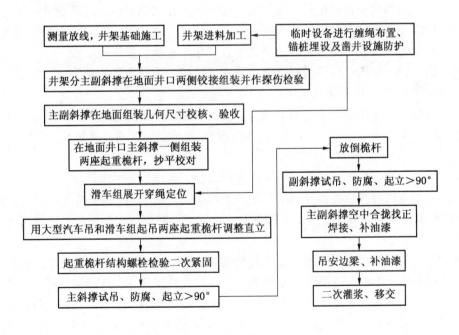

图 5 - 1 工艺流程

5.2 操作要点

5.2.1 施工技术准备

（1）图纸审核，提出问题，提交给甲方。

（2）图纸会审，甲方、监理、设计院和施工单位参加，作出会审记录。

（3）作出加工计划，组织进料工作，安排加工任务。

（4）现场考察，进行有工程技术人员、工人技师和项目负责人参加的施工方案论证，并最终确定。

（5）进行静力学分析计算，对设备、钢丝绳、滑轮组、起重桅杆、锚桩（锚件）及凿井设备防护装置等进行合理选型。

（6）编制施工组织设计，报甲方、监理审批和实施。

5.2.2　临时设备布置和锚桩挖埋操作要点

（1）根据井架组装起立平面设计放线挖设锚桩坑，依实土计算锚桩坑深度。

（2）地锚拉绳须与缆风绳或跑绳角度一致。锚桩钢丝绳在锚件上的拴绑一定要有定位限制，以免溜绳。

（3）埋设锚件时锚件上部和前部须有足够的受力面积，锚桩的埋设一定要分层夯实。

（4）混凝土基础（加钢结构件）按倾覆计算安全为依据进行挖坑埋设钢结构件、浇注混凝土、养护回填。

（5）根据施工平面设计对施工现场进行放线测量，避开冻结、凿井设备，通常与凿井设备成90°布置。平整场地，顺线摆放设备并用道木抄平垫实。

（6）对设备进行检查检修，并记录备案。进行稳车缠绳（垫薄铁板）。

5.2.3　基础施工时对模板、地脚套筒和铰链安装的操作要点

（1）几个地脚套筒提前按角度模型组装在一起，在基础承台上进行安装定位。

（2）铰链梁须在斜撑受力点位置顺线平行安装，其锚爪须与基础内钢筋焊连在一起。

（3）基础模板按设计宜分片拼装吊装组合，角度正确，强度须足够。

（4）浇注商品混凝土时，按规范分层浇注，以避免崩模事故的发生。

5.2.4　井架现场组装操作要点

（1）根据施工现场情况确定组装方式，井架组装前，绘制出井架主副斜撑组装的几何尺寸测量检验图（图5-2）。井架组装时应避开冻结设施、凿井井架及建筑物、现场运输通道等。

（2）组装前须在加工厂对箱形结构件进行检验，合格后方可出厂。

（3）井架主副斜撑从底板开始组装至井架承重架（头部），特殊情况可反之，但须使用全站仪测量其水平度和垂直度，并控制其几何尺寸。箱形焊口两侧须垫适当高度的钢架支撑。

（4）组装前计算出井架每节组装构件的接口位置的水平标高。边组装边用水平仪抄平，同时用经检验合格的钢卷尺（加弹簧秤）核对其几何尺寸，并用专用工具对口焊接。

（5）焊接须采用二氧化碳气体保护焊接，热影响范围小，变形量极微，焊接质量高。

（6）组装承重架时，叮将已经组装好的斜撑下部用吊车抬高并垫以钢架支撑，用全站仪测量其直线度。

（7）用几何尺寸测量检验图检验已组装好的主副斜撑，至合格记录存档。

（8）测量仪器的放置位置要安全可靠，没有震动，视野开阔。

（9）测量仪器在检验有效期内使用，测量人员对每一次的测量数据要留有清晰的记

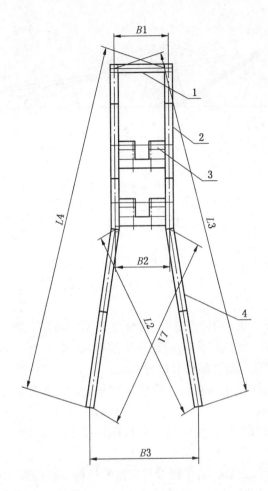

1—起重架；2、4—斜柱；3—天轮平台

图 5-2　井架主副斜撑组装的几何尺寸测量检验图

录和计算过程。

5.2.5　对凿井设备安全防护操作要点

（1）采取措施对影响井架吊装的冻结设施、凿井井架等进行防护，在凿井设备上方绷加两根警示钢丝绳。

（2）起重桅杆侧缆风绳设置：桅杆侧缆风绳因凿井绞车绳和稳车绳等障碍不能一次拉好，采用在桅杆中部拴一根过渡缆风绳从凿井钢丝绳下方穿过，桅杆顶缆风绳从凿井钢丝绳上方穿过，立桅杆开始阶段下部过渡缆风绳起作用，当桅杆起到一定高度后顶部侧缆风绳开始起作用，拆除下部过渡缆风绳，直至将桅杆搬到垂直位置，如图 5-3 所示。

5.2.6　起重桅杆组立调正操作要点

（1）起重桅杆组装须在地面水平组装，并用全站仪测量其水平度和直线度，用力矩扳手对角紧固高强螺栓。

（2）起重桅杆顶部所悬挂的滑车组、缆风绳等一定要检查是否顺线、齐全和可靠。

（3）起重桅杆基础须要核算其承压面积，绊腿地锚设置角度要顺线。

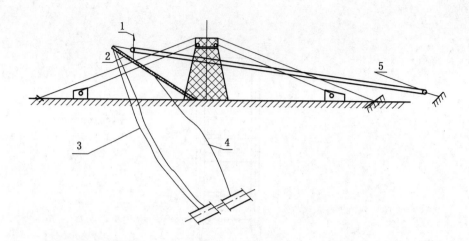

1—50 t汽车吊牵引（2台）；2—起重桅杆；3—西侧绷绳；4—西侧过渡绷绳；5—滑车组

图5-3　起立起重桅杆时侧绷绳示意图

（4）两座起重桅杆，先利用大型汽车吊竖立起第一座后，再利用汽车吊起立第二座桅杆。即用汽车吊将第一座桅杆头部抬起角度超过45°后，方可利用缆风绳稳车将其扳直，两侧临时缆风绳调直，第二座桅杆同样如此。

（5）待两座起重桅杆起立调直后，桅杆顶加挂过河滑车组，永久缆风绳起作用，撤掉临时缆风绳。

（6）利用千斤顶和滑车组对两座起重桅杆进行找正，使背后锚桩、桅杆根、主斜撑吊点为一条线为宜。

（7）两座起重桅杆找正后，将主提升导向滑轮拴绑于桅杆根部。

（8）两座起重桅杆均竖立调直调正后，再次对起重桅杆每节的高强度结构螺栓进行全面的检查紧固。

5.2.7　主副斜撑起立操作要点

考虑到施工现场凿井设备和冷冻沟槽对吊装设备布置及吊装过程、顺序的影响、限制，尽量采取在地面组装后再整体吊装的方案，以减少高空作业和提高施工质量。

（1）井架起立前先做好接地装置，起立后及时与井架钢结构连接好。

（2）井架基础的加固：在井架起立过程中，井架斜撑下端的铰链设在井架的基础上，井架基础承受一定的水平分力，故而应将相对应的井架4个基础之间用钢管连接支撑好，以提高对水平分力的承受能力。

（3）起吊前，对吊耳或吊点焊接进行检查、检验，确认无问题时，方可进行试吊。

（4）试吊即斜撑搬起高度距离地面0.5 m左右时，停止起吊，由总指挥组织相关人员检查滑车组钢丝绳的受力是否均匀、铰链销轴是否润滑、起重桅杆的后仰角度是否合适，确认无问题时，进行最后一遍防腐工作。

5.2.8　起重桅杆放倒操作要点

当A斜撑利用两座起重桅杆起吊到一定位置后，利用A斜撑和起吊A斜撑的滑车组把两座起重桅杆放倒，起重桅杆放倒时应避开冻结设施、凿井井架及建筑物、现场运输通道等。

5.2.9 主副斜撑空中合拢找正操作要点

（1）将井架主斜撑向后背 1~2 m（>90°）。

（2）起吊副斜撑快到位时，同时松开主副斜撑背后的缆风绳，提升主副提滑车组至主副斜撑角度（均>90°），使其慢慢合拢。

（3）用全站仪监控主副斜撑合拢的全过程。

（4）用望远镜观察主副斜撑合拢过程和滑轮组运行情况。

（5）井架合拢后的找正及测量：

① 在井架起吊前要在井架上留下测量点，可以选在井筒中心线上也可以选在提升中心线上，为了方便观测一般选在井筒中心线上。观测点应选在测量仪器仰角≤40°的位置。

② 用测量仪器观测，并反复调整井架主副斜撑的起吊滑轮组直至它们停留在标准要求的误差范围之内。

5.2.10 主副斜撑空中焊接操作要点

（1）布置的脚手架不能影响滑轮组及其牵引绳的运行轨迹，且不能阻碍井架合拢。

（2）脚手架的材质要有质量保证，一般以角钢、槽钢为宜，材质应选用非脆性、可焊性好的材质，如 Q235B。

（3）脚手板的敷设要牢固可靠，符合安全规程，要有安全带的悬挂位置。

（4）焊接宜先焊立焊缝，再焊平、仰焊缝。

（5）焊接过程中做好防风工作。

（6）焊接时避免坠人、坠物。

5.2.11 横梁安装操作要点

（1）主副斜撑起吊之前，先行将安装横梁的位置用角向磨光机去除防腐层。

（2）主副斜撑找正头部焊接后，在下水平安装横梁处利用搭焊好的脚手垂线测量长度方向尺寸。

（3）用实测尺寸校对各横梁的尺寸，以消除加工误差，安装横梁时采取措施避开凿井井架。

（4）焊接宜先焊斜焊缝，再焊平、仰焊缝。

5.3 劳动组织

井架竖立项目主要人员配备见表 5-1。

表 5-1 井架竖立项目主要人员配备表　　　　　　　　　　人

序　号	工　　种	人　　数
1	项目经理	1
2	项目生产（安全）经理	1
3	项目技术经理	1
4	施工技术员	2
5	专职安全员	1
6	项目预算员	1

表5-1（续） 人

序 号	工 种	人 数
7	铆工	8
8	钳工	4
9	起重工	18
10	电、气焊工	10
11	电工	4
12	油漆工（电喷涂）	2
13	测量工	2
14	无损探伤工	2
15	司机	1
合　计		58

6 材料与设备

所需材料与设备见表6-1和表6-2。

表6-1 主要投入材料与设备表

序号	名称规格	钢丝绳		用 途	滑车组	备 注
		直径/mm	长度/m			
1	JZ-16/1000	38	2040	起吊A斜撑	HQD250×10	兼起吊B斜撑
2	JZ-16/1000	38		起吊A斜撑		兼起吊B斜撑
3	JZ-16/1000	38	2040	起吊A斜撑	HQD250×10	兼起吊B斜撑
4	JZ-16/1000	38		起吊A斜撑		兼起吊B斜撑
5	JZ-25/1300	38	2980	A斜撑扣绳	HQD320×10	
6	JZ-25/1300	38		A斜撑扣绳		
7	JZ-25/1300	38	2980	A斜撑扣绳	HQD320×10	
8	JZ-25/1300	38		A斜撑扣绳		
9	JZ-10/600	31	300	塔绷绳	H30×1	
10	JZ-10/600	31	300	塔绷绳	H30×1	
11	JZ-10/600	31	500	塔侧绷绳	H32×2	
12	JZ-10/600	31	500	塔侧绷绳	H32×2	临时
13	JZ-10/600	31	500	塔侧绷绳	H32×2	
14	JZ-16/1000	31	640	塔主绷绳	HQD200×10	
15	JZ-16/1000			塔主绷绳	HQD200×10	
16	JZ-10/600	31	640	塔主绷绳	H32×2	
17	JZ-10/600			塔主绷绳	H32×2	

表 6-1（续）

序号	名称规格	钢丝绳		用途	滑车组	备注
		直径/mm	长度/m			
18	JZ-10/600	31	500	塔侧绷绳	H30×1	
19	JZ-10/600	31	500	塔侧绷绳	H30×1	临时
20	JZ-10/600	31	500	塔侧绷绳	H30×1	
21	JZ-10/600	31	350	塔绷绳	H30×1	
22	JZ-10/600	31	350	塔绷绳	H32×2	
23	JZ-10/600	26	900	过河绳	H32×2	
24	起重桅杆 1.4 m×1.4 m× 65 m			井架起立		2座
25	对讲机			井架起立安装 信号联系		根据需要确定

表 6-2　投入本工程的仪器仪表

序　号	名　　称	用　途	备　　注
1	水平仪	井架组装	
2	经纬仪	井架组装	
3	全站仪	井架组装	
4	超声波探伤仪	井架组装	无损检测

7　质　量　控　制

（1）井架制作、防腐和安装执行《煤矿安装工程质量检验评定标准》（MT 5010—1995）。

（2）箱形构件组对的下金属支撑梁一定要稳实，其基础可以是混凝土，控制其不能下沉。

（3）箱形构件组对时用水平仪或全站仪全程监控其水平度和直线度。

（4）组对焊接宜先焊立焊缝再焊平焊缝和仰焊缝，并按规定进行无损探伤检验。

（5）用几何尺寸测量检验图控制其组装过程的设计尺寸，起吊前须经甲方、监理和施工单位检验确认。

（6）井架试吊检验无问题时，清理干净表面杂物，按要求进行最后一遍防腐，破坏较大部位须进行现场打沙、喷涂、刷封闭油漆。

（7）铰链找正须控制在标准要求范围之内，这样可控制累积误差到最小，至主副斜撑在空中顺利合拢。

（8）主副斜撑合拢后，依提升十字线和在天轮平台上的标记用全站仪配合精确找正，确认无问题时方可进行焊接。

（9）对主副斜撑基础斜面进行测量检验，按规定进行剁麻面配垫铁，垫铁厚度不能小于 60 mm，否则须进行凿铲剁麻面处理。

（10）事前须对地脚螺栓孔进行检查清理，并进行地脚螺栓试穿检验。

8 安 全 措 施

8.1 通信及信号规定

（1）井架起立现场通信及信号采用对讲机和哨声两种联络机制，井架起吊时先用对讲机联络好，然后用哨声发布指令。

（2）哨声信号规定：哨声准备，一声停，二声提升，三声下松。

（3）操作过程各点施工负责人由现场总指挥统一指挥。

8.2 吊装的主要安全技术措施

（1）起立起重桅杆、主副斜撑前，项目经理结合实际，拟定出各部位施工负责人，并配备合理的施工人员，明确总指挥和副总指挥。在班前会上加以布置。

（2）各种起重设备、索具、吊具均应进行检修并保证合格，重要受力部位的轴、销、环要探伤合格，主提钢丝绳要有质量证明材料。

（3）参加施工人员护体设施齐全，安全带经检验合格后方可使用。

（4）高空作业的操作脚手架、平台和爬梯与主体焊接要牢固、可靠，不允许使用螺纹钢做焊接脚手架的材料。

（5）各种起吊索具、吊具的安全系数要满足施工要求。

（6）起立和放倒起重桅杆时，临时缆风绳和永久缆风绳的跨越使用汽车吊等起重设施跟随吊送，以确保凿井设备正常运行。

（7）高空作业时，施工人员所使用的工具一定要设置工具绳等安全保护装置，以免坠物事故的发生。

（8）制定高空作业的专项措施，确保凿井设备的正常运行。需要短时间停井时，提前通知凿井单位。

（9）作业场地的地面应坚实，凡影响吊装作业机械和人身安全的地下穴道、管沟、电缆沟及其他构筑物，在施工前应进行妥善处理与加固。

（10）吊装作业时，严禁非作业人员进入施工作业范围。

9 环 保 措 施

（1）贯彻执行国家及当地政府有关环境保护的方针、政策、法规，对全体施工人员进行经常性的环保教育，提高环境保护意识。

（2）生产区及项目部生活区分片规划，房屋布局合理，符合消防环保和卫生要求。做到场地平整、排水畅通。

（3）工地油库、材料库等设置围栏、围堰等防护措施并专人防护。

（4）控制施工噪声污染，对噪声源采用消声器及隔声板。

（5）作业完工后，及时清理施工现场，周转材料及时返库，做到工完料净，场地清洁。

10 效 益 分 析

10.1 经济效益

（1）工程中采用了三角形联结板配套粗钢丝绳替代多滑车组长钢丝绳技术，减少了滑车组及其所使用钢丝绳的投入，扣除粗钢丝绳的折旧费用外可节约投资约 50 万元。

（2）工程中利用一套 250 t 滑车组分别起吊 A 斜撑和 B 斜撑，节约了一套起吊滑车组、钢丝绳及其附属设施，可节约投资约 60 万元。

（3）与传统施工工艺相比较，可节省整个矿井建设工期。以年产 400×10^4 t 的矿井为例，每吨矿 150 元，30 d 的经济效益为

$$400 \times 10^4 \text{ t} \times 150 \text{ 元/t} \times 30 \text{ d/365 d} = 49315068.5 \text{ 元}$$

10.2 社会效益

当建井施工的计划中未安排井架组立施工单独占用井筒施工工期时，采用本工艺，可以有效地缩短整个建井工期，使矿井能提前投产，取得提高投资效益的效果。对特大型钢结构平行作业工程也有借鉴意义。

11 工 程 实 例

11.1 实例一

淮南丁集煤矿是淮南矿业集团投资建设的年生产能力 500×10^4 t 的现代化煤矿，主井井筒直径 7.5 m，井深 900 m，设计装备有两套 JKDM – 4.5 × 4(Ⅲ) – (DJ)提升设备，提升容器为 25 t 多绳箕斗。井架为对面双提升亭式井架，井架的承重架上平面标高 + 69.000 m，井架设计净重 800.88 t。现场掘砌工程主要设备有Ⅳ型凿井井架，JK2.5/20、JK3.5/20 矿井提升机，以及 24 台稳车等。

施工现场平面布置如图 11 – 1 所示。

11.2 实例二

淮南矿业（集团）顾桥煤矿深部进风井井架制作安装工程，井架主要构件采用箱形截面，高 61 m，重 810 t，工程于 2012 年 1 月 15 日开工，3 月 25 日竣工，井架工程施工过程中，在多雨潮湿，井筒进行地质注浆和制冷安装等非常复杂的施工环境条件下，创新施工方案，采取倒组装方法，仅用 20 d 就实现了井架合拢，占用井口作业时间未超过 50 d 的合同约定。

11.3 实例三

淮南潘三煤矿深部进风井井架自重 809 t，为四斜柱钢结构井架、采用多绳摩擦轮、90°双向提升布置，主要构件采用箱形截面，承重架上平面标高 + 61.00 m。箕斗天轮：上中心标高 + 53.00 m，下天轮中心标高 + 47.00 m。罐笼天轮：上中心标高 + 40.50 m、下天轮中心标高 32.0 m。井架柱脚设计为铰接。井架吊装过程中，凿井单位正在施工，凿井设备布置占据了永久井架主副斜撑的组立位置，而且施工场地非常狭窄，凿井单位继续施工，吊装采取"万字式"组立井架方案，工程如期完工。

大倾角带式输送机输送带展放施工工法（BJGF014—2012）

中煤建筑安装工程集团有限公司

苗振宇　肖　俊　孟金枝　梁汉廷　王文胜

1　前　　言

随着深部矿产资源的不断开发，矿山的大型化、机械化程度不断提高，大倾角、长距离的输送机也越来越多，施工的风险也越来越大，放飞输送带的事故时有发生。为解决此技术难题，中煤建筑安装工程集团有限公司成立了课题组，开展输送机输送带展放技术研究，总结出大倾角带式输送机输送带展放施工工法，其关键技术为利用乳化液泵、抬底千斤顶、液压闸片等部件设计制作成输送带展放液压控制新装置，实现对输送带展放过程的控制，既可以实现瞬间刹车，又可以实现缓慢释放。该工法科学合理，工艺先进，操作安全便捷，可靠性高。

该工法关键技术经煤炭信息研究院查新表明，国内未见相关技术报道，并于2012年6月通过中国煤炭建设协会组织的技术鉴定，达到国内领先水平。

该工法先后在神宁集团清水营煤矿主斜井带式输送机延伸改造工程，中煤平朔煤业有限责任公司东露天煤矿选煤厂安装工程，内蒙古大唐国际锡林浩特矿业有限公司胜利二号露天煤矿二期工程地面生产系统安装工程中得到成功应用，取得了良好的经济效益和社会效益。

2　工　法　特　点

（1）采用液压控制装置使输送带夹具的压力得到调整与控制，实现千斤顶同步加压、释压，展放装置可瞬间制动，亦可缓慢释压，锁定后稳定性高。

（2）浇筑的混凝土基础与成型框架，结构坚固，承受的拉力大。

（3）制作而成的夹带装置（夹具），拆除液控系统和活动夹板，主框架可以永久原地保存，以后维护或更换输送带可重复利用，避免了多次重复投入。

3　适　用　范　围

本工法适用于所有倾斜井巷带式输送机的输送带展放。

4 工 艺 原 理

本工法利用液压控制原理，实现大倾角带式输送机输送带的安全展放。首先根据斜井角度、输送机长度和输送带质量进行计算，确定展放装置混凝土基础形式及尺寸，然后加工制作夹具框架，选择型号合适的抬底千斤顶和与之匹配的乳化液泵，用构件将抬底千斤顶上下分别固定于活动夹板和固定底板上，并通过高压软管和液压控制阀片与乳化液泵相连接。施工过程中，乳化液泵保持常开状态供压，为保证安全，乳化液泵采用了双电源、双回路供电，从而提高了供压稳定性和安全性，保证了施工安全。液压控制系统如图4-1所示。

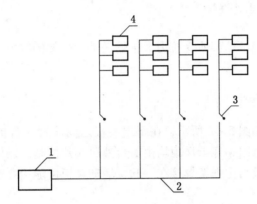

1—乳化液泵；2—高压软管；3—液压控制阀片；4—抬底千斤顶

图4-1 液压控制系统

5 工艺流程及操作要点

5.1 工艺流程

带式输送机输送带展放工艺流程如图5-1所示。

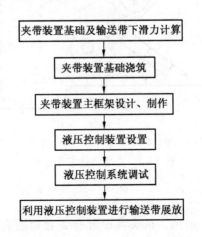

图5-1 带式输送机输送带展放工艺流程

5.2 操作要点

5.2.1 展放装置基础混凝土浇筑量

展放装置基础混凝土浇筑量的计算式为

$$V \geqslant \frac{m \sin \alpha}{\rho K}$$

式中　V——混凝土浇筑量，m^3；

　　　m——输送带质量，kg；

　　　α——带式输送机倾角，(°)；

　　　ρ——混凝土密度，kg/m^3；

　　　K——稳定系数，取1.4。

5.2.2 主框架制作

主框架制作过程应保证框架所受拉力大于输送带对框架的拉力。在焊接过程中不得出现虚焊等现象。

5.2.3 夹具布置

1. 夹带装置布置

夹带装置布置总图如图5-2所示，在每组夹板之间布置3台抬底千斤顶，分别置于夹板两端及中间位置，每组抬底千斤顶均由1台液压阀片控制，以保证施压均匀及整个输送带受力平衡。固定夹板与主框架焊接在一起，活动夹板可随抬底千斤顶上下移动。

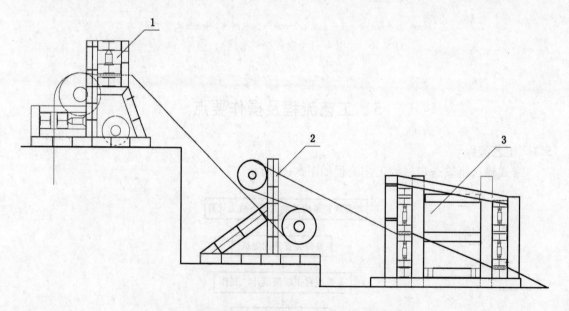

1—机头夹具布置；2—中置驱动部分；3—井口主夹具组布置

图5-2　夹带装置布置总图

2. 机头夹具布置

机头夹具布置如图5-3所示，机头共设置有2套辅助夹具，采用手动螺旋千斤顶，其中机头架左下一套仅为展放上带时使用。

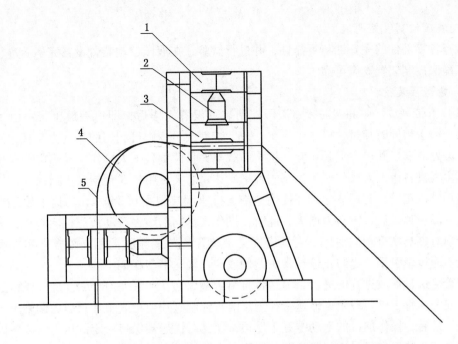

1—固定夹板；2—螺旋千斤顶；3—活动夹板；4—卸载滚筒；5—输送带

图 5-3　机头夹具布置

3. 主夹具组布置

主夹具组（井口夹带装置）布置如图 5-4 所示。井口夹具组共有 4 套夹具，上下各 2 套。以液压抬底千斤顶为主、螺旋千斤顶为辅进行夹带操作。

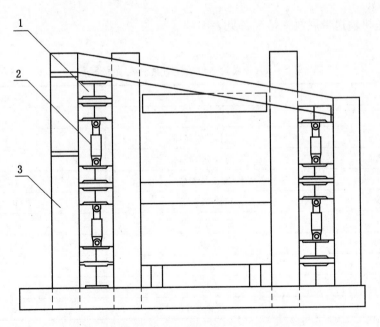

1—夹板；2—抬底千斤顶；3—主框架用 H 型钢

图 5-4　主夹具组布置

5.2.4 液压控制装置调试

检查各零部件的完好性与可靠性，并进行试验，在液压控制装置设置完毕后进行整体试验，确保控制装置安全可靠。

5.2.5 输送带展放

（1）下带展放。中间架对接、液压控制装置设置完毕后，即可展放下带。由于展放下带时，输送带同时穿过井口主夹具组，故下带展放过程中可利用的夹具为5套，其中机头卸载架处1套、井口主夹具4套。机头卸载架夹具两侧各1人操作手动螺旋千斤顶，井口4套主夹具各由1人操作液压控制阀片来操作每套夹具中的3台抬底千斤顶。

启动电机正转，利用变频调速使输送带运行速度控制在0.2 m/s，匀速下放，当输送带下放一段距离以后，下滑力增大，此时，操作人员向前缓慢推动液压控制阀片，通过抬底千斤顶对夹具实行均匀加压，夹具组（夹带装置）与变频驱动相互配合来实现底带匀速展放。通过牵引钢丝绳防止输送带头跑偏或卡入输送带支腿架中。

随着输送带展放过程的进行，输送带自滑力越来越大，抬底千斤顶行程也随之增大，为保证安全，每下放一段距离输送带，操作液压控制阀片使抬底千斤顶压力调整至最大并锁定输送带后，操作加设的手动螺旋千斤顶，使其对输送带保持一定的压力，以备因突发情况造成液压装置失灵时进行紧急制动使用，直至输送带展放到位。

输送带展放到位后，利用液压控制阀片将抬底千斤顶压力调整至最大后锁定，将手动螺旋千斤顶压力调整至最大，锁定输送带，等待硫化。

（2）上带展放。展放上带时，仅穿绕下驱动滚筒，展放过程同下带展放过程。

（3）手动和液压控制装置配合使用，防止因意外情况出现而导致液压控制系统失灵产生紧急制动。

5.3 劳动组织

带式输送机输送带展放人员配备见表5-1。

表5-1 带式输送机输送带展放人员配备表　　　　　　　　　　　人

序　号	工　种	人　数
1	项目经理	1
2	项目技术经理	1
3	项目安全经理	1
4	施工技术员	1
5	专职安全员	1
6	钳工	3
7	电钳工	2
8	起重工	2
9	电焊工	6
10	普工	16
11	绞车司机	2
合　计		36

6 材 料 与 设 备

带式输送机输送带展放所需材料与设备见表6-1。

表6-1　带式输送机输送带展放所需材料与设备一览表

序号	名　称	规格或型号	数量	单位	备　注
1	电焊机		4	台	施工用
2	慢速绞车	30 t	2	台	展放输送带用
3	倒链	1 t、2 t、5 t	各4	台	
4	水准仪		1	台	测量放线用
5	经纬仪		1	台	测量放线用
6	自吊	5 t	1	台	
7	螺旋千斤顶	50 t	12	台	
8	其他各类小工具		若干	把	
9	乳化液泵		1	台	
10	高压软管	根据需要适配	若干	根	
11	抬底千斤顶	50 t	12	台	
12	液压阀片		4	台	
13	30 号 H 型钢		13	t	
14	20 号 H 型钢		2	t	
15	30 mm 钢板		9	t	
16	花纹钢板		0.5	t	
17	混凝土	C30	72	m³	

7 质 量 与 控 制

（1）开展岗位技术培训，使施工人员掌握操作规程和质量标准。

（2）由项目工程师组织项目专业技术人员，编制详细可行的施工技术安全措施，经审批后执行。

（3）施工前，由技术人员向班组进行技术安全交底，施工中坚持"三检制"，质量检查人员随时抽查、检查，以确保每道工序得到控制。

（4）严把材料进场关，进场材料须质量证明文件齐全，经检验合格后入场。

（5）夹带装置（夹具）焊接与制作时，按施工操作规程，严格控制制作过程，确保构件质量。

（6）输送带展放过程中，采用铺设花纹钢板增加摩擦面的摩擦力，防止夹板锐面对输送带造成划伤，影响输送带的质量和寿命。

8 安 全 措 施

（1）针对工程特点制定专项安全方案，并进行安全交底。制定应急预案，确保施工安全。

（2）输送带展放过程要有专人指挥，信号要清晰、明确。

（3）输送带展放过程中，在输送带夹具处要设专人监护，发现问题及时处理。

（4）对乳化液泵实施双电源供电，防止因跳闸或其他原因引起突然断电而造成系统不稳定。

（5）为确保施工安全，每组夹具两侧再设置2台机械式螺旋千斤顶，用于固定输送带和处置突发情况。

（6）输送带展放未完工前，交接班时对绞车、夹具、钢丝绳和关键部位进行检查，确保展放装置完好、信号畅通。

（7）输送带展放过程中，严格控制展放速度，防止过快造成意外情况发生。

（8）展放完毕后，要及时清点工具，防止遗漏，并清理施工现场的杂物，确保安全及文明施工。

9 环 保 措 施

（1）贯彻执行国家、当地政府有关环境保护的方针、政策、法规，对全体施工人员进行环保教育，提高环境保护意识。

（2）合理布置现场，做到标牌清楚、齐全，各种标志醒目。

（3）施工过程中，按要求及时处理施工废弃物，防止造成环境污染。

10 效 益 分 析

以清水营煤矿主斜井带式输送机为例，采用本工法施工，保证了施工安全，缩短工期58 d，节约施工成本25万元。作为永久性输送带装置，在该矿设计开采年限内，利用该装置检修、更换输送带，可创造经济效益300多万元。

11 应 用 实 例

11.1 宁夏银川清水营煤矿主斜井带式输送机延伸改造工程

该工程主斜井平均倾角高达25°，单面输送带重193 t，工程于2011年10月2日开工，12月30日竣工，工期90 d，采用本工法实现了安全生产，确保了施工质量，取得经济效益25万元，得到了建设单位的高度评价。

11.2 中煤平朔煤业有限责任公司东露天煤矿选煤厂安装工程

该工程原煤系统4煤大巷带式输送机 $B = 1600$ m，$L = 688$ m，局部倾角高达22°，工程于2011年11月1日开工，12月20日完工，采用本工法实现了安全生产，确保了施工质量，节约施工成本 20 万元。

11.3　内蒙古大唐国际锡林浩特矿业有限公司胜利二号露天煤矿二期工程地面生产系统安装工程

该工程 312、313 输送机 $B = 2000$ m，$L = 470$ m，局部倾角高达 22.5°，工程于 2012 年 3 月 20 日开工，5 月 10 日顺利完成，采用本工法实现了安全生产，确保了施工质量，取得经济效益 18 万元，得到了业主的高度赞誉。

金属桅杆起立及拆除施工工法（BJGF019—2012）

中煤第五建设有限公司

谌喜华　马智民　杨雪银　张新启　郑　丰

1　前　　言

随着近年来矿井建设的蓬勃发展，矿井开采规模的增大，尤其是年产量千万吨以上矿井的大量出现，大型井架的安装施工越来越多地出现在矿井建设中。利用桅杆起立大型钢结构井架（设备）是近年来比较常用的施工工艺，如何快速安全高效地进行桅杆的起立和拆除，是井架（设备）安全起吊的前提。以前对双桅杆的起立方式是采用先组装一组高度较小的桅杆，利用两台50 t吊车将小桅杆抬头至30°，再利用主提升接力稳车及缆风绳稳车配合将小桅杆起立，然后利用小桅杆起立正常高度桅杆。一个桅杆起立到位后，将小桅杆放倒在地面，重新组装到设计高度后，利用起立的桅杆将其起立。小型井架采用单桅杆时，如果单桅杆高度较高、质量较大时，也要采用先起立一个小桅杆，然后用小桅杆起立大桅杆的方式起吊到位。如果桅杆高度较小，则采用两台吊车抬头至30°，稳车接力起立的方式。这种方式由于吊车抬头至30°就采用稳车接力，桅杆在空中易摆动，方向受拉力影响不易控制，桅杆绊腿受力较大，容易产生吊装事故；同时，施工工期较长，施工费用较高。对于桅杆的拆除，以往大多采用先将桅杆放倒依靠在井架上，拆除最底下一节桅杆后下落，然后依次拆除和下落其他段的方法。该方法空中作业较多，危险性也较大。为此我单位开展了大断面桅杆起立和拆除的施工技术研究。

桅杆按底座形式可分为半球形底座、铰链底座和平底座。桅杆的断面规格主要有1.0 m×1.0 m、1.2 m×1.2 m、1.40 m×1.40 m、1.45 m×1.45 m、1.6 m×1.6 m和1.65 m×1.65 m。

桅杆起立和拆除方法有多种，近年来我单位通过多年摸索、实践，总结了一套采用大吨位吊车抬头至45°，稳车牵引半翻转法起立和整体放倒地面拆解的施工方法。经过多个工程施工应用和实践证明，该施工方法具有施工工艺先进、施工安全、快速高效、低成本的优点，施工适应性强，具有显著的社会效益和经济效益。该工法关键技术于2012年7月通过中国煤炭建设协会组织的技术鉴定，成果达到国内领先水平。

2　工　法　特　点

（1）利用吊车抬头至45°，采用后溜绳绞车牵引半翻转法竖立桅杆，到达预定位置时吊车自动摘钩。桅杆起吊时的稳定性较好，调整缆风绳可以控制桅杆的偏摆幅度。与采用大吨位吊车起吊相比节省了费用。

（2）采用预定方向缆风绳稳车或起立井架时的主牵引稳车牵引收绳，另一方向松绳将桅杆整体放倒在地面上，然后桅杆进行地面拆除，减少了在空中拆除桅杆的危险性，地面拆除保证了施工安全，加快了施工速度。

（3）桅杆的起立和放倒方向在不影响井架安装时可以任意选择，在现场有其他建筑物施工时也不受影响。

（4）桅杆起立时已将起立井架等构件的提升绳和牵引绳穿好，减少了高处作业，降低了安全风险，保证了施工安全。

（5）稳车采用变频控制，运行平稳，节省电能。桅杆起立和拆除用稳车均采用变频集中控制，确保起吊过程运行平稳，减少起吊过程起停次数。同时变频系统可节省部分电能，启动时可以减少对工厂电源的电压冲击。

（6）利用吊车和稳车解决了桅杆及其他柱状大型构件吊装的技术难题。

3 适 用 范 围

适用于非金属或金属矿山井架采用桅杆起立时桅杆安装和拆除时的施工。桅杆起立还适用于柱状大型构件吊装工程。

4 工 艺 原 理

4.1 桅杆起立工艺原理

桅杆在地面组装成一个整体，桅杆上部可布置多个滑轮组，便于起吊井架时相连接。桅杆起立采用吊车抬头至一定角度，稳车牵引半翻转法竖立。在起立过程中利用缆风绳调整桅杆偏摆和垂直度。

4.2 桅杆拆除工艺原理

桅杆拆除采用整体放倒法放至地面，然后单件拆除。放倒时倒向一侧的缆风绳稳车收绳，其他稳车松绳下放。

5 工艺流程及操作要点

5.1 工艺流程

施工准备→测量放线→桅杆基础施工及起吊用稳车安装→桅杆组装→桅杆上起吊工具布置→桅杆、井架主起吊绳穿绳→桅杆抬头→桅杆起立到位→用桅杆起吊井架→桅杆放倒→桅杆拆除→运输及清理场地。

5.2 操作要点

桅杆起立和放倒既可以在井架组装方向垂直的位置进行，又可以在井架组装方向平行位置进行。其中与井架组装垂直方向进行桅杆起立与拆除，可以提前进行提升机房和提升机设备安装的施工，缩短矿井建设工期。

5.2.1 施工准备

1. 技术准备

施工前组织施工班组学习桅杆起立及拆除施工安全措施、桅杆组装图纸、桅杆组装标准及施工工艺流程。

2. 设备准备

核对到货的桅杆及起立和拆除的设备、工器具、材料的型号与规格是否符合施工组织设计要求，并对到货设备进行检查检修，对所有的钢丝绳、吊具、索具进行检查，如有破损或不合适的严禁使用，以确保施工安全。桅杆选用规格应能满足井架或设备起吊的要求。

3. 现场准备

清理施工现场，确保施工现场"三通一平"，查看桅杆组装、起立和拆除的位置，并将所有设备及工器具运输到位，摆放整齐并做好防护工作。

5.2.2 测量放线

根据井架起吊施工组织设计要求进行桅杆起立位置标定。应确定桅杆基础位置、组装位置、起立所需后溜绳稳车位置、缆风绳稳车位置、井架起吊主牵引稳车位置、稳车配电柜及集中控制操作台位置。

5.2.3 桅杆基础施工

以平底座桅杆为例，说明桅杆的基础设置、绊腿绳的设置原则。

桅杆地基平整、夯实后，桅杆对地载荷集度应不大于设计值。先放一层 I32b 工字钢，工字钢摆放面积为 3.3 m×6 m，且工字钢之间要焊接牢固。工字钢上交错铺设两层枕木，枕木间用扒钉固定牢靠。枕木上方铺设一块 30 mm 厚钢板，钢板规格为 3 m×3 m。桅杆基础施工如图 5-1 所示。

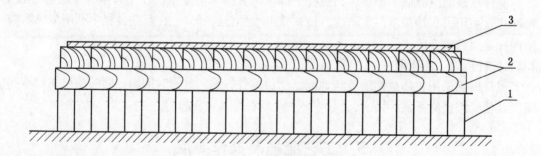

1—I32b 工字钢，长度 L = 6000 mm，共 25 根；2—标准枕木，规格 3200 mm×240 mm×160 mm，2 层，共 26 根；
3—钢板，厚度 30 mm，规格 3000 mm×3000 mm

图 5-1 桅杆基础施工图

桅杆地基还可根据要求设计成混凝土基础，并在桅杆基础旁边施工布置好桅杆的绊腿绳地锚。绊腿绳可以生根在绊腿绳地锚或结实牢靠的刚性物体上。绊腿绳的布置可根据桅杆受力情况布置在底座四周。

5.2.4 稳车安装

（1）首先根据施工组织设计平面布置图要求施工桅杆后溜绳稳车基础及地锚，桅杆起立和拆除用的缆风绳稳车地锚及稳车基础同时施工，起立井架时的桅杆主牵引提升稳车基础和地锚也一起施工。

（2）桅杆起立用稳车根据设计和设备安装图纸要求进行安装，基础螺栓紧固牢靠。设备加注油，配电设备安装好后进行送电试运转，并检查设备接线是否牢固，制动闸的油泵工作是否良好，设备有无发热现象，各转动部位是否需要补充润滑油等。

5.2.5　桅杆组装

（1）桅杆断面尺寸为1650 mm×1650 mm，总高度为51 m，总质量为56270 kg。桅杆由下段、中段和上段三部分组成，主要由法兰、围板、角钢等构成。其中：下段为1节，总高度为8500 mm，质量为10700 kg，由底板、法兰、围板、连接角钢、主角钢、下段护板、爬梯等组成；中段共有4节，每节均由法兰、围板、连接角钢、主角钢和内部爬梯组成，单节高度为8500 mm，质量为8550 kg；上段只有1节，由法兰、围板、连接角钢、主角钢、上段护板、吊耳、顶面板组成，高度为8500 mm，质量为11370 kg。具体各段如图5-2所示。

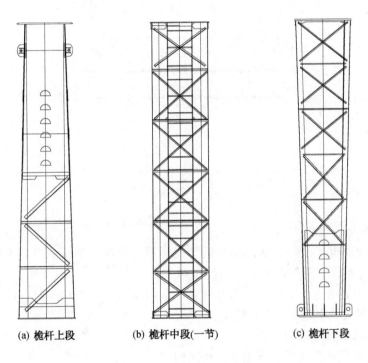

(a) 桅杆上段　　　　(b) 桅杆中段(一节)　　　　(c) 桅杆下段

图5-2　桅杆各段示意图

（2）按施工组织设计要求的位置将桅杆组装成一体，所有紧固件用扭力扳手紧固。组装时根据桅杆尺寸在两节桅杆连接处铺设道木，并初步找平，用吊车将桅杆吊放在道木上进行组装。桅杆整体为6段，组装过程中，应注意桅杆各段的编号及方向。组装时应保证桅杆杆体在一条直线上，用拉线的方法检查桅杆组装直线度，用斜垫铁和千斤顶操平找正后，最后将各段螺栓用电动扭矩扳手紧固牢靠。

5.2.6　桅杆起吊工器具布置及桅杆穿绳

桅杆组装后根据施工组织设计将起立桅杆和井架起吊的主提绳、主牵绳及桅杆缆风绳滑车挂设好，桅杆绊腿绳连接固定牢靠，安装避雷针，并将主提绳、主牵绳及缆风绳从滑轮组穿好。桅杆起立前将起吊桅杆用的绳索、卸扣、提升牵引滑车及提升钢丝绳布置好，提升稳车配电柜送电。各缆风绳也连接固定牢靠，配电设备送电准备就绪。桅杆绊腿绳施工如图 5-3 所示。

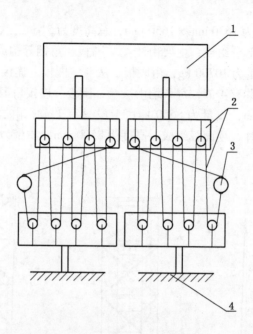

1—底座；2—绊腿用滑轮组及钢丝绳；3—绊腿用手拉葫芦；4—绊腿绳地锚

图 5-3　桅杆绊腿绳施工示意图

5.2.7　桅杆抬头

（1）桅杆底部垫实垫牢，起立桅杆的绊腿绳用滑轮组、手拉葫芦与桅杆底座连接牢靠，张紧桅杆绊腿绳，确保两个手拉葫芦拉力一致。

（2）桅杆起立采用吊车抬头，后溜绳接力起吊到位。吊车抬头时，吊点位置及绳套长度根据实际吊装及下列要求进行确定：

① 考虑吊车的摆幅能力。

② 考虑吊车完成抬头后能否顺利自动摘钩。

③ 考虑接力绳能否与吊车钩头相碰。

（3）用 70 t 吊车将桅杆吊到施工组织设计规定角度 45°时，停止起吊，后溜绳稳车收绳。当后溜绳稳车收绳至一定程度时，缆风绳稳车收绳，缆风绳受力按照绳的弧垂 500mm 左右控制。吊车位置方向的缆风绳根据现场情况适时收紧。桅杆抬头角度选择及吊车起重量选择情况分析如下：

① 桅杆断面尺寸为 1650 mm × 1650 mm，总高度为 51 m，总质量为 56270 kg。桅杆起立在吊车抬头时各角度受力情况如图 5-4 所示。

② 图中桅杆重 56270 kg，桅杆上起重器具滑轮组及钢丝绳重 12000 kg。

③ 根据受力分析计算，在 α 为 0°、15°、30°、45°和 60°情况下，F、F_L 和 F_X 的值见表 5-1。

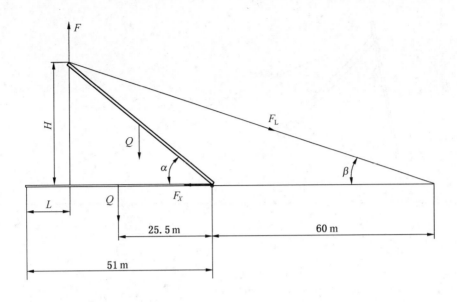

Q—桅杆及桅杆上器具总重；F—吊车所受力；F_L—后溜绳稳车受力；α、β—桅杆、后溜绳与地面夹角

图 5-4 桅杆采用双吊车抬头时受力图

表 5-1 桅杆抬头受力情况表

桅杆与地面夹角 $\alpha/(°)$	0	15	30	45	60
吊车受力 F/kg	34135	34135	34135	34135	34135
后溜绳受力 F_L/kg	0	231315	105675	58376	31609
桅杆绊腿受力 F_X/kg	0	229063	101581	53329	26509
高度 H/m	0	13.2	25.5	36.1	44.3
吊车水平摆幅 L/m	0	1.7	6.8	14.9	25.5

根据表 5-1，采用两台吊车抬头，则每台吊车受力为总受力的一半。

$F_1 = 34135$ kg/2 = 17067.5 kg，如果加上两台吊车不平衡系数，则吊车的起重量应为 17067.5 kg × 1.35 = 23041 kg。

根据表 5-1，随着起吊角度的增大，后溜绳受力和桅杆绊腿受力越来越小，但起吊高度及吊车水平摆幅也随着增大。根据吊车性能表，采用两台 70 t 吊车在起吊桅杆抬头至 42°能满足要求。为了减少吊车受力，在桅杆抬头至 40°时，后溜绳稳车开始接力提升，直到桅杆起立至预定角度。为确保吊车起吊受力均衡，吊车起吊不超能力工作，两台吊车布置位置为桅杆上段两侧且吊车水平摆幅中间位置，吊车在满足水平摆幅、起吊高度和起吊重量后，尽量远离桅杆杆体。

5.2.8 桅杆起立

（1）桅杆抬头到位后，接力收紧后溜绳。当吊车不受力，钩头与绳套脱离时，应重点观察桅杆头部、桅杆底座及后溜绳稳车地锚三点是否在一条线上。若不在一条直线上，应及时用缆风绳调整成一条直线后，方可摘除吊车钩头。桅杆起立布置如图 5-5 所示。

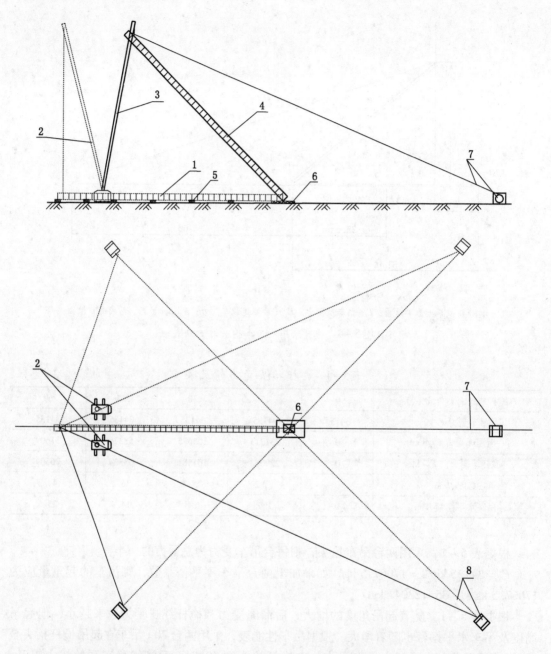

1—桅杆组装及起立初始位置；2—吊车吊装位置；3—吊车脱钩位置；4—桅杆起立后溜绳稳车受力位置；

5—桅杆组装木垛；6—桅杆基础；7—后溜绳稳车及提升绳；8—缆风绳稳车及提升绳

图5-5　桅杆起立布置示意图

（2）吊车离开现场后，再次检查各钢丝绳的受力情况及桅杆头部、底部、地锚的位置，无问题后方可起立桅杆。

（3）开动主提升稳车，用经纬仪观察桅杆头偏摆情况，偏摆距离最大不得超过500 mm。现场指挥应站在后溜绳稳车处观察。

（4）缆风绳弧垂应始终保持在 300～500 mm 之间。操作人员应根据现场情况控制。

（5）当桅杆起至 80°以上时，停后溜绳稳车，用缆风绳稳车调正桅杆。此时各台稳车的起、落、停由现场指挥指令，不得擅自操作，直至桅杆立正。起立后应将桅杆所有螺栓重新紧固。

（6）桅杆起吊过程中要注意绊腿绳地锚的情况，随时通过手拉葫芦调整桅杆绊腿绳的拉力和桅杆起立就位的位置。

（7）接力起吊桅杆时，吊车应能自动脱钩。

（8）桅杆起吊时就要考虑桅杆放倒方向，在桅杆放倒方向的缆风绳稳车应增加滑轮组，确保桅杆放倒时缆风绳牵引力足够拉倒桅杆。

5.2.9 井架起吊

桅杆起立好后，利用桅杆起吊井架。

5.2.10 桅杆放倒

桅杆放倒需在井架合拢找正固定后进行。桅杆放倒有两种可选择方式：第一种方式是提升机房未施工时后溜绳稳车收绳，其他稳车放绳将桅杆整体放倒在地面上；第二种方式是有提升机房时采用缆风绳稳车收绳，其他稳车放绳将桅杆整体侧面放倒在地面上。下面以第二种方式为例来进行说明，桅杆侧面放倒施工布置如图 5-6 所示。

（1）首先开动井架起吊提升稳车（9、10）使主提绳开始松绳，然后开动井架起吊后溜绳接力稳车（11）松绳，在两个起立井架主要受力绳松开后，缆风绳稳车（5）收绳，其他缆风绳稳车根据情况进行放绳，松绳速度应大于拉绳速度。

（2）在缆风绳（5）拉倒桅杆过程中，其他方向的缆风绳应配合松绳控制桅杆倒地方向，使桅杆受力将桅杆朝拉倒方向一侧倾倒。在施工过程中倾倒方向应不影响现场拆除及其他工程施工。

（3）桅杆向一侧方向倾倒过程中，如果收绳拉力较大，则尽量多松开井架起吊提钢丝绳（9、10）和后溜绳（11），减少钢丝绳与滑轮间的阻力，直至桅杆倾倒在地面上，然后在地面对桅杆进行拆解。

（4）考虑在吊装过程中，桅杆连接螺栓不同程度地受到损伤，放倒桅杆时，桅杆受到的弯矩最大，这时应特别注意避免发生断杆。

（5）桅杆倾倒过程中，绊腿绳地锚应根据桅杆放倒方向调整拉力和位置。

如果提升机房未施工，则可采用第一种方式放倒桅杆，放倒时主牵后溜绳稳车（11）收绳，其他稳车松绳及配合控制桅杆倒地方向。

5.2.11 桅杆拆除

（1）桅杆拆解时，连接螺栓采用电动扭矩扳手拆除。

（2）拆解时，在桅杆连接处固定牢靠后，可在多个连接点同时进行割除连接螺栓，加快拆解速度。

（3）拆解桅杆时，应先拆除放倒桅杆时的钢丝绳及滑轮组，然后再拆解桅杆；若先拆解桅杆，则有可能损伤起吊钢丝绳。

5.2.12 运输及清理场地

桅杆拆解完后，利用吊车将桅杆构件吊出施工场地，并清理场地内的拆解螺栓等杂物，最后将桅杆运输至仓库进行检查和维护。

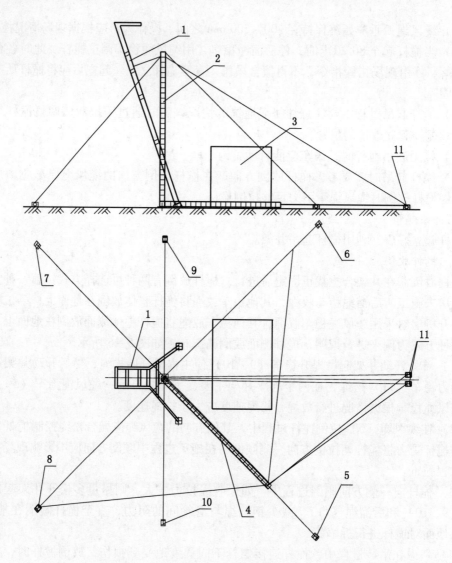

1—井架；2—起立的桅杆；3—提升机房；4—放倒的桅杆；5~8—缆风绳稳车及缆风绳；

9、10—井架起吊提升稳车及钢丝绳；11—井架起吊后溜绳接力稳车及钢丝绳

图5-6 桅杆侧面放倒施工布置示意图

5.3 劳动组织

以中钢集团山东矿业有限公司主井井架安装工程中金属桅杆起立及拆除施工为例，劳动组织见表5-2。

表5-2 劳动组织表

人

序　号	工　种	人　数
1	项目经理	1
2	项目技术经理	1
3	项目安全经理	1

表5-2（续）　　　　　　　　　　　　　　　　　人

序　号	工　种	人　数
4	施工技术员	1
5	专职安全员	1
6	测量工	2
7	钳工	4
8	安装电工	2
9	电焊工	2
10	起重工	4
11	辅助工	8
合　计		27

6　材　料　与　设　备

6.1　施工材料

（1）桅杆基础材料：I 32b 工字钢 150 m，标准枕木 3200 mm × 240 mm × 160 mm 26 根，厚度 30 mm 钢板 9 m²，扒钉若干条。

（2）桅杆组装材料：道木 1800 mm × 140 mm × 120 mm 100 根，桅杆连接螺栓若干。

（3）桅杆起立材料：桅杆绊腿绳地锚及绳索，桅杆缆风绳稳车地锚及缆风绳，桅杆起立提升稳车地锚及绳索与吊耳等。

6.2　机具设备

以中钢集团山东矿业有限公司主井井架安装工程中金属桅杆起立及拆除施工为例进行说明，采用的机具设备见表 6-1。

表6-1　机具设备一览表

序号	名　称	规格或型号	单　位	数　量
1	吊车	70 t	台	2
2	吊车	25 t	台	1
3	稳车	JZ－16/1000	台/套	1
4	稳车	JZ－10/1000	台/套	4
5	调度绞车	JD－11.4	台/套	2
6	电焊机	BX3－500	台/套	2
7	主提钢丝绳	18×7－32－1770，1200 m	根	2
8	缆风钢丝绳	6×19－28－1770，400 m	根	4
9	手拉葫芦	10 t，5 t，2 t	只	各4
10	电动扳手		台	5
11	配电柜		台	2

表 6-1（续）

序号	名 称	规格或型号	单 位	数 量
12	电工器具		套	2
13	对讲机		只	6
14	保险带		副	20
15	钢卷尺	50 m、30 m	把	各1
16	钢卷尺	5 m、3 m	把	各4
17	角尺	500 mm	把	2
18	钢板尺	1 m	把	2
19	电气焊割器具		套	2
20	经纬仪	J2	台	1
21	水准仪	S2	台	1
22	滑轮及滑轮组			

7 质 量 控 制

7.1 质量标准

金属桅杆起立及拆除施工工法必须执行以下标准：

（1）桅杆组装参照《钢结构工程施工质量验收规范》（GB 50205—2001）。

（2）现场施工用电执行《施工现场临时用电安全技术规范》（JGJ 46—2005）。

（3）现场施工执行《煤矿安全规程》（2011年版）、《建筑施工高处作业安全技术规范》（JGJ 80—1991）《建筑施工安全检查标准》（JGJ 59—2011）。

（4）设备安装执行设备出厂技术文件要求。

（5）设备使用执行设备使用说明书要求、《建筑机械使用安全技术规程》（JGJ 33—2012）和《施工现场机械设备检查技术规程》（JGJ 160—2008）。

除遵循以上规范和标准外，还应特别注意：桅杆在组对时，要确保支撑点基础不下沉；桅杆基础施工完后，必须对基础抗压能力进行检测，桅杆对地载荷集度不大于设计值，确保符合设计要求。

7.2 质量保证措施

7.2.1 组织保证措施

（1）搞好全面质量管理，完善质量保证体系。项目部成立由项目经理任组长、项目技术负责人任副组长的全面质量管理领导小组，实施对工程项目的全面管理。项目部质量管理体系如图7-1所示。

（2）项目部设立工程质量检查小组。各队设专职质检员和兼职质检员，对施工过程实行质量检查控制，严把每道工序的质量关。

（3）处质量监督部门和生产部门在施工期间到现场抽查、复查和指导，以外部环境促进工程施工质量。

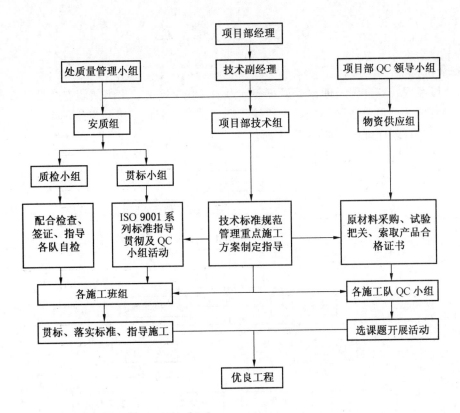

图 7-1　项目部质量管理体系

7.2.2　技术保证措施

（1）开展质量教育，提高员工素质。广泛开展"质量第一"普及教育和职工专业技术教育活动，组织员工学习规程、规范、质量标准等，把各项工程的施工技术安全措施、质量保证措施作为重点进行编制并组织职工学习。

（2）对持证上岗的工种，做好技术培训，对合格证超期的工人，必须重新考试，合格后方准上岗。

（3）施工前对质量进行预控。认真学习图纸领会设计意图，进行技术交底，明确质量标准，做好施工组织设计和技术安全措施的编制与贯彻工作，对将要施工的工程关键部位、关键工序分析作业条件，预计可能出现的问题，进行预防性控制。

（4）施工中的质量控制。严格执行检查验收制度，对于每道工序的施工质量均进行跟班检查，并做好原始记录。对出现的不合格项按照不合格控制程序处理。

（5）及时进行质量分析、总结。对成功的经验及时推广，对施工中出现的质量问题分析原因，研究解决的办法，提出整改意见，整改到位。

（6）加强施工技术管理，严格执行各项技术制度。

8 安 全 措 施

8.1 安全机构

由项目经理、安全副经理、专职安全员为主，安全网员、班组兼职安全员及青年岗员组成"专管成线，群管成网"的安全机构，层层把关，降低了事故发生的概率。

施工安全管理保证体系如图 8-1 所示。

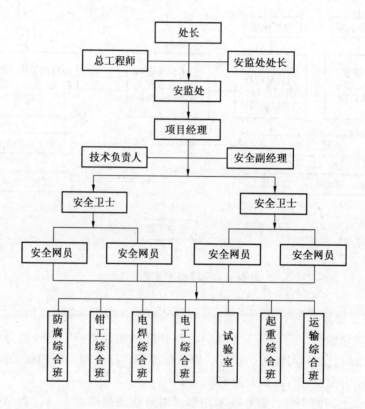

图 8-1 施工安全管理保证体系

8.2 安全技术措施

（1）编写安全施工技术措施，报上级有关部门审批，在工程开工前贯彻到每个参与施工的人员，并在工作中严格执行。

（2）组织有关人员对施工现场设备进行全面检查，发现问题及时处理。对所有吊具、索具、设备及临时防护设施进行认真检查，特别是对稳车的电气控制、机械抱闸、减速箱进行认真检查。缠绳时对钢丝绳进行仔细检查，并在检查记录上签字，不合格不得使用。

（3）施工人员进入现场必须戴安全帽，并正确使用各种劳动保护用品，高空作业必须系安全带，严禁高空抛物。要害工种持证上岗，严禁酒后上岗。

（4）施工人员必须精力集中、分工明确、熟悉信号，服从统一指挥和调配，不得擅自离岗。

（5）使用的滑车、卸扣、地锚等必须按设计吨位选用，不能以小代大。

（6）高处作业人员施工时站稳抓紧，不要用力过猛，以防闪失。

（7）使用梯子等登高工具时必须支承牢固，并有防滑措施。

（8）严禁施工人员酒后上岗，身体不适不得登高作业。

（9）桅杆起吊前全面检查绊腿、滑车、索具、吊具是否正常，同时检查吊耳、绑扎点的穿绳情况，查看吊耳焊缝是否良好，提升钢丝绳有无缠绕。各连接点也要进行认真检查，发现问题及时处理或采取有效的加强措施。

（10）临时电源及施工用电设备设专人看护，并经常检查。总电源有专人负责，上班开锁、下班断电闭锁。每天送电前必须对各设备检查巡视一遍，防止误动作。确认全部停止状态，才能送电。所有电气设备的金属外壳必须有良好的接地装置。

（11）施工现场设专人统一指挥，其余人员必须服从命令、听从指挥。

（12）施工现场设置警戒线，安排专人看护，严禁闲杂人员进入施工范围。

（13）任何人不得在悬吊重物下穿越、停留和作业。

（14）各稳车应编号使用，操作人员熟悉起吊操作程序，注意集中精力，听清和看清指令。

（15）起立和拆除桅杆前应对各连接件进行一次全面专门检查，桅杆起立后应检查一遍螺栓连接情况。

（16）稳车接力时吊车要跟随起吊，严禁吊车在稳车接力后立即松钩。

（17）各台稳车每缠绕一层钢丝绳必须垫一层绳皮，保证钢丝绳受力时不挤绳和咬绳。当钢丝绳缠绕较多时应严格观察并及时采取措施，防止稳车构件损伤钢丝绳。

（18）施工现场要有足够的灭火器材。

（19）工程开工至工程结束，现场应有值班车。

9 环 保 措 施

（1）贯彻执行国家、当地政府有关环保的方针、政策、法规，对全体施工人员进行经常性的环保教育，提高环境保护意识。

（2）生产生活区分片规划，布局合理，符合消防环保和卫生要求。

（3）加强对施工垃圾、生活垃圾、生产生活废水的控制，加强对燃料、材料和设备的管理，遵守有关防火和废弃物处理的规章制度，妥善处理危险废弃物。

（4）减少施工噪声，减少大型吊车使用时间，以减少空气污染程度。

（5）稳车控制采用变频技术，以减少电能消耗。

（6）作业完后，及时清理施工场地，做到工完料净场地清洁。

（7）加强生活废水的二次利用，垃圾集中处理，以免对土壤造成污染。

（8）改善施工驻地，搞好绿化工作。

10 效 益 分 析

大断面较高的金属桅杆起立与拆除方法有多种：一是用大吨位起重机进行直接吊装和拆除；二是起立时先起立小桅杆，然后用小桅杆起立大桅杆，用吊车进行拆除；三是吊车抬头稳车牵引半翻转法起立，整体放倒拆除的施工方法。

（1）采用大吨位起重机吊装，根据桅杆的高度和质量，在桅杆高度为 51 m，桅杆质量和滑轮等质量为 68 t 时，吊装需选择起重量为 500 t 的起重机 2 台。全部起吊工作需用 1 d（使用 2 个台班，进退场 4 个台班）完成，每个台班费用为 5 万元，共需 30 万元。

（2）如使用吊车抬头后溜绳接力起吊进行吊装，根据桅杆高度和质量，桅杆抬头需选择起重量为 70 t 的起重机 2 台。全部起吊工作需 1 d（使用 2 个台班，进出场 2 个台班）完成，每个台班费用 7000 元，共需 2.8 万元。稳车可利用起吊井架时的设备，只需增加稳车地锚（100 t）费用、电费及人工工资，三者共计费用不超过 4 万元，合计 6.8 万元。

上述两种方法比较，用吊车抬头后溜绳接力起吊进行桅杆起立比采用起重机吊装节约费用 30 万元 − 6.8 万元 = 23.2 万元。

采用小桅杆起立大桅杆方法也需要小型吊车抬头起吊小桅杆，虽然在吊车费用上可节省 2 万元，但工期会比吊车抬头半翻转法工期增加 1 倍多，工期效益较差，而且会增加一些材料费用。

采用本工法，在施工工期方面与汽车起重机吊装与拆除基本相同，但提高了经济效益，在安全上和质量上具有独特的优势。

11 应 用 实 例

11.1 实例一

2007 年施工的上海大屯能源股份有限公司孔庄煤矿混合井井架，高度为 64 m，质量为 954 t。井架起吊采用两座断面为 1650 mm×1650 mm、高度为 51 m 的桅杆。两座桅杆起立均采用 2 台 70 t 吊车抬头至 45°，然后稳车牵引半翻转法起立，桅杆拆除采用整体放倒后在地面进行拆除的方法，桅杆起立及拆除共用时 4 d，工程施工中节约成本约 31 万元，减少了高空吊装和拆除的风险，提高了安全性，保证了施工质量，取得了良好的经济效益和社会效益。

11.2 实例二

2010 年施工的中钢集团山东矿业有限公司主井井架，高度为 69 m，质量为 544 t。井架起吊采用一座断面为 1650 mm×1650 mm、高度为 51 m 的桅杆。桅杆起立采用 2 台 70 t 吊车抬头至 45°，然后稳车牵引半翻转法起立，桅杆拆除采用整体放倒后在地面进行拆除的方法，桅杆起立及拆除共用时 2 d，工程施工中节约成本约 23 万元，减少了高空吊装和拆除的风险，取得了良好的经济效益和社会效益。

11.3 实例三

2010 年施工的山东临矿集团会宝岭铁矿有限公司副井井架，高度为 42 m，质量为 260 t。井架安装前副井提升机房已施工完成。桅杆起立采用吊车抬头至 45°，然后稳车牵引半翻转法起立，桅杆拆除采用缆风绳稳车收放绳整体放倒后在地面进行拆除的方法，桅杆起立及拆除共用时 2 d，工程施工中节约成本约 16 万元，取得了良好的经济效益和社会效益。

煤矿井下降温系统快速安装施工工法（BJGF022—2012）

江苏省矿业工程集团有限公司

王民中　徐慧锦　庞　芹　王广超　陈　锋

1　前　　言

随着矿井开采深度的增加和采掘机械化程度的不断提高，矿井井下高温热害日趋严重，已经成为制约煤矿深度开采安全生产的重大问题，严重影响深部能源开采。高温作业使矿工的身体健康受到严重危害，体能消耗大，生产效率明显下降，容易发生人员伤亡事故。根据《煤矿安全规程》规定：生产矿井采掘工作面的空气温度不得超过 26 ℃，机电设备硐室的温度不得超过 30 ℃；采掘工作面的空气温度超过 30 ℃、机电设备硐室的空气温度超过 34 ℃时，必须停止作业。

徐州矿务集团针对目前依靠传统通风工艺已不能满足井下降温的状况，结合张双楼煤矿、庞庄煤矿张小楼井、三河尖煤矿、夹河煤矿等煤矿的深井热害具体条件，提出利用矿井涌水作为冷源的新型降温模式，安装井下 HEMS 降温系统，实现远程实时监测，有效改善了深井开采井下施工环境。煤矿井下降温系统安装不同于以往的井上、下机电设备和管路安装，该系统装备多、工艺复杂、战线长，与提升运输、通风系统混杂在一起，施工难度大，影响范围广；主要包括 HEMS – Ⅰ（Ⅱ）机组设备、HEMS – PT（T）机组设备、各种水泵、托管梁、管路（斜巷、平巷）、电控设备安装、气密性试验、试运转等。本工程存在斜巷内运输，属于无轨运输，常规做法为采用敷设临时轨道进行运输，工程结束后再拆除，工序复杂，工作量大，造价高，严重影响工程进度。本工程井巷管路通常使用独臂扒杆、手拉葫芦等起吊工具进行安装，施工人员多、劳动强度大、安全风险大、施工速度慢。

针对以上问题，结合现场实际情况，公司制定了新型安装工艺：

（1）无轨斜巷内采用"旱船"作为运输设备。

（2）采用"移动式悬臂扒杆"作为管路起吊机具。

（3）托管梁连接固定的Ⅱ型卡兰螺栓加工应用了"便携圆钢Ⅱ型卡兰螺栓成型机"专利技术。

（4）安装、调试工作分单位分阶段投运，多个工作区域分段同时作业，分步实施，分段分区完成。

本工法已在徐州矿务集团张双楼煤矿、庞庄煤矿张小楼井、三河尖煤矿、夹河煤矿等多个煤矿井下降温系统安装工程中成功应用，缩短了施工周期，提高了劳动生产效率，节约了成本，实现了安全生产，有效改善了职工的工作环境，为有效控制井下工作面的温度、湿度提供了有力保证。该工法关键技术经中国煤炭建设协会于 2012 年 4 月 12 日鉴定,达国内领先水平。

2 工 法 特 点

(1) 在井下斜巷内管路运输过程中,由于斜巷内无轨道运输比较困难、线路长、作业地点离井口远、现场环境温度高、湿度大等特点,自行研制了"旱船"作为管路运输工具,施工工序简单,快速有效,保证了运输安全。

(2) 针对使用传统的独臂扒杆安装井下管路既费力又不安全、劳动强度大的缺点,自行研制了一种"移动式悬臂扒杆"作为起吊安装机具,施工简单便捷,拆装方便,提高了管路的安装速度,降低了职工劳动强度。

(3) 托架与托管梁之间Π型卡兰螺栓加工制作应用了"便携圆钢Π型卡兰螺栓成型机"专利技术,产品外观美观、体积小、质量轻、便于携带,提高了施工效率。

(4) 整个系统安装、调试以分单位分阶段投运为原则,多工作面分段同时作业,分步实施,分段分区完成,缩短了施工周期。

3 适 用 范 围

该工法不仅适用于井下有热害的煤矿及非煤矿井等各种类型井下降温系统安装工程,也适用于其他隧道、掩体和地面场所进行的设备与管路系统的安装。

4 工 艺 原 理

该工法的核心技术主要为研究思路与技术路线,合理安排施工程序。即整个系统安装、调试分单位分阶段投运,多工作面分段同时作业,分步实施,分段分区完成,据此采用相应的施工工艺,制定了特殊阶段的斜巷内无轨运输施工设计。对于特殊阶段的斜巷无轨道施工地点,利用自行设计的前端有防滑栏、底部有滑台、前后有万向牵引装置的"旱船"作为管件运输设备,解决了在斜巷内无轨道运输或敷设临时轨道成本高、影响工程进度的问题。

5 工艺流程及操作要点

5.1 工艺流程

本工法施工的工艺流程如图 5-1 所示。

5.2 操作要点

(1) 主机设备安装重点控制设备的吊装运输方式、吊点的选择、设备主体的保护和安装精度质量。

(2) 井下降温系统管路托管梁连接固定的Π型卡兰螺栓加工应用了"便携圆钢Π型卡兰螺栓成型机"专利技术。便携圆钢Π型卡兰螺栓成型机加工出的Π型卡兰螺栓成品质量好、无硬伤及裂纹等质量缺陷。成型机结构简单、轻便,可随身携带,快捷便利,降

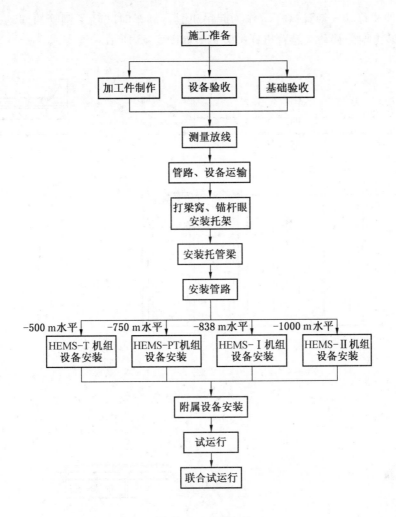

图 5-1 工艺流程

低了劳动强度，施工效率提高 1 倍。

（3）在井下斜巷巷道内管路运输过程中，张双楼煤矿 -1000 m 水平东一猴车道为斜巷巷道，倾角 18°，长度 700 m，管路安装场地较狭窄，无运输轨道，且不能采用车辆和带式输送机等工具进行运输。若敷设临时轨道，工作量大、造价高，严重影响工程进度。针对上述特点，研制了"旱船"作为管路运输工具，施工工序少，运输安全，速度快。

"旱船"主要采用匚16 槽钢、I12 工字钢、L50 × 5 角铁、δ10 钢板等组合加工而成，前部焊有防滑栏，两端上翘 15°，滑台选用匚16 槽钢作为排脚加工而成，排脚之间用匚16 槽钢连接，前后均有万向牵引装置。"旱船"结构如图 5-2 所示。

（4）在井下管路安装过程中，因巷道内原有的起吊锚杆相距较远，且数量较少，有的因时间过长已不能作为管路起吊机具使用。如果重新安装起吊锚杆，施工时间较长。而如果采用传统的独臂扒杆作为起吊工具，使用时呈直立状或微倾斜状，起吊夹角较大，不安全，且只能进行一端起吊，另一端需人工搬抬，劳动强度较大。综合考虑上述因素，自行研制了一种"移动式悬臂扒杆"作为起吊机具，卸车时减轻了钢管的摆动；起吊时快速有效，拆装方便。移动式悬臂扒杆吊装钢管如图5-3所示。

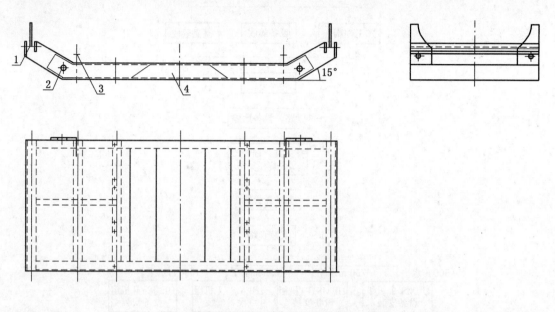

1—导向板；2—牵引装置；3—固定板；4—底座

图5-2 "旱船"结构示意图

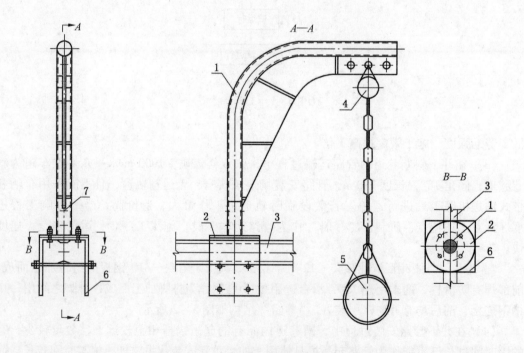

1—移动式悬臂扒杆；2—定位装置；3—托管梁；4—手拉葫芦；5—钢管；6—底座；7—锁紧装置

图5-3 移动式悬臂扒杆吊装钢管

（5）设备与管路的搭接：根据现场实际情况，按 1:1 做好软质模具现场比对，然后量取具体尺寸在地面加工管路、弯头、三通、接头，以保证管路搭接安装精度。

（6）井下降温系统调试方案分为充水、试运转、负荷调节三大部分。以分单位分阶段投运为原则，分步实施，分段分区完成，即先独立系统试投运，然后进行电气装置、水泵、风机、HEMS-PT 机组、HEMS-Ⅰ机组、HEMS-Ⅱ机组等联合试投运。

5.3 劳动组织

根据工程特点和施工进度计划合理配置劳动力。劳动组织见表 5-1。

表 5-1 劳动组织表　　　　　　　　人

序　号	工　种	人　数
1	项目经理	1
2	安全负责人	1
3	测量工	2
4	焊工	4
5	安装工	15
6	技术负责人	1
7	材料管理人员	3
8	起重工	3
9	电工及维护人员	10
合　计		40

6 材料与设备

该工法使用的主要材料与设备见表 6-1。

表 6-1 主要材料与设备表

序号	名　称	规格或型号	数量	备　注
1	调度绞车	JD-40	1 台	井口牵引
2	调度绞车	JD-55	2 台	管路运输
3	汽车吊	25 t	2 台	构件起吊
4	电焊机	BX1-500-2	9 台	管路焊接
5	手拉葫芦	2 t、5 t	各 2 台	设备、管路安装
6	风镐		9 把	管路锚杆打眼
7	锚杆机		5 台	管路锚杆打眼
8	钢丝绳	6×19S-19.5-1670		长度按照措施确定
9	钢丝绳	18×7-19.5-1670		长度按照措施确定
10	气割工具		2 套	构件安装

表 6 - 1（续）

序号	名　称	规格或型号	数量	备　注
11	对讲机		6 部	构件安装
12	干粉灭火器		8 只	构件安装
13	水准仪	S3	1 台	设备安装测量
14	经纬仪	J2 - JDA	4 只	设备安装测量
15	万用表	M28905	4 只	电气设备测试
16	摇表	Zc11D - 5	4 只	电气设备测试
17	接地电阻测试仪	1625GEO	4 只	电气设备测试
18	矿用隔爆型激光指向仪		4 只	设备安装测量
19	井筒作业视频监视系统		1 套	井筒施工
20	井筒作业安全闭锁型漏泄通信系统	LUYO90 DB	4 套	井筒施工

7 质 量 控 制

（1）认真贯彻"科学管理、顾客至上、持续改进、以优取胜"的质量方针，始终坚持"百年大计，质量第一"的宗旨，切实贯彻落实公司质量手册、程序文件和规章制度。

（2）实施项目经理质量责任制，分级管理，分层负责，建立和完善各级与质量有关的管理制度。

（3）树立"提高质量、意识先行"的思想，提高"控制施工每道工序，建造业主满意工程"的自觉性。

（4）组织全体施工人员开展岗位技术培训和练兵，提高施工人员的技术操作水平。

（5）合理选择施工方法和施工机具，组织编制技术先进、经济合理的施工组织设计、作业规程或技术措施，并认真组织实施。

（6）认真编制项目质量计划，明确质量控制的各项要求，规定施工质量检验和试验方法。

（7）严格事前控制，加强设计图纸等文件与资料的控制，做好图纸会审、技术交底等工作。

（8）落实施工质量挂牌制，坚持以工序质量控制为核心，把握每一工序施工作业质量。

（9）认真实施班组施工者自检、互检和交接检等质量检查，工序质量检验不合格不得进行下道工序，将施工质量问题消灭在施工过程中。

8 安 全 措 施

（1）施工中牢固树立"安全第一、预防为主、综合治理"的思想，严格按照煤矿安全规程及各自岗位责任制和操作规程施工。

（2）电工、电焊工、绞车司机等特殊工种必须持证上岗，绞车、凿井绞车、回柱机一人开车一人监护，司机应精力集中，听清信号，信号不清时不得开车。

（3）施工前应对调度绞车、滑轮、提升绳等进行认真检查，确保完好率达到100%。

（4）电气设备要安装漏电保护器，同时还要接地可靠，并经试验工作正常，敷设线路要整齐，并注意保护线缆，防止破皮漏电。电气设备应有防雨、防潮设施。

（5）烧焊和气割作业应有防火和接渣措施，并有经审批的烧焊报告，严禁在封口盘上进行气割作业。

（6）严格交接班制度，交接班应交清接明，保证班组之间工序的正常进行。

（7）施工时施工人员与信号工、信号工与司机之间联系应清晰可靠，声光俱备，信号不清时不得开车。

（8）井筒、登高及悬空作业，必须佩戴经试验合格的安全带，并系于安全可靠处。

（9）特殊工种应经过岗前培训，取得上岗资质，持证上岗。

9 环 保 措 施

（1）严格执行国家、当地政府有关环境保护的方针、政策、法规，对全体施工人员进行环保教育，提高环境保护意识。

（2）成立施工现场环境管理领导小组，建立健全环境管理体系。

（3）驻地生产区及生活区分片规划，符合消防环保和卫生要求。做到场地平整、排水畅通，各种设施安装符合安全规定。

（4）施工工具、设备的存放、保管应符合防火要求，存放地点应做到通风良好、干燥和不受雨、雪的侵袭；不宜放在有害气体、易燃易爆物附近，以及水蒸气、烟雾和粉尘较大的场所。

（5）电焊工在地面烧焊时，应备有灭火器材，并有专人监护，完工后要检查烧焊现场，不得遗留任何安全隐患。

（6）材料按现场管理平面图指定位置一次性放置到位，各类材料分类码放，按规格或型号统一编号，保持现场材料整齐统一。

（7）施工现场设立专门的废弃物临时储存场地，废弃物应分类存放，生活垃圾与施工垃圾应分开。

（8）在施工中，对施工现场的周围环境和生态系统加以保护，将对周围环境的干扰减少到最低程度。

（9）作业完工后，及时清理施工场地，周转材料及时入库，做到工完料净，场地清洁。

（10）在施工中，对施工现场的周围环境和生态系统加以保护，最大限度地减少施工中产生的噪声和环境污染。

10 效 益 分 析

10.1 社会效益与安全效益分析

（1）该工法的应用，安装、调试以分单位分阶段投运为原则，多工作面分段同时作业、分步实施，分段分区完成，缩短了煤矿井下降温系统安装工程的实施周期，实现了整个过程的安全、快速、便捷。

（2）针对井下降温系统安装工程中斜巷内无轨道运输困难、线路长、现场环境温度高、湿度大、作业地点离井口远、管路位于斜巷内易下滑、巷道底板凸凹不平、坡度变化大等不利因素，自行研制了"旱船"作为运输工具，施工简单便捷，快速有效，保证了运输安全。

（3）针对井下巷道管路安装因起吊锚杆位置受限及传统的独臂扒杆不能适应现场安装或使用不安全的状况，自行研制了一种拆装方便的"移动式悬臂扒杆"作为起吊安装机具，提高了管路的安装速度，确保了施工的安全，降低了职工的劳动强度。

（4）在托管梁连接固定的Π型卡兰螺栓加工应用了专利技术"便携圆钢Π型卡兰螺栓成型机"，提高了产品的外观质量和施工效率，降低了职工的劳动强度。

（5）该工法的应用，缩短了施工工期，为建设单位有效改善深井开采井下施工环境、实现热量交换提供了有力保证。在矿业及其他冶金、黄金等矿井井下降温系统安装中具有较高的推广应用价值。

10.2 经济效益分析

该工法的应用使张双楼煤矿井下降温系统安装工程提前 15 d，减少了人员和设备的投入，缩短了资金的周转周期，优化了安装工艺，有效地提高了施工效率，降低了劳动强度，提高了安全性。经测算，新工艺节约费用 79.8 万元。对建设单位而言，本工法的成功实施加快了项目的投入运行，改善了职工的作业环境，保证了安全生产，潜在的经济效益较为明显。

11 工 程 实 例

11.1 实例一

利用此技术成功施工了徐州矿务集团张双楼煤矿井下降温系统安装工程。该矿高温热害控制工程以 -1000 m 水平工作面为降温工作面，地表标高为 $+43$ m，工作面温度为 $34 \sim 36$ ℃，利用该矿井的涌水作为热害控制工程的冷源，-500 m 水平涌水量为 600 m^3/h，矿井涌水水温为 28 ℃左右，通过采用 HEMS 降温系统将 -1000 m 水平工作面环境温度控制在 $26 \sim 29$ ℃。该工程主要包括 HEMS $-$ Ⅰ冷热能量交换系统降温器机组 5 台，HEMS $-$ T 强化传热型换热器 12 台，HEMS $-$ PT 冷热能量交换系统转换器 10 台，HEMS $-$ Ⅱ冷热能量交换系统降温器机组 36 台，各种水泵 16 台（上、中、下循环水泵 6 台，冷却水泵 2 台，补水泵 4 台，排水泵 4 台），定压补水装置 3 套，风机安装 9 台，除砂装置 2 台，软水装置 4 台，管路 11310 m（ϕ273 mm 管路计 6710 m，ϕ350 mm 管路计 4600 m）。本工程自 2011 年 1 月 22 日开始实施，至 6 月 30 日完成，并一次性通过验收，提前 15 d，高效、快捷，提高了工作效率，减轻了劳动强度，经济效益和社会效益显著。

11.2 实例二

该技术成功应用于徐州矿务集团庞庄煤矿张小楼煤矿井下降温系统安装工程。该工程主要安装工作包括 HEMS T 机组 4 台，HEMS Ⅱ 机组 20 台，循环水泵 3 台，冷却水泵 2 台，补水泵 2 台，ϕ377 mm × 12 mm 管路 4600 m。本工程自 2011 年 3 月 16 日开始实施，至 7 月 26 日完成。应用该工法，提前 5 d，提高了工作效率，减轻了劳动强度，为建设单位提前投产，有效改善深井开采井下施工环境、实现热量交换提供了有力保证。

11.3 实例三

该工艺成功施工了徐州矿务集团三河尖煤矿井下降温系统安装工程。本系统分为 HEMS – Ⅰ子系统、HEMS – PT 子系统和 HEMS – Ⅱ子系统三个子系统。主要安装工作包括 HEMS – Ⅰ机组 1 台，HEMS – Ⅱ机组 10 台，HEMS – PT 机组 2 台，循环水泵 3 台，冷却水泵 2 台，补水泵 2 台，软化水装置 8 台，$\phi 325$ mm × 12 mm 管路 5200 m，$\phi 219$ mm × 10 mm 管路约 300 m。应用该工法，提高了施工安全系数和工作效率，提前工期 6 d，减轻了劳动强度，为建设单位提前投产，有效改善深井开采井下施工环境提供了有力保证。

架空乘人装置断绳（脱绳）抓捕器制安施工工法（BJGF028—2012）

平煤神马建工集团有限公司

李 功 何胜良 张水来 袁叙平 马新培

1 前 言

架空乘人装置是应用于倾角不大于30°、运输距离较长的斜井及上下山运送人员的设备。原架空乘人装置只安装有掉绳保护开关，即断绳或脱绳时会断电闭锁停车，但没有安装断绳（脱绳）抓捕装置，考虑到运输坡度较大、距离较长，在上下乘人的过程中，一旦断绳（而且断绳通常是在受力最大的机头位置断开的）或脱绳，钢丝绳就会在沿斜坡分力的作用下向坡底滑落，全程脱离绳轮，造成设备损坏；或脱绳时固定在钢丝绳上的乘人装置会随着钢丝绳下滑而下滑，使人员从乘人装置上摔下，造成伤害。基于此，迫切需要研制一种可以有效地防止断绳（脱绳）时钢丝绳滑落，保护人员和设备的装置。

平煤神马建工集团有限公司制作安装的架空乘人装置断绳（脱绳）抓捕器，与掉绳保护开关配合使用，当发生断绳或脱绳时，乘人装置上安装的抓钩可抓住侧面的被抓装置，使钢丝绳张紧不再下滑，同时掉绳保护开关闭锁停车。该关键技术科学合理、简单易行，解决了架空乘人装置运行的安全问题。

该项技术在平煤股份二矿第五部架空乘人装置的安装中试验成功，形成了一套综合配套的施工工法，继而又成功应用于平煤股份九矿副斜井架空乘人装置安装、朝川矿一井架空乘人装置安装等工程中，取得了良好的社会效益和经济效益。2012年7月25日工法关键技术通过了中国煤炭建设协会组织的技术鉴定，该项技术达到了国内领先水平，具有很好的推广应用价值。

架空乘人装置断绳（脱绳）抓捕器研制与应用技术获得2011年度中国施工企业管理协会科学技术创新成果奖二等奖。

2 工 法 特 点

（1）安全可靠。架空乘人装置每个抱索器上均安装有抓钩，与掉绳保护开关配合使用，当发生断绳或脱绳时，乘人装置上安装的抓钩可抓住侧面的被抓装置，使钢丝绳张紧不再下滑，同时掉绳保护开关闭锁停车，有效地防止了断绳（脱绳）时钢丝绳的滑落，保护了人员和设备，解决了架空乘人装置运行的安全问题。

（2）该工法科学合理、简单易行，填补了架空乘人装置断绳（脱绳）保护的空白，具有很好的推广应用价值。

3 适 用 范 围

断绳（脱绳）抓捕器的制作安装适用于倾角不大于30°的架空乘人装置。

4 工 艺 原 理

架空乘人装置断绳（脱绳）抓捕器包括抓钩、被抓装置、被抓装置固定支架、U形卡，被抓装置靠被抓装置固定支架和U形卡与横梁固定，抓钩安装在抱索器上，每个抱索器上均安装有抓钩，与掉绳保护开关配合使用，当发生断绳或脱绳时，钢丝绳就会在沿斜坡分力的作用下向坡底滑落，全程脱离绳轮，此时乘人装置上安装的抓钩可抓住侧面的被抓装置，使钢丝绳张紧不再下滑，同时滑落的钢丝绳压住掉绳保护开关的触点机构使架空乘人装置断电闭锁停车，防止了断绳（脱绳）时钢丝绳滑落，保护了人员和设备。

5 工艺流程及操作要点

5.1 工艺流程

确定制作方案，进行材料选择→加工、制作→被抓装置固定支架安装→被抓装置安装→抓钩安装→断绳（脱绳）抓捕试验→投入运行。

5.2 操作要点

5.2.1 制作方案确定与材料选择

1. 制作方案确定

通过现场考察，综合分析，确定了断绳（脱绳）抓捕器的制作方案，包括抓钩、被抓装置、被抓装置固定支架、U形卡，依据实际尺寸设计好组件图纸。

2. 材料选择

1）最大静载荷计算

设架空乘人装置可悬挂 n 个吊椅，人的质量按 m_1 计算；钢丝绳总长为 L，质量为 m_2，斜巷坡度为 α；重锤每块质量为 m_3，共 b 块，张紧装置为 c 个动滑轮组。

最大静载荷计算通式为：

$$F_静 = (n \times m_1 + m_2 \times L) \times \sin\alpha + m_3 \times b \times c$$

以平煤股份九矿副斜井架空乘人装置安装为例：斜巷总长450 m，可悬挂100个吊椅，人的质量按75 kg计算；$6 \times 31WS + FC - \phi24$ 钢丝绳总长为960 m，质量为3.11 kg/m，斜巷坡度为30°；重锤每块质量为25 kg，共10块，张紧装置为4个动滑轮组。

$$F_静 = (100 \times 75\ kg + 3.11\ kg/m \times 960\ m) \times \sin30° + 25\ kg \times 10 \times 4$$
$$= 6243\ kg = 62.43\ kN$$

2）最大动载荷计算

最大动载荷计算通式为：

$$F_动 = F_静 \times 1.1$$

以平煤股份九矿副斜井架空乘人装置安装为例，最大静载荷为 62.43 kN，动载荷系数为 1.1，则 $F_{动}$ = 62.43 kN × 1.1 = 68.67kN。

3）圆钢许用剪力计算

当钢丝绳断裂、ϕ24 mm 圆钢被抓钩抓住时，所承担的最大动载荷为 34.34 kN。

DN25 管上焊接的 ϕ24 mm 圆钢是 Q235 钢，抗拉强度为 370 MPa/mm²，许用剪切应力 τ = 抗剪强度 = 0.8 × 抗拉强度 = 0.8 × 370 MPa/mm² = 296 N/mm²，剪力 = πr^2 × 许用剪切应力 = π × (24 mm/2)² × 296 N/mm² = 133839 N = 134 kN > 34.34 kN。

所以选择 ϕ24 mm 圆钢符合要求，将圆钢插进 DN25 钢管内满焊，DN25 钢管上每隔 1 m 焊接一节 100 mm 长的 ϕ24 mm 圆钢；选择 ⌷126 × 53 × 5.5 槽钢作为被抓装置固定支架的材料；刮板链制作的抓钩大于 ϕ24 mm 圆钢的抗拉强度，所以用刮板链来制作钩子，选用 8 mm 钢板制作抓钩的焊接件，钩子焊接在焊接件上制成抓钩。

5.2.2 加工、制作

1. 抓钩加工

用刮板链来制作钩子，每个链环制作一个钩子，选用 8 mm 钢板制作抓钩的焊接件，两个钩子对称焊接在焊接件上制成抓钩，焊接时要满焊。每个抱锁器上安装一个抓钩，所以加工、制作的数量与乘人装置的数量相等。加工完毕，先刷两遍防锈漆，晾干后再涂刷灰面漆。抓钩制作如图 5 - 1 所示，抓钩成品如图 5 - 2 所示。

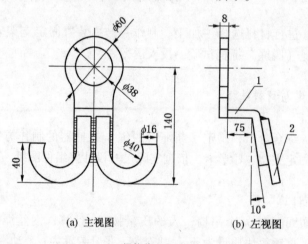

(a) 主视图　　　　　　(b) 左视图

1—焊接件；2—钩子

图 5 - 1　抓钩制作图

2. 被抓装置加工

将 ϕ24 mm 圆钢插进 DN25 钢管内满焊，DN25 钢管上每隔 1 m 焊接一节 100 mm 长的圆钢，排列整齐，加工的被抓装置与架空乘人装置的总长相等（上行侧和下行侧各安装架空乘人装置全长的 1/2）。加工完毕，先刷两遍防锈漆，晾干后再涂刷灰面漆。被抓装置制作如图 5 - 3 所示，被抓装置成品如图 5 - 4 所示。

3. 被抓装置固定支架加工

选择 ⌷126 × 53 × 5.5 槽钢作为被抓装置固定支架的材料，下料 700 mm 一根，在下端焊接长度为 140 mm 的 ⌷126 × 53 × 5.5 槽钢，把端部割成圆弧形，便于 DN25 钢管焊接，

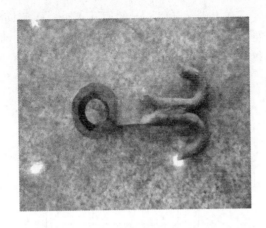

图 5-2　抓钩成品

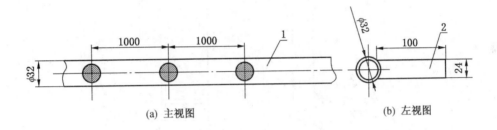

(a) 主视图　　　　　　　　　　(b) 左视图

1—DN25 mm 钢管；2—φ24 mm 圆钢

图 5-3　被抓装置制作图

图 5-4　被抓装置成品

要求满焊，增加焊接强度；在上端钻 $\phi18$ mm 的通孔 4 个；在侧面焊接长度为 150 mm 的 匚160×65×8.5 槽钢，便于卡在 11 号矿用工字钢槽内进行固定。加工完毕后，先刷两遍 防锈漆，晾干后再涂刷灰面漆。被抓装置固定支架制作如图 5-5 所示，被抓装置固定支 架成品如图 5-6 所示。

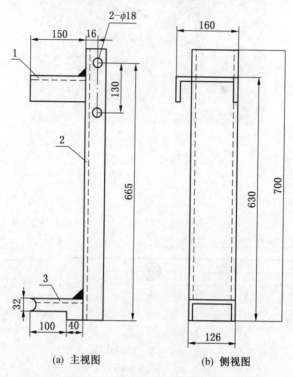

(a) 主视图　　　　(b) 侧视图

1—匚160×65×8.5 槽钢；2、3—匚126×53×5.5 槽钢

图 5-5　被抓装置固定支架制作图

图 5-6　被抓装置固定支架成品

4. U 形卡加工

先下料，将 ϕ16 mm 圆钢截成 680 mm 长，两头在车床上加工出 80 mm 长的螺纹，然后制作胎膜，将圆钢制作成 U 形卡。加工完毕，先刷两遍防锈漆，晾干后再涂刷灰面漆。U 形卡制作如图 5 - 7 所示。

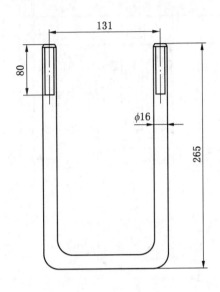

图 5 - 7　U 形卡制作图

5.2.3　安装

制作完毕后，按照总装图进行安装。断绳（脱绳）抓捕器的安装是在架空乘人装置安装完毕后进行的保护性安装。总装图如图 5 - 8 所示，断绳（脱绳）抓捕器成品如图 5 - 9 所示。

（1）首先安装被抓装置固定支架，用 U 形卡固定在工字钢横梁上，安装绳轮的两侧，槽钢外侧距轮中心 455 mm，每 6 m 一个，每个横梁上安装一个支架。

（2）安装被抓装置，将 DN25 钢管靠在支架圆弧内焊接在支架上，圆钢背向绳轮，上下方向绳轮的两侧各安装架空乘人装置总长的 1/2，DN25 钢管中间焊接连接。

（3）安装抓钩，在抱锁器后压紧螺栓的轴上安装抓钩，与抱锁器一起压紧，每个抱锁器上安装一个，随抱锁器移动。

5.2.4　断绳（脱绳）抓捕试验

安装完毕后首先让架空乘人装置正常运转，人员坐在吊椅上全程进行检查，正常摆动情况下吊椅臂不摩擦被抓装置 DN25 钢管，抓钩下沿始终与 DN25 钢管上面保持不低于 180 mm 的距离，如果不符合上述条件则要进行调整。

1. 试验前准备

（1）工具准备：3 t 滑轮 2 个，3 t 倒链 1 个，短绳扣 3 个，长绳扣 2 个。

（2）材料准备：沙袋 40 袋，每袋 40 kg；$6 \times 31 WS + FC - \phi24$ 钢丝绳 250 m；重锤每块质量为 50 kg，共 14 块 700 kg；ϕ24 mm 钢丝绳卡 15 个。

2. 试验方案

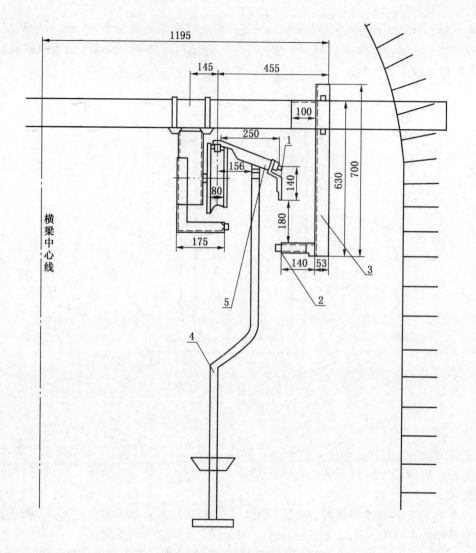

1—抓钩；2—被抓装置；3—被抓装置固定支架；4—吊椅；5—抱锁器

图 5-8　断绳（脱绳）抓捕器总装图

（1）松掉架空乘人装置机尾重锤，去掉11个架空乘人装置吊椅（共计110 m），然后将架空乘人装置绳轮上的钢丝绳吊起固定在横梁上。

（2）敷设 6×31WS＋FC－φ24 钢丝绳。利用旧钢丝绳双根敷设 110 m，敷设时将钢丝绳盘悬挂在机头 1 号梁上，一头固定在柱子上，拉住中间钢丝绳双根同时敷设下去。

（3）固定钢丝绳，在机头大梁处挂上钢丝绳扣及 3 t 倒链，与 φ24 mm 钢丝绳用 φ24 mm钢丝绳卡固定一个头。在斜井 110 m 处用长钢丝绳扣固定在两个横梁上，挂上 3 t 滑轮。在横梁上面展放 φ24 mm 钢丝绳放到架空乘人装置绳轮组上，同时绕过 110 m 处的滑轮直到机头。架空乘人装置机头房钢屋架大梁上悬挂一个 3 t 滑轮，终端绕过这个滑轮，挂上重 700 kg 的重锤，在重锤下方放置好沙袋，拉起距地面 3 m 高，然后拉紧机头 3 t 倒

图 5-9　断绳（脱绳）抓捕器成品

链，使钢丝绳张紧。最后在钢丝绳上悬挂 11 个吊椅及抓钩，并在每个吊椅上固定好沙袋（2 袋，共计 80 kg）。

（4）断绳抓捕试验：一切准备就绪后，用气割割断 ϕ24 mm 钢丝绳，在重锤重力的作用下，钢丝绳向下加速运动，此时由于钢丝绳被割断，运动状态不规则，在吊椅重力作用下掉出托绳轮，当抓钩下落到一定高度时，抓住被抓装置，使钢丝绳停止运动，重锤停止下落。

试验示意图如图 5-10 所示。

经过试验，设置的 11 个吊椅抓钩均按预定抓住被抓装置，试验成功，试验后的情景如图 5-11 所示。

5.2.5　投入运行

试验成功后，将钢丝绳和吊椅复位，机尾重锤拉紧，启动设备投入正常运行。

5.3　劳动组织

劳动组织详见表 5-1。

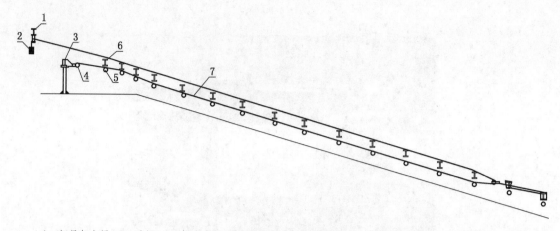

1—钢屋架大梁；2—重锤；3—机头大梁；4—3 t 倒链；5—轮子；6—11 号矿用工字钢；7—φ24 mm 钢丝绳

图 5-10　试验示意图

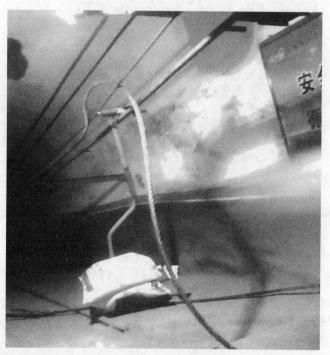

图 5-11　试验后的情景

表 5-1　劳动组织表　　　　　　　　　　　　　　人

序　号	工　种	人　数
1	机械安装工	2
2	起重工	1
3	电焊工	2
4	信号工	2
5	绞车司机	2
6	普工	3
合　计		12

6 材料与设备

(1) 本工法所使用的主要材料有□126×53×5.5 槽钢、□160×65×8.5 槽钢、φ16 mm 圆钢、φ24 mm 圆钢、DN25 钢管、8 mm 钢板、链环等。

(2) 本工法所使用的主要机具与设备见表 6-1。

表6-1 主要机具与设备表

序号	名　称	规格或型号	单位	数量	用　途	备注
1	提升绞车	JD-1.6	台	1	运输设备	
2	电焊机	JXH-400	台	1	焊接被抓装置	
3	手拉葫芦	3 t	台	1	试验用	
4	滑轮	3 t	套	2	试验用	
5	有线通信设备		套	1	提升信号	
6	无线通信设备		套	2	提升辅助信号	备用1套

7 质量控制

7.1 执行标准

本工法执行的主要规范、标准有:

(1)《煤矿安装工程质量检验评定标准》(MT 5010—1995)。

(2)《煤矿设备安装工程质量验收规范》(GB 50946)。

(3)《钢结构焊接规范》(GB 50661—2011)。

(4)《工业安装工程施工质量验收统一标准》(GB 50252—2010)。

(5) 其他相关国家、行业、地方质量标准、规范及法律法规等。

7.2 质量保证主要措施

(1) 原材料质的控制。要保证原材料的供货渠道和供货质量,所有材料均应提供产品合格证,并对原材料进行抽检,不合格证的严禁使用。

(2) 加工过程中要严格遵守质量标准,所有加工件均应打磨后再涂刷防锈漆。

(3) 在安装过程中要保证抓钩的下沿至被抓装置上面的距离不低于 180 mm,当发生断绳、脱绳时能及时抓住被抓装置,正常运转情况下不阻碍设备的正常运转。

(4) 安装被抓装置时要保证 DN25 钢管与乘人装置吊臂之间的距离不低于 50 mm,在运行过程中乘人装置吊臂正常摆动时不会与被抓装置产生摩擦,不影响设备的使用寿命。

(5) 安装时焊缝要饱满,避免产生夹渣、气孔、咬边、焊瘤等焊接缺陷。

(6) 成立质量管理小组,做好工序自检、互检工作。

8 安 全 措 施

本工法执行国家及行业安全法律法规，安全技术措施如下：

（1）在安装断绳（脱绳）抓捕器时，要在 200 m 以下用圆木和钢丝网打一道挡墙，防止材料及工具滚落。

（2）焊接前要制定动用电火焊措施，建设方必须安排专职瓦斯检查员对各种有危险的气体进行监测，动火时配足灭火器、水源、沙箱等安全设施。

（3）运输物料时信号要统一，刹车要牢固。

（4）试验时非工作人员禁止进入机头房，在重锤下方要放置好沙袋，防止重锤下落砸坏地板。

（5）工具准备前一定要检查倒链及滑轮是否有损坏。

（6）为了使抓钩全部精确地抓住被抓装置，增加抓捕力量，安装乘人装置时一定要使相邻乘人装置之间的间距精确为 10 m。

（7）试验时乘人装置上的沙袋一定要绑扎牢固，防止抓钩抓住的瞬间乘人装置晃动，使沙袋滚落。

（8）所有倒链及滑轮一定要固定牢固。

9 环 保 措 施

本工法执行国家有关环保政策及地方强制性条文规定，涉及的主要环境因素有废弃物、噪声等：

（1）对现场施工人员进行环境保护教育，施工人员进入现场，应按规定佩戴安全防护用品。

（2）现场的氧气瓶、乙炔瓶、油漆、稀释剂等不得乱放，按照有关规定管理好易燃易爆物品，废弃物集中存放、处理。

（3）作业时的提升绞车会发出噪声，因此应合理安排施工时间，严格控制施工噪声污染。

（4）加工区、材料库应合理布置。施工现场不得随意堆放材料和机械设备，保持施工现场道路畅通，及时清理施工废弃物和生活垃圾，保持清洁卫生。讲文明话、办文明事，倡导文明施工。

10 效 益 分 析

下面以平煤股份九矿斜井架空乘人装置安装工程为例来进行效益分析。

10.1 社会效益

断绳（脱绳）抓捕器的成功应用，填补了架空乘人装置断绳（脱绳）保护的空白，有效地防止了断绳（脱绳）时钢丝绳的下滑，保护了人员和设备，有效地解决了架空乘人装置运行的安全问题。受到了中国平煤神马集团领导和建设单位的好评，取得了良好的社会效益和经济效益，具有很好的推广应用价值。

10.2 经济效益

（1）直接经济效益。架空乘人装置安装及断绳（脱绳）抓捕器安装的计划工期为 85 d，实际工期为 54 d，比定额工期提前 31 d。工程安装人工费 137 万元，节约人工费 137 万元/85 d×31 d＝49.96 万元。

（2）间接经济效益。架空乘人装置断绳（脱绳）抓捕器有效地防止了断绳（脱绳）时钢丝绳的下滑，保护了人员和设备，解决了架空乘人装置运行的安全问题，创造了良好的社会效益和经济效益。如果没有安装断绳（脱绳）抓捕器，一旦发生断绳事故，可能会造成设备损害和人员伤亡，造成重大经济损失。

11 应 用 实 例

本工法应用实例见表 11-1。

表 11-1 应 用 实 例 表

序号	项目名称	地点	结构形式	开竣工日期	实物工程量	工法应用效果	直接经济效益/万元
1	平煤股份九矿副斜井架空乘人装置安装工程	平煤股份九矿	$L=510$ m $\alpha=30°$	2011 年 10 月 22 日至 12 月 16 日	断绳（脱绳）抓捕器安装长度为 510 m	解决了架空乘人装置的安全运行问题，创造了良好的社会效益和经济效益	57.77
2	平煤股份朝川矿一井主斜井架空乘人装置安装工程	平煤朝川一井	$L=1200$ m $\alpha=20°$	2010 年 3 月 23 日至 7 月 12 日	断绳（脱绳）抓捕器安装长度为 1200 m	使架空乘人装置的安全运行得到保证，创造了良好的社会效益和经济效益	96.03
3	平煤股份二矿第五部架空乘人装置安装工程	平煤股份二矿	$L=450$ m $\alpha=20°$	2009 年 9 月 14 日至 11 月 1 日	断绳（脱绳）抓捕器安装长度为 450 m	解决了架空乘人装置的安全运行问题，创造了良好的社会效益和经济效益	49.25

大截面长距离电力电缆机械化施工
工法（BJGF040—2012）

兖矿东华建设有限公司

王成峰　毕爱玲　吕玉鹏　叶　涛　张冬梅

1　前　　言

　　电缆施工是电气安装最繁重的工程之一，特别是在大型安装工程中，大截面重型电力电缆多数通过电缆桥架架空敷设，数量多、距离长、劳动强度大，电缆施工安装定额相对较低，使用人海战术进行这类电缆施工，多数会超出定额费用。针对该问题，通过在新疆醇氨联产项目厂区动力线网工程（敷设电缆 11 万余米）、贵州开阳化工 50×10^4 t 合成氨项目动力线网工程（敷设电缆 5 万余米）等多项大截面长距离电缆敷设工程实践中，研究总结出大截面长距离电力电缆机械化施工工法。该工法采用拖拉机绞磨多点分段移动牵引和电缆输送机定位输送相结合的电缆敷设工艺，解决了牵引设备和多台电缆输送机同步控制的问题，弥补了电缆输送机输送能力不足的问题，实现了电缆机械化施工，取得了良好的社会效益和经济效益。

　　2013 年 3 月 7 日，中国煤炭建设协会在北京市组织专家，对大截面长距离电力电缆机械化施工技术进行了鉴定，鉴定结论：该项技术达到国内领先水平，具有较高的推广应用价值，同意通过技术鉴定。

　　采用本工法施工的兖矿鲁南化肥厂 10×10^4 t/a 醋酐工程获得 2010—2011 年度煤炭行业优质工程奖、煤炭行业工程质量"太阳杯"奖。

2　工　法　特　点

　　（1）改造电缆输送机，优化了传统电缆输送设备安装、使用方式，实现了电缆输送机下开口安装形式，比传统电缆输送机上开口方式更加实用，可将电缆方便地移出输送机，直接一次卸载到位，避免了电缆积压，减少了人工；敷设多根电缆时，不需要重复拆装或移动输送机；当电缆输送机在场地受限、一次性敷设多根电缆或在多层桥架上敷设电缆时更具有适用性。

　　（2）改造普通拖拉机，在原拖拉机机动性能的基础上，增加绞磨功能，使其既能满足运输的要求，又能满足多种牵引方式的要求。改造后的拖拉机绞磨通过钢丝绳和专用钢丝网套牵引电缆，并利用拖拉机机动性好的特点，其牵引位置可以在电缆敷设路径的首端、中端、末端等位置灵活调整。

（3）采用拖拉机绞磨多点分段移动牵引（或整体牵引）和电缆输送机定位输送相结合的电缆敷设施工工艺，并在电缆敷设路径上布置直滑车、转弯滑车、环形滑车等减小了电缆的滑动阻力，有效保护电缆不受损伤。该施工工艺加大了电缆输送机的输送能力，延长了电缆输送机的输送距离，提高了电缆的机械化施工程度。

（4）充分利用拖拉机绞磨机动性好、越野能力强的特点，可多点、分段牵引，也可整体牵引，可根据现场情况灵活调整牵引位置、选择牵引方式。拖拉机绞磨可单独使用，也可和电缆输送机联合使用，特别是在野外电缆比较长的情况下，更能体现其优越性。

（5）专人指挥，就地和集控操作与无线通信工具相结合，有效地解决了牵引设备和多台电缆输送机同步问题。

3 适 用 范 围

（1）适用于矿井、工业厂区电缆敷设。

（2）适用于电缆沟内、电缆桥架内、电缆挂钩上电缆敷设，以及直埋电缆敷设。

4 工 艺 原 理

拖拉机绞磨多点分段移动牵引和电缆输送机定位输送相结合的电缆敷设施工工艺，通过钢丝绳传递牵引力，通过滑轮改变牵引力的方向；人工转动电缆盘，沿电缆敷设路径布置电缆滑车，以减少电缆阻力；联络信号采用对讲机，确保牵引设备和输送设备同步。

5 工艺流程及操作要点

5.1 工艺流程

工艺流程如图 5 - 1 所示。

5.2 操作要点

5.2.1 施工准备

（1）根据设计图纸及有关技术资料，确定电缆敷设顺序、路径、长度，以及电缆盘安装位置。

（2）电缆敷设牵引力计算，应根据不同的位置进行，常用计算公式如下所述。

① 水平直线牵引：

$$T = 9.8 \mu W L \qquad (5-1)$$

② 倾斜直线牵引：

$$\left.\begin{array}{l} T_1 = 9.8 W L (\mu \cos\theta_1 + \sin\theta_1) \\ T_2 = 9.8 W L (\mu \cos\theta_1 - \sin\theta_1) \end{array}\right\} \qquad (5-2)$$

③ 水平弯曲牵引：

$$T_2 = T_1 e^{\mu\theta} \tag{5-3}$$

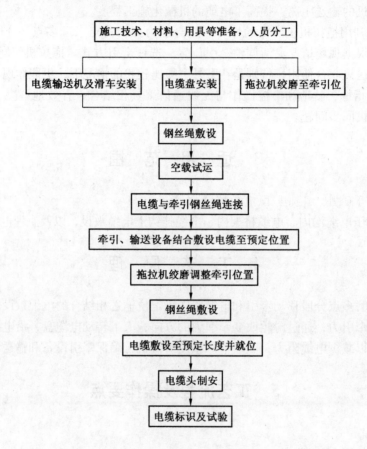

图 5-1 工艺流程

④ 垂直弯曲牵引:

a) 凸曲面:

$$T_2 = \frac{9.8WR}{1+\mu^2}[(1-\mu^2)\sin\theta + 2\mu(e^{\mu\theta} - \cos\theta)] - T_1 e^{\mu\theta} \tag{5-4}$$

$$T_2 = \frac{9.8WR}{1+\mu^2}[2\mu\sin\theta + (1-\mu^2)(e^{\mu\theta} - \cos\theta)] + T_1 e^{\mu\theta} \tag{5-5}$$

b) 凹曲面:

$$T_2 = T_1 e^{\mu\theta} - \frac{9.8WR}{1+\mu^2} \left[(1-\mu^2)\sin\theta + 2\mu(e^{\mu\theta} - \cos\theta) \right] \quad (5-6)$$

$$T_2 = T_1 e^{\mu\theta} - \frac{9.8WR}{1+\mu^2} \left[2\mu\sin\theta + (1-\mu^2)(e^{\mu\theta} - \cos\theta) \right] \quad (5-7)$$

⑤ 垂直敷设：

$$T = \pm 9.8WL(\text{上行为} +, \text{下行为} -) \quad (5-8)$$

式中　　T——水平牵引力，N；

R——弯曲半径，m；

μ——摩擦系数，滑轮可取 0.1～0.2；

W——电缆每米质量，kg/m；

L——电缆长度，m；

θ_1——电缆作直线倾斜牵引时的倾斜角，rad；

θ——弯曲部分的圆心角，rad；

T_1——弯曲前牵引力，N；

T_2——弯曲后牵引力，N；

e——常数。

（3）机动车绞磨牵引力确定。以上海 50 拖拉机绞磨为例，其牵引力与牵引速度见表 5-1。

表 5-1　上海 50 拖拉机绞磨牵引力与牵引速度

挡　位	牵引力/kN	牵引速度/(m·min⁻¹)
I	50	8.5
II	50	14
III	50	26.5
IV	35	30
V	20	50

（4）电缆输送机输送力确定。以扬州国电通用电力机具制造有限公司生产的电缆输送机为例，其输送能力与输送速度见表 5-2。

表 5-2　电缆输送机输送能力与输送速度

输送机型号	输送能力/kN	输送速度/(m·min⁻¹)
DSJ-11	5	7

（5）容许拉力应按承受拉力材料的抗张强度计入安全系数确定。

用牵引头方式的电缆的容许拉力的计算式为

$$T_m = k\sigma qS \tag{5-9}$$

式中　k——校正系数，电力电缆 $k=1$，控制电缆 $k=0.6$；

　　　σ——导体允许抗拉强度，铜芯的允许抗拉强度为 70×10^6 Pa/mm^2，铝芯的允许抗拉强度为 40×10^6 Pa/mm^2；

　　　q——电缆导电线芯数；

　　　S——电缆线芯截面积，mm^2。

（6）允许侧压力 P_m 选取。分相统包电缆的允许侧压力 $P_m = 2500$ N/m，其他挤塑绝缘电缆或自容式充油电缆的允许侧压力 $P_m = 3000$ N/m。

（7）根据上述计算数据及拖拉机绞磨与电缆输送机性能参数，选择牵引方案，确定输送机、滑车安装数量及位置。

（8）准备材料、安全防护设施、安全防护用品、工机具。

5.2.2　输送设备的安装及试运

1. 输送机安装方式选择

电缆输送机传统安装方式采用电缆输送机上开口方式安装，电缆由输送机上开口移出，如图 5-2 所示。但是这种安装方式不利于电缆一次到位，特别是电缆较多时易出现电缆积压现象，如图 5-3 所示。

图 5-2　传统电缆输送机安装方式

传统电缆输送机安装及使用存在的弊端：

（1）不利于电缆一次卸载到位，在电缆较多时容易造成电缆积压，增加了人工整理电缆的难度。

（2）只适合于空间较大的场所，在场地受限的环境下使用困难，增加了劳动强度。

（3）电缆由输送机移出时，长度需有一定冗余，增加了人工整理电缆的难度。

图5-3 传统电缆输送机安装易造成电缆积压

为解决上述弊端,对电缆输送机进行了改造,改造后的电缆输送机采用下开口方式安装,电缆由输送机下开口移出,使其适应性、便捷性增强,如图5-4和图5-5所示。

(a)

(b)

图5-4 改造后电缆输送机的下开口

图 5-5 改造后电缆输送机下开口卸载电缆过程

2. 输送机及滑车安装

（1）输送机及滑车安装位置应合适，固定应牢固、可靠，输送机应安装在电缆直线段位置；直滑车安装在直线段，距离应保证电缆悬空；转弯滑车安装在转弯段，并应保证电缆的弯曲半径；环形滑车安装在上、下坡处，并应保证电缆弯曲半径。在转弯处、坡度较大及狭窄等可能出现问题的地方放置监控人员，通过无线通信工具进行信息传递。

（2）一般在电缆盘 15～30 m 处安装第一台输送机及环形滑车，可根据电缆质量及受力情况增减，如图 5-6 所示。

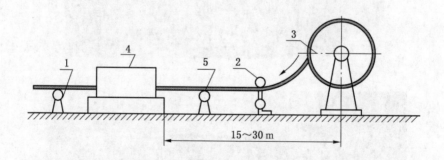

1—直滑车；2—环行滑车；3—电缆盘；4—电缆输送机；5—电缆

图 5-6 输送机及环形滑车安装示意图

（3）在电缆敷设直线段，电缆输送机之间的距离在 60 m 左右，直滑车之间的距离在 20 m 左右，以减少摩擦阻力，可根据电缆质量及受力情况增减，如图 5-7 所示。

（4）在电缆敷设转弯，上、下坡时，电缆输送机及滑车安装，滑车安装应能保证电缆的弯曲半径，并保护电缆不受损伤，如图 5-8 所示。

3. 集中控制箱安装

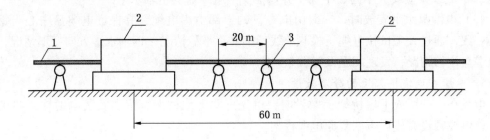

1—电缆；2—电缆输送机；3—直滑车

图5-7 电缆敷设的直线段安装示意图

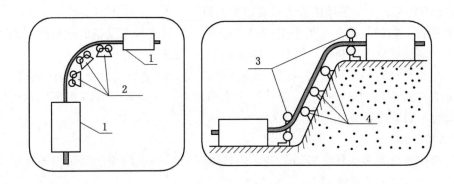

1—电缆输送机；2—转弯滑车；3—环行滑车；4—直滑车

图5-8 转弯，上、下坡时电缆输送机及滑车安装示意图

（1）集中控制箱设有启动、停止按钮，安装在电缆盘附近，统一控制全部输送机启停；就地控制箱设急停按钮，安装在电缆转弯、爬坡等容易出现安全、质量事故位置附近，可控制全部输送机。

（2）当电缆敷设距离较远时，可分段控制，通过无线通信工具实现同步及信息的传输。

4. 输送设备试运

调整输送机转动方向和电缆敷设方向一致，调整操控系统满足工艺要求。

5.2.3 牵引设备试运、设施准备

（1）电缆牵引采用拖拉机绞磨牵引，钢丝绳牵引电缆首端，专用钢丝网套连接电缆。

（2）牵引工作开始前的挡位操作顺序及调整：首先将"动力输出操作杆"扳置结合位置，然后将主变速杆扳置所需挡位，检查是否具备工作状态。

（3）制动装置检查：踩下离合器踏板看是否能有效制动。

（4）行走检查：应将动力输出操纵杆扳置分离位置，其他操作方法和普通拖拉机相同。

（5）钢丝绳敷设：沿电缆路径敷设钢丝绳，依次穿过滑车及电缆输送机。

5.2.4 电缆盘安放

（1）场地应坚实、平整，视野开阔，便于信号传递。

（2）放线架应安放牢固、平稳，并保证支撑电缆盘的钢轴水平。

（3）电缆盘水平安放时，一般由电缆盘的上部引出电缆，并保证电缆盘中心与钢轴中心一致，通过人工试拉电缆，检验放线架牢靠、平稳情况，钢轴水平方向变形情况，以及电缆盘位移情况，发现问题及时调整。

5.2.5　电缆在电缆桥架上的分层敷设

电缆在中间层或下层桥架上敷设时，可先拆除上层桥架，留出安装电缆输送机的位置，待电缆敷设完成后再恢复原电缆桥架。

5.2.6　电缆敷设过程控制要点

（1）施工人员分工明确，信息畅通，统一指挥。

（2）人员布置：指挥1人、电缆盘支架4人、拖拉机绞磨3人、输送机2人、控制箱1人。在电缆转弯，上、下坡位置各布置监护人员。

（3）指挥、监护及操作人员采用对讲机联系，以保证输送设备的同时性。距离较近的输送机之间设置集中控制箱，以便多台输送机同时启停。

（4）电缆穿过输送机后，即可操作加紧装置，快速调整加紧力投入输送驱动。

（5）在电缆敷设的过程中，要保持每个牵引段有一定的松弛度，保证输送机同时性出现误差时不对电缆造成危害。

5.2.7　工艺选择

采用拖拉机绞磨多点分段移动牵引（或整体牵引）和电缆输送机定位输送相结合的电缆敷设工艺。该工艺步骤如下：

（1）初始准备阶段。根据预定的牵引位置，首先从牵引位置敷设牵引钢丝绳到电缆敷设的始端，然后在电缆首端安装专用钢丝网套，并连接钢丝绳。

（2）牵引及输送阶段。拖拉机绞磨通过钢丝绳牵引电缆头，将电缆头牵引过第一台输送机后，电缆应位于加紧装置的中间位置，调整好电缆输送机夹紧力（既要保证不超过电缆的最大允许侧压力，又要避免打滑），启动第一台输送机。其他输送机的控制过程同第一台输送机。

（3）牵引位置调整阶段。为了充分发挥拖拉机绞磨牵引位置可以随时进行调整的优势，避免在转弯处卡住钢丝绳，拖拉机绞磨牵引一般选择在直线段进行，而在转弯位置及上、下坡位置进行输送机输送，这样可以更有效地避免电缆在转弯处受伤。

（4）敷设后处理。电缆全线敷设完毕后，为保证电缆敷设规范、余量合适，必须将电缆逐一退出滑轮、输送机，并保证电缆弯曲半径符合规范要求。

5.3　劳动组织

以兖矿鲁南化肥厂 10×10^4 t 醋酐工程为例，劳动组织见表5-3。

表5-3　劳 动 组 织 表　　　　　　　　　　　　人

序　号	工　种	人　数
1	管理人员	1
2	技术人员	1
3	安全员	1

表 5 - 3（续）　　　　　　　　　　　　　　　　　　　　　人

序　号	工　种	人　数
4	质检员	1
5	电缆安装工	8
6	监护、操控人员	10
7	拖拉机绞磨司机	1
8	电工	3
9	起重工	1
合　　计		27

6　材　料　与　设　备

6.1　材料

以兖矿鲁南化肥厂 10×10^4 t 醋酐工程为例，所需主要材料见表 6 - 1。

表 6 - 1　主 要 材 料 表

序号	名　称	规格或型号	单位	数量	用　途
1	动力电缆	YC - 1kV - 3×16 + 2×10	m	150	总电源进线
2	动力电缆	YC - 1kV - 3×4 + 2×2.5	m	400	输送机电源
3	控制电缆	YC - 0.4kV - 5×1.5	m	600	输送机控制
4	钢丝绳	$\phi14$ mm	m	400	牵引电缆
5	钢丝网套	MT - 11	根	1	连接电缆

6.2　设备

以兖矿鲁南化肥厂 10×10^4 t 醋酐工程为例，所需主要设备见表 6 - 2。

表 6 - 2　主 要 设 备 表

序号	名　称	规格或型号	单位	数量	用　途
1	拖拉机绞磨	50 拖拉机改造	台	1	牵引电缆
2	电缆输送机	DSJ - 11 型改造	台	6	输送电缆
3	电控箱		台	7	操控输送机
4	对讲机		台	8	信号
5	直滑车		台	10	放置电缆
6	转弯滑车		台	12	放置电缆
7	环形滑车		台	9	放置电缆
8	电缆展放支架		套	1	安放电缆盘

7 质 量 控 制

（1）必须遵照执行《电气装置安装工程电缆线路施工及验收规范》（GB 50168—2006）等有关国家、行业标准。

（2）牵引、输送设备使用前应进行认真检查、试转，有故障的设备严禁使用，使用过程中应保持同步。

（3）认真检查电缆输送机的集中/就地操控性能，操控性能必须满足施工工艺要求。

（4）统一指挥，分工明确，信号清晰，如发现异常要及时停机并汇报，防止损伤电缆。

（5）电缆敷设应满足电缆弯曲半径要求。

（6）敷设前、后对电缆进行检查，其绝缘值必须符合规范要求，电缆投运前的电气试验结果必须符合规范要求。

（7）施工前对全体作业人员认真交底，明确质量控制点及控制标准，增强质量意识。

8 安 全 措 施

（1）执行《电业安全工作规程　第 1 部分：热力和机械》（GB 26164.1—2010）及《施工现场临时用电安全技术规范》（JGJ 46—2005）的有关规定。

（2）认真贯彻"安全第一、预防为主、综合治理"的方针，建立和健全项目安全生产保障体系，遵守国家有关施工和安全的技术法规。

（3）作业人员必须按规范要求佩戴安全防护用品。

（4）施工前对作业人员进行安全教育、安全技术交底、安全培训，并通过安全规程考试。

（5）电缆输送机、电缆盘、滑轮必须安装牢固，固定可靠，防止伤人。

（6）拖拉机绞磨牵引钢丝绳必须满足安全规程要求，必须与电缆牢固地绑扎在一起。

（7）设备运转时，严禁将身体任何部位伸入设备的旋转部位。

9 环 保 措 施

（1）严格遵守国家颁布的有关环境保护的法律法规。

（2）加强对施工场地、工程材料、废弃物及其他垃圾的控制和治理，做到工完料净、场地清。

（3）敷设完毕的电缆盘及时回收。

10 效 益 分 析

本工法和传统的电缆敷设施工方法相比，更加便捷、灵活地实现了电缆敷设机械化，保证了安全、质量，缩短了工期，大量减少了劳动力的投入，降低了工人的劳动强度，节省了费用。以兖矿鲁南化肥厂 10×10^4 t 醋酐工程为例，采用牵引、输送结合式电缆敷设方法，节省人工费用约 4 万元，缩短工期 6 d，经济效益和社会效益显著。

11 应 用 实 例

本工法成功应用于兖矿鲁南化肥厂 10×10^4 t 醋酐项目厂区动力线网工程、兖矿新疆醇氨联产项目厂区动力线网工程、贵州开阳化工 50×10^4 t 合成氨项目动力线网等工程。

11.1 兖矿鲁南化肥厂 10×10^4 t 醋酐项目厂区动力线网工程

兖矿鲁南化肥厂 10×10^4 t 醋酐项目厂区动力线网工程位于山东省滕州市，敷设 ZRYJV – 6/8.7 kV – 1 × 300 电缆 12 根，总长度 26 km；ZRYJV – 1 kV – 3 × 185 + 2 × 95（电缆截面积约为 2826 mm^2）电缆 4 根，总长度 1.6 km；其他大截面长距离电缆 9.7 km。该工程缩短工期 6 d，节省费用约 4 万元，工程质量优良。

11.2 兖矿新疆醇氨联产项目厂区动力线网工程

兖矿新疆醇氨联产项目厂区动力线网工程位于乌鲁木齐市高新技术开发区，敷设 NHYJV – 8.7/10 kV – 3 × 240（电缆截面积约为 5540 mm^2）电缆 22 根，总长度 29 km；NHYJV22 – 8.7/10 kV – 3 × 95 电缆 14 根，总长度 13 km；NHYJV – 1 kV – 3 × 150 + 2 × 70 电缆 32 根，总长度 20 km；其他大截面长距离电缆 40 km。该工程缩短工期 12 d，节省费用 10 万元，工程质量优良。

11.3 贵州开阳化工 50×10^4 t 合成氨项目动力线网工程

贵州开阳化工 50×10^4 t 合成氨项目动力线网工程位于贵阳市开阳县，敷设大截面长距离电缆 52 km。该工程缩短工期 7 d，节省费用 2 万元，工程质量优良。

千米立井临时改绞工法 （BJGF042—2012）

江苏省矿业工程集团有限公司

邹永华　胡兴华　万援朝　任家亮　吴洪福

1 前　　言

近年来通过煤矿结构调整和对大型煤炭基地的建设，我国产生一批井深超千米、产量过千万吨级的煤炭大型矿井。这种大型矿井的出现，对于国内目前矿井的技术装备来说是一种挑战，尤其是对于首先涉足矿井的基本建设队伍来说更是一种新的考验。

井筒及其井下连接处施工完成后，为保证副井永久装备安装期间，矿井二期工程顺利展开，确保矿井早日投产，需对主井提升系统进行临时改造。组成矿井提升系统的提升绞车及保护装置，提升钢丝绳，提升容器，钢丝绳罐道及拉紧装置，防过卷过放装置，井筒上、下口操车系统中的推车机、摇台承接装置等均是保障矿井提升系统安全可靠运行的重要装备。因此，科学合理地选择和安装上述装备对确保提升系统的安全运行至关重要。该工法关键技术于 2012 年 4 月经中国煤炭建设协会鉴定达到国内领先水平。

2　工　法　特　点

（1）新型双液压缸钢丝绳罐道液压拉紧装置能够自动监测钢丝绳罐道张紧力，自动张紧，达到准确供压、长期保压的目的，并且具有开凿井底水窝深度浅、安装时间少、劳动强度低、维修和检查方便等优点。

（2）新型防过卷过放装置具有安全性高、安装简单便捷、维护量小等优点，可适用于井下恶劣环境，并能重复使用。

（3）新型销齿推车机自动化程度高，操作准确，所需操作人员少，工作效率高。

（4）新型井底弹性承接装置运行安全可靠，安装方便，维护量极小，提高了矿井提升系统的安全性。

（5）以高可靠性集中液压站为整套操车设备的动力源，使操车系统管理方便，结构紧凑，便于维修，降低了矿井生产运营费用。

（6）操车系统高可靠性集中电控系统采用 PLC 编程控制，稳定可靠，操作界面更加人性化，便于操作。

（7）千米立井排水系统管路设计及井壁固定方式，提高了安全可靠性。

（8）对千米立井临时改绞进行合理设备选型和井筒内优化布局，提高各系统生产效率和安全可靠性。

（9）国内外千米立井临时改绞提升系统采用单绳双钩、钢丝绳罐道提升影响改绞工程的施工速度，本次改绞通过对千米立井采用单绳双钩、钢丝绳罐道提升进行理论分析，验证了其可行性，这将在保障提升系统安全运行的基础上提高工程施工速度，应用前景较为广泛。

（10）提升绞车、提升钢丝绳、钢丝绳罐道拉紧装置、提升容器、防过卷过放装置作为提升系统的重要组成部分，在保证提升系统安全稳定运行方面起着极为重要的作用。本次改绞技术使用新型钢丝绳罐道拉紧装置、提升容器、防过卷、过放装置，在加快工程速度的同时，保障了提升系统的安全稳定运行。

（11）推车机、承接装置、操车集中液压系统、集中电控系统及排水系统作为井筒上、下口操车系统的重要组成部分，同样在保证提升系统高效稳定运行方面起着重要的辅助作用。本次改绞技术采用新型弹性承接摇台和操车系统，分析排水系统，以保障临时改绞的高效稳定运行。

3 适 用 范 围

本工法适用于各种深度立井井筒二期工程提升系统改造，特别适用于千米及以上提升高度的立井临时改绞，经济效益显著。

4 工 艺 原 理

本技术在深立井临时改绞时，采用现代先进设备，并配套优化。选用铝合金单层双车罐笼、压实股钢丝绳。罐笼质量轻，压实股钢丝绳破断拉力大，因此相对能多提矸石，进而提高提升效率；井筒下口使用 THT 型缓冲阻尼托罐摇台取代搭接式摇台，具有支罐机的稳定性和摇台无墩罐隐患的安全性，以及缓冲停罐、平稳托罐的性能，使装卸车更加平稳快速；井筒上口使用 CY－6/1.5 型旋臂式摇台，和井筒下口缓冲阻尼托罐摇台配合使用，井筒上、下口可以同时装卸车，节省了调罐时间和装卸车时间；将新型 TXY－18.5/2.3 销齿式推车机和缓冲阻尼托罐摇台配合使用，使井筒下口装卸车平稳、快速、安全、不易掉道；采用 SGY－32 型钢丝绳罐道液压拉紧装置，使钢丝绳张紧性能好，操作简便，罐笼运行更加平稳；操车系统使用高可靠性集中液压站为整套操车设备的动力源，操车系统采用 PLC 编程控制，稳定可靠，便于操作，操作界面人性化；绞车电控系统更换为高可靠性的 PLC 电控系统，该系统保护齐全，具有稳定可靠、操作界面人性化等特点。

千米立井排水管路采用井壁固定方式，与传统的钢丝绳悬吊方式相比，既节省了悬吊钢丝绳和双滚筒稳车，从而简化了井筒设备布置和安装程序，降低了成本并提高了安全可靠性。采用高扬程耐磨排水泵，既避免了二次排水带来的排水设备及启动设备的投入，又无须增加中间排水硐室及进出硐室排水带来的安全隐患，排水设施维护方便，减少了进入中间水平占用罐的时间，增加了提升量。

5 工艺流程及操作要点

5.1 工艺流程

5.1.1 临时改绞整体工艺流程

编制施工组织设计、绘制图纸→采购设备、材料、非标件加工→编制作业规程、安全措施→临时改绞施工→调试、测试→收尾结束。

5.1.2 临时改绞施工工艺流程

井下变电所、泵房安装→测量放线→井筒下口支撑结构、梁、进出车平台安装→升吊盘、安装托管座排水管→拆除封口盘、吊盘、倒矸台→井筒上口梁、支撑结构、进出车平台安装，绞车检修→天轮平台安装→下放罐道绳、制动绳，张紧等→挂罐、绞车调试、试运行→井筒上、下口摇台、安全门、推车机安装、调试→验收、收尾结束。

5.2 操作要点

（1）临时改绞开始前，首先将井下变电所和泵房设备下放到井下，在井下变电所和泵房安装的同时，进行井筒下口梁和支撑结构的安装，以保证临时改绞的工期。

（2）改绞前组织一次系统的测量放线，并与以前的施工放线进行对比，在完全一致的情况下，将改绞所需的测量点放出并复核，确保正确无误。这是确保改绞后提升系统能否运行和安全运行的关键。

（3）在进行井筒下口支撑结构和下口各梁的安装前，要自制 1 个临时操作盘，并在井底马头门内组装好，用 4 根 25 m 长钢丝绳同吊盘连接，将临时操作盘牵入井筒，提升至金属支撑结构上横梁下约 1 m 处，以便于金属支撑结构上横梁的安装。

（4）安装好支撑结构上横梁后，下放临时盘到井筒下口进出车平台下约 1 m 处，安装井筒下口进出车平台支撑结构主梁、摇台梁等，然后安装金属支撑结构。

（5）安装好金属支撑结构后，将临时盘下放到防撞梁下约 1 m 处，安装防撞梁，再依次安装制动绳梁、稳绳梁、井下锁绳器、制动绳固定槽钢等。在整个安装中要确保安装质量及位置精度。

（6）在井帮打锚杆，将临时盘固定在稳绳梁下，作为以后锁绳器、制动绳固定装置的检修平台。所以安装临时盘是为了方便、快速地安装所有井筒下口装置，另外安装临时盘节省了安装检修平台的时间，一盘多用。

（7）最后安装井筒下口缓冲阻尼托罐摇台并铺板。

（8）井筒下口缓冲阻尼托罐摇台安装好后，提升吊盘前，将改绞后不需用的一部绞车的稳绳生根在井筒下口支持结构的横梁上，以便人员下井开泵等，可用建井期间的爆破线等作为信号线。如果改绞中需从改绞井下井，这一步骤是一个关键点，也是安全上的一个重点；如果改绞中不需从改绞井下井，这一步骤即可省略。

（9）提升吊盘过程中可对井筒中的管路进行加固，拆除井筒中不用的管路等设施。

（10）吊盘到井筒上口，利用吊盘拆除封口盘，将吊盘封堵严密，打井筒上口支撑结构梁窝，拆除卸矸台，然后拆除吊盘，进行井筒上口支撑结构安装，罐道只装一边，以便于挂罐。安装井筒上口旋臂摇台，铺板。

（11）在井筒上口安装的同时，进行稳绳、吊盘绳回收，上罐道绳、制动绳等。

（12）将保留的临时吊桶提升天轮挪位，确保吊桶能从井筒上口支撑结构罐孔中通过。利用吊车拆除原天轮平台上钢梁，保留副提临时吊桶的天轮梁。在地面将张紧装置与其基础梁、缓冲器与其基础梁安装好，并穿好缓冲绳连成一体，便于安装找正。依据图纸先安装临时吊桶提升天轮对边的天轮主梁、张紧装置及其基础梁、缓冲器及其基础梁，然后安装永久天轮。

（13）利用稳车下放8根罐道绳和4根制动绳。张紧打压永久罐笼4根罐道绳，连接2根制动绳，挂单罐，形成单罐提升系统。

（14）拆除临时吊桶提升系统；安装临时吊桶提升侧主梁、张紧装置、缓冲器等；张紧打压罐道绳，连接制动绳；挂罐，形成双滚筒提升系统。

（15）利用罐笼下放信号线、视频线、瓦斯监控线，并将其固定在井壁固定管路上。

（16）以罐笼为基准调整井筒上、下口支撑结构，以及井筒上口短臂摇台、下口承接装置。

（17）井筒上、下口信号装置及各种安全保护装置联动调试。

（18）以摇台、承接装置为基准，安装推车机、阻车器、安全门等。布置液压站与阻车器、安全门、推车机油管路，并安装相对应的磁感应头。

（19）将所有保护全部投入，进行井筒上、下口联动试运转。

（20）下放另一趟高压电缆，井下形成双回路供电。

（21）合理安排施工顺序，搞好各工序的衔接，保证改绞工程高速、均衡施工，最大限度地利用空间和时间，缩短总工期。

（22）井口留绳采用双楔形可翻转的锁绳器来代替绳卡。

（23）井筒排水系统正常运转是保证改绞安全运行的关键点。

（24）从临时吊桶提升系统顺利转换到临时罐笼提升系统是保证人员正常下井开泵的重点，两套系统交接要有一定的重叠时间，这样才能确保提升系统安全可靠。

5.3 劳动组织

改绞宜采用"三八"制作业。劳动组织见表5-1。

表5-1 劳动组织表　　　　　　　　　人

工　种	早　班	中　班	夜　班
班长	1	1	1
机电安装工	3	3	3
起重工	3	3	3
电工	3	3	3
电焊工	2	2	2
辅助工	2	2	2
瓦检员	1	1	1
现场负责人	1	1	1
技术员	1	1	1
安全员	1	1	1
合　计	18	18	18

6 材料与设备

以口孜东煤矿主井临时改绞工程为例，使用的主要材料与设备见表6-1。每个不同的井筒应根据井筒实际提升高度和井径所选材料与设备规格具体考虑和计算。

表6-1 主要材料与设备表

序号	名 称	规格或型号	数量	备 注
1	提升绞车	2JK-3.5/22	1套	
2	铝合金罐笼	1.5 t单层二车（900 mm轨距）	2套	
3	主提钢丝绳	6T×36WS+FC-36-1870	1250 m	
4	稳绳	6V×19+FC-36-1870	8根	1250 m/根
5	制动绳	6×19+FC-34-1670	4根	1250 m/根
6	制动绳缓冲器	BF-152φ43 mm/φ34 mm	4套	
7	防坠器	BF-152	4套	
8	井上过卷防撞装置	FHT型	2套	
9	井下过放托罐装置	FHT型	2套	
10	井上、下自适应补偿托罐装置	THT8型	4套	
11	稳绳液压拉紧装置	SGY-32型	8套	
12	水泵	80MD90×12	3台	
13	潜水泵	BQS80-40-18.5/N	3台	
14	井下排水管	φ108 mm×8 mm	1000 m	
15	矿用干式变压器	KBSG23-10	2台	
16	高压防爆开关	PBG23-10	13台	
17	低压防爆开关	KBZ-630	1台	
18	低压防爆开关	KBZ-400	1台	
19	低压防爆开关	KBZ-200	4台	
20	低压防爆开关	QBZ-300等	3台	
21	工业电视监视电缆	MGTS-4B1	1根	
22	工业电视监视系统		1套	
23	高压电缆	YJV32-3×95	2根	1250 m/根
24	悬吊电缆钢丝绳	18×7+FC-φ34-1770	2根	1200 m/根
25	信号电缆	KVV22-19×2.5	2根	1200 m/根
26	信号系统	KXT7-1	1套	
27	信号系统	KXT7-2	1套	
28	井筒上、下口进出车平台	钢结构	2套	

7 质 量 控 制

为达到改绞工程质量目标，必须依靠行政、技术和经济管理相结合，严格按施工规范、质量标准和公司质量管理手册、程序文件要求，落实管理职责。

（1）认真贯彻"科学管理、顾客至上、持续改进、依优取胜"的质量方针，始终坚持"质量第一"的宗旨，切实贯彻公司质量管理手册、程序文件和规章制度。

（2）组织全体施工人员（包括工程技术人员和管理干部）认真学习全面掌握施工质量标准及质量管理体系三级文件。开展岗位技术培训和练兵，提高施工人员的技术、操作水平。

（3）合理选择施工方法和施工机具，组织编制技术先进、经济合理、能够保证施工质量与安全的施工组织设计、作业规程或技术措施并认真组织实施。

（4）编制施工作业规程时制订项目质量计划，明确质量控制的各项要求，规定施工质量检验和试验方法途径。

（5）严格事前控制，加强设计图纸等文件与资料的控制，做好图纸会审、技术安全交底工作，搞好工程资料的收集整理及移交工作。

（6）落实施工质量挂牌制，坚持以工序质量控制为核心，把握每一工序施工作业质量。认真实施班组施工自检、互检和交接班质量检查，工序质量检验不合格不得进行下道工序，将施工质量问题消灭在施工过程中。

（7）开展 QC 小组活动，推行全面质量管理，严格按照 PDCA 循环作业，保证质量目标的实现。

（8）严格按施工组织设计施工，并严格执行《煤矿安装工程质量检验评定标准》（MT 5010—1995）。

（9）严格控制测量放线，从而保证各道梁、各个吊点的位置精度要求。

（10）加强上下工序和工程验收，保证安装质量。

8 安 全 措 施

（1）严格执行公司职业健康/安全管理体系文件，施工前和施工中定期进行危险源排查和风险评价，针对危险源的风险采取控制措施，在施工中严格执行危险源风险控制措施。

（2）建立健全各项安全管理制度和安全保证体系，以防坠为安全工作重点，坚持"安全第一、预防为主、综合治理"的原则，杜绝各类安全事故的发生。

（3）建立群众性的安全网和安全监督岗制度，坚持安全活动周制度，经常总结和分析安全状况，随时采取必要措施。

（4）加强对提升、悬吊设施的检查工作，每日有专人对钩头、钢丝绳、提升悬吊连接装置、天轮平台、封口盘等进行详细检查，发现问题立即处理。

（5）井筒上、下口信号工发送信号必须及时、准确、清楚，在吊桶提到适当高度后，先发送暂停信号并进行稳罐，才能发送下降或提升信号，信号工必须目接目送吊桶安全通过责任段。发现可疑情况应先停后查，无问题再运行。

（6）绞车司机必须集中精力注意信号和绞车运行情况，做到一人开车，一人监护，杜绝失误；吊桶通过各盘时要减速慢行，并要求绞车司机掌握施工人员在井筒的施工地点深度，做到心中有数，达到安全提升的目的。

（7）乘吊桶升降或进行其他悬空作业人员要佩戴保险带，保险带应生根牢固。严禁垂直平行作业，升降人员和物料不得超过吊桶口外，小件一律用吊桶升降，大件用绳头、马镫捆绑升降且捆绑卡牢，防止坠落。

（8）井口封口盘应掩盖严密，保持盘面清洁，3 m 以内禁止存放物件。

（9）在井筒内或悬空作业，工具要有留绳。

（10）施工过程中，严禁用手指找正螺栓孔。

（11）所有使用的绳头等必须具备 5 倍以上安全系数，吊具（行车、马镫、手拉葫芦）均不得超过额定载荷进行起吊，每班要加强对钢丝绳头、马镫、手拉葫芦进行使用前的详细检查。

（12）雨、大风、大雾等恶劣天气，严禁高空作业。

（13）井筒作业，井筒下口要设置警戒；井架作业，井架周围要设置警戒。

（14）施工现场要按防火有关规定配备足够的灭火器材。

（15）井下烧焊要有烧焊报告，并有瓦检员在场，按规定检查瓦斯。

（16）由于井筒设施布置紧凑，各悬吊位置一定要准确，各趟管路、电缆等吊挂要垂直整齐、卡牢固，设备升降须有专人负责统一指挥，并有可靠的联系信号，防止升降中吊盘刮坏电缆和管路的事故发生。

（17）整个施工过程中，要严防井筒坠物。

（18）施工过程中所使用的稳车在使用前要进行认真检查，确认完好后方可使用。

（19）临时改绞前，施工单位要认真编写改绞施工作业规程及有关安全技术措施并报批。

（20）罐笼运行要严格遵守相关的规章、制度。

9 节 能 环 保

（1）严格遵守国家有关环境保护的法律法规、标准规范、技术规程和地方有关环保的规定。

（2）成立施工现场环境管理领导小组，建立健全环境管理体系。

（3）在施工过程中，自觉地形成环保意识，最大限度地减少施工中产生的噪声和环境污染。

（4）加强废弃物管理，施工现场应设置专门的废弃物临时储存场地，废弃物应分类存放，对有可能造成二次污染的废弃物必须单独储存，设置安全防范措施且有醒目标识，减少废弃物污染。

（5）运输、施工所用车辆和机械产生的废气和噪声等应符合环保要求。

（6）施工现场应有防尘措施，防止物料搬运过程中产生粉尘污染。

（7）施工场界应做好围挡和封闭，防止噪声对周边环境产生影响。

（8）对重要环境因素应采取控制措施，落实到人。

10 效 益 分 析

10.1 经济效益

口孜东煤矿临时改绞工程,通过技术研究,井下采用 THT 型缓冲阻尼托罐摇台,其具有支罐机的稳定性和摇台无墩罐隐患的安全性,以及缓冲停罐、平稳托罐的性能,使装卸车不易掉道,更加平稳快速;井下使用缓冲阻尼托罐摇台,井上使用旋臂式摇台,井筒上、下口可以同时装车,不要调罐,节省了调罐时间;改变了以往使用人工和小电绞装车,使用销齿式推车机装车,并与缓冲阻尼托罐摇台配合使用,使装卸车平稳、快速、安全。所以最大日提升量达到了 450 多车,比同类千米立井临时改绞日平均多提升矿车 230 车,每月增加 6900 车(1.5 t 固定箱式矿车),折合 260 m 长、20 m² 断面积巷道,即月增加效益约 260 万元,临时改绞使用期暂按 360 d 计算,增加效益约 3120 万元。

10.2 社会效益

目前立井大都在 800 m 左右,千米深立井将逐渐增多,千米立井临时改绞所遇到的安全问题也逐渐显现,因此千米立井临时改绞技术问题是课题研究的重点。通过对千米立井临时改绞关键技术的研究和应用,取得了一些成功经验和经济效益,确保了深立井临时改绞提升系统的安全使用,该技术为今后深立井临时改绞提供了借鉴,具有明显的社会效益。

11 工 程 实 例

从 2009 年 5 月在国投新集能源股份有限公司口孜东煤矿主井开发试验采用本技术,通过设备合理配套技术及一些关键技术的研究,形成了一套临时改绞施工技术,并已经在江苏省矿业工程集团有限公司施工的三个立井井筒临时改绞工程中得到实践应用,取得了显著的效果,既保证了施工工期和施工安全,又保证了改绞后的显著提升效率和提升系统、排水系统的安全运行。

11.1 实例一

2009 年 5 月,江苏省矿业工程集团有限公司在国投新集能源股份有限公司口孜东煤矿主井临时改绞工程中首次采用本工法。口孜东煤矿主井提升高度 1005 m,井筒直径 7.5 m,采用单层二车铝合金罐笼,提升 1.5 t 固定箱式矿车。在施工中,采用优化劳动组织,加强队伍技术培训,并搞好正规循环作业,取得了 40 d 完成改绞的好成绩,比预计工期提前 5 d,取得了成功的施工经验。改绞后最多日提升矸石达 450 多车,比同类立井临时改绞日提升矸石量多 230 多车,且千米立井一次排水到地面。提升系统和排水系统运行稳定可靠,受到了矿方和监理的一致好评。

11.2 实例二

2009 年 10 月,江苏省矿业工程集团有限公司对徐州矿务集团夹河煤矿新风井井筒进行临时改绞。夹河煤矿新风井提升高度 1040 m,井筒直径 5.5 m。施工中采用双层二车铝合金罐笼,提升 1 t 固定箱式矿车。采用本工法施工,仅用 35 d 就安全顺利地完成了临时改绞工作,改绞后各系统运行稳定可靠,取得了成功的经验和一些关键技术成果,并取得了很好的经济效益。

11.3 实例三

2010年3月，江苏省矿业工程集团有限公司对济宁矿业集团安居煤矿主井井筒进行临时改绞。安居煤矿主井提升高度1080 m，井筒直径5.5 m。施工中采用双层二车铝合金罐笼，提升1 t固定箱式矿车。采用本工法施工，只用了40 d就安全地完成了改绞。改绞后各系统运行稳定可靠，取得了很好的经济效益。

双机双级螺杆式压缩机组与撬块式蒸发器配组安装施工工法（BJGF050—2012）

唐山开滦建设（集团）有限责任公司

张庆武　李元春　刘志华　张玉梅　刘　神

1　前　　言

近十年来，立井冻结领域所使用的设备和工艺突飞猛进，不仅提高了该领域的技术装备水平，而且大大提高了工程的整体效益。目前，双机双级螺杆式压缩机组与撬块式蒸发器是立井冻结领域所使用的最先进的两种设备，将这两种设备配组使用效果如何，是业内所关心的问题。通过宁夏银川红一煤矿、山东龙祥煤矿的实际应用，对这一系统有了较全面的认识，该系统取得了理想的降温效果，由于两种设备具有结构紧凑、无效冷量损失少等诸多优点，使得立井冻结这一高能耗行业在节能降耗方面有了一条新路，大大降低了工程成本，缩短了工程工期。实践证明，将双机双级螺杆式压缩机组与撬块式蒸发器配组使用是目前立井冻结领域最经济、最先进的施工方法。

该技术于 2012 年 12 月经过中国煤炭建设协会组织专家鉴定，达到国内先进水平，有较高的推广应用价值。该工法在宁夏银川红一煤矿主井井筒和山东龙祥煤矿主副井井筒冻结工程中，均取得了较好的经济效益和社会效益。

2　工　法　特　点

双机双级螺杆式压缩机组由一台高压机和一台低压机、一台中间冷却器及相应附属构件组成，其本身就是一套微缩的双级压缩系统，从体积上合二为一，从中间环节上双级之间的管路连接及中间冷凝器等实现了无管路连接，这本身就节约了大量的安装费用，减少了中间环节的冷量损失，节约了占地面积。

（1）撬块式蒸发器体积小、蒸发效率高、产生氨气分离效果好、能有效防止压缩机发生液击等现象。提高了压缩机的运行效率，节约了安装成本。

（2）将双机双级螺杆式压缩机组与撬块式蒸发器配组使用，使得两种设备的优点得到更好的发挥，再配合目前常用的蒸发式冷凝器、热虹吸冷却系统，使得立井冻结系统真正实现了"节能、高效、环保"。

（3）系统自动化程度高，大大减轻了操作人员的劳动强度。

（4）系统采用蒸发器、冷凝器、压缩机组一对一配组，能分能合，提高了设备的灵活性和利用效率。

（5）由于氨系统管路中冷的集成，使得贮氨量大大减少，干式蒸发器体积小，也大大降低了盐水的总需求量，不仅降低了材料成本，而且减少了对环境的污染。

（6）系统占地面积小，节约了土建成本，解决了因矿区面积小而使冻结站位置不易摆放的问题。

（7）整体运行效率高，降温效果好，大大降低了工程成本。

3 适 用 范 围

适用于矿山冻结法施工及相关市政工程冻结法施工。

4 工 艺 原 理

由撬块式蒸发器代替原氨液分离器+蒸发器，双机双级螺杆式压缩机组代替原高压螺杆式压缩机组+低压螺杆式压缩机组+中间冷却器，然后将撬块式蒸发器盐水进口、出口与盐水循环系统相连，氨管路与氨循环系统相连，将双机双级螺杆式压缩机组与撬块式蒸发器和蒸发式冷却器及热虹吸冷却系统相连，蒸发式冷凝器水冷却系统正确循环，一套完整的制冷系统就形成了，从占地面积、安装成本、自动化程度、经济等方面新系统较老系统均有了质的飞跃，具体系统组成如图4-1所示。

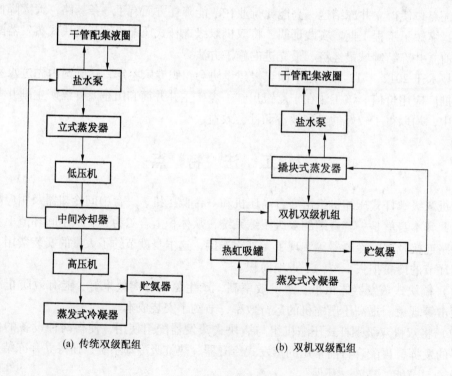

(a) 传统双级配组　　　　　　　　　(b) 双机双级配组

图4-1 传统双级配组与双机双级配组对照图

5 工艺流程及操作要点

5.1 工艺流程

工艺流程如图 5-1 所示。

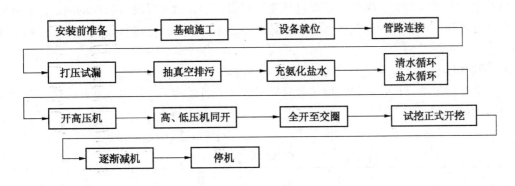

图 5-1 工艺流程

5.2 操作要点

5.2.1 制冷系统构成

制冷系统由盐水循环系统、氨循环系统、冷却水循环系统构成。盐水系统由盐水泵、盐水干管、集配液圈、干式蒸发器（撬块一部分）和冻结管、供液管及相应冻结器组成。相对于立式蒸发器而言，干式蒸发器具有全封闭、氨蒸发快、盐水循环均匀等优点。氨循环系统由撬块式蒸发器、双机双级螺杆式压缩机组、蒸发式冷凝器、热虹吸罐、贮氨罐及相应管路组成。清水循环系统由蒸发式冷凝器、冷却水循环系统构成。

5.2.2 系统设计

撬块式蒸发器与双机双级螺杆式压缩机组在设备选型时为一对一，与冷凝器配比也为一对一，这样就使得制冷系统很容易形成一个个小的模块，在运转过程中容易调控，大大提高了整个系统的灵活性，由于系统之间连接管路的减少，使得管路间的冷量消耗大大降低，撬块式蒸发器有液位自动控制装置，使得氨液面得到很好控制，防止了压缩机"液击"现象的发生，提高其运行效益。双机双级螺杆式压缩机组采用全自动调控装置，使得机组调控更科学、自动化程度高。

以目前采用的一台 LG25L250/20S200-YZ 型压缩机组为例，其低温工况为 770 kW/台，配以一台 RZF-240 型热虹吸蒸发撬块（提供 800 kW 氨制冷量）和一台 SPL-1560 蒸发式冷凝器（排热量 1560 kW）就形成了一个冻结模块的主体。再配以相当数量的盐水泵、贮氨罐、热虹吸罐，一个完整的冻结系统就形成了。

5.2.3 系统运行步骤

首先开启清水循环系统和盐水循环系统，其次开启高压机，待降至 -15 ℃ 以下时，自动运行低压机。机组控制系统采用微型计算机（PLC）控制器、中文触摸屏，实现了自动控制、自动监控、故障自动检测及自动处理，在触摸屏上设定相关各项参数，保证系统自动运行或自动停机，根据系统负荷，实现高、低压机自动增减（或调整开机台数）。这样随着井筒需冷量的变化和对盐水流量的调整，压缩机就自动增减载（或停机），大大提高了压缩机组的运行效率，降低了能耗，减轻了操作者的劳动强度。

5.2.4 系统维护

因为压缩机组实现了压力、温度、电流过载等参数的自动化报警，使得日常维护更具有目的性，日常运行者、操作者只要定期观察机组显示，就可发现所出现的问题，有针对性地进行处理。设备无论是在运行时，还是在停运期间均要按时进行设备大修、中修、小修。

5.3 劳动组织

冻结运转采用三班轮换制，每一台双机双级配 1 名运转工，以山东某井为例，劳动组织见表 5 - 1。

表 5 - 1 劳 动 组 织 表 人

序 号	工 种	小 班 人 数	总 人 数
1	班长	1	3
2	运转工	8	24
3	电工	2	6
4	测温工	1	3
	合 计	12	36

6 材 料 与 设 备

用双机双级螺杆式压缩机组与撬块式蒸发器配组的冻结站系统较简单，占地面积较少。山东某井所需主要材料与设备见表 6 - 1。

表 6 - 1 主要材料与设备表

序 号	名 称	型号或规格	单 位	数 量
1	双机双级螺杆式压缩机组	LG25L20SY	台	8
2	热虹吸撬块式蒸发器	GZF - 240A	台	8
3	蒸发式冷凝器	SPL - 1620	台	8
4	热虹吸贮氨器	HZA - 2.0	台	2
5	贮氨器	ZΛ - 8	台	2
6	氨	纯度99.9%	t	60
7	氯化钙	70%	t	380
8	冷冻油	46 号	t	10

7 质量控制

7.1 相关标准

系统安装及使用材料应符合国家质量标准、验收规范及本行业质量强制性条文要求，主要标准规范如下：

(1)《煤矿井巷工程施工规范》(GB 50511—2010)。

(2)《煤矿井巷工程质量验收规范》(GB 50213—2010)。

(3)《冷冻机油》(GB/T 16630—1996)。

(4)《制冷装置用压力容器》[NB/T 47012—2010（JB/T 4750）]。

(5)《输送流体用无缝钢管》(GB/T 8163—2008)。

7.2 质量保证措施

(1) 设备基础要按设计尺寸、标准做好，养护 7 d 后再进行设备安装。

(2) 安装用所有材料如钢管、法兰、阀门等要符合制冷工程安装有关标准和规范。

(3) 使用材料如冷冻机油、氨要符合质量标准要求。

(4) 系统安装完要按规程进行打压、清污、抽真空等工作。

(5) 运行过程中要提前按井筒需冷计划设定好压缩机组的各种运行参数，以保证机组的科学运行。

(6) 应加强对系统的日常巡视，发现问题及时处理。

8 安全措施

8.1 防氨泄漏

(1) 系统必须按规程要求进行打压、抽真空等工作，安全阀必须经检验合格并处于打开状态。

(2) 若压缩机等处压力表数值高或压力报警，应立即找出原因并及时处理。

(3) 冷却水循环必须保持完好，应及时巡视，防止出现断水等情况。

(4) 站内应安装报警装置，一旦氨浓度达到临界数值就会自动报警。

(5) 站内应准备好雨衣、雨鞋、防毒面具等防护用品。

8.2 防盐水泄漏

撬块式蒸发器为全封闭容器，本身盐水漏失可能性较小，防盐水泄漏主要应做好以下几项工作：

(1) 盐水箱和管路在充盐水前进行打压试验。

(2) 盐水箱有盐水报警装置。

(3) 备有水泵、水带等机具，以防盐水漏失时进行回收。

8.3 防电器烧毁

(1) 电路安装应按国家规程规范进行，电机、电缆等按规程要求作电气试验。

(2) 运行时注意观察机器运行情况，严禁超负荷运转。

(3) 车间注意防风、防雨，防止电器因受潮而破坏。

8.4 防火

冻结运转所使用氨在浓度达到一定数值后易爆易燃，因此防火工作就显得很重要。

（1）站内不许明火、不许吸烟。

（2）站内运行期间不许使用氧气、乙炔，不许储存油类等可燃物。

（3）站内备足消防栓、灭火器、沙箱、沙袋等防火材料。

9 环 保 措 施

施工涉及的重大环保因素主要包括废氨的排放、废油排放、盐水排放和噪声污染。

（1）防止废氨污染的措施：在运转结束后，用氨车将系统内氨回收。

（2）防止废油污染的措施：在运转结束后，对系统油及时回收，回收干净后，再拆除冻结站。

（3）防止盐水污染的措施：储存，以便下个工地使用。

（4）防止噪声污染的措施：冻结站采用封闭车间，减少噪声传播，维护工作时佩戴耳塞等。

10 效 益 分 析

双机双级螺杆式压缩机组与撬块式蒸发器配组使用是井筒冻结施工领域设备更新的一大进步，它不但从设备工艺上使冻结工程有了一个飞跃，而且使冻结工程的成本降低、效益增加。具体表现在以下几个方面：

（1）运行效益高。撬块式蒸发器与立式蒸发器相比，冷量损失少，盐水运行均匀，降温快，再加上双机双级螺杆式压缩机运行科学合理，使整个系统盐水降温速率大大加快，从而缩短了井筒上水的时间。

（2）节约能源。双机双级螺杆式压缩机组能根据负荷大小自动调节载荷，并在高温（-15℃以上）时只运行高压机，这样就使得机组耗电量大大减少。

（3）节约安装费用。因为双级机组及中冷等均集成到一个机组，使得中间管路取消，大大减少了安装费用。

（4）节约土建成本。因占地面积少，节约了厂房基础费用。

新老系统的经济效益对比见表 10-1。

表 10-1 新老系统的经济效益对比表

施 工 方 法	施工安装费用/万元	施工工期（交圈上水）/d	施工土建费用/万元	施工电费/万元	消耗材料/万元
传统双级配组系统	60	70	40	1300	40
双机双级螺杆式压缩机组 + 撬块式蒸发器	40	55	20	1000	20

11 应用实例

11.1 实例一

宁夏银川红一煤矿主井冻结工程，井筒净直径 6 m，冻结深度 412 m，装机功率 990 kW，使用双机双级螺杆式压缩机组加撬块式蒸发器，60 d 上水，工期提前 5 d，节省电费 100 万元，节省材料费 20 万元，冻结效果良好。

11.2 实例二

山东龙祥煤矿主井冻结工程，井筒净直径 5 m，冻结深度 410 m，装机功率 990 kW，使用双机双级螺杆式压缩机组加撬块式蒸发器，35 d 上水，工期提前 25 d，节省电费 375 万元，节省材料费 18 万元，冻结效果良好。

山东龙祥煤矿副井冻结工程，井筒净直径 7 m，冻结深度 448 m，装机功率 1320 kW，使用双机双级螺杆式压缩机组加撬块式蒸发器，55 d 上水，工期提前 15 d，节省电费 300 万元，节省材料费 20 万元，冻结效果良好。

煤矿架空乘人装置快速安装施工工法（BJGF069—2012）

平煤神马建工集团有限公司

张永忠　郭士印　何胜良　路向前　王玉平

1 前　言

　　随着煤矿企业的不断发展，井下开采面逐渐向深处、远处发展，因此职工下井的路程不断增加，为了提高生产效率，同时减轻职工体能的消耗，相对来说，增加煤矿架空乘人装置具有很大的优越性。而煤矿架空乘人装置安装速率的快慢直接决定着其能否尽早投入运行。平煤神马建工集团有限公司在施工中不断分析、总结和论证，改变传统施工方法，采用梁托托横梁的方法，科学合理地安排施工顺序和平行交叉作业时间，缩短了项目总工期，减少了项目投资，形成了一整套成熟、可靠的煤矿架空乘人装置快速安装施工工艺。

　　该工艺成功应用于平煤股份二矿第四部至第六部架空乘人装置安装工程，平煤股份六矿架空乘人装置安装工程等多项煤矿架空乘人装置安装工程中，应用效果良好，安装速度快、安全性高、质量优良，降低了劳动强度，取得了较好的经济效益和社会效益。

　　该工法的关键技术于2012年7月25日经中国煤炭建设协会专家鉴定，结论为该项技术在国内煤炭行业具有领先水平，有较高的推广应用价值。

2 工 法 特 点

　　（1）在煤矿架空乘人装置的横梁安装施工中，采用梁托托横梁的方法，减少了横梁安装的难度，加快了安装速度；梁托托横梁的结构方式减少了对井壁的破坏，适用于井下多种井壁的安装使用。

　　（2）梁托梁窝的开凿采用合适钻头钻孔，可以精确控制梁窝的位置、大小，提高了梁托的安装精度，加快了梁托梁窝的开凿速度，减少了堵梁窝混凝土的使用量。

　　（3）钢丝绳采用在机尾设置调度绞车的机械敷设方法，减轻了人工敷设的劳动强度。

　　（4）科学合理地安排各个工序的施工顺序和平行交叉作业时间，既缩短了施工工期又提高了施工质量。

3 适 用 范 围

　　适用于矿井平斜巷（斜井）架空乘人装置的安装施工。梁托托横梁的结构方式适用于井下多种井壁的安装使用。

4 工 艺 原 理

将钢丝绳安装在驱动轮、托绳轮、压绳轮、迂回轮上并经张紧装置拉紧后，由驱动装置输出动力带动驱动轮和钢丝绳运行，实现输送人员的目的。该工法采用梁托托横梁的方式安装横梁，钢丝绳采用在机尾设置调度绞车的机械敷设方法，吊椅安装放在初步调试工序后进行等方法加快施工速度，保证工程质量。

5 工艺流程及操作要点

5.1 工艺流程

工艺流程如图 5-1 所示。

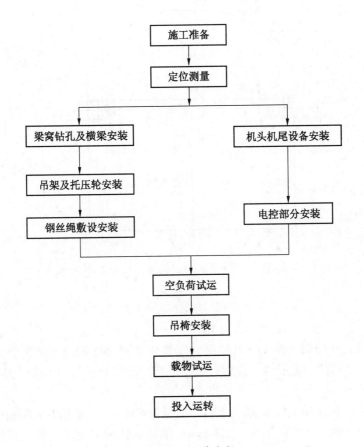

图 5-1 工艺流程

5.2 操作要点

5.2.1 定位测量

（1）测出巷道中心线和标高线，标定出机头机尾十字中心线。

（2）以腰线为基准，准确测定出梁窝位置并作出标记。

（3）梁窝的尺寸、深度和高度应符合横梁安装的要求，两侧的梁窝要对应，梁窝孔中要水平，同侧梁窝高低差不能超过 20 mm（斜巷时以倾斜度为准）。

5.2.2　梁窝钻孔和横梁安装

（1）通常，横梁为通梁，一侧的梁窝比较大、深，由于巷道不规则或梁窝的尺寸等问题，安装时大部分横梁不能顺利穿入梁窝内，找正后固定困难，安装费时费力，影响施工速度。为加快施工速度，横梁安装采用梁托托横梁的结构方式（图 5-2），即先把梁托穿入梁窝孔内，再把横梁放在两边梁托上，用 U 形卡固定。采用此方式施工的梁窝与横梁断面大小适当，既减少了挖梁窝和堵梁窝的工作量，又减少了横梁安装的施工难度，使横梁安装质量更容易保证，而且减小了对井壁的破坏。横梁与梁托的连接采用 U 形螺栓，既能保证连接强度，又能降低横梁安装难度。采用此方法安装横梁每班可比原来多安装 10 架横梁。

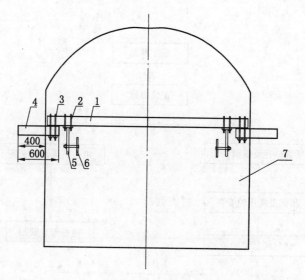

1—横梁；2、3—U 形卡；4—梁托；5—吊架；6—托绳轮；
7—架空乘人装置巷道
图 5-2　横梁结构示意图

（2）采用梁托托横梁法施工，其横梁的安装质量和速度取决于梁窝测定的精度和梁窝的尺寸。要求梁窝的测定准确，梁窝孔必须平直，每组梁窝高差不大于 10 mm，各组梁窝间高差不大于 20 mm。

（3）横梁和梁托采用 I11 矿用工字钢，梁托长 600 mm，梁托埋入巷道壁的长度应不小于横梁高度的 3 倍，此处钻孔深为 350 mm；梁窝钻孔所用钻头必须与横梁最大圆直径相匹配，在此选用 D140 钻头，钻头不应太大，否则安装时会增加找正和固定难度。钻孔时严格按照测定的位置进行钻孔，孔深为 400 mm。

（4）安装时首先把梁托放入两侧梁窝，然后把横梁放在两边梁托上，并用 U 形卡连接固定，然后在横梁上放水平尺进行抄平找正，最后进行灌浆固定。

5.2.3　机头机尾设备安装

1. 设备吊装

设备吊装主要靠巷道顶预先设置的吊装设施进行吊装。机头机尾设备采用平行作业方式安装。

2. 机头驱动装置安装

机头驱动装置主要由电机、减速器、制动器、驱动轮、机架组成。

1）机架安装

机架由 I32 工字钢横梁和 $t = 40$ mm 厚钢板平台组成。首先用倒链在横梁 2/3 处吊起，在人工的配合下把横梁一端穿入梁窝至底，然后回穿横梁，使另一端穿入对侧梁窝，然后进行横梁找正；两根横梁全部找正安装后，用角铁或钢筋进行临时焊接固定，确保两根横梁之间的相对位置固定不变；把钢板吊起至横梁下平面，然后用 M24×400 螺栓和连接板连接固定，固定后确保钢板上平面水平。机架安装后进行梁窝灌浆。

2）电机、减速器、制动器安装

依次将减速器、电机、制动器吊于钢板平台的相应位置上，进行找正安装。吊装时应以设备上的吊耳为吊点，并设置拖拉绳，以便设备安全平稳地吊至钢板平台上。

3）驱动轮安装

减速器电机找正固定后，把驱动轮吊起安装于减速器的传动轴上，并用键固定轮与轴的相对位置。

3. 机尾设备安装

机尾设备主要包括支撑横梁、尾轮、张紧装置。

1）横梁安装

按照机头横梁安装方法安装机尾横梁，严格控制安装质量。

2）尾轮、张紧装置安装

按照设备随机图纸位置分别把尾轮、张紧装置吊装至支撑横梁上，并用螺栓和连接板固定牢靠。

5.2.4 吊架及托压轮安装

（1）吊架用双 U 形卡固定于横梁两端。要求其中心距巷道墙面 850 mm，保证吊椅中心距墙不小于 700 mm。安装时应保证横梁两端的吊架到巷道中心线距离相等。

（2）托压轮安装于吊架下端，安装时严格按照图纸要求安装托轮和压轮。安装时按照图纸要求的高度调节好托轮和压轮的高度，减少了吊架和轮的调节量，加快了安装速度。

5.2.5 钢丝绳敷设安装

（1）在机尾附近设置一台调度绞车，钢丝绳运至机头附近敷设时，用调度绞车把钢丝绳一端从机头牵引至机尾，然后在机头位置固定钢丝绳，再用调度绞车直接拉放钢丝绳盘进行钢丝绳敷设。待钢丝绳绕放一周后，将钢丝绳放置于托绳轮上，根据实用长度截取钢丝绳，插接钢丝绳接头，最后利用机尾张紧装置将钢丝绳张紧。

（2）钢丝绳采用插接连接，插接长度不少于钢丝绳直径的 1000 倍，钢丝绳接头平滑、圆整，能够顺利通过驱动轮、尾轮、钢丝绳导向系统。

5.2.6 电控部分安装

电控部分由电机控制开关、制动油泵控制开关及综合保护三个部分组成。施工时按照图纸设计首先安装动力部分，待各设备空载送电正常后，再进行监控和保护装置安装与调试，安装质量应符合《煤矿安装工程质量检验评定标准》（MT 5010—1995）和《煤矿设备安装工程质量验收规范》（GB 50946）的要求。

5.2.7 空负荷试运

空负荷试运转分三个步骤进行，即电控调试、系统初步调试、系统空负荷调试。电控部分施工完成后，全部检查一遍，确保无问题后，进行电控调试。待各控制、保护均达到设计要求后，再进行系统初步调试，驱动装置只带动钢丝绳运转调试。当运转达到钢丝绳不掉轮时再进行吊椅安装。系统空负荷调试在吊椅安装后进行，待整个系统运转 3 h 无问题后，空负荷试运转合格。

5.2.8 吊椅安装

吊椅安装包括吊椅和抱索器安装。吊椅和抱索器安装安排在系统初步调试运转后进行，此时驱动装置带动钢丝绳已运转完好，不容易出现掉轮卡绳等情况，安装吊椅后可减少调试时间。安装时首先把吊椅和抱索器用螺栓连接在一起，然后将抱索器卡紧在钢丝绳上，为保证乘坐安全，安装时严格按照随机技术文件要求的间距进行安装，一般不应小于 6 m。

5.2.9 负载试运转及投入运行

（1）负载试运转时在吊椅上放置 2 倍载荷运行，运行中检查吊椅和底板间距离是否符合规范要求，检查设备运转情况，检查钢丝绳是否掉轮等。运转 3 h 无异常即为合格。

（2）整个系统经过空负荷试运转和负载试运转，无异常后，即可投入使用，进行正常的载人运行。

5.2.10 施工进度对比

采用梁托托横梁法与采用通梁法的施工进度对比见表 5 - 1。

表 5 - 1 采用梁托托横梁法与采用通梁法的施工进度对比表

序号	名称	10月								11月								12月						
		1日	5日	9日	13日	17日	21日	25日	29日	2日	6日	10日	14日	18日	22日	26日	30日	3日	7日	11日	15日	19日	23日	27日
1	施工准备、定位测量	▬																						
2	梁窝打孔及横梁安装	▬▬▬▬▬▬▬▬							┄┄															
3	机头设备安装								▬			┄┄												
4	机尾设备安装								▬				┄┄											
5	吊架及托压轮安装										▬▬▬			┄┄┄										
6	钢丝绳敷设安装																┄							
7	电控部分安装									▬▬▬▬				┄┄										
8	吊椅安装														▬	┄								
9	试运转											▬▬							┄┄					

注：细虚线表示采用通梁法施工的进度，粗实线表示采用梁托托横梁法施工的进度。

采用梁托托横梁法施工比采用通梁法施工可提前工期 16 d。

5.3 劳动组织

劳动组织见表5-2。

表5-2 劳动组织表　　　　　　　　　　人

序　号	工　　种	人　　数
1	项目经理	1
2	项目技术副经理	1
3	项目安全副经理	1
4	技术员	1
5	材料员	1
6	起重工	2
7	电焊工	4
8	电工	4
9	普工	6
10	安装钳工	4

6 材料与设备

6.1 材料

本工法所使用的主要材料有矿用工字钢、钢板、U形螺栓、红樟丹漆、灰面漆、钢丝绳、混凝土等。

6.2 设备

本工法所使用的主要施工设备见表6-1。

表6-1 主要施工设备表

序　号	机具设备名称	规格或型号	单　位	数　量
1	交流电焊机	AKH－500C/D	台	2
2	防爆开关	KMB026534	台	2
3	防爆接线盒	三通	个	3
4	调度绞车	40 kW	台	1
5	手拉葫芦	2 t	台	2
6	手拉葫芦	3 t	台	1
7	钻机	ZMS15 t	台	2
8	钻头	D140	个	10

7 质量控制

7.1 质量控制标准

煤矿架空乘人装置快速安装施工工法执行相关国家质量验收规范及《煤矿安全规程》的要求，并严格按照《煤矿安装工程质量检验及评定标准》(MT 5010—1995) 和《煤矿设备安装工程质量验收规范》(GB 50946—2013) 进行质量控制。

7.2 质量控制措施

（1）梁窝钻孔所用钻头必须与横梁最大圆直径相匹配。

（2）每组梁窝高差不大于 10 mm，同侧梁窝高低差不能超过 20 mm（斜巷时以巷道倾斜度为准）。

（3）横梁两端埋入巷道的深度应不小于横梁高度的 3 倍。

（4）钢丝绳接头插接长度至少应为钢丝绳直径的 1000 倍。

（5）吊椅安装间距应不小于 6 m。

8 安全措施

煤矿架空乘人装置快速安装施工工法执行国家有关法律法规和地方强制性条文要求，遵守《煤矿安全规程》的相关规定。

（1）施工前，对参加此项工程施工的全体施工人员认真进行入井安全教育。

（2）在斜巷安装时要安排专人负责安全，严防物料等沿斜巷滚落造成人员伤害等安全事故。

（3）防矿车误伤，扛、抬物件工具时要切实注意电机车架线和正在运转的带式输送机。

（4）井下在轨道处施工时，应设专人警戒防护，以防矿车运行误伤人员，应尽量远离轨道；休息时，严禁坐在轨道上，应找安全地带休息，做好自主保安。

（5）入井人员必须遵守各项规章制度和安全要求，严禁带易燃易爆物品入井，严禁酒后入井，乘坐架空乘人装置时严禁座椅摆动，带工具材料乘坐架空乘人装置时要采取必要的安全措施，以确保安全。

（6）在设备安装工作与其他工序交叉进行时，需特别注意人身安全和防止设备事故的发生。

（7）井下动用电焊、氧割必须有相关审批手续和安全措施。氧气、乙炔瓶的放置位置必须符合安全要求。

9 环保措施

煤矿架空乘人装置快速安装施工工法符合国家有关环保政策和地方有关强制性条文规定。施工中涉及的主要环境因素有废弃物、噪声、文明施工等。

（1）建立文明施工责任制，实行每周组织一次检查评比制度。

（2）现场的氧气瓶、乙炔瓶、油漆、稀释剂等不得乱放，按照有关规定管理好易燃易爆物品，废弃物集中存放、处理。

（3）施工现场不得随意堆放材料和机械设备，保持井下道路畅通，操作地点要保持整洁，及时清理施工废弃物。

（4）现场配置齐备的消防器材，并有专人负责，安全标志、防火标志要悬挂醒目，氧气瓶、乙炔瓶安全距离要达到，且不得乱放。

（5）讲文明话、办文明事，倡导文明施工。

10 效 益 分 析

煤矿架空乘人装置快速安装施工工法采用梁托托横梁法安装横梁，与采用通梁法相比减少了打梁窝人工，节省了堵梁窝用混凝土和人工，减少了横梁安装用垫铁；与采用梁座法相比减少了梁座的加工时间和安装时间。钢丝绳敷设采用机械法敷设；吊椅和抱索器安装在调试运行期间进行等方法的实施，降低了施工成本，取得了良好的经济效益。

11 应 用 实 例

11.1 实例一

平煤股份二矿第四部架空乘人装置安装工程，全长 1600 m，主设备为悬挂式，工程于 2010 年 10 月 1 日开工，于 2011 年 1 月 23 日竣工，工程施工采用煤矿架空乘人装置快速施工工法，合同工期 130 d，实际工期 115 d，缩短工期 15 d，一次性通过了验收，节省成本 5.1 万元。

11.2 实例二

平煤股份二矿第六部架空乘人装置安装工程，全长 980 m，主设备为悬挂式，工程于 2011 年 3 月 6 日开工，于 2011 年 5 月 29 日竣工，工程施工采用煤矿架空乘人装置快速施工工法，计划工期 96 d，实际工期 85 d，缩短工期 11 d，节省成本 3 万元。

11.3 实例三

平煤股份六矿架空乘人装置安装工程，全长 900 m，主设备为悬挂式，工程于 2011 年 9 月 10 日开工，于 2011 年 11 月 24 日竣工，工程施工采用煤矿架空乘人装置快速施工工法，计划工期 86 d，实际工期 76 d，缩短工期 10 d，节省成本 2.7 万元。

大型加压过滤机仓体旋转就位施工工法（BJGF070—2012）

中煤建筑安装工程集团有限公司

肖　俊　刘海叶　张英士　董连军　李亚博

1　前　　言

选煤厂机电设备安装工程中，大型加压过滤机为常见设备，其外形尺寸和质量较大，受现场空间限制，吊装过程中，利用大型吊装设备难以使其按设计要求就位，为解决此技术难题，中煤建筑安装工程集团有限公司成立了课题组，开展加压过滤机就位技术研究，总结出大型加压过滤机仓体旋转就位施工工法，其关键技术为设计并利用转盘装置，在行车的牵引下实现大型加压过滤机仓体旋转就位，该工法先进合理、实用性强、便于操作、安全可靠。

该工法关键技术经煤炭信息研究院查新表明，国内未见相关技术报道，并于2012年6月通过中国煤炭建设协会组织的技术鉴定，达到煤炭行业领先水平，其应用的"转盘"获得实用新型专利（专利号为 ZL 201120454940. X）。

该工法先后在中煤平朔东露天选煤厂工程、中煤平朔木瓜界选煤厂改扩建工程、山西省朔州市平鲁区后安选煤厂工程主厂房内加压过滤机安装中得到成功应用，取得了良好的经济效益和社会效益。

2　工　法　特　点

（1）采用"转盘"作为支承点和旋转机构、行车作为提起点和牵引设备，"转盘"和行车相配合旋转大型加压过滤机仓体就位。

（2）"转盘"和行车配合可360°任意旋转，一次到位，操作简捷，安全可靠。

3　适　用　范　围

本工法适用于选煤厂加压过滤机及大型罐体设备的安装就位。

4　工　艺　原　理

采用力学原理，以"转盘"为支点，用行车作为提升和牵引设备，吊起加压过滤机仓体的一端，缓慢旋转就位。

5 工艺流程及操作要点

5.1 工艺流程

工艺流程如图 5-1 所示。

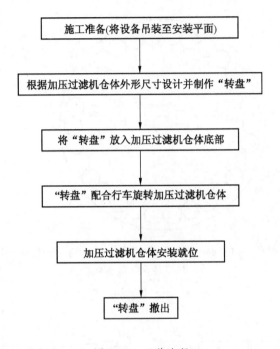

图 5-1 工艺流程

5.2 操作要点

5.2.1 设计并制作"转盘"

根据现场仓体与地面之间高度、仓体体积、仓体质量,利用现场材料制作"转盘","转盘"分底部和上部两部分。

底部设计在大小合适的钢板上,以 1200 mm 为直径焊 30 根直径为 108 mm、长度为 50 mm 的钢管,钢管内装有钢球,另在直径为 1200 mm 的转盘的圆心上焊 1 根直径为 108 mm,长度为 250 mm 的钢管,上部带孔,用于安装转盘底部与上部连接的柱销。"转盘"底部结构如图 5-2 所示。将 30 个直径为 80 mm 的钢球分别放于转盘底部钢板上焊接的钢管内部,并涂满黄油。

上部根据加压过滤机仓体外形弧度设计成托盘形式,如图 5-3 所示。

制作完毕后将底部和上部组装在一起,人工试旋转支座,如旋转不灵活,在各个摩擦接触面上继续涂黄油,直至旋转灵活。"转盘"整体结构如图 5-4 所示。

5.2.2 "转盘"配合行车旋转加压过滤机仓体

用行车提起加压过滤机仓体的一端,将"转盘"放入仓体底部合适位置,固定平稳,然后将仓体落下,放于"转盘"上,操作行车大小车行走,配合向所需旋转的方向缓慢

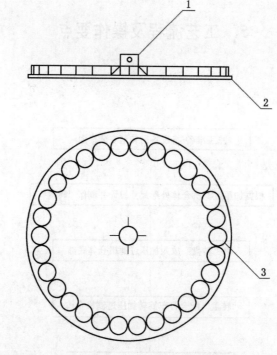

1—φ108 mm×10 mm 钢管；2—δ16 钢板；3—φ108 mm×6 mm 钢管

图 5-2 "转盘"底部结构图

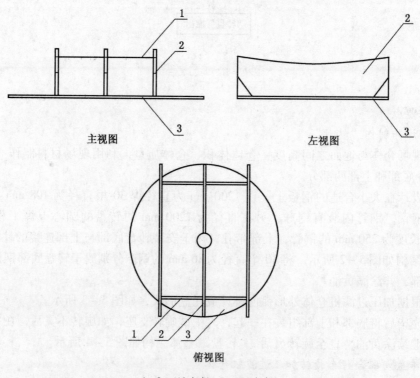

主视图　　　　　　　　　　　　　　左视图

俯视图

1、3—δ12 钢板；2—δ20 钢板

图 5-3 "转盘"上部结构图

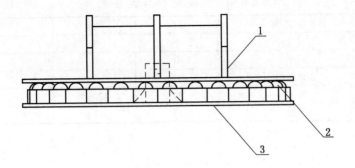

1—"转盘"上部；2—钢球；3—"转盘"下部

图 5-4　"转盘"整体结构图

开动，直至旋转就位，然后将"转盘"撤出，加压过滤机仓体安装就位。

5.3　劳动组织

加压过滤机旋转就位人员配备见表 5-1。

表 5-1　加压过滤机旋转就位人员配备表　　　　　　　　人

序　号	工　　种	人　　数
1	项目经理	1
2	项目技术经理	1
3	项目安全经理	1
4	施工技术员	1
5	专职安全员	1
6	铆工	1
7	钳工	2
8	起重工	2
9	电焊工	1
10	行车司机	1
11	普工	2
合　　计		14

6　材　料　与　设　备

本工法无须特别材料，其主要材料与设备见表 6-1。

表6-1 主要材料与设备表

序 号	设 备 名 称	单位	数量	使 用 期
1	转盘	个	1	全过程
2	行车	台	1	全过程
3	钢丝绳扣	对	1	全过程
4	枕木	根	若干	全过程
5	黄油	kg	若干	全过程

7 质 量 控 制

（1）本工法工程质量控制的主要依据为国家和行业现行的相关规范标准及设备安装图纸。

（2）质量保证措施：

① 检修行车额定起重量应为被旋转设备总重的 2/3 以上。

② 转盘设计制作其承重量应为被旋转设备总重的 1.2 倍左右，上部托盘弧度必须与被旋转设备外形弧度相吻合。

③ 为保证"转盘"功能，在钢球上涂抹黄油作为润滑剂。

8 安 全 措 施

（1）认真贯彻"安全第一、预防为主、综合治理"的方针，执行国家及地方有关安全生产方面的法律、法规。

（2）成立安全检查小组，对现场安全防护、行车的安全性能及吊装索具等进行检查，查出问题，立即整改，消除安全隐患。

（3）施工人员进入现场，必须正确戴好安全帽，按规定正确使用劳动保护用品，不得违章作业。

（4）旋转实施前，应先编写加压过滤机仓体旋转就位专项技术安全措施，经审核、审批后，并对班组进行交底，方可组织实施。

9 环 保 措 施

（1）在钢球上涂抹黄油时，应注意涂抹适量，并用专用的箱盒存放，禁止乱涂乱抹。

（2）施工过程中的型钢废料、黄油等应及时清理。

10 效 益 分 析

本工法采用"转盘"配合行车旋转大型加压过滤机仓体就位，解决了大型罐体吊装就位后旋转就位困难的难题，节约了吊装费用，缩短了安装工期，保证了施工安全，经济效益及社会效益显著。以中煤平朔东露天选煤厂工程为例，经济效益比较见表 10-1。

表 10-1 经 济 效 益 比 较 表

可用方案	吊装参数	吊车选型	吊装费用
直接吊装就位	提升高度 44 m，回转半径 18 m	1 台 400 t 吊车	400 t 吊车台班费为 24 万元
就位后再旋转	提升高度 27.9 m，回转半径 9.5 m	2 台 80 t 吊车	80 t 吊车台班费为 2.6 万元

11 应 用 实 例

11.1 中煤平朔东露天选煤厂工程

该工程主厂房内 6 台加压过滤机安装于厂房 +21.10 m 平面，加压过滤机仓体直径 4.3 m、长度 9.8 m、重 24.8 t，因吊装位置及方法限制，仓体吊装时的方向与安装位置有一定的角度，常规方法难以一次安装就位，采用"转盘"配合行车旋转就位法使加压过滤机仓体安装就位。

加压过滤机安装于 2011 年 5 月 15 日开工，6 月 15 日完工，采用"转盘"配合行车旋转加压过滤机仓体就位比直接吊装就位节省吊装费用 21.4 万元。

11.2 中煤平朔木瓜界选煤厂改扩建工程

该工程主厂房内 6 台加压过滤机安装于厂房内四层 +25.5 m 平面，该设备总重 91.8 t，其中加压过滤机仓体直径 4.3 m、长度 9.8 m、重 24.8 t（不包括端盖），为加压过滤机最大最重部件。

加压过滤机仓体安装于 2011 年 7 月 8 日开工，8 月 20 日完工，采用"转盘"配合行车顺利将加压过滤机仓体旋转就位，缩短工期 12 d，取得经济效益 20 万元，赢得了监理单位、建设单位的高度赞誉。

11.3 山西省朔州市平鲁区后安选煤厂工程

该工程主厂房内 2 台加压过滤机安装于厂房内三层 +16.5 m 平面，加压过滤机仓体直径 4.3 m、长度 9.8 m、重 24.8 t（不包括端盖）。

加压过滤机仓体安装于 2011 年 10 月 15 日开工，11 月 30 日完工，采用"转盘"配合行车顺利将加压过滤机仓体旋转就位，降低了安全风险，取得经济效益 8 万元。

立井大型箕斗快速更换施工工法（BJGF071—2012）

中煤第三建设公司机电安装工程处

阙胜利　吴向东　余　峰　叶大干　曹椿梅

1　前　　言

由于煤矿规模在向特大型矿井发展，提煤箕斗的质量由原来的 6 t 发展到现在的 40 t（国内最大的箕斗），一次提煤量 40 t，煤和箕斗的总重约 100 t。因此，设计单位和箕斗制造厂均将箕斗设计成两段，加工后分别运输到现场，由施工单位进行组装。

箕斗净长 22.6 m（不含首绳悬挂装置和尾绳环长度），箕斗主体净重 56 t（含刚性罐耳、滚轮罐耳）。箕斗分两段制造，中间四角用钢板插接形式通过螺栓连接，因此当箕斗达到使用年限以后，或因某种原因需要拆除和更换时，其施工难度是可想而知的。施工方案不仅要能将旧箕斗平稳地拆除外运，而且要能将新箕斗安全运输到位进行组装，且这一切都是在套架的有限空间内进行的。与此同时，还要对另一个箕斗的首绳、尾绳采取固定保护措施，一个箕斗更换完成才能更换另一个箕斗，从而完成系统更换，产生提升能力。

在煤矿立井箕斗提升系统中，大型箕斗均是在套架内运行的，箕斗主体长达 22.6 m，且不含首绳、尾绳悬挂连接装置。面对如此长度的箕斗，从工艺上根本无法一次性将箕斗从套架内取出，而且箕斗在从站立到水平的过程中，不可避免地要发生挠度变形。另外，一个箕斗重达 56 t，从起吊设备选型上，无论是选用井塔内起重机，还是选用大型轮胎式汽车吊，均无法将箕斗一次性整体吊出，在该客观条件的限制下，分体式拆除和组装更换就成为此工法的首选方案。

该技术于 2012 年 6 月 17 日，经过中国煤炭建设协会组织组织专家鉴定，达到国内先进水平，具有广泛的推广应用价值。

2　工　法　特　点

（1）不需要在施工现场布置多台稳车，而且将另一个箕斗的永久提升绳锁在井口，最大限度地加快了施工进度，保障了整个提升系统的安全。

（2）套架拆除工作量小，只需要拆除半个箕斗高度的套架边梁，保留了套架的整体强度和稳定性。

（3）合理利用了井塔内的起重机，新箕斗和旧箕斗均是分两次两段吊进和吊出套架，避开了塔内双梁起重机起吊能力不足的问题。

（4）施工时，由于将新箕斗和旧箕斗均是分两段运进和运出套架，这样就极大地减小了起重工作量，施工快捷，提高了施工的安全性。

（5）生产班组在按本技术施工时，非常容易接受本技术的施工工序，化繁为简。

3 适 应 范 围

此工法不仅适用于分段加工的箕斗安装和拆除，也适用于大型整体的箕斗安装和拆除，而且还适用于各类矿山主井提升容器的安装和拆除。

4 工 艺 原 理

（1）首先在现场布置一台稳车，并在套架防撞梁上布置一套 H80×4 滑车组，该滑车组应能起吊整个空箕斗。

（2）在井口布置 I63c 工字钢两根，上铺钢制平车作为拆除和运进箕斗的承载运输工具，分别将一个旧箕斗和一个新箕斗分两次运出和两次运进。对于另一个箕斗的更换，也同样分两次运出和两次运进。

（3）在井塔导向轮层布置锁绳工字钢和锁绳器，作为对提升绳的锁紧保护，并保护整个提升系统，同时在绞车滚筒上加装压绳块。

（4）在井口 ±0.000 m 处布置 ϕ426 mm 钢管，作为拆除尾绳的生根点，将尾绳通过板卡，系牢在 ϕ426 mm 钢管上。

（5）工法工艺原理和基本理论：

此项工法工艺原理是模仿井塔平移的施工原理。井塔平移是在平车上预建平塔，然后平移至井口。而此工法正是利用了这一基本理论，将箕斗分成两段运进和运出，并将箕斗提起或放下，摆放在平车上，其基本理论与井塔平移一致。

5 工艺流程及操作要点

5.1 工艺流程

工艺流程如图 5-1 所示。

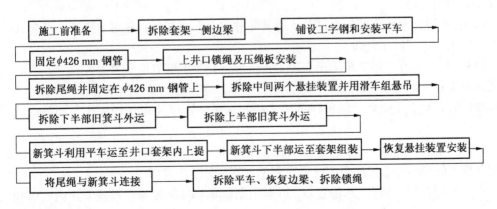

图 5-1　工艺流程

5.2 施工前的准备

（1）准备 $\phi426$ mm 钢管一根，放在井口用于锁三根扁尾绳。

（2）准备两根 I63c 工字钢和两辆平车，两辆平车连成整体，用于拆除和运输箕斗。

（3）准备一台稳车和一套 H80×4 滑车组，用于施工中提升箕斗。

（4）准备一套导向轮层锁绳器和一套绞车滚筒压绳器。

（5）准备调度绞车及其他常用工器具。

（6）准备一台 50 t 吊车，用于协助旧箕斗外运和新箕斗进入井塔内。

（7）准备并检修好井塔内的双梁起重机，用于箕斗的运进和运出。

5.3 施工操作要点

（1）拆除套架的梁、罐道和四角罐道，本工序主要是高空作业，对操作人员的安全保护至关重要，操作人员除使用安全带以外，还要用另外的人员用安全绳进行保护，实现对操作人员的双重保护。

（2）将要拆除的箕斗下平面停在离地面约 2 m 高的位置，按照 I63c 工字钢和小平车的高度而设计。

（3）将 $\phi426$ mm 钢管放入井口套架底板梁上，钢管与套架底梁要连接牢固，并防止钢管在受力时移动。

（4）紧固滚筒压绳板，并在导向轮大厅平台做首绳锁绳器打紧工作，注意压绳和锁绳要牢固可靠。

（5）在井口 ±0.000 m 以下搭放跳板，拆除三根扁尾绳销子，将扁尾绳过渡到 $\phi426$ mm 钢管上系牢。

（6）在井口布置 I63c 工字梁和平车。注意工字钢要找正固定，小平车能在工字钢上作来回运动，平车要转动灵活。

（7）卸去悬挂装置上中间两个调绳油缸的油压，拆除中间两个悬挂装置，用滑车组与箕斗相连。

（8）启动滑车组，将整个箕斗上提，并使滑车组受力，箕斗上另外 4 个悬挂装置松弛时，拆除另外 4 个悬挂装置，提升时四角罐道已拆除，故应注意箕斗不能碰刮套架。

（9）用滑车组将整个箕斗松下，平稳落在小平车上，要点是落在小平车上时，落点要准确，不能歪斜。

（10）拆除旧箕斗中间接头部分，将箕斗分成上下两部分，并将上部箕斗提起 100 mm 左右，使上、下部箕斗分开。

（11）将下部箕斗用平车运出套架 3/4 位置，并在上部箕斗处挂好绳套，用井塔内的双梁起重机将下部箕斗整体吊起，配合 50 t 吊车，将下部箕斗移至井塔以外。注意本工序操作难度大，高空作业多，起重环节步步相扣，需要较强的现场指挥能力和处理问题能力。

（12）用滑车组松下上部旧箕斗落在小平车上，并将上部旧箕斗移出套架 3/4 位置，并用井塔内的双梁起重机配合 50 t 吊车将上部箕斗外运出井塔。

（13）在场外准备好上部新箕斗，并装上钢罐耳等辅助设施，拆除箕斗内临时加固构件。

（14）用 50 t 吊车配合井塔内双梁起重机，将上部新箕斗送入井塔内，注意箕斗装煤口的方向要对正井塔内的卸煤口方向。

（15）将上部新箕斗放在小平车上向套架内运输（图5-2），本工序操作时，一定要让箕斗进入套架后才能摘去起重机钩头。

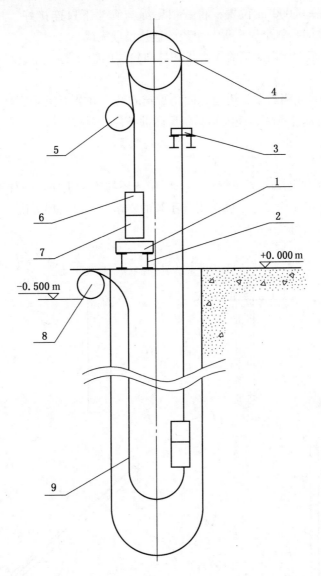

1—小平车；2—Ｉ63c 工字钢；3—锁绳器；4—绞车；5—导向轮；6—上部箕斗；
7—下部箕斗；8—钢管；9—尾绳

图5-2　更换现场立面示意图

（16）用滑车组将上部新箕斗吊起上提到与吊挂装置连接处。上提时，要密切注意箕斗在上提进程中的运输情况，不能出现卡阻、碰刷。

（17）按照上部新箕斗运进套架的方法，将下部新箕斗运进套架内。

（18）用滑车组松下上部新箕斗，并与下部新箕斗正确连接牢固。注意整个箕斗在连接时，四角要有人拨正，紧固螺栓时要有层次，否则内部的螺栓无法紧固。

（19）用滑车组起吊整个新箕斗，装上 4 个吊挂装置。

（20）松去滑车组的马镫连接部分，再穿上中间两个吊挂装置，抽去井口的 I63 工字钢和平板车。

（21）在井口 ±0.000 m 位置，将三根尾绳与箕斗下口连接好，并抽去固定尾绳的 ϕ426 mm 钢管，此时，整个绞车提升系统的连接已经完成。

（22）拆除绞车大厅内的滚筒压绳板和导向轮层的锁绳器，并做好更换另一个箕斗的锁绳准备。

（23）恢复新箕斗侧的梁、罐道、四角罐道安装，并装上滚轮罐耳，拆除 H80×4 滑轮组和内齿轮临时提升系统，使绞车具备反转的条件。

（24）反转绞车，重复以上工序，更换另一个箕斗。

5.4 注意事项

（1）箕斗拆除和更换时工序较多，一环扣一环的施工工序，条件不成熟时，不允许平行作业。每一部工序均要考虑整个提升系统的安全，一旦出现失误，后果不堪设想。更换现场侧面示意图如图 5-3 所示。

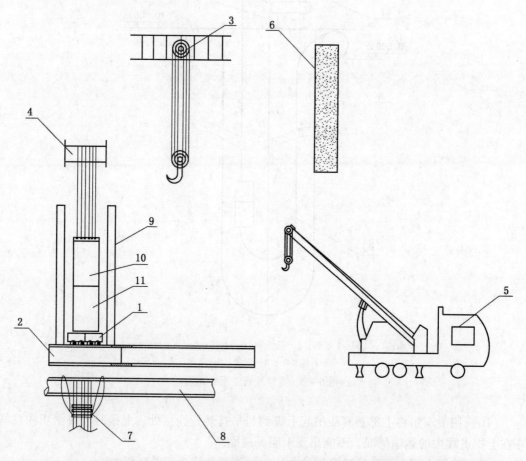

1—小平车；2—I63c 工字钢；3—绞车大厅起重机；4—绞车；5—轮胎式起重机；6—井口房墙壁；

7—尾绳；8—ϕ426 mm 钢管；9—罐道；10—箕斗上半部分；11—箕斗下半部分

图 5-3　更换现场侧面示意图

（2）拆除和更换箕斗时应注意工序的衔接。每一道工序均是由若干个小工序组成的，在小工序中，应优先考虑作业人员和设备的安全。

（3）施工现场要有强有力的指挥和严密的组织，每一道工序开始前和结束后均要经过严格的安全检查确认才能转入下一道工序。

5.5 相关计算

1. 工字钢的校核

（1）I63c 工字钢材质 Q235，$L=5$ m，抗弯截面模量 $W_z = 3298.42$ cm³，所承受的质量 $G_{梁}$ 按设备入井最大质量 $G_{max} = (G + 4G_{提升绳})$ 计算为 103 t。

根据蹬箕斗载荷形式，I63c 工字钢为两根并排摆放，单根提升绳单根底梁集中力为

$$P_1 = \frac{G_{max}K_d}{8}$$

式中　K_d——动荷系数，取 1.2。

弯矩为

$$M_{max} = P_1 \times \frac{L}{2}$$

则

$$\sigma_{max} = \frac{M_{max}}{W_z} = \frac{P_1 L}{2W_z} = \frac{G_{max}K_d L}{16W_z}$$

$$= \frac{103 \times 10^3 \times 1.2 \times 500}{16 \times 3298.42} = 1171 \text{ kg/cm}^2 < 1550 \text{ kg/cm}^2$$

故选用的工字钢梁安全可靠。

（2）蹬井口箕斗工字钢 I63c，材质 Q235，双工字钢两根并排摆放，支点间距 220 cm，抗弯截面模量 $W_z = 3298.42$ cm³，弯矩为

$$M_{max} = \frac{G}{4} \times \frac{L}{3} = (70000/4) \times (220/3) = 1.283 \times 10^6 \text{ kg/cm}$$

由 $\sigma_{max} = \dfrac{M_{max}}{W_z}$ 可得

$$\sigma_{max} = 1.283 \times 10^6 / 3298.42 = 388.97 \text{ kg/cm}^2 < 1550 \text{ kg/cm}^2$$

故选用的工字钢梁安全可靠。

2. 提升箕斗的钢丝绳的校核

起吊箕斗时采用两套 H80×4 滑车组，选用钢丝绳 6×37−1770−ϕ28，破断拉力 $R_{max} = 49.25$ t，箕斗本体重 58 t，已知

跑头力　　　　　　　$$S_k = \frac{(1-\eta)F}{\eta(1-\eta^n)}$$

式中　η——滑车组效率；

　　　　n——滑车组滑轮数；

　　　　F——起重力。

$$S_k = (1-0.96) \times 29 / [0.96(1-0.96^6)] = 5.56 \text{ t}$$

安全系数　　　　　　$n_1 = 49.25/5.56 = 8.86 > 5$

故选用的 6×37−1770−ϕ28 钢丝绳及 16 t 稳车安全可靠。

3. 井口锁尾绳的梁校核

锁尾绳的梁选用钢管 $\phi 426 \text{ mm} \times 20 \text{ mm}$，许用应力 $[\delta] = 1550 \text{ kg/cm}^2$，许用剪切应力 $[\tau] = 1000 \text{ kg/cm}^2$，每根尾绳下井质量为 $P = 12.5 \text{ t}$，截面系数为

$$W_{max} = \pi(D^4 - d^4)/(32 \times D)$$
$$= \pi(42.6^4 - 38.6^4)/(32 \times 42.6) = 2474 \text{ cm}^3$$

最大弯矩为

$$M_{max} = PL = 12.5 \times 10^3 \times 220 = 2.75 \times 10^6 \text{ kg} \cdot \text{cm}$$

故

$$\delta = M_{max}/W_{max} = 2.75 \times 10^6/2474 = 1112 \text{ kg/cm}^2 < 1550 \text{ kg/cm}^2$$

$$\tau = P/A = 12500/[\pi(21.3^2 - 19.3^2)] = 49 \text{ kg/cm}^2 < 1000 \text{ kg/cm}^2$$

故锁尾绳的梁安全可靠。

5.6 劳动组织

根据工程的工作量及工期要求，施工采用三个综合班分 8 h 施工，人员配备见表 5-1。

表 5-1 劳动组织表　　　　　　　　　人

序号	工　种	人　数	班　次	小　计
1	现场负责人	1	3	3
2	技术人员	1	3	3
3	机安工	5	3	15
4	起重工	4	3	12
5	电工	2	3	6
6	电焊工	2	3	6
7	安全管理人员	2	3	6
8	辅助人员	4	3	12
总　计		21	3	63

6　材料与设备

本工法采用的主要材料与设备见表 6-1。

表 6-1 主要材料与设备表

序号	名　称	规格或型号	数　量
1	汽车吊	50 t、5 t	各 1 辆
2	稳车	16 t	2 台
3	特制平板车	40 t	2 辆

表 6-1（续）

序号	名 称	规 格 或 型 号	数 量
4	调度绞车	40 kW	1 台
5	滑车组	H80 × 4	4 套
6	卸扣	80 t	4 个
		20 t	6 个
		5 t、3 t、2 t	各 4 个
7	钢丝绳卡	Y - 28	20 个
		Y - 25	30 个
		Y - 15	10 个
8	地锚绳	6 × 37 + 1 - 24 - 1570	50 m
9	钢丝绳	6 × 37 + 1 - 28 - 1770	800 m，2 根
		6 × 37 + 1 - 15 - 1770	200 m
10	棕绳	ϕ20 mm	300 m
11	电焊机	BX5 - 400	2 台
12	通信电缆	2 × 1.5	400 m
13	木跳板	5000 mm × 250 mm × 60 mm 和 3000 mm × 250 mm × 60 mm	20 块
14	钢丝绳套	ϕ40 mm，L = 12 m，ϕ32 mm，L = 15 m，ϕ28 mm，L = 3 m	14 根
15	工字钢	I63c，L = 12000 mm	2 根
		I56a，L = 6000 mm	2 根
16	钢管	ϕ426 mm × 20 mm	6 m

7 质 量 控 制

此项工法应遵循《煤矿安装工程质量检验评定标准》（MT 5010—1995）、《钢结构工程及施工质量验收规范》（GB 50205—2001）及其他相关规范。

（1）用滑车组将上部新箕斗吊起上提到与吊挂装置连接处。要密切注意箕斗在上提进程中的运行状况，不能出现卡阻、碰刮。

（2）此项工法技术上安全可靠，工序之间连接有序，实施时，不可将工序颠倒，不可平行作业。

8 安 全 措 施

（1）所有施工人员必须认真学习《煤矿安全操作规程》、相关规范及安全措施，并在工作中严格执行。

（2）施工前应对所有的施工机具认真检查，确保使用安全。吊索具应满足安全系数的要求，不得以小代大。

（3）稳车及调度绞车地锚、绊腿要牢靠，要保证操作灵活。

（4）上班人员班前不得喝酒，上班时不得擅自离岗，且要精力集中，高度负责。

（5）人员进入施工现场必须戴安全帽，井口、井筒及登高作业必须配备安全带，且要生根牢固后方可作业。

（6）严禁井架、井口、井筒内平行作业。井下作业时，井口 10 m 范围内严禁其他作业，并有专人在井口警戒。

（7）用轮胎式起重机起吊大件时，吊件下严禁站人，平地运输或垂直吊装时都必须有专人统一指挥，应有准确的规定信号，其他工作人员必须坚决服从命令，听从指挥。

（8）钢丝绳及绳套与金属钝边接触处必须加垫保护。

（9）所有板卡、钢丝绳卡卡固时，要确保除油干净，紧固均匀，并不得挤伤钢丝绳。

（10）井口上、下搭设平台用木跳板及蹬罐用工字钢梁要摆放平稳、牢固，并用铁丝绑扎固定。

（11）各稳车配电及各种保护应齐全，且操作灵活可靠。

（12）施工现场工器具及材料等严禁乱扔乱放，更不能乱抛掷，要做到文明施工。

（13）使用气割时必须要有消防措施，且不得对机电设备、钢丝绳及电缆有任何损坏。

（14）所有施工人员听从指挥，协调行动。

（15）提升信号必须由专人联系，车房、井口等各施工点信号清楚方可动车。

（16）在井口作业时，要编制专门的烧焊专项措施，并报请矿通风和瓦斯管理部门审查。

（17）在井口要配置必需的防火器材和水源，并设置专人负责。对使用氧气切割产生的火花，要及时用水浇灭，防止火花烧坏井口设施。

（18）施工人员所用的工器具均要系留绳，缠绕在手腕上，防止坠物落件。

（19）起吊所用的绳套、卸扣、钢丝绳等要按照起重作业规定使用，其安全系数不能小于操作规程。

9 环 保 措 施

本工法仅在施工现场进行成套设备拆除更换，不存在重要环境因素污染问题。现场要求做好文明施工。其注意事项应包括以下几个方面：

（1）施工现场的标志牌、管理制度要齐全。

（2）施工场地的环境干净、整洁。

（3）机具、材料堆放整齐、分类清楚。

（4）各种安全防护用品和消防设施齐全、完好。

（5）临时用电规范。

（6）做到工作完、现场清，下班后工器具要收拾整齐。

（7）班中不准嬉闹，应保持仪表端庄。

（8）安全帽应佩戴规范，衣着整齐，与外单位协调时文明礼貌。

10 经 济 效 益

此项工法的应用取得了良好的经济效益。根据不完全统计，每更换一个箕斗（按 56 t 计算），可提前工期 7 d，节约各项成本 33 万元左右，每年平均更换 10 个箕斗约节约成本 330 万元。由于一般在矿井投产后更换箕斗，每节约 1 d 时间都会给矿方带来巨大的经济效益，且箕斗一般 1~2 年便更换一次，是一项长期频繁的工作。

采用此工法更换大型箕斗，工期短，安装质量优良，大大地提高了经济效益，同时创下良好的社会效益。此技术不仅减少了吊装风险，在安全上、质量上具有独特的优势，在安全上和方法上具有优越性，为加快矿井建设做出了突出贡献。

11 应 用 实 例

11.1 实例一

2007 年 12 月，第一次更换大型箕斗淮南顾桥主井箕斗，箕斗长 18.5 m，总重 42.3 t，提煤量 30 t，更换一副箕斗用时 15 d。

11.2 实例二

2008 年 3 月，利用此技术成功更换山西潞安屯留主井箕斗，箕斗高 20 m，总重 52 t，提煤量 35 t，现场组装加更换一副宽罐箕斗仅用 13 d。

11.3 实例三

2009 年 10 月，利用此技术成功更换国投新集刘庄煤矿主井箕斗，箕斗长 21 m，总重 53.3 t，提煤量 40 t，更换一副箕斗用时 12 d。

11.4 实例四

2011 年 10 月，利用此技术成功更换淮南国投新集煤矿口孜东主井箕斗，箕斗长 24 m，总重 53 t，提煤量 40 t，更换一副箕斗用时 13 d。

利用吊盘敷设深井井筒电缆及扁尾绳

施工工法（BJGF072—2012）

中煤第五建设有限公司

杨益明　谌喜华　马智民　杨雪银

1　前　言

矿井井筒内一般布置有 3~5 趟动力电缆及 4~6 趟通信信号、控制、检测电缆，传统电缆敷设施工方法：在井口利用钢卡将电缆固定在稳车钢丝绳上，敷设到位后施工人员在提升容器上进行电缆卡设。该方法施工速度慢，安全风险高，人员劳动强度大，尤其对于 800 m 以上的深井动力电缆敷设，电缆的质量大，必须投入大型的稳车设备，施工费用投入大，安全风险高，且悬吊电缆的钢丝绳易受力旋转增加施工难度。针对深井井筒内电缆敷设的问题，中煤第五建设有限公司第五工程处成立了课题组，针对该问题进行了研究，通过利用井筒装备施工用的吊盘进行井筒内电缆的敷设，解决了这一难题。同时，研究利用吊盘敷设井筒内提升设施的扁尾绳，为后续缠绳挂罐（箕斗）工程的早日完成创造了条件。

利用吊盘敷设深井井筒电缆及扁尾绳施工工法先后成功应用于山东新巨龙能源有限责任公司龙固煤矿 1 号、2 号主井井筒装备安装工程、肥城矿业集团单县能源有限公司陈蛮庄煤矿副井井筒装备安装工程、上海大屯能源股份有限公司孔庄煤矿混合井井筒装备安装工程，取得了显著的经济效益和社会效益。该工法关键技术于 2012 年 7 月通过中国煤炭建设协会组织的技术鉴定，成果达到国内先进水平。

2　工　法　特　点

（1）施工工艺简单易行。利用井筒装备安装施工时的吊盘和稳车，将电缆或尾绳盘放在吊盘上，边下放边敷设，操作简便易行。

（2）缩短施工工期。施工时，利用原有施工设备，减少了新施工设备的安装时间。与电缆固定在稳车钢丝绳上敷设相比较，敷设一根电缆可节省施工工期 1 d。

（3）保证施工质量。施工人员在吊盘上进行电缆卡设，施工条件好，可以保证电缆卡固牢靠。

（4）施工安全。利用施工吊盘敷设电缆，稳车、钢丝绳安全系数高；4 台吊盘稳车采用变频调速控制技术，吊盘运行平稳，施工人员在吊盘上卡设电缆，施工条件好，降低了施工人员的劳动强度，有利于保证施工安全。

（5）经济合理。施工时，利用原有施工设备，减少了新施工设备的投入费用。经多项类似工程验算及实践，井筒装备安装施工用吊盘盘面均可满足电缆盘放强度要求，无须专门对吊盘盘面进行加固。与电缆固定在稳车钢丝绳上敷设相比较，可减少钢制电缆固定卡的费用投入，缩短了施工工期，减少了人工费用的投入。

3 适 用 范 围

利用吊盘敷设深井井筒电缆及扁尾绳施工工法适用于非金属或金属矿山新建矿井井筒的电缆、扁尾绳敷设，特别是对深井井筒优势更加明显。

4 工 艺 原 理

根据工程结构特点，利用井筒装备安装施工用吊盘敷设井筒内电缆、扁尾绳，井筒装备中已安装好的构件（电缆支架、井口板梁）分担电缆、扁尾绳的重量，改善稳车、钢丝绳的受力情况，减少设备投入，保证施工安全，节省施工成本。

5 工艺流程及操作要点

5.1 工艺流程

以肥城矿业集团单县能源有限公司陈蛮庄煤矿副井井筒内电缆、扁尾绳敷设为例，说明利用吊盘敷设深井井筒电缆及扁尾绳施工工法工艺流程，如图5-1所示。

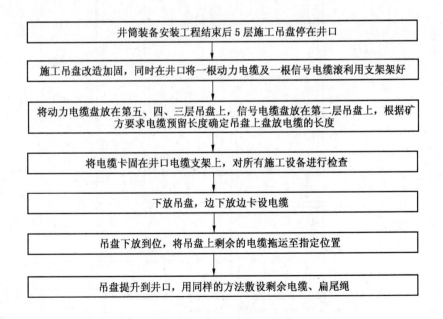

图5-1 工艺流程

5.2 操作要点

以肥城矿业集团单县能源有限公司陈蛮庄煤矿副井井筒内电缆、扁尾绳敷设为例，说明利用吊盘敷设深井井筒电缆及扁尾绳施工工法操作要点。

5.2.1 施工技术准备

施工前组织施工班组学习电缆、扁尾绳敷设安全技术措施、安装标准，掌握施工工艺。核对厂家到货的电缆、扁尾绳型号、质量是否符合设计及规范要求，并按照安装标准要求对动力电缆进行检验。

5.2.2 施工现场准备

将井口电缆沟周围杂物清理干净，防止杂物坠入井筒中，井壁电缆预留洞口垫好胶皮，防止电缆盘放时被划伤。

在井口对施工吊盘进行改造，拆除第二、三层吊盘折页，在第二、三层吊盘方盘四周安装 1.5 m 高角钢栏杆围护，保留第一层吊盘电缆支架位置的折页以便于电缆卡设；吊盘栏杆内侧用铁丝绑扎好薄木板，防止电缆、尾绳盘放时划伤或突出吊盘；吊盘上下层之间的立柱用钢板焊接加固，在第一层至第四层吊盘的南北两侧中间位置（边长最大侧）各焊接布置一根 16 号槽钢加固。施工吊盘改造如图 5-2 和图 5-3 所示。

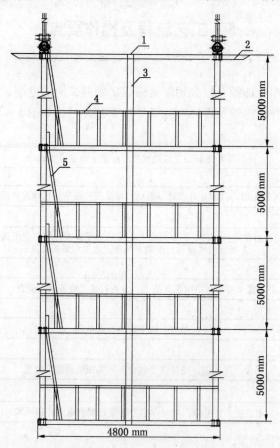

1—吊盘主体；2—吊盘折页；3—加固槽钢；4—栏杆；5—爬梯

图 5-2　吊盘改装立面布置示意图

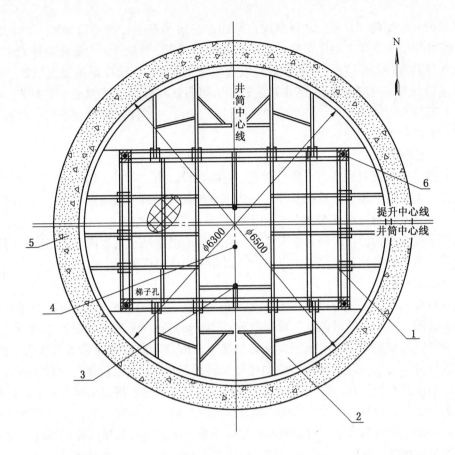

1—吊盘主体；2—吊盘折页；3—稳绳；4—主提绳；5—井筒；6—吊盘绳

图 5 - 3　吊盘平面布置图

　　将动力电缆及扁尾绳运至井口西侧适当位置，用支架支护好，安装制动装置；将信号电缆运至井口东侧适当位置架设好。

　　安排专人对稳车机械、电气部分进行检修，确保设备完好。对稳车钢丝绳进行检查，对天轮进行检修，对天轮固定及天轮钢梁进行检查，发现问题及时采取措施处理。4台吊盘稳车采用变频调速控制技术，以保证吊盘在井筒内运行的平稳性。

5.2.3　电缆盘放

　　根据计算，电缆敷设时，每次可在吊盘上盘放一根动力电缆及一根信号电缆，尾绳敷设时，每次可在吊盘上盘放一根尾绳。

　　准备工作完成后，在井口将动力电缆从下到上分层盘放在第五、四、三层吊盘上。由于动力电缆质量大，仅靠人力很难转动电缆滚，可在井口布置一台 11.4 kW 内齿轮小绞车辅助慢速拖动。电缆拖动时，准备两根长约 1.5 m 的棕绳用于绑扎电缆，并在地面电缆滑动位置铺好木板或采取其他措施，防止电缆拖动时损伤电缆表皮。将一根棕绳与电缆绑扎，并与内齿轮小绞车钢丝绳连接，开动内齿轮小绞车慢速拖动电缆，同时施工人员在吊盘上进行盘放。绑扎电缆的棕绳到达井口拆除的同时，用另一根棕绳与电缆辊根部的电缆绑扎，以提高工作效率。电缆穿过井口的预留电缆口，首先沿立柱下放至第五层吊盘盘好，每层盘放电缆约 370 m，之后盘放在第四、三层吊盘上，在地面预留一定长度的电缆，并在井口电缆支架上固定牢靠。电缆在吊盘上"O"形盘放，当旋转力较大时，可跟随电缆本身的旋转力作"8"字形盘放，以避免电缆绞拧。在第二层吊盘盘放好一根弱电电缆（通信信号、控制电缆），若电缆辊较小，可直接将整捆电缆固定于支架上。电缆盘放时，要安排专人统一指挥，防止电缆余留过多下滑，电缆下放速度过快时，及时采用电缆辊制动装置制动。

5.2.4　电缆下放卡设

各连接点检查无问题后，下放吊盘进行电缆敷设。第二、三、四、五层吊盘每层均安排两名施工人员对电缆进行看护及外送，防止电缆绞拧，第一层吊盘安排三名施工人员进行电缆的卡设。每到电缆支架处，停止下放吊盘，安装电缆卡，卡设电缆。之后继续下放，直到电缆敷设到位，最后安排施工人员将剩余的电缆拖至巷道内盘放好。用同样的方法敷设其余电缆。吊盘在井筒中上下运行三次即可完成电缆敷设。

5.2.5　扁尾绳敷设

电缆敷设完成后，再进行扁尾绳敷设，每次下放一根扁尾绳。扁尾绳从下到上分层盘放在第五、四、三、二层吊盘上，每层盘放约 260 m。同样采用内齿轮小绞车辅助盘放，小绞车钢丝绳与扁尾绳连接时采用自制扁尾绳卡。吊盘上的扁尾绳采用来回曲折的"S"形方法进行分层盘放（此方法可避免扁尾绳旋转绞拧），上下层扁尾绳之间要垂直盘放，层与层之间用薄木板隔开。扁尾绳盘放完成后，按照设计要求将扁尾绳绳头卡好，利用钢丝绳套悬挂于井口板梁上，便于后续缠绳挂罐施工。以上工作完成后，下落吊盘敷设扁尾绳。为防止扁尾绳扭弯及下放罐笼时与扁尾绳碰撞，用棕绳将扁尾绳临时绑扎于梯子间梁上，边下放边绑扎，每隔二层绑扎一道，防止出现扁尾绳绞花拧劲现象。

当吊盘下落到井底马头门（金属支持结构上方）时，将一台 10 t 稳车的钢丝绳通过自制钢卡与扁尾绳连接，开动稳车上提扁尾绳；当吊盘上没有余绳时，下落稳车钩头将扁尾绳穿过井底尾绳保护装置尾绳孔下放至井底水窝内，利用另一台 10 t 稳车将水窝内的扁尾绳穿过另一侧的尾绳保护装置尾绳孔，上提至井底大巷内固定牢靠。之后用同样的方法敷设其余两根扁尾绳。吊盘在井筒中上下运行三次即可完成扁尾绳敷设。

5.2.6　临时设施拆除及临时封口

电缆、扁尾绳全部敷设完成后，将吊盘上提至距离井口约 1.5 m 处，拆除临时封口盘，之后将吊盘提出井口拆除，完成后再次将井口临时封口，以便于后续工程施工。

5.3　劳动组织

利用吊盘敷设深井井筒电缆及扁尾绳施工工法，宜采用"三八"制作业。劳动组织见表 5 - 1。

表 5-1　劳 动 组 织 表

人

工　种	早　班	中　班	夜　班
班队长	1	1	1
钳工	2	2	2
起重工	2	2	2

表 5-1（续） 人

工 种	早 班	中 班	夜 班
电工	1	1	1
电焊工	2	2	2
机电安装工	3	3	3
瓦检员	1	1	1
带班经理	1	1	1
技术员	1	1	1
安全员	1	1	1
合 计	15	15	15

6 材 料 与 设 备

利用吊盘敷设深井井筒电缆及扁尾绳施工工法需投入的主要材料与设备见表6-1。

表6-1 主要材料与设备表

序号	设 备 名 称	规格或型号	单 位	数 量
1	主提绞车	JK-2.5/20E	台	1
2	稳车	JZ-10/1000	台	2
3	稳车	JZ-16/1300	台	4
4	内齿轮小绞车	JD-11.4 kW	台	1
5	井盖门小绞车	0.5 t	台	1
6	主提升轮	ϕ2500 mm	台	1
7	天轮	ϕ1050 mm	台	8
8	天轮	ϕ650 mm	台	4
9	防爆开关	QBZ-80G	台	2
10	防爆磁力起动器	KBD-350G	台	5
11	照明综保		台	2
12	吊盘	5层	套	1
13	罐笼		个	1
14	防爆电话		部	2
15	吊车	25 t	部	1
16	滑车	H3×1	台	2
17	主提钢丝绳	18×7-30-1770	m	1170
18	吊盘钢丝绳	ϕ44 mm，1170 m	根	4
19	滑道绳	ϕ28 mm，1200 m	根	2
20	调度绞车绳	ϕ15.5 mm，150 m	根	1

表6-1（续）

序号	设 备 名 称	规格或型号	单 位	数 量
21	动力电缆	MY0.38/0.66 - 3 × 50 + 1 × 25	m	1100
22	通信电缆	KVV22 - 500 V 7 × 1.5	m	1100
23	卸扣	32 t	只	3
24	卸扣	10 t	只	2
25	卸扣	5 t	只	2
26	手拉葫芦	10 t	只	2
27	铁丝	8 号	kg	10
28	棕绳	20 mm	m	50
29	防爆白炽灯	127 V、60 W	只	25
30	安全带		副	24
31	电工工具		套	2
32	钢卷尺	15 m	把	1
33	活扳手	12 in	把	4
34	扳手	梅花 19 × 22	把	8
35	电缆、扁尾绳支架		套	1

7 质 量 控 制

7.1 电缆安装质量标准

根据《煤矿安装工程质量检验评定标准》(MT 5010—1995)，电缆敷设应符合以下规定：

（1）电缆严禁有绞拧、铠装压扁、护层断裂和表面严重划伤等缺陷。

（2）电缆支、托架安装应位置正确，固定牢靠，防腐蚀完好，在转弯处能托住电缆平滑均匀过渡，电缆弯曲半径符合设计要求。

（3）电缆应排列整齐，间距一致，夹持装置配件合适，固定支架防腐蚀良好。

（4）电缆夹持装置连接螺栓应紧固可靠，螺栓露出螺母2～4个螺距，螺栓穿向和露出螺母长度一致。

7.2 质量保证措施

施工过程中，为保证施工质量，主要采取以下质量控制措施：

（1）施工前对质量进行预控。认真学习图纸领会设计意图，进行技术交底，明确质量标准，做好施工技术安全措施的编制与贯彻工作，对将要施工的工程关键部位、关键工序，分析作业条件，预计可能出现的问题，进行预防性控制。

（2）施工中的质量控制。严格执行检查验收制度，对于每道工序的施工质量均进行跟班检查，严把质量关，坚持自检、互检和交接检，把一切质量事故苗头消灭在萌芽状态，确保每项工序不留隐患。

（3）及时进行质量分析、总结。对成功的经验及时推广，对施工中出现的质量问题，分析原因，研究解决的办法，提出整改意见，整改到位。

（4）严格奖惩制度，明确奖罚标准。将质量标准的要求按工序分解，制定相应的奖罚措施，在施工中，严格按规定进行奖罚，并及时兑现，促进施工质量的提高。

（5）加强现场管理，强化检验程序。把项目工程各项检验程序列表上墙，注明每一检查项目的具体负责人，把检查情况列表汇总，在项目部内部进行纵向和横向比较评比，优奖劣罚。

8 安 全 措 施

（1）在工程开工前，编写的安全施工技术措施，报上级有关部门审批，在工程开工前贯彻到每个参与施工的人员，并签字。

（2）组织有关人员对施工现场设备进行全面检查，发现问题及时处理。对所有吊具、索具、设备及临时防护设施进行认真检查。特别是稳车的电气及机械抱闸必须可靠，对减速箱进行认真检查，保证润滑。缠绳时对钢丝绳进行仔细检查，并在检查记录上签字，不合格者不得使用。

（3）交接班时，上班的安全员应把当班情况交代清楚，班前应讲清当班注意事项，每班必须开好班前会和班后会，布置与总结当班工作并做到班前讲安全，班中查安全，班后总结安全。严格执行交接班制度，切实做到班班交安全、交质量、交当班工作记录，不交者可拒绝接班。

（4）施工人员进入现场必须戴安全帽，并正确使用各种劳动保护用品，高空作业必须系安全带，严禁高空抛物，要害工种持证上岗，严禁酒后上岗。

（5）吊盘上施工人员必须时刻注意电缆、扁尾绳的动态情况，防止电缆、扁尾绳下滑。

（6）安排专人对各连接点进行认真检查，发现问题及时处理或采取有效的加强措施。每天交接班时都要对吊盘进行安全检查，保证吊盘始终处于安全状态。

（7）下井人员必须佩戴合格的安全带、胶靴、矿用安全帽和矿灯。施工时站稳抓紧，不要用力过猛，以防闪失。

（8）井盖门随开随关。封口盘范围内及时清理杂物，井口、现场保持整洁干净。

（9）禁止吊盘和绞车同时运行。起落吊盘后信号工应及时通知提升司机吊盘起落高度。

（10）施工期间，井口操作室和井下吊盘应设有可靠的通信联络装置。井口房信号室与绞车房应设通信联络。

（11）所有电气设备的金属外壳必须有良好的接地装置。

（12）施工作业、地面运输、提升和下料等项工作，应设专人统一指挥，其余人员必须服从命令、听从指挥。

9 环 保 措 施

（1）在工程施工中，贯彻执行国家和行业（地方）有关节能、环境保护的方针、政策、法规，严格控制各项排放指标。

（2）食堂作业采用无烟煤或液化气。

（3）施工污水及生活废水应在指定地点排放，不能随意乱排。

（4）施工现场要搞好"四通一平"，场区内应清洁卫生、无积水、无淤泥、无杂物、无料底、无垃圾，场区内管线架设整齐、无长明灯。

（5）改善施工人员驻地，搞好临时绿化，同时搞好排水排污设施，对污染物进行彻底消毒和整治，防止生活垃圾和废水排入附近河流水渠，保持生活水源的卫生清洁，杜绝各种疾病的发生和流行。

（6）坚持考核评比制度。项目部定期对所属单位进行检查评比，对环境保护做得好的单位和个人及时给予表扬，差的给予批评，并责令限期改正。

（7）施工现场有条件的地方设围护设施，减少噪声。生活区要遵守规定，在禁止工作的时间内不进行生产。

（8）对有扬尘的专用道路、施工地点要经常洒水降尘。

（9）减少大型吊车使用时间，以减少空气污染程度。同时稳车控制采用变频技术，既可减少对电网的冲击和节省电能消耗，又可保证电缆、扁尾绳下放平稳。

10 效 益 分 析

以肥城矿业集团单县能源有限公司陈蛮庄煤矿副井井筒电缆、扁尾绳敷设为例，进行效益分析。

陈蛮庄煤矿副井井筒电缆采用吊盘敷设，与采用稳车敷设相比较，施工工期提前 5 d，经济效益分析见表 10-1。

表 10-1 经济效益分析表

序号	费用名称	费用单价	数量	合计费用/万元
1	临时主提升机租赁费	3 万元/(台·月)	1 台	$3 \times 5/30 = 0.5$
2	稳车租赁费	0.5 万元/(台·月)	10 台	$0.5 \times 10 \times 5/30 = 0.8$
3	天轮租赁费	0.05 万元/(台·月)	20 台	$0.05 \times 20 \times 5/30 = 0.17$
4	电费	6 万元/月	5 d	$6 \times 5/30 = 1$
5	人工费	0.6 万元/(人·月)	50 人	$0.6 \times 50 \times 5/30 = 5$
合　计				7.47

由表 10-1 可以看出，陈蛮庄煤矿副井井筒内电缆、扁尾绳采用施工吊盘敷设，施工工期提前了 5 d，合计节省费用 7.47 万元。

11 应用实例

11.1 实例一

2007 年 7 月 24 日至 11 月 13 日，中煤第五建设有限公司施工的山东新巨龙能源有限责任公司龙固煤矿 1 号主井井筒装备安装工程，井筒有效直径为 5.5 m，井口绝对标高 +44.800 m，井底绝对标高 -810.000 m，井筒深度为 854.800 m。井筒内设计安装动力、通信信号电缆支架各 1 趟，层间距 6 m，动力、通信信号电缆通过电缆夹固定于电缆支架上。井筒内设计动力电缆 MYJV42 - 8.7/10 kV 3 × 240 mm² 2 根，每根长度为 1350 m，每米质量为 19.1 kg；动力电缆 MYJV42 - 8.7/10 kV 3 × 150 mm² 3 根，每根长度为 1350 m，每米质量为 13.5 kg；通信信号电缆 5 根。1 号主井提升系统扁尾绳 3 根，2 根型号为 P8 × 4 × 9 - 177 × 28 + FC，每根长度为 930 m，每米质量为 15.1 kg；1 根型号为 P8 × 4 × 19 - 187 × 29 + FC，长度为 930 m，每米质量为 16.8 kg。工程施工中节约成本约 10.8 万元，降低了工人劳动强度，保证了施工质量，提高了安全性能，取得了良好的经济效益和社会效益。

11.2 实例二

2011 年 3 月 16 日至 6 月 13 日，中煤第五建设有限公司施工的肥城矿业集团单县能源有限公司陈蛮庄煤矿副井井筒装备安装工程，井筒直径为 6.5 m，上井口标高 +43.5 m，下井口轨道面标高为 -900 m，井筒深度为 970.5 m。井筒内设计安装动力电缆支架 1 趟，通信信号电缆支架 2 趟，层间距 5 m，动力、通信信号电缆通过电缆夹固定于电缆支架上。井筒内设计动力电缆 MYJV42 - 8.7/10 kV 3 × 240 mm² 2 根，每根长度为 1300 m，每米质量为 18.5 kg；动力电缆 MYJV42 - 8.7/10 kV 3 × 150 mm² 1 根，长度为 1300 m，每米质量为 14.3 kg；通信信号电缆 5 根。副井提升系统扁尾绳 2 根，型号为 P8 × 4 × 19 - 196 × 31 - 1470，每根长度为 1030 m，每米质量为 18.6 kg。工程施工中节约成本约 8.6 万元，降低了工人劳动强度，保证了施工质量，提高了安全性能，取得了良好的经济效益和社会效益。

11.3 实例三

2011 年 10 月 25 日至 2012 年 4 月 12 日，中煤第五建设有限公司施工的上海大屯能源股份有限公司孔庄煤矿混合井井筒装备安装工程，井筒直径为 8.1 m，井口标高为 +36.5 m，井底车场标高为 -1051.5 m，井筒深度约为 1100 m。井筒内设计安装动力、通信信号电缆支架各 1 趟，层间距 4 m，动力、通信信号电缆通过电缆夹固定于电缆支架上。井筒内设计动力电缆 MYJV42 - 8.7/10 kV 3 × 240 mm² 4 根，每根长度为 1400 m，每米质量为 18.5 kg；通信信号电缆 8 根。工程施工中节约成本约 7.2 万元，降低了工人劳动强度，保证了施工质量，提高了安全性能，取得了良好的经济效益和社会效益。

直联直流控制多绳提升机安装施工工法（BJGF073—2012）

平煤神马建工集团有限公司

董晓钧　袁保安　李　瑛　杨志辉　牛　超

1　前　　言

直联直流控制多绳提升机是目前国内广泛应用的矿井提升机。传统的安装方法主要是将设备解体运输到安装现场，然后组合安装，不易保证施工精度，且工序复杂，整体施工工期长（一般安装工期在一个月以上），进而延长了井筒提升系统投运的时间。

平煤神马建工集团有限公司经攻关研究，形成了一套直联直流控制多绳提升机安装施工技术，与传统安装方法相比，缩短了施工工期，安装质量更易控制。该关键技术于2012年7月25日通过中国煤炭建设协会的鉴定，结论为在国内具有先进水平，有较高的推广应用价值。

该技术成功应用于平煤股份十一矿西翼风井提升机安装，形成了一套成熟的施工工法。该工法又成功应用于平煤股份十二矿北风井、平煤股份五矿北进风井等多项提升机安装工程，效果良好，科学合理、工艺先进、实用性强，实现了多工序的平行作业，缩短了工期，保证了安装工程质量。该技术曾获得中国平煤神马集团科技进步奖一等奖。

2　工　法　特　点

（1）严选设备确保安装质量，在施工过程中采用经纬仪、精密水准仪、游标卡尺等仪器对主轴装置及电机设备进行操平找正，使提升机的安装质量符合国家有关质量验收标准的要求。

（2）合理组织施工，土建施工过程中安装准备工作提前介入，适时进行设备安装，实现与土建工程交叉、平行作业。

（3）优化施工工序。将机械设备安装与电气设备安装、电缆敷设平行作业；电气安装及接线完毕后，可进行电气调试；在提升机房屋顶封闭后与土建粉刷收尾工作平行进行提升机机械、通风冷却系统和电气设备的平行安装，有效调控土建和安装的工序衔接时间；待机械设备安装完毕后再进行联合调试，节省施工时间，提高工作效率。

3 适用范围

适用于直联直流多绳提升机安装。

4 工艺原理

提升机基础施工时，提前进行安装准备工作，主要包括提升中心线测量、校核、定点，校核基础模板，避免基础施工偏差；基础混凝土强度达到85%以上，利用大型吊车将主轴装置、电机等设备吊装至绞车房内设备基础位置，然后进行房屋屋架的施工；桥式起重机安装完毕，利用桥式起重机进行设备吊装就位。提升机房屋顶封闭后，土建收尾工作与提升机机械、电气设备平行施工。设备安装完毕，进行调试。

5 工艺流程及操作要点

5.1 工艺流程

工艺流程如图5-1所示。

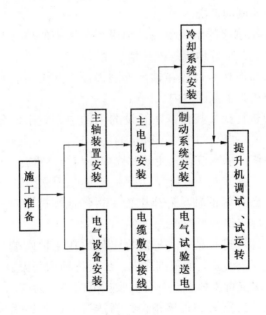

图5-1 工艺流程

5.2 操作要点

5.2.1 测量、校核、标定和开箱检查在工程开工前同步进行

（1）在土建基础施工时，根据现场实际情况，科学安排安装工作平行作业，在设备基础施工期间，提前进行提升中心线、标高、预留（预埋）复核、校核工作，确保基础孔施工位置准确，为后续安装工作顺利进行创造条件。

（2）提升机安装前，对进场设备及配件进行开箱检查，检查设备及配件外观有无损伤，核实设备清单与到货设备是否匹配，审核厂家图纸、说明书及出厂检验合格证是否齐全。

5.2.2　土建与安装平行交叉作业

在提升机房桥式起重机轨道铺设完毕后，提前对轨道基础进行验收，为桥式起重机的顺利安装奠定基础。在绞车房封顶前，用汽车吊将桥式起重机吊放在轨道上面，安装配电调试合格后，作为绞车设备安装的起吊设备。

5.2.3　机械设备安装与电气设备安装、电缆敷设平行作业

1. 基础研磨及垫铁布置

基础研磨前，先测量垫铁安放位置的基础标高，进而确定出每组垫铁的高度，基础研磨要求垫铁与基础接触面积不得低于60%，每一块垫铁均用水平尺找平，相邻垫铁之间也用水平尺找平。垫铁表面粗糙度不大于6.3 μm。

2. 轴承盖清洗

因直流直联绞车的滚筒、主轴和轴承座为一个整体，其与轴承座共用地脚螺栓与混凝土基础连接。故在安装之前，首先应将主轴的轴承盖等构件解体并清洗干净。

3. 主轴装置安装

（1）找出主轴装置的定位基准，在主轴两端标定出中心点，即主轴中心线，然后标定出中间两绳槽的中心即横向基准。

（2）检查轴承座与轴承梁的组装质量，利用绞车房中的桥式起重机将主轴装置的轴承座放在基础垫铁平面上，穿好地脚螺栓并稍加紧固。

（3）在轴承座上，将游标卡尺放在轴承外圈表面上，用精度水准仪测量两端轴承座的水平度，水平度控制在要求范围之内。

（4）初平后，即可进行操平找正，在架设的主轴中心线上，分别坠下两个线坠，调整轴承座位置使两端轴中心点与两个线坠确定的平面重合，即纵向找正。在架设的提升中心线吊下两个线坠来调整轴承座位置，使其对称中心与线坠重合，即横向找正。

（5）反复进行轴承座找平找正，直至误差在允许的范围之内。

（6）将主轴吊放在已经好的轴承底座上面，再将地脚螺栓对角松掉，然后，按照验收规范和设计的要求进行初步操平找正。

（7）主轴找平后，即可进行精平，把游标卡尺放在主轴两端的颈上表面，用精密水准仪测量。调整垫铁高度至误差允许范围之内，最后将轴承盖盖上，拧紧地脚螺栓，由测量人员对相关的尺寸再次进行复核直至符合验收规范的要求为准。

（8）测量上述主轴装置安装的各项指标，当达到上述各项指标后，在轴承处涂抹足够的润滑油脂，将已经清洗干净的轴承座上盖及侧盖上好并拧紧螺栓，然后按照出厂技术文件的要求组装制动盘。

（9）二次灌浆前，应做好隐蔽工程检查记录，请甲方及监理验收。验收符合要求后方可进行二次灌浆，灌浆施工前先用水冲洗基础，清除基础上的油污及杂物。二次灌浆必须捣固密实，而且要一次灌完。二次灌浆的混凝土强度等级应不低于基础的混凝土强度。

4. 主电机安装

1）检查

主电机安装前进行开箱检查，核实电机铭牌上的型号、容量、电压、转速等数据是否符合设计要求，检查电机外壳、定子绕组、轴承等有无损伤，紧固件是否有松动。

用游标卡尺核实主轴轴径和电枢孔的尺寸是否在规定的公差范围内。

2）清除工作

将电枢与主轴配合部分用防锈油清理干净。

3）安装

主电机为低速直联悬挂式直流电机，电机电枢直接装于主轴上。将电枢与主轴轴颈的配合面抹上润滑油，利用桥式起重机将电枢绕组吊起，以主轴轴端为依据，用涨压法安装找正电枢绕组。清理电机基础，布置垫铁，用桥式起重机将主电机定子吊装就位，安装电机地脚螺栓，以电枢和定子之间的气隙为基准，找正电机定子，拧紧地脚螺栓，复查气隙是否在规定范围内，无误后进行二次灌浆。

5. 制动系统安装

1）制动器安装

安装前，确定好垫铁的高度及层数。依据提升机说明书的要求，在制动盘上确定出提升机摩擦圆半径及提升机主轴中心线，作为制动器找正的依据，安装时要求制动器油缸中心必须与主轴中心线位于同一平面内，同时制动器的摩擦圆半径与制动盘上所确定的摩擦圆半径相重合。

2）液压站和监控器安装

在主轴装置、主电机等主要设备安装完毕后，检查液压站及监控器的基础标高，确定所垫垫铁高度，布置好垫铁。设备就位，操平找正后，进行二次灌浆。灌浆完毕后进行液压站管路的配制。

管路在安装之前必须清洗，以免液压站在使用过程中造成管路、阀件堵塞，影响液压系统的正常工作。

3）闸盘偏摆监测装置安装

（1）开关的空行程：开关内两接点是常闭接点，拧动调整螺栓（螺栓的拧紧圈数不得大于1/4圈），用万用表观察开关刚好闭合时将防松螺母拧紧。

（2）闸盘偏摆监测装置就位后，松开固定滚轮用螺母，调整轮子，使其中心线的延长线正好与制动盘中心线相重合，然后再拧紧固定滚轮用螺母。

（3）慢慢转动闸盘，将偏摆最大的部位转到滚轮位置，用塞尺调整轮子与闸盘之间间隙。假设闸盘的实际最大偏摆值为 0.5 mm，轻轻移动整个监测机构，直到用万用表观察开关刚好接通，拧紧安装螺栓，慢慢转动闸盘 2 ~ 3 周，用万用表观察，开关始终处于接通状态，这样偏摆始终控制在 0.5 mm 之内。

6. 冷却系统安装

提升机电机一般采用强迫风冷式，配离心式通风机，电机与风机之间通过皮带连接。

通风机安装前，首先研磨设备基础，布置垫铁，然后进行设备就位、操平找正工作，按要求进行二次灌浆。

通风机安装完毕，即可进行风筒的安装，安装时必须依据施工图纸进行。所有漏风处都应密封好，特别要注意主电机进风口一定要密封好。

7. 电气设备安装

电气设备属于较精细产品，易损，怕碰撞，在运搬过程中，应注意不得有大的震动，吊装时注意做好保护措施，不得损伤柜面；暂时不能安装的设备，要放置在安全地方，并注意防尘、防潮。

8. 操作台安装

（1）设备安装稳固、平整，组合式操纵台间接缝平直、连接紧固，台面及台后的标志牌、框齐全、正确、清晰。电器元件齐全、完整、固定牢靠，电源程序转换等按钮和开关动作灵活可靠，手柄操作灵活、挡位准确。

（2）逻辑信号串盘线应始终沿着零线敷设，输出、输入信号线应成对绞合在一起，凡电源设备电源线，毫伏级信号线均需进行扭绞后再连接。

（3）操作台内电缆排列整洁、布线整齐，强、弱信号线及电缆应分开敷设，穿盘护套齐全，回路编号清晰，操纵台接地线应与静电板接地网作电气连接。

5.2.4 提升机调试、试运转

提升机安装完成后，进行提升机试送电、调试工作。试送电前要对电气设备进行电气试验，电气试验合格后进行试送电操作，进行提升机的静态调试，即对提升机的电气保护系统进行调试，在保护系统调试达到要求后进行绞车的空运转调试。

5.3 劳动组织

直联直流多绳提升机安装施工劳动组织见表 5-1。

表5-1 直联直流多绳提升机安装施工劳动组织表　　　　　　人

序　号	工　种	人　数
1	项目经理	1
2	项目副经理	1
3	施工技术员	1
4	安检员	1
5	质检员	1
6	测量员	1
7	电焊工	1
8	钳工	5
9	起重工	3
10	电工	5
合　计		20

6 材 料 与 设 备

本工法所使用的主要材料与施工机具设备见表 6-1。

表6-1 主要材料与施工机具设备表

序号	名　　称	规格或型号	数量	单位	备　　注
1	汽车吊	300 t	台	1	在安装过程中使用
2	电焊机	交流	台	2	在安装过程中使用
3	手动叉车		台	1	在安装过程中使用
4	钢丝绳扣	20 t	个	10	在安装过程中使用
5	千斤顶	36 t	台	2	在安装过程中使用
6	千斤顶	10 t	台	2	在安装过程中使用
7	板尺	1 m	把	1	在安装过程中使用
8	板尺	500 mm	把	5	在安装过程中使用
9	游标卡尺	500 mm	把	1	在安装过程中使用
10	方水平尺	400×400	个	1	在安装过程中使用
11	水准仪	NAL132	台	1	在安装过程中使用
12	经纬仪	TDJ6AE	台	1	在安装过程中使用
13	测量钢线	0.3 mm	kg	3	在安装过程中使用
14	水平尺			把	3	在安装过程中使用
15	塞尺	300	把	1	在安装过程中使用

7　质　量　控　制

7.1　执行标准

本工法执行的主要规范、标准有：

（1）《煤矿安装工程质量检验评定标准》（MT 5010—1995）。

（2）《混凝土结构工程施工质量验收规范》（GB 50204—2002）。

（3）《煤矿安全规程》。

（4）其他相关国家、行业、地方质量标准、规范及法律法规等。

7.2　质量控制主要措施

7.2.1　主轴装置安装质量要求

（1）主轴中心线的水平位移不大于5 mm。

（2）提升中心线的位移不大于5 mm。

（3）主轴中心线标高与设计安装标高允许偏差为±5 mm。

（4）轴承座的水平度沿主轴方向不得大于0.1‰，垂直于主轴方向不得大于0.15‰。

（5）主轴轴心线与设计提升中心线的不垂直度不大于0.5‰。

（6）主轴不水平度不得大于0.1‰。

7.2.2　制动器安装质量要求

（1）制动盘面跳动不大于0.5 mm。

（2）同一副闸瓦与制动盘两侧间隙应一致，偏差严禁超过0.1 mm。

（3）各制动器制动油缸的对称中心在铅垂面的重合度严禁超过 3 mm。

（4）同一副制动器支架端面与制动盘中心线平面间距离允许偏差为 ±0.5 mm。

（5）盘形制动器找正，拧紧地脚螺栓后，在地脚螺栓孔内灌满干砂，按要求进行二次灌浆。

8 安 全 措 施

（1）现场必须备足消防器材，定期检查并保持完好。

（2）临时用电要严格按《临时施工用电规范》的要求安装，做好用电管理工作。

（3）现场应加强保卫防范工作，以防设备丢失和人为破坏。

（4）大件吊装应明确质量，吊装索具经检查无误后方可使用，吊装要统一指挥，吊装人员精力要集中。正式起吊前要进行试吊，全面检查无误后，方可正式起吊。

（5）设备吊装时，要严格按设备的吊装要求进行，防吊装不当，损坏设备，移动设备时，防设备倾倒或剧烈震动。

（6）电缆桥架安装高度较高，安装时梯子要固定牢靠，作业人员要系安全带，梯子移动时，人员不应站在梯子上。

（7）提升机主轴装置为吊装设备中最重部件，起吊时可能需要调整大轴角度，因此采用 1 台 10 t 手拉葫芦进行配合吊装。

9 环 保 措 施

（1）按照施工平面图设置各项临时设施，有序堆放大宗材料、成品、半成品和机械设备。

（2）施工现场禁止随意堆放材料和机械设备，保持道路畅通，排水系统处于良好状态，操作地点要保持整洁干净，施工垃圾统一归类处理。

10 效 益 分 析

采用传统施工方法安装直联直流控制提升机，工期约 30 d，采用本工法施工，工期 14～19 d，直接经济效益约 3 万元，间接经济效益 200 多万元。本工法先后在平煤股份十二矿北风井提升系统安装工程、平宝公司首山一矿副井提升机安装工程、平煤股份十一矿西翼风井提升机安装工程、平煤股份香山公司新副井提升机安装工程等多个工程进行了成功应用，顺利通过提升机性能检测和安全检验，达到一次试车成功。验证了本工法的可行性和安全性，操作简便，易于掌握，更利于施工质量控制工作。

11 应 用 实 例

平煤股份五矿北进风井提升机安装工程开工日期 2010 年 6 月 18 日，竣工日期 2010 年 7 月 4 日，本工程应用该工法施工工期 17 d，与传统施工方法相比提前了 13 d，工程创造直接经济效益 3.36 万元，间接经济效益 336 万元。

平煤股份十一矿西翼风井提升机安装工程，于 2009 年 3 月 15 日开工，至 2009 年 4 月 2 日安装完毕，本工程应用该工法施工工期 19 d，与传统施工方法相比提前了 11 d，工程创造直接经济效益 1.79 万元，间接经济效益 234 万元。

平煤股份十二矿北风井提升机安装工程，于 2009 年 4 月 30 日开工，至 2009 年 5 月 15 日竣工，本工程应用该工法施工工期 16 d，与传统施工方法相比提前了 14 d，使工程创造直接经济效益 3.6 万元，间接经济效益 270 万元。

大运量强力带式输送机快速安装施工工法（BJGF074—2012）

兖矿东华建设有限公司

战召飞　毕爱玲　张志军　张海波　马玉荣

1　前　言

　　近年来，随着带式输送机逐步向长距离、高带速、大运量方向发展，对运输设备安装与调试技术也提出了更高要求，其安装技术将直接影响安装工程质量与使用效果。兖矿东华建设有限公司在兖煤赵楼矿井南部大巷安装工程、贵州能化有限公司发耳煤矿 1 号主斜井带式输送机安装工程等工程实践中，对输送距离达 1660.7 m、运量达 2700 t/h，采用强力型钢绳芯输送带的大运量强力带式输送机的快速安装经验进行了总结，形成了本工法。

　　2013 年 3 月，中国煤炭建设协会在北京组织专家对本工法关键技术——大运量强力带式输送机快速安装施工技术进行了鉴定，认为该项技术达到国内先进水平，具有较高的推广应用价值，同意通过技术鉴定。

2　工　法　特　点

　　（1）对设备运输、安装等各个工序进行了优化和科学合理组织，实现了中间架基础螺栓孔施工和中间架安装，输送带硫化接头和中间架安装，中间架安装和机头、机尾安装平行作业。

　　（2）将常规的成捆输送带，在地面利用龙门吊重新装车，改为“Z”字形折叠在矿用平板车上，降低了运输高度，解决了井下巷道高度限制运输的难题，且硫化接头与带式输送机安装平行施工，大幅度缩短了工期。

　　（3）每隔 30 m 安装一组中间架作为标准段（样板间），其余中间架在两个标准段之间拉线组装、找正，保证了安装质量，加快了安装速度。

3　适　用　范　围

　　适用于煤矿井下长距离、大运量、大功率、强力带式输送机的安装工程。

4 工 艺 原 理

通过对带式输送机安装中地脚螺栓安装、中间架安装、输送带放接等几个工序的技术方法的改进及施工顺序的科学合理组织，实现了大运量强力带式输送机的优质、快速安装。

5 工艺流程及操作要点

5.1 工艺流程

工艺流程如图 5-1 所示。

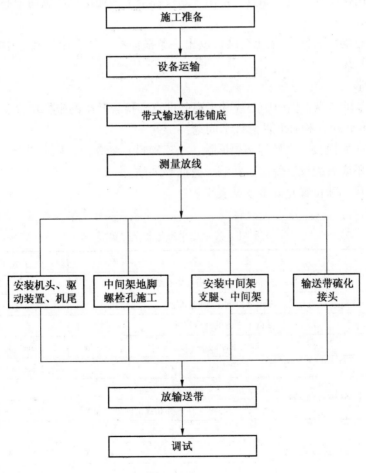

图 5-1 工艺流程

5.2 操作要点

5.2.1 施工准备

（1）施工前组织施工人员认真学习设计图纸、安全技术措施和施工质量标准。

（2）对施工用机具、设备等按规范要求进行检查。

（3）清点、检查永久设备。

5.2.2 测量放线、基础验收

1. 测量放线

大运量强力带式输送机具有带长的特点，且井下带式输送机巷起伏不平，视线受巷道顶板影响，无法做到通视带式输送机全长。因此，如何确保带式输送机纵向中心线在同一条直线上是测量放线的重点。

根据煤矿井下的防爆要求，测量设备选用防爆型陀螺仪和全站仪。

使用陀螺仪检查、修正矿建提供的带式输送机首尾已知边的坐标方位角，用全站仪测量附合导线，通过平差计算确定带式输送机中心线点坐标，用支距计算法把导线点调整到设计中心线上。

根据复测调整后的中线控制点，使用全站仪标定带式输送机的纵向中心线及机头、机尾的横向中心线。

沿纵向中心线每隔30 m使用全站仪放出一条横向中心线，用于找正中间架支腿、托辊架的横向中心线。

2. 基础验收

根据各柱基础的纵、横向中心线和标高基准点，检查基础的坐标位置及标高，检查基础预埋件的预留情况。检查时注意以下问题：

（1）基础表面模板、铁丝等必须拆除，土建碎料、废弃物、积水应全部清除干净。

（2）基础不应有裂纹、蜂窝、孔洞、露筋等缺陷。

（3）基础尺寸和位置允许偏差见表5-1。

表5-1　基础尺寸和位置允许偏差

项 次	项　　目		允 许 偏 差
1	基础坐标位置（纵、横向中心线）		±20 mm
2	基础各不同平面的标高		0 ~ -20 mm
3	基础上平面的外形尺寸		±20 mm
4	基础上平面的水平度		5 mm/m, 10 mm/全长
5	铅垂度		5 mm/m, 20 mm/全高
6	预埋地脚螺栓	标高（顶端）	0 ~ +20 mm
		中心距（在根部和顶部两处测量）	±2 mm
7	预留地脚螺栓孔	中心距	±10 mm
		深度	0 ~ +20 mm
		孔壁的铅垂度	10 mm

5.2.3 中间架地脚螺栓孔施工

由于大运量强力带式输送机运量大、运距长，因此要求带式输送机具有较高的安装精度，才能保证大运量强力带式输送机进行连续、高效、安全的输送物料。

大运量强力带式输送机中间架地脚螺栓孔施工采用先铺底后钻孔的方式，能精确确定螺栓孔位置，避免了传统预留地脚螺栓孔因长距离造成的偏差过大，引起地脚螺栓孔返工的问题。省去了支模、拆模工序，加快了基础施工速度，且钻孔与中间架安装平行施工，缩短了总工期。

（1）根据带式输送机纵向中心线和每30 m一道的横向基准线，画出每个中间架支腿地脚螺栓的十字中心线。

（2）利用巷道内便利的压风系统，采用风钻，根据画好的地脚螺栓中心线，按设计要求直径和深度钻中间架地脚螺栓孔，如图5-2所示。

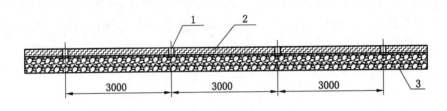

1—钻中间架地脚螺栓孔；2—混凝土铺底；3—原地层

图5-2 中间架地脚螺栓孔施工图

5.2.4 设备运输

（1）机头、驱动装置、机尾等大件安装前通过井下辅助运输系统运输至安装位置。

（2）中间架支腿、中间架、托辊架、托辊等小件设备在带式输送机巷铺底前，利用巷道掘进施工时的辅助运输系统运输至带式输送机巷，沿途分散存放在巷道边的排水沟上（不影响巷道铺底）。

5.2.5 机头、驱动装置、机尾安装

1. 机头安装

机头一般预留地脚螺栓，根据设备技术文件、规范要求和设备标高，把垫铁摆放到已凿平的基础上，垫铁应放在地脚螺栓两侧，垫铁组应尽量靠近地脚螺栓，然后在起重梁上挂手拉葫芦把机头架吊放到设备基础上，拧紧所有地脚螺栓。在机头架上组装滚筒，根据已放好的设备纵、横向中心线松动地脚螺栓找正机头架坐标位置，根据标高基准线以滚筒中心线为基准找正机头架的标高、水平并拧紧地脚螺栓。

2. 驱动装置安装

驱动装置由驱动滚筒架、驱动滚筒、CST软启动（或减速机）、电动机组成。

（1）驱动滚筒架的安装。使用临时垫铁垫稳找正（若预留地脚螺栓孔过大，影响机架安设，可在预留孔上铺设型钢临时支撑机架），安设地脚螺栓，进行地脚螺栓孔灌浆。灌浆初凝时，在地脚螺栓两侧安设永久垫铁，待灌浆强度达到要求强度的75%以上后，在驱动滚筒架上组装驱动滚筒，调整垫铁进行驱动滚筒的精确找正并拧紧地脚螺栓。

（2）CST软启动（或减速机）的安装。与驱动滚筒架相同，先临时找正，后安设地脚螺栓，进行地脚螺栓孔灌浆，待灌浆强度达到要求强度的75%以上后，以驱动滚筒为基准，使用百分表找正驱动滚筒和CST软启动（或减速机）之间的联轴器，驱动滚筒不动，只调整CST软启动（或减速机），找正后固定CST软启动（或减速机）。

（3）电动机的找正。按与 CST 软启动（或减速机）相同的方法安装找正电动机。

3. 机尾安装

参照驱动滚筒架、驱动滚筒安装方法安装机尾。

5.2.6 中间架支腿、中间架、托辊架、托辊安装

针对大运量强力带式输送机运距长的特点，中间架的安装采用标准段（样板间）施工模式，可以加长施工战线，加快安装进度，具体如下所述。

（1）标准段安装。带式输送机中间架支腿间距一般为 3 m，每根中间架的长度为 6 m。中间架施工时，每隔 30 m（中间净空为 6 m 的整数倍）安装一组中间架（3 个支腿、6 m 中间架及托辊架）作为标准段（样板间），通过防爆全站仪确定该标准段中间架的安装标高和中心线，严格按要求进行安装找正，使用高强灌浆料灌浆固定地脚螺栓，如图 5 - 3 所示。

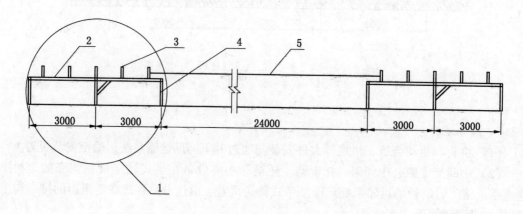

1—标准段；2—中间架；3—托辊架；4—中间架支腿；5—拉线

图 5 - 3 中间架标准段安装示意图

（2）利用标准段作为样板间，通过拉线调整的方法施工其余各中间架。

标准段施工完毕后，可在多个标准段之间同时安装其余各中间架，作业人员可在多个工作面同时展开作业，充分利用劳动力，加快施工进度；在两个标准段之间组装中间架支腿、中间架和托辊架，在两个标准段之间通过拉线调整的方法确定各中间架的位置和标高，找正后组装的部分，确保安装精度。

（3）最后安设标准段之间的中间架支腿地脚螺栓，进行地脚螺栓孔灌浆，待灌浆强度达到要求强度的 75% 以上后，进行精确找正并拧紧地脚螺栓及支腿与中间架之间的连接螺栓。

5.2.7 放、接输送带

（1）输送带到货后，在井上利用综采场地的门式起重机将输送带按 "Z" 字形折叠在矿用平板车上，一车 200 m 长的输送带装车后，总体长度约为 4.8 m，高度为 1.8 m，降低了运输高度，解决了井下巷道高度限制运输的难题（不同型号的矿井，副井罐笼、巷道尺寸不同，为保证运输，可减少每车输送带的长度，以保证输送带装车的长度和高度），消除了传统工艺成捆放输送带时起吊、翻转输送带捆的麻烦，如图 5 - 4 所示。

图5-4 "Z"字形叠放在矿车上的输送带

（2）将输送带运输至带式输送机机尾联络巷处，安装中间架的同时进行输送带硫化接头，3000 m长的输送带约装15车（每车可装200 m输送带），如图5-5所示。

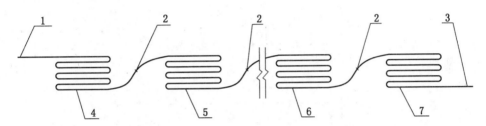

1—输送带头；2—输送带接头；3—输送带尾；4—第1车输送带；
5—第2车输送带；6—第14车输送带；7—第15车输送带

图5-5 与中间架安装平行施工输送带硫化接头示意图

（3）硫化地点一般选择在机尾联络巷处，大型矿井主运输带式输送机巷有检修轨道，可把硫化地点选择在机尾段铁路上，与带式输送机平行，如图5-6所示。

（4）放输送带。在带式输送机机尾安装回柱绞车，回柱绞车钢丝绳从机尾滚筒下面穿过下托辊上面，绕过机头滚筒从上托辊上面与机尾输送带头连接，钢丝绳与输送带接头通过自制输送带连接板（图5-7）连接，输送带连接板采用δ20钢板制作，两连接板采用M24高强螺栓连接，在输送带连接板二上采用10 t卸扣与绞车钢丝绳连接。开动回柱绞车将接成一整体的输送带一次放完（图5-8），最后接一个接头。

（5）接输送带前的准备工作。

① 胶接场地：要求干净、干燥、无粉尘，便于工作及搭工作平台。

② 工具：各种割刀、压辊、克丝钳、扳手、螺丝刀、电动磨具、钢丝轮、钢丝刷、浆刷、清扫刷、断钢丝钳、壁纸刀、剥离钳、牵引器（卷扬机）、卷尺、直角尺、标线用就具（墨斗及粉笔）、温度计、不锈钢桶（有盖）、不锈钢盆、橡胶手套等。

③ 所需材料：120号航空汽油、面胶、芯胶、胶浆用胶（将胶浆提前24 h浸泡）。汽油与胶料比为5:1。

5.2.8 调试

1. 空载试运转

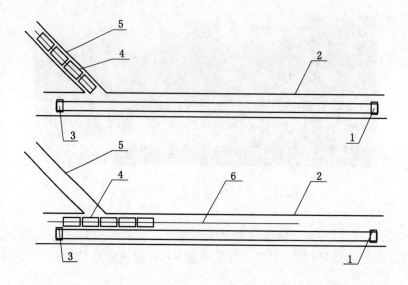

1—机头；2—带式输送机大巷；3—机尾；4—输送带；5—机尾联络巷；6—检修轨道

图 5-6　输送带硫化地点示意图

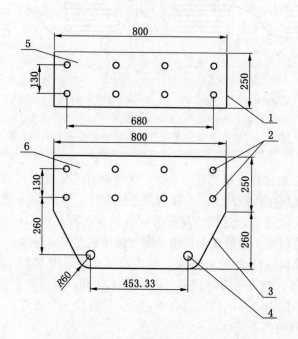

1、3—δ20 钢板；2—高强螺栓孔；4—卸扣孔；

5—输送带连接板一；6—输送带连接板二

图 5-7　输送带连接板

　　带式输送机各部件安装完毕后，首先进行空载试运转。运转时间不得小于 2 h，并对各部件进行观察、检验及调整，为负载试运转做好准备。

　　2. 空载试运转前的准备工作

　　（1）检查基础及各部件中连接螺栓是否已紧固，工地焊接的焊缝有无漏焊等。

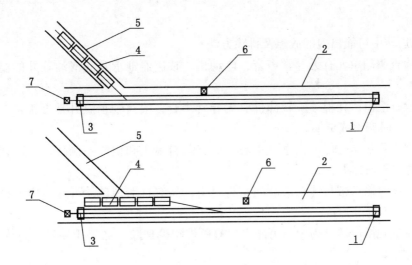

1—机头；2—带式输送机大巷；3—机尾；4—输送带；5—机尾联络巷；
6—输送带车前移用绞车；7—回柱绞车

图 5-8　放输送带平面图

（2）检查所有需要润滑的部位是否按规定加入足够量的润滑油。

（3）检查电气信号、电气控制保护、绝缘等级是否符合电器说明书的要求。

（4）点动电动机，确认电动机转动方向。

3. 空载试运转中的观察内容

（1）观察各运转部件有无相互刮蹭现象，特别是与输送带相互刮蹭的要及时处理，防止损伤输送带。

（2）输送带有无跑偏，如果跑偏量超过带宽的 5%，应进行调整（方法与负载试运转中调偏方法相同）。

（3）检查设备各部分有无异常声音和异常震动。

（4）减速器、液黏软启动及其他润滑部位有无漏液现象。

（5）检查润滑油、轴承等处温升情况是否正常。

（6）制动器、各种限位开关、保护装置等的动作是否灵敏可靠。

（7）清扫器刮板与输送带的接触情况。

（8）拉紧装置运行是否良好，有无卡死等现象。

（9）基础及各部件连接螺栓有无松动。

（10）检查逆止器的旋转方向是否正确。

4. 负载试运转

设备通过空载试运转并进行必要的调整后进行负载试运转。目的在于检测有关技术参数是否达到设计要求，对设备存在的问题进行调整。

1）加载方式

加载量应从小到大逐渐增加，先按 20% 额定负荷加载，通过后再按 50%、80%、100% 额定负荷进行试运转，在各种负荷下试运转的连续运行时间不得少于 2 h。

另外，应根据系统工艺流程要求决定是否进行 110% ~ 125% 额定负荷下的满载启动和运转试验。

2）试运转中可能出现的故障及排除方法

（1）检查驱动单元有无异常声音，电动机、减速器轴承及润滑油等处的温升是否符合要求。

（2）检查滚筒、托辊等旋转部件有无异常声音，滚筒轴承温升是否正常，如有不转动的托辊应及时调整或更换。

（3）观察物料是否位于输送带中心，如有落料不正和偏向一侧现象，可调整漏斗中可调挡板的位置来解决。

（4）启动时输送带与传动滚筒间是否打滑，如有打滑现象，可逐渐增大拉紧装置的拉紧力，直到不打滑为止。

（5）在负载试运转过程中，可能出现输送带跑偏现象，如果跑偏量超过带宽的5%，则应进行调整。

5.3 劳动组织

以赵楼矿井南部大巷带式输送机安装为例，劳动组织见表5-2。

表5-2 劳动组织表　　　　　　　　　　　　　　　人

序　号	工　种	人　数
1	管理人员	3
2	技术人员	3
3	安全员	3
4	质检员	3
5	瓦检员	3
6	安装工	36
7	电焊工	9
8	电工	3
9	起重工	6
10	绞车司机	6
合　计		75

6 材 料 与 设 备

6.1 主要材料

主要材料见表6-1。

表6-1 主要材料表

序号	材料名称	规格或型号	单位	数量	备　注
1	轨道	43 kg/m	m	18	安装设备用
2	钢板	20 mm	t	10	安装设备用
3	钢板	10 mm	t	2	安装设备用
4	槽钢	匚18	t	2	设备翻身、起吊用

表6-1（续）

序号	材料名称	规格或型号	单位	数量	备 注
5	电缆	$3 \times 70 + 1 \times 35$	m	1200	施工用电
6	电缆	$3 \times 25 + 1 \times 16$	m	600	施工用电
7	焊条	T422	kg	400	焊接用

6.2 主要设备

主要设备见表6-2。

表6-2 主要设备表

序号	设备名称	规格或型号	单位	数量	用 途
1	汽车吊	25 t	台	1	装卸车
2	交流电焊机	BX6-500	台	2	焊接
3	10 t汽车		台	1	井上运输
4	矿用平板车		台	16	井下运输
5	电机车		台	2	井下运输
6	矿用绞车	JD-55	台	4	斜巷运输
7	全站仪		台	2	测量
8	水准仪	S3	台	2	测量
9	手拉葫芦	10 t	个	4	吊装、卸车
10	手拉葫芦	5 t	个	4	吊装、卸车
11	手拉葫芦	2 t	个	10	吊装、卸车
12	20 t回柱绞车		台	1	放输送带
13	硫化器	660 V、36 kW	台	1	输送带硫化

7 质 量 控 制

7.1 质量标准

施工执行《煤矿安装工程质量检验评定标准》(MT 5010—1995)。

7.2 质量控制

（1）建立质量保证体系，质量控制实行"三检"制，对关键工序先编制专项施工方案再施工。

（2）传动滚筒、转向滚筒的安装必须符合下列要求：

① 其宽度中心线与带式输送机纵向中心线重合度不超过2 mm。

② 其轴心线与带式输送机纵向中心线的垂直度不超过滚筒宽度的2‰。

③ 轴的水平度不超过0.3‰。

（3）逆止装置、保护装置、制动装置必须灵活可靠。

（4）带式输送机安装后，必须进行试运转，空负荷试运转4 h，负荷试运转8 h。试运转后，其各部轴承温度及温升严禁超过：滑动轴承温度70 ℃，温升35 ℃；滚动轴承温度80 ℃，温升40 ℃。

（5）机头、机尾、驱动装置等重要部位找正后同组垫铁各垫铁之间断续焊接牢固（铸铁垫铁可不焊）。每段焊接长度不小于20 mm，焊接间距不大于40 mm。

（6）机头、机尾、驱动装置等重要部位垫铁安装的允许偏差应符合规定。

（7）带式输送机安装后的允许偏差应符合规定。

8 安 全 措 施

（1）严格遵守《中华人民共和国安全生产法》《煤矿安全规程》等安全法规和规范。

（2）施工前建立包括项目经理在内的三级安全生产保证体系。必须建立入井检身制度和出入井人员清点制度，对职工进行安全培训。

（3）人员在井下行走时应精神集中，应避开铁路，在人行侧行走，随时注意铁路矿车运输情况，防止发生交通事故。井下施工禁止单人操作，必须两人以上共同作业。

（4）机车司机必须按信号指令行车，在开车前必须发出开车信号。司机离开座位时，必须切断电动机电源，将控制手把取下，扳紧车闸，但不得关闭车灯。

（5）必须定期检修机车和矿车，并经常检查，发现隐患，及时处理。

（6）列车或单独机车前面必须有照明灯，后面必须有红灯。列车通过的风门，必须设有当列车通过时能够发出在风门两侧都能接收到声光信号的装置。巷道内应装设路标和警标。两机车或两列车在同一轨道同一方向行驶时，必须保持不少于100 m的距离。

（7）严禁扒车、跳车和坐矿车，严禁放飞车。巷道坡度大于7‰时，严禁人力推车。

（8）上下山吊钩装卸车时绞车司机必须按信号开车，听不清信号不准开车，停车时必须置于闭锁位置，防止矿车下滑。安装在巷道一侧的绞车突出部分与轨道的间距不得小于0.5 m。

（9）手拉葫芦、吊索、吊具使用前必须仔细检查，确认无误后方可使用，起重量必须与被吊物件设备的质量相匹配，生根必须可靠、牢固。

（10）高空作业人员应系好安全带，穿好防滑鞋，高空作业的材料必须堆放平稳，工具应放在工具袋内，严禁下抛物品。

（11）使用滚杠拖运设备时，手指不要插在滚杠内，不得满把攥。注意看好滚杠，防止碰伤。

（12）设备装在矿用平板车上时应使用专用封车器封车，大件固定时应在矿用平板车上割孔用螺栓固定。

（13）各运输阶段，装车不宜过高，封车应牢靠，防止设备掉落或车辆倾覆。

（14）铁路运输时，特别是井下铁路运输，应注意前后铁路运输情况，正确使用信号，防止发生交通事故。

（15）井下卸车、吊装使用手拉葫芦应检查确认无误后方可使用，起重应与被吊设备的质量相匹配。

9 环 保 措 施

（1）严格执行《中华人民共和国环境保护法》《建筑施工现场环境与卫生标准》的规定，坚持"保护和改善环境"的方针。项目部设立环保负责人，具体组织实施现场文明施工、环保管理工作。

（2）控制固体废弃物的清理。输送带胶接的废料按工完料清处理，每班施工完清理输送带胶接现场。巷道内每隔100 m设垃圾袋，便于生活垃圾的清理。

（3）控制能源浪费。重点保证压风和洒水系统完好，管道不漏风、漏水，阀门使用后及时关闭。

10 效 益 分 析

10.1 经济效益

以兖煤赵楼矿井南部大巷带式输送机安装为例，使用本工法施工，实现了多工序平行作业，与传统下步工序接上步工序施工对比，缩短工期20 d。本工程定额人工费124.9万元（人工单价44.85元），实际人工费72万元（每天60人分三班，60 m施工完，每个人工按200元计算），节省人工费52.9万元，经济效益明显。

10.2 社会效益

井下大运量强力带式输送机安装工法的应用，保证了工程质量，缩短了施工工期，提高了生产的安全性和劳动效率，社会效益显著。

10.3 环保节能效益

本工法充分利用井下完善的压风系统，劳动效率高，无污染、无三废，环保节能效益显著。

11 应 用 实 例

本工法成功应用于兖煤赵楼矿井南部大巷安装工程、一采下山带式输送机安装工程、贵州能化有限公司发耳煤矿1号主斜井带式输送机安装工程中。

11.1 兖煤赵楼矿井南部大巷带式输送机安装工程

兖煤赵楼矿井南部大巷带式输送机安装工程，输送长度为1439.953 m，输送带为宽度 $B=1400$ mm的St2500钢绳芯阻燃带，输送能力为2700 t/h，带速为4 m/s，倾角为0°—7°—0°—7°—0°，4台主电动机的型号为YB2-5003-4，功率为710 kW，转速为1488 r/min。该工程于2008年9月8日开工，2009年4月1日竣工，荣获2009年"山东省煤炭行业优质工程奖"。

11.2 兖煤赵楼矿井一采下山带式输送机安装工程

兖煤赵楼矿井一采下山带式输送机安装工程，输送长度为1570 m，采用St2500S型 $B=1400$ mm的钢绳芯输送带，输送能力为2200 t/h，带速为3.5 m/s，倾角为0°~8°，提升高度为126 m，3台主电动机的型号为YB2-5003-4，功率为710 kW，转速为1488 r/min。

该工程于2008年11月5日开工，2009年4月30日竣工。

11.3　贵州能化有限公司发耳煤矿1号主斜井带式输送机安装工程

贵州能化有限公司发耳煤矿1号主斜井带式输送机安装工程于2008年1月20日开工，2008年5月27日竣工。带宽1200 mm，水平机长1660.7 m，机体含高压驱动装置3套、拉紧装置1套，垂直提升高度47.3 m，最大倾角15°。该工程荣获2008年"贵州省煤炭工业优质工程奖"。

钢轨罐道立井井筒装备一次完成施工工法 (BJGF075—2012)

平煤神马建工集团有限公司

袁保安　岳广义　李　瑛　王　磊　丁华鹏

1　前　　言

传统的钢轨罐道布置形式的立井井筒装备安装工艺，井筒装备安装完成后，改装临时天轮平台增加临时机具，利用吊架从下向上安装罐道。因临时提升设施的更换及准备时间较长，影响下步工序的施工，延长整个工程的工期，增加了成本投入。

平煤神马建工集团有限公司改进传统的施工工艺，进行调研和技术攻关，总结形成了一套立井钢轨罐道布置形式井筒装备一次完成施工技术。该项技术先进实用，便于操作，使用效果良好，于2012年7月25日通过了中国煤炭建设协会组织的专家鉴定，在国内具有先进水平，有较高的推广应用价值。

该技术成功应用于渑池县968煤矿副井提升系统安装工程，形成了一套成熟的施工工法。该工法又成功应用于方山矿新副井、朝川矿牛庄副井等多项提升系统安装工程项目。该工法曾获得2011年度中国平煤神马集团科技进步成果奖一等奖。

2　工　法　特　点

(1) 钢轨罐道同井筒装备标准层同步安装，改变先安装井筒装备，再安装钢轨罐道的传统施工方法，用安装井筒装备的临时设施，跟随井筒装备同时从上向下进行钢轨罐道安装。降低了成本，减少了工序的转换。

(2) 采用三层盘配合小罐笼下行法施工，吊盘与小罐笼配合安装罐道。在施工安全方面与传统工艺比较，吊盘上层盘既可作为施工盘又可作为下层盘的保护盘，增大了施工安全系数。

(3) 采用模具定位锚杆，用罐道长度控制罐道梁标高位置，罐道下端端口处在罐道梁上的相对位置，更容易控制，减少了加工特殊罐道进行调整的工序环节。

3　适　用　范　围

适用于钢轨罐道布置形式的立井井筒装备安装。

4 工艺原理

采用三层吊盘为井筒施工作业平台，用上、下人员的小罐笼配合进行平行、交叉作业，自井口向下逐层进行井筒装备及钢轨罐道安装。首先，利用中层盘、下层盘作为平台定位井筒装备的锚杆孔位置；其次，利用中层盘安装井筒装备、下层盘打锚杆孔及安装锚杆；再次，利用上层盘、中层盘及小罐笼安装钢轨罐道；最后，复核安装尺寸后，落盘进行下一循环的安装，直至完成整个井筒装备安装。

5 工艺流程及操作要点

5.1 工艺流程

工艺流程如图 5-1 所示。

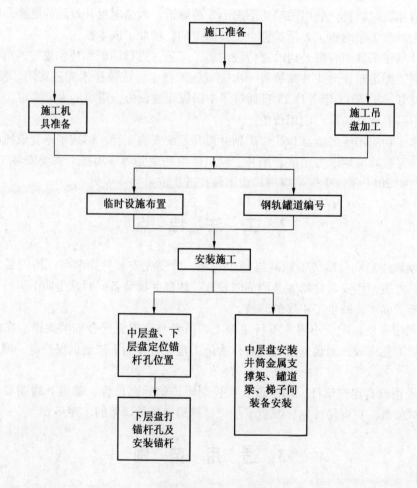

图 5-1 工艺流程

5.2 操作要点

5.2.1 施工准备

（1）施工机具准备。根据施工装备特点及施工组织设计技术要求，准备工程施工的设备、机具及材料。

（2）施工吊盘结构如图5－2至图5－4所示。

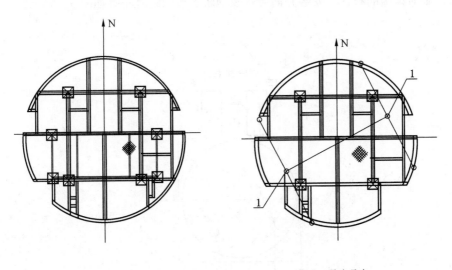

图5－2 吊盘上层盘结构示意图

1—吊盘吊点

图5－3 吊盘中层盘结构示意图

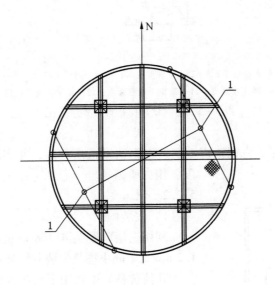

1—吊盘吊点

图5－4 吊盘下层盘结构示意图

（3）测量交点。甲方组织监理单位、矿建及安装单位技术人员复核井筒中心线及标高点，复测无误后将测量点移交给安装单位。出具测量点的书面确定资料需四方签字盖章。

（4）场地平整。实地勘查施工现场，施工工作场地平整，达到施工组织设计的技术要求，达到"四通一平"。

（5）装备构件加工防腐。根据图纸及图纸会审，提料加工井筒构件。所有构件加工防腐必须符合设计图纸及验收规范的要求。

（6）临时设施的布置。安装井筒装备及钢轨罐道的临时布置如图5-5所示。

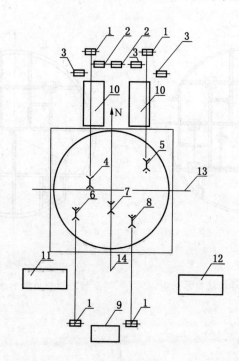

1—10 t凿井绞车；2—55 kW调度绞车；3—25 kW调度绞车；4、8—稳绳天轮；5、6—吊盘天轮；7—罐笼天轮；
9—临时绞车房；10—罐道摆放点；11—罐道梁座摆放点；12—梯子摆放点；13、14—井筒中心线

图5-5 临时设施的平面布置示意图

（7）钢轨罐道编号。将钢轨罐道摆放在钢轨罐道摆放区，并实际测量每根罐道的长度，用白漆编号。

5.2.2 施工要点

1）安装施工

利用三层间距为4.168 m的吊盘配合一个2 m×1.2 m×2.7 m小罐笼安装井筒装备及钢轨罐道。

井筒装备施工利用下层吊盘作为施工平台进行金属托架、梯子大梁及罐道等部件的安装。

（1）锚杆孔的准确定位。锚杆孔定位（图5-6）时，以测量钢线为基准，用长直角尺把罐道的中心位置测量定位在井壁上，并用红蜡笔进行标注。罐道托架上下两点标注后，连接成直线，即罐道托架的纵向

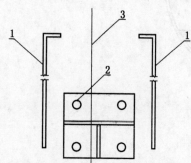

1—长直角尺；2—锚杆孔；3—钢线
图5-6 锚杆孔定位示意图

中心线。把间距尺上端挂在上层罐道托架的托面上，以间距尺为基准，用红蜡笔在井壁上标出罐道托架左右两个横向中心点，连接成直线，即罐道托架的横向中心线。把锚杆孔定位模具贴在作出标记的井壁上，调整模具，直至模具纵、横向中心线与井壁上标注的罐道托架安装纵、横向中心线重合，用红蜡笔标出锚杆孔的中心。至此锚杆孔定位完毕。

（2）锚杆孔钻孔及锚杆安装。施工人员利用风动凿岩机钻锚杆孔，在钻锚杆孔时，钻杆要水平对准孔位垂直于井壁。

（3）金属支撑架、梯子间装备安装：

① 把金属支撑架安装在已经凝固好的锚杆上，以测量钢线和层间距尺为基准，用精密水平尺控制调整金属支撑架的水平度及垂直度，符合相关质量要求。金属支撑架安装完毕后，根据井壁平整情况，用树脂胶泥填实金属支撑架与井壁之间的缝隙。

② 梯子间装备安装。以测量钢线和层间距尺为基准先安装梯子大梁支撑座，然后安装梯子大梁，利用大绞车提升的罐笼下面挂钢丝绳绳扣（ϕ15.5 mm 钢丝绳），绳扣与梯子大梁用卡环连接牢靠后，用绞车缓慢提起，下放井筒施工吊盘后，将梯子大梁安放到梯子大梁支撑座上，以测量钢线和层间距尺为基准，用精密水平尺操平找正梯子大梁，符合相关质量要求。

（4）装备尺寸核查。整层装备安装完毕后，由专职质检员检查井筒内构件的几何尺寸，必须符合设计及验收规范要求。

（5）钢轨罐道安装。利用吊盘和罐笼进行 4 根钢轨罐道的安装。利用 1.8 t 调度绞车作为下放设备进行罐道下放，1.8 t 调度绞车缠绕 $6 \times 19 + 1 - 1670 - \phi 15.5$ 钢丝绳，将罐道一端的中间夹板孔用 $\phi 21$ mm 的钢丝绳扣和 5 t 卡环连接在调度绞车的钢丝绳上，下放到井筒安装位置后，缓慢上提罐道，让罐道端头上的稳钉进入上层已经安装好的罐道下端的稳钉孔内后停止，将加工好的斜垫铁放在安装罐道端头上，继续上提罐道，直到罐道端头与已经安装好的罐道端头中间的斜垫铁用手拉不动为止。用一台 2 t 手拉葫芦挂设在上层罐道梁上，将下层罐道收紧打好保险后，调整罐道满足质量标准要求后，紧固罐道螺栓，摘除提升罐道的调度绞车钩头和保险，转入下一轮循环安装。

2）罐道安装

罐道安装顺序如图 5-7 所示。

（1）先正常安装第 1、2、3、4 层装备。

（2）安装 A、B 罐道。

（3）落盘安装第 5 层装备后，安装 C、D 罐道。

（4）安装第 6、7 层装备后，安装 A、B 罐道。

（5）安装第 8 层装备后，安装 C、D 罐道。

3）罐道安装人员分配

罐道安装人员分配如图 5-8 所示。

（1）小罐笼顶安排 2 人。

（2）上层盘安排 2 人。

（3）中层盘安排 3 人（含专职信号人员）。

5.3 劳动组织

在井筒装备安装期间，井上、井下作业采用"三八"制作业。井筒作业劳动组织见

表5-1。

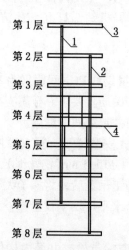

1—A、B罐道；2—C、D罐道；
3—罐道梁；4—施工吊盘

图5-7 罐道安装顺序示意图

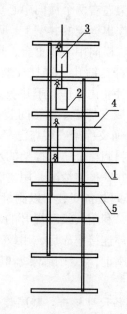

1—中层吊盘；2—小罐笼运行状态二；3—小罐笼运行
状态一；4—上层吊盘；5—下层吊盘

图5-8 罐道安装人员分配示意图

表5-1 井筒作业劳动组织表　　　　　　　　人

序　号	工　种	小　班	圆　班
1	井口信号工	1	3
2	井口把钩工	2	6
3	地面绞车工	2	6
4	井下信号工	1	3
5	井下把钩工	1	3
6	井下电钳工	4	12
7	井下起重工	3	9
8	技术员	1	3
9	跟班队长（兼班长）	1	3
合　计		16	48

6 材 料 与 设 备

主要施工设备、机具配备见表6-1。

表6-1 主要施工设备、机具配备表

序号	名 称	规格或型号	单位	数量	备 注
1	提升绞车	2.5 m	台	1	上、下人员及安装罐道
2	凿井绞车	JZ-10	台	4	用于稳绳、吊盘的提落
3	调度绞车	YJ-40	台	3	用于下料及构件
4	调度绞车	YJ-25	台	1	溜绳
5	吊盘	3 层	套	1	总重4.2 t
6	天轮	ϕ800 mm	个	4	稳绳、吊盘用
7	天轮	ϕ2500 mm	个	1	大绞车用
8	钢丝绳	$6 \times 37 + 1 - 1670 - \phi 37$	m	500	用于大绞车提升
9	钢丝绳	$6 \times 19 + 1 - 1670 - \phi 28$	m	2000	凿井绞车用
10	钢丝绳	$6 \times 19 + 1 - \phi 15.5$	m	1500	调度绞车用
11	钢丝绳	$6 \times 19 + 1 - \phi 15.5$	m	100	调度绞车用
12	手拉葫芦	$5 t \times 6 m$	台	2	
13	手拉葫芦	$5 t \times 6 m$	台	8	井下施工用
14	风动扳手	100 型	台	4	
15	风动凿岩机	Y26	台	3	
16	风镐	100 型	台	4	
17	电焊机	交流焊机	台	3	
18	水平仪	赛斯007	台	1	

7 质 量 控 制

7.1 执行标准

本工法执行的主要规范、标准有：

（1）《煤矿安装工程质量检验评定标准》（MT 5010—1995）。

（2）《机械设备安装工程施工及验收通用规范》（GB 50231—2009）。

（3）《现场设备、工业管道焊接工程施工质量验收规范》（GB 50683—2011）。

（4）《煤矿安全规程》。

（5）其他相关国家、行业、地方质量标准、规范及法律法规等。

7.2 质量控制主要措施

（1）所使用的测量仪器及测量工具如水平仪、经纬仪、钢板尺、丁字尺、钢卷尺、水平尺，必须是经过计量检验合格的产品。

（2）施工人员用风动扳手安装树脂锚杆，安装锚杆时先用风吹净孔内岩尘及淋水，把准备好的树脂药包放入孔内，并送到孔底，用风动扳手将锚杆旋转向孔内推进，用时约30 s。安装好的锚杆在30 min内严禁碰撞。

（3）树脂锚杆固定托架及梁的安装：

① 固定在井壁上的托架必须紧贴井壁，充填密实。

② 直接固定罐道的托架立面上的螺栓孔中心线与井筒十字中心线的距离偏差为±2 mm。

③ 直接固定罐道的托架立面的垂直度严禁超过2‰。

④ 托架安装时托架支撑面的水平度允许偏差为3‰。

⑤ 托架安装时的同一根梁的两端托架水平支撑面应位于同一平面，其高差允许偏差为5 mm。

⑥ 托架层间距允许偏差为±7 mm。

⑦ 罐道梁的水平度允许偏差为1‰。

（4）罐道安装：

① 同一提升容器的两罐道接头位置，严禁位于同层梁上。

② 罐道的垂直度为±5 mm。

③ 同一提升容器两罐道面的水平间距偏差为±5 mm。

④ 同一提升容器相对两罐道中心线的重合度应不超过6 mm。

⑤ 罐道接头错位应不大于1 mm。

⑥ 螺栓固定的罐道接头位置与设计位置的偏差为10 mm。

⑦ 罐道接头间隙为2~4 mm。

8 安 全 措 施

（1）现场孔洞及临边要加防护并牢固可靠，安全警示标志齐全，并经常检查，发现损坏时，必须及时恢复加固；人员进入施工现场必须戴安全帽，高空作业必须系安全带并正确使用，穿防滑鞋。

（2）现场必须备足消防器材，定期检查并保持完好。

（3）临时用电要严格按《临时施工用电规范》的要求安装，做好用电管理工作。

（4）每班都要开班前会，布置当班工作内容和注意事项，坚持交接班制度。

（5）井口及天轮平台上的施工设施改装工作因条件复杂不得多层同时作业，应由当班负责人或起重班长全面负责指挥工作，做好安全防范措施。

（6）在井口2 m以内工作，应视为井筒作业，必须佩戴安全帽及安全带，安全带应系在可靠的地方。

（7）井口施工和密闭工作与天轮装设不得同时进行。

（8）井口门的折页不得用钉子固定，必须用螺栓固定牢靠，井口门缝隙四周要铺钉胶皮遮护，以防止碎物掉入井筒。

（9）井口盘的通风道口应用菱形铁网遮拦，不得随意封闭。

（10）固定天轮、梁的螺栓要拧紧固并焊接，不得有滑扣、掉帽现象。

（11）吊盘施工时，吊盘提升和落盘时，必须有专人负责观察指挥，防止撞挂井筒内临时设施。在清理吊盘杂物时，严禁向井筒内倾倒，应由罐笼将杂物提升至地面运出。

（12）每次落盘后用木楔子顶在井壁上起到稳盘作用。

（13）如遇井筒施工时，井壁冒水，应采取正确有效措施，如加埋一导管将涌水引入井筒。

（14）所有入井人员均须戴安全帽、穿胶靴等劳动保护用品，戴好矿灯，禁止穿化纤衣物和携带烟火及易燃物品。

（15）乘坐小罐笼时，不得抢上抢下，应按顺序上下，头、手等部位不得伸出罐笼外，所携带的物品、构件严禁超宽、超高、超重或伸出罐笼外，罐笼提升时罐笼门帘必须处于关闭状态。

9 环保措施

（1）按照施工平面图设置各项临时设施，有序堆放大宗材料、成品、半成品和机械设备。

（2）施工现场禁止随意堆放材料和机械设备，保持道路畅通，排水系统处于良好状态，操作地点要保持整洁干净，施工垃圾归类后统一处理。

10 效益分析

利用钢轨罐道立井井筒装备一次完成工法进行钢轨罐道井筒装备安装，先进实用，便于操作。在井筒装备安装过程中，采用三层盘配合小罐笼下行法施工，钢轨罐道同井筒装备标准层同步安装和模具定位锚杆的施工技术，缩短了井筒装备整体的施工时间，取得了良好的社会效益和经济效益。

11 应用实例

渑池县968煤矿副井提升系统安装工程，开工日期2011年1月3日，竣工日期2011年1月29日，本工程施工工期27 d，与传统施工方法相比提前了7 d，工程节约费用15.136万元。

方山矿新副井提升系统安装工程，于2011年3月12日开工，至2011年4月6日安装完毕，本工程施工工期25 d，与传统施工方法相比提前了9 d，工程节约费用23.986万元。

朝川矿牛庄副井提升系统安装工程，于2011年7月6日开工，至2011年7月31日竣工，本工程施工工期26 d，与传统施工方法相比提前了8 d，工程节约费用21.566万元。

锅炉钢架快速吊装施工工法（BJGF076—2012）

兖矿东华建设有限公司

张海波　张志军　毕爱玲　叶　涛　孔繁聪

1　前　　言

近年来，随着煤矿矿井、煤化工产业的发展，其配套热电联产项目也获得了快速发展。兖矿东华建设有限公司在近几年的热电联产锅炉安装过程中，总结出一套锅炉钢架快速吊装施工技术。通过对锅炉钢架吊装施工技术的研究，形成了本工法。

2013年3月，中国煤炭建设协会在北京组织专家对本工法的关键技术——锅炉钢架快速吊装施工技术进行了鉴定，鉴定结论：该项技术达到煤炭行业先进水平，具有较高的推广应用价值，同意通过技术鉴定。

采用本工法施工的兖矿国宏化工有限公司 1×260 t/h 锅炉安装工程获得 2011 年度"煤炭行业优质工程"奖。

2　工　法　特　点

（1）采用模块式钢结构框架组装、吊装技术：

① 采用模块式成片单元地面组装，减少了高空组装测量时受风荷载和温度变化引起的测量误差。

② 采用模块成片单元地面组装，减少了大量的高空作业和组装吊装的难度，便于组装精度和焊接质量控制，并加快了施工进度，有利于工程总进度的控制。

③ 采用模块式成片单元地面组装，降低了大量的高空作业所形成的安全施工控制难度及安全风险。

（2）采用钢架分片叠放组装技术：

① 解决了施工作业场地狭窄的问题，减少了周围环境对施工的影响。

② 节约了搭设组装平台的材料，减少了施工场地平整时间和费用。

③ 各层间采用双 I40 工字钢作为间隔支撑，下一层钢架以已找正找平的上一层钢架作为组装平台，提高了找正找平速度，加快了施工进度。

（3）钢架成片单元之间采用调整连杆临时连接技术：

① 调整连杆结构简单，便于制作、安装和操作。

② 调整连杆可重复使用，节约材料。根据不同工程每片钢架单元的安装距离，采用焊接方式将拉杆接长或截短，达到安装要求。

③ 调整连杆采用刚性连接，与传统的缆风绳相比，具有钢架稳定性好，垂直度调整

快速、准确的优点。

④采用调整连杆将两片钢架单元连接后，吊车即可摘钩，摘钩迅速，提高了吊装速度，节约了大型吊车台班费用。

⑤采用调整连杆，减少了缆风绳使用，吊装现场更为整洁。

（4）采用大型履带吊进行吊装，吊装机动性强，吊装快速，减少了吊装费用。

（5）大板梁分成炉膛顶板和尾部顶板两个模块单元整体吊装，减少了高空作业，便于安装质量控制。

3 适 用 范 围

本工法适用于额定蒸发量为 75 ~ 260 t/h 的高温高压蒸汽锅炉钢架的吊装施工。

4 工 艺 原 理

（1）采用模块式钢结构框架组装、吊装技术，将锅炉钢架分割成模块式成片单元，在地面组装平台上按吊装相反顺序逐片叠放组装。

（2）钢架模块式成片单元全部组装完毕后，采用一台大型履带吊作为主吊设备，一台汽车吊辅助钢架立身，集中进行吊装。

（3）采用调整连杆代替缆风绳，作为钢架模块式成片单元之间的临时连接梁，形成稳定的井字架，便于大型吊车摘钩和钢架垂直度的调整。

5 工艺流程及操作要点

5.1 工艺流程

工艺流程如图 5 - 1 所示。

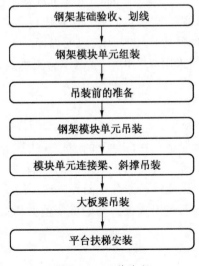

图 5 - 1 工艺流程

5.2 操作要点

5.2.1 钢架基础验收、划线

根据建筑工程给定的基准线和标准标高线，校验锅炉的纵、横中心线并测出锅炉每个基础的实际标高值。以锅炉对称中心线为基准，进行基础放线，划出每个基础的纵、横中心线，具体方法如下：

划线时根据土建施工单位提供的锅炉房纵、横方向的基准点，在基础上方约 0.5 m 高处拉两根直径为 1.5 mm 的钢丝，钢丝挂在突出的支承物上，为使钢丝拉紧，在钢丝的两端系上质量为 3 kg 的配重。一根钢丝作为锅炉的横向中心线基准线，另一根线作为锅炉的纵向中心线基准线，将两根钢丝投影到基础上土建提供的纵、横方向基准点上，用几何学中等腰三角形两腰相等的原理来验证两条基准线是否垂直。校验完毕后，以此两条基准线为基准，通过拉钢丝并吊线锤的方法，进一步测量出每排立柱的中心线，用测量对角线的方法，进一步验证所测量的基础中心线是否准确，并加以校正，基础中心线校正完毕后，用线锤将中心线投影到基础的四个侧面上，作出明显标记，并按照基础划线图将基础进行编号。

5.2.2 钢架模块单元组装

1. 钢架模块单元的划分

采用模块式钢结构框架组装、吊装技术，将锅炉钢架分割成成片单元（模块），在地面组装平台上按吊装相反顺序逐片叠放组装，模块单元划分如下：

（1）分别将沿锅炉中心线对称布置的左、右钢柱及其连接梁、斜拉撑、扶梯支撑等组成一个模块成片单元，即 Z1 左—Z1 右、Z2 左—Z2 右、Z3 左—Z3 右、Z4 左—Z4 右……成片单元，分别进行吊装。

（2）锅炉顶板梁分成炉膛顶板和尾部顶板两个模块单元，地面组合后进行整体吊装。

2. 钢架组装平台搭设

（1）根据现场条件，可在锅炉基础左右或后侧搭设钢架组装平台进行钢架模块单元的组装焊接。

（2）组装平台搭设采用 250 mm × 300 mm × 2000 mm 道木进行搭设，要保证基础牢固，用水准仪抄平。每段钢柱设置两个支承点，道木位置应设在离焊口位置约 1.5 m 处，平台搭设高度应保证钢架底部离地面大于 500 mm，以便焊接。

（3）每层钢架组合件之间采用双 I40 工字钢作为支承点，其数量和位置与道木垛相同。

3. 钢架组装

1）设备清点、编号、检查

设备到货后，按照图纸和制造厂在部件上的编号，认真清点到货的每个部件，仔细校对每个部件的几何尺寸是否正确，外表有无缺陷。对于有弯曲、扭曲和其他缺陷的钢架，要进行校正和处理，校正可以采用冷校或热校两种方法。质量误差较大无法使用的部件应返厂处理。对于大板梁还应当测量出大板梁初始挠度值并做好记录，大板梁存放应垫平、垫稳。

2）钢架组装顺序

钢架模块单元采用叠放组装，即钢架模块单元在同一个组装平台上，按吊装相反顺序依次在平台上进行组装，先吊装的在最上层，最后吊装的在最下层，如图 5 - 2 和图 5 - 3 所示。

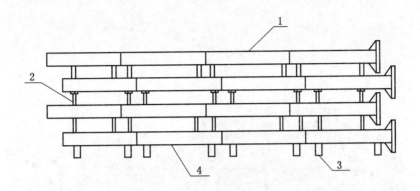

1—钢架 Z1 左—Z1 右；2—双 I40 工字钢；3—道木垛；4—钢架 Z4 左—Z4 右

图 5 - 2　钢架叠放组装示意图

3）钢架组对吊装机械

钢架组装时，由于各部件质量较轻（最大件质量约为 3 t），采用 25 t 汽车吊或塔机即可满足组对吊装的要求。

4）立柱对接工艺

钢架立柱分段供货，组合时，首先应按照图纸对立柱的各分段进行尺寸核对，按照图纸要求加工焊接坡口，整个坡口必须与立柱中心线垂直，距坡口 15 mm 内立柱上的防锈漆或铁锈均应清除干净；然后进行组合，用标准钢卷尺复查立柱总长，考虑到对接焊缝收缩影响，每道焊缝间隙应统一保证 3 mm，立柱总长应比设计尺寸大 4 ~ 6 mm；检查画线确认无误后，将对接缝点焊固定，并进行焊接，组装接缝处的加强板；最后复查立柱弯曲、扭曲等变形情况，必要时应予以处理，进行立柱 1.0 m 标高及中心线画定，作永久标记。

5）钢架组合工艺

立柱对接之后，开始钢架组合。钢架组合时，应保证被组合的相邻立柱平行，同时各立柱的 1.0 m 标高线应处于立柱纵向中心线同一垂直线上，立柱间的尺寸应比设计尺寸大 4 ~ 6 mm，作为焊接时的收缩量。检验时，在每根立柱上选取几个对应点，测量其对角线长度和两立柱间的距离，经过调整，对角线长度和两立柱间的距离应相等，然后进行横梁和斜撑的组合，在各项找正结束后，将横梁、斜撑同立柱之间加以点焊固定，重新复查各部尺寸，最后进行正式焊接。组合时，可将走梯及平台的支撑同组件组合在一起。

6）顶板梁组合

炉膛顶板梁和尾部顶板梁组装时机应根据现场情况确定，如果组装空间宽裕，顶板梁应与钢架组合件同时进行组装，如果没有组装空间，顶板梁可在钢架组合件吊装完毕后，吊装钢架连接梁时进行组装。

5.2.3　吊装前的准备

1. 临时爬梯及操作平台安装

(a)

(b)

图 5-3　钢架叠放组装现场

（1）吊装前每片钢架上安装一个临时钢爬梯，钢爬梯采用 DN20 焊接钢管制作，长度与钢架基本相同。钢爬梯靠近钢柱安装，固定在钢架横梁和斜撑上，钢爬梯不能与横梁直接焊接，先将用槽钢制作的抱卡用特制的长螺杆紧固在横梁上，再将爬梯焊接固定在抱卡上，爬梯相邻两固定点距离不大于 3 m。

（2）每道横梁上部采用 φ10 mm 镀锌钢丝绳拉好安全过道绳，用于吊装人员从安装爬梯的钢柱到另一侧钢柱摘钩、解绳通过横梁时，安全带生根。每个临时钢爬梯上部悬挂一个防坠器，供施工人员上下爬梯使用。

（3）吊装前，在需要摘钩头、横梁焊接、调整连杆等操作处设置平台，用于施工人员站立操作，操作平台安装如图 5-4 所示。操作平台采用 200 mm×1000 mm×1500 mm 木板、M20×600 双头螺栓、∟80×50×6 角钢按设计组装而成。

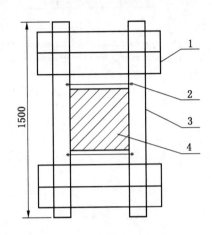

1—木板；2—双头螺栓；3—角钢；4—钢架柱

图 5-4　操作平台安装示意图

2. 垫铁安装

根据每个基础的纵、横中心线与钢架立柱截面结构情况，确定每个基础中垫铁的所在位置。垫铁安装前，应对基础进行清理和凿毛，将表面浮浆全部凿掉，打出麻面，放置垫铁处应琢平。垫铁应布置在立柱底板的立筋板下方，垫铁单位面积的承压力不能大于基础混凝土强度等级的 60%。垫铁表面应平整，加工时表面应刨平，每组垫铁不超过三块，宽度一般为 80~120 mm，长度较柱底板两边各长出 10 mm 左右，以便焊接，厚的放置在下层。垫铁配置厚度应根据计算得出，其方法如下：将每根钢架柱进行预组合，预组合时要考虑到焊缝收缩影响，每个焊缝应预留出 3 mm 的收缩量；以最上段柱顶部标高为基准，根据图纸向下实测柱 1.0 m 标高线，校核立柱 1.0 m 标高线以下部分的几何尺寸与设计值偏差，从而确定出柱底板下表面实际标高，同时根据每个基础顶面的实际标高确定出垫铁配置厚度。

3. 地锚安装及缆风绳准备

吊装第一片钢架 Z1 左—Z1 右时，需要用缆风绳固定和调整垂直度。吊装前在 Z1 左—Z1 右钢架基础前、后侧开挖地锚洞，预埋地锚件，然后回填压牢。缆风绳主要抵消风荷载对钢架的作用力，一般作用在钢架上的最大风荷载要小于 100 kN，缆风绳选用 6×19+FC、φ22 mm 钢丝绳，钢丝绳最小破断拉力为 248 kN，钢架单元采用 4 根缆风绳固定，安全系数为 4.96，能满足要求。地锚选用 5 t 埋置式锚碇，许用拉力 50 kN，能满足要求。

4. 调整连杆准备

调整连杆在锅炉钢架成片单元吊装过程中，起到临时连系梁的作用，同时用于钢架垂直度的调整。调整连杆由丝杠、螺母、拉杆、转动装置和固定装置等组成，如图5-5和图5-6所示。

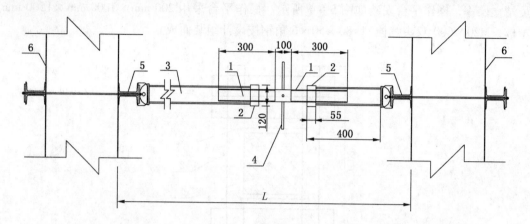

1—丝杠；2—螺母；3—拉杆；4—转动手柄；5—固定装置；6—钢柱；L—钢架成片单元净距离

图5-5 调整连杆示意图

图5-6 使用中的调整连杆

每两片钢架单元之间设置两个调整连杆，吊装前应根据钢架成片单元数量准备调整连杆。

1）调整连杆杆件最大受力情况

钢架调整垂直度之前，钢架倾斜角度为 θ（通常取 $\theta_{max}=0.2°$），单片钢架受力如图5-7所示。

由平衡方程 $\sum M_0=0$，$G\times0.5H\sin\theta+P\times0.5H-F\times h=0$ 得

$$F=\frac{H(G\sin\theta+P)}{2h} \tag{5-1}$$

根据《建筑结构荷载规范》（GB 50009—2012），风荷载标准值 $w_k=\beta_z\mu_s\mu_zw_0$，取 $\beta_z=1.65$，$\mu_s=1.3$，$\mu_z=1.56$，$w_0=0.35$，则 $w_k=\beta_z\mu_s\mu_zw_0=1.65\times1.3\times1.56\times0.35=1.17$ kN/

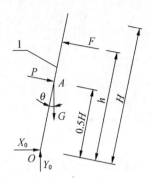

1—钢架成片模块单元；A—单片钢架迎风面积；G—单片钢架重力；P—风荷载；F—拉杆对钢架作用力；
H—钢架高度；h—调整连杆安装高度；θ—钢架倾斜角度；X_0、Y_0—钢架在 O 点受到的作用力

图 5 - 7　单片钢架受力示意图

m^2，所以单片钢架风荷载为

$$P = A \cdot w_k = 1.17A \qquad (5-2)$$

式中　A——单片钢架迎风面积。

拉杆对钢架的作用力为

$$F = \frac{H(G\sin\theta + 1.17A)}{2h} \qquad (5-3)$$

（1）拉杆受拉最大时的情况。当第一片钢架调整垂直后，其余钢架均背向第一片钢架倾斜时，第一片钢架与第二片钢架之间的调整连杆所受到的拉力最大。此时每根拉杆受到的最大拉力为

$$F_{1max} = (n-1)\frac{F}{2} = (n-1)(G\sin\theta + 1.17A)\frac{H}{4h} \qquad (5-4)$$

式中　n——钢架成片单元数量。

（2）拉杆受压最大时的情况。当第一片钢架调整垂直后，其余钢架均偏向第一片钢架时，第一片钢架与第二片钢架之间的调整连杆所受到的压力最大。此时每根拉杆受到的最大压力为

$$F_{ymax} = (n-1)\frac{F}{2} = (n-1)(G\sin\theta + 1.17A)\frac{H}{4h} \qquad (5-5)$$

式中　n——钢架成片单元数量。

2）调整连杆各部件选用

（1）固定装置采用 ⊏ 16 槽钢制作，用两根 M24 双头螺栓固定在钢架立柱上，通过 ϕ40 mm 轴销与拉杆连接。

（2）拉杆通常采用 ϕ108 mm ×6 mm 无缝钢管制作，材质为 20 号钢，许用应力 $[\sigma]$= 140 MPa，弹性模量 $E = 206$ GPa，钢管横截面对中性轴的最小惯性矩 $I = \pi(D^4 - d^4)/64$。

① 拉杆强度校验：

拉杆最大工作应力为

$$\sigma_{1max} = \frac{F_{1max}}{S_1} = (n-1)\frac{F}{2} = (n-1)(G\sin\theta + 1.17A)\frac{H}{4hS_1} \qquad (5-6)$$

式中　G——单片钢架重力；

　　　H——钢架高度；

　　　h——调整连杆安装高度；

　　　n——钢架成片单元数量；

　　　θ——钢架倾斜角度；

　　　A——单片钢架迎风面积；

　　　S_1——无缝钢管横截面积。

当 $\sigma_{1\max} < [\sigma] = 140$ MPa 时，拉杆强度满足要求；当 $\sigma_{1\max} > [\sigma] = 140$ MPa 时，拉杆强度不能满足要求，可增加 $\phi 108$ mm 无缝钢管的壁厚，使其满足强度要求。

② 拉杆稳定性校验：

拉杆受压时，根据欧拉公式可知：

$$P_{\mathrm{lj}} = \frac{\pi^2 EI}{l^2} \tag{5-7}$$

式中　E——材料的弹性模量；

　　　I——杆件横截面对中性轴的惯性矩，m^4；

　　　l——杆件长度。

则拉杆受压临界力为

$$P_{\mathrm{lj1}} = \frac{\pi^3 E (D^4 - d^4)}{64 \, l^2} \tag{5-8}$$

当 $F_{y\max} < P_{\mathrm{lj1}}$ 时，拉杆稳定性满足要求；当 $F_{l\max} > P_{\mathrm{lj1}}$ 时，拉杆将失稳，可增加 $\phi 108$ mm 无缝钢管的壁厚，使其满足稳定性要求。

（3）丝杠通常采用 M52 梯形丝杠，丝杠一端为正丝，另一端为反丝，材质为 45 号钢，许用应力 $[\sigma] = 203$ MPa，弹性模量 $E = 210$ GPa，钢管横截面对中性轴的最小惯性矩 $I = \pi d^4 / 64$。

① 丝杠强度校验：

丝杠最大工作应力为

$$\sigma_{2\max} = \frac{F_{l\max}}{S_2} = (n-1)\frac{F}{2} = (n-1)(G\sin\theta + 1.17A)\frac{H}{4hS_2} \tag{5-9}$$

式中　G——单片钢架重力；

　　　H——钢架高度；

　　　h——调整连杆安装高度；

　　　n——钢架成片单元数量；

　　　θ——钢架倾斜角度；

　　　A——单片钢架迎风面积；

　　　S_2——丝杠有效横截面积。

当 $\sigma_{2\max} < [\sigma] = 203$ MPa 时，丝杠强度满足要求；当 $\sigma_{2\max} > [\sigma] = 203$ MPa 时，丝杠强度不能满足要求，可增加丝杠的直径，使其满足强度要求。

② 丝杠稳定性校验：

丝杠受压时，根据欧拉公式可知：

$$P_{lj} = \frac{\pi^2 EI}{l^2}$$

式中　E——材料的弹性模量；

　　　I——杆件横截面对中性轴的惯性矩，m^4；

　　　l——杆件长度。

则丝杠受压临界力为

$$P_{lj2} = \frac{\pi^3 E(D^4 - d^4)}{64 \, l^2} \qquad (5-10)$$

当 $F_{ymax} < P_{lj2}$ 时，丝杠稳定性满足要求；当 $F_{lmax} > P_{lj2}$ 时，丝杠将失稳，可增加丝杠的直径，使其满足稳定性要求。

（4）转动装置采用 4 根 $\phi24$ mm 圆钢，对称焊接在丝杠中部，每根圆钢长度为 200 mm。

5. 吊车进出场道路

吊装前检查吊车行走道路是否畅通，并垫平压实。

5.2.4　钢架模块单元吊装

施工采用集中吊装的方法，以减少频繁调集大型吊车，减少吊车进出场次数及费用。

1. 吊车和吊索选用

钢架吊装采用两台吊车进行，一台大型履带吊作为主吊设备，一台汽车吊辅助钢架立身，在钢架模块成片单元直立后辅助吊车脱钩，用大型履带吊吊装就位。根据吊装质量和吊装高度，选择合适的吊车和吊索。以兖矿国宏化工有限公司 1×260 t/h 锅炉钢架吊装工程为例，钢架模块单元质量最大为 50.6 t，高度为 45.8 m，主吊车选用 500 t 履带吊，吊车工作半径 18 m，杆长为 68.1 m，起重量为 58 t，吊索选用两套 $\phi44-6×37+1-1670$ 钢丝绳，绳长为 36 m，钢丝绳最小破断拉力为 953 kN，双股并用四股吊装，安全系数为 7.5，能够满足吊装要求。辅助吊车选用一台 150 t 汽车吊，工作半径为 12 m，杆长为 35.1 m，起重量为 30.2 t，能够满足吊装要求。履带吊作为主吊吊车，在吊装过程中可以行走，提高了吊装过程的机动性和灵活性，节约了吊装不能一次到位时挪、支吊车的时间，大大提高了吊装速度。

2. 吊点选择

组件采用四点绑扎起吊的方式，吊装时主吊车吊装组件上部，一般主吊点选择在组件第二根横梁处，绑扎点选在钢柱与横梁的交会处。辅助吊车抬吊柱脚，吊点选择在钢架最下端横梁处，绑扎点也选在钢柱与横梁的交会处，如图 5-8 和图 5-9 所示。

3. 吊装顺序

钢架 Z1 左—Z1 右→钢架 Z2 左—Z2 右→钢架 Z3 左—Z3 右→钢架 Z4 左—Z4 右→…→各片钢架连接梁→炉膛顶板梁→尾部顶板梁→前后顶板之间连接梁。

4. 钢架吊装

（1）主吊车及辅助吊车缓慢起吊，将钢架慢慢吊起，吊离地面，检查钢结构及吊车受力情况有无异常。

（2）钢架吊装接近垂直后，辅助汽车吊退出吊装，由主吊车使钢架就位。当钢架立柱底板就位时，应特别小心，以防止碰斜、碰跑垫铁及损坏垫铁的承力面，且应保证底板中心线与基础的中心线重合。

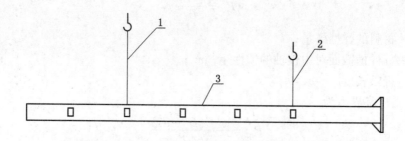

1—主吊车吊点；2—辅助吊车吊点；3—钢架成片模块单元

图5-8 钢架吊点选择示意图

图5-9 钢架吊点选择

（3）第一片钢架组件吊装就位后，用4根缆风绳把钢架稳定，用2台经纬仪以相互垂直的角度测量立柱垂直度。每个缆风绳上悬挂5 t手拉葫芦调整钢架垂直度，直到符合规范要求，同时用水平仪测柱子1.0 m标高来保证柱子的标高。当标高和垂直度调整合格后，将立柱底板四周的预埋钢筋用氧气—乙炔火焰烤红，弯贴在立柱上，然后再将全部钢筋焊接在立柱上。

（4）第二片钢架吊装就位后，采用调整连杆与第一片钢架连接成稳定井字架后摘钩，并通过调整连杆的丝杠调整钢架垂直度。同样第二、第三片钢架之间和第三、第四片钢架之间均采用调整连杆连接的方法进行摘钩和调整垂直度，如图5-10所示。

每两片钢架单元之间设置两个调整连杆，两者位于同一水平高度上。吊装时，调整连杆一端固定在成片钢架立柱上端第二根横梁牛腿上方，以不影响下方横梁安装为宜，待下一片钢架单元吊装后，采用滑车和棕绳将丝杠另一端拉起，通过轴销与另一片钢架单元上

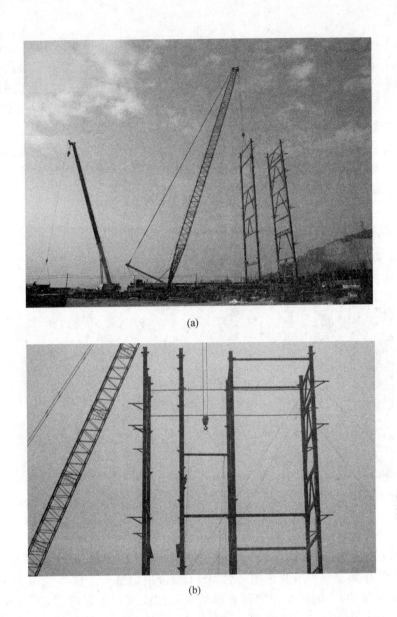

(a)

(b)

图 5 - 10 钢架模块单元吊装

预先安装的固定装置连接，两片钢架单元形成稳定的井字架。丝杠两端为正反丝，通过顺时针或逆时针转动丝杠中间的转动手柄，调节调整连杆的长度，从而达到调节钢架垂直度的目的。

（5）钢架组合件吊装完成后，采用 50 t 汽车吊吊装相邻钢架组合件之间的连接横梁和斜撑，然后进行相邻组件安装。考虑到受热面设备安装需要，部分横梁和斜撑在水冷壁及包墙过热器吊装后安装，预留开口作为吊装锅炉设备的通道。

（6）钢架安装结束，并具有足够的稳定性，进行二次灌浆，二次灌浆高度应符合图纸规定。钢架在混凝土凝固期间禁止承受动载荷，如在冬季施工应有防冻措施，以保证二次灌浆的质量。

5.2.5　大板梁吊装

钢架安装完毕整体找正后，进行顶板梁吊装。由于顶板梁质量大，吊装高度高，将锅炉顶板梁分成炉膛顶板和尾部顶板两个模块单元，地面组装后采用大型吊车吊装就位。

（1）根据每片顶板梁的安装质量和高度，选用大型履带吊进行吊装，依次将炉膛大板梁和尾部大板梁整体吊装就位，然后再使用塔机或汽车吊吊装两片顶板梁之间的大梁。

（2）顶板梁吊装采用4个吊点进行吊装，起吊点采用绑扎绳绑扎，绑扎绳宜选用6×37＋FC型钢丝绳，绕板梁至少3圈。根据每个吊点受力大小计算钢丝绳受力，选用符合要求的吊装主绳和绑扎用钢丝绳，如图5-11所示。

图5-11　大板梁组件吊装

以兖矿国宏化工有限公司1×260 t/h锅炉钢架吊装工程为例，顶板模块单元最大质量约为52 t，高度为48.2 m，吊装选用一台500 t履带吊，吊车工作半径为18 m，杆长为68.1 m，起重量为58 t，能满足吊装顶板模块单元的要求。吊索选用ϕ42－6×37＋1－1670钢丝绳，绳长为36 m，钢丝绳最小破断拉力为869 kN，四股吊装，安全系数为6.6，能满足吊装要求。

（3）大板梁吊装前和吊装就位后，需对板梁的挠度及钢结构的沉降进行观测，并做好记录。

（4）顶板梁安装能否控制在规范偏差范围内，对后续其他部件的安装至关重要，所以顶板梁安装前，一定要将每根顶板梁的中心线标出。

5.2.6　梯子平台安装

（1）梯子平台的支撑在钢架组合件组装时，根据安装标高和位置提前安装焊接在钢柱上。

（2）梯子平台中的平台在地面预先组合，斜梯和栏杆柱及扶手在地面组合。整体安装采用130 t汽车吊吊装到位进行安装。预留开口位置的梯子栏杆先不安装，待组件安装完毕，封口结束后，再进行补装。

（3）梯子栏杆焊接接口应打磨光滑，防止划伤。梯子栏杆就位后应焊接牢固，避免发生意外。

5.3 劳动组织

以贵州开阳化工有限公司4×150 t/h锅炉安装工程为例，劳动组织见表5-1。

表5-1 劳动组织表　　　　　　　　　　　　　　　人

序　号	工　种	人　数
1	管理人员	2
2	技术人员	1
3	安全员	1
4	质检员	1
5	安装工	30
6	电焊工	16
7	油漆工	6
8	电工	2
9	起重工	6
合　计		65

6 材 料 与 设 备

6.1 主要材料

主要材料见表6-1。

表6-1 主要材料表

序号	材料名称	规格或型号	单位	数量	备　注
1	道木	250 mm×300 mm×2000 mm	块	200	搭设组装平台
2	钢丝绳	6×19＋FC，ϕ32～42 mm	m	100	吊装主绳
3	钢丝绳	6×37＋FC，ϕ24～28 mm	m	60	绑扎绳
4	钢丝绳	6×19＋FC，ϕ22 mm	m	60	缆风绳
5	镀锌钢丝绳	ϕ10 mm	m	300	安全绳
6	焊接钢管	DN20	m	600	临时爬梯
7	工字钢	I40	m	36	钢架组装
8	斜垫铁	220 mm×110 mm	副	100	钢架组装安装

6.2 主要设备

主要设备见表6-2。

表6-2 主 要 设 备 表

序号	设备名称	规格或型号	单位	数量	用途
1	履带吊	200～500 t	台	1	钢架吊装
2	汽车吊	100～150 t	台	1	钢架吊装
3	汽车吊	50 t	台	1	横梁吊装
4	汽车吊	25 t	台	1	钢架组装
5	装载机	ZL50	台	1	平整场地
6	手拉葫芦	5 t	台	4	
7	手拉葫芦	20 t	台	2	
8	手拉葫芦	2 t	台	10	
9	单轮滑车	2 t	台	2	
10	经纬仪		台	2	
11	水准仪		台	1	
12	水平仪		台	2	
13	防坠器		个	10	
14	载重汽车	10 t	辆	1	
15	逆变焊机	ZX7-400	台	10	
16	远红外线焊条烘干箱	500 ℃	台	1	
17	焊条保温筒	5 kg	台	10	
18	钢卷尺	50 m	个	1	
19	卸扣	20 t	个	6	
20	调整连杆	ϕ108 mm	套	8	

7 质 量 控 制

7.1 质量控制标准

（1）《电力建设施工质量验收及评价规程 第2部分：锅炉机组》（DL/T 5210.2—2009）。

（2）《火力发电厂焊接技术规程》（DL/T 869—2012）。

（3）《钢结构工程施工质量验收规范》（GB 50205—2001）。

7.2 锅炉基础划线质量标准及检验方法

锅炉基础划线质量标准及检验方法见表7-1。

表 7-1　锅炉基础划线质量标准及检验方法

工　序	检验项目	性　质	单　位	质 量 标 准	检验方法和器具
基础检查及划线	基础表面			打出麻面，且放置垫铁处已凿平	观察，用水平尺检查
	基础纵横中心线与厂房基准点距离偏差	主控	mm	±20	用钢卷尺检测，锅炉中心线可以锅炉前排柱子轴线为准进行测量
	基础各平面标高偏差		mm	0 −20	用水准仪、钢板尺检测，与设计标高比较
	基础外形尺寸偏差		mm	+20 0	用钢卷尺/钢板尺检测
	预埋地脚螺栓中心线偏差		mm	±2	

8　安　全　措　施

（1）施工人员进入施工现场必须按规范要求戴好安全帽，并系好安全帽带；高空作业时，必须按正确要求使用安全带。

（2）施工过程中所需要的临时支撑要焊接牢固，架板要用铁丝捆绑牢固后，方可上人。

（3）高空作业时，禁止向下丢弃废弃物品，废弃物品要整齐有序地放置在远离作业的区域；采用气割、电焊等工具时，要密切注意下行人员，以免热渣烫伤下行人员。

（4）钢架进行吊装时，要听从现场总指挥的指挥，施工人员要做到听从指挥，服从领导；钢丝绳捆扎牢固后，方可进行吊装。

（5）设备吊装前，必须编制详细的施工方案，方案的可操作性要强，方案中要有详细的计算，包括设备的捆点、吊车的站位、机具与索具的选择。大型吊车行走场地应根据需要进行平整、处理。

（6）起吊施工现场，应设有专区派员警戒，非本工程施工人员严禁入内。

（7）在吊装过程中，应有统一的指挥信号，参加施工的全体人员必须熟悉此信号，以便各操作岗位协调操作。

（8）设备吊装前应进行试吊，应观测吊装净距及吊车支腿处地基情况，发现问题应先将设备放回地面，待故障排除后重新试吊，确认一切正常，方可正式吊装。

（9）吊装过程中，应保持吊装动作平稳。待设备就位后应及时找正找平，设备未固定前不得解开吊装索具。

（10）吊装时，施工人员不得站在设备和吊车臂下面、受力索具附近及其他有危险的地方停留。

（11）吊装时，任何人不得随同设备和吊装索具上下。

9 环保措施

（1）严格遵照国家颁布的有关环境保护的法律法规。

（2）加强对施工场地、工程材料、废料的控制和治理。

10 效益分析

10.1 经济效益

以贵州开阳化工有限公司 4×150 t/h 锅炉安装工程为例，采用锅炉钢架快速安装施工技术，4 台锅炉钢架施工共缩短工期 20 d，节约人工费：20 d×60 人/d×120 元/人 = 14.4 万元，节省大型吊车费用：4 台班×20000 元/台班 + 4 台班×10000 元/台班 = 12 万元，合计 26.4 万元，经济效益显著。

10.2 社会效益

锅炉钢架快速吊装施工工法的应用，保证了工程质量，缩短了施工工期，提高了生产的安全性和劳动效率，社会效益明显。

11 应用实例

本工法成功应用于兖矿国宏化工有限公司 1×260 t/h 锅炉安装、贵州开阳化工有限公司 4×150 t/h 锅炉安装、新疆 60×10⁴ t 醇氨联产项目 3×220 t/h 锅炉安装等工程中。

11.1 兖矿国宏化工有限公司 1×260 t/h 锅炉安装工程

兖矿国宏化工有限公司 1×260 t/h 锅炉额定蒸发量为 260 t/h，过热蒸汽出口压力为 9.8 MPa。该工程于 2009 年 4 月开工，2010 年 5 月竣工。锅炉钢架尺寸为 28.1 m×24.2 m×45.8 m，钢架总重为 482 t，单片钢架模块单元最大质量为 52 t，高度为 48.2 m。采用本工法既提高了施工质量，保证了施工安全，又加快了施工进度，节约了人工成本和大型吊车台班费用。钢架吊装提前工期 6 d，节约人工费 3.6 万元，节省大型吊车台班费 10 万元。

11.2 贵州开阳化工有限公司 4×150 t/h 锅炉安装工程

贵州开阳化工有限公司 4×150 t/h 锅炉额定蒸发量为 150 t/h，过热蒸汽出口压力为 9.8 MPa。该工程于 2009 年 12 月开工，2011 年 10 月竣工。锅炉钢架尺寸为 20.38 m×9.4 m×41 m，单台钢架总重为 330.6 t，单片钢架模块单元最大质量为 37 t，高度为 41 m。采用本工法提高了劳动生产率，加快了施工进度，减少了设备租赁费，缩短了施工工期，保证了施工安全质量，节约人工费 14.4 万元，节省大型吊车费用 12 万元。

11.3 新疆 60×10⁴ t 醇氨联产项目 3×220 t/h 锅炉安装工程

新疆 60×10⁴ t 醇氨联产项目 3×220 t/h 锅炉额定蒸发量为 220 t/h，过热蒸汽出口压力为 9.8 MPa。该工程于 2010 年 9 月开工，2012 年 6 月竣工。锅炉钢架尺寸为 27 m×21.2 m×40.5 m，单台钢架总重为 426.6 t，单片钢架模块单元最大质量为 27 t，高度为 40.5 m。采用本工法，在保证安全质量的前提下，加快了施工进度，节约人工费 18.72 万元，节省大型吊车费用 9 万元。

图书在版编目（CIP）数据

煤炭建设工法汇编．2011~2012／中国煤炭建设协会
组织编写．－－北京：煤炭工业出版社，2016
ISBN 978－7－5020－4998－0

Ⅰ．①煤…　Ⅱ．①中…　Ⅲ．①煤矿—矿业建筑—工程
施工—建筑规范—汇编—中国　Ⅳ．①TD22－65

中国版本图书馆 CIP 数据核字（2015）第 217470 号

煤炭建设工法汇编（2011—2012）

组织编写	中国煤炭建设协会
责任编辑	唐小磊　赵　冰
编　　辑	梁晓平　康　维
责任校对	姜惠萍　李邓硕
封面设计	晓　杰

出版发行　煤炭工业出版社（北京市朝阳区芍药居 35 号　100029）
电　　话　010－84657898（总编室）
　　　　　　010－64018321（发行部）　010－84657880（读者服务部）
电子信箱　cciph612@126.com
网　　址　www.cciph.com.cn
印　　刷　北京玥实印刷有限公司
经　　销　全国新华书店

开　　本　787mm×1092mm$^1/_{16}$　**印张**　50　**插页**　1　**字数**　1196 千字
版　　次　2016 年 3 月第 1 版　2016 年 3 月第 1 次印刷
社内编号　7844　　　　　　**定价**　145.00 元